U0922272

中国国家标准汇编

2008年修订-39

中国标准出版社　编

中国标准出版社

北京

图书在版编目（CIP）数据

中国国家标准汇编：2008 年修订．39/中国标准出版社编．—北京：中国标准出版社，2009

ISBN 978-7-5066-5520-0

Ⅰ．中…　Ⅱ．中…　Ⅲ．国家标准-汇编-中国-2008　Ⅳ．T-652．1

中国版本图书馆 CIP 数据核字（2009）第 186497 号

中国标准出版社出版发行
北京复兴门外三里河北街 16 号
邮政编码：100045

网址 www．spc．net．cn
电话：68523946　68517548
中国标准出版社秦皇岛印刷厂印刷
各地新华书店经销

*

开本 880×1230　1/16　印张 38．25　字数 1 148 千字
2009 年 11 月第一版　2009 年 11 月第一次印刷

*

定价 200．00 元

ISBN 978-7-5066-5520-0

出 版 说 明

1.《中国国家标准汇编》是一部大型综合性国家标准全集。自1983年起，按国家标准顺序号以精装本、平装本两种装帧形式陆续分册汇编出版。它在一定程度上反映了我国建国以来标准化事业发展的基本情况和主要成就，是各级标准化管理机构，工矿企事业单位，农林牧副渔系统，科研、设计、教学等部门必不可少的工具书。

2.《中国国家标准汇编》收入我国每年正式发布的全部国家标准，分为"制定"卷和"修订"卷两种编辑版本。

"制定"卷收入上年度我国发布的、新制定的国家标准，顺延前年度标准编号分成若干分册，封面和书脊上注明"20××年制定"字样及分册号，分册号一直连续。各分册中的标准是按照标准编号顺序连续排列的，如有标准顺序号缺号的，除特殊情况注明外，暂为空号。

"修订"卷收入上年度我国发布的、被修订的国家标准，视篇幅分设若干分册，但与"制定"卷分册号无关联，仅在封面和书脊上注明"20××年修订-1，-2，-3，……"字样。"修订"卷各分册中的标准，仍按标准编号顺序排列(但不连续)；如有遗漏的，均在当年最后一分册中补齐。需提请读者注意的是，个别非顺延前年度标准编号的新制定的国家标准没有收入在"制定"卷中，而是收入在"修订"卷中。

读者配套购买《中国国家标准汇编》"制定"卷和"修订"卷则可收齐上一年度我国制定和修订的全部国家标准。

3.由于读者需求的变化，自1996年起，《中国国家标准汇编》仅出版精装本。

4.2008年制修订国家标准共5946项。本分册为"2008年修订-39"，收入新制修订的国家标准28项。

中国标准出版社

2009年10月

目　　录

GB/T 7106—2008　建筑外门窗气密、水密、抗风压性能分级及检测方法 …… 1

GB/T 7118—2008　工业氯化钾 …… 23

GB/T 7121.1—2008　农林轮式拖拉机防护装置强度试验方法和验收条件　第1部分:后置式静态试验方法 …… 30

GB/T 7121.2—2008　农林轮式拖拉机防护装置强度试验方法和验收条件　第2部分:后置式动态试验方法 …… 49

GB/T 7124—2008　胶粘剂　拉伸剪切强度的测定(刚性材料对刚性材料) …… 67

GB 7128—2008　汽车空气制动软管和软管组合件 …… 73

GB/T 7134—2008　浇铸型工业有机玻璃板材 …… 84

GB/T 7141—2008　塑料热老化试验方法 …… 97

GB/T 7157—2008　电烙铁 …… 105

GB/T 7160—2008　羰基镍粉 …… 117

GB/T 7163—2008　核电厂安全系统的可靠性分析要求 …… 123

GB/T 7165.2—2008　气态排出流(放射性)活度连续监测设备　第2部分:放射性气溶胶(包括超铀气溶胶)监测仪的特殊要求 …… 131

GB/T 7165.3—2008　气态排出流(放射性)活度连续监测设备　第3部分:放射性惰性气体监测仪的特殊要求 …… 145

GB/T 7165.4—2008　气态排出流(放射性)活度连续监测设备　第4部分:放射性碘监测仪的特殊要求 …… 160

GB/T 7165.5—2008　气态排出流(放射性)活度连续监测设备　第5部分:氚监测仪的特殊要求 …… 170

GB/T 7167—2008　锗γ射线探测器测试方法 …… 183

GB/T 7184—2008　中小功率柴油机　振动测量及评级 …… 195

GB/T 7186—2008　选煤术语 …… 211

GB/T 7190.1—2008　玻璃纤维增强塑料冷却塔　第1部分:中小型玻璃纤维增强塑料冷却塔 …… 297

GB/T 7190.2—2008　玻璃纤维增强塑料冷却塔　第2部分:大型玻璃纤维增强塑料冷却塔 …… 323

GB/T 7193—2008　不饱和聚酯树脂试验方法 …… 348

GB/T 7223—2008　荣昌猪 …… 361

GB/T 7230—2008　气体检测管装置 …… 365

GB/T 7249—2008　白炽灯的最大外形尺寸 …… 375

GB 7251.5—2008　低压成套开关设备和控制设备　第5部分:对公用电网动力配电成套设备的特殊要求 …… 469

GB 7260.1—2008　不间断电源设备　第1-1部分:操作人员触及区使用的UPS的一般规定和安全要求 …… 491

GB 7260.4—2008　不间断电源设备　第1-2部分:限制触及区使用的UPS的一般规定和安全要求 …… 521

GB/T 7261—2008　继电保护和安全自动装置基本试验方法 …… 553

ICS 91.060.50
Q 70

中华人民共和国国家标准

GB/T 7106—2008
代替 GB/T 7106～7108—2002、GB/T 13685～13686—1992

建筑外门窗气密、水密、抗风压性能分级及检测方法

Graduations and test methods of air permeability, watertightness, wind load resistance performance for building external windows and doors

(ISO 6612:1980(E) Windows and door height windows—Wind resistance tests, ISO 6613:1980(E) Windows and door height windows—Air permeability test, NEQ)

2008-07-30 发布 2009-03-01 实施

中华人民共和国国家质量监督检验检疫总局
中国国家标准化管理委员会 发布

前　言

本标准与 ISO 6612—1980《窗和门上高窗——抗风压试验》、ISO 6613—1980《窗和门上高窗——空气渗透性试验》的一致性程度为非等效。

本标准抗风压性能检测方法在变形、反复加压及安全检测的要求及程序上与 ISO 6612—1980 要求一致，增加了 P_1、P_2、P_3 的倍数关系以及加压速度的要求；本标准气密性能检测方法在检测原理、检测装置及试件空气渗透量的检测及计算方法上与 ISO 6613—1980 要求一致，增加了分级检测的压力差、压力换算方法、加压速度等要求。

本标准代替 GB/T 7106—2002《建筑外窗抗风压性能分级及检测方法》、GB/T 7107—2002《建筑外窗气密性能分级及检测方法》、GB/T 7108—2002《建筑外窗水密性能分级及检测方法》、GB/T 13685—1992《建筑外门的风压变形性能分级及其检测方法》和 GB/T 13686—1992《建筑外门的空气渗透性能和雨水渗漏性能分级及其检测方法》。

和 GB/T 7106—2002、GB/T 7107—2002、GB/T 7108—2002、GB/T 13685—1992 和 GB/T 13686—1992 相比，本标准主要修改内容如下：

——将建筑外窗、外门的气密、水密、抗风压性能分级及检测方法标准合一。

——外门的性能分级、检测方法均与外窗统一。

——修改了水密、抗风压性能最高级别的表示方法。

——明确了单扇单锁点门窗抗风压性能检测的测点布置及挠度计算方法。

——明确了采用不同玻璃时外门窗杆件及玻璃最大允许挠度的检测方法。

——修改了气密性能检测的精度要求。

——修改了气密性能分级表。

——增加了气密性能检测装置、淋水系统的校准方法。

——附录中增加了检测报告示例。

本标准的附录 A、附录 B、附录 C 为资料性附录。

本标准由中华人民共和国住房和城乡建设部提出。

本标准由住房和城乡建设部建筑制品与构配件产品标准技术委员会归口。

本标准负责起草单位：中国建筑科学研究院。

本标准参加起草单位：广东省建筑科学研究院、河南省建筑科学研究院、福建省建筑科学研究院、国家建筑材料测试中心、广州市建筑科学研究院、江苏省建筑工程质量检测中心有限公司、上海市建筑科学研究院有限公司、江生罗克迪（上海）贸易有限公司、北京金易格幕墙装饰工程有限责任公司、福建省南平铝业有限公司、广东省东莞市坚朗五金制品有限公司。

本标准主要起草人：王洪涛、刘会涛、张士翔、纪卫明、陈德威、刘海波、刘晓松、张云龙、左蔚雯、卢嘉志、班广生、谢光宇、杜万明。

本标准所代替标准的历次版本发布情况为：

——GB/T 7106—1986、GB/T 7106—2002；

——GB/T 7107—1986、GB/T 7107—2002；

——GB/T 7108—1986、GB/T 7108—2002；

——GB/T 13685—1992；

——GB/T 13686—1992。

建筑外门窗气密、水密、抗风压性能分级及检测方法

1 范围

本标准规定了建筑外门窗气密、水密及抗风压性能的术语和定义、分级、检测装置、检测准备、气密性能检测、水密性能检测、抗风压性能检测及检测报告。

本标准适用于建筑外窗及外门的气密、水密、抗风压性能分级及试验室检测。检测对象只限于门窗试件本身，不涉及门窗与其他结构之间的接缝部位。

2 规范性引用文件

下列文件中的条款通过本标准的引用而成为本标准的条款。凡是注日期的引用文件，其随后所有的修改单（不包括勘误的内容）或修订版均不适用于本标准，然而，鼓励根据本标准达成协议的各方研究是否可使用这些文件的最新版本。凡是不注日期的引用文件，其最新版本适用于本标准。

GB/T 5823 建筑门窗术语

GB 50009 建筑结构荷载规范

GB/T 50178 建筑气候区划标准

3 术语和定义

GB/T 5823 确定的以及下列术语和定义适用于本标准。

3.1

外门窗 external windows and doors

建筑外门及外窗的统称。

3.2

压力差 pressure difference

外门窗室内、外表面所受到的空气绝对压力差值。当室外表面所受的压力高于室内表面所受的压力时，压力差为正值；反之为负值。

3.3

气密性能 air permeability performance

外门窗在正常关闭状态时，阻止空气渗透的能力

3.3.1

标准状态 standard condition

温度为 293 K(20 ℃)、压力为 101.3 kPa(760 mm Hg)、空气密度为 1.202 kg/m^3 的试验条件。

3.3.2

试件空气渗透量 volume of air flow through specimen

在标准状态下，单位时间通过整窗(门)试件的空气量。

3.3.3

附加空气渗透量 volume of extraneous air leakage

除试件本身的空气渗透量以外，通过设备和试件与测试箱连接部分的空气渗透量。

3.3.4

开启缝长　length of opening joint

外窗开启扇或外门扇开启缝隙周长的总和，以内表面测定值为准。如遇两扇相互搭接时，其搭接部分的两段缝长按一段计算。

3.3.5

单位开启缝长空气渗透量　volume of air flow through the unit joint length of the opening part

在标准状态下，单位时间通过单位开启缝长的空气量。

3.3.6

试件面积　external area of specimen

外门窗框外侧范围内的面积，不包括安装用附框的面积。以室内表面测定值为准。

3.3.7

单位面积空气渗透量　volume of air flow through a unit area

在标准状态下，单位时间通过外门窗试件单位面积的空气量。

3.4

水密性能　watertightness performance

外门窗正常关闭状态时，在风雨同时作用下，阻止雨水渗漏的能力。

3.4.1

严重渗漏　serious water leakage

雨水从试件室外侧持续或反复渗入外门窗试件室内侧，发生喷溅或流出试件界面的现象。

3.4.2

严重渗漏压力差值　pressure difference under serious water leakage

外门窗试件发生严重渗漏时的压力差值。

3.4.3

淋水量　volume of water spray

外门窗试件表面保持连续水膜时单位面积所需的水流量。

3.5

抗风压性能　wind load resistance performance

外门窗正常关闭状态时在风压作用下不发生损坏（如：开裂、面板破损、局部屈服、粘结失效等）和五金件松动、开启困难等功能障碍的能力。

3.5.1

面法线位移　frontal displacement

试件受力构件或面板表面上任意一点沿面法线方向的线位移量。

3.5.2

面法线挠度　frontal deflection

试件受力构件或面板表面上某一点沿面法线方向的线位移量的最大差值。

3.5.3

相对面法线挠度　relative frontal deflection

面法线挠度和两端测点间距离 l 的比值。

3.5.4

允许挠度　allowable deflection

主要构件在正常使用极限状态时的面法线挠度的限值（符号为 f_0）。

3.5.5

变形检测　distortion test

为了确定主要构件在变形量为 40％允许挠度时的压力差（符号为 P_1）而进行的检测。

3.5.6

反复变形检测　repeated pressure test

为了确定主要构件在变形量为60%允许挠度时的压力差(符号为 P_2)反复作用下不发生损坏及功能障碍而进行的检测。

3.6

定级检测　grade test

为确定外门窗抗风压性能指标值 P_3 和水密性能指标值 ΔP 而进行的检测。

3.7

工程检测　engineering test

为确定外门窗是否满足工程设计要求的抗风压和水密性能而进行的检测。

4　分级

4.1　气密性能

4.1.1　分级指标

采用在标准状态下,压力差为10 Pa时的单位开启缝长空气渗透量 q_1 和单位面积空气渗透量 q_2 作为分级指标。

4.1.2　分级指标值

分级指标绝对值 q_1 和 q_2 的分级见表1。

表1　建筑外门窗气密性能分级表

分　级	1	2	3	4	5	6	7	8
单位缝长分级指标值 $q_1/[m^3/(m \cdot h)]$	$4.0 \geqslant q_1 > 3.5$	$3.5 \geqslant q_1 > 3.0$	$3.0 \geqslant q_1 > 2.5$	$2.5 \geqslant q_1 > 2.0$	$2.0 \geqslant q_1 > 1.5$	$1.5 \geqslant q_1 > 1.0$	$1.0 \geqslant q_1 > 0.5$	$q_1 \leqslant 0.5$
单位面积分级指标值 $q_2/[m^3/(m^2 \cdot h)]$	$12 \geqslant q_2 > 10.5$	$10.5 \geqslant q_2 > 9.0$	$9.0 \geqslant q_2 > 7.5$	$7.5 \geqslant q_2 > 6.0$	$6.0 \geqslant q_2 > 4.5$	$4.5 \geqslant q_2 > 3.0$	$3.0 \geqslant q_2 > 1.5$	$q_2 \leqslant 1.5$

4.2　水密性能

4.2.1　分级指标

采用严重渗漏压力差值的前一级压力差值作为分级指标。

4.2.2　分级指标值

分级指标值 ΔP 的分级见表2。

表2　建筑外门窗水密性能分级表

单位为帕

分　级	1	2	3	4	5	6
分级指标 ΔP	$100 \leqslant \Delta P < 150$	$150 \leqslant \Delta P < 250$	$250 \leqslant \Delta P < 350$	$350 \leqslant \Delta P < 500$	$500 \leqslant \Delta P < 700$	$\Delta P \geqslant 700$
注:第6级应在分级后同时注明具体检测压力差值。						

4.3　抗风压性能

4.3.1　分级指标

采用定级检测压力差值 P_3 为分级指标。

4.3.2　分级指标值

分级指标值 P_3 的分级见表3。

表 3 建筑外门窗抗风压性能分级表 单位为千帕

分级	1	2	3	4	5	6	7	8	9
分级指标值 P_3	$1.0 \leqslant P_3 < 1.5$	$1.5 \leqslant P_3 < 2.0$	$2.0 \leqslant P_3 < 2.5$	$2.5 \leqslant P_3 < 3.0$	$3.0 \leqslant P_3 < 3.5$	$3.5 \leqslant P_3 < 4.0$	$4.0 \leqslant P_3 < 4.5$	$4.5 \leqslant P_3 < 5.0$	$P_3 \geqslant 5.0$
注：第 9 级应在分级后同时注明具体检测压力差值。									

5 检测装置

5.1 组成

检测装置由压力箱、试件安装系统、供压系统、淋水系统及测量系统(包括空气流量、压力差及位移测量装置)组成。检测装置的构成如图 1 所示。

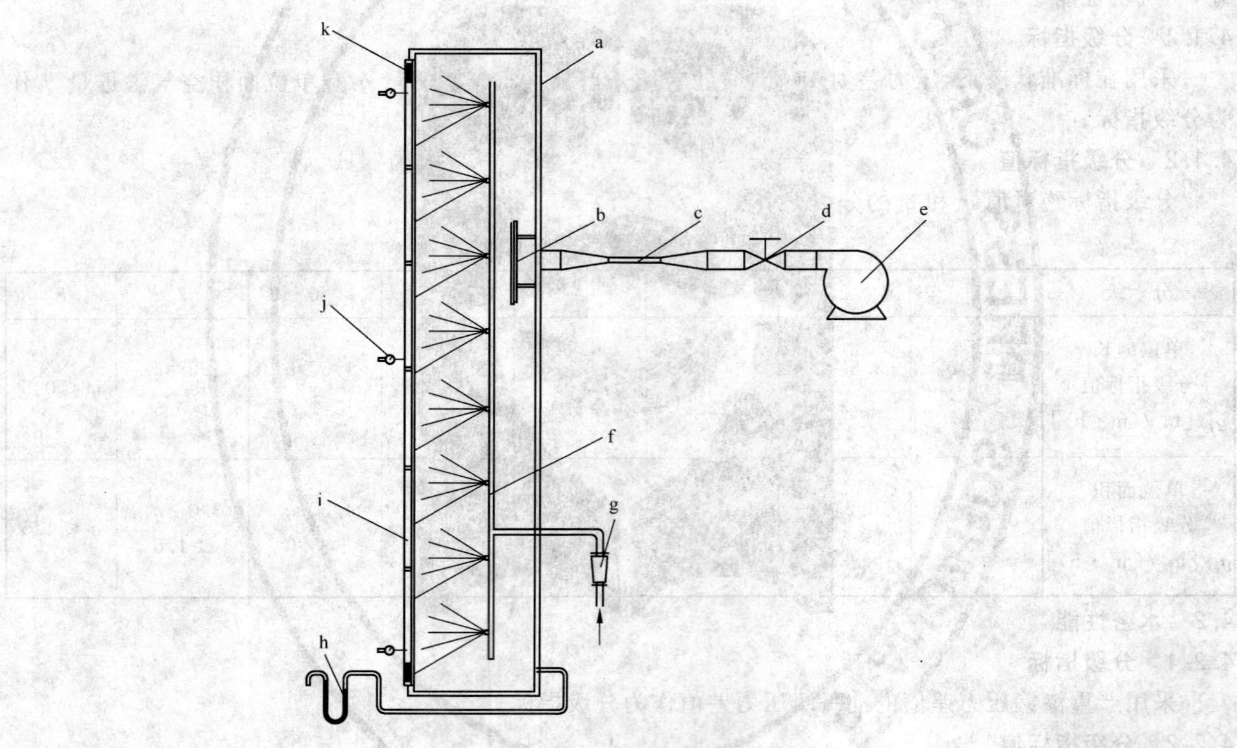

a——压力箱；
b——进气口挡板；
c——风速仪；
d——压力控制装置；
e——供风设备；
f——淋水装置；
g——水流量计；
h——差压计；
i——试件；
j——位移计；
k——安装框架。

图 1 检测装置示意图

5.2 要求

5.2.1 压力箱的开口尺寸应能满足试件安装的要求，箱体开口部位的构件在承受检测过程中可能出现的最大压力差作用下开口部位的最大挠度值不应超过 5 mm 或 l/1 000，同时应具有良好的密封性能且以不影响观察试件的水密性为最低要求。

5.2.2 试件安装系统包括试件安装框及夹紧装置。应保证试件安装牢固，不应产生倾斜及变形，同时保证试件可开启部分的正常开启。

5.2.3 供压系统应具备施加正负双向的压力差的能力，静态压力控制装置应能调节出稳定的气流，动态压力控制装置应能稳定的提供 3 s～5 s 周期的波动风压，波动风压的波峰值、波谷值应满足检测要求。供压和压力控制能力应满足本标准第 7、8、9 章的要求。

5.2.4 淋水系统的喷淋装置应满足在窗试件的全部面积上形成连续水膜并达到规定淋水量的要求。喷嘴布置应均匀，各喷嘴与试件的距离宜相等且不小于 500 mm；装置的喷水量应能调节，并有措施保证喷水量的均匀性。

5.2.5 测量系统包括空气流量、压力差及位移测量装置，并应满足以下要求：

a) 差压计的两个探测点应在试件两侧就近布置，差压计的误差应小于示值的 2%。

b) 空气流量测量系统的测量误差应小于示值的 5%，响应速度应满足波动风压测量的要求。

c) 位移计的精度应达到满量程的 0.25%，位移测量仪表的安装支架在测试过程中应牢固，并保证位移的测量不受试件及其支承设施的变形、移动所影响。

5.3 校准

5.3.1 空气流量测量系统的校准

空气流量测量系统的校准方法参见附录 A，校准周期不应大于 6 个月。

5.3.2 淋水系统的校准

淋水系统的校准方法参见附录 B，校准周期不应大于 6 个月。

6 检测准备

6.1 试件要求

试件应为按所提供图样生产的合格产品或研制的试件，不得附有任何多余的零配件或采用特殊的组装工艺或改善措施。

试件必须按照设计要求组合、装配完好，并保持清洁、干燥。

6.2 试件数量

相同类型、结构及规格尺寸的试件，应至少检测三樘。

6.3 试件安装要求

6.3.1 试件应安装在安装框架上。

6.3.2 试件与安装框架之间的连接应牢固并密封。安装好的试件要求垂直，下框要求水平，下部安装框不应高于试件室外侧排水孔。不应因安装而出现变形。

6.3.3 试件安装后，表面不可沾有油污等不洁物。

6.3.4 试件安装完毕后，应将试件可开启部分开关 5 次。最后关紧。

6.4 检测顺序

宜按照气密、水密、抗风压变形 P_1、抗风压反复受压 P_2、安全检测 P_3 的顺序进行。

6.5 检测安全要求

当进行抗风压性能检测或较高压力的水密性能检测时应采取适当的安全措施。

7 气密性能检测

7.1 检测步骤

检测加压顺序见图 2。

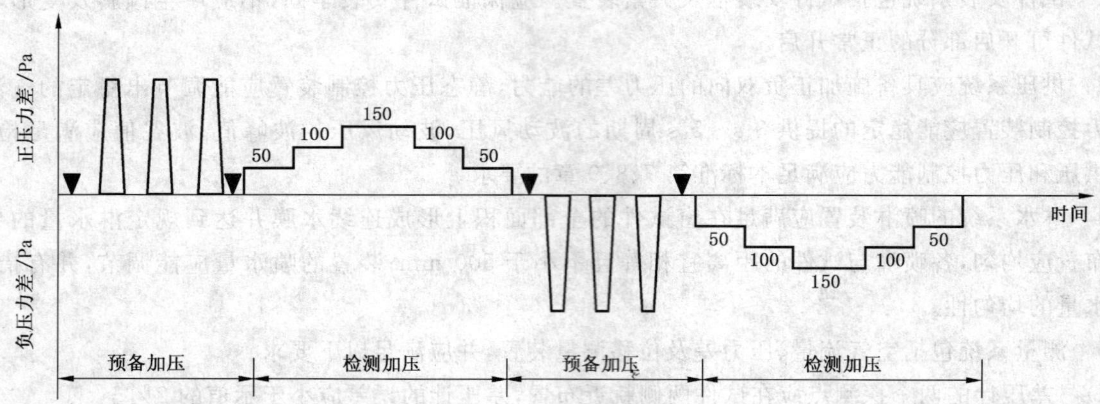

注：图中符号▼表示将试件的可开启部分开关不少于 5 次。

图 2 气密检测加压顺序示意图

7.2 预备加压

在正、负压检测前分别施加三个压力脉冲。压力差绝对值为 500 Pa，加载速度约为 100 Pa/s。压力稳定作用时间为 3 s，泄压时间不少于 1 s。待压力差回零后，将试件上所有可开启部分开关 5 次，最后关紧。

7.3 渗透量检测

7.3.1 附加空气渗透量检测

检测前应采取密封措施，充分密封试件上的可开启部分缝隙和镶嵌缝隙，或用不透气的盖板将箱体开口部盖严，然后按照图 2 检测加压部分逐级加压，每级压力作用时间约为 10 s，先逐级正压，后逐级负压。记录各级测量值。

7.3.2 总渗透量检测

去除试件上所加密封措施或打开密封盖板后进行检测，检测程序同 7.3.1。

7.4 检测值的处理

7.4.1 计算

分别计算出升压和降压过程中在 100 Pa 压差下的两个附加空气渗透量测定值的平均值$\bar{q}_f$和两个总渗透量测定值的平均值 $\bar{q}_z$，则窗试件本身 100 Pa 压力差下的空气渗透量 q_t（m^3/h）即可按式（1）计算：

$$q_t = \bar{q}_z - \bar{q}_f \qquad \cdots\cdots(1)$$

然后，再利用式（2）将 q_t 换算成标准状态下的渗透量 q'（m^3/h）值。

$$q' = \frac{293}{101.3} \times \frac{q_t \cdot P}{T} \qquad \cdots\cdots(2)$$

式中：

q'——标准状态下通过试件空气渗透量值，m^3/h；

P——试验室气压值，kPa；

T——试验室空气温度值，K；

q_t——试件渗透量测定值，m^3/h。

将 q' 值除以试件开启缝长度 l，即可得出在 100 Pa 下，单位开启缝长空气渗透量 q'_1[$m^3/(m \cdot h)$]

值，即：

$$q'_1 = \frac{q'}{l} \qquad \cdots\cdots(3)$$

或将 q' 值除以试件面积 A，得到在 100 Pa 下，单位面积的空气渗透量 $m^3/(m^2 \cdot h)$ 值，即：

$$q'_2 = \frac{q'}{A} \qquad \cdots\cdots(4)$$

正压、负压分别按(1)～(4)式进行计算。

7.4.2　**分级指标值的确定**

为了保证分级指标值的准确度，采用由 100 Pa 检测压力差下的测定值 $\pm q'_1$ 值或 $\pm q'_2$ 值，按式(5)或式(6)换算为 10 Pa 检测压力差下的相应值 $\pm q_1$ [$m^3/(m \cdot h)$]值，或 $\pm q_2$ [$m^3/(m^2 \cdot h)$]值。

$$\pm q_1 = \frac{\pm q'_1}{4.65} \qquad \cdots\cdots(5)$$

$$\pm q_2 = \frac{\pm q'_2}{4.65} \qquad \cdots\cdots(6)$$

式中：

q'_1——100 Pa 作用压力差下单位缝长空气渗透量值，$m^3/(m \cdot h)$；

q_1——10 Pa 作用压力差下单位缝长空气渗透量值，$m^3/(m \cdot h)$；

q'_2——100 Pa 作用压力差下单位面积空气渗透量值，$m^3/(m^2 \cdot h)$；

q_2——10 Pa 作用压力差下单位面积空气渗透量值，$m^3/(m^2 \cdot h)$。

将三樘试件的 $\pm q_1$ 值或 $\pm q_2$ 值分别平均后对照表 1 确定按照缝长和按面积各自所属等级。最后取两者中的不利级别为该组试件所属等级。正、负压测值分别定级。

8　水密性能检测

8.1　**检测方法**

检测分为稳定加压法和波动加压法，检测加压顺序分别见图 3 和图 4。工程所在地为热带风暴和台风地区的工程检测，应采用波动加压法；定级检测和工程所在地为非热带风暴和台风地区的工程检测，可采用稳定加压法。已进行波动加压法检测可不再进行稳定加压法检测。水密性能最大检测压力峰值应小于抗风压定级检测压力差值 P_3。热带风暴和台风地区的划分按照 GB 50178 的规定执行。

8.2　**预备加压**

检测加压前施加三个压力脉冲，压力差绝对值为 500 Pa，加载速度约为 100 Pa/s。压力稳定作用时间为 3 s，泄压时间不少于 1 s。待压力差回零后，将试件上所有可开启部分开关 5 次，最后关紧。

8.3　**稳定加压法**

按照图 3、表 4 顺序加压，并按以下步骤操作：

a)　淋水：对整个门窗试件均匀地淋水，淋水量为 2 L/(m^2.min)。

b)　加压：在淋水的同时施加稳定压力。定级检测时，逐级加压至出现严重渗漏为止。工程检测时，直接加压至水密性能指标值，压力稳定作用时间为 15 min 或产生严重渗漏为止。

c)　观察记录：在逐级升压及持续作用过程中，观察并参照表 6 记录渗漏状态及部位。

表 4　稳定加压顺序表

加压顺序	1	2	3	4	5	6	7	8	9	10	11
检测压力/Pa	0	100	150	200	250	300	350	400	500	600	700
持续时间/min	10	5	5	5	5	5	5	5	5	5	5

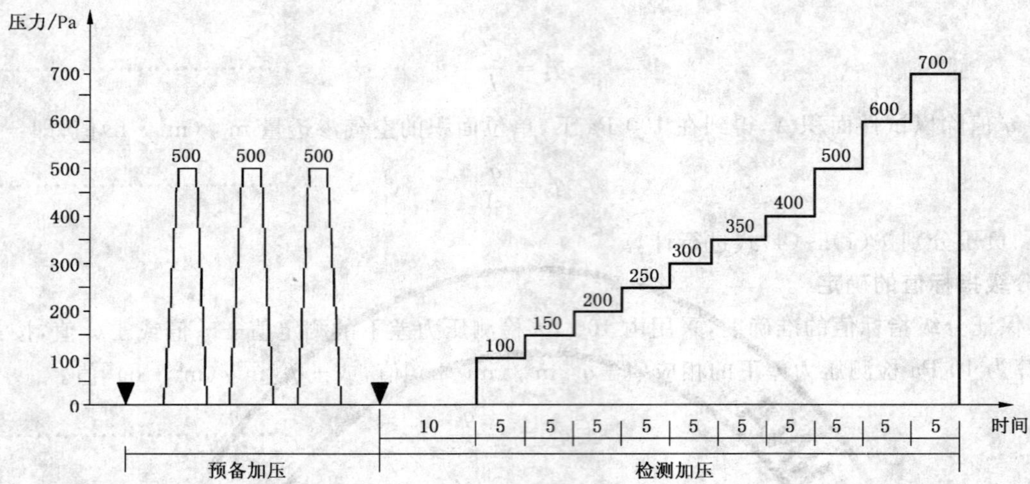

注：图中符号▼表示将试件的可开启部分开关5次。

图3　稳定加压顺序示意图

8.4　波动加压法

按照图4、表5顺序加压，并按以下步骤操作：

a)　淋水：对整个门窗试件均匀地淋水，淋水量为3 L/(m² · min)。

b)　加压：在稳定淋水的同时施加波动压力，波动压力的大小用平均值表示，波幅为平均值的0.5倍。定级检测时，逐级加压至出现严重渗漏。工程检测时，直接加压至水密性能指标值，加压速度约100 Pa/s，波动压力作用时间为15 min或产生严重渗漏为止。

c)　观察记录：在逐级升压及持续作用过程中，观察并参照表6记录渗漏状态及部位。

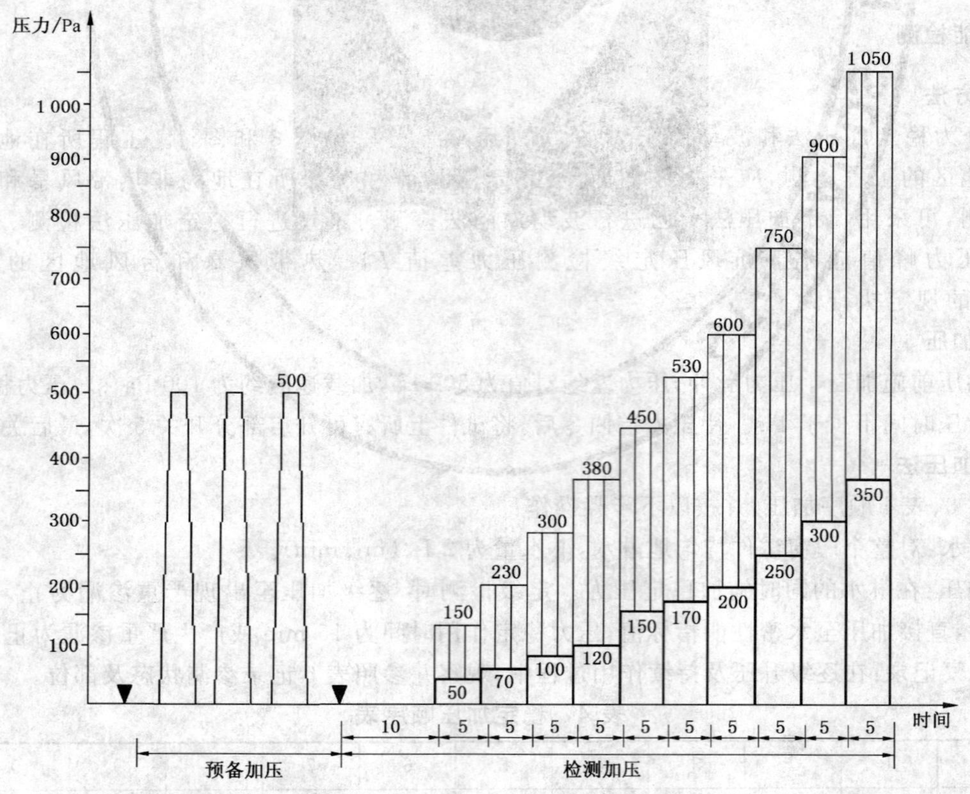

注：图中▼符号表示将试件的可开启部分开关5次。

图4　波动加压示意图

表 5 波动加压顺序表

加压顺序		1	2	3	4	5	6	7	8	9	10	11
波动压力值/Pa	上限值	0	150	230	300	380	450	530	600	750	900	1 050
	平均值	0	100	150	200	250	300	350	400	500	600	700
	下限值	0	50	70	100	120	150	170	200	250	300	350
波动周期/s		3～5										
每级加压时间/min		5										

表 6 渗漏状态符号表

渗漏状态	符号
试件内侧出现水滴	○
水珠联成线，但未渗出试件界面	□
局部少量喷溅	△
持续喷溅出试件界面	▲
持续流出试件界面	●
注 1：后两项为严重渗漏。 注 2：稳定加压和波动加压检测结果均采用此表。	

8.5 分级指标值的确定

记录每个试件的严重渗漏压力差值。以严重渗漏压力差值的前一级检测压力差值作为该试件水密性能检测值。如果工程水密性能指标值对应的压力差值作用下未发生渗漏，则此值作为该试件的检测值。

三试件水密性能检测值综合方法为：一般取三樘检测值的算术平均值。如果三樘检测值中最高值和中间值相差两个检测压力等级以上时，将该最高值降至比中间值高两个检测压力等级后，再进行算术平均。如果 3 个检测值中较小的两值相等时，其中任意一值可视为中间值。

9 抗风压性能检测

9.1 检测项目

9.1.1 变形检测

检测试件在逐步递增的风压作用下，测试杆件相对面法线挠度的变化，得出检测压力差 P_1。

9.1.2 反复加压检测

检测试件在压力差 P_2（定级检测时）或 P'_2（工程检测时）的反复作用下，是否发生损坏和功能障碍。

9.1.3 定级检测或工程检测

检测试件在瞬时风压作用下，抵抗损坏和功能障碍的能力。

定级检测是为了确定产品的抗风压性能分级的检测，检测压力差为 P_3；工程检测是考核实际工程的外门窗能否满足工程设计要求的检测，检测压力差为 P'_3。

9.2 检测方法

9.2.1 检测加压顺序

检测加压顺序见图 5。

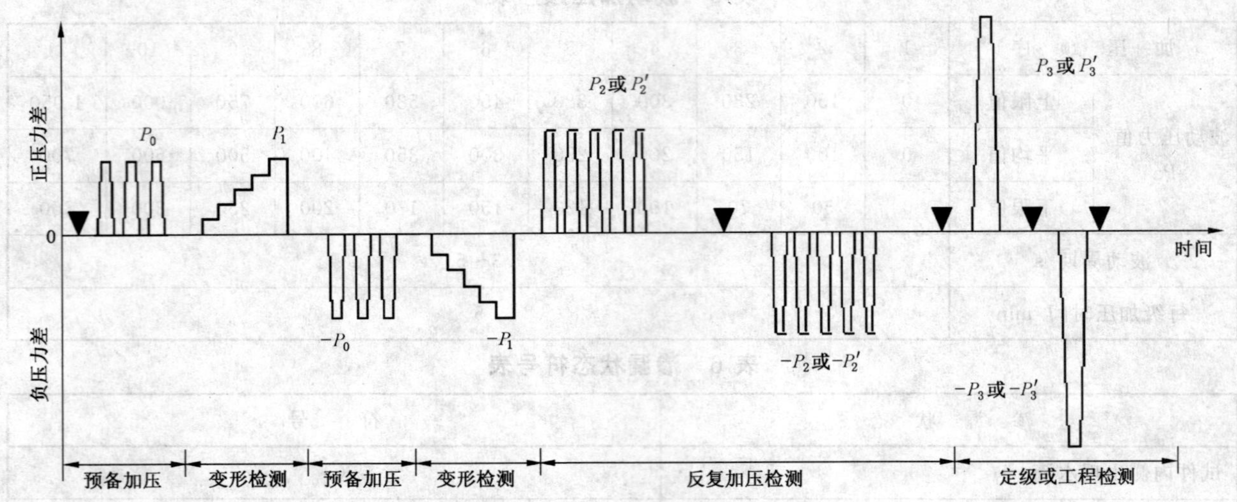

注：图中符号▼表示将试件的可开启部分开关5次。

图5 检测加压顺序示意图

9.2.2 确定测点和安装位移计

将位移计安装在规定位置上。测点位置规定如下：

a) 对于测试杆件：测点布置见图6。中间测点在测试杆件中点位置，两端测点在距该杆件端点向中点方向10 mm处。当试件的相对挠度最大的杆件难以判定时，也可选取两根或多根测试杆件（见图7），分别布点测量。

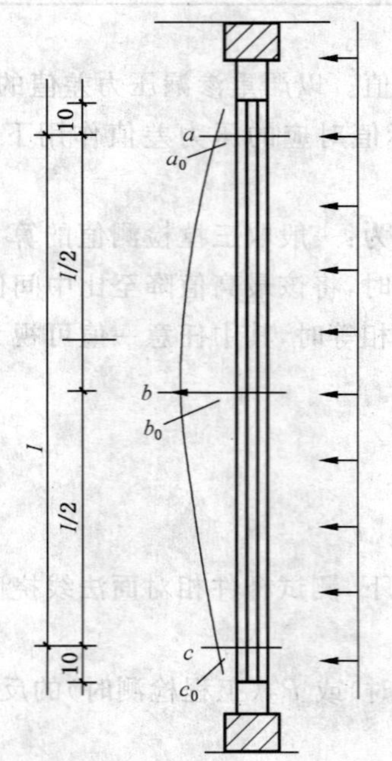

注：a_0、b_0、c_0——三测点初始读数值(mm)；

a、b、c——三测点在压力差作用过程中的稳定读数值(mm)；

l——测试杆件两端测点a、c之间的长度(mm)。

图6 测试杆件测点分布图

b) 对于单扇固定扇：测点布置见图8。

c) 对于单扇平开窗（门）：当采用单锁点时，测点布置见图9，取距锁点最远的窗（门）扇自由边（非铰链边）端点的角位移值δ为最大挠度值，当窗（门）扇上有受力杆件时应同时测量该杆件的最大相对挠度，取两者中的不利者作为抗风压性能检测结果；无受力杆件外开单扇平开窗（门）只进行负压检测，无受力杆件内开单扇平开窗（门）只进行正压检测；当采用多点锁时，按照单扇固定扇的方法进行检测。

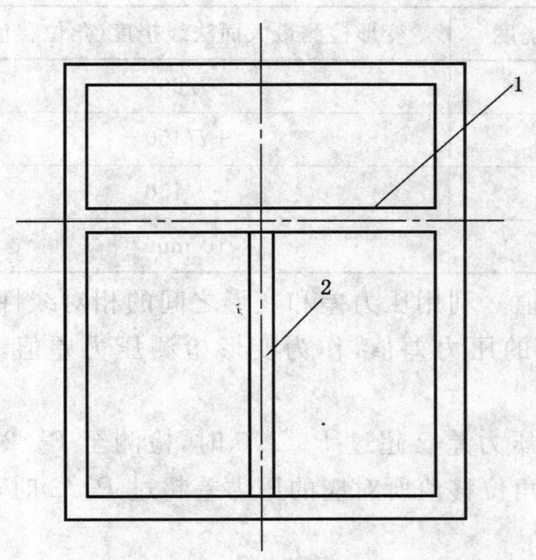

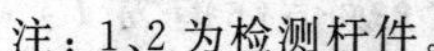

注：1、2 为检测杆件。

图 7　多测试杆件分布图

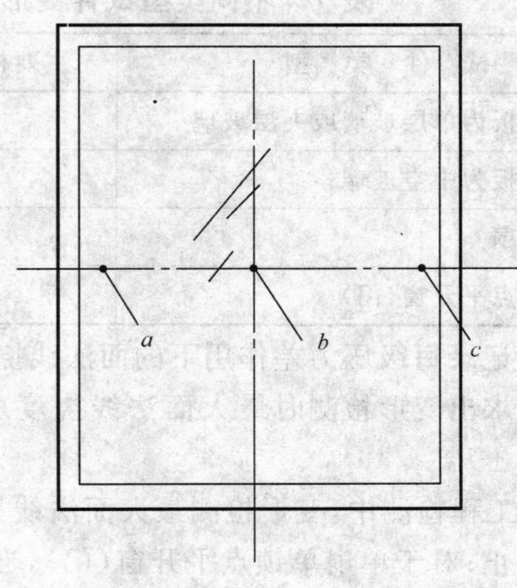

注：a、b、c 为测点。

图 8　单扇固定扇测点分布图

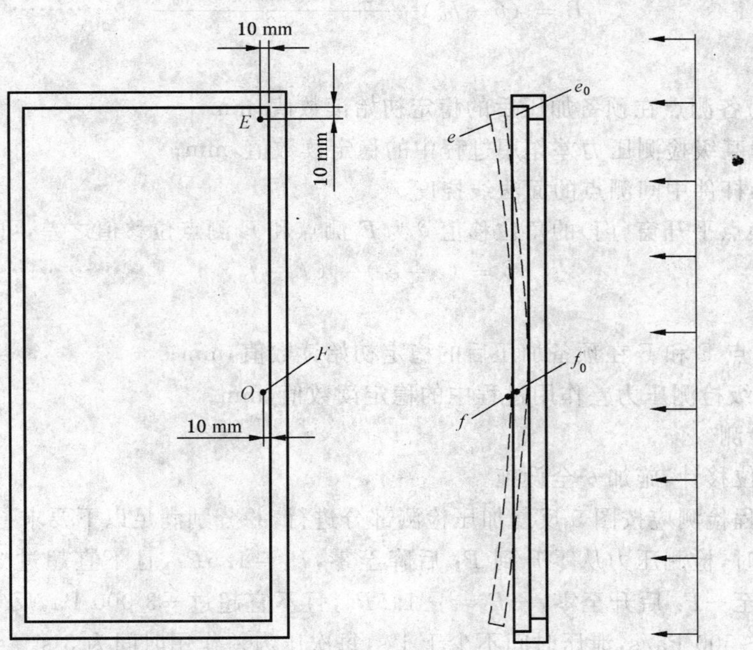

注 1：e_0、f_0 测点初始读数值(mm)；

注 2：e、f 测点在压力作用过程中的稳定读数值(mm)。

图 9　单扇单锁点平开窗(门)位移计布置图

9.2.3　预备加压程序

在进行正、负变形检测前，分别提供三个压力脉冲，压力差 P_0 绝对值为 500 Pa，加载速度约为 100 Pa/s，压力稳定作用时间为 3 s，泄压时间不少于 1 s。

9.2.4　变形检测

9.2.4.1　先进行正压检测，后进行负压检测，并符合以下要求：

a) 检测压力逐级升、降。每级升降压力差值不超过 250 Pa，每级检测压力差稳定作用时间约为 10 s。不同类型试件变形检测时对应的最大面法线挠度(角位移值)应符合表 7 的要求。检测压力绝对值最大不宜超过 2 000 Pa。

表 7 不同类型试件变形检测对应的最大面法线挠度(角位移值)

试 件 类 型	主要构件(面板)允许挠度	变形检测最大面法线挠度(角位移值)
窗(门)面板为单层玻璃或夹层玻璃	$\pm l/120$	$\pm l/300$
窗(门)面板为中空玻璃	$\pm l/180$	$\pm l/450$
单扇固定扇	$\pm l/60$	$\pm l/150$
单扇单锁点平开窗(门)	20 mm	10 mm

b) 记录每级压力差作用下的面法线挠度值(角位移值)，利用压力差和变形之间的相对线性关系求出变形检测时最大面法线挠度(角位移)对应的压力差值，作为变形检测压力差值，标以 $\pm P_1$。

c) 工程检测中，变形检测最大面法线挠度所对应的压力差已超过 $P'_3/2.5$ 时，检测至 $P'_3/2.5$ 为止；对于单扇单锁点平开窗(门)，当 10 mm 自由角位移值所对应的压力差超过 $P'_3/2$ 时，检测至 $P'_3/2$ 为止。

d) 当检测中试件出现功能障碍或损坏时，以相应压力差值的前一级压力差分级指标值为 P_3。

9.2.4.2 求取杆件或面板的面法线挠度可按公式(7)进行：

$$B=(b-b_0)-\frac{(a-a_0)+(c-c_0)}{2} \quad \cdots\cdots(7)$$

式中：

a_0、b_0、c_0——为各测点在预备加压后的稳定初始读数值，mm；

a、b、c——为某级检测压力差作用过程中的稳定读数值，mm；

B——为杆件中间测点的面法线挠度。

9.2.4.3 单扇单锁点平开窗(门)的角位移值 δ 为 E 测点和 F 测点位移值之差，可按公式(8)计算。

$$\delta=(e-e_0)-(f-f_0) \quad \cdots\cdots(8)$$

式中：

e_0、f_0——为测点 E 和 F 在预备加压后的稳定初始读数值，mm；

e、f——为某级检测压力差作用过程中的稳定读数值，mm。

9.2.5 反复加压检测

检测前可取下位移计，施加安全设施。

定级检测和工程检测应按图 5 反复加压检测部分进行，并分别满足以下要求：

——定级检测时，检测压力从零升到 P_2 后降至零，$P_2=1.5P_1$，且不宜超过 3 000 Pa，反复 5 次。再由零降至 $-P_2$ 后升至零，$-P_2=-1.5P_1$，且不宜超过 $-3\ 000$ Pa，反复 5 次。加压速度为 300 Pa/s～500 Pa/s，泄压时间不少于 1 s，每次压力差作用时间为 3 s。

——工程检测时，当工程设计值小于 2.5 倍 P_1 时以 0.6 倍工程设计值进行反复加压检测。

反复加压后，将试件可开启部分开关 5 次，最后关紧。记录试验过程中发生损坏(指玻璃破裂、五金件损坏、窗扇掉落或被打开以及可以观察到的不可恢复的变形等现象)和功能障碍(指外门窗的启闭功能发生障碍、胶条脱落等现象)的部位。

9.2.6 定级检测或工程检测

9.2.6.1 定级检测时，使检测压力从零升至 P_3 后降至零，$P_3=2.5P_1$，对于单扇单锁点平开窗(门)，$P_3=2.0P_1$；再降至 $-P_3$ 后升至零，$-P_3=2.5(-P_1)$，对于单扇单锁点平开窗(门)，$-P_3=2(-P_1)$。加压速度为 300 Pa/s～500 Pa/s，泄压时间不少于 1 s，持续时间为 3 s。正、负加压后各将试件可开关部分开关 5 次，最后关紧。试验过程中发生损坏和功能障碍时，记录发生损坏和功能障碍的部位，并记录试件破坏时的压力差值。

9.2.6.2 工程检测时，当工程设计值 P'_3 小于或等于 $2.5P_1$（对于单扇平开窗或门，P'_3 小于或等于 $2.0P_1$）时，才按工程检测进行。压力加至工程设计值 P'_3 后降至零，再降至 $-P'_3$ 后升至零。加压速度为 300 Pa/s～500 Pa/s，泄压时间不少于 1 s，持续时间为 3 s。加正、负压后各将试件可开关部分开关 5 次，最后关紧。试验过程中发生损坏和功能障碍时，记录发生损坏和功能障碍的部位，并记录试件破坏时的压力差值。当工程设计值 P'_3 大于 $2.5P_1$（对于单扇平开窗或门，P'_3 大于 $2.0P_1$）时，以定级检测取代工程检测。

9.3 检测结果的评定

9.3.1 变形检测的评定

以试件杆件或面板达到变形检测最大面法线挠度时对应的压力差值为 $\pm P_1$；对于单扇单锁点平开窗（门），以角位移值为 10 mm 时对应的压力差值为 $\pm P_1$。

9.3.2 反复加压检测的评定

如果经检测，试件未出现功能障碍和损坏，注明 $\pm P_2$ 值或 $\pm P'_2$ 值。如果经检测试件出现功能障碍或损坏，记录出现的功能障碍、损坏情况及其发生部位，并以试件出现功能障碍或损坏时压力差值的前一级压力差分级指标值定级；工程检测时，如果出现功能障碍或损坏时的压力差值低于或等于工程设计值时，该外窗（门）判为不满足工程设计要求。

9.3.3 定级检测的评定

试件经检测未出现功能障碍或损坏时，注明 $\pm P_3$ 值，按 $\pm P_3$ 中绝对值较小者定级。如果经检测，试件出现功能障碍或损坏，记录出现功能障碍或损坏的情况及其发生的部位，并以试件出现功能障碍或损坏所对应的压力差值的前一级分级指标值进行定级。

9.3.4 工程检测的评定

试件未出现功能障碍或损坏时，注明 $\pm P'_3$ 值，并与工程的风荷载标准值 W_k 相比较，大于或等于 W_k 时可判定为满足工程设计要求，否则判为不满足工程设计要求。

工程的风荷载标准值 W_k 的确定方法见 GB 50009。

9.3.5 三试件综合评定

定级检测时，以三试件定级值的最小值为该组试件的定级值。工程检测时，三试件必须全部满足工程设计要求。

10 检测报告

检测报告格式参见附录 C，检测报告至少应包括下列内容：

a） 试件的名称、系列、型号、主要尺寸及图样（包括试件立面、剖面和主要节点，型材和密封条的截面、排水构造及排水孔的位置、主要受力构件的尺寸以及可开启部分的开启方式和五金件的种类、数量及位置）。工程检测时宜说明工程名称、工程地点、工程概况、工程设计要求，既有建筑门窗的已用年限。

b） 玻璃品种、厚度及镶嵌方法。

c） 明确注出有无密封条。如有密封条则应注出密封条的材质。

d） 明确注出有无采用密封胶类材料填缝。如采用则应注出密封材料的材质。

e） 五金配件的配置。

f） 气密性能单位缝长及面积的计算结果，正负压所属级别。未定级时说明是否符合工程设计要求。

g） 水密性能最高未渗漏压差值及所属级别。注明检测的加压方法，出现渗漏时的状态及部位。

以一次加压(按符合设计要求)或逐级加压(按定级)检测结果进行定级。未定级时说明是否符合工程设计要求。

h) 抗风压性能定级检测给出 P_1、P_2、P_3 值及所属级别。工程检测给出 P_1、P_2'、P_3'值,并说明是否满足工程设计要求。主要受力构件的挠度和状况,以压力差和挠度的关系曲线图表示检测记录值。

附 录 A
（资料性附录）
空气流量测量系统校准方法

A.1 适用范围

本校验方法适用于建筑外门窗气密性能检测装置的空气流量测量系统的校准。

A.2 原理

采用固定规格的标准试件安装在压力箱开口部位，利用空气流量测量系统测量不同开孔数量的空气流量。

A.3 标准试件

标准试件采用 3 mm 不锈钢板加工，外形尺寸应符合图 A.1 的要求，表面加工应平整，测孔内应清洁，不能有划痕及毛刺等。

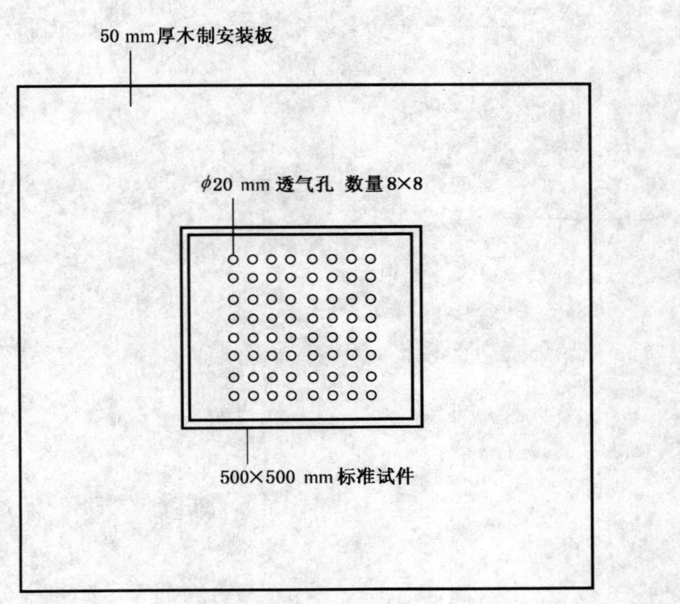

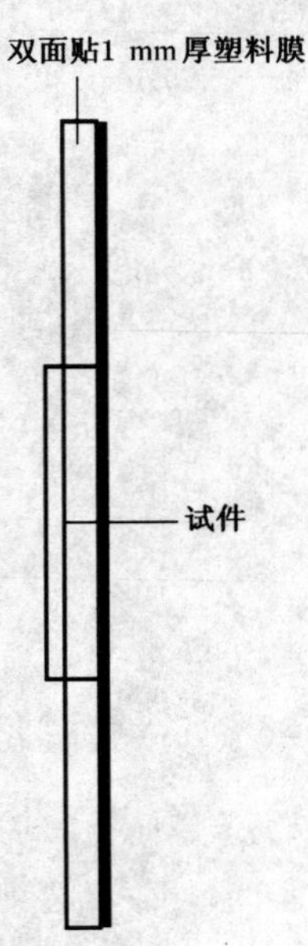

图 A.1 标准试件及安装

A.4 安装框技术要求

A.4.1 安装框应采用不透气的材料，本身具有足够刚度。

A.4.2 安装框四周与压力箱相交部分应平整，以保证接缝的高度气密性。

A.4.3 安装框上标准试件的镶嵌口应平整，标准试件采用机械连接后用密封胶密封。

A.5 校准条件

A.5.1 试验室内环境温度应在 20 ℃±5.0 ℃ 范围内，检测前仪器通电预热时间不少于 1 h。

A.5.2 空气流量测量系统所用差压计、流量计应在正常检定周期内。

A.6 校准方法

A.6.1 将全部开孔用胶带密封，按本标准 7.2 试验要求顺序加压，记录相应压力下的风速值并换算为标准状态下的空气渗透量值作为附加空气渗透量。

A.6.2 按照 1、2、4、8、16、32 个孔的顺序，依次打开密封胶带，分别按本标准 7.2 试验要求顺序加压，记录相应压力下的风速值并换算为标准状态下的总空气渗透量值。

A.6.3 重复上述 A.6.1、A.6.2 步骤 2 次，得到 3 次校准结果。

A.7 结果的处理

A.7.1 按本标准 7.3 中公式(1)计算各开孔下的空气渗透量，按公式(2)换算为标准空气渗透量。三次测值取算术平均值。正、负压分别计算。

A.7.2 以检测装置第一次的校准记录为初始值。分别计算不同开孔数量时的空气流量差值。当误差超过 5%时应进行修正。

A.8 校准周期

不应大于 6 个月。

附 录 B
（资料性附录）
淋水系统校准方法

B.1 适用范围

本校验方法适用于建筑外门窗水密性能检测装置的淋水系统的校准。

B.2 原理

采用固定规格的集水箱安装在压力箱开口不同部位，收集淋水系统的喷水量，校准不同区域的淋水量及均匀性。

B.3 集水箱

如图 B.1 所示。集水箱应只接收喷到样品表面的水而将试件上部流下的水排除。集水箱应为边长为 610 mm 的正方形，内部分成四个边长为 305 mm 的正方形。每个区域设置导向排水管，将收集到的水排入可以测量体积的容器。

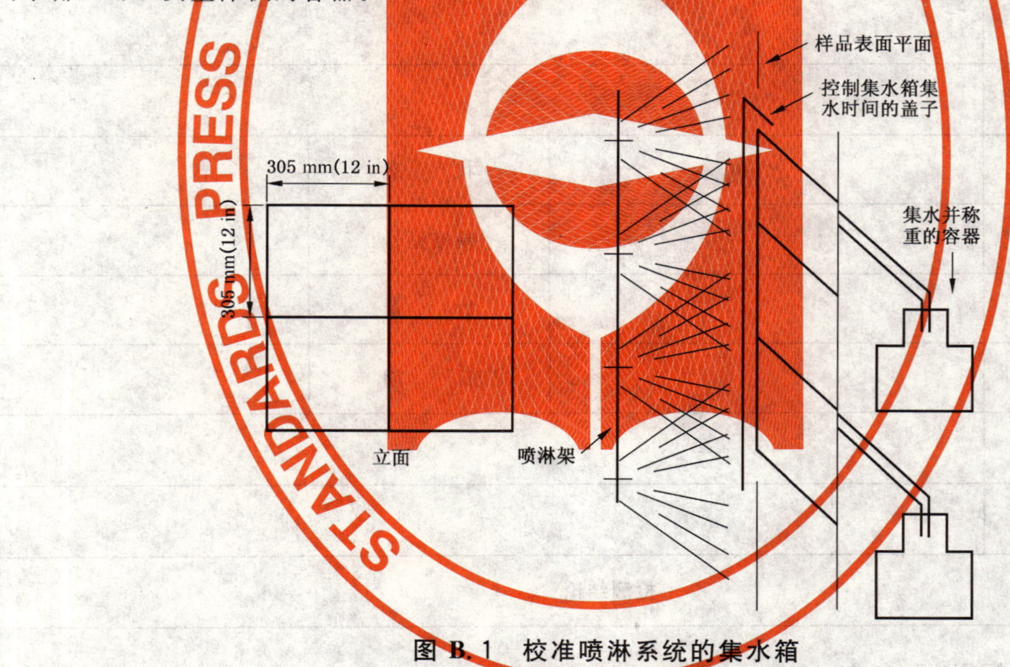

图 B.1 校准喷淋系统的集水箱

B.4 方法

B.4.1 集水箱的开口面放置于试件外样品表面应处位置±50 mm 范围内，平行于喷淋系统。用一个边长大约为 760 mm 的方形盖子在集水箱开口部位，开启喷淋系统，按照压力箱全部开口范围设定总流量达到 2 L/(min·m^2)，流入每个区域（四个分区）的水分开收集。四个喷淋区域总淋水量最少为 0.74 L/min，对任一个分区，淋水量应在 0.15 L/min 至 0.37 L/min 范围内。

B.4.2 喷淋系统应在压力箱开口部位的高度及宽度的每四等分的交点上都进行校准。

B.4.3 不符合要求时应对喷淋装置进行调整后再次进行校准。

B.5 校准周期

不应大于 6 个月。

附 录 C
（资料性附录）
检测报告示例

C.1 建筑外窗(门)气密、水密、抗风压性能检测报告示例

建筑外窗(门)气密、水密、抗风压性能检测报告

报告编号： 共 页 第 页

<table>
<tr><td colspan="2">委托单位</td><td colspan="3"></td></tr>
<tr><td colspan="2">地 址</td><td></td><td>电 话</td><td></td></tr>
<tr><td colspan="2">送样/抽样日期</td><td colspan="3"></td></tr>
<tr><td colspan="2">抽样地点</td><td colspan="3"></td></tr>
<tr><td colspan="2">工程名称</td><td colspan="3"></td></tr>
<tr><td colspan="2">生产单位</td><td colspan="3"></td></tr>
<tr><td rowspan="2">样品</td><td>名称</td><td></td><td>状 态</td><td></td></tr>
<tr><td>商标</td><td></td><td>规格型号</td><td></td></tr>
<tr><td rowspan="4">检测</td><td>项目</td><td></td><td>数 量</td><td></td></tr>
<tr><td>地点</td><td></td><td>日 期</td><td></td></tr>
<tr><td>依据</td><td colspan="3"></td></tr>
<tr><td>设备</td><td colspan="3"></td></tr>
<tr><td colspan="5">检测结论</td></tr>
<tr><td colspan="5">气密性能：正压属国标 GB/T ×××××第 级
负压属国标 GB/T ×××××第 级
水密性能：属国标 GB/T ××× 第 级
（采用××加压方法检测）
抗风压性能：属国标 GB/T ××××× 第 级
按照产品标准 ×××××判为合格(定级时注明)
满足工程设计要求(当工程检测时注明)
（检测报告专用章）</td></tr>
</table>

批准： 审核： 主检：

报告日期：

C.2 建筑外窗(门)产品质量检测报告示例

建筑外窗(门)产品质量检测报告

报告编号：　　　　　　　　　　　　　　　　　　　　　　　　　　　共　页　第　页

可开启部分缝长：m		面积：m^2	
面板品种		安装方式	
面板镶嵌材料		框扇密封材料	
检测室温度℃		检测室气压 kPa	
面板最大尺寸 mm	宽：	长：	厚：
工程设计值	气密：　$m^3/(h \cdot m)$ $m^3/(h \cdot m^2)$	水密静压：　Pa 水密动压：　Pa	抗风压(正压)：　kPa 抗风压(负压)：　kPa

检测结果

气密性能：单位缝长每小时渗透量为正压＿＿＿＿负压＿＿＿＿$m^3/(h \cdot m)$

单位面积每小时渗透量为正压＿＿＿＿负压＿＿＿＿$m^3/(h \cdot m^2)$

稳定加压法：发生严重渗漏的最高压力为＿＿＿＿Pa

未发生渗漏的最高压力为＿＿＿＿Pa

波动加压法：发生严重渗漏的最高压力为＿＿＿＿Pa

未发生渗漏的最高压力为＿＿＿＿Pa

抗风压性能：变形检测结果为：　正压＿＿＿＿kPa

(单玻 1/300，双玻 1/450)负压＿＿＿＿kPa

反复加压检测结果为：　正压＿＿＿＿kPa

负压＿＿＿＿kPa

安全检测结果为：(单玻 1/120，双玻 1/180)

正压＿＿＿＿kPa

(3 s 阵风风压)负压＿＿＿＿kPa

工程检验结果：正压＿＿＿＿kPa

负压＿＿＿＿kPa

ICS 71.060.50
G 12

中华人民共和国国家标准

GB/T 7118—2008
代替 GB/T 7118—1999

工业氯化钾

Industrial potassium chloride

2008-12-30 发布　　　　2009-09-01 实施

中华人民共和国国家质量监督检验检疫总局
中国国家标准化管理委员会　发布

前 言

本标准代替 GB/T 7118—1999《工业氯化钾》。

本标准与 GB/T 7118—1999 相比主要变化如下：

——增加了净含量的要求和检验方法；

——增加了产品性状，取消了感官指标要求；

——增加了试验方法中的“一般规定”；

——修改了水分含量的检验方法；

——修改了氯化钾含量的检验方法；

——规范了工业氯化钾的产品标识和包装的规定。

本标准由中国轻工业联合会提出。

本标准由全国海湖盐标准化中心归口。

本标准由全国海湖盐标准化中心负责起草。

本标准主要起草人：佟云琨、赵毅、任青考。

本标准所代替标准的历次版本发布情况为：

——GB/T 7188—1986、GB/T 7188—1999。

工 业 氯 化 钾

1 范围

本标准规定了工业氯化钾的质量等级、要求、试验方法、检验规则、产品标识、包装、贮存和运输。

本标准适用于从光卤石中提取的工业氯化钾产品。

2 规范性引用文件

下列文件中的条款通过本标准的引用而成为本标准的条款。凡是注日期的引用文件,其随后所有的修改单(不包括勘误的内容)或修订版均不适用于本标准,然而,鼓励根据本标准达成协议的各方研究是否可使用这些文件的最新版本。凡是不注日期的引用文件,其最新版本适用于本标准。

GB/T 6682—2008 分析实验室用水规格和试验方法(ISO 3696:1987,MOD)

GB/T 8618 制盐工业主要产品取样方法

GB/T 13025.4 制盐工业通用试验方法 水不溶物的测定

GB/T 13025.5 制盐工业通用试验方法 氯离子的测定

GB/T 13025.6 制盐工业通用试验方法 钙和镁离子的测定

GB/T 13025.8 制盐工业通用试验方法 硫酸根离子的测定

JJF 1070 定量包装商品净含量计量检验规则

《定量包装商品计量监督管理办法》(国家质量监督检验检疫总局令第75号)

3 产品性状

工业氯化钾为白色或暗白色结晶性粉末,味咸涩,易溶于水。

分子式:KCl

相对分子质量:74.55

4 质量等级

工业氯化钾按质量等级分为优级、一级和二级。

5 要求

5.1 化学指标

化学指标应符合表1的规定。

表 1

项 目		化学指标		
		优级	一级	二级
氯化钾/(g/100 g)	≥	93.0	90.0	88.0
氯化钠/(g/100 g)	≤	1.75	2.60	3.60
钙、镁离子总量/(g/100 g)	≤	0.27	0.38	0.45
硫酸根/(g/100 g)	≤	0.20	0.35	0.65
水不溶物/(g/100 g)	≤	0.05	0.10	0.15
水分/(g/100 g)	≤	4.73	6.57	7.15

5.2 净含量

单件定量包装产品的净含量，应符合《定量包装商品计量监督管理办法》。

6 试验方法

6.1 一般规定

本标准试验方法中所用试剂和水在没有注明其他要求时，均指分析纯试剂和 GB/T 6682—2008 中规定的三级水。

本标准试验方法中规定的允许差系指两次平行测定结果的绝对差值的允许范围。

6.2 样品溶液的制备

称取 25 g 氯化钾样品，称准至 0.001 g，置于 400 mL 烧杯中，加 200 mL 水，加热溶解。冷却后移入 500 mL 容量瓶中，加水稀释至刻度，摇匀，必要时过滤。

6.3 水分

6.3.1 原理

样品在(105±2)℃恒温干燥，测定干燥后失去的质量。

6.3.2 仪器设备

——一般实验室仪器；

——低型称量瓶(ϕ50 mm×30 mm)；

——恒温干燥箱(可调节温度至 105 ℃±2 ℃)。

6.3.3 试验程序

称取 6 g～8 g 样品，称准至 0.000 1 g，置于已在(105±2)℃干燥至恒重的低型称量瓶中，于恒温干燥箱中在(105±2)℃干燥至恒重。

恒重——首次在(105±2)℃的恒温干燥箱中干燥 2 h～3 h。取出置于干燥器中冷却至室温后称量，以后每次在(105±2)℃下干燥 1 h，取出置于干燥器中冷却至室温后称量，直至两次称量之差不超过 0.000 5 g，视为恒重。

6.3.4 结果的表示和计算

干燥失重按式(1)计算：

$$w_1 = \frac{m_1 - m_2}{m} \times 100 \quad \cdots\cdots(1)$$

式中：

w_1——样品干燥失重，单位为克每百克(g/100 g)；

m_1——烘前样品加称量瓶质量，单位为克(g)；

m_2——烘后样品加称量瓶质量，单位为克(g)；

m——称取样品质量，单位为克(g)。

水分含量按式(2)计算：

$$w = w_1 + w_2 \times 0.066\,2 + w_3 \times 0.324\,7 + w_4 \times 0.756\,8 + w_5 \times 0.299\,3 \quad \cdots\cdots(2)$$

式中：

w——水分含量，单位为克每百克(g/100 g)；

w_1——样品烘失重，单位为克每百克(g/100 g)；

w_2——样品中硫酸钙含量，单位为克每百克(g/100 g)；

w_3——样品中氯化钙含量，单位为克每百克(g/100 g)；

w_4——样品中氯化镁含量，单位为克每百克(g/100 g)；

w_5——样品中硫酸镁含量，单位为克每百克(g/100 g)。

样品中硫酸钙、氯化钙、氯化镁、硫酸镁的含量按 6.11 的规定进行计算。

6.3.5 允许差

允许差见表 2。

表 2

单位为克每百克

样品干燥失重	允许差
<4.00	≤0.20
≥4.00	≤0.30

6.4 水不溶物

按 GB/T 13025.4 规定的方法检验。

6.5 氯化钾

6.5.1 原理

四苯硼钠溶液加至微酸性样品溶液中，生成稳定的四苯硼钾沉淀，经过滤、干燥、称量测得钾离子含量。

6.5.2 仪器设备

一般实验室仪器。

6.5.3 试剂和溶液

6.5.3.1 四苯硼钠溶液(0.1 mol/L)

称取 3.4 g 四苯硼钠溶于 50 mL 无水乙醇中，加水稀释至 100 mL。

6.5.3.2 四苯硼钾饱和溶液(1 g/L)

称取 1 g 经少量无水乙醇浸泡、抽滤、干燥后的四苯硼钾沉淀，加 50 mL 无水乙醇溶解，加 950 mL 水，摇匀后备用，用前过滤至溶液澄清。

6.5.3.3 甲基红指示液(1 g/L)

称取 0.1 g 甲基红，溶于 100 mL 无水乙醇中。

6.5.3.4 乙酸溶液(1+10)

量取 10 mL 乙酸，溶于 100 mL 水中。

6.5.4 分析步骤

吸取 20.00 mL 过滤后的样品溶液(6.2)于 500 mL 容量瓶中，用水稀释至刻度，摇匀。吸取 15.00 mL 于 100 mL 烧杯中，加 45 mL 水和 1 滴甲基红指示液(6.5.3.3)，用乙酸溶液(6.5.3.4)调至红色，于电炉上微热(约 50 ℃)，在搅拌下逐滴加入 6.5 mL 四苯硼钠溶液(6.5.3.1)，冷却至室温，用已于(120±2)℃恒重的 4 号玻璃坩埚过滤，用四苯硼钾饱和溶液(6.5.3.2)洗涤、转移沉淀，再继续洗涤 4 次～5 次，置于恒温干燥箱中，于(120±2)℃干燥 1 h 取出，置于干燥器中冷却至室温后称量，以后每次干燥 0.5 h，称量，直至两次称量之差不超过 0.000 2 g，视为恒重。

若氯化钾样品含铵离子，则应增加除铵干扰步骤，即：吸取 20.00 mL 过滤后的样品溶液(6.2)于 500 mL 容量瓶中，用水稀释至刻度，摇匀。然后吸取 15.00 mL 于 100 mL 烧杯中，加 45 mL 水，2 滴～3 滴 5%酚酞指示液，逐滴加入 20%氢氧化钠溶液调至红色出现。加 36%甲醛溶液 5 mL，如红色消失，再加氢氧化钠调至红色。盖上表面皿，在沸水浴上加热 15 min，取下冷却。

6.5.5 结果计算

钾离子含量按式(3)计算：

$$w=\frac{0.109\,1\times(m_1-m_2)}{m}\times 100 \qquad \cdots\cdots(3)$$

式中：

w——试样中钾离子含量，单位为克每百克(g/100 g)；

m_1——玻璃坩埚加四苯硼钾质量，单位为克(g)；

m_2——玻璃坩埚质量，单位为克(g)；

m——试样质量，单位为克(g)；

0.109 1——四苯硼钾换算为钾离子的系数。

氯化钾含量按式(4)计算：

$$w_1 = 1.906\,8 \times w \quad \cdots\cdots(4)$$

式中：

w_1——氯化钾含量，单位为克每百克(g/100 g)；

w——钾离子含量，单位为克每百克(g/100 g)；

1.906 8——钾离子换算为氯化钾的系数。

6.5.6 允许差

氯化钾含量两次平行测定结果的允许差不大于 0.38 g/100 g。

6.6 氯离子

吸取 50.00 mL 稀释后的样品溶液(6.5.4)，按 GB/T 13025.5 规定的方法进行检验。

6.7 钙离子

按 GB/T 13025.6 规定的方法进行检验。

6.8 镁离子

按 GB/T 13025.6 规定的方法进行检验。

6.9 硫酸根

按 GB/T 13025.8 规定的方法进行检验。

6.10 氯化钠

按表 3 的顺序计算化合物，其余氯离子计算为氯化钠含量。

表 3

阴离子	阳离子			
	钙离子	镁离子	钠离子	钾离子
硫酸根	(1)硫酸钙	(2)硫酸镁	(3)硫酸钠	
氯离子	(4)氯化钙	(5)氯化镁	(7)氯化钠	(6)氯化钾

6.11 可溶性杂质成分的计算和检验结果的检查

由上述各项的检验结果，得出氯化钾样品中所含各离子的含量，然后按表 3 中所标注顺序号计算化合物成分，计算结果保留至小数点后两位。

检验所得化合物含量总和加上水不溶物、水分之和为 99.50 g/100 g～100.50 g/100 g 时，认为分析数据有效。

6.12 净含量

按 JJF 1070 的规定执行。

7 抽样、检验规则及结果判定

7.1 抽样

按 GB/T 8618 规定的方法进行抽样。样品保存于洁净、干燥的容器中，密封并进行标识。

7.2 检验规则

氯化钾出厂前由生产厂家质量检验部门进行检验，保证出厂的产品符合本标准的要求。

用户收到氯化钾产品，可按本标准规定的取样方法进行取样和检验。

当供需双方对产品质量发生异议时，由双方协商解决或共同提交仲裁单位按本标准规定的检验方法检验。

7.3 结果判定

检验结果有一项指标不符合本标准规定，可对该批产品重新加倍抽样检验，若检验结果仍不符合本标准的要求时，则判该批产品为不合格。

8 产品标识、包装、贮存、运输

8.1 产品标识

包装袋外应有牢固、清晰、易于识别的标识，标识标注内容应包括：生产厂名称和地址、产品名称、等级、净含量、批号或生产日期及本标准的编号。产品应附有产品质量检验合格证明。

8.2 包装

产品按不同规格定量包装。包装需用牢固防潮的材料，封口严密，外表清洁。

8.3 贮存

氯化钾应贮存在干燥的仓库中，如临时堆放要妥善苫封，严防受潮。

8.4 运输

运输时应有遮盖物，防止雨淋、漏撒。运输工具必须清洁。

ICS 65.060.10
T 69

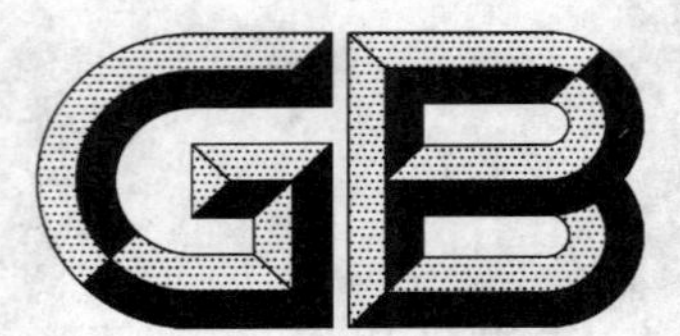

中华人民共和国国家标准

GB/T 7121.1—2008
部分代替 GB 7121—1986

农林轮式拖拉机防护装置强度试验方法和验收条件 第1部分:后置式静态试验方法

The strength testing method and accepting conditions of the rear-mounted protective structures on wheeled agricultural and forestry tractors—Part 1:Static testing method of rear mounted ROPS

(ISO 5700:2006,Tractors for agriculture and forestry—Roll-over protective structures(ROPS)—Static test method and acceptance conditions,MOD)

2008-06-03 发布

2009-01-01 实施

中华人民共和国国家质量监督检验检疫总局
中国国家标准化管理委员会 发布

前　言

GB/T 7121《农林轮式拖拉机防护装置强度试验方法和验收条件》分为四个部分：

——第1部分：后置式静态试验方法；

——第2部分：后置式动态试验方法；

——第3部分：前置式静态试验方法；

——第4部分：前置式动态试验方法。

本部分为GB/T 7121的第1部分。

本部分修改采用ISO 5700:2006《农业和林业轮式拖拉机防护装置静态试验方法和验收条件》(英文版)。

本部分根据ISO 5700:2006重新起草。

考虑到我国国情，在采用ISO 5700:2006时进行了如下修改：

——改变了适用范围；

——规范性引用文件改为引用我国标准；

——增加了测量弹性变形的装置；

——增加了压垮试验装置的侧示图。

这些技术性差异已编入正文中，并在它们所涉及的条款的页边空白处用垂直单线标识。

为便于使用，本部分还作了下列编辑性修改：

——“本国际标准”一词改为“本部分”；

——用小数点“.”代替作为小数点的逗号“,”；

——删除ISO 5700:2006的前言；

——增加了国家标准前言；

——改变了标准名称。

本部分代替GB 7121—1986《农林轮式拖拉机防护装置强度试验方法和验收条件》的后置式静态试验方法部分，因为国际上的发展原标准在技术上已过时，根据我国拖拉机行业的现状和市场的变化修改和增加了相应的内容。修订时除作了编辑性修改外，本部分与GB 7121—1986相比主要变化如下：

——增加了第2章“规范性引用文件”，修改相应的引用标准；

——增加了术语“农林拖拉机”、“防护装置”；

——增加了第4章“允许测量误差”，对公差进行了修改；

——增加了符号“a_h”、“a_v”、“W”；

——对第6章“试验设备”进行补充；

——对动载试验顺序按前轴承重进行区分；

——对纵向加载和侧向加载的作用点进行修改；

——对容身区进行修改，并增加双向行驶拖拉机的工况；

——在验收条件中，增加铰接式拖拉机和拖拉机朝加载撞击方向翻车时的内容。

本部分的附录A、附录B均为规范性附录。

本部分由中国机械工业联合会提出。

本部分由全国拖拉机标准化技术委员会归口。

本部分起草单位：国家拖拉机质量监督检验中心。

本部分主要起草人：王风雨、陈振、金锡平。

本部分所代替标准的历次版本发布情况为：

——GB 7121—1986。

农林轮式拖拉机防护装置强度试验方法和验收条件 第1部分:后置式静态试验方法

1 范围

本部分规定了农林轮式拖拉机防护装置的静态试验方法和验收条件。

防护装置试验的目的是在于使拖拉机正常作业时由翻车事故造成驾驶员受伤的可能性减至最小。

用模拟拖拉机向后或侧面翻车时(悬空摔落除外)施加于驾驶室或安全架上的载荷来检验防护装置的强度。本试验可检查拖拉机防护装置和连接支架的强度以及由施加在承载装置上的载荷可能影响的那些拖拉机零件的强度。

本部分适用于至少具有两轴的充气轮胎拖拉机,其质量为800 kg～15 000 kg,后轮最小轮距应大于1 150 mm。

2 规范性引用文件

下列文件中的条款通过GB/T 7121的本部分的引用而成为本部分的条款。凡是注日期的引用文件,其随后所有的修改单(不包括勘误的内容)或修订版均不适用于本部分,然而,鼓励根据本部分达成协议的各方研究是否可使用这些文件的最新版本。凡是不注日期的引用文件,其最新版本适用于本部分。

GB/T 229 金属材料 夏比摆锤冲击试验方法(GB/T 229—2007,ISO 148-1:2006,MOD)

GB/T 700 碳素结构钢(GB/T 700—2006,ISO 630:1995,NEQ)

GB/T 3098(所有部分) 紧固件机械性能

GB/T 6236 农林拖拉机和机械 驾驶座标志点(GB/T 6236—2008,ISO 5353:1995,MOD)

GB/T 6960.7—2007 拖拉机术语 第7部分:驾驶室、驾驶座和覆盖件

3 术语和定义

GB/T 6960.7—2007中确立的以及下列术语和定义适用于GB/T 7121的本部分。

3.1

农林拖拉机 agricultural and forestry tractors

至少有两根轴的自走式的轮式或履带式车辆,其设计主要用于下列基本的农业和林业用途:

——牵引拖车;

——携带、牵引或推动农业和林业机具或机械,并可根据需要,在拖拉机行进中或停车状态为配套机具提供动力。

3.2

防护装置(ROPS) roll-over protective structure

在正常操作时,把那些对拖拉机驾驶员由于突发事件造成伤害的可能性降到最低的框架结构。

3.3

拖拉机质量 tractor mass

在工作状态下空载拖拉机的质量,带有加足油、水的油箱和水箱,有金属包层的防护装置和正常使

用所要求的履带或附件前轮驱动部件。不包括驾驶员、选装配重、附件轮、专用设备和负载。

3.4

参考质量(m_t)　reference mass

为了计算试验中应输入的能量，由生产厂家选用的一个质量，它不得小于拖拉机质量(见3.3)。

3.5

纵向中心平面　longitudinal median plane

通过AB的中点，且垂直于AB的垂直平面。A和B为拖拉机在直行状态下左右导向轮或驱动轮的中心平面通过其转轴的垂直于地平面的交线与轮胎支撑面的交点。

3.6

纵向基准平面　longitudinal reference plane

通过驾驶座标志点和方向盘中心的纵向铅锤平面。对于左右对称布置的拖拉机，此基准面与拖拉机纵向中心平面重合。

4　允许测量误差

试验时的测量值应符合下列公差：

长度：±0.5%；

载荷：±1.0%；

质量：±0.5%；

角度：±2°；

时间：±0.2 s。

5　符号

D　防护装置在载荷作用点处并在载荷作用方向上的变形量，单位为毫米(mm)

F　静载，单位为牛顿(N)

W　防护装置(ROPS)的宽度，单位为毫米(mm)

F_f　前压垮试验时施加的载荷，单位为牛顿(N)

E_{is}　侧向加载时吸收的输入能量，单位为焦耳(J)

E_{il1}　第一次纵向加载时吸收的输入能量，单位为焦耳(J)

E_{il2}　第二次纵向加载时吸收的输入能量，单位为焦耳(J)

F_{max}　加载时(不包括超载)出现的最大静载荷，单位为牛顿(N)

F_r　后压垮试验时施加的载荷，单位为牛顿(N)

a_h　座椅水平调节的一半，单位为毫米(mm)

a_v　座椅上下调节的一半，单位为毫米(mm)

m_t　拖拉机参考质量，单位为千克(kg)

6　试验设备

6.1　防护装置变形的测量装置

全部试验结束后测量防护装置永久变形的装置。

为了检验试验时容身区是否受到侵入，可使用如图1所示的测量框架。

6.2　按照GB/T 6236的规定确定座椅标志点的位置。

6.3　测量弹性变形的装置

如图2所示，侧向撞击和静载试验时用，其水平杆在水平面上与容身区最上表面重合。

6.4 水平加载试验

6.4.1 将拖拉机底盘架空并牢固的固定于地面上的装置(见图 3)。

6.4.2 使载荷沿其垂直方向均布施加的梁:长为 250 mm～700 mm 且为 50 mm 的倍数,梁与防护装置接触的棱角半径不大于 50 mm。如果与加载梁接触的防护装置,其法线与加载载荷方向不平行,则要填充空隙以便沿加载梁均布施加载荷。

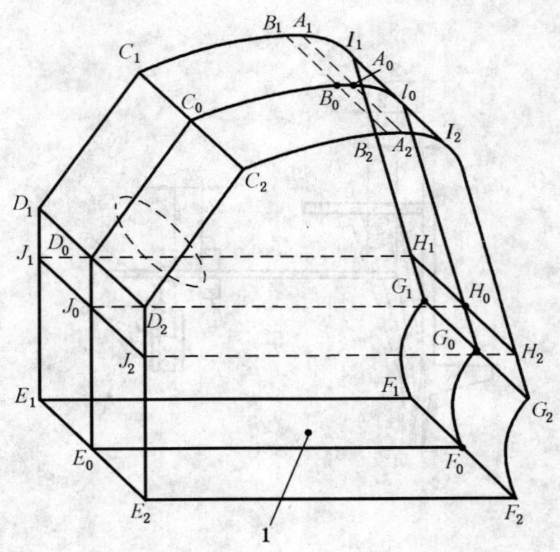

1——座椅标志点。

线　　段	尺寸/mm	备　　注
A_1A_0	100	最小值
B_1B_0		
A_1A_2	500	
B_1B_2		
C_1C_2		
D_1D_2	500	最小值或方向盘直径加 80 mm,两者取最大值
E_1E_2		
F_1F_2	500	
G_1G_2		
H_1H_2		
I_1I_2		
J_1J_2		
E_1E_0	250	最小值或方向盘半径加 40 mm,两者取最大值
E_2E_0		
J_0E_0	300	
F_0G_0		依拖拉机而定
I_0G_0		
C_0D_0		
E_0F_0		

图 1 容身区测量框架

6.4.3 万向连接机构要确保加载设备不妨碍防护装置转动或沿加载方向以外的方向上移动。

6.4.4 要有测量防护装置受力点在载荷方向上相对于拖拉机底盘变形的设备；要连续记录测量以确保精度；测量设备要固定以便记录载荷和变形。

6.5 压垮试验

6.5.1 将拖拉机底盘架空并牢固的固定于地面上的装置(见图4)。

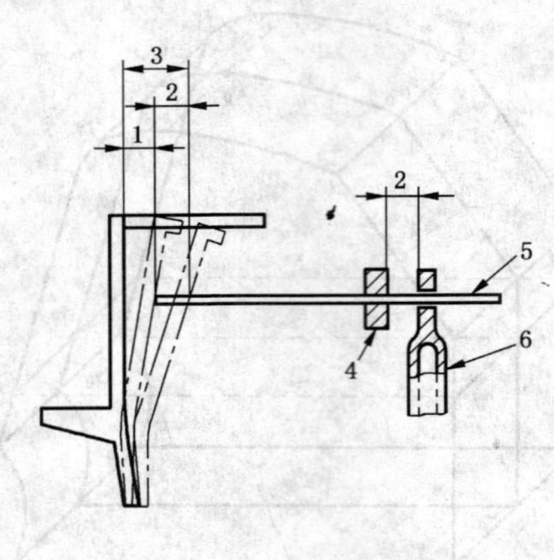

1——永久变形；
2——弹性变形；
3——总变形；
4——摩擦圈；
5——接触防护装置的水平杆；
6——装在拖拉机底盘的垂直杆。

图2 测量弹性变形的装置示例

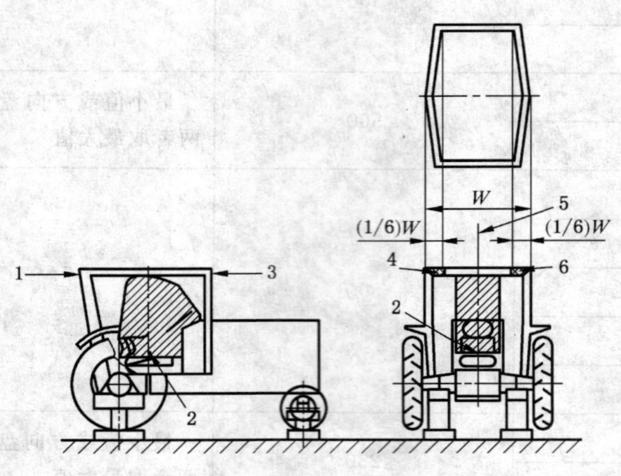

1——后加载载荷；
2——座位标志点；
3——前加载载荷；
4——第二次纵向载荷作用点(前后)；
5——纵向中心面；
6——纵向载荷作用点(前后)。

a) 水平前后加载

图3 水平加载试验装置的示例

单位为毫米

1——座位标志点(SIP)；
2——侧向载荷作用点；
3——后向加载时的变形；
4——纵向中心面；
5——载荷。

b）水平侧向加载

图 3（续）

1——载荷；
2——万向连接；
3——液压油缸；
4——前后轴下的支撑；
5——加载梁。

图 4 压垮试验装置的后示图

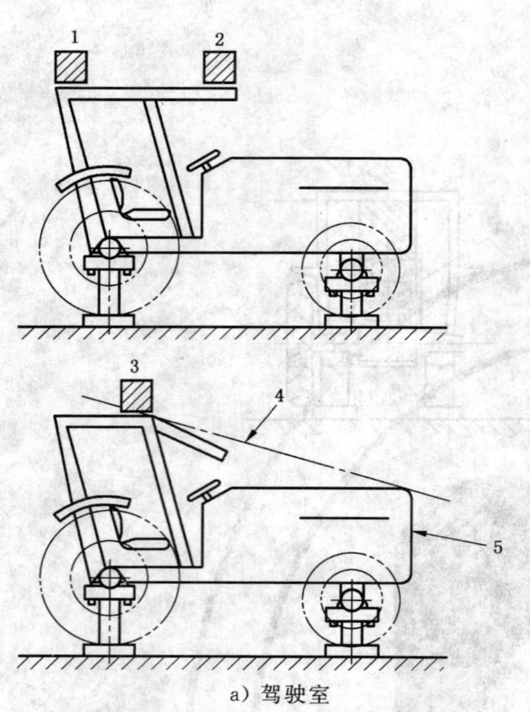

a）驾驶室

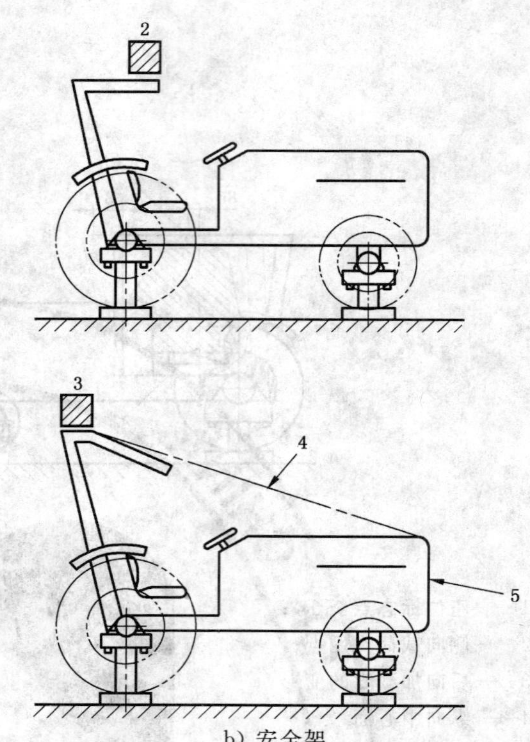

b）安全架

1——后压垮试验时梁的位置；

2——前压垮试验时梁的位置；

3——当前部不能承受全部压垮力时第二次压垮梁的位置；

4——设想的地平面；

5——当翻车时能够支撑拖拉机质量的部位。

图5　压垮试验装置的侧示图

6.5.2　如图4所示，对防护装置实施垂直向下载荷的方法，包括一个宽250 mm的刚性梁。

6.5.3　测量总垂直载荷的设备。

7　拖拉机和防护装置的试验设备

7.1　防护装置符合产品说明书的要求，并按厂家标明的连接方法固定于拖拉机底盘上不得增加任何其他支撑。

7.2　传动系与地板间不干涉，以便连接传动系和底板的部件在对防护装置施加载荷的情况下无明显变形。传动系除了初始连接外，在加载时不受支撑。

7.3　应卸下所有连接的窗、面板和可拆卸的非结构件；试验时可打开或移开的门窗，在试验时应打开或移开。

7.4　在拖拉机底盘和防护装置上安装必要的仪器和辅助设备，如接受载荷-位移数据的必要设备等。

7.5　压垮试验

当进行压垮试验时，应在底盘下支撑拖拉机，以便载荷不作用在车轮上。

8　试验步骤和要求

8.1　试验项目和顺序

a）　第一次纵向加载试验；

b）　第一次压垮试验；

c）　侧向加载试验；

d） 第二次压垮试验；

e） 第二次纵向加载试验。

8.2 试验条件

8.2.1 所有试验都应在同一防护装置上进行。在各项试验之间，不对任何部分进行维修和加强。

8.2.2 在每项试验结束后，载荷移开时对防护装置进行目视检查。除了第二次压垮试验外，出现裂纹或撕裂，在下一个试验前按 8.3 要求进行超载试验。

随着载荷的增加，防护装置的变形会导致载荷方向改变，这是允许的。

8.2.3 通过刚性梁施加于防护装置上的载荷要符合 6.4 的要求，刚性梁与载荷方向垂直，且有防止其侧向移动的措施。施加载荷的速度要保证变形的速度不超过 5 mm/s。当施加载荷时，应同时连续记录载荷和位移，以确保精度。当加载开始后，载荷不能出现下降直至试验结束；但可停止增加载荷，例如测量时。

8.2.4 如果载荷作用点处无横向构件，可使用一根不增加强度的代用试验梁来完成试验。

8.3 纵向加载试验

对于后轴至少支撑 50％拖拉机质量的拖拉机，纵向加载施加在后部。对于其他拖拉机则施加在前部。如果从后面，则施加在侧向载荷的相反面。如果从前面，则施加在侧向载荷的同一面。载荷施加于防护装置最上部的横向构件（也就是当翻车时最有可能撞击地面的位置），并与拖拉机纵向中心面平行。

载荷的作用点在防护装置从最外角往内 1/6 宽度的位置。防护装置的宽度是平行于拖拉机纵向中心面并通过防护装置的最上部外端横向构件的两个平行平面之间的距离。

用来均布载荷的刚性梁的长度不小于防护装置宽度的 1/3，且不超过防护装置宽度 1/3 的 49 mm。

遇下述情况时停止试验：

a） 防护装置吸收的应变能等于或大于需要的输入能（E_{il1}）

$$E_{il1} = 1.4 \cdot m_t \qquad \cdots\cdots (1)$$

b） 防护装置进入容身区或使容身区失去保护。

8.4 第二次纵向加载试验

第二次纵向加载方向应与 8.3 的纵向加载方向相反，并在离它最远的角上。

遇下述情况时停止试验：

a） 防护装置吸收的应变能等于或大于需要的输入能（E_{il2}）

$$E_{il2} = 0.35 \cdot m_t \qquad \cdots\cdots (2)$$

b） 防护装置进入容身区或使容身区失去保护。

8.5 侧向加载试验

水平施加侧向载荷并垂直于纵向中心面。作用点在防护装置外部座椅标志点前 85 mm（见图 3）处；对于双向行驶拖拉机，在驾驶位与座椅标志点的中间位。

当拖拉机侧向翻车时，如能确定驾驶室侧面的某一特定部位首先触地，则应在该部加载。对于双立柱的情况，在最上部加载，而不考虑座椅标志点。对于偏置座椅和/或防护装置非对称强度的情况下，侧向载荷应施加于最有可能导致进入容身区的一面。

用来均布载荷的刚性梁尽可能长，最好达到最大值 700 mm。

遇下述情况时停止试验：

a） 防护装置吸收的应变能等于或大于需要的输入能（E_{is}）

$$E_{is} = 1.75 \cdot m_t \qquad \cdots\cdots (3)$$

b） 防护装置进入容身区或使容身区失去保护。

8.6 压垮试验

第一次压垮试验应施加于防护装置第一次纵向载荷的同一侧。第二次压垮试验应施加于第一次纵向加载的相反一侧。

8.6.1 后压垮试验

将刚性梁置于防护装置后部顶上(见图4),压垮合力作用于纵向基准面内。施加的压力 $F_r = 20\ m_t$ (N)。此作用力在防护装置上任何视觉可见的变形终止后至少保持5 s。

如果防护装置顶棚后部承受不了全部压垮力时,此力应一直施加到顶棚变形至翻车时能支撑拖拉机质量的后部部件相接触时为止。然后卸载,改变拖拉机或加载力的位置,以便把刚性梁置于拖拉机翻车时能支撑拖拉机的部位,然后施加全部载荷。

8.6.2 前压垮试验

将刚性梁置于防护装置前部顶上(见图5),压垮合力作用于纵向基准面内。施加的压力 $F_f = 20\ m_t$ (N)。此作用力在防护装置上任何视觉可见的变形终止后至少保持5 s。

如果防护装置顶棚前部承受不住全部压垮力时,此力应一直施加到顶棚变形至翻车时能支撑拖拉机质量的前部部件相接触时为止。然后卸载,改变拖拉机或加载力的位置,以便把刚性梁置于拖拉机翻车时能支撑拖拉机的部位,然后施加全部载荷。

9 容身区

9.1 容身区如图1、图6a)和图6b)所示。容身区依据基准面利座椅参考点确定。基准面是个垂直面,通常平行于拖拉机纵向,通过座椅标志点和方向盘中心。通常基准面与拖拉机的纵向中心面重合。一般认为在加载时,基准面会随座椅和方向盘水平移动,与拖拉机或防护装置的地板保持垂直。容身区根据9.2和9.3定义。

单位为毫米

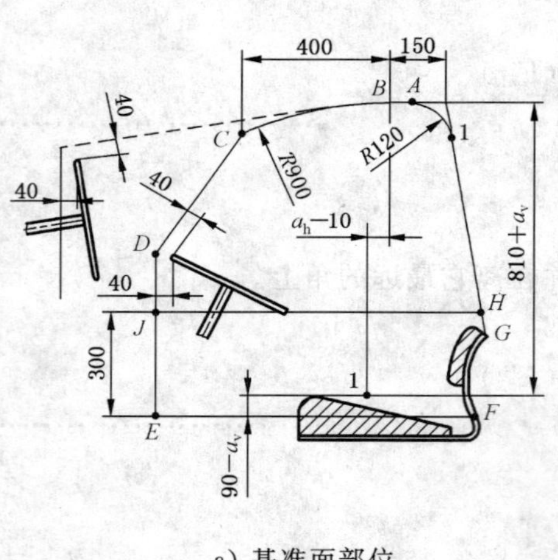

a) 基准面部位

b) 前或后视图

1——SIP;

2——载荷;

3——纵向基准面。

图6 容身区

9.2 非双向行驶拖拉机的容身区根据以下a)~j)定义;拖拉机水平放置,座椅可调至其后部最上位置,方向盘调整到相对于座椅的中间位置:

a) 水平面 $A_1B_1B_2A_2$,高于SIP$(810+a_v)$ mm,直线 B_1B_2 位于SIP后(a_h-10) mm;

b) 倾斜面 $G_1G_2I_2I_1$,垂直于基准面,包括直线 B_1B_2 后150 mm的点和座椅靠背的最高点;

c) 圆柱面 $A_1A_2I_2I_1$,垂直于基准面且半径为120 mm,与上述两平面相切;

d) 圆柱面 $B_1C_2C_2B_1$,垂直于基准面且半径为900 mm,向前延伸400 mm并与a)所述平面相切于 B_1B_2 直线;

e) 倾斜面 $C_1D_1D_2C_2$，垂直于基准面交于 d)所述平面，并距方向盘外边缘 40 mm。如果有一个方向盘高位，则这个平面由直线 B_1B_2 延伸切于 d)所述平面；

f) 垂直平面 $D_1E_1E_2D_2$，垂直于基准面，位于方向盘外边缘 40 mm；

g) 水平面 $E_1F_1F_2E_2$，通过 SIP 下面($90-a_v$)mm；

h) 曲面 $G_1F_1F_2G_2$，交于 b)与 g)所述面，垂直于基准面，在全部长度上与座椅靠背紧贴；

i) 垂直平面 $J_1E_1F_1G_1H_1$ 和 $J_2E_2F_2G_2H_2$，两个平面应从 $E_1F_1F_2E_2$ 面向上延伸 300 mm，E_1E_0 和 E_2E_0 的距离应为 250 mm；

j) 平行平面 $A_1B_1C_1D_1J_1H_1I_1$ 和 $A_2B_2C_2D_2J_2H_2I_2$，倾斜以便载荷施加面的上表面边缘距垂直基准面至少 100 mm。

9.3 对于双向行驶拖拉机(双向座椅和方向盘)，容身区是按方向盘和座椅的两种不同位置定义的容身区的包集。

10 验收条件

对于合格的防护装置，应在试验后满足下列的条件。对于铰接式拖拉机，当翻车时在拖拉机的任意铰接角度上，容身区都应得到保护。

10.1 应无任何零部件进入第 9 章定义的容身区。应无任何零部件在试验时撞击座椅。而且，容身区应不超出防护装置的保护之外。因此，如果拖拉机朝加载方向翻车时，容身区的任何零部件接触地面，则认为容身区超出防护装置的保护之外。

注：拖拉机生产厂家要确保防护装置试验时，没有任何零部件在翻车时进入容身区对驾驶员造成伤害。

10.2 在每次规定的水平加载试验中，在满足能量时，载荷应超过 $0.8\,F_{max}$。

10.3 超载试验

a) 如果获得最后 5%变形时的载荷下降 3%，则要进行超载试验[见图 7a)和图 7b)]。

b) 超载试验中，以初始要求能量的 5%作增量继续水平加载，直至总附加能量达到 20%。

c) 满足下列条件，则认为通过超载试验：

如果吸收了 5%、10%或 15%的附加能量后，对于每次 5%的增量，作用力下降不超过 3%；

吸收了 20%的附加能量后，作用力仍超过 $0.8F_{max}$。

d) 在超载试验时，允许容身区受到侵入或失去保护。但卸载后，防护装置需退出容身区且容身区受到保护。

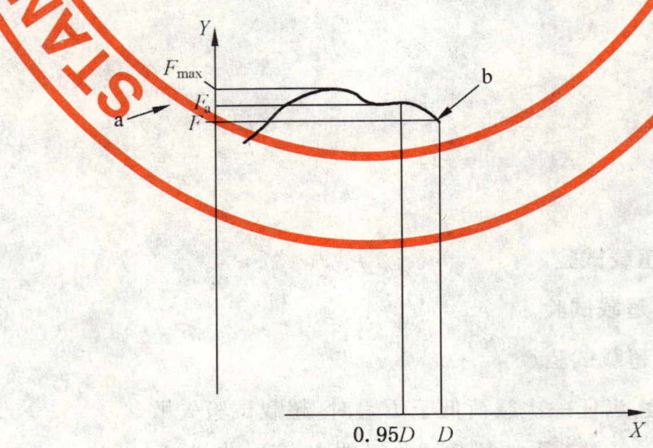

X——变形；

Y——静载荷。

[a] 0.95 倍能量时的载荷。

[b] 当 $F_a \leqslant 1.03F$ 时不需超载试验。

a) 不需超载试验

图 7 载荷/位移曲线

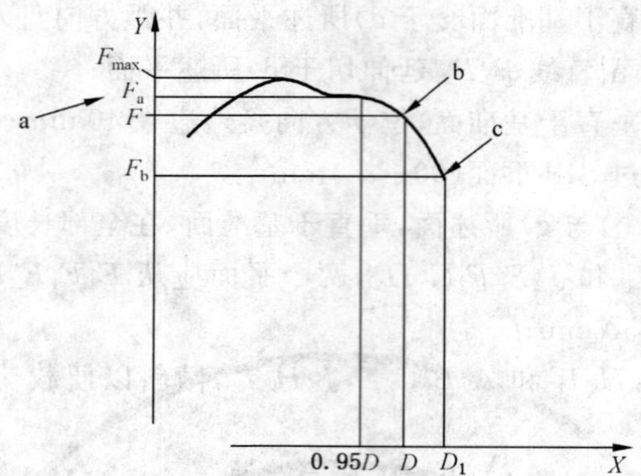

X——变形；

Y——静载荷。

[a] 0.95 倍能量时的载荷。

[b] 当 $F_a>1.03F$ 时需超载试验。

[c] 当 $F_b>0.97F$ 且 $F_b>0.8F_{max}$ 时满足超载试验。

b) 需作超载试验

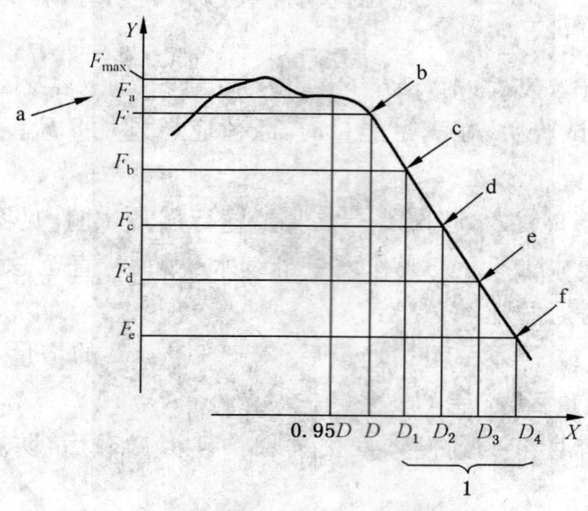

X——变形；

Y——静载荷；

1——超载荷。

[a] 0.95 倍能量时的载荷。

[b] 当 $F_a>1.03F$ 时需超载试验。

[c] 当 $F_b<0.97F$ 时，需继续进行超载试验。

[d] 当 $F_c<0.97F_b$ 时，需继续进行超载试验。

[e] 当 $F_d<0.97F_c$ 时，需继续进行超载试验。

[f] 当 $F_e>0.8F_{max}$ 时满足超载试验，当任一次载荷低于 F_{max} 时，超载试验失败。

c) 附加超载试验时的力-变形曲线

图 7（续）

10.4 冷脆性

如果防护装置具有抵抗低温的性能，那么生产厂家要予以说明，并记入报告中。

在－18℃或更低温度下按第 8 章且根据附录 A 进行低温脆性试验。

11 对其他型号拖拉机的适用性

对于在某种机型上已达到验收条件的防护装置拟用于其他型号拖拉机时，如果防护装置和拖拉机满足下列条件，按第8章进行的试验，不必在其他型号拖拉机上进行：

a) 新拖拉机的质量不超过试验拖拉机参考质量的105%；

b) 连接方法和拖拉机的连接部件应相同或等强度；

c) 可为防护装置提供支撑的任何构件，如挡泥板或发动机罩应相同或提供同样的支撑；

d) 在防护装置内座椅的位置和极限尺寸以及防护装置的相对位置，应能使容身区在全部试验时在已变形的防护装置的保护下。

这种情况下，试验报告中应包含原始试验报告。

12 铭牌

如果需要铭牌，则要永久地固定于容易看见的主要结构上。铭牌不能受到破坏，并包含以下内容：

a) 防护装置生产厂家和地址；

b) 防护装置鉴定号(设计或系列号)；

c) 安装防护装置的拖拉机的牌号、型号或系列号。

附 录 A
（规范性附录）
防护装置在低温下抗脆断的要求

下面的要求和程序提供了低温下的强度和抗脆断性能。判断防护装置在低温下的操作保护，须满足下列最低的材料要求：

A.1 用于连接防护装置与拖拉机和防护装置其他部位的螺钉和螺母，螺钉要按 8.8 级、9.8 级或 10.9 级（见 GB/T 3098），螺母按 8 级、9 级或 10 级。

A.2 用于结构部件和安装的电焊条，要符合 A.3 条。

A.3 用于防护装置结构的钢材应是可控的韧性材料，它具有如表 A.1 所示的最小 V 型块冲击能量要求。可表示为平面压力或服从低应变率的结构，在低温时无脆性裂开的可能性，则不用满足本条件。

注：厚度小于 2.5 mm 的钢板和含碳量低于 0.2% 的钢满足此要求。

防护装置的构件可用等效的抗低温冲击钢以外的材料制造。在制造防护装置前，试样要纵向的取自管状或结构件。取自管状或结构件的试样要从大边的中间取，且不包含焊接。

A.4 除了表 A.1 所示的试样尺寸，V 型试验要根据 GB/T 229 要求的过程进行。

A.5 可用镇静钢或半镇静钢代替，但要给出规范。

表 A.1 防护装置材料试样在 −20℃ 和 −30℃ 温度下最小 V 型冲击能量

试样尺寸/mm	吸收的能量/J	
	−30℃	−20℃[b]
10×10[a]	11	27.5
10×9	10	25
10×8	9.5	24
10×7.5[a]	9.5	24
10×7	9	22.5
10×6.7	8.5	21
10×6	8	20
10×5[a]	7.5	19
10×4	7	17.5
10×3.3	6	15
10×3	6	15
10×2.5[a]	5.5	14

a 显示首选尺寸，试件尺寸不小于材料许可的最大首选尺寸。

b −20℃时所需能量是−30℃时所需能量的 2.5 倍。对于其他影响冲击能量强度的因素，例如倾翻方向、工作强度、晶粒取向或焊接，当选用钢材时，考虑这些因素。

附 录 B
（规范性附录）
防护装置强度试验报告

注：本报告采用 ISO 1000:1992 规定的单位；必要时，在后面用括号注明相应国家的单位。

——防护装置生产厂家的名称和地址：

——提交试验的单位：

——防护装置的牌号：

——防护装置的型号：

——防护装置的类型：驾驶室、防翻架等。

B.1 试验拖拉机的技术参数

B.1.1 装配所试防护装置的拖拉机的参数

拖拉机的品牌

型号(商标名)

形式：2WD 或 4WD；橡胶或金属轮(如应用)；

B.1.1.1 机型或系列号：

B.1.1.2 其他技术参数(如应用)

B.1.2 装配防护装置的拖拉机的质量(无配重和驾驶员)

表 B.1

前		kg
后		kg
总计		kg

质量用于计算撞击能量和压垮力

B.1.3 轮距和轮胎规格

表 B.2

位 置	最小轮距 mm	轮 胎		
		规 格 mm	直 径 mm	压 力 kPa
前				
后				

拖拉机座椅

拖拉机是否有双向驾驶位(双向座椅和方向盘) 是/否

座椅的牌号/型号/型式

选装座椅和驾驶座参考点：

(座椅 1 和驾驶座参考点的描述)

(座椅 2 和驾驶座参考点的描述)

(座椅和 SRP 的描述)

B.2 防护装置的技术参数

B.2.1 从侧面和后面表示安装细节的照片(包括挡泥板)

B.2.2 从侧面和后面表示驾驶座参考点和安装细节的总布置图

B.2.3 防护装置构成的简要叙述：

结构型式

安装细节

覆盖件和衬垫的细节

进入和逃跑的方法

B.2.4 防护装置可否倾翻/可否折叠

B.2.5 尺寸

应根据按要求安装座椅盆板和靠背后测量尺寸。

对于安装可选座椅和双向行驶（双向座椅和方向盘）的拖拉机，应分别测量相对于各驾驶座参考点的尺寸（SRP1，SRP2 等）。

B.2.5.1 顶棚距驾驶座参考点的高度 mm

B.2.5.2 顶棚距驾驶座地板的高度 mm

B.2.5.3 在驾驶座参考点上防护装置的宽度 mm

B.2.5.4 在驾驶座参考点上方向盘中心高度处防护装置的宽度 mm

B.2.5.5 方向盘中心距防护装置右边的距离 mm

B.2.5.6 方向盘中心距防护装置左边的距离 mm

B.2.5.7 方向盘边缘到防护装置的最小距离 mm

B.2.5.8 门道的宽度

顶部 mm

中间 mm

上部 mm

B.2.5.9 门道的高度

比地板高 mm

比最高的上机踏板高 mm

比最低的上机踏板高 mm

B.2.5.10 装配防护装置的拖拉机的总高 mm

B.2.5.11 防护装置的总宽（如包括挡泥板，要说明） mm

B.2.5.12 驾驶座参考点上 900 mm 处，到防护装置后边的水平距离 mm

B.2.6 防护装置所用材料及钢材的技术规格

钢材的技术规格要符合 GB/T 700 的要求

B.2.6.1 主框架： （零件-材料-尺寸）

是沸腾钢、半镇静钢、镇静钢？

钢号和相关标准

B.2.6.2 安装支架： （零件-材料-尺寸）

是沸腾钢、半镇静钢、镇静钢？

钢号和相关标准

B.2.6.3 装配和安装用螺栓 （零件-尺寸）

B.2.6.4 顶棚 （零件-材料-尺寸）

B.2.6.5 覆盖件 （零件-材料-尺寸）

B.2.6.6 玻璃 （型号-等级-尺寸）

B.2.7 拖拉机制造厂对原防护装置加强的细节

B.3 试验结果

B.3.1 试验条件

加载试验是在：

左后方/右后方

左前方/右前方

左侧边/右侧边

用于计算加载能量的质量 kg

施加于框架上的能量和加载力

后部 kJ

前部 kJ

侧面 kJ

压垮力 kN

附加超载试验 kJ

B.3.2 试验后的永久变形

B.3.2.1 各项试验后防护装置边界的永久变形

后部(朝前/朝后)	左边：		mm
	右边：		mm
前部(朝前/朝后)	左边：		mm
	右边：		mm
侧面(朝左/朝右)	前边：		mm
	后边：		mm
顶面(朝上/朝下)	前边：	左边	mm
		右边	mm
	后边：	左边	mm
		右边	mm

B.3.2.2 侧加载试验时，瞬时变形与永久变形之间的总差值 mm

B.3.3 附加试验的说明和结果

声明：

保护容身区的验收条件得到满足，则本防护装置为满足本试验标准的在翻车时起防护作用的防护装置。

B.3.4 曲线

试验报告应包括试验中各种力/变形的曲线图。

如需进行水平超载试验，则应描述超载试验的原因，并给出超载试验时力-变形的曲线图。

B.4 较小改动的证明

符合本试验标准的批准号：

试验站原报告的试验编号：

试验日期和地点：

批准时间：

更改号：MOD

先前改进证明(MOD)维持有效/保持有效

B.4.1 防护装置的技术参数

框架或驾驶室：

生产厂家：

提交试验单位：

牌号：

型式：

改进后的出厂编号：

B.4.2 安装此防护装置的拖拉机名称

表 B.3

<table>
<tr><td rowspan="3">品牌</td><td rowspan="3">型号</td><td rowspan="2">型式</td><td rowspan="2">其他技术文件</td><td colspan="3">质　量</td><td rowspan="2">倾斜</td><td rowspan="2">轴距</td><td colspan="2">最小轮距</td></tr>
<tr><td>前轴</td><td>后轴</td><td>总重</td><td>前</td><td>后</td></tr>
<tr><td>2/4WD</td><td>如需要</td><td>kg</td><td>kg</td><td>kg</td><td>是/否</td><td>mm</td><td colspan="2">mm</td></tr>
<tr><td></td><td></td><td></td><td></td><td></td><td></td><td></td><td></td><td></td><td></td><td></td></tr>
</table>

B.4.3 改进细节

自原始报告出具后的改动如下：

B.4.4 声明

改动部分对防护装置强度的效果已进行验证。改动部分对原试验结果无影响。原试验报告仍适用于改动后的防护装置。本证明由进行原试验的代表官方机构的试验站起草，本证明作为原试验报告的附件。

签名：

日期：

地点：

ICS 65.060.10
T 69

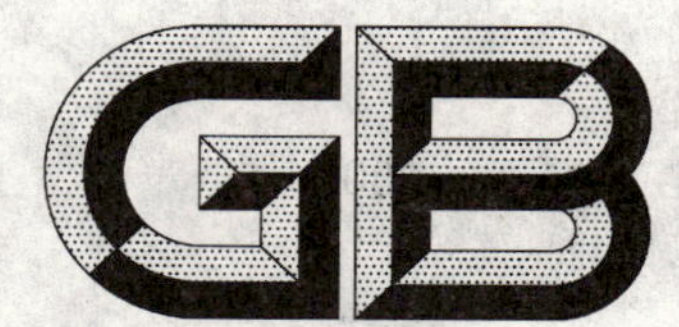

中华人民共和国国家标准

GB/T 7121.2—2008
部分代替 GB 7121—1986

农林轮式拖拉机防护装置强度试验方法和验收条件
第2部分:后置式动态试验方法

The strength testing method and accepting condition of the protective structures on wheeled agricultural and forestry tractors—Part 2:Dynamic testing method

(ISO 3463:2006,Tractors for agriculture and forestry—Roll-over protective structures (ROPS)—Dynamic test method and acceptance conditions,MOD)

2008-07-09 发布　　　　　　　　　　2009-02-01 实施

中华人民共和国国家质量监督检验检疫总局
中国国家标准化管理委员会　发布

前　言

GB/T 7121《农林轮式拖拉机防护装置强度试验方法和验收条件》分为四个部分：

——第1部分：后置式静态试验方法；

——第2部分：后置式动态试验方法；

——第3部分：前置式静态试验方法；

——第4部分：前置式动态试验方法。

本部分为GB/T 7121的第2部分。

本部分修改采用ISO 3463:2006《农业和林业轮式拖拉机防护装置动态试验方法和验收条件》(英文版)。

本部分根据ISO 3463:2006重新起草。

考虑到我国国情，在采用ISO 3463:2006时做了如下修改：

——修改了适用范围；

——对ISO 3463:2006中引用的其他国际标准，用已被采用为我国的标准代替对应的国际标准。

技术性差异已编入正文中并在它们所涉及的条款的页边空白处用垂直单线标识。

为便于使用，本部分还做了下列编辑性修改：

——"本国际标准"一词改为"本部分"；

——用小数点"."代替作为小数点的逗号","；

——删除ISO 3463:2006的前言，增加了我国标准的前言；

——修改了标准的名称。

本部分代替GB 7121—1986《农林轮式拖拉机防护装置强度试验方法和验收条件》的后置式动态试验方法部分。

本部分与GB 7121—1986相比主要变化如下：

——对引用标准的有效性进行重新确认；

——增加"农林拖拉机"、"防护装置"的术语和定义；

——增加了第4章"允许测量误差"，对公差进行了修改；

——增加了符号"a_h"、"a_v"；

——补充第6章"试验设备"内容；

——对试验顺序按前轴承重进行区分；

——对后撞击试验的提升高度之一 $H=5.74\times10^{-2}I$ 改成 $H=5.73\times10^{-2}I$；

——对前撞击试验的提升高度统一为 $H=125+0.02m_t$；

——对侧撞击试验的撞击点进行修改，并把提升高度统一为 $H=125+0.15m_t$；

——对容身区进行修改，并增加双向行驶拖拉机的工况；

——在验收条件中，增加铰接式拖拉机和拖拉机朝撞击方向翻车时的内容。

本部分的附录A、附录B为规范性附录。

本部分由中国机械工业联合会提出。

本部分由全国拖拉机标准化技术委员会归口。

本部分起草单位：国家拖拉机质量监督检验中心。

本部分主要起草人：王风雨、陈振、金锡平。

本部分所代替标准的历次版本发布情况为：

——GB 7121—1986。

农林轮式拖拉机防护装置强度试验方法和验收条件 第2部分：后置式动态试验方法

1 范围

GB/T 7121的本部分规定了农林轮式拖拉机防护装置的动态试验方法和验收条件。

防护装置试验的目的是在于使拖拉机正常作业时由翻车事故造成驾驶员受伤的可能性减至最小。

用模拟拖拉机向后或侧面翻车时(悬空摔落除外)施加于驾驶室或安全架上的载荷来检验防护装置的强度。本试验可检查拖拉机防护装置和连接支架的强度以及由施加在加载装置上的载荷可能影响的那些拖拉机零件的强度。

本部分适用于至少具有两轴的充气轮胎拖拉机，其质量为600 kg～6 000 kg，后轮最小轮距应大于1 150 mm。

2 规范性引用文件

下列文件中的条款通过GB/T 7121的本部分的引用而成为本部分的条款。凡是注日期的引用文件，其随后所有的修改单(不包括勘误的内容)或修订版均不适用于本部分，然而，鼓励根据本部分达成协议的各方研究是否可使用这些文件的最新版本。凡是不注日期的引用文件，其最新版本适用于本部分。

GB/T 229　金属材料　夏比摆锤冲击试验方法(GB/T 229—2007,ISO 148-1:2006,MOD)

GB/T 700　碳素结构钢(GB/T 700—2006,ISO 630:1995,NEQ)

GB/T 3098(所有部分)　紧固件机械性能

GB/T 6236　农林拖拉机和机械　驾驶座标志点(GB/T 6236—2008,ISO 5353:1995,MOD)

GB/T 6960.7—2007　拖拉机术语　第7部分:驾驶室、驾驶座和覆盖件

GB 8918—2006　重要用途钢丝绳(ISO 3154:1988,MOD)

3 术语和定义

GB/T 6960.7—2007中确立的以及下列术语和定义适用于GB/T 7121的本部分。

3.1

农林拖拉机　agricultural and forestry tractors

至少有两根轴的自走式的轮式或履带式车辆，其设计主要用于下列基本的农业和林业用途：

——牵引拖车；

——携带、牵引或推动农业和林业机具或机械，并可根据需要，在拖拉机行进中或停车状态为配套机具提供动力。

3.2

防护装置(ROPS)　roll-over protective structure

在正常操作时，把那些对拖拉机驾驶员由于突发事件造成伤害的可能性降到最低的框架结构。

3.3

拖拉机质量　tractor mass

在工作状态下空载拖拉机的质量，带有加足油、水的油箱和水箱，有金属包层的防护装置和正常使

用所要求的履带或附件前轮驱动部件。不包括驾驶员、选装配重、附件轮、专用设备和负载。

3.4

参考质量(m_t)　reference mass

为了计算试验中应输入的能量，由生产厂家选用的一个质量，它不得小于拖拉机质量(见3.3)。

3.5

纵向中心平面　longitudinal median plane

通过 AB 的中点，且垂直于 AB 的垂直平面。A 和 B 为拖拉机在直行状态下左右导向轮或驱动轮的中心平面通过其转轴的垂直于地平面的交线与轮胎支撑面的交点。

3.6

纵向基准平面　longitudinal reference plane

通过驾驶座标志点和方向盘中心的纵向铅锤平面。对于左右对称布置得拖拉机，此基准面与拖拉机纵向中心平面重合。

4　允许测量误差

试验时的测量值应符合下列公差：

长度：±0.5%

载荷：±1.0%

质量：±0.5%

角度：±2°

时间：±0.2 s

5　符号

E：试验时吸收的能量，单位为焦耳(J)；

F：静载，单位为牛顿(N)；

H：摆锤重心的提升高度，单位为毫米(mm)；

I：绕后轴的惯性矩，不包括后轴，单位为千克平方米($kg \cdot m^2$)；

L：参考轴距，单位为毫米(mm)；

a_h：座椅水平调节的一半，单位为毫米(mm)；

a_v：座椅上下调节的一半，单位为毫米(mm)；

m_t：拖拉机参考质量，单位为千克(kg)。

6　试验设备

6.1　防护装置变形的测量装置

全部试验结束后测量防护装置永久变形的装置。

为了检验试验时容身区是否受到侵入，可使用如图1所示的测量框架。

6.2　按照 GB/T 6236 的规定确定座椅标志点的位置。

6.3　摆锤：质量为 2 000 kg，不包括悬链的质量。悬链的质量不得超过 100 kg。摆锤尺寸见图2，由两条至少 6 m 长悬链悬挂于固定点。摆锤质心位置与其平行六面体的几何中心重合。

6.4　固定拖拉机的装置

拖拉机通过具有张紧装置的钢丝绳，固定于地板上，600 mm 宽度的地板导轨在固定点正下方，地板在撞击方向上 9 m 长，到两边分别 1 800 mm。固定点距后轴约 2 000 mm，距前轴约 1 500 mm。在每个轴上两个固定点，分别位于拖拉机中间面的两侧。应用符合 GB 8918—2006 规定的、直径为

ϕ12.5 mm～ϕ15 mm 的钢丝绳固定，其强度为 1 100 MPa～1 260 MPa。具体连接方法如图 3、图 4 和图 5。

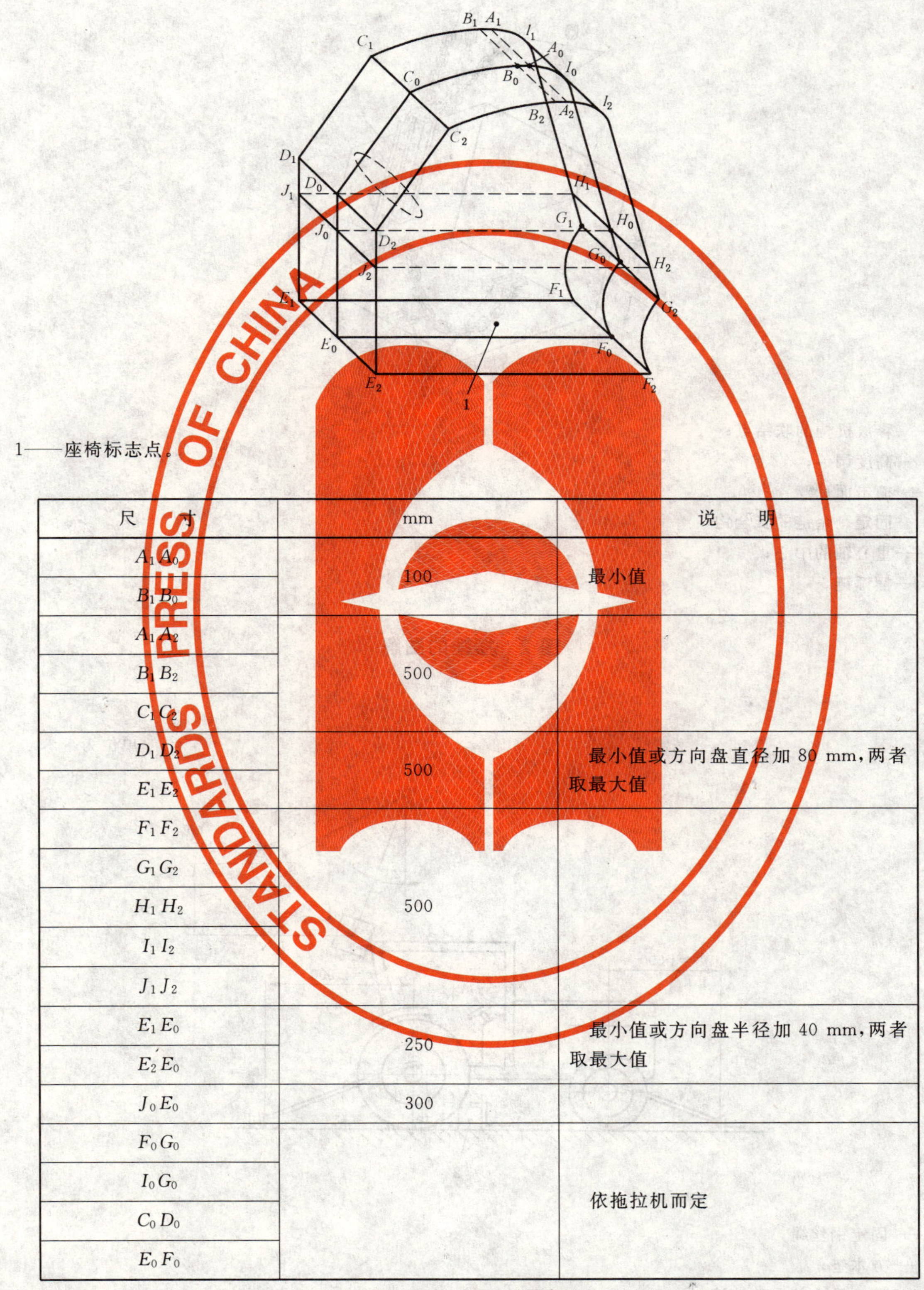

1——座椅标志点。

尺 寸	mm	说 明
A_1A_0	100	最小值
B_1B_0		
A_1A_2	500	
B_1B_2		
C_1C_2		
D_1D_2	500	最小值或方向盘直径加 80 mm，两者取最大值
E_1E_2		
F_1F_2	500	
G_1G_2		
H_1H_2		
I_1I_2		
J_1J_2		
E_1E_0	250	最小值或方向盘半径加 40 mm，两者取最大值
E_2E_0		
J_0E_0	300	
F_0G_0		依拖拉机而定
I_0G_0		
C_0D_0		
E_0F_0		

图 1 容身区测量框架

6.5 方木垫

横截面 150 mm×150 mm 的方木垫，当从前和后部撞击时顶紧后轮，当从侧面撞击时夹紧前后轮侧面，具体连接方法如图 3、图 4 和图 5。

单位为毫米

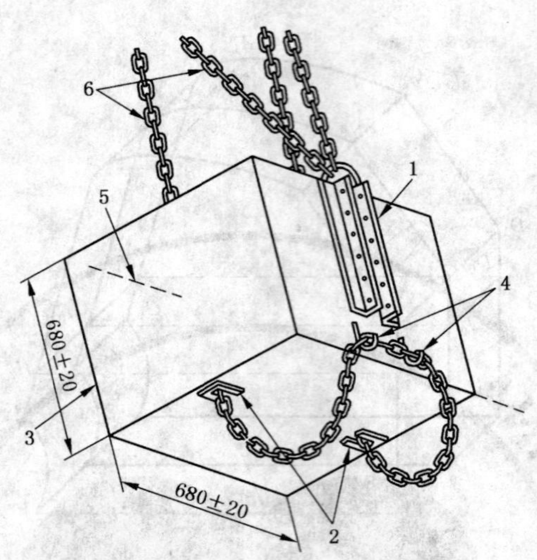

1——释放机构的联结点；

2——高度调节；

3——撞击面；

4——固定剩余链的安全钩；

5——重心轴的中心；

6——摆锤链。

图 2 摆锤的图解

单位为毫米

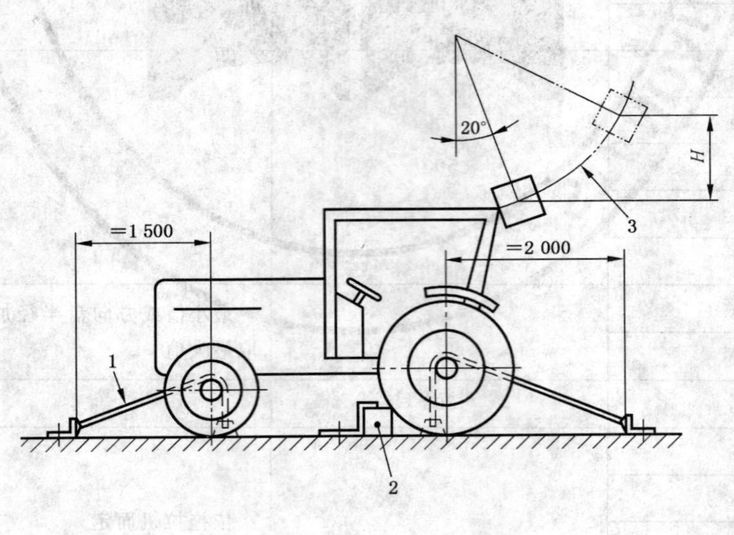

1——固定钢丝绳；

2——方木垫；

3——摆锤重心的运动轨迹。

图 3 后撞击试验固定方法示例

单位为毫米

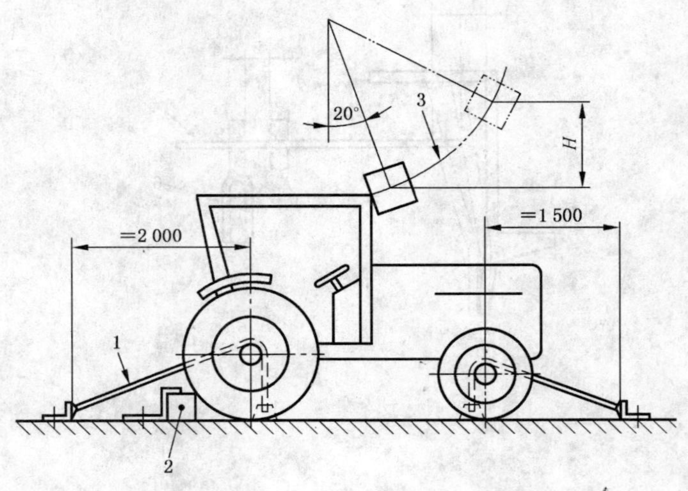

1——固定钢丝绳；

2——方木垫；

3——摆锤重心的运动轨迹。

图 4 后撞击试验固定方法示例

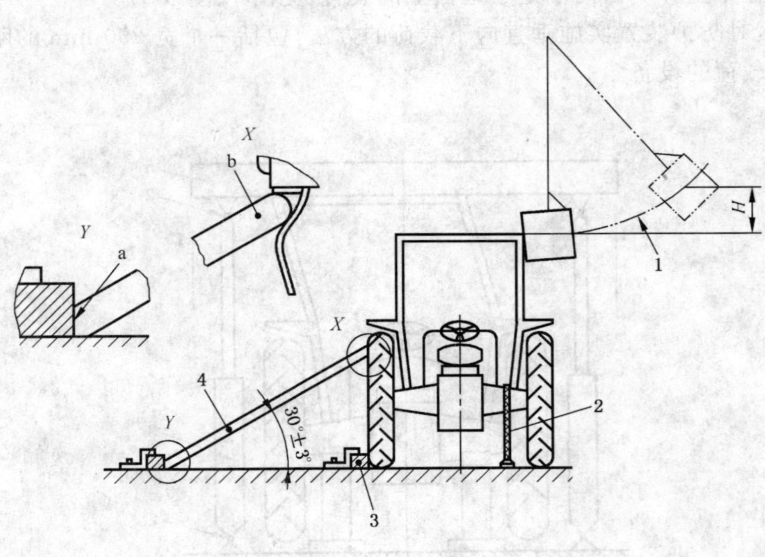

1——摆锤重心的运动轨迹；

2——固定钢丝绳；

3——方木垫。

图 5 侧撞击试验固定方法示例

6.6 支撑

支撑如图 5 所示，侧撞击时顶紧相反一侧的后轮。它的长度应为厚度的 20 倍～25 倍，宽度是厚度的 2 倍～3 倍。

6.7 测量弹性变形的装置

如图 6 所示，侧向撞击和静载试验时用，其水平杆在水平面上与容身区最上表面重合。

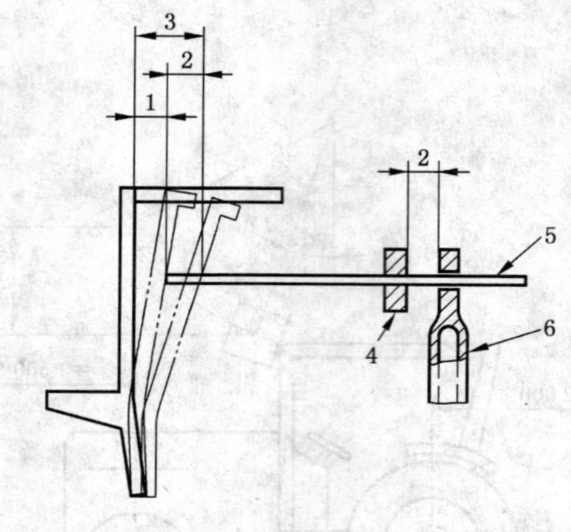

1——永久变形；
2——弹性变形；
3——总变形；
4——摩擦圈；
5——接触防护装置的水平杆；
6——装在拖拉机底盘的垂直杆。

图 6　测量弹性变形的装置示例

6.8　压垮试验

6.8.1　将拖拉机底盘架空并牢固的固定于地面上的装置(见图 7、图 8)。

6.8.2　如图 7 所示，对防护装置实施垂直向下载荷的方法，包括一个宽 250 mm 的刚性梁。

6.8.3　测量总垂直载荷的设备。

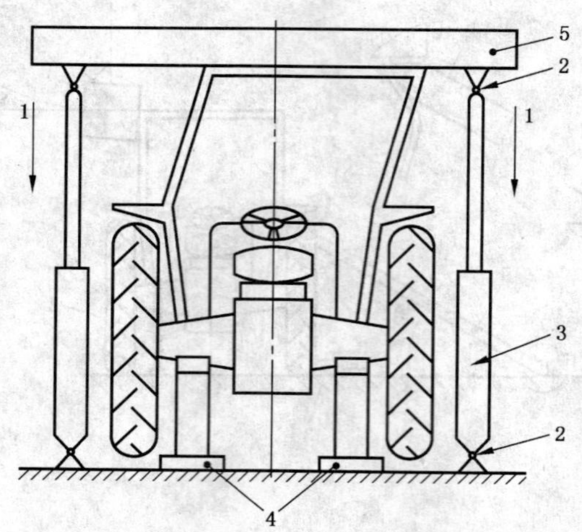

1——载荷；
2——万向连接；
3——液压油缸；
4——前后轴下的支撑；
5——加载梁。

图 7　压垮试验装置的后示图

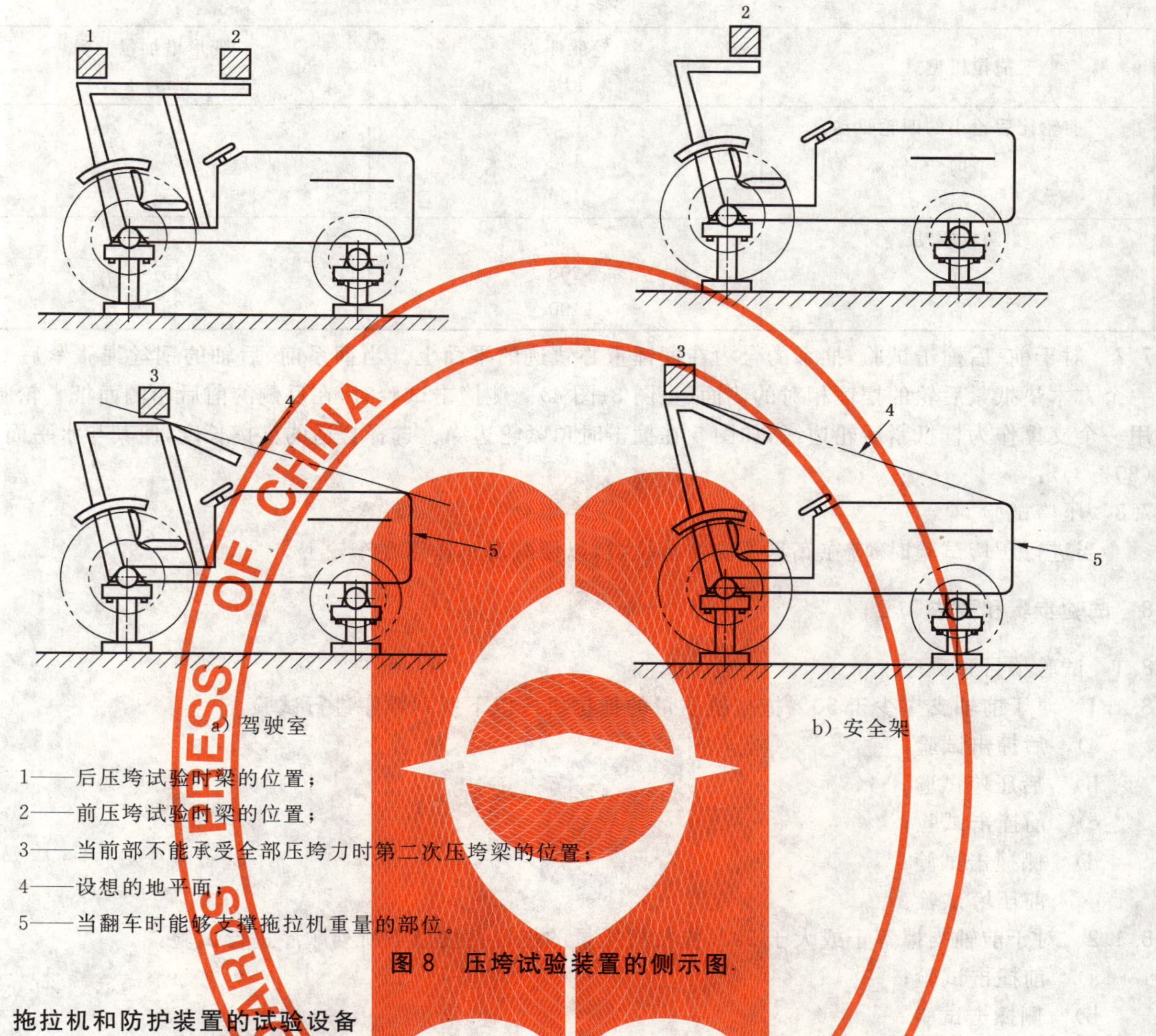

a) 驾驶室　　　　b) 安全架

1——后压垮试验时梁的位置；

2——前压垮试验时梁的位置；

3——当前部不能承受全部压垮力时第二次压垮梁的位置；

4——设想的地平面；

5——当翻车时能够支撑拖拉机重量的部位。

图 8　压垮试验装置的侧示图

7　拖拉机和防护装置的试验设备

7.1　防护装置符合产品说明书的要求，并按厂家标明的连接方法固定于拖拉机底盘上不得增加任何其他支撑。

7.2　变速箱置于空挡，松开手制动。

7.3　应卸下所有连接的窗、面板和可拆卸的非结构件；试验时可打开或移开的门窗，在试验时应打开或移开。

7.4　在拖拉机底盘和防护装置上安装必要的仪器和辅助设备，如均布梁等。

7.5　对于不同型式拖拉机，根据表 1 对轮胎充气把其压紧。

7.6　拖拉机要牢固安全的固定于悬挂点的下面，恰当的选择摆锤的位置和悬挂链，以便撞击点正好位于防护装置上边缘处，与摆锤的轨迹在一条直线上。捆系拖拉机的固定点在后轴后面大约 2 m，在前轴前面大约 1.5 m。张紧钢丝绳，使轮胎产生如表 1 所示变形。

表 1　轮胎充气压力和变形增加量

拖拉机型式	轮胎压力 kPa	变形增加量 mm
具有相同尺寸的前后轮四轮驱动		
前	100	
后	100	

表 1(续)

拖拉机型式	轮胎压力 kPa	变形增加量 mm
前轮比后轮小的四轮驱动 前 后	 150 100	 20 25
两轮驱动 前 后	 200 100	 15 25

7.7 对于前、后撞击试验，捆系的合力在摆锤重心轨迹的平面上。当捆系前、后轴的钢丝绳张紧后，用一个方木垫抵紧后轮的摆锤相对的侧面(见图 3、图 4)。侧撞击试验时，在反侧的前后轮侧面抵紧轮胎，用一个支撑作为杆抵紧后轮边缘，如图 5 在撞击时顶紧轮边缘。选择合适的支撑长度，使其与水平面成(30±3)°。

7.8 压垮试验

当进行压垮试验时，应在底盘下支撑拖拉机，以便载荷不作用在车轮上。

8 试验步骤和要求

8.1 试验项目和顺序

8.1.1 对于前轴支撑少于 50％拖拉机质量的拖拉机按以下所列顺序进行试验：

a) 后撞击试验；
b) 后压垮试验；
c) 前撞击试验；
d) 侧撞击试验；
e) 前压垮试验。

8.1.2 对于前轴支撑等于或大于 50％拖拉机质量的拖拉机按以下所列顺序进行试验：

a) 前撞击试验；
b) 侧撞击试验；
c) 后压垮试验；
d) 前压垮试验。

8.2 所有试验都应在同一防护装置上进行。在各项试验之间，不对任何部分进行维修和加强。摆锤撞击的位置如有凸出件，则应用长约 300 mm 的钢板来加强，但不得影响防护装置的强度。

8.3 试验时记录防护装置吸收的能量，按式(1)计算：

$$E = 19.6H \tag{1}$$

8.4 后撞击试验

8.4.1 拖拉机的定位

拖拉机摆放的位置，应使摆锤撞击防护装置时，撞击面及悬链或钢丝绳同垂直平面成 20°的夹角。如果撞击变形时防护装置撞击点处与垂直平面形成更大的夹角，则应用一个适当方法来调整撞击面，使其在最大变形瞬间在撞击点处同防护装置平行，而悬链或钢丝绳同垂直平面的夹角仍保持上述定义的夹角。当角度大于 20°，摆锤撞击面的调整要基于估计的最大变形量。

8.4.2 撞击点的位置

当拖拉机前轴[illegible] 50％或更多的质量时，则不需要后撞击试验。后撞击点应在防护装置的后面靠近侧撞击相对一侧[illegible]角上，拖拉机中心面到撞击点的距离为其到防护装置顶部的最外面的垂面距离的 2/3。如果防[illegible]的曲线起点距中心的距离少于 2/3，撞击点在曲面的起点，也就是曲线垂直于拖拉机中心面的位置。

8.4.3 摆锤提升的高度根据下面二者之一，按生产厂家的选择而定：

$$H = 2.165 \times 10^{-8} m_t L^2 \qquad (2)$$

或

$$H = 5.73 \times 10^{-2} I \qquad (3)$$

8.5 前撞击试验

8.5.1 拖拉机的定位与后撞击试验时相同。

8.5.2 撞击点的位置

前撞击点在防护装置的前面靠近侧撞击的角上。它与拖拉机纵向中心面平行且与防护装置顶部最外端相切的垂直平面相距不超过 80 mm。如果防护装置前面的曲线起点在垂直面内侧超过 80 mm，撞击点在曲面的起点，也就是曲线垂直于拖拉机中心面的位置。

8.5.3 摆锤提升的高度按式(4)计算：

$$H = 125 + 0.02 m_t \qquad (4)$$

8.6 侧撞击试验

8.6.1 拖拉机的定位

侧撞击试验的撞击方向要水平。当撞击防护装置时，承载链和撞击面位于垂直位置。如果防护装置撞击点不垂直，则摆锤撞击面和防护装置构件要通过一个附加支撑，使其在最大变形时调整成平行。承载链保持垂直。在防护装置撞击面不垂直的情况下，摆锤撞击面的调整要基于估计的最大变形量。

8.6.2 撞击点的位置

如果能肯定拖拉机的某一部位在翻车时先触地，则对此部位撞击。否则对侧面最上部进行撞击，在垂直于纵向中心面的垂面上，且在座椅标志点前 60 mm 处。对于双向行驶拖拉机，撞击点在两种座椅位置确定的标志点的中点。如果防护装置具有可平移的座椅或非对称强度结构，撞击面选在容易进入容身区的一面。

8.6.3 摆锤提升的高度按式(5)计算：

$$H = 125 + 0.15 m_t \qquad (5)$$

8.6.4 弹性变形的测量

在拖拉机上装上如图 6 所示的装置，测量在与容身区上端相切的水平面上的侧向变形。

8.7 压垮试验

8.7.1 后压垮试验

将刚性梁置于防护装置后部顶上，压垮合力作用于纵向基准面内。施加的压力 $F_r = 20\ m_t$(N)。此作用力在防护装置上任何视觉可见的变形终止后至少保持 5 s。

如果防护装置顶棚后部承受不住全部压垮力时，此力应一直施加到顶棚变形至翻车时能支撑拖拉机质量的后部部件相接触时为止。然后卸载，改变拖拉机或加载力的位置，以便把刚性梁置于拖拉机翻车时能支撑拖拉机的部位，然后施加全部载荷(见图 8)。

8.7.2 前压垮试验

将刚性梁置于防护装置前部顶上，压垮合力作用于纵向基准面内。施加的压力 $F_r = 20\ m_t$(N)。此作用力在防护装置上任何视觉可见的变形终止后至少保持 5 s。

如果防护装置顶棚后部承受不住全部压垮力时，此力应一直施加到顶棚变形至翻车时能支撑拖拉机质量的前部部件相接触时为止。然后卸载，改变拖拉机或加载力的位置，以便把刚性梁置于拖拉机翻车时能支撑拖拉机的部位，然后施加全部载荷(见图 8)。

9 容身区

9.1 容身区如图 1、图 9a)和图 9b)所示。容身区依据基准面和座椅参考点确定。基准面是个垂直面，通常平行于拖拉机纵向，通过座椅标志点和方向盘中心。通常基准面与拖拉机的纵向中心面重合。一般认为在加载时，基准面会随座椅和方向盘水平移动，与拖拉机或防护装置的地板保持垂直。容身区根据 9.2 和 9.3 定义。

单位为毫米

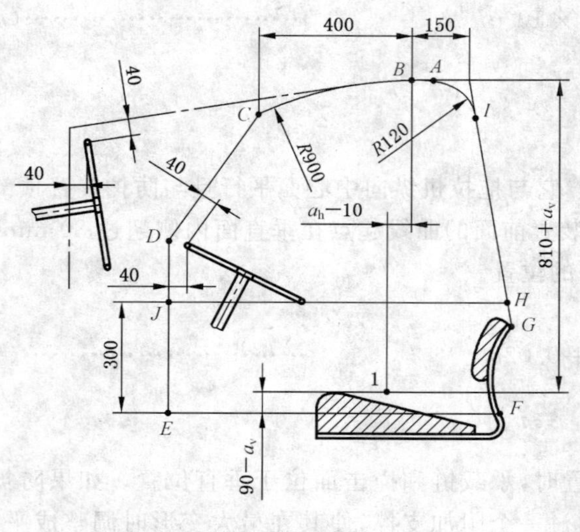

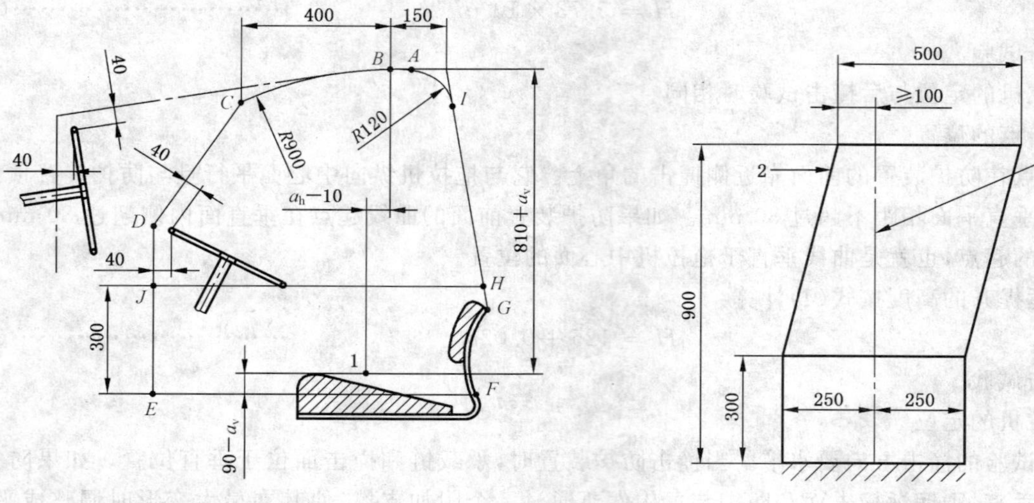

a) 基准面部位

b) 前或后视图

1——SIP；

2——载荷；

3——纵向基准面。

图 9 容身区

9.2 非双向行驶拖拉机的容身区根据以下 a)～j)定义，拖拉机水平放置，座椅可调至其后部最上位置，方向盘调整到相对于座椅的中间位置：

a) 水平面 $A_1B_1B_2A_2$，高于 SIP$(810+a_v)$mm，直线 B_1B_2 位于 SIP 后(a_h-10)mm；

b) 倾斜面 $G_1G_2I_2I_1$，垂直于基准面，包括直线 B_1B_2 后 150 mm 的点和座椅靠背的最高点；

c) 圆柱面 $A_1A_2I_2I_1$，垂直于基准面且半径为 120 mm，与上述两平面相切；

d) 圆柱面 $B_1C_2C_2B_1$，垂直于基准面且半径为 900 mm，向前延伸 400 mm 并与 a)所述平面相切于 B_1B_2 直线；

e) 倾斜面 $C_1D_1D_2C_2$，垂直于基准面交于 d)所述平面，并距方向盘外边缘 40 mm。如果有一个方向盘高位，则这个平面由直线 B_1B_2 延伸切于 d)所述平面；

f) 垂直平面 $D_1E_1E_2D_2$，垂直于基准面，位于方向盘外边缘 40 mm；

g) 水平面 $E_1F_1F_2E_2$，通过 SIP 下面$(90-a_v)$mm；

h) 曲面 $G_1F_1F_2G_2$，交于 b)与 g)所述面，垂直于基准面，在全部长度上与座椅靠背紧贴；

i) 垂直平面 $J_1E_1F_1G_1H_1$ 和 $J_2E_2F_2G_2H_2$，两个平面应从 $E_1F_1F_2E_2$ 面向上延伸 300 mm，E_1E_0 和 E_2E_0 的距离应为 250 mm；

j) 平行平面 $A_1B_1C_1D_1J_1H_1I_1$ 和 $A_2B_2C_2D_2J_2H_2I_2$，倾斜以便载荷施加面的上表面边缘距垂直基准面至少 100 mm。

9.3 对于双向行驶拖拉机(双向座椅和方向盘)，容身区是按方向盘和座椅的两种不同位置定义的容身区的包集。

10 验收条件

对于合格的防护装置，应在试验后满足下列的条件。对于铰接式拖拉机，当翻车时在拖拉机的任意铰接角度上，容身区都应得到保护。

10.1　应无任何零部件进入第9章定义的容身区。应无任何零部件在试验时撞击座椅。而且，容身区应不超出防护装置的保护之外。因此，如果拖拉机朝撞击方向翻车时，容身区的任何零部件接触地面，则认为容身区超出防护装置的保护之外。轮胎和轮距要按厂家允许的最小值。

注：拖拉机生产厂家要确保防护装置试验时，没有任何零部件在翻车时进入容身区对驾驶员造成伤害。

10.2　每次试验后，对所有结构件、连接件和紧固件裂纹和断裂进行目测。

a)　没有任何结构件、紧固件或拖拉机部位处的裂纹对防护装置的强度起作用，除了c)覆盖的之外；

b)　没有任何焊接处的裂纹对防护装置或其连接件的强度起作用，而用于连接面板的焊点应不包括在内；

c)　如经试验部门断定，不会明显降低防护装置抵抗变形的能力，由金属薄板吸收能量的裂纹是允许的，忽略由于边缘造成的金属薄板的裂纹。

10.3　在侧撞击试验时，在与容身区相切的水平面处的弹性变形不超过250 mm。

10.4　冷脆性

如果防护装置具有抵抗低温的性能，那么生产厂家要予以说明，并记入报告中。

在－18 ℃或更低温度下按第8章且根据附录A进行低温脆性试验。

11　对其他型号拖拉机的适用性

对于在某种机型上已达到验收条件的防护装置拟用于其他型号拖拉机时，如果防护装置和拖拉机满足下列条件，按第8章进行的试验，不必在其他型号拖拉机上进行：

a)　新拖拉机的质量不超过试验拖拉机参考质量的105%；

b)　连接方法和拖拉机的连接部件应相同或等强度；

c)　可为防护装置提供支撑的任何构件，如挡泥板或发动机罩应相同或提供同样的支撑；

d)　在防护装置内座椅的位置和极限尺寸以及防护装置的相对位置，应能使容身区在全部试验时在已变形的防护装置的保护下；

e)　对于撞击试验，在8.5.3中，如果按公式(2)计算后撞击时摆锤的提升高度，最大轴距不超过基准轴距。如果按公式(3)计算后撞击时摆锤的提升高度，后轮最大惯性矩不超过基准惯性矩。

这种情况下，试验报告中应包含原始试验报告。

12　铭牌

如果需要铭牌，则要永久地固定于容易看见的主要结构上。铭牌不能受到破坏，并包含以下内容：

a)　防护装置生产厂家和地址；

b)　防护装置鉴定号(设计或系列号)；

c)　安装防护装置的拖拉机的牌号、型号或系列号。

附 录 A
（规范性附录）
防护装置在低温下抗脆断的要求

下面的要求和程序提供了低温下的强度和抗脆断性能。判断防护装置在低温下的操作保护，须满足下列最低的材料要求。

A.1 用于连接防护装置与拖拉机和防护装置其他部位的螺钉和螺母，螺钉要按 8.8 级、9.8 级或 10.9 级（见 GB/T 3098），螺母按 8 级、9 级或 10 级。

A.2 用于结构部件和安装的电焊条，要符合 A.3 的规定。

A.3 用于防护装置结构的钢材应是可控的韧性材料，它具有如表 A.1 所示的最小 V 型块冲击能量要求。可表示为平面压力或服从低应变率的结构，在低温时无脆性裂开的可能性，则不用满足本条件。

注：厚度小于 2.5 mm 的钢板和含碳量低于 0.2% 的钢满足此要求。

防护装置的构件可用等效的抗低温冲击钢以外的材料制造。在制造防护装置前，试样要纵向的取自管状或结构件。取自管状或结构件的试样要从大边的中间取，且不包含焊接。

A.4 除了表 A.1 所示的试样尺寸，V 型试验要根据 GB/T 229 要求的过程进行。

A.5 可用镇静钢或半镇静钢代替，但要给出规范。

表 A.1 防护装置材料试样在 −20 ℃ 和 −30 ℃ 温度下最小 V 型冲击能量

试样尺寸 mm	吸收的能量 J	
	−30 ℃	−20 ℃[b]
10×10[a]	11	27.5
10×9	10	25
10×8	9.5	24
10×7.5[a]	9.5	24
10×7	9	22.5
10×6.7	8.5	21
10×6	8	20
10×5[a]	7.5	19
10×4	7	17.5
10×3.3	6	15
10×3	6	15
10×2.5[a]	5.5	14

[a] 显示首选尺寸，试件尺寸不小于材料许可的最大首选尺寸。

[b] −20 ℃时所需能量是−30 ℃时所需能量的 2.5 倍。对于其他影响冲击能量强度的因素，例如倾翻方向、工作强度、晶粒取向或焊接，当选用钢材时，考虑这些因素。

附 录 B
(规范性附录)
防护装置强度试验报告

注:本报告采用ISO 1000:1992标准规定的单位。必要时,在后面用括号注明相应国家的单位。

——防护装置生产厂家的名称和地址:

——提交试验的单位:

——防护装置的牌号:

——防护装置的型号:

——防护装置的类型:驾驶室、防翻架等

B.1 试验拖拉机的技术参数

B.1.1 装配所试防护装置的拖拉机的参数

B.1.1.1 拖拉机的品牌

型号(商标名)

形式:2WD或4WD;橡胶或金属轮(如应用)

B.1.1.2 号

机型或系列号:

B.1.1.3 其他技术参数(如应用)

B.1.2 装配防护装置的拖拉机的质量(无配重和驾驶员)

表B.1

前	kg
后	kg
总计	kg

质量用于计算撞击能量和压垮力。

B.1.3 拖拉机的轴距和惯性矩

被试拖拉机的轴距 mm

用于计算后部撞击能量的惯性矩 kg·m²

B.1.4 轮距和轮胎规格

表B.2

位　置	最小轮距 mm	轮　胎		
		规格	直径 mm	压力 kPa
前				
后				

B.1.5 拖拉机座椅

拖拉机是否有双向驾驶位(双向座椅和方向盘) 是/否

座椅的牌号/型号/型式

选装座椅和驾驶座参考点:

(座椅1和驾驶座参考点的描述)

(座椅 2 和驾驶座参考点的描述)

(座椅和 SRP 的描述)

B.2 防护装置的技术参数

B.2.1 从侧面和后面表示安装细节的照片(包括挡泥板)

B.2.2 从侧面和后面表示驾驶座参考点和安装细节的总布置图

B.2.3 防护装置构成的简要叙述：

结构型式

安装细节

覆盖件和衬垫的细节

进入和逃跑的方法

B.2.4 防护装置可否倾翻/可否折叠

B.2.5 尺寸

应根据按要求安装座椅盆板和靠背后测量尺寸。

对于安装可选座椅和双向行驶(双向座椅和方向盘)的拖拉机，应分别测量相对于各驾驶座参考点的尺寸(SRP1、SRP2 等)。

B.2.5.1 顶棚距驾驶座参考点的高度 mm

B.2.5.2 顶棚距驾驶座地板的高度 mm

B.2.5.3 在驾驶座参考点上防护装置的宽度 mm

B.2.5.4 在驾驶座参考点上方向盘中心高度处防护装置的宽度 mm

B.2.5.5 方向盘中心距防护装置右边的距离 mm

B.2.5.6 方向盘中心距防护装置左边的距离 mm

B.2.5.7 方向盘边缘到防护装置的最小距离 mm

B.2.5.8 门道的宽度

顶部 mm

中间 mm

上部 mm

B.2.5.9 门道的高度

比地板高 mm

比最高的上机踏板高 mm

比最低的上机踏板高 mm

B.2.5.10 装配防护装置的拖拉机的总高 mm

B.2.5.11 防护装置的总宽(如包括挡泥板，要说明) mm

B.2.5.12 驾驶座参考点上 900 mm 处，到防护装置后边的水平距离 mm

B.2.6 防护装置所用材料及钢材的技术规格

钢材的技术规格要符合 GB/T 700 的要求。

B.2.6.1 主框架： (零件-材料-尺寸)

是沸腾钢、半镇静钢、镇静钢？

钢号和相关标准

B.2.6.2 安装支架： (零件-材料-尺寸)

是沸腾钢、半镇静钢、镇静钢？

钢号和相关标准

B.2.6.3 装配和安装用螺栓 (零件-尺寸)

B.2.6.4 顶棚 （零件-材料-尺寸）

B.2.6.5 覆盖件 （零件-材料-尺寸）

B.2.6.6 玻璃 （型号-等级-尺寸）

B.2.7 拖拉机制造厂对原防护装置加强的细节

B.3 试验结果

B.3.1 试验条件

撞击试验是在：

左后方/右后方

左前方/右前方

左侧边/右侧边

用于计算撞击能量的质量 kg

用于计算后撞击能量的轴距 mm

用于计算后撞击能量的惯性矩 kg·m^2

施加于框架上的能量

后部 kJ

前部 kJ

侧面 kJ

压垮力 kN

B.3.2 试验后的永久变形

B.3.2.1 各项试验后防护装置边界的永久变形

后部（朝前/朝后）	左边：		mm
	右边：		mm
前部（朝前/朝后）	左边：		mm
	右边：		mm
侧面（朝左/朝右）	前边：		mm
	后边：		mm
顶面（朝上/朝下）	前边：	左边	mm
		右边	mm
	后边：	左边	mm
		右边	mm

B.3.2.2 侧撞击试验时，瞬时变形与永久变形之间的总差值 mm

B.3.3 附加试验的说明和结果

声明：

保护容身区的验收条件得到满足，则本防护装置为满足本试验标准的在翻车时起防护作用的防护装置。

B.4 较小改动的证明

符合本试验标准的批准号：

试验站原报告的试验编号：

试验日期和地点：

批准时间：

更改号：MOD

先前改进证明(MOD)维持有效/保持有效

B.4.1 防护装置的技术参数

框架或驾驶室：

生产厂家：

提交试验单位：

牌号：

型式：

改进后的出厂编号：

B.4.2 安装此防护装置的拖拉机名称

表 B.3

<table>
<tr><td rowspan="3">品牌</td><td rowspan="3">型号</td><td rowspan="3">型式
2/4WD</td><td rowspan="3">其他技
术文件
(如需要)</td><td colspan="3">质量</td><td rowspan="3">倾斜
是/否</td><td rowspan="3">轴距
mm</td><td colspan="2">最小轮距</td></tr>
<tr><td rowspan="2">前轴
kg</td><td rowspan="2">后轴
kg</td><td rowspan="2">总重
kg</td><td>前</td><td>后</td></tr>
<tr><td colspan="2">mm</td></tr>
<tr><td></td><td></td><td></td><td></td><td></td><td></td><td></td><td></td><td></td><td></td><td></td></tr>
</table>

B.4.3 改进细节

自原始报告出具后的，改动如下：

B.4.4 声明

改动部分对防护装置强度的效果已进行验证。改动部分对原试验结果无影响。原试验报告仍适用于改动后的防护装置。本证明由进行原试验的代表官方机构的试验站起草，本证明作为原试验报告的附件。

签名：

日期：

地点：

ICS 83.180
G 38

中华人民共和国国家标准

GB/T 7124—2008/ISO 4587:2003
代替 GB/T 7124—1986

胶粘剂 拉伸剪切强度的测定（刚性材料对刚性材料）

Adhesives—Determination of tensile lap-shear strength of rigid-to-rigid bonded assemblies

(ISO 4587:2003,IDT)

2008-06-04 发布 2008-12-01 实施

中华人民共和国国家质量监督检验检疫总局
中国国家标准化管理委员会 发布

前　言

本标准等同采用 ISO 4587:2003《胶粘剂——拉伸剪切强度的测定(刚性材料对刚性材料)》(英文版)。

本标准代替 GB/T 7124—1986《胶粘剂拉伸剪切强度测定方法(金属对金属)》。

本标准等同翻译 ISO 4587:2003,规范性引用文件用国家标准取代了国际标准,所引用的标准内容与国际标准没有差异。

为便于使用,本标准作下列编辑性修改:

a) “本国际标准”一词改为“本标准”;

b) 删除了国际标准的前言;

c) 用小数点“.”代替作为小数点的逗号“,”。

本标准与 GB 7124—1986 相比主要的差别如下:

——修改了标准的名称;

——增加了规范性引用文件(本版的第 2 章);

——粘接的材料从金属扩展为刚性材料(1986 年版的第一章;本版的第一章);

——试样的粘接面长度由 12.5±0.5 mm 改为 12.5 mm±0.25 mm(1986 年版的 4.1;本版的 5.1);

——试板厚度由 2.0±0.1 mm 改为 1.6 mm±0.1 mm(1986 年版的 4.1;本版的 5.1);

——增加了胶层厚度,及其控制方法(本版的 5.2);

——将测试速度由原来的“5±1 mm/min”改为“将剪切力变化速率定在每分钟 8.3 MPa~9.8 MPa 之间。”(1986 年版的 3.1;本版的第七章);

——试验结果的表示由“算术平均值、最高值、最低值”改为“每个试样的破坏载荷或拉伸剪切强度,算术平均值和标准偏差。”(1986 年版的 8.2;本版的第八章)。

本标准由中国石油和化学工业协会提出。

本标准由全国胶粘剂标准化技术委员会归口。

本标准起草单位:上海橡胶制品研究所、北京天山新材料技术有限责任公司。

本标准主要起草人:杨晨耘、郑惠英、许宁。

本标准所代替标准的历次版本发布情况为:

——GB/T 7124—1986。

胶粘剂　拉伸剪切强度的测定
（刚性材料对刚性材料）

1　范围

本标准规定了刚性材料对刚性材料胶接件的拉伸剪切强度的测定方法。

本标准也规定了试样制备及测试的条件。本试验过程不作为设计资料。

2　规范性引用文件

下列文件中的条款通过本标准的引用而成为本标准的条款。凡是注日期的引用文件，其随后所有的修改单（不包括勘误的内容）或修订版均不适用于本标准，然而，鼓励根据本标准达成协议的各方研究是否可使用这些文件的最新版本。凡是不注日期的引用文件，其最新版本适用于本标准。

GB/T 2918　塑料试样状态调节和试验的标准环境（GB/T 2918—1998，idt ISO 291:1997）

GB/T 16997　胶粘剂　主要破坏类型的表示法（GB/T 16977—1997，idt ISO 10365:1992）

ISO 527-1:1993　塑料拉伸性能的测定　第1部分　总则

ISO 17212　结构粘合剂　粘结前金属和塑料表面处理指南

3　原理

胶粘剂拉伸剪切强度是在平行于粘接面且在试样主轴方向上施加一拉伸力，测出的刚性材料单搭接粘接处的剪切应力。

注1：单搭接胶接件经济、实用且易于制备。该试样是胶粘剂、粘结制品的开发、评价和对比研究，包括制造品质控制方面最为广泛的应用形式。

注2：从单搭接胶接件得到的剪切强度值不能作为结构胶接的设计应力。

4　装置

4.1　拉力试验机

选择使用的拉力试验机应使试样的破坏载荷在满标负荷的10%～80%之间。试验机的响应时间应足够短以保证断裂时间判定的准确性。试验机力值示值误差不得大于1%。试验机应保持ISO 527-1第7章中所规定的恒定的速度。可选用具有载荷变化均匀的试验机，可将载荷变化维持在8.3 MPa/min～9.7 MPa/min之间。试验机应配置一副可自动调心的夹具。加载时，夹具及其附件（见注）与试样无相对移动，保证试样长轴与施力方向一致，并与夹具中心线保持一致。

注：应避免夹具与胶接件由螺栓固定产生附加的应力集中。

5　试样

5.1　试样应符合图1的形状和尺寸。粘接面长度为12.5 mm±0.25 mm。试片主轴方向应与金属胶接件的切割方向相一致。

单位为毫米

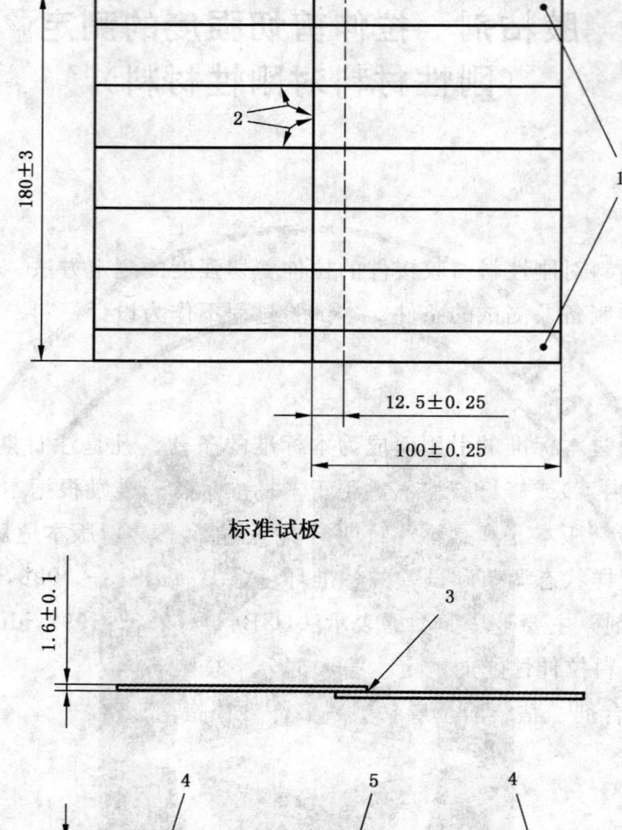

1——舍弃部分；
2——夹角 90°±1°；
3——胶粘剂；
4——夹持区域；
5——剪切区域。

图 1 试样及试板的形状和尺寸

注 1：选择不同于图 1 中试样尺寸可能会导致对试验的结果解释困难，因为不允许在此种情况下直接进行对比试验。

注 2：强烈推荐在粘接过程中使用夹具对胶接件来进行准确定位。

5.2 试样可用平板制备，也可单片制备。在选择不同的制备方式时，应考虑到机加工中，试样是否会被机械破坏（包括加热过度）。在单片制备试样时应特别小心，确保两被粘接试片精确对齐，尽可能使胶层厚度均匀，一致。

典型的胶层厚度为 0.2 mm。胶层厚度可用插入间隔导线或小玻璃球来控制。如果使用间隔导线，则导线应该平行于施力方向，使导线对粘接部位的影响最小。

5.3 胶接件表面应适当处理以适宜粘接。表面处理方法可遵照制造说明或其他适用的标准(ISO 17212)。胶粘剂的应用和固化应按其制造厂商的要求或其他适当的材料标准进行。在胶接过程中压出来的溢胶需及时清理。

对于胶接件,其表面处理方法应在报告中说明。

5.4 试样的数量决定于精密度要求,为了结果可靠,原则上不少于5个。

5.5 试样的尺寸测量精确到±0.1 mm。

6 调节

试样需在GB/T 2918中规定的标准调节环境中进行调节和试验。

7 试验步骤

将试样对称地夹在夹具上,夹持处至距离最近的粘接端的距离为50 mm±1 mm。夹具中可使用垫片,以保证作用力在粘接面内。

拉力试验机以恒定的测试速度进行试验,使一般破坏时间介于65 s±20 s。

若拉力机可以恒定速率加载,将剪切力变化速率定在每分钟8.3 MPa～9.8 MPa之间。

记录试样剪切破坏的最大负荷作为破坏载荷。

按GB/T 16997中的规定记录破坏类型。

8 结果表述

试验结果以有效试样的破坏载荷(N)或拉伸剪切强度(MPa)算术平均值表示。拉伸剪切强度(MPa)由破坏载荷(N)除以剪切面积(mm^2)来计算。

9 精确度

该测试方法被广泛使用和认可。但由于缺少多个实验室的数据,其精度未确定。

10 试验报告

试验报告应包括以下内容:

a) 本标准编号。

b) 被测胶粘剂的完整表述,包括型号、来源、制造商代码、批号、形态等等。

c) 试材的完整表述,包括材料性质和表面处理。

d) 粘接过程的表述,包括胶粘剂的使用方法,干燥和预处理条件(当需要时),固化或凝固时间,固化温度和压力。

e) 胶层成形后的平均厚度(实际厚度),以及控制厚度的方法。

f) 试样的完整描述,不论是单片制备或是平板制备,都应包括粘接部位的尺寸、构造。如果试样为平板制备,应描述平板数量、切片过程、条件以及试样个数。

g) 试样制备及测试的环境参数。

h) 测试速度(载荷的加载速度)。

i) 每个试样的破坏载荷或拉伸剪切强度,算术平均值和标准偏差。

j) 按照GB/T 16997中的规定来描述破坏类型。

k) 描述任何与规定程序的差异和任何有可能影响结果的事件。

ICS 43.040.40;83.140.40
G 42

中华人民共和国国家标准

GB 7128—2008
代替 GB 7128—1986

汽车空气制动软管和软管组合件

Automotive air brake hose and hose assemblie

2008-09-18 发布　　2009-09-01 实施

中华人民共和国国家质量监督检验检疫总局
中国国家标准化管理委员会　发布

前言

本标准的6.1.2、6.1.3、6.1.4为强制性，其余为推荐性。

本标准非等效采用SAE J1402:2005《(R)汽车空气制动软管和软管组合件》。

本标准根据SAE J1402:2005重新起草。为了方便比较，在资料性附录A中列出了本国家标准条款和SAE标准条款的对照一览表。

本标准与SAE J1402:2005的主要差异：

——修改了规格6.3、11.5、12.5SP、12.5为6、12、13SP、13，并增加了规格15；

——修改第3章部分软管内、外径尺寸(表1)；

——修改了第6章标识条款部分内容，并调到本标准最后第8章标志中；

——删除了1.1说明条将部分条款加入本标准前言中；

——删除了表1中英制规格。

本标准代替GB 7128—1986《汽车气压制动胶管》。

本标准与GB 7128—1986的主要区别是：

——本标准是修改采用SAE J1402:2005，GB 7128—1986是参照采用日本工业标准JIS D2606—1980，结构调整很大，性能参数和项目差别较大；

——软管内径规格由原标准的10、13改为5、6、8、10、11、12、13SP、13、15、16公称尺寸(1986版的1.2;本版的第3章)；

——增加了软管结构，对A型、AⅠ型、AⅡ型进行了定义(本版的第3章)；

——增加了推荐使用的车辆安装最小弯曲半径(本版的第5章)；

——删除了软管外观要求，验收规则条款(1986版的2.11和第4章)；

——删除了包装运输、贮存要求(1986版的5.2、5.3、5.4、5.5和5.6)，增加了组合件上标识要求(本版的8.2)。

本标准的附录A是资料性附录。

本标准由中国石油和化学工业协会提出。

本标准由全国橡胶与橡胶制品标准化技术委员会软管分技术委员会(SAC/TC 35/SC 1)归口。

本标准负责起草单位：中车集团南京七四二五工厂。

本标准参加起草单位：广州天河胶管制品有限公司。

本标准主要起草人：孙克俭、张英稳、陈润明、潘燕勤。

本标准历次版本发布情况为：

——GB 7128—1986。

汽车空气制动软管和软管组合件

1 范围

本标准规定了有增强层的弹性体软管及配上适宜的软管接头制造的空气制动软管组合件的最低要求。

本标准适用于汽车空气制动系统，包括空气压力1 MPa的可能存在拉伸和冲击的车架与轴、牵引车与挂车的软连接及其他没有防护的气压管线中使用的软管组合件。软管适用于温度范围－40 ℃～＋100 ℃的环境要求（内部的或外部的）。

2 规范性引用文件

下列文件中的条款通过本标准的引用而成为本标准的条款。凡是注日期的引用文件，其随后所有的修改单（不包括勘误的内容）或修订版均不适用于本标准，然而，鼓励根据本标准达成协议的各方研究是否可使用这些文件的最新版本。凡是不注日期的引用文件，其最新版本适用于本标准。

GB/T 1690—2006 硫化橡胶或热塑性橡胶耐液体试验方法(ISO 1817:2005,MOD)

GB/T 5563 橡胶和塑料软管及软管组合件 静液压试验方法(GB/T 5563—2006,ISO 1402:1994,IDT)

GB/T 10125 人造气氛腐蚀试验 盐雾试验(GB/T 10125—1997,eqv ISO 9227:1990)

GB/T 14905 橡胶和塑料软管各层间粘合强度测定(GB/T 14905—1994,eqv ISO 8033:1991)

3 软管结构和尺寸

汽车空气制动软管有三种不同的结构。所有规格都列于表1中。

A型由弹性体内衬层、纤维增强层和弹性体外覆层组成；

AⅠ型由弹性体内衬层、钢丝或纤维增强层和纤维编织外覆层组成；

AⅡ型由弹性体内衬层、钢丝或纤维增强层和纤维编织或弹性体外覆层组成，该软管的尺寸参见SAE J517 100R5，与其等同。

表1 A、AⅠ和AⅡ型软管的内径和外径

单位为毫米

公称尺寸	A型内径		AⅠ和AⅡ型内径		A型外径		AⅠ型外径		AⅡ型外径	
	Min	Max	Min	Max	Min	Max	Min	Max	Min	Max
5	4.7	5.4	4.8	5.5	10.0	12.0	12.0	13.0	12.7	13.7
6	5.5	6.6	6.1	6.9	12.0	16.7	13.6	14.6	14.3	15.3
8	7.3	8.5	7.9	8.7	14.5	18.3	15.1	16.2	16.7	17.6
10	9.1	10.3	—	—	16.5	19.8	—	—	—	—
11	10.3	11.9	10.3	11.1	17.0	20.5	18.1	19.3	18.9	20.0
12	11.2	12.4	—	—	18.0	21.4	—	—	—	—
13SP	11.9	13.5	—	—	20.0	23.5	—	—	—	—
13	—	—	12.7	13.7	—	—	20.5	21.7	22.8	24.0
15	14.2	15.7	—	—	23.0	26.8	—	—	—	—
16	15.1	16.7	15.9	17.0	24.0	27.8	23.7	24.9	26.8	28.0

注：如果有要求，则10、12和13SP规格的A型软管能装配野外装配型接头，但这些装配型接头与AⅠ和AⅡ型软管使用的不同。

4 接头

4.1 永久接头

当软管装配永久接头时，软管组合件的软管部分应符合表1中A、AⅠ和AⅡ型软管的尺寸要求。

4.2 野外装配型接头

当软管装配野外装配型接头时，软管组合件的软管部分应符合表1中AⅠ和AⅡ型软管各种规格的尺寸要求或应符合表1中A型软管10、12和13SP规格的尺寸要求。野外装配型接头与AⅠ和AⅡ型软管使用的不同。

5 最小弯曲半径

表2中列出了推荐使用的车辆安装最小弯曲半径。

表2 推荐的最小弯曲半径

单位为毫米

公称尺寸	最小弯曲半径(弯曲内侧)
5	50
6	65
8	75
10	90
11	90
12	100
13SP	100
13	100
15	110
16	115

6 性能

注1：所有承受除验证压力和长度变化试验以外的一或二个性能试验的试样都应在试验和分析完成后销毁。

注2：爆破强度和组合件拉伸强度试验是鉴定试验，并不意味着软管组合件能在那些条件下使用。

6.1 验收性能

6.1.1 管接头

管接头应符合本标准的所有部分。在装配到软管上以后，管接头或软管的最小内径不应小于表1所示软管最小内径的66%。所有软管组合件在进行本标准中的任何其他试验之前应通过这一要求。

6.1.2 验证压力

在软管组合件中充入空气或氮气，压力为2 MPa±0.1 MPa，并浸入水中30 s不应有泄漏。

6.1.3 最小爆破压力

最小爆破压力试验按GB/T 5563进行，当软管或软管组合件在承受6 MPa水压时，不应有爆破、泄漏或管接头分离现象。

6.1.4 组合件拉伸强度

取450 mm长的软管组合件(包括接头)进行试验速率为25 mm/min±2.5 mm/min的纵向拉伸，试验直到软管与接头分离或软管破坏。公称尺寸6 mm及以下规格发生破坏时负荷不应小于1 100 N，公称尺寸6 mm以上的则不应小于1 450 N。

6.1.5 长度变化

长度变化试验应按GB/T 5563(伸长与收缩)进行，初始测量在0.1 MPa压力下进行。软管或软管组合件长度变化应在 1.5 MPa 下测定，并且变化范围应在+5%～−7%之间。

6.1.6 **粘合性能**

粘合试验仅应在初始未老化的试样上进行。

6.1.6.1 **纤维增强软管的粘合性能**

粘合试验应按 GB/T 14905 方法进行，软管内、外层与增强层之间的各层间粘合强度不小于 1.4 kN/m。

6.1.6.2 **钢丝增强软管的粘合性能**

测试带有钢丝增强层的 AⅠ型和 AⅡ型软管外覆层粘合性能的要求和方法同 6.1.6.1。取一段不小于 380 mm 长的软管，按下述要求测试内衬层的粘合性。

将表 3 规定规格的钢球置于软管内腔中。软管的一端连接真空源，另一端塞住。将软管基本处于伸直状态下，施加 17 kPa 绝对真空，保持 5 min。5 min 后仍保持真空状态下，将软管沿两个不同的方向分别弯曲 180°至表 2 中的最小弯曲半径。将软管弯曲回到基本伸直状态后，仍然在真空状态下，用钢球从一端滚动到另一端。如钢球不能自由地从一端滚动到另一端则表示内衬层与增强层分离，并判定为不合格。

表 3 测试钢丝增强层粘合性能的钢球规格

单位为毫米

公称尺寸	5	6	8	11	13	16
钢球规格	3.5	4.5	6.0	7.5	9.5	12.0

6.2 **鉴定性能**

对于本标准下的初始鉴定，所有验收性能、鉴定性能和弯曲试验要求都应满足。最低取样以及规定的继续试验程序应按表 4 进行。

表 4 最低取样及接续试验程序

试样号	试验	接续试验
1	6.1.1[a]	6.2.1.1，然后 6.1.2
2	6.1.1[a]	6.2.1.2，然后 6.1.2
3	6.2.2.1	—
4	6.1.1[a]	6.2.2.2，然后 6.1.4
5	6.2.2.3	—
6	6.1.1[a]	6.2.2.4，然后 6.1.3
7	6.1.1[a]	6.1.5，然后 6.1.2 和 6.1.3
8	6.1.6	—
9	6.1.1[a]	第 7 章

[a] 在开始试验或老化之前安装管接头。

6.2.1 **耐温性能**

6.2.1.1 **耐高温性能**

将软管或软管组合件的软管部分在模型上弯曲，并在 100 ℃±2 ℃老化箱内，经 72 h±2 h 老化后伸直时，其内外都不应出现龟裂、炭化和碎裂。试验模型的半径应符合表 2 的规定。纤维编织外覆层软管的外表面由于目视检查不可行，可以免于检查龟裂项目。

完成该试验后，软管组合件应按照 6.1.2 验证压力进行试验。

6.2.1.2 **耐低温性能**

将软管和具有表 2 所示半径的模型置于空气循环箱内于−40 ℃±2 ℃下经 70 h±2 h 后，在此温度下将软管在模型上弯曲180°，软管内外都不应出现龟裂。在整个过程中。软管和模型应以非金属表面支撑。弯曲应在3 s到5 s内完成。纤维编织外覆层软管的外表面由于目视检查不可行，可以免于检查龟裂项目。

6.2.2 耐环境性能

6.2.2.1 耐油

按GB/T 1690—2006进行试验，从内衬层和外覆层制备的试样在100 ℃±2 ℃的ASTM IRM 903油中浸渍70 h±2 h，从中取出后，进行测量，体积膨胀不应超过100%。

6.2.2.2 耐水

将软管或软管组合件在表2所列最小弯曲半径的模型上弯曲并置于室温蒸馏水中调节168 h±2 h。在浸渍过程中端部要完全密封。

试验完成后，对该软管组合件进行6.1.4的组合件拉伸强度试验。

6.2.2.3 臭氧

将软管组合件在表2所列最小弯曲半径的模型上弯曲，并置于臭氧试验箱内，在环境温度40 ℃±2 ℃于标准大气条件下经70 h±2 h，箱内的气体由空气和臭氧组成，臭氧的分压为100 mPa（每100百万份空气有100份臭氧）。用7倍放大镜观察，软管不应有龟裂。该试验仅适用于弹性体外覆层的软管。

6.2.2.4 盐雾试验

按GB/T 10125进行试验。将软管组合件以与垂直方向成15°～30°角支撑或悬挂使之曝露在盐雾中24 h±1 h。在此曝露后，接头除在标识压印和折皱变形部位的红锈可以接受外不应有金属锈蚀。白色锈蚀产品可以接受。

在完成该试验后，该软管组合件应按6.1.3爆破强度进行试验。

7 挠曲试验

7.1 试样的制备

7.1.1 切割软管之前，沿软管的纵向（随着由于软管盘卷而形成的自然弯曲线）画一条（颜色明显不同于软管外覆层的）线，见图1。

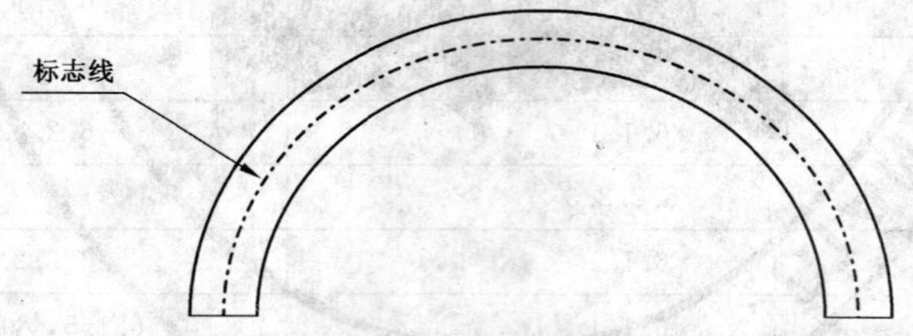

该线为进行试验而制备试样时标记的，非制造商的标志线

图1 软管标线

7.1.2 切割软管以制备自由软管长度如图2和表5所示的软管组合件试样。自由软管长度是成品软管组合件上管接头之间露在外面的软管长度。

7.1.3 接头应按制造商的说明装配在软管上。

7.2 预调节

7.2.1 盐雾调节

每一根试样组合件首先进行如下调节，然后按7.2.2进行调节。

将软管组合件试样的端部塞住，按GB/T 10125盐雾试验方法，曝露于盐雾中24 h±1 h。

在完成盐雾调节后到根据7.2.2开始高温老化试验之前，时间间隔不应超过168 h。

7.2.2 高温老化

将每一根软管组合件试样平直放置，于100 ℃±2 ℃的空气中老化70 h± 2 h。在整个调节期间，每根试样的软管内腔都应曝露于老化箱内的空气中。

用至少 2 h 将软管组合件冷却至室温，但在完成高温老化后到根据 7.3 和 7.4 开始挠曲试验之前，时间间隔不应超过 168 h。

7.3 试样在试验装置中的安装

在试样预调节之后，按图 2 和表 5 规定的方式将其安装在试验装置中。安装程序如下：

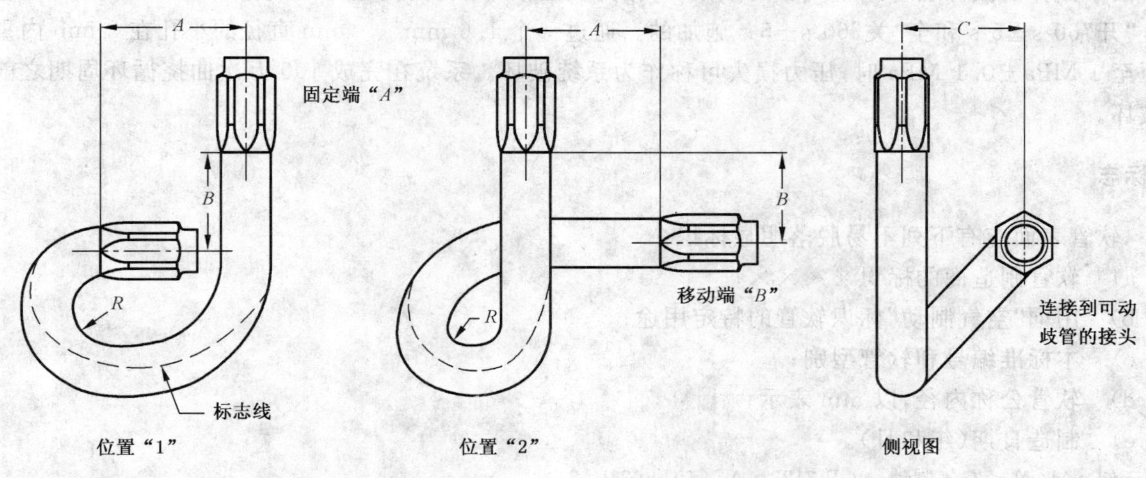

图 2 挠曲试验装置

表 5 挠曲试验装置

单位为毫米

软管自由长度±2	公称尺寸	尺寸							
		位置 1				位置 2			
		A	B	C	R	A	B	C	R
		±3	±3	±3	参考	±3	±3	±3	参考
255	5、6	75	70	95	34	75	70	95	30
280	8、10、11	75	90	115	43	75	90	115	33
355	12、13SP、13、15、16	75	100	125	56	75	100	125	46

7.3.1 挠曲试验机的可动歧管在其行程的中心，使标志线位于顶部中心位置将接头“B”连接到可动歧管(见图 2)。

7.3.2 在接头“B”安装至可动歧管后，再将接头“A”连接至固定歧管，连接时不应施加任何扭曲，但应允许其自然弯曲。

7.4 试验程序

7.4.1 概述

挠曲试样是通过从行程的中心位置移动接头“B”至距中心每一侧 75 mm(图 2 中 A 尺寸)，即位置“1”和位置“2”交替进行的。同时，施加循环空气压力，开 60 s，关 60 s。

7.4.2 挠曲/压力循环试验参数

7.4.2.1 总挠曲行程

150 mm±1.5 mm。

7.4.2.2 挠曲行程频率

1.7 Hz±0.1 Hz。

7.4.2.3 环境温度

26 ℃±6 ℃。

7.4.2.4 试样内压

1 MPa±0.1 MPa。空气压力应交替进行,全"开"60 s±5 s,全"关"60 s±5 s。

7.5 挠曲试验终止

由于试样的损坏会导致空气压力损失,可据此测定破坏点(曲挠循环周期数)。空气压力是通过交替全"开"60 s±5 s 和全"关"60 s±5 s 施加的。通过一个 $1.6\ mm^{+0.05}_{0}$ mm 直径的小孔在 2 min 内重新加压至 1 MPa±0.1 MPa 时,压力损失可称作为系统破坏。系统在完成 100 万次曲挠循环周期之前不应破坏。

8 标志

8.1 软管表面应有下列不易脱落明显标识:

a) 软管制造商的标识××××;

b) 用词"空气制动"标识软管的特定用途;

c) 本标准编号和软管型别;

d) 软管公称内径,以 mm 表示;

e) 制造日期(年和月)。

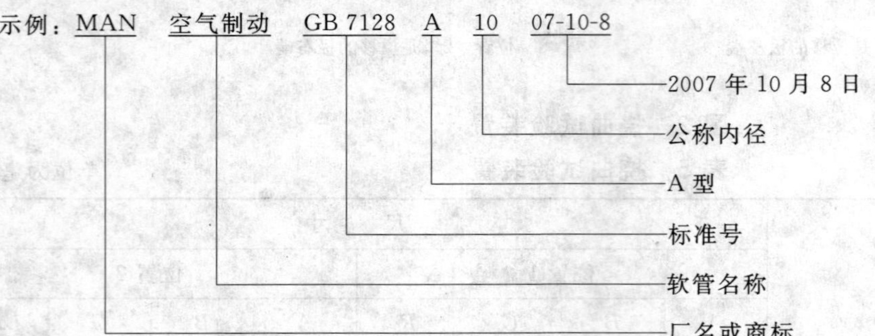

8.2 组合件上应有永久地蚀刻、浮雕或压印的下列标识:

a) 组合件制造日期(年、月、日),如,07-10-8 表示 2007 年 10 月 8 日;

b) 如有要求时,组装者的名称及附加信息。

附 录 A
（资料性附录）
本标准章条编号与 SAE J1402:2005 章条编号对照

表 A.1 给出了本标准章条编号与 SAE J1402:2005 章条编号对照一览表。

表 A.1 本标准章条编号与 SAE J1402:2005 章条编号对照

本标准章条编号	对应的 SAE J1402:2005 章条编号
6	7
6.1	7.1
6.1.1	7.1.1
6.1.2	7.1.2
6.1.3	7.1.3
6.1.4	7.1.4
6.1.5	7.1.5
6.1.6	7.1.6
6.1.6.1	7.1.6.1
6.1.6.2	7.1.6.2
6.2	7.2
6.2.1	7.2.1
6.2.1.1	7.2.1.1
6.2.1.2	7.2.1.2
6.2.2	7.2.2
6.2.2.1	7.2.2.1
6.2.2.2	7.2.2.2
6.2.2.3	7.2.2.3
6.2.2.4	7.2.2.4
7	8
7.1	8.1
7.2	8.2
7.2.1	8.2 下的悬置段
7.2.1	8.2.1
7.2.2	8.2.2
7.3	8.3
7.3.1	8.3.1
7.3.2	8.3.2
7.4	8.4
7.4.1	8.4 下的悬置段

表 A.1（续）

本标准章条编号	对应的 SAE J1402:2005 章条编号
7.4.2	8.4.1
7.4.2.1	8.4.1.1
7.4.2.2	8.4.1.2
7.4.2.3	8.4.1.3
7.4.2.4	8.4.1.4
7.5	8.5
8	6
8.1	6.1
8.2	6.3
附录 A	—

参 考 文 献

[1] SAE J517:2005 Hydraulic Hose.

ICS 83.140.10
G 32

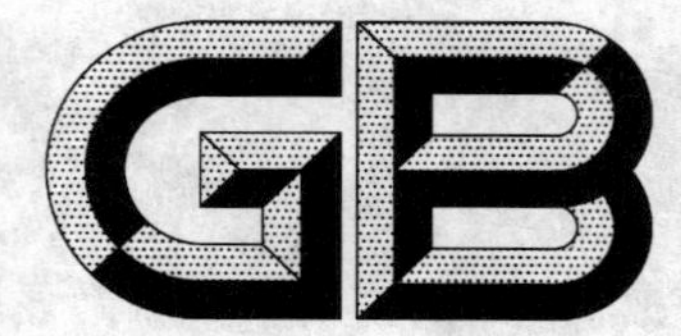

中华人民共和国国家标准

GB/T 7134—2008
代替 GB/T 7134—1996

浇铸型工业有机玻璃板材

Poly(methyl methacrylate) cast sheets

(ISO 7823-1:2003, Plastics—Poly(methyl methacrylate) sheets—Types, dimensions and characteristics—Part 1: Cast sheets, MOD)

2008-08-04 发布　　　　2009-04-01 实施

中华人民共和国国家质量监督检验检疫总局
中国国家标准化管理委员会　发布

前　　言

本标准修改采用ISO 7823-1:2003《塑料　聚甲基丙烯酸甲酯板类型、尺寸和特性　第1部分:浇铸薄板材》(英文版)。

考虑到我国国情,在采用ISO 7823-1:2003时,本标准做了一些修改,有关技术性差异已编入正文中,并在它们涉及的条款的页边空白处用垂直单线标识。在附录B中给出了本标准章条编号与ISO 7823-1:2003的章条编号对照一览表,在附录C中给出了这些技术性差异及其原因的一览表以供参考。

本标准与ISO 7823-1:2003相比,主要变化如下:

——将一些适用于国际标准的表述改为适用于我国标准的表述;

——为规范性引用文件一章添加了引导语;

——增加了板材的厚度规格和公差要求;

——增加了有色板的抗拉强度指标,为"≥65";

——调整了应变率指标,由原来的"最小4"改为"≥3";

——提高了简支梁无缺口冲击强度指标,由原来的"最小13"改为"≥17";

——增加了有色板简支梁无缺口冲击强度指标,为"≥15";

——调整了维卡软化温度指标,由原来的"最小105"改为"≥100";

——提高了总透光率指标,由原来的"最小90"改为"≥91";

——增加了检验规则;

——试验方法由原ISO的试验方法改变为我国相应的国家标准的试验方法;

——增加了标志、包装、运输、贮存内容。

本标准代替GB/T 7134—1996《浇铸型工业有机玻璃板材、棒材和管材》。本标准与GB/T 7134—1996的主要变化如下:

——删减了棒材和管材部分;

——增加了目次部分;

——增加了前言部分;

——将"引用标准"改为"规范性引用文件",并修订为区分注日期和不注日期的引用文件,增加了部分规范性引用文件;

——删减了规格部分;

——增加了术语和定义部分;

——增加了成分部分;

——修改了外观要求指标;

——增加了长度和宽度公差要求;

——修改了厚度范围,由原来的1.0 mm～45.0 mm共22种厚度规格,修改为1.5 mm～50.0 mm共26种厚度规格,厚度公差要求分别有所提高;

——修改了物理性能项目名称和指标部分,将"断裂伸长率"改为"拉伸断裂应变";将"冲击强度"改为"简支梁无缺口冲击强度";将"透光率"改为"总透光率",增加了拉伸弹性模量、加热时尺寸变化(收缩)、420 nm透光率的项目名称和指标;将原来的洛氏硬度、抗溶剂银纹性、热变形温度和新增加的弯曲强度、线性膨胀系数、光折射指数、密度、吸水性,作为可检测项目;

——删减了等级分类;

——拉伸强度指标，无色板由原来的优等品 70、一等品 63、合格品 61，提高到“≥70”；有色板由原来的一等品 54、合格品 54，提高到“≥65”；

——简支梁无缺口冲击强度指标，无色板由原来的优等品 17、一等品 17、合格品 16，提高到“≥17”；有色板由原来的一等品 14、合格品 14，提高到“≥15”；

——拉伸断裂应变指标，无色板由原来的优等品 4、一等品 3、合格品 2，提高到“≥3”；

——维卡软化温度指标，无色板由原来的优等品≥89、一等品≥84、合格品≥79，提高到“≥100”；

——增加了拉伸弹性模量，指标为≥3 000；

——增加了加热时尺寸变化(收缩)，指标为≤2.5；

——增加了 420 nm 透光率，氙弧灯照射之前指标为≥90，氙弧灯照射 1 000 h 之后指标为≥88。

本标准附录 A 为规范性附录，附录 B、附录 C 为资料性附录。

本标准由中国石油和化学工业协会提出。

本标准由全国塑料标准化技术委员会塑料树脂通用方法和产品分会(SAC/TC 15/SC 4)归口。

本标准负责起草单位：泰兴汤臣压克力厂。

本标准参加起草单位：国家合成树脂质量监督检验中心、锦州化工研究院、南京永丰化工有限责任公司、宁波鄞州凯凯有机玻璃有限公司。

本标准起草人：汤月生、汤宏强、朱正同、王建东、刘大光、朱国平、吴庆彪。

本标准所代替标准的历次版本发布情况为：GB/T 7134—1996。

浇铸型工业有机玻璃板材

1 范围

本标准规定了浇铸型工业有机玻璃板材的术语和定义、成分、技术要求、试验方法、检验规则、标志、包装、运输和贮存。

本标准适用于以甲基丙烯酸甲酯为原料，在特定的模具内进行本体聚合而成的无色和有色的透明、半透明或不透明，厚度为 1.5 mm～50 mm 有机玻璃板材(以下简称板材)。

2 规范性引用文件

下列文件中的条款通过本标准的引用而成为本标准的条款。凡是注日期的引用文件，其随后所有的修改单(不包括勘误的内容)或修订版均不适用于本标准，然而，鼓励根据本标准达成协议的各方研究是否可使用这些文件的最新版本。凡是不注日期的引用文件，其最新版本适用于本标准。

GB/T 1033.1—2008 塑料 非泡沫塑料密度的测定 第1部分：浸渍法、液体比重瓶法和滴定法(ISO 1183-1:2004，IDT)

GB/T 1034—2008 塑料 吸水性的测定(ISO 62:2008，IDT)

GB/T 1036—2008 塑料 −30 ℃～30 ℃线膨胀系数的测定 石英膨胀计法(ASTMD 696:2003，MOD)

GB/T 1040.1—2006 塑料拉伸性能的测定第1部分 总则(ISO 527-1:1993，IDT)

GB/T 1040.2—2006 塑料拉伸性能的测定 第2部分：模塑和挤塑塑料的试验条件(ISO 527-2:1993，IDT)

GB/T 1041—2008 塑料 压缩性能的测定(ISO 604:2002，IDT)

GB/T 1043.1—2008 塑料 简支梁冲击性能的测定 第1部分：非仪器化冲击试验(ISO 179-1:2000，IDT)

GB/T 1633—2000 热塑性塑料维卡软化温度(VST)的测定(ISO 306:1994，IDT)

GB/T 1634.2—2004 塑料 负荷变形温度的测定 第2部分：塑料、硬橡胶和长纤维增强复合材料(ISO 75-2:2003，IDT)

GB/T 2410—2008 透明塑料透光率和雾度的测定(ASTMD 1003:2007，MOD)

GB/T 2828.1—2003 计数抽样检验程序 第1部分：按接受质量限(AQL)检索的逐批检验抽样计划(ISO 2859-1:1999，IDT)

GB/T 2918—1998 塑料试样状态调节和试验的标准环境(idt ISO 291:1997)

GB/T 3398.2—2008 塑料 硬度测定 第2部分：洛氏硬度(ISO 2039-2:1987，IDT)

GB/T 3681—2000 塑料大气暴露试验方法(neq ISO 877:1994)

GB/T 9341—2008 塑料 弯曲性能的测定(ISO 178:2001，IDT)

GB/T 15596—1995 塑料暴露于玻璃下日光或自然气候或人工光后颜色和性能变化的测定(eqv ISO 4582:1980)

GB/T 16422.2—1999 塑料实验室光源暴露试验方法 第2部分：氙弧灯(idt ISO 4892-2:1994)

GB/T 16422.4—1996 塑料实验室光源暴露试验方法 第4部分：开放式碳弧灯(eqv ISO 4892-4:1994)

ISO 489:1999 塑料 光折射指数

ISO 2818:1994 塑料 试样的机加工制备

ISO 13468-1:1996　塑料透明材料光透射总量的测定　第一部分:单束光发射仪器

ISO 13468-2:1999　塑料透明材料光透射总量的测定　第二部分:双束光发射仪器

3　术语和定义

下列术语和定义适用于本标准。

3.1

非改性浇铸 PMMA 板材　non-modified cast PMMA sheets

是指甲基丙烯酸甲酯均聚物板材,或者甲基丙烯酸甲酯与丙烯酸酯类或甲基丙烯酸酯类单体的共聚物板材,通过适当的引发剂本体聚合生产。

3.2

PMMA 平板　flat PMMA sheets

两面表面基本平行的板材。

4　成分

甲基丙烯酸甲酯、二异丁腈、邻苯二甲酸二辛酯等为主要原辅材料,其他单体、增塑剂(不进行化学反应而成为聚合物的一部分)和交联剂(聚合物链之间联结的材料)的含量,不应使板材性能值低于标准要求。

可以加入其他添加剂,如着色剂、紫外吸收剂和脱模剂等,得到规定的性能。

有关添加剂应遵守国家环境和法规要求。

5　技术要求

5.1　外观

5.1.1　表面缺陷

板材的表面应平滑。板材中不应有大于 3 mm^2 的划痕、斑点或其他表面缺陷。

5.1.2　内部缺陷

板材中不应有大于 3 mm^2 的气泡、杂质、裂纹或其他对板材预期应用性能可能产生不利影响的缺陷。

5.1.3　缺陷的分类

板材缺陷的面积按表 1 的规定分类。每一缺陷应分别考虑。

表 1　缺陷的分类

单位为平方毫米

类 别	表面缺陷的面积	内部缺陷的面积
可忽略	小于 1	小于 1
可接受	1～3	1～3

5.1.4　缺陷的分布

5.1.4.1　板材不应有大量影响使用的表 1 确定为可忽略的小于 1 mm^2 的缺陷,此数目的构成应由有关各方商定。

5.1.4.2　板材表面上和内部存在的表 1 确定为可接受的缺陷的间距应大于 500 mm。

5.2　颜色

颜色分布应均匀,色泽一致。或按相关方要求确定。

5.3　尺寸

5.3.1　长度和宽度

板材的长度和宽度由相关方商定。对于切割板材,其公差应符合表 2 的规定。

表 2 板材的长度和宽度公差

单位为毫米

长度或宽度	公差
≤1 000	+3 0
1 001～2 000	+6 0
2 001～3 000	+9 0
≥3 001	+0.3% 0

5.3.2 厚度公差应符合表 3 规定。

表 3 板材厚度公差

单位为毫米

厚度	公差	厚度	公差
1.5	±0.2	11.0	±0.7
2.0	±0.4	12.0	±0.7
2.5	±0.4	13.0	±0.8
2.8	±0.4	15.0	±1.0
3.0	±0.4	16.0	±1.0
3.5	±0.5	18.0	±1.0
4.0	±0.5	20.0	±1.5
4.5	±0.5	25.0	±1.5
5.0	±0.5	30.0	±1.7
6.0	±0.5	35.0	±1.7
8.0	±0.5	40.0	±2.0
9.0	±0.6	45.0	±2.0
10.0	±0.6	50.0	±2.5
注：板材幅面尺寸在(1 700 mm×1 900 mm)～(2 000 mm×3 000 mm)时，厚度公差允许增加 20%，板材幅面尺寸大于 2 000 mm×3 000 mm 时，厚度公差允许增加 30%。			

5.3.3 其他板材尺寸的公差

上述范围以外的板材尺寸和厚度的公差应由相关方商定。

5.3.4 测量条件

尺寸的测量应在室温下进行，若发生争议，则应按 GB/T 2918—1998 规定的标准条件下进行。允许由于测量场所的温度和相对湿度的差异而引起的尺寸变化。

5.4 板材性能

板材性能指标见表 4。

表 4 板材性能指标

序号	项目	指标	
		无色	有色
1	拉伸强度/MPa	≥70	≥65
2	拉伸断裂应变/%	≥3	—
3	拉伸弹性模量/MPa	≥3 000	—
4	简支梁无缺口冲击强度/kJ/m²	≥17	≥15

表 4（续）

序号	项目		指标	
			无色	有色
5	维卡软化温度/℃		≥100	—
6	加热时尺寸变化(收缩)/%		≤2.5	—
7	总透光率/%		≥91	—
8	420 nm 透光率(厚度 3 mm)/%	氙弧灯照射之前	≥90	—
		氙弧灯照射 1 000 h 之后	≥88	—

5.5 如有需要，可对弯曲强度、洛氏硬度、热变形温度、线性膨胀系数、光折射指数、密度、吸水性和银纹进行测定。

6 试验方法

6.1 试验条件

6.1.1 取样

取样的方法由相关方商定，推荐按 GB/T 2828.1—2003 的规定进行。

6.1.2 状态调节

除了维卡软化温度、热变形温度和加热时尺寸变化（收缩）试验外，试样应按照 GB/T 2918—1998 在温度为 23 ℃±2 ℃和相对湿度(50±5)%下进行调湿处理(48 h)和试验。

6.1.3 试样的制备

试样的制备应按 ISO 2818:1994 规定的程序进行。当板材需要机加工至某试验方法要求的厚度时，只对其中的一个面进行加工。

6.1.4 试样厚度

当板材的厚度小于特殊试验方法中所要求的厚度时，应使用此板材厚度的试样。

6.2 外观

缺陷及其分布的检查应在自然光充足的室内或额定功率不小于 40 w、色温为 6 500 K±650 K 的日光型荧光灯照射检测板材。

6.3 颜色

标准色板与试板之间的色差测量方法由相关方商定。

6.4 尺寸

6.4.1 长度与宽度应按 5.3.4 采用精度为 1 mm 的量具进行测量。

6.4.2 板材的厚度应按 5.3.4 采用精度为 0.1 mm 的量具进行测量。测量应在板材边缘不小于 100 mm处进行。

6.5 机械性能

6.5.1 弯曲性能

按 GB/T 9341—2008 的规定进行测定，尽可能使用厚度为 4 mm 试样。

6.5.2 拉伸性能

按 GB/T 1040.1—2006 和 GB/T 1040.2—2006 的规定进行测定，使用 1B 试样。拉伸速度为 5 mm/min±1 mm/min，拉伸弹性模量的测定按 GB/T 1041—2008 的规定进行，试验速度 1 mm/min±0.2 mm/min。

6.5.3 简支梁无缺口冲击强度

按 GB/T 1043.1—2008 的规定进行测定。

6.5.4 洛氏硬度

按 GB/T 3398.2—2008 的规定进行测定。

6.6 热学性能

6.6.1 维卡软化温度

按 GB/T 1633—2000 规定的 B_{50} 法进行测定。样品测试前应放在 80 ℃±2 ℃的温度下，处理16 h后置于干燥器内冷却至室温。

6.6.2 热变形温度

按 GB/ T 1634.2—2004 规定的 A 法进行测定。样品测试前应放在 80 ℃±2 ℃的温度下，处理16 h后置于干燥器内冷却至室温。试样厚度不应小于 3 mm。

6.6.3 加热后尺寸变化(收缩)

按本标准附录 A 的规定进行测定。

6.6.4 线性膨胀系数

按 GB/T 1036—2008 的规定进行测定。

6.7 可燃性

可燃性和燃烧性能应按相关的国家法规规定。

6.8 光学性能

6.8.1 总透光率

按 GB/T 2410—2008 的规定进行测定。

6.8.2 雾度

按 GB/T 2410—2008 的规定进行测定。

6.8.3 420 nm 透光率

按 ISO 13468-1、ISO 13468-2 方法，对按 GB/T 16422.2—1999 方法 A 进行氙灯暴露试验 1 000 h前后的试样进行 420 nm 透光率的测定。试样厚度为 1.5 mm～5 mm。经有关方的商定，透光率可替换为碳弧灯暴露后进行测定(见 GB/T 16422.4—1996)。

6.8.4 光折射指数

按 ISO 489:1999 方法 A 的规定进行测定。

6.9 其他性能

6.9.1 密度

按 GB/T 1033.1—2008 规定的 A 法或 C 法进行测定。

6.9.2 吸水性

按 GB/T 1034—2008 的规定进行测定。

6.9.3 耐候性

自然大气暴露试验按 GB/T 3681—2000 进行测定，耐实验室光源暴露试验按 GB/T 16422.2—1999 方法 A 进行测定，暴露后颜色和性能的变化按 GB/T 15596—1995 进行测定。试验的细节由相关方商定。

6.9.4 银纹

6.9.4.1 仪器设备

带有搅拌装置的恒温槽和工作灯。

6.9.4.2 试样制备

取样部位应距原板材边缘 50 mm 以上，试样表面不应有气泡、裂纹、杂质等缺陷。试样长度100 mm±5 mm、宽度 50 mm±5 mm、厚度按板材的原厚度。

6.9.4.3 测定步骤

6.9.4.4 控制盛有邻苯二甲酸二丁酯的恒温槽温度，使其保持在(40±2)℃。

6.9.4.5 把试样悬挂浸没于邻苯二甲酸二丁酯中，并使试样间互不接触。

6.9.4.6 浸泡规定的时间后，取出试样，立即在明亮的工作灯光下观察其表面。若无银纹即为合格（试样边缘 5 mm 范围内出现的银纹不计）。

7 检验规则

7.1 浇铸型工业有机玻璃板材以同一批原料、同一配方、同一聚合条件为一批。

7.2 采样单元以张计。进行物理力学性能试验时，每批板材中随机抽取 1 张板材进行试验。

7.3 产品应由生产厂的质量检验部门进行检验，生产厂应保证所有出厂的产品均符合本标准所规定的规格和各项技术要求。出厂产品应附有产品合格证。

7.4 在本标准中，外观、尺寸公差以及洛氏硬度、冲击强度、拉伸强度、热变形温度、抗溶剂银纹性、总透光率为出厂检验项目。维卡软化温度与应变率为型式检验项目，每 30 批抽检一次。如检验结果有某项不符合本标准的规定要求，应从该批产品中重新抽取双倍试样对不合格项目进行复验。根据复验结果判定。

若复验结果仍不符合指标要求，则应逐板取样复验。若再不符合本标准的规定要求，应作为不合格品处理。

7.5 当供需双方对产品质量发生异议时，可由双方协商解决，或由法定质量检验部门进行仲裁。

8 标志、包装、运输、贮存

8.1 标志

每一包装件上应有清晰、牢固的标志，表明产品的名称、规格、商标、等级、批号、色别、净含量、生产日期、生产厂名等。在包装箱上应注明制造厂名以及“易碎标志”等字样。

8.2 包装

交付时板材的表面应用适当的材料保护，应采用胶面纸或牛皮纸、聚乙烯薄膜、板箱或其他材料进行包装，用于表面防护的胶面纸或牛皮纸，聚乙烯薄膜等应易于除去而不会引起表面污染或损坏。包装箱内四周以衬垫物塞紧，并应附有装箱单。

8.3 运输

工业有机玻璃板材在运输时应保持清洁，不得与有机溶剂存放接触，搬运时应小心轻放，避免损坏包装，损伤产品。

本产品为非危险品。

8.4 贮存

工业有机玻璃板材应存放在通风干燥的室内，在贮存期间，不得与有机溶剂存放在一起。

附 录 A
（规范性附录）
加热后尺寸变化（收缩）的测定

A.1 试样

从样品板材上割3块边长100 mm±2 mm的方形试样，其位置间距沿样品的宽度大致相等。

在温度70 ℃±2 ℃下干燥48 h，然后在干燥器中冷却至室温（18 ℃～28 ℃；有争议时23 ℃±2 ℃）。对于在线质量控制试验，此干燥阶段可以省略，但有争议时则需要。

标志4个边，测量每个长度，精确至0.02 mm。

A.2 加热程序

将试样水平放置在烘箱内架子上的平板上，烘箱温度保持160 ℃±2 ℃。采取合适的措施，防止试样粘在平板上，如在平板上覆盖一层滑石粉。加热时间取决于板材的厚度，应按表A.1所示。

表 A.1 加热时间

厚度/mm	时间/min
1.5～5	60
>5	75

注：试样在加热时翘曲，其尺寸是难以测量的，减少翘曲可以在铅板（0.5 mm）上轻洒一层滑石粉，将试样放在板上，放置在框架或隔板上，此板比试样更大和更厚，试样周围留有空间以防试样膨胀。然后在试样上轻洒一层滑石粉，放置在第2块铅板在试样和隔板上，用夹子将2块铅板紧紧夹在一起。

A.3 冷却程序

在干燥器中将试样冷却至室温（18 ℃～28 ℃；有争议时23 ℃±2 ℃），再测量4个边，精确至0.02 mm。

A.4 计算

按初始值的百分数计算每个试样每边长度的变化。计算每个试样4个边的变化平均值和该批3个试样的变化平均值。

A.5 试验报告

试验报告应包括以下内容：

a） 单个测定结果及其平均值，按A.4计算；

b） 报告试样外观存在的气泡裂缝和其他任何变化。

附 录 B
（资料性附录）
本标准章条编号与 ISO 7823-1:2003 章条编号对照

B.1 表 B.1 给出了本标准章条编号与 ISO 7823-1:2003 章条编号对照一览表

表 B.1 本标准章条编号与 ISO 7823-1:2003 章条编号对照一览表

本标准章、条编号	ISO 7823-1:2003 章、条编号
1	1
2	2
3	3
4	4
5	5
5.1	5.2
5.1.1	5.2.1
5.1.2	5.2.2
5.1.3	5.2.3
5.1.4	5.2.4
5.2	5.3
5.3	5.4
5.3.1	5.4.1
5.3.2	5.4.2
5.3.3	5.4.3
5.3.4	5.4.4
5.4	5.5、5.5.1、5.5.2
5.5	5.5、5.5.1、5.5.2
6	6
6.1	6.1
6.2	6.2
6.3	6.3
6.4	6.4
6.5	6.5
6.6	6.6
6.7	6.7

表 B.1（续）

本标准章、条编号	ISO 7823-1:2003 章、条编号
6.8	6.8
6.9	6.9
6.9.4	—
7	—
8	—
8.1	—
8.2	5.1
8.3	—
8.4	—

附　录　C
（资料性附录）
本标准与 ISO 7823-1:2003 技术上的差异及原因

C.1　本标准与 ISO 7823-1:2003 技术上的差异及原因见表 C.1。

表 C.1　本标准与 ISO 7823-1:2003 技术上的差异及原因

本标准章条编号	技术性差异	原因
1	增加了板材的厚度规格，由 1.5 mm～25 mm，改为 1.5 mm～50 mm	随着工艺制品产业的迅猛发展以及航空航天领域的特殊需求，增加厚板规格，以满足市场需要
2	增加了规范性引用文件	符合 GB/T 1.1—2000 的规定
5.3.2	提高了板材厚度公差要求，分别缩小了 0.1 mm～1.5 mm 公差的范围	提高板材厚度公差要求，是产品市场对板材的首要条件，可减少下游制造商在继续加工上的难度，同时，色板类能提高灯光色彩的均匀度，提升视觉效果
5.4	① 增加了色板的机械性能指标。色板的拉伸强度为≥65 ② 规范了项目名称。“拉伸应力”改为“应变率” ③ 提高了冲击强度指标，无色板有“最小13”改为“≥17”；增加了色板冲击强度指标，为“≥15” ④ 提高了总透光率指标，由“90”改为“91”	① 符合 GB/T 1040.1—2006 的规定 ② 符合 GB/T 1040.1—2006 的规定 ③ 符合 GB/T 1043.1—2008 的规定 ④ 符合 GB/T 2410—1980 的规定
7	增加了检验规则	符合 GB/T 1.2—2002 的规定
8	增加了标志、包装、运输、储存要求	符合 GB/T 1.2—2002 的规定

ICS 83.080;83.080.01
G 31

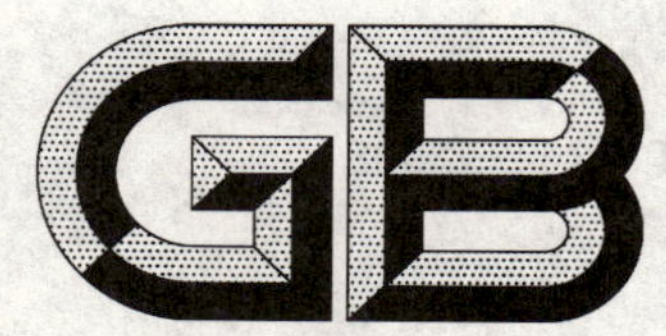

中华人民共和国国家标准

GB/T 7141—2008
代替 GB/T 7141—1992

塑料热老化试验方法

Plastics—Methods of heat aging

2008-08-14 发布　　2009-04-01 实施

中华人民共和国国家质量监督检验检疫总局
中国国家标准化管理委员会　发布

前　言

本标准修改采用 ASTM D5510:1994(2001)《可氧化降解塑料热老化标准规范》(英文版)。

本标准根据 ASTM D5510:1994(2001)重新起草。

考虑到我国国情，在采用 ASTM D5510:1994(2001)时，本标准做了一些修改。有关技术性差异已编入正文中并在它们所涉及的条款的页边距空白处用垂直单线标识。在附录 A 中给出了这些技术性差异及其原因的一览表供参考。

为便于使用，对于 ASTM D5510:1994(2001)还做了下列编辑性修改：

a) “ASTM 标准”一词改为“本标准”；

b) 删除了 ASTM D5510:1994(2001)的标准说明；

c) 删除了 ASTM D5510:1994(2001)的出版注释；

d) 删除了 ASTM D5510:1994(2001)的引用标准注释；

e) 增加了国家标准的前言；

f) 规范性引用文件中，用相应的国家标准或国际标准替代 ASTM 标准；

g) 增加了附录 A。

本标准代替 GB/T 7141—1992《塑料热空气暴露试验方法》。

本标准与 GB/T 7141—1992 的主要差异如下：

——GB/T 7141—1992 中只有一种热老化试验箱方法即强制通风的空气热老化试验箱。而本标准提供了两种热老化试验箱方法，即重力对流式热老化试验箱和强制通风式热老化试验箱。这两种热老化试验箱分别适用于不同标称厚度的试样；

——本标准对塑料热老化试验提出了更多试验周期选择的要求；

——本标准除了提供单一温度下每种材料在每个暴露周期的试验方法和结果比较方法外，还提供了在一系列温度下每种材料进行暴露试验时的试验方法和结果比较方法。试验结果可用于材料温度稳定性的基本评定或在设定温度下的最大预期使用寿命的评估。

本标准的附录 A 为资料性附录。

本标准由中国石油和化学工业协会提出。

本标准由全国塑料标准化技术委员会老化方法分技术委员会归口。

本标准起草单位：广州合成材料研究院有限公司、无锡市锦华试验设备有限公司、北京天加科技有限公司。

本标准参加单位：珠海远康企业有限公司、龙口市道恩工程塑料有限公司、广州金发科技股份有限公司。

本标准主要起草人：王浩江、邵芳、李杰、单金华、杨欣华 、杨育农、谢振平。

本标准所代替标准的历次版本发布情况：GB 7141—1986、GB/T 7141—1992。

塑料热老化试验方法

1 范围

1.1 本标准规定了塑料仅在不同温度的热空气中暴露较长时间时的暴露条件。本标准仅规定了热暴露的方法，而未对试验方法或试样进行规定。热对塑料任何性能的影响都可以通过选择适合的试验方法和试样来测定，本标准推荐使用 ASTM D3826 标准来测定脆化终点，脆化终点是指在 0.1 mm/min 的初始应变速率下，当 75％的被测试样断裂伸长率为 5％或更小值时，材料即达到其脆化终点。

1.2 本标准给出了比较材料热老化性能的导则，这些性能通过某相关性能的变化来测定（也就是说，脆化性能通过伸长率的减少来测定）。本标准适用于评价使用时易氧化的塑料。

1.3 按照本标准得到的结果受到所用热老化试验箱类型的影响。使用者可以选择两种方法中的一种进行热老化试验箱暴露。基于这两种方法的结果不应相互混淆。

1.3.1 方法 A：重力对流式热老化试验箱——推荐用于标称厚度不大于 0.25 mm 的薄型试样。

1.3.2 方法 B：强制通风式热老化试验箱——推荐用于标称厚度大于 0.25 mm 的试样。

1.4 本标准介绍了在单一温度下比较材料热老化性能的方法。本标准还描述了材料在一系列温度下测定热老化性能的方法，以此来估计在某更低温度下材料发生规定特性变化所需的时间。本标准没有预计应力、环境、温度和控时失效等因素相互作用时的热老化性能。

1.5 本标准没有涉及相关安全性的说明，即使有也仅与其应用有关。本标准的使用者在使用前有责任建立适用的安全和健康规范，并确定应用规章限制。

注：没有等同于本标准的 ISO 标准。

2 规范性引用文件

下列文件中的条款通过本标准的引用而成为本标准的条款。凡是注明日期的引用文件，其随后所有的修改单（不包括勘误的内容）或修订版均不适用于本标准，然而，鼓励根据本标准达成协议的各方研究是否可使用这些文件的最新版本。凡不注明日期的引用文件，其最新版本适用于本标准。

GB/T 2035 塑料术语及其定义（GB/T 2035—2008 ISO 472:1999，IDT）

GB/T 2918 塑料试样状态调节和试验的标准环境（GB/T 2918—1998 idt ISO 291:1997）

GB/T 7142 塑料长期热暴露后时间—温度极限的测定（GB/T 7142—2002 ISO 2578:1993，MOD）

GB/T 11026.4—1999 确定电气绝缘材料耐热性的导则 第 4 部分：老化烘箱 单室烘箱（idt IEC 60216-4-1:1990）

ISO 16014-2 塑料——体积排斥色谱法测定平均分子量及分布 第 2 部分：通用校正法

ASTM D3826:1998(2002) 用拉伸试验测定聚乙烯和聚丙烯降解最终老化点的测定

3 术语和定义

GB/T 2035 的术语和定义适用于本标准。

4 意义和应用

4.1 由于按本标准所获得结果与实际使用环境的相关性没有被确定，因此，这些结果仅用于比较和评级。

4.2 在热环境下暴露的可降解塑料可能发生多种物理和化学变化。暴露时间的长短和温度的高低决定了发生变化的程度和类型。高温短暴露周期通常就足以缩短可氧化降解塑料的诱导期，这个过程会发生抗氧剂和增塑剂的消耗。物理性能如拉伸强度、冲击强度、伸长率和模量可能在诱导期内引起变化；然而，这些变化通常不是由于分子量的降低，而仅仅是一种随温度变化的响应，如结晶度增加或挥发物减少或二者同时发生。

4.3 一般情况下，塑料在高温下的短期暴露会释放出易挥发物质，如水分、溶剂或增塑剂；减少模塑应力；增进热固性塑料固化；提高结晶度；并使增塑剂或着色剂或二者均发生颜色变化。通常，随着挥发物的减少或进一步的聚合反应将会出现进一步收缩。

4.4 某些塑料，如 PVC，可能会由于增塑剂的损失或聚合物分子链的断裂而变脆。聚丙烯及其共聚物在分子发生降解时往往会变得非常脆，而聚乙烯则会在拉伸强度和伸长率变小和脆化之前变柔软。

4.5 材料的脆化未必与分子量的减小相一致。应使用试验方法 ISO 16014-2 来测定在热暴露过程中可能发生的分子量变化。

4.6 所观测到的性能变化取决于该被测性能，不同的性能可能不会按相同的速率变化。多数情况下，极限性能(如断裂强度或断裂伸长率)对降解的敏感程度比大多数性能(如模量)要高。

4.7 样品的暴露效果可能显著不同，尤其是在长时间暴露时，误差会随时间累积。影响数据再现性的因素包括热老化试验箱内的温度控制程度，热老化试验箱的湿度，试样表面的空气流速以及暴露周期。在长期试验中，某些材料由于受湿度的影响容易降解。如水解敏感的材料(即水解可降解塑料)在进行长期热试验时，会由于湿气的原因而发生降解。

4.8 本标准的目的就是提供相应的信息，以便对材料在一定热老化条件下暴露后进行相应的物理性能比较由于没有考虑与绝大多数实际应用有关的应力或环境的影响，因此，在使用从本标准中获得的结果时需十分谨慎。使用者在选择材料时，还必须考虑诸如水分、土壤和机械力作用等与实际应用情况相符的其他因素的影响。

4.9 事实上可能存在多个温度值，每一个失效判据都对应一个温度值。因此，为确保任何应用中温度值的有效性，热老化程序必须与最终产品的预定暴露条件完全相同。如果材料的最终使用方式是老化程序所没有评估的，那么由此所得的温度指数不适于材料的这种应用方式。

4.10 在某些情况下，材料可以在一个温度下暴露一个特定周期，紧接着在另一个温度下暴露一个特定周期，本标准适于这些方面的应用。在得到第一个温度的热老化曲线后，第二个温度下的热老化曲线就可以通过对经第一个温度暴露后的样品进行暴露而得到。

4.11 当用基于一系列温度下试验数据的阿累尼乌斯曲线或方程估计在某一更低温度下达到规定性能变化的时间时可能存在非常大的误差。达到规定性能变化或失效的时间估计值应始终在95%的置信区间内。

5 设备

5.1 环境条件

设备的环境条件，应提供环境状态调节。

5.2 热老化试验箱

5.2.1 方法 A：重力对流式热老化试验箱——推荐使用标称厚度不大于 0.25 mm 的试样。热老化试验箱装置应与 GB/T 11026.4—1999 一致(不带强制空气循环)。

5.2.2 方法 B：强制通风式热老化试验箱——推荐使用标称厚度大于 0.25 mm 的试样。热老化试验箱装置应与 GB/T 11026.4—1999 一致(带强制空气循环)，采用(50±10)次/h 的换气率及箱内保持均匀的试验温度。推荐使用监测暴露温度和湿度的记录仪器。

5.3 试样架

试样架的设计应确保试样周围的空气流通。

5.4 试验仪器

用于根据相应的国家标准测定选定的一种性能或多种性能。

6 试样

6.1 所需试样的数量和类型应符合检测特定性能的相应国家标准的规定，在所选的每个周期和温度下均应满足该要求。在所选的每个周期和温度下每种材料至少暴露三个平行试样，除非另有规定或所有相关方另有商定。

6.2 试样厚度应相当于但不大于预期应用中的最小厚度。

6.3 试样的制作方法应与其在预期应用中的相同。

6.4 一系列温度的所有试验试样均应为同一批次。

7 状态调节

7.1 按照 GB/T 2918 的规定，初始试验在标准试验室环境中进行，试样应根据国家标准规定的性能测试方法的要求进行状态调节。

7.2 如果要求在高温暴露后及试验前进行试样调节，应按照 GB/T 2918 的规定，除非另有规定。

8 试验步骤

8.1 根据 5.2 项中适用的热老化试验箱类型选择方法 A 或 B。

8.2 当在单一温度下进行试验时，所有材料应在同一装置中同时暴露。每种材料在每个暴露周期的平行试样数应足够多，以确保用于表征材料性能的试验结果能够用方差分析或类似的统计数据分析法进行比较。

8.3 当进行一系列温度下的测试时，为了确定规定的性能变化和温度间的关系，应最少使用四个温度。推荐按以下方法选择暴露温度。

8.3.1 最低温度应能在大约六个月内使性能变化或使产品失效达到预期水平。第二个温度较高，应能在大约一个月内使性能变化或使产品失效达到相同的水平。

8.3.2 第三和第四个温度应能够分别在大约一周和一天内达到预期的水平。

8.3.3 如有可能，从表 1 中选择暴露温度。如果采用 8.3.1 和 8.3.2 中推荐的热老化周期，那么可以使用表 1 推荐的暴露周期 A,B,C,D,E。

8.3.4 表 1 给出了在特定温度下某些材料特性的典型热老化周期表。实际上，在获得试验数据前往往难以估计热老化的影响。因此通常只需要在一个或两个温度下开始短期老化，直到获得数据来作为选择其余热老化温度的基础。由于可氧化降解塑料的温度相关性会有很大的不同，所以表 1 应仅用作初始的指导。为了获得更准确的数据，可以使用表 1 给出的暴露时间和温度的中间值。

表 1 测定可氧化降解塑料热老化性能时推荐的温度和暴露时间

推荐的暴露温度/℃	温度的对数/℃	90 ℃时估计的失效时间/h				
		1～10	11～24	25～48	49～96	97～192
30	1.477	A				
40	1.602	B	A			
50	1.699	C	B	A		
60	1.778	D	C	B	A	
70	1.845	E	D	C	B	A
80	1.903		E	D	C	B
90	1.954			E	D	C
100	2.000				E	D
110	2.041					E
注：推荐的暴露周期为：A——2,4,8,16,24,32 周；B——3,6,12,24,36,48 d；C——1,2,4,8,12,16 d；D——8,16,32,64,96,128 h；E——2,4,8,16,24,32 h。						

注：某些材料在较高温下的活化能可能与其在较低温度下的活化能不同。仅根据最高老化温度的数据来外推表 1 的关系时，应格外谨慎。

8.4 根据适用的试验方法测试一组非暴露试样的选定性能，包括状态调节。

8.5 将试样安装在试样架上，并将试样架放在热老化试验箱内确保试样的两面均暴露在气流中。为了使热老化试验箱内温度变化的影响最小，建议周期性地调整试样或试样架的位置。

8.6 在规定的温度下将留存的系列试样在选定的时间区间内暴露。暴露后按照规定的方法调节这些试样，然后进行测试。如果预期有非加热的老化影响，那么应对一组未进行热暴露的老化平行试样进行调节和测试。

9 结果计算

9.1 当材料在单一温度下进行比较时，应使用方差分析比较每种材料在每个暴露时间的被测性能数据的平均值。使用每一种被比较材料的每组平行测定结果进行方差分析。推荐使用置信度为95%的F统计量确定方差分析结果的有效性。

9.2 当在一系列不同的温度下进行材料比较时，应采用以下方法分析数据，并估算在更低温度下达到预定性能变化水平所需的暴露时间。该时间能够用于材料温度稳定性的基本评定，或用作在选定温度下的最大预期使用寿命的估计。

9.2.1 绘制所有采用温度下暴露时间对被测性能的函数曲线。曲线应按照图1绘制，横坐标为时间的对数，纵坐标为被测性能值。

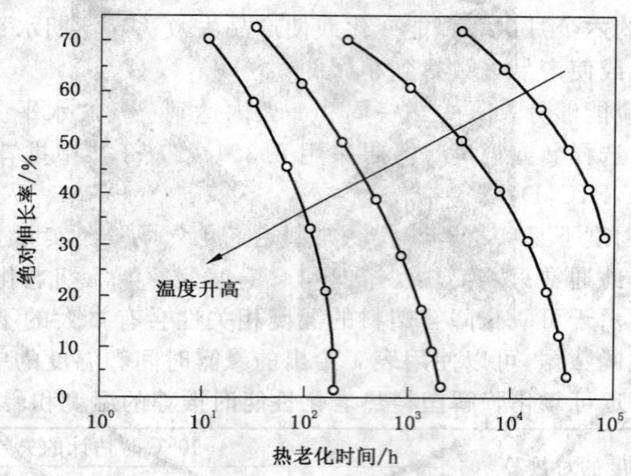

图1 典型的热老化曲线——绝对延长率对时间(示例)

9.2.2 使用回归分析确定暴露时间的对数与被测性能的关系。使用回归方程确定达到性能变化预定水平所需的暴露时间。一个可接受的回归方程应满足 $r^2 \geqslant 80\%$。与老化时间相对的残差(利用回归方程预测的性能保留值减去实测值)曲线应是随机分布。不推荐使用图解法来估算达到性能变化预定水平所需的时间。

9.2.3 以达到性能变化预定水平所需时间(通过可接受的回归方程确定)的对数与每次暴露所用绝对温度倒数($1/T$,温度单位K)的函数绘制曲线。其典型曲线(众所周知的阿累尼乌斯曲线)如图2所示。用回归分析来确定时间的对数与绝对温度倒数关系的方程。一个可接受的回归方程应满足9.2.2中描述的要求。

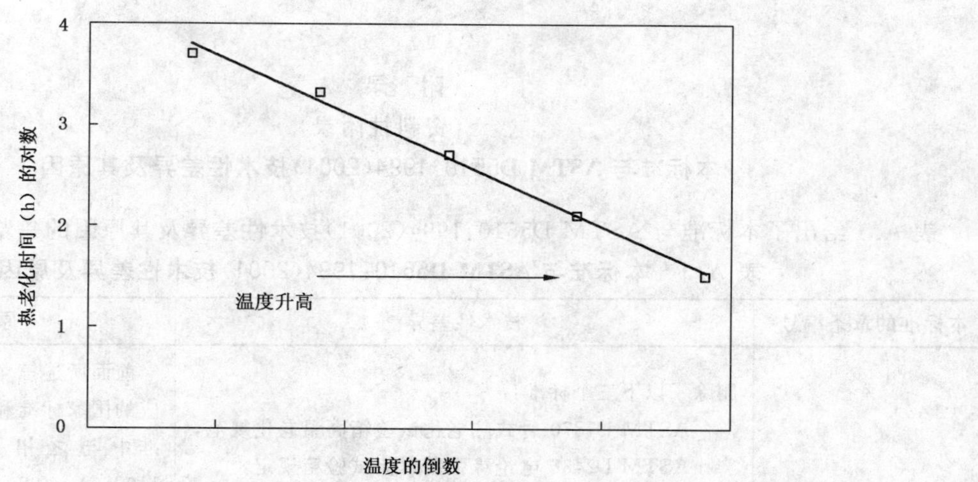

图2　典型的阿累尼乌斯曲线——老化时间的对数对温度倒数

9.2.4　使用达到规定性能变化水平所需时间的对数与绝对温度倒数的函数方程，来确定在所有相关方商定的预选温度下达到此性能变化的时间。

9.2.5　使用时间的95％置信区间来计算特定性能的变化量。标准误差通过对某一温度下的估算时间进行回归分析获得，回归分析在大多数应用软件包中可获得，95％的置信区间可由计算时间±(2×估计时间的标准误差)确定。

10　试验报告

试验报告中应包括以下内容：

a)　材料、型号和进行暴露的塑料厚度以及试样加工方法；

b)　采用的预调节和后调节方法；

c)　性能评价所采用的试验方法；

d)　试样的所有可见变化；

e)　所采用的方法，A或B；

f)　所采用的暴露温度和每个温度下的暴露周期；

g)　暴露过程中热老化试验箱的湿度；

h)　热老化试验箱内空气流动的线速度；

i)　方差分析的结果，在单一温度下每种材料每个暴露周期的结果比较；

j)　当在一系列温度下进行暴露时，应在报告中记录每种被测材料的以下内容：

　1)　根据9.2.1和9.2.3绘制的图表；

　2)　所用每个温度下性能对暴露时间函数的回归方程；

　3)　达到规定性能变化的时间对绝对温度倒数函数的回归方程；

　4)　每种被测材料在选定温度下达到规定性能变化的估算时间；

　5)　对于每种被测材料在选定温度下达到特定性能变化时间，取时间的95％置信区间来计算特定性能的变化量(按照9.2.5计算)。

11　精密度和偏倚

没有适用于本标准的精密度和偏倚描述。然而，在处理与本标准联合使用的其他方法所得数据时，应考虑对暴露试样进行的不同试验方法和分析方法所引入的精密度和偏倚。

附　录　A
（资料性附录）
本标准与 ASTM D5510:1994(2001)技术性差异及其原因

表 A.1 给出了本标准与 ASTM D5510:1994(2001)技术性差异及其原因的一览表。

表 A.1　本标准与 ASTM D5510:1994(2001)技术性差异及原因

本标准的章条编号	技术性差异	原　因
2	删除了以下三个标准： ASTM D1870 管式热老化试验箱高温老化规范， ASTM D2436 电绝缘强制对流试验箱规定， ASTM E145 重力对流式和强制通风式热老化试验箱规定， 增加了 GB/T 11026.4—1999　确定电器绝缘材料耐热性的导则　第 4 部分：老化烘箱　单室烘箱(idt IEC 60216-4-1:1990)。	前面所述三个 ASTM 标准无相对应的国家标准和国际标准，而国家标准中与之相关的标准为 GB/T 11026.4—1999。
5.2.2	老化热老化试验箱标准采用 GB/T 11026.4—1999 增加了“(不带强迫空气循环)”。 删除“当需要消除试样和材料中的污染物时，规范 D1870 中规定的管式加热炉可能比较适用。热老化试验箱装置应与规范 D2436 和 E145 的型号 1A 和型号ⅡB 一致”。 增加“(带强迫空气循环)”。	与我国国情相符， 明确老化热老化试验箱类型， 国内无相关标准和设备， 明确老化热老化试验箱类型。
—	删除“关键词”一章。	国家标准无此要求。

ICS 97.100.10
Y 63

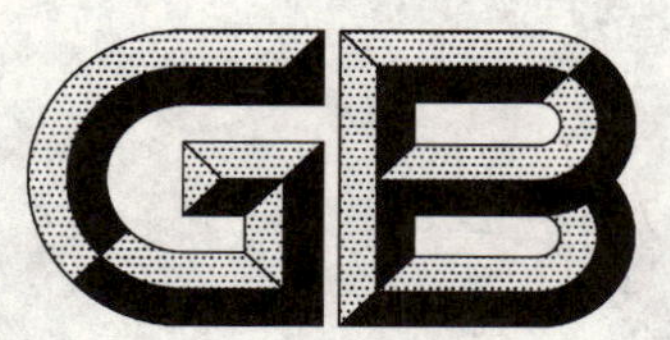

中华人民共和国国家标准

GB/T 7157—2008
代替 GB/T 7157—1987

电烙铁

Electric soldering irons

2008-06-26 发布　　2009-05-01 实施

中华人民共和国国家质量监督检验检疫总局
中国国家标准化管理委员会　发布

前　言

本标准代替 GB/T 7157—1987《电烙铁》和 QB/T 2567—2002《电烙铁》。

本标准与被代替标准的主要差异是增加了温度可控的恒温烙铁(包括无铅焊接烙铁)的相关要求以及普通烙铁的相关性能指标,具体如下:

——增加了"术语和定义"一章,如"普通烙铁"、"恒温烙铁"、"无铅焊接烙铁"等定义;

——对电烙铁的分类方式进行了修改,如增加了"按有无温度控制分类";

——增加了普通烙铁的热容量要求及试验方法;

——增加了恒温烙铁的工作温度要求及试验方法;

——增加了无铅焊接烙铁的回温速度要求及试验方法;

——增加了合金烙铁头的润湿性及耐久性要求及试验方法;

——增加了无铅焊接烙铁的标识,"适用无铅焊接"。

本标准由中国轻工业联合会提出。

本标准由全国家用电器标准化技术委员会归口。

本标准起草单位(排名不分先后):中国电器科学研究院、广州黄花电子工具有限公司、华仑电子工具(中国)有限公司、南京华夏电器有限公司、深圳市安泰信电子有限公司、东莞市卡萨帝电子科技有限公司、宁波市中迪工贸有限公司、广州威凯检测技术研究所、上海浦东电工工具厂。

本标准主要起草人(排名不分先后):黄文秀、谭耀炜、黄旭鹏、陈蓉建、汤勇军、朱军、费建明、蓝艳莉、赵富龙。

本标准首次发布于 1987 年,本次是第一次修订。

电　烙　铁

1　范围

本标准规定了电烙铁的分类、技术要求、试验方法、检验规则、标志与说明、包装、运输和贮存。

本标准适用于单相交流或直流额定电压不大于250 V,额定输入功率不大于500 W的电烙铁。

2　规范性引用文件

下列文件中的条款通过本标准的引用而成为本标准的条款。凡是标注日期的引用文件,其随后所有的修改单(不包括勘误的内容)或修改版均不适用于本标准,然而,鼓励根据本标准达成协议的各方研究是否可使用这些文件的最新版本。凡是不标注日期的引用文件,其最新版本适用于本标准。

GB/T 191　包装储运图示标志(GB/T 191—2008,ISO 780:1997,MOD)

GB 1002　家用和类似用途单相插头插座　型式、基本参数和尺寸

GB 2099.1　家用和类似用途插头插座　第一部分:通用要求(GB 2099.1—1996,eqv IEC 60884-1:1994)

GB/T 2423.17　电工电子产品环境试验　第2部分:试验方法　试验Ka:盐雾(GB/T 2423.17—2008,IEC 60068-2-11:1981,IDT)

GB 4706.1—2005　家用和类似用途电器的安全　第1部分:通用要求(IEC 60335-1:2004(Ed 4.1),IDT)

GB 4706.41—2005　家用和类似用途电器的安全　便携式电热工具及其类似器具的特殊要求(IEC 60335-2-45:2002,IDT)

GB/T 5013.4　额定电压450/750 V及以下橡皮绝缘电缆　第4部分:软线和软电缆(GB/T 5013.4—2008,IEC 60245-4:2004,IDT)

GB 5023.5　额定电压450/750 V及以下聚氯乙烯绝缘电缆　第5部分:软电缆(软线)(GB 5023.5—1997,idt IEC 60227-5:1979)

GB 9969.1　工业产品使用说明书　总则

GB 15934　电线组件(GB 15934—1996,idt IEC 60799:1984)

3　术语和定义

下述术语和定义适用于本标准。

3.1

电烙铁　electric soldering iron

具有电加热的烙铁头的器具。

3.2

普通烙铁　ordinary soldering iron

工作温度与工作电压值成正比的电烙铁。

3.3

恒温烙铁　constant-temperature soldering iron

由电子电路或其他装置控制的,在额定工作条件下工作温度不受外界因素变化的影响,且能自动维持在设定值的电烙铁。

注:此类电烙铁通常用在对焊接温度要求严格的焊接作业中。

3.4

无铅焊接　lead-free soldering

使用无铅焊料进行的焊接。

3.5

无铅焊接烙铁　lead-free soldering iron

具有高控温精度和高回温速度，适合无铅焊接的恒温烙铁。

3.6

焊台　soldering iron with console

带有一个独立控制装置且通过操作该装置可实现多种功能的电烙铁。

注：为了提高电烙铁的性能，通常用一个独立装置控制电烙铁的工作，该装置的功能可以包括：控温、温度设定、休眠、密码锁、自动开关机、故障判断及报警等。

3.7

内热式电烙铁　internal-heating-element soldering iron

发热元件插入烙铁头空腔加热的电烙铁。

3.8

外热式电烙铁　external-heating-element soldering iron

烙铁头插入发热元件内加热的电烙铁。

3.9

温度补偿　temperature compensation

在焊接过程中对烙铁头跌落的温度进行的补偿。

3.10

回温速度　rate of temperature restoration

在焊接过程中将烙铁头跌落的温度恢复到设定值所需的时间。

4　分类

4.1　按有无温度控制分：

a)　普通烙铁；

b)　可控温烙铁(如恒温烙铁、焊台等)。

4.2　按受热结构形式分：

a)　内热式电烙铁；

b)　外热式电烙铁。

5　技术要求

5.1　安全要求

电烙铁的安全要求应符合 GB 4706.1—2005 和 GB 4706.41—2005 的规定。

5.2　工作温度

5.2.1　普通烙铁的工作温度

对无负载的普通烙铁施以额定电压，在 20 min 内烙铁头工作面温度应达到稳定状态，实测温度与标称温度的偏差应满足±10％的要求。

5.2.2　恒温烙铁的工作温度

对无负载的恒温烙铁施以试验电压，在 3 min 内烙铁头工作面温度应达到稳定状态，实测温度与标称温度的偏差应在±10 ℃以内。

注1：试验电压是90%～110%的额定电压中的最不利的电压。

注2：标称温度包含烙铁温度范围内的任意点。

5.3　无铅焊接烙铁在正常工作过程中应有较快的回温速度，按照6.4的测试方法应不大于12 s。

5.4　普通烙铁的热容量

对于普通烙铁，应有足够的热容量，按6.5的测试方法，2 min内熔化的锡柱质量不应低于表1的数值。

表1　普通烙铁2 min内熔化锡柱的最小值

功率/W	外热式	30	50	75	100	150	200	300	500
	内热式	20	35	50	70	100	150	200	300
圆柱型锡柱（工业纯锡）	直径/mm	3	4.2	6.5	7.5	9	12	12	12
	长度/mm	130	130	125	125	130	120	120	140
锡柱熔化质量/g		5	10	20	25	40	60	80	100

5.5　外观与结构

5.5.1　一般结构

a)　外观完整，组装正确。

b)　金属（有防锈能力的除外）部分应有电镀、油淬及其他相应的防锈处理。

c)　可更换烙铁头的电烙铁，其烙铁头的更换方式及结构应简单方便，并且组装紧凑。

d)　如有开关，在开、关时可能产生电弧危险的部分应有耐电弧性的电绝缘措施。

e)　可更换的发热元件及易损件应易于更换。

5.5.2　连接

a)　电气连接应设在温度低的部位，装配于连接器部分的电缆的各线芯应用热传导系数小的耐热绝缘材料保护。

注：这部分的温度如在50 ℃以下可以不保护，按GB 4706.41—2005第11章测量。

b)　电源线与发热体之间的连接应能有效固定。

c)　带电部件之间以及带电部件与非带电部件的接触部分之间不应发生松动现象。

5.5.3　手柄

a)　手柄的形状应保证握持舒适。

b)　手柄表面应平整光滑，不应有毛刺、裂纹和凹痕等缺陷。

5.5.4　焊台应配有一个支架。

5.6　电源线及电源插头

5.6.1　电源线

电烙铁所用的电源线应符合GB 5013.4和GB 5023.5的规定，导线截面积应符合GB 4706.1—2005的25.8的规定，长度不小于1.5 m。

5.6.2　电源线插头

电烙铁的电源线插头应符合GB 1002、GB 2099.1和GB 15934的规定。

5.7　合金烙铁头

5.7.1　合金烙铁头的润湿性

在焊接过程中，合金烙铁头应有足够的润湿性，是否符合，通过6.8的试验检查。

5.7.2 合金烙铁头的耐久性

合金烙铁头应有足够的耐久性，按6.9的测试方法，在累积达到6万个焊点前烙铁头不应出现孔洞或沙眼。

5.8 电镀件

a) 镀层不得有起层、剥落及局部无镀层等现象。镀件上的斑点、缺陷面积不应超过3 mm^2，单个斑点的面积不应超过1 mm^2。

b) 电烙铁经发热试验后，镀层不得起层、剥落。

c) 电镀件经盐雾试验后，镀层应无生锈痕迹。但在锐边2 mm范围内的锈点和任何能够脱掉的淡黄色可以忽略不计。

5.9 发热芯的使用寿命

发热芯在表2规定的试验时间及6.11规定的试验条件下试验后，应能满足下列要求：

a) 发热芯不应开路；

b) 发热芯应能承受基本正弦波、频率为50 Hz的1 250 V交流试验电压，历时1 min的冷态电气强度试验，在试验期间不应出现击穿；

c) 手柄不应烧焦、熔化、变形或开裂。

表2 寿命试验时间

电烙铁额定功率/W	寿命试验时间/h
<100	500
≥100	300

6 试验方法

6.1 试验条件

6.1.1 除另有规定外，试验电源的电压波动不超过额定电压的±1%。

6.1.2 除另有规定外，测试电烙铁的发热时间及工作温度，均需在无外界气流和热辐射作用的室内进行，室温为20 ℃±5 ℃；其余测试允许在常温环境下进行。

6.1.3 测试仪表的准确度不应低于0.5级。

6.1.4 测量时间用的仪表，其精度在0.1 s内。

6.1.5 测试用温度计精确度1级。

6.1.6 电烙铁应水平放置在图1所示的支架上进行试验，烙铁头不应与支架接触，支架结构应保证试样能平稳放置。

注：如电烙铁配有支架，则使用配带的支架进行试验。

6.1.7 测量电烙铁通用部件结构参数的器具，其准确度不应低于0.02 mm。

6.2 安全试验

电烙铁的安全试验按GB 4706.1—2005和GB 4706.41—2005的规定进行。

6.3 电烙铁的工作温度测定

先在烙铁头工作面离顶端5 mm～8 mm处钻一个直径不大于2 mm的孔，孔深不超过3 mm(应能把热电偶完全埋入孔内)，在孔内填满焊锡丝。将电烙铁放在支架上，施以额定电压(对普通烙铁)或施以试验电压(对恒温烙铁)，待孔内焊锡丝刚开始熔化时，将热电偶插入孔内(热电偶头部周围不应有气孔)进行测量。待烙铁头工作面温度达到稳定状态，此时测得的温度即为烙铁头工作温度，应符合5.2.1或5.2.2的规定。

注：试验电压是90%～110%的额定电压中的最不利的电压。

单位为毫米

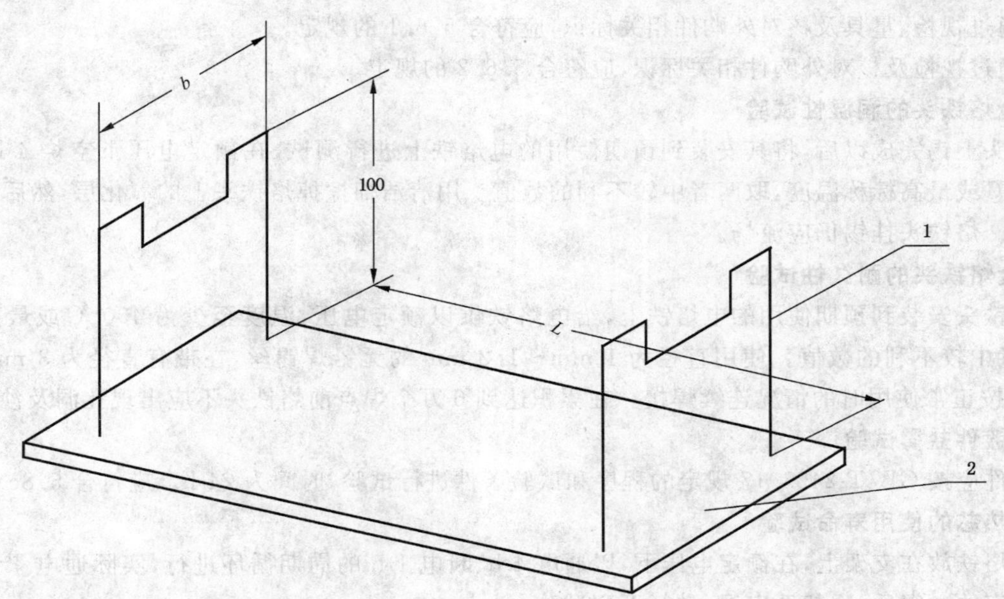

1——铁丝($\phi2.5 \sim \phi3$)；

2——木板；

L——支架长度；

b——支架宽度。

注：L 和 b 视试样而定。

图 1 支架示意图

6.4 无铅焊接烙铁的回温速度测定

测试条件：

(1)PCB 试验板：1.5 mm 双面板材，焊盘直径 5 mm，孔径 1.5 mm，焊盘数量 10 个；

(2)焊锡丝：无铅锡丝，直径 1.0 mm，长度 20 mm，数量 10 条；

(3)烙铁头：采用 2C 烙铁头，钻孔方法与 6.3 相同；

(4)设定温度：380 ℃。

测试前准备工作：

(1)将 10 条焊锡丝分别焊接在 PCB 板的 10 个焊盘上，使焊点冷却为室温；

(2)将测温表的探头按 6.3 的方法固定在烙铁头上；

(3)烙铁进入恒温状态，测温表显示工作温度 380 ℃。

测试：

(1)熔解 PCB 板上焊盘的焊点，从熔解第一个焊点开始计时；

(2)必须在焊点的焊锡完全熔解为液态时，方可移到下一个焊点进行熔解，直到 10 个焊点熔解完毕。记录第 10 个焊点熔解完成的时间，即熔锡时间，但计时没有结束；

(3)将烙铁头从焊点上移开，静置，当温度回到 370 ℃时，计时结束。记录此刻的时间，即总计时时间。

(4)回温速度＝总计时时间－熔锡时间。

6.5 普通烙铁热容量的测定

在环境温度为 25 ℃±5 ℃时，给电烙铁供以额定电压，达到 300 ℃后，立即将圆柱型工业纯锡柱以不超过 1 N 的作用力垂直放在烙铁头的工作面上 2 min，然后测量 2 min 内熔化的锡柱质量。

6.6 结构检查

通过视检确定，应符合 5.5.1、5.5.2、5.5.3 和 5.5.4 的规定。

6.7 电源线及插头检查

6.7.1 通过视检、量具及核对外购件相关标识，应符合 5.6.1 的规定。

6.7.2 通过视检及核对外购件相关标识，应符合 5.6.2 的规定。

6.8 合金烙铁头的润湿性试验

烙铁头上锡完成以后，将其安装到预期使用的电烙铁上进行测试，在额定电压下空烧 4 h，温度至少为 400 ℃或最高标称温度，取两者中较不利的数值。用清洁棉擦掉烙铁头上的氧化层，然后马上用焊锡丝上锡。烙铁头挂锡仍应流畅。

6.9 合金烙铁头的耐久性试验

将烙铁头安装到预期使用的电烙铁上，给电烙铁供以额定电压，温度至少为 400 ℃或最高标称温度，取两者中较不利的数值。使用直径为 1 mm～1.2 mm 的无铅焊锡丝，在带有直径为 3 mm 焊盘的 PCB 板上按正常使用时的情况连续焊接。在累积达到 6 万个焊点前烙铁头不应出现孔洞及沙眼。

6.10 电镀件盐雾试验

电镀件应按 GB/T 2423.17 规定的程序和试验条件进行试验，时间为 24 h。应符合 5.8c)的规定。

6.11 发热芯的使用寿命试验

将电烙铁放在支架上，在额定电压下，以通电 4 h、断电 1 h 的周期循环进行，实际通电累计时间达到表 2 规定的时间后，冷却至室温，进行下列试验：

a) 用万用表测量发热元件是否开路；

b) 冷态下电气强度试验在 6.11a)测定后进行，是否符合 5.9b)的要求；

c) 通过视检来确定是否符合 5.9c)的要求。

7 检验规则

7.1 电烙铁须经制造商检验合格后才能出厂，并附有产品质量合格证及使用说明书。

7.2 电烙铁的检验分为出厂检验和型式检验。

7.3 出厂检验

7.3.1 电烙铁的出厂检验应进行全检。

7.3.2 出厂检验的项目、要求和方法见表 3。

表 3 出厂检验项目

序号	试验项目	本标准所属章、条		GB 4706.1 所属章、条	缺陷分类	
		技术要求	试验方法		致命	轻
1	外观与结构	5.5.1～5.5.4	6.6			√
2	电源线及电源线插头	5.6.1～5.6.2	6.7.1 和 6.7.2		√	
3	电镀件	5.8 a),b)				√
4	产品标志	8.1.1～8.1.4				√
5	产品包装	8.2.1～8.2.2				√
6	冷态电气强度试验			16.3	√	

7.3.3 出厂检验中有缺陷项的不合格品，经返修、返工后应重新提交复检，复检合格后，才能出厂。

7.4 型式检验

7.4.1 有下列情况之一时，必须进行型式检验。

a) 新产品试制定型鉴定；

b) 正常生产每年进行一次，其中寿命试验三年进行一次；

c) 长期停产后，恢复生产时；

d) 当设计、工艺、关键元器件、原材料有重大变化，可能影响到产品性能时；

e) 抽样样品结果与上次型式试验结果有较大差异时；

f) 国家质量监督机构提出进行型式试验的要求时。

7.4.2 型式检验的样本应在出厂检验合格的产品中抽取10个，可根据性能与安全分组进行，但每一组不能少于3个。试验中如有任一个试样的任一项不合格，则加倍抽取样本对不合格项进行复检，复检后如仍有不合格，则型式检验不能通过，并停止出厂检验。待分析原因，提出处理方案，并再次提交型式检验合格后，才能恢复正常生产。

7.4.3 经型式检验的产品，不应作正品出厂。

8 标志与说明、包装、运输和贮存

8.1 标志与说明

8.1.1 每个电烙铁产品应有铭牌或耐久性标志，其上应清晰标出下列内容。

a) 制造厂名称、商标或识别标志；

b) 电烙铁型号；

c) 额定电压；

d) 额定输入功率；

e) 如属Ⅱ类器具，则应标出“回”符号；

f) 标称工作温度；

g) 额定频率；

h) 对于无铅焊接烙铁，应标出“适用无铅焊接”的文字表述。

8.1.2 电烙铁的单个包装硬盒上，应标出下列内容。

a) 8.1.1的标志；

b) 生产日期；

c) 产品合格标志；

d) 执行标准编号；

e) 制造厂地址。

8.1.3 外包装箱的外壁应标出下列内容。

a) 8.1.1的标志；

b) 产品数量；

c) 包装箱毛重；

d) 包装箱外形尺寸；

e) 符合GB/T 191的储运标志；

f) 叠放高度或叠放层。

8.1.4 使用说明书

每个电烙铁应有使用说明书，使用说明书应符合GB 4706.1—2005、GB 4706.41—2005和GB 9969.1的相关要求。每个电烙铁的使用说明书还应含有下列内容。

a) 电烙铁的名称、型号、类别、主要技术参数(额定电压、额定输入功率、额定频率、标称工作温度等)；

b) 使用注意事项；

c) 故障排除及保养；

d) 对于无铅焊接烙铁，应标出“适用无铅焊接”的文字表述。

8.2 包装

8.2.1 每个电烙铁用吸塑包装或其他适当形式进行包装。

8.2.2 经过包装后的电烙铁，应装在干燥的外包装箱中，并符合下列要求。

a) 包装箱内的产品应紧凑、无松动；内盛物品如有松动，可在外包装箱内垫以适当的衬垫。

b) 每箱的毛重不应超过 50 kg。

8.3 运输

产品的包装应能适合任何运输工具运输，避免碰撞和雨雪直接淋袭。

8.4 贮存

电烙铁应贮存在通风良好、环境干燥的库房中，周围空气中应无腐蚀性气体存在。

附　录　A
（资料性附录）
产品型号命名、规格及结构参数

本附录中提供了电烙铁的型号命名方法，并介绍了规格及结构参数，供标准使用者参考。

A.1　型号命名

用下述方式表示型号

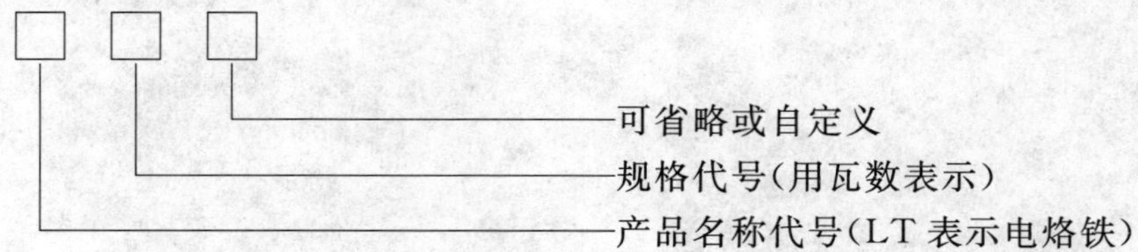

示例：
LT200 表示功率为 200 W 的电烙铁。

A.2　规格

电烙铁的规格按额定输入功率划分，推荐选用表 A.1 中的规格。

表 A.1　电烙铁的功率规格

型式	额定输入功率/W
内热式	20,35,50,70,100,150,200
外热式	30,50,75,100,150,200,300,500

A.3　结构参数

烙铁头通用部件的结构参数，推荐选用表 A.2 和表 A.3 的数值。

表 A.2　内热式烙铁头的结构参数

功率/W	20	35	50	70	100	150	200
烙铁头内径/mm	5.2	6.2	6.8	9.0	10.5	13.0	16.0
烙铁头孔深/mm	37	48	52	60	65	70	75
烙铁头最小质量/g	8	13	15	30	120	230	300

表 A.3　外热式烙铁头的结构参数

功率/W	30	50	75	100	150	200	300	500
烙铁头外径/mm	4.5	6.0	9.0	11	13	15	18	24
烙铁头长度/mm	80	95	102	115	120	135	150	155
烙铁头最小质量/g	10	20	50	80	120	170	280	500

ICS 77.160
H 71

中华人民共和国国家标准

GB/T 7160—2008
代替 GB/T 7160—1987

羰基镍粉

Carbonyl nickel powder

2008-03-31 发布　　　　2008-09-01 实施

中华人民共和国国家质量监督检验检疫总局
中国国家标准化管理委员会　发布

前言

本标准代替 GB/T 7160—1987《微米级羰基镍粉》。本标准与原标准相比，主要变化如下：

——增加了两个牌号 FNiTQ-101、FNiTZ-131，牌号由原来的 6 个变为 8 个；

——对产品牌号的表示方法做了规定；

——增加了 Ni、Co 含量的规定；

——对 Fe、O、S 含量的上限做了调整；

——增加了轻粉比表面积的规定。

本标准由中国有色金属工业协会提出。

本标准由全国有色金属标准化技术委员会归口。

本标准由金川集团有限公司负责起草。

本标准主要起草人：林秀英、张强林、于晓霞、肖冬明、李朝平、吴亚辉、庄立军。

本标准所代替标准的历次版本发布情况为：

——GB/T 7160—1987。

羰基镍粉

1 范围

本标准规定了羰基镍粉的要求、试验方法、检验规则、标志、包装、运输、贮存及订货单(或合同)内容。

本标准适用于羰化法生产的镍粉。该镍粉主要用于电池材料、粉末冶金、磁性材料和多孔金属过滤器等。

2 规范性引用文件

下列文件中的条款通过本标准中的引用而成为本标准的条款。凡是注日期的引用文件,其随后所有的修改单(不包括勘误的内容)或修订版均不适用于本标准,然而,鼓励根据本标准达成协议的各方研究是否可使用这些文件的最新版本。凡是不注日期的引用文件,其最新版本适用于本标准。

GB/T 3249 难熔金属及化合物粉末粒度的测定方法 费氏法

GB/T 5061 金属粉末松装密度的测定 第3部分:振动漏斗法

GB/T 8647(所有部分) 镍化学分析方法

GB/T 11107 金属及其化合物粉末比表面积和粒度的测定 空气透过法

YS/T 539.13 镍基合金粉化学分析方法 脉冲加热惰性气熔融库伦滴定法测定氧量

3 要求

3.1 牌号

羰基镍粉产品分为八个牌号,即 FNiTQ-101、FNiTQ-121、FNiTQ-131、FNiTZ-101、FNiTZ-121、FNiTZ-131、FNiTS-100、FNiTS-120。

其中,FNiT 代表羰基镍粉,Q 表示轻粉,Z 表示重粉,S 表示特殊处理粉,数字代号代表不同粒度范围。

3.2 化学成分

各牌号羰基镍粉产品的化学成分应符合表1的规定。

表 1 羰基镍粉的化学成分

牌号	化学成分(质量分数)/%					
	Ni	Co	Fe	O	S	C
	不小于	不大于				
FNiTQ-101	99.50	0.005	0.01	0.20	0.001	0.20
FNiTQ-121						
FNiTQ-131						
FNiTZ-101	99.50	0.005	0.01	0.20	0.001	0.15
FNiTZ-121						
FNiTZ-131						
FNiTS-100	99.95	0.005	0.01	0.015	0.000 2	0.015
FNiTS-120						

3.3 物理性能

各牌号羰基镍粉产品的物理性能应符合表2的规定。

表2 羰基镍粉的物理性能

牌号	费氏粒度/μm	松装密度/(g/cm³)	比表面积/(m²/g)	用　途
FNiTQ-101	0.5～2.2	0.3～0.5	0.8～2.0	轻粉,主要用于电池行业
FNiTQ-121	>2.2～2.8	0.5～0.65	0.6～0.8	轻粉,主要用于电池行业
FNiTQ-131	>2.8～3.5	0.75～0.95	0.4～0.6	轻粉,主要用于电池、粉末冶金行业
FNiTZ-101	0.5～2.5	0.8～1.5		重粉,主要用于粉末冶金行业
FNiTZ-121	>2.5～7.0	1.6～2.6		重粉,主要用于粉末冶金行业
FNiTZ-131	>7.0～15.0	3.0～4.0		重粉,主要用于粉末冶金行业
FNiTS-100	1.5～3.0	1.5～2.0	0.4～2.0	高纯镍粉,主要用于电池等行业
FNiTS-120	>3.0～8.0	1.6～3.0		高纯镍粉,主要用于催化剂行业
注:用户对FNiTZ-101、FNiTZ-121、FNiTZ-131、FNiTS-120的比表面积有要求并在合同上注明时,可提供比表面积的实测值。				

3.4 外观质量

羰基镍粉应颜色均匀,无结块及团聚,无目视可见夹杂物。

3.5 其他要求

用户对羰基镍粉有其他特殊要求,可由供需双方协商确定。

4 试验方法

4.1 羰基镍粉中Ni、Co、Fe、C、S含量的分析按GB/T 8647的规定进行。

4.2 羰基镍粉中O含量的分析按YS/T 539.13的规定进行。

4.3 羰基镍粉比表面积的测定按GB/T 11107的规定进行。

4.4 羰基镍粉粒度的测定按GB/T 3249的规定进行。

4.5 羰基镍粉松装密度的测定按GB/T 5061的规定进行。

4.6 羰基镍粉外观质量采用目视检测。

5 检验规则

5.1 检查与验收

5.1.1 本产品由供方质量检验部门负责进行检验,保证产品符合本标准及订货合同的规定,并填写质量证明书。

5.1.2 需方应对收到的产品按本标准规定的方法进行检验,如检验结果与本标准及订货合同不符,须在收到产品起15日内向供方提出,由供需双方协商解决。如需仲裁,仲裁取样在需方由供需双方共同进行。

5.2 组批

每批产品应由同一牌号的羰基镍粉组成,每批质量不大于10 t。

5.3 检验项目

每批产品的检验项目及取样数量应符合表3的规定。

表 3 检验项目及取样数量

检验项目	取样数量	要求的章条号	检验方法的章条号
化学成分	每批 1 份	3.2	4.1 和 4.2
比表面积	每批 1 份	3.3	4.3
费氏粒度	每批 1 份	3.3	4.4
松装密度	每批 1 份	3.3	4.5
外观质量	逐桶	3.4	4.6

5.4 取样与制样

5.4.1 仲裁取样应为本批产品桶数的 20%，不足 5 桶时全部抽取。

5.4.2 用探针取样器在抽取的每桶产品中随机取重量相等的试样，每桶取样量不少于 100 g。

5.4.3 将试样混匀，缩分至 400 g，均分为 4 份，装入洁净的磨口瓶中，分别供检验用、备用及供需双方保存。

5.5 检验结果的判定

5.5.1 羰基镍粉产品的化学成分不合格，该批产品不合格。

5.5.2 羰基镍粉产品的物理性能不合格，该批产品不合格。

5.5.3 羰基镍粉产品外观质量不合格，判该桶产品不合格。

6 标志、包装、运输、贮存及订货单(或合同)内容

6.1 标志

每桶产品外包装上应注明：

a) 产品商标；

b) 供方名称、联系方式；

c) 产品名称、牌号；

d) 批号；

e) 净重；

f) 出产日期；

g) 本标准编号。

6.2 包装

羰基镍粉采用内外两层包装，内层为厚塑料袋抽真空后封口包装，外包装采用铁桶。羰基镍粉包装质量分为 10 kg、20 kg、50 kg、100 kg 四种规格。也可根据用户需要进行包装。

6.3 运输和贮存

羰基镍粉运输时，应小心轻放，不得撞击、滚动或倒置。

羰基镍粉要贮存在干燥、无腐蚀性气氛处，要防止受潮或腐蚀。

6.4 质量证明书

每批产品应附质量证明书，注明：

a) 供方名称、地址、联系方式；

b) 产品名称、牌号；

c) 批号、桶数；

d) 批重；

e) 分析检测结果及质量检验部门印记；

f) 出产日期；

g) 本标准编号。

7 订货单(或合同)内容

订货单(或合同)应包含下列内容:

a) 产品名称;

b) 牌号;

c) 数量;

d) 本标准编号;

e) 其他。

ICS 27.120.20
F 83

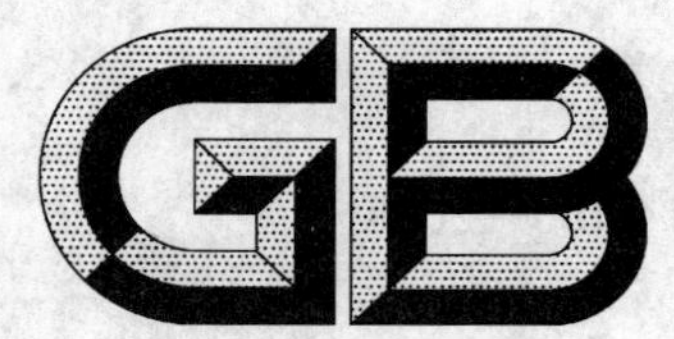

中华人民共和国国家标准

GB/T 7163—2008
代替 GB/T 7163—1999

核电厂安全系统的可靠性分析要求

Requirements of reliability analysis for nuclear power plant safety systems

2008-09-19 发布 2009-08-01 实施

中华人民共和国国家质量监督检验检疫总局
中国国家标准化管理委员会 发布

前　言

本标准对应于IEEE 577:2004《核电厂安全系统的可靠性分析要求》,与IEEE 577:2004一致性程度为非等效。

本标准代替GB/T 7163—1999《核电厂安全系统的可靠性分析要求》,与GB/T 7163—1999相比主要变化如下:

a) 第3章术语和定义章节仅保留了可用性和可靠性的描述,其他术语取消;
b) 工作内容中增加"c) 评价设备鉴定记录"一项内容;
c) 4.2.2调整了各项工作顺序;
d) 去掉了4.5文件相关的内容。

本标准是GB/T 13284.1—2008《核电厂安全系统　第1部分:设计准则》的细则标准。

本标准由中国核工业集团公司提出。

本标准由全国核仪器仪表标准化技术委员会归口。

本标准起草单位:中国核电工程有限公司。

本标准主要起草人:张玉峰。

本标准所代替标准的历次版本发布情况为:

——GB/T 7163—1987、GB/T 7163—1999。

核电厂安全系统的可靠性分析要求

1 范围

本标准规定了核电厂安全系统的可靠性分析工作可接受的最低限度的要求。

本标准适用于要求可靠性分析的核电厂安全系统。

本标准涉及的方法也适用于要求可靠性分析的下述系统或系统的一部分：与安全有关的系统、涉及到与安全有关和非安全有关系统之间相互影响的其他系统。

本标准也适用于核电厂系统和部件的设计、制造、试验、维护和维修等各个阶段。分析的时机选择取决于分析的目的。

本标准也适用于其他核反应堆安全系统的可靠性分析。

2 规范性引用文件

下列文件中的条款通过本标准的引用而成为本标准的条款。凡是注日期的引用文件，其随后所有的修改单(不包括勘误的内容)或修订版均不适用于本标准，然而，鼓励根据本标准达成协议的各方研究是否可使用这些文件的最新版本。凡是不注日期的引用文件，其最新版本适用于本标准。

GB/T 5204—2008 核电厂安全系统定期试验与监测

GB/T 9225—1999 核电厂安全系统可靠性分析一般原则(IEEE Std 352:1987,MOD)

3 术语和定义

下列术语和定义适用于本标准。

3.1

可用性(可用率) availability

反应某物项或某系统按命令工作的概率。

3.2

可靠性 reliability

在给定状态下和给定时间间隔内某物项的属性(或系统)完成所要求使命的概率。

4 要求

4.1 一般要求

4.1.1 可靠性分析内容

可靠性分析的目的在于有助于保证安全系统能以一个可接受的成功概率完成其要求的功能。进行可靠性分析并对分析结果进行评估应包括有以下的一项或多项工作：

a) 确定可用性/可靠性目标；

b) 评价系统设计；

c) 评价设备鉴定记录；

d) 确定满足系统可用性/可靠性目标的试验间隔；

e) 评价已安装设备的运行性能；

f) 确定一切必要的纠正措施。

4.1.2 定性分析使用

需要时，应按照4.2进行定性分析以评价安全系统与相应的设计准则的一致性。

4.1.3 定量分析使用

需要时，应按照4.3和4.4进行定量分析以确定安全系统设备的初始定期试验间隔。定量分析也可用于对运行性能的评价。

4.1.4 标准化设计

在对一个以上核电厂的任何部分采用标准化设计的时候，如果确认初始分析是适用的，那么对第一次设计的标准化部分所进行的分析可满足以后建造的核电厂对此标准化部分的要求。

4.2 定性分析

定性可靠性分析用于判定一个系统发生故障的可能途径以及确定适当的预防措施（如设计变更、管理规程等），从而减少故障发生的频率和减轻故障的后果。

4.2.1 审查文档

任何时候进行的定性分析应以便于审查的形式形成文件。

4.2.2 文档化准则

为满足所用准则（如单一故障准则、独立性、通道完整性等），定性分析文件至少应包括以下内容：

a） 分析边界——包括在工作范围以内以及与分析密切相关的设计；

b） 分析层次——对系统进行分析的基本层次。在这一层次，研究所分析范围内的所有部件、组件或装置的失效；

c） 系统图——作为进行分析反应系统功能分析和运行模式分析基础的元件逻辑布置（如原理图、流程图等）；

d） 故障模式——每一类部件、组件或装置所有重要的故障模式；

e） 分析结果——分析的输出，一般作为标准报表的一部分输出（如故障原因、探测方法、故障影响等）。

4.2.3 复杂故障

可靠性分析应考虑由单一原因引起的多重故障以及级联故障。具体的分析方法应按照GB/T 9225—1999的5.4的有关内容。

4.2.4 预期条件和初始条件

定性分析应说明在分析中所假定的初始条件以及预期的正常和异常环境条件。

4.2.5 设计变更

定性分析时应充分考虑设计变更。至少应有一个反映了最终设计的分析所进行的分析至少应反应了最终设计上进行。可进行局部分析来说明设计关键部分的变化，局部分析也应考虑由于设计变更引起的相关系统之间的相互影响（程序变更对由于系统间未知的相互影响造成的变化比由于硬件变更所引起的变化更加敏感）。

4.3 定量分析

4.3.1 文件要求

定量分析所采用的方法可以是GB/T 9225—1999中第6章和附录A中所描述的任何方法。定量分析应以适于审查的形式编制定量分析文件。所选用的分析模型应能够如GB/T 9225—1999中附录A中建议的那样扩大为更高层次的系统模型。

4.3.2 所需的计算

定量分析的目的是计算核电厂安全系统的预期可用性和/或可靠性。可用性和/或可靠性计算模型的使用要根据所分析的运行模式中的系统功能来选择。

为了确定与系统目标一致的试验间隔时间，所进行的分析应足够详细，同时充分考虑有关系统的相互影响。具体方法应按照GB/T 9225—1999附录A中的相关描述进行实施。

4.3.3 分析目标

4.3.3.1 应用定量分析来评价安全系统设计是否满足对安全系统所规定的设计目标。安全系统目标的确定应考虑以下因素：

a） 整个核电厂的目标；

b） 系统的性能要求；

c） 要求系统动作的频率；

d） 系统设计的复杂性；

e） 系统故障的后果；

f） 试验限制；

g） 风险要求；

h） 业主方要求；

i） 监管要求。

4.3.3.2 定量分析可采用的可接受模型形式，例如：

a） 故障树；

b） 可靠性方块图；

c） 真值表或其他适用的表格模型。

4.3.3.3 对于采用上述模型的a)、c)的可靠度和/或可用性进行量化的计算方法主要包括：

a） 布尔代数；

b） 概率理论；

c） 条件概率；

d） 最小割集；

e） 蒙特卡罗模拟（应估算计算的不确定性）；

f） 马尔可夫转移矩阵。

上述模型形式和计算方法组合进行的定量分析可以用已进行过详细分析的类似系统的简单比较进行补充或取代，应确定类似系统间的所有差异并对每个差异进行分析（包括系统间的影响分析）以证明已有的详细分析是合适的。

4.3.4 设计变更

定量分析时应充分考虑设计变更。至少应有一个反映了最终设计的分析所进行的分析至少应反应了最终设计上进行。可进行局部分析来说明设计关键部分的变化，局部分析也应考虑由于设计变更引起的相关系统之间的相互影响（程序变更对由于系统间未知的相互影响造成的变化比由于硬件变更所引起的变化更加敏感）。

4.3.5 文件化的失效数据

分析中的所有部件的失效数据源和假设条件应形成文件。应尽可能使用实际电厂特定的失效数据。

4.3.6 失效数据应来自于可信的数据源

失效数据应有可信的来源，当取得标准失效数据的运行环境与实际应用的运行环境差别很大时，应使用适当的调整因子对标准失效数据进行修正。

4.3.7 不确定性的处理

可以使用基于判断得出的失效率，但要在分析中描述判断的依据并形成文件。通过分析说明不确定性的传播或用灵敏度分析近似求出不确定性。

4.3.8 定量分析的应用

定量分析要成为确定核电厂技术规格书最低监督要求和运行限制条件的依据之一。试验间隔的确定应满足GB/T 5204—2008中第4章及6.5的有关要求。

4.4 评价

GB/T 5204中要求制定定期试验程序以确保安全系统和安全级电力系统功能的高度可靠性。相关要求应按照 GB/T 5204—2008 的 4.4 的有关内容执行。

4.4.1 过于保守的目标

如果运行数据表明达到目标后还有很大的裕度，则可以延长试验间隔，可以减少冗余度或者放宽对运行条件的限制。

4.4.2 非保守的目标

如果实际性能明显地达不到目标，则应采取措施保证目标能达到。这些措施包括对系统性原因（如设计缺陷、可维修性问题）的研究，缩短试验间隔，更严格地限制运行条件或重新对目标进行评价等。

4.4.3 试验间隔或运行限制的变更

在改变试验间隔或运行限制时，应遵守 GB/T 5204—2008 的相关要求并按 GB/T 9225—1999 的方法进行实施。

参 考 文 献

[1] GB/T 13284.1 核电厂安全系统 第1部分:设计准则
[2] GB/T 13626 单一故障准则应用于核电厂安全系统
[3] GB/T 12788 核电厂安全级电力系统的准则

ICS 13.280
F 84

中华人民共和国国家标准

GB/T 7165.2—2008/IEC 60761-2:2002
代替 GB/T 7165.2—1988 和 GB/T 7165.6—1989

气态排出流(放射性)活度连续监测设备 第2部分:放射性气溶胶(包括超铀气溶胶)监测仪的特殊要求

Equipment for continuous monitoring of radioactivity in gaseous effluents—Part 2:Specific requirements for radioactive aerosol monitors including transuranic aerosols

(IEC 60761-2:2002,IDT)

2008-06-19 发布　　　　2009-04-01 实施

中华人民共和国国家质量监督检验检疫总局
中国国家标准化管理委员会
发布

前　言

本部分是GB/T 7165《气态排出流(放射性)活度连续监测设备》标准的第2部分，该标准共包括下列五个部分：

——GB/T 7165.1《气态排出流(放射性)活度连续监测设备　第1部分：一般要求》；

——GB/T 7165.2《气态排出流(放射性)活度连续监测设备　第2部分：放射性气溶胶(包括超铀气溶胶)监测仪的特殊要求》；

——GB/T 7165.3《气态排出流(放射性)活度连续监测设备　第3部分：放射性惰性气体监测仪的特殊要求》；

——GB/T 7165.4《气态排出流(放射性)活度连续监测设备　第4部分：放射性碘监测仪的特殊要求》；

——GB/T 7165.5《气态排出流(放射性)活度连续监测设备　第5部分：氚监测仪的特殊要求》。

本部分等同采用IEC 60761-2:2002《气态排出流(放射性)活度连续监测设备　第2部分：放射性气溶胶(包括超铀气溶胶)监测仪的特殊要求》(英文版)。

为了便于使用，本部分对IEC 60761-2:2002做了下列编辑性修改：

——删除原国际标准的前言；

——按照汉语习惯对一些编排格式进行了修改(例如：注的后面加"："，一些列项说明的后面将"。"改为"；")；

——用小数点符号"."代替国际标准中的小数点符号","；

——在"2　规范性引用文件"中将已有相应国家标准和行业标准的国际标准改为我国的标准(以GB/T 2423.5代替IEC 60028-2-27:1987，以GB/T 7165.1—2005代替IEC 60761-2:2002，以GB/T 17626代替IEC 61000，以EJ/T 1010—1996代替IEC 61578:1997，以GB 9254代替IEC/CISPR 22:1997)，删去了在正文中未出现的标准EN 481:1993；

——12.5中的不确定度已包括了范围，故将"±10%"改为"10%"；

——在交流电源的电压和频率中只保留我国现行使用的内容；

——删除参考文献。

本部分代替GB/T 7165.2—1988《气态排出流(放射性)活度连续监测设备　第二部分：气溶胶排出流监测仪的特殊要求》和GB/T 7165.6—1989《气态排出流(放射性)活度连续监测设备　第六部分：超铀气溶胶排出流监测仪的特殊要求》。

本部分的附录A为资料性附录。

本部分应与GB/T 7165.1—2005结合使用。

本部分由中国核工业集团公司提出。

本部分由全国核仪器仪表标准化技术委员会归口。

本部分起草单位：深圳市计量质量检测研究院、福建省计量科学技术研究所。

本部分主要起草人：李名兆、周迎春、卢瑞祥、罗峰、李阳武、邹锋。

原标准于1988年4月首次发布。

气态排出流(放射性)活度连续监测设备 第2部分:放射性气溶胶(包括超铀气溶胶)监测仪的特殊要求

1 范围

GB/T 7165 的本部分适用于同时、延时或顺序测量向环境排放的气溶胶排出流的设备。

这类设备应具有下述功能:

——测量气溶胶排出流的体积活度(Bq/m^3)和/或气溶胶总排放活度(Bq);

——当超过预定的体积活度或预定的气溶胶总排放活度时,启动报警信号。

这类设备用于在宽范围内测量活度,包括在很大的天然本底中存在的很小的量。天然本底的气溶胶中通常存在^{222}Rn 和^{220}Rn 的子体。在监测低水平活度中,一个重要的问题就是鉴别本底活度。为了提供更多和更准确的信息,可以对取样后的过滤器进行补充或后续的实验室分析。

本部分的目的是规定特殊的标准要求,包括技术特性和一般试验条件,并给出气溶胶排出流监测仪可行方法的实例。

GB/T 7165.1—2005 给出了一般要求、技术特性、试验方法、辐射特性、电气特性、机械特性、安全特性和环境特性。除非另有说明,这些要求均适用于本部分。

2 规范性引用文件

下列文件中的条款通过 GB/T 7165 的本部分的引用而成为本部分的条款。凡是注日期的引用文件,其随后所有的修改单(不包括勘误的内容)或修订版均不适用于本部分,然而,鼓励根据本部分达成协议的各方研究是否可使用这些文件的最新版本。凡是不注日期的引用文件,其最新版本适用于本部分。

GB/T 2423.5 电工电子产品环境试验 第2部分:试验方法 试验 Ea 和导则:冲击(GB/T 2423.5—1995,idt IEC 60068-2-27:1987)

GB/T 7165.1—2005 气态排出流(放射性)活度连续监测设备 第1部分:一般要求(IEC 60761-1:2002,IDT)

GB 9254 信息技术设备的无线电骚扰限值和测量方法(GB 9254—1998,idt IEC/CISPR 22:1997)

GB/T 17626(所有部分) 电磁兼容 试验和测量技术(idt IEC 61000)

EJ/T 1010—1996 α、β 放射性气溶胶监测仪 校准与氡子体补偿有效性的检验方法(eqv IEC 61578:1997)

3 术语和定义

GB/T 7165.1—2005 确立的以及下列术语和定义适用于本部分。

3.1

气溶胶 aersols

固体或液体微粒在空气或其他气体中形成的悬浮物。

3.2

空气动力学等效直径 aerodynamic equivalent diameter

与气溶胶粒子具有相同沉降速度的单位密度球形粒子的直径。

3.3

活度中值空气动力学直径　activity median aerodynamic diameter（AMAD）

小于（或大于）该直径的粒子，其活度各占50%。

3.4

气溶胶监测仪　aersols monitor

设计用于同时、延时或顺序测量向环境排放的气态排出流中气溶胶活度的设备。

3.5

总等效窗厚度　total equivalent window thickness

从气溶胶收集介质表面发射的粒子到达探测器灵敏体积所须穿过的等效厚度（或密度厚度），通常以单位面积上的质量（mg/cm^2）表示。

注：这个厚度包括粒子穿过空气层的厚度加上探测器窗的厚度以及为防止放射性污染、有害化学物质或水蒸气而涂覆在探测器上的保护层厚度。

3.6

高效源　high efficiency source

能量大于5 keV的粒子、源效率大于0.25（包括反散射粒子的影响）的源（该定义适用于最大能量大于150 keV的β发射体）。

3.7

源效率　source efficiency

源的表面发射率与单位时间内从放射源或其饱和层厚度内产生或释放的同一类型粒子数的最大比值。

4　气溶胶排出流监测仪的分类

按照测量方法，设备可分为：

——总γ气溶胶监测仪；

——总β气溶胶监测仪；

——总α气溶胶监测仪；

——总α和总β气溶胶监测仪；

——α谱监测仪；

——γ谱监测仪。

按照工作方式，设备也可分为：

——带固定过滤取样器并同时测量的设备；

——带移动过滤取样器并同时测量的设备；

——带移动过滤取样器并延时测量的设备；

——带移动过滤取样器并同时和延迟测量的设备；

——带固定过滤取样器并同时测量与带移动过滤取样器并同时和/或延时测量相结合的设备；

——带碰撞器的设备；

——带静电沉积器的设备。

5　取样和探测装置

5.1　气泵

除了满足GB/T 7165.1—2005第11章的要求，气泵还应承受由正常工作条件（预计的最大取样时间、收集介质或备用过滤器、大气含尘量和引起收集介质堵塞的质量厚度等）引起的压力变化，所以在取样结束时，标称空气流量的减少不应大于10%，或者总的空气取样体积的误差不应大于8%。为了将泵的污染减至最小，应使用备用过滤器。

在所有情况下，为了滞留粒子，仪器应设计成具有防止气流堵塞或收集装置故障的能力。

为了探测收集介质(例如过滤器或碰撞器)的缺失、破裂或堵塞，应配备报警。

注：取样管的效率不总是常量，可能随工作时间发生变化。因此，在安装系统后应验证效率并定期检查，例如每两年检查一次。

5.2 气溶胶收集部件

收集表面可根据装置的工作方式(见第4章)采用不同的几何形状：

——圆形，例如：用于固定过滤装置或盒式系统(过滤纸在探测器或圆形碰撞器下方移动)；

——正方形或矩形，例如：用于移动过滤装置或矩形碰撞器设计；

注：对于移动过滤器，正方形或矩形几何形状允许通过计算简化。

——对于测量α辐射的设备，其使用的探测器应尽可能选择对α粒子吸收小的收集介质；

——应避免在过滤器上所收集的气溶胶沉积出现明显的不均匀；

——气溶胶滞留部件的设计应将除收集介质以外的表面沉积减至最小；

——过滤器支架的设计特性(尺寸、几何形状、过滤器支撑方式等)应考虑所用过滤器的机械强度和抽气取样泵的特性；

——对于同时取样和测量的装置，气溶胶体积活度的测量可能受到取样空气中存在的放射性气体(例如：^{41}Ar、^{85}Kr、^{133}Xe等)的干扰。通过在过滤器前方和后方靠近探测器的位置安装具有特殊几何形状的空腔将这种干扰减至最小，并相应减小无用体积；

——设计应将泄漏减至最小，特别注意引起收集介质旁路的内部泄漏；

——应以可快速和容易移动、但对探测装置没有损坏风险和当累积活度处于高水平时对工作人员危害最小的方式设计收集介质的入口；

——为了改善测量的准确度和灵敏度，在取样之后，设备应能用于介质的补充实验室分析。此外，收集介质可提供验证仪器测量的方法。另外，在仪器的电子部件出现故障的情况下，介质分析可用作补充测量。

5.3 粒子收集效率

制造厂应说明取样装置的收集效率，取样装置应能收集空气动力学等效直径范围至少在0.1 μm～10 μm的粒子或由制造厂与用户商定的其他范围的粒子。制造厂应给出正常运行条件下的效率值，例如空气取样流量。

注：具有小于10 μm空气动力学直径的粒子有50%能够穿入肺部区域。

5.4 辐射探测器

制造厂应规定探测器的特性，包括探测器尺寸和保护层的传输特性(例如：有效面积、厚度等)。制造厂还应规定探测效率随粒子能量的变化。

探测器的有效探测表面积应近似等于气溶胶收集表面积：

——对于总活度测量，探测器尺寸可大于收集介质；

——对于α谱测量，两者的尺寸应相近。

应根据探测的辐射类型选择最大的总等效窗厚度(源表面垂直于探测器的有效体积)：

——总α测量：总等效窗厚度小于2 mg/cm^2(相当于3.2 MeV的能量损失)；

——总β测量：总等效窗厚度应适应于被探测粒子的能谱。制造厂应说明总等效窗厚度；

——α谱测量：总等效窗厚度应适应于探测器技术；

——γ射线：总等效窗厚度应适应于探测器技术。

当使用谱测量时，制造厂应规定在考虑了空气间隙和探测器特性的能量范围内对α粒子的能量分辨率。制造厂应规定某些测量条件，例如：接近天然(^{222}Rn和^{220}Rn)放射性本底水平的测量条件。

5.5 易于去污

在辐射探测器与含有放射性气溶胶的气态介质接触的场合，设计中应特别注意探头要易于去污。只要有可能，通过在探测器窗前面使用易于更换或去污的薄膜来保护探头。

5.6 取样入口和取样管道

除了 GB/T 7165.1—2005 第 7 章的一般要求以外，应考虑下述特性并由制造厂与用户协商：

——所用材料的特性应特别注意静电效应和化学腐蚀。例如：为了防止由于静电在管壁上产生粒子沉积，应避免使用某些带电荷积累的塑料；

——入口和出口之间的最小距离，以防止发生回流；

——入口和收集介质之间的最大距离；

——满足具有代表性取样条件的取样管横截面、气体流量特性和取样管入口的位置；

——控制取样管的温度和压力，以防止气体凝结。

6 检查源

应配备一个检查源，检查源用以代替气溶胶收集装置或将其置于靠近探测器的地方（也可见 GB/T 7165.1—2005 的第 14 章）。

7 测量结果的表示

满足 GB/T 7165.1—2005 第 9 章的要求，带有探测器的电子测量装置应提供直接以活度单位（Bq、Bq/m^3）表示的读数。

制造厂应说明监测仪的响应和所用的放射性核素。

8 对其他电离辐射的响应

设计的设备应尽可能限制其他电离辐射的影响。制造厂应规定其他电离辐射的干扰。

9 天然放射性的补偿

9.1 补偿方法

监测由天然放射性核素（例如：^{222}Rn、^{220}Rn 及其子体，其浓度随时间、气象、通风等条件而发生变化）产生的气体或空气中低水平活度是最困难的问题。

有几种补偿天然放射性核素影响的方法，包括：

——α 能量范围（路径长度）甄别；

——在天然放射性核素（主要是短半衰期核素）衰减后进行延迟测量；

——谱测量；

——天然放射性核素其他物理特性的测量，例如：假符合测量；

——粒子尺寸选择。

在这些方法中，有些包括了软件技术的应用。

在使用 α 谱测量技术的情况下，为了减少自吸收，应选择合适的收集介质。

9.2 电子学补偿法的要求

如果使用电子学方法补偿天然放射性，制造厂应说明：

——调整程序，通常包括补偿因子的正确确定和调整；

——用于检查补偿装置特有功能的合适的试验方法；

——补偿效率，以每秒单位空气中天然放射性活度的剩余计数或以剩余脉冲计数率与未补偿的脉冲计数率之间的关系表示。

10 标准试验条件

除非另有规定,这些试验均为型式试验。由制造厂和用户协商,这些试验也可作为验收试验。

参考条件和标准试验条件见表1。表中给出了进行试验的各种影响量数值和允许的变化范围,试验时影响量数值保持不变。

标准试验条件下进行的试验见表2。

表1 参考条件和标准试验条件

(除非制造厂另有说明)

影响量	参考条件	标准试验条件
参考γ辐射源 参考β辐射源[a] 参考α辐射源[a]	^{137}Cs ^{36}Cl 或 ^{204}Tl ^{239}Pu 或 ^{241}Am	^{137}Cs ^{36}Cl、^{204}Tl 或 ^{137}Cs ^{239}Pu 或 ^{241}Am
预热时间:整个系统	30 min	≥30 min
环境温度	20 ℃	18 ℃～22 ℃
相对湿度	65%	50%～75%
大气压力[b]	101.3 kPa	86 kPa～106 kPa
电源电压	标称电压 U_N	$U_N \pm 1\% U_N$
交流电源频率[c]	标称频率 f_N	$f_N \pm 0.5\% f_N$
交流电源波形	正弦波	总谐波畸变小于5%
γ辐射本底	空气比释动能率为0.20 μGy/h	空气比释动能率小于0.25 μGy/h
静电场	可忽略	可忽略
外界电磁场	可忽略	小于引起干扰的最低值
外界磁感应	可忽略	小于地磁场感应值的两倍
取样流量	调节到标称流量(由制造厂规定)	调节到标称流量(1±5%)
装置控制	处于正常工作状态	处于正常工作状态
放射性物质的污染	可忽略	可忽略
^{222}Rn 和 ^{220}Rn 子体	可忽略	小于引起影响的最低值
化学物质的污染	可忽略	可忽略

[a] 应根据制造厂与用户的协议选择参考源。

[b] 当探测技术对大气压力的变化特别灵敏时,应限制该条件为参考压力的(1±5%)。

[c] 可以使用直流电源,不规定频率。

表2 标准试验条件下进行的试验

试验特性	要 求	参考条款	
		GB/T 7165.1	本部分
参考响应	按制造厂的技术规格书±20%	26.2	13.4
线性	在整个有效测量范围内指示值的相对误差小于±10%	26.3	13.5
过载	当受到大约10倍的最大可测量指示值的活度照射时,指示值保持在满刻度	26.6	

表 2（续）

试验特性	要　求	参考条款	
		GB/T 7165.1	本部分
统计涨落	变异系数小于 10%	27.1	
指示值稳定性	在 100 h 内指示值变化小于 10%	27.5	
报警阈范围	满足 GB/T 7165.1—2005 第 12 章的规定	27.6	
报警阈稳定性	在 100 h 内工作点变化小于 5%	27.7	
设备故障报警	探测器故障报警满足 GB/T 7165.1—2005 的 27.7 规定，其他报警由制造厂与用户商定	27.8	

11　改变影响量的试验

这些试验见表 3 和表 4。应按照 GB/T 7165.1—2005 第 24 章进行试验。

表 3　改变影响量的试验

影响量	影响量的数值范围	指示值的变化限值	参考条款	
			GB/T 7165.1	本部分
β 辐射能量	从小于 0.4 MeV 到大于 1 MeV	按制造厂的技术规格书		13.6
其他电离辐射 ——β 测量装置 ——α 测量装置	 α 参考源 ^{239}Pu 或 ^{241}Am β 参考源 $^{90}Sr+^{90}Y$	 $R\leqslant 0.25\ R_{ref\beta}$ $R\leqslant 0.02\ R_{ref\alpha}$		13.8
对放射性气体的响应	由制造厂规定	按制造厂的技术规格书		13.9
^{137}Cs 源外部 γ 辐射（源与探测器在规定的几何条件下）	空气比释动能率为 10 μGy/h	按制造厂的技术规格书	26.5	
^{137}Cs 源外部 γ 辐射（源与探测器在其他几何条件下）	空气比释动能率为 10 μGy/h	在规定的几何条件下，由制造厂规定数值的两倍	26.5	
其他源外部 γ 辐射（源与探测器在规定的几何条件下）	空气比释动能率为 10 μGy/h	在使用 ^{137}Cs 源情况下，由制造厂规定数值的两倍	26.5	
预热时间	≤30 min	±10%[a]	27.2	
电源电压	$88\%U_N\sim110\%U_N$ （U_N＝标称电压）	±10%[a]	27.3	
交流电源频率	47 Hz～51 Hz	±10%[a]	27.3	
交流电源瞬变影响	按 GB/T 17626.4 的规定严酷等级 3	按 GB/T 17626.4 的规定严酷等级 3	27.4	
环境温度[b]	10 ℃～35 ℃ （中点：22 ℃） −10 ℃～40 ℃ （中点：15 ℃） −25 ℃～50 ℃ （中点：15 ℃）	±10%[a] 正常值±10% ±20%[a] 正常值±10% ±50%[a] 正常值±10%	28.1	
氡子体	按 EJ/T 1010—1996 的规定	按 EJ/T 1010—1996 的规定		13.10
相对湿度	35 ℃，90%	±10%[a]	28.2	

表 3(续)

影响量	影响量的数值范围	指示值的变化限值	参考条款	
			GB/T 7165.1	本部分
大气压力	—[c]	—[c]	28.3	
密封	—[c]	—[c]	28.4	
机械冲击	由制造厂规定	由制造厂规定	28.5	
抗电磁干扰和静电放电	按 GB/T 17626 系列标准的规定 严酷等级 3	按 GB/T 17626 系列标准的规定 严酷等级 3	28.6	
电磁发射	GB 9254 严酷等级 A	GB 9254 严酷等级 A	28.7	

[a] 相对于标准试验条件下的指示值。

[b] 适用于温带使用的装置。在较热和较冷的气候条件下,可以规定其他限值。

[c] 一般不作规定,必要时,影响量的数值范围和指示值的变化限值应满足 GB/T 2423.5 的规定。

表 4 空气回路的试验

影响量	影响量的数值范围	变化限值	参考条款	
			GB/T 7165.1	GB/T 7165.2
时间	30 min～100 h	标称流量的±10%	29.1	
过滤器压降	按制造厂的技术规格书	标称流量的(0%～−10%)	29.2	
外部泄漏		入口流量和出口流量之差小于 5%		14.1
监测仪取样效率	由制造厂和用户协商	制造厂说明值的±10%		14.2
电源电压	$88\%U_N$～$110\%U_N$	标称流量的±5%	29.3	
交流电源频率	47 Hz～51 Hz	标称流量的±10%	29.4	

注:这些试验仅适用于其响应取决于流量的装置,可以使用直流电源。

12 源

12.1 参考源

为了在型式试验期间确定参考响应,参考源应是已知体积活度和已知活度中值空气动力学直径(约为 0.4 μm)的空气中放射性气溶胶。对于使用特殊收集技术(例如:惯性碰撞)的气溶胶监测仪,应使用具有合适活度中值空气动力学直径的参考气溶胶。当校准设备时,应确定沉积在过滤器中活度的实际自吸收因子。可能采用的参考源特性见 EJ/T 1010—1996。

作为使用已校准放射性气溶胶的替代方法,可以使用已校准的监测仪。

通常由^{36}Cl、^{204}T1 或^{137}Cs 参考源提供参考 β 辐射,由^{239}Pu 或^{241}Am 参考源提供参考 α 辐射,由^{137}Cs 提供 γ 辐射。由制造厂和用户协商也可使用其他参考辐射源。

附录 A 给出了一些适用的参考核素。

参考源应可溯源至国家基准。

12.2 专用源

随 β 能量变化的试验使用的源规定为专用源。专用源应是高效固体源。附录 A 给出了一些适用的参考核素。

对于使用α谱的超铀元素气溶胶监测仪,可使用天然本底校准能谱。

12.3 检查源

检查源用于常规的设备试验。源的特性由制造厂与用户协商确定。

12.4 固体源的设计

参考源应与处于工作位置中的收集介质具有相同的几何尺寸。这些源应可溯源至国家基准。

专用源可与收集介质具有相似的几何尺寸。

12.5 试验用源活度的不确定度

参考源体积活度的约定真值已知,其不确定度应小于10%($k=2$)。

所有固体试验源表面发射率的约定真值已知,其不确定度应小于10%($k=2$)。

13 辐射特性试验

除非制造厂与用户另有协议,型式试验应包括对仪器测量的至少一种气溶胶响应的试验。

应在标准试验条件下进行这些试验。除非能够证明装置吸入的氡活度与正常工作条件无关,否则还应在空气(或气体)流动的情况下进行这些试验。

13.1 动态试验

应在实验室对仪器的整个工作过程进行这些试验。产生一已知(体积活度、粒子大小和放射性核素成分)的放射性气溶胶,在监测所有标准试验条件的同时将其引到取样入口。

根据不同目的,可以使用或不使用氡子体进行动态试验(见EJ/T 1010—1996)。

13.2 静态试验

经制造厂与用户协商,可以使用固体源的静态方法对设备进行试验。在这种情况下,通常是验证探测效率而不是监测仪的响应。

13.3 对天然本底的补偿

如果方法包括了对天然本底的补偿,应在补偿状态下进行监测仪的所有试验。应按EJ/T 1010—1996的规定使用氡子体对补偿特性进行试验。

13.4 参考响应

13.4.1 要求

参考响应与制造厂规定值之差不应大于20%。

13.4.2 试验方法

应进行动态试验和静态试验。

应使用参考源进行动态试验,试验时不存在氡子体(例如:使用过滤空气)。应使用动态试验所用参考源进行静态试验,以确定监测仪的探测效率。当使用固体源时,源的位置应模拟收集介质(例如:探测器)的正常位置。

13.5 线性

要求和试验方法按GB/T 7165.1—2005的规定。

13.6 探测效率随β辐射能量的变化(β监测仪)

13.6.1 要求

设备探测效率的变化不应超过制造厂规定的限值。

按要求应由制造厂说明监测仪对小于150 keV能量的响应。

应给出每台设备的探测效率随β辐射能量变化的典型校准曲线。应由制造厂说明选用的β辐射能量以及过滤器和探测器灵敏体积之间的材料厚度和性质。

13.6.2 试验方法

试验结果应以仪器对每个所用β源单位表面发射率的指示值与对β参考辐射单位表面发射率的指示值之比来表示。

试验应至少选用三个β源来进行,其最大能量为:

——一个小于或等于 0.4 MeV;

——一个在 0.4 MeV~1 MeV 之间;

——一个大于或等于 1 MeV。

使用的β源应从附录 A 所列的放射性核素中选取。

为了使指示值的相对标准偏差小于 1%,使用的所有源应具有足够的活度。

13.7 探测效率随α辐射能量的变化(α监测仪)

通常探测效率与α能量无关,不要求进行随α能量变化的试验。

13.8 对非特定辐射的探测效率

13.8.1 要求

当设备用于测量混合α-β活度排出流中的β或α活度时,由于两种辐射的相互干扰,可能影响各自的测量值。

在α道中测量β源,对非特定辐射探测效率的变化限值应小于 2%;在β道中测量α源,对非特定辐射探测效率的变化限值应小于 25%。

13.8.2 试验方法

对于某一给定设备,应根据对适用源表面发射率的计数率确定探测效率(ε),见式(1)。

$$\varepsilon = \frac{\text{计数率}}{\text{表面发射率}} \qquad \cdots\cdots(1)$$

然后对于同一设备,使用另一种辐射源(对β监测仪用α参考源,对α监测仪用β参考源)确定对其他电离辐射的探测效率。辐射源不必具有参考能量,但应能引起干扰,例如:^{241}Am 对α和^{90}Sr+^{90}Y 对β。

应以与 ε_{ref} 相同的单位给出探测效率:

$\varepsilon \leqslant 0.02\,\varepsilon_{ref}$ 在α道中测量β

$\varepsilon \leqslant 0.25\,\varepsilon_{ref}$ 在β道中测量α

13.9 对放射性气体的响应

13.9.1 要求

由制造厂规定对空气(或气载)样品中存在的待测放射性气体的响应。

13.9.2 试验方法

可以使用两种方法:

——将已知体积活度的惰性气体(例如:^{133}Xe 或^{85}Kr)连续注入监测仪并使其达到平衡。记录平衡时的指示值。以指示值与试验气体的体积活度的比值来表示测量结果。

——将空气入口管道与空气出口管道连接并测量空气管道的总体积(例如:在一个大气压下,将空气入口管道与一已知体积的管道连接,并记录处于平衡状态的压力变化)。向系统内注入总活度已知(例如:^{133}Xe 或^{85}Kr)的少量气体(空气管道体积的 1%)。以常规方法操作气溶胶监测仪。记录平衡时的指示值和能达到的最大指示值。以指示值与试验气体的体积活度的比值来表示测量结果。

13.10 对^{222}Rn 和^{220}Rn 子体的响应

制造厂应说明为减少氡子体对监测仪响应影响所使用的技术。为了确定所用技术的有效性,应按 EJ/T 1010—1996 规定的试验方法进行试验。

注:对于本项试验,应根据监测仪响应(见 EJ/T 1010—1996 的 8.2.2)而不是 EJ/T 1010—1996 的 8.2.1 规定的被测计数率来计算氡子体的影响系数。

14 空气回路的试验

除了 GB/T 7165.1—2005 第 29 章规定的试验以外,还应进行以下试验。

14.1 外部泄漏

本项试验用于提供对外部泄漏的测量，而不测量过滤器支架周围或其他滞留部件的内部泄漏。

14.1.1 要求

由流量计上游漏入的空气或气体应小于标称流量的5%。

14.1.2 试验方法

应使用两个容量计或流量计测量泄漏率。应将两个容量计或流量计校准到两者的相对偏差小于1%。过滤器支架应配备干净的过滤材料或其他粒子滞留装置。一个流量计位于装置的上游，另一个位于过滤器支架或其他滞留装置下游与装置原有流量计上游之间。在合适的时间隔内(包括在过滤材料上已有大量沉积物的情况)连续测量十次。在正常的取样周期范围内，在上游和下游测量的流量平均值之差不应超过5%。必要时应对压差进行修正。

14.2 监测仪的取样效率

14.2.1 要求

对于每种给定大小的粒子，收集效率与制造厂的规定值之差不应大于10%。

14.2.2 粒子大小

在测量取样系统的收集效率中使用的粒子直径和大小范围由制造厂和用户商定，例如：被监测的气溶胶直径、过滤介质的收集效率对应的粒子大小等。

14.2.3 气溶胶类型

适合用于收集效率试验的气溶胶有各种类型，包括：

——具有荧光示踪物粒子的非放射性气溶胶；

——由胶乳或聚苯乙烯小球组成的非放射性气溶胶；

——放射性气溶胶。

14.2.4 试验方法

把含有合适活度中值空气动力学直径粒子的空气样品引入取样管道入口进行收集效率的试验。粒子可以呈具有很小几何标准偏差的多分散分布。取样设备应在标准试验条件(例如：流量)下运行。

在关闭取样设备以后，应确定取样介质上收集的气溶胶数量。此外，还应确定在监测仪入口处有用的气溶胶总量。这可以通过单独测量气溶胶的取样数量完成，或通过下述方法确定：

——在管道入口的内表面和收集介质上游空气回路的其他表面上收集的气溶胶数量；

——收集介质下游的气溶胶数量。

14.2.5 取样效率的确定

取样效率(E_m)应按式(2)计算。

$$E_m = \frac{C_M}{C_T} \times 100 \qquad \cdots\cdots(2)$$

式中：

C_M——沉积在收集介质上的气溶胶数量；

C_T——试验期间渗入到监测仪内的气溶胶总量。

如果可能，建议使用另一种方法来确定气溶胶总量(C_T)，以验证所获得的数值。这些方法包括使用不同仪器技术(例如：分光光度计、粒子分析器、参考取样等)测量进入仪器的气溶胶浓度。

如果由监测仪内收集的气溶胶总和来确定取样的气溶胶总量，那么气溶胶的总量C_T(以活度、质量或粒子数表示)由式(3)给出。

$$C_T = C_M + C_U + C_D \qquad \cdots\cdots(3)$$

式中：

C_U——从收集介质上游空气回路的内表面回收的气溶胶数量；

C_D——在收集介质下游收集的气溶胶数量。

15 型式试验报告和合格证书

制造厂应给每台设备提供一份合格证书,除了 GB/T 7165.1—2005 第 30 章规定的内容以外,还应给出下述内容:

——所用过滤介质的尺寸、类型和取向(流向);

——探测器窗的总等效厚度;

——所用源的特性;

——取样和测量之间的延迟时间(当取样和测量不是同时进行时);

——过滤器上灰尘沉积量的上限,该限值不会对测量造成不利影响;

——设备(有选择性地)探测的放射性核素以及对这些核素的响应;

——对其他放射性核素的响应(如果是有选择性的测量);

——对放射性气体以及 ^{222}Rn 和 ^{220}Rn 子体的响应;

——收集效率。

附 录 A
(资料性附录)
随β能量变化试验的适用放射性核素

放射性核素	半衰期	β最大能量/MeV
^{63}Ni	96 a	0.065 9
^{14}C	573 0 a	0.156 5
^{203}Hg	46.60 d	0.212 2
^{147}Pm	2.623 4 a	0.224 7
^{45}Ca	163 d	0.256 9
^{60}Co	5.271 a	0.317 9
^{137}Cs	30.0 a	0.511 55(94.6%)
		1.173 2(5.4%)
^{185}W	75.1 d	0.432 4
^{204}Tl	3.799 a	0.763 4(97.4%)
^{36}Cl	3.01×10^{5} a	0.709 55(98.1%)
^{198}Au	2.696 d	0.282 41(1.30%)
		0.960 7(98.7%)
^{89}Sr	50.5 d	1.491 3
^{32}P	14.29 d	1.710 4
$^{90}Sr+^{90}Y$	29.12 a	0.545
		2.283 9

注 1：数据取自 ICRP 38—1983：放射性核素的转换-发射能量和强度。

注 2：平均能量小于 0.01 MeV 或产出率小于 1%的β放射性核素未列入表中。

注 3：放射性核素按每种核素具有最大β平均能量递减的顺序列出。

ICS 13.280
F 84

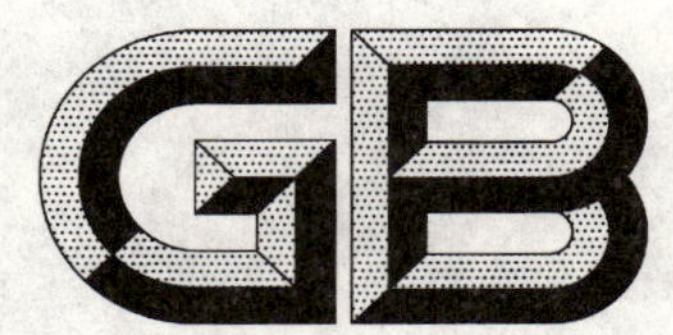

中华人民共和国国家标准

GB/T 7165.3—2008/IEC 60761-3:2002
代替 GB/T 7165.3—1989

气态排出流(放射性)活度连续监测设备 第3部分:放射性惰性气体监测仪的特殊要求

Equipment for continuous monitoring of radioactivity in gaseous effluents—Part 3:Specific requirements for radioactive noble gas monitors

(IEC 60761-3:2002,IDT)

2008-06-19 发布　　2009-04-01 实施

中华人民共和国国家质量监督检验检疫总局
中国国家标准化管理委员会　发布

前　言

本部分是GB/T 7165《气态排出流(放射性)活度连续监测设备》标准的第3部分。该标准共包括下列五个部分:

——GB/T 7165.1《气态排出流(放射性)活度连续监测设备　第1部分:一般要求》;

——GB/T 7165.2《气态排出流(放射性)活度连续监测设备　第2部分:放射性气溶胶(包括超铀气溶胶)监测仪的特殊要求》;

——GB/T 7165.3《气态排出流(放射性)活度连续监测设备　第3部分:放射性惰性气体监测仪的特殊要求》;

——GB/T 7165.4《气态排出流(放射性)活度连续监测设备　第4部分:放射性碘监测仪的特殊要求》;

——GB/T 7165.5《气态排出流(放射性)活度连续监测设备　第5部分:氚监测仪的特殊要求》。

本部分是对GB 7165.3—1989的修订。

本部分等同采用IEC 60761-3:2002《气态排出流(放射性)活度连续监测设备　第3部分:放射性惰性气体监测仪的特殊要求》(英文版)。

为便于使用,本部分做了下列编辑性修改:

——删除原国际标准的前言;

——用小数点"."代替原国际标准中的小数点",";

——在"2　规范性引用文件"中将已有相应国家标准和行业标准的国际标准改为我国的标准(以GB/T 2423.5—1995代替IEC 60028-2-27:1987,以GB/T 7165.1—2005代替IEC 60761-2:2002,以GB/T 17626代替IEC 61000,以GB 9254—1998代替IEC/CISPR 22);

——在交流电源的电压和频率中只保留我国现行使用的内容。

本部分代替GB 7165.3—1989《气态排出流(放射性)活度连续监测设备　第三部分:惰性气体排出流监测仪的特殊要求》。

本部分与GB 7165.3—1989相比主要变化如下:

——增加仪表在给定期间排放的放射性气体的活度和/或放射性气体混合物成分信息的功能;

——对仪器的测量范围,由不得少于三个十进位修订为不应少于五个十进位;

——对气体参考试验源体积活度的不确定度作了修订,不确定度由不大于10%修订为小于7%($k=2$);

——对标准试验条件作了修订,增加对天然放射性惰性气体氡、静电场和化学污染的要求,减少了预热时间;

——对指示值相对固有误差的线性要求由20%修订为10%;

——对指示稳定性试验要求的持续时间由500 h修订为100 h;

——对报警阈值稳定性试验要求的时间由500 h修订为100 h;

——对特定核素放射性活度监测仪,其他核素的影响由1%修订为15%;

——对室内仪表环境温度的要求由10 ℃～50 ℃修订为10 ℃～35 ℃;

——对相对湿度试验的要求由87%～92%(30 ℃±2 ℃)修订为90%(35 ℃);

——改变影响量的试验内容中增加了对密封、机械冲击和电磁兼容性的要求;

——对空气回路试验框图进行了修订,时间影响量的量值范围由1 h～100 h修订为30 min～100 h;

——“空气吸收剂量率”修订为“空气比释动能率”；

——表5参考源中增加β能量平均值。

本部分的附录A为资料性附录。

本部分应与GB/T 7165.1—2005结合使用。

本部分由中国核工业集团公司提出。

本部分由全国核仪器仪表标准化技术委员会归口。

本部分起草单位：上海核工程研究设计院。

本部分起草人：徐进财、施红。

原标准于1989年10月首次发布。

气态排出流(放射性)活度连续监测设备 第3部分:放射性惰性气体监测仪的特殊要求

1 范围

GB/T 7165 的本部分适用于同时、延时或顺序测量向环境排放的气态排出流中放射性惰性气体的设备。

放射性惰性气体排出流监测仪应具有下列功能:

——测量气态排出流排放点处放射性气体的体积活度及其随时间的变化;

——当超过体积活度或排放总活度的预置值时,启动报警信号;

——确定给定期间排放的放射性气体的活度和/或放射性气体混合物的成分信息。

本部分不包括天然放射性惰性气体氡的测量。但是氡或其衰变子体的存在会影响其他(非天然)放射性气体的测量。

本部分的目的是规定惰性气体排出流监测仪的特殊标准要求,包括技术特性和一般试验条件,并给出可行方法的实例。

GB/T 7165.1—2005 给出了一般要求、技术特性、试验方法、辐射特性、电气特性、机械特性、安全特性和环境特性。除非另有说明,这些要求均适用于本部分。

2 规范性引用文件

下列文件中的条款通过 GB/T 7165 的本部分的引用而成为本部分的条款。凡是注日期的引用文件,其随后所有的修改单(不包括勘误的内容)或修订版均不适用于本部分,然而,鼓励根据本部分达成协议的各方研究是否可使用这些文件的最新版本。凡是不注日期的引用文件,其最新版本适用于本部分。

GB/T 2423.5 电工电子产品环境试验 第2部分:试验方法 试验 Ea 和导则:冲击(GB/T 2423.5—1995,idt IEC 60068-2-27:1987)

GB/T 7165.1—2005 气态排出流(放射性)活度连续监测设备 第1部分:一般要求(IEC 60761-1:2002,IDT)

GB 9254 信息技术设备的无线电骚扰限值和测量方法(GB 9254—1998,idt IEC/CISPR 22:1997)

GB/T 17626(所有部分) 电磁兼容 试验和测量技术(idt IEC 61000)

3 术语和定义

GB/T 7165.1—2005 确立的以及下列术语和定义适用于本部分。

3.1

放射性惰性气体监测仪 radioactive noble gas monitor

用于连续监测向环境排放的气态排出流中放射性惰性气体的设备。

4 放射性惰性气体排出流监测仪的分类

根据被测辐射类型,设备可分为:

——γ;

——β;

——特定核素。

根据工作方式，设备也可分为：

——探测器安装在排出流中或紧靠排出流的直接测量；

——远离监测点的连续取样测量。

5 整体设备设计

按 GB/T 7165.1—2005 的规定，根据实际环境和各自的安装要求，监测仪可以有各种结构形式。但不管采用何种结构形式，设备既要满足本部分的要求，又要满足 GB/T 7165.1—2005 的要求。

5.1 直接测量设备

如果由安装在排出流中或紧靠排出流的探测器进行直接测量，仅要求探测器和极少数必要的电子学装置在相应的环境条件下工作。除非有特殊情况，这类设备将不包含对环境条件变化非常敏感或经常需要维修和调整的探测器。

相应的控制和测量装置应安装在一个可控制的环境中，以便减少环境对其性能的影响，并易于接近进行操作和维修。

5.2 间接测量设备

如果排出流的有代表性样品被连续送至远处，那么取样和探测装置(除取样头和取样管道外)以及控制和测量装置应在一个可控的环境中相邻布置。在不可实现的地方(如取样管道过长)，探测装置同样应满足 5.1 的规定，以确保在放射性物质增加时有足够快的响应。

如有可能，应提供旁路系统，以便对探测和取样装置进行维修和功能性试验。

6 测量结果的表示

按 GB/T 7165.1—2005 第 9 章的规定，与探测器相连接的电子学装置应提供一个用适当单位表示的读数值。

如果读数值以导出单位(如 Bq/m^3)表示，则制造厂和用户应掌握所有的有关因子，且这些因子应为常数或应自动校准。

7 取样和探测装置

7.1 取样和排气管道

除了满足 GB/T 7165.1—2005 规定的一般要求外，还应考虑下列特性：

——测量过程中流量和压降的影响；

——到达探测器的延迟时间(流量和管道直径等)。

7.2 入口部件

如有必要，应在取样回路入口处安放一个合适的部件，以便去除空气中的微尘和碘。为了保持取样和探测装置的特定功能，入口部件不应捕集或暂时滞留惰性气体和降低流量。

此外，取样期间应对入口部件进行适当的屏蔽，以限制累积在该部件上的放射性物质的辐射对探测装置的影响和为工作人员提供防护。该入口部件应易于接近和操作。

应注意：碘同位素是惰性气体的衰变母体。因此，当监测仪取样系统入口回路上装有碘过滤器时，应进行分析，以表明滞留在过滤器上的碘不会导致对惰性气体释放时间表的估算错误。

7.3 取样室

作为取样和探测装置的一部分，一个测量室或气体室为浸入式或贴近式探测器的测量提供一定体积的气体，它应满足以下要求：

——取样室应为流通式，可以包括一个吸收介质或加压装置；

——应标明取样室的容积和工作压力；

——如果可行,探测器与被测气体或空气应使用保护窗或保护屏隔开;

——如果可行,探测器应易于从取样室拆装以便于维修或更换。探测器的安装特征应确保在任何情况下都能准确地返回到或保持在合适的几何位置上;

——如果采用吸收介质增加气体监测仪对某一给定放射性气体体积活度的响应,则应说明吸收介质的类型和对各种重要气体的响应特性。

7.4 辐射探测器

可使用由制造厂与用户商定的适合于所需测量的任何类型探测器。制造厂应规定探测器的类型和全部相关特性,特别是在运行的几何条件下对拟测气体和干扰放射性活度的响应。

7.4.1 β探测器

制造厂应规定探测器的尺寸和探测特性,例如有效面积和所有保护屏的厚度等。

7.4.2 γ探测器

该设备对γ辐射进行直接测量,如果需要,应能进行报警。对这类监测仪,应考虑环境本底辐射的影响。

7.4.3 特定核素γ探测器

该探测器将γ射线测量和γ射线能谱分析结合在一起。制造厂应规定探测器分辨率和探测效率随γ辐射能量的变化关系。

8 检查源

为了验证设备工作是否正常,应提供一个适当的检查源。当探测器被安装在远离控制和测量装置的场所时,应提供可远距离遥控操作的检查源装置。

当固定安装的检查源不使用时,其使测量装置读数的增加不应超过有效测量范围最低十进位位最大值的10%。

9 测量范围

监测仪的有效测量范围应由制造厂与用户商定,并不应少于五个十进位位(可以要求更多个十进位位),应按GB/T 7165.1—2005中9.1和9.2的规定。

制造厂应说明以体积活度表示的有关放射性同位素的判断阈。

10 标准试验条件

除非另有规定,这些试验均为型式试验。由制造厂与用户协商,这些试验中的某些或全部也可作为验收试验。

参考条件和标准试验条件见表1。表中给出了进行试验的各种影响量数值和允许的变化范围,试验时影响量数值保持不变。

标准试验条件下进行的试验项目见表2。

表1 参考条件和标准试验条件

(除非制造厂另有说明)

影响量	参考条件	标准试验条件
β参考辐射源	用适当形态的放射性气体标记的空气或气体	用适当形态的放射性气体标记的空气或气体
预热时间: 空气回路	30 min	≥30 min
环境温度	20℃	18 ℃~22 ℃

表 1（续）

影响量	参考条件	标准试验条件
相对湿度	65%	50%～75%
大气压[a]	101.3 kPa	86 kPa～106 kPa
电源电压	标称电源电压 U_N	U_N(1±1%)
交流电源频率[b]	标称电源频率 f_N	f_N(1±0.5%)
交流电源波形	正弦波	总谐波畸变小于 5%
γ 辐射本底	空气比释动能率为 0.20 μGy/h	空气比释动能率小于 0.25 μGy/h
氡	可忽略	<10 Bq/m^3
静电场	可忽略	可忽略
外界电磁场	可忽略	小于引起干扰的最低值
外界磁感应	可忽略	小于地磁场引起干扰的两倍
取样流量	调节到标称流量(由制造厂规定)	调节到标称流量(1±5%)
装置控制	处于正常工作状态	处于正常工作状态
放射性物质的污染	可忽略	可忽略
化学物质的污染	可忽略	可忽略

[a] 当探测技术对大气压变化特别敏感时，应限制该条件为参考压力的(1±5%)。

[b] 可以使用直流电源，不规定频率。

表 2　标准试验条件下进行的试验

试验特性	要　求	参考条款	
		GB/T 7165.1	本部分
参考响应	按制造厂技术规格书 1±15%	26.2	13.1
线性	在整个有效测量范围内指示值相对误差小于 10%	26.3	
过载	当受到能产生 10 倍最大可测量指示值的放射源照射时，指示值应保持在满刻度	26.6	
统计涨落	变异系数小于 10%	27.1	
指示值稳定性	在 100 h 内指示值变化小于 10%	27.5	
报警阈范围	按 GB/T 7165.1—2005 第 12 章	27.6	
报警阈稳定性	在 100 h 内工作点变化小于 5%	27.7	
设备故障报警	探测器故障报警按 GB/T 7165.1—2005 的 27.7，其他报警由制造厂与用户商定	27.8	

11　改变影响量进行的试验

这些试验见表 3 和表 4。应按照 GB/T 7165.1—2005 第 24 章进行试验。

表 3 改变影响量的试验

影响量	影响量的数值范围	指示值的变化范围	参考条款	
			GB/T 7165.1—2005	本部分
被测空气(或气体)中的其他放射性气体(非特定核素放射性活度监测仪)	与设备拟测量的某种(或某些)放射性气体的范围相同	按制造厂的技术规格书		13.3
被测空气(或气体)中的其他放射性气体(特定核素放射性活度监测仪)	与设备拟测量的某种(或某些)放射性气体的范围相同	小于拟测量气体响应的 15%		13.4
^{137}Cs 源外部 γ 辐射(源与探测器在规定的几何条件下)	空气比释动能率为 10 μGy/h	按制造厂的技术规格书	26.5	
^{137}Cs 源外部 γ 辐射(源与探测器在其他几何条件下)	空气比释动能率为 10 μGy/h	在规定的几何条件下,制造厂规定数值的两倍	26.5	
其他源外部 γ 辐射(源与探测器在规定的几何条件下)	空气比释动能率为 10μGy/h	在使用 ^{137}Cs 源的情况下,制造厂规定数值的两倍	26.5	
预热时间	≤30min	±10%[a]	27.2	
电源电压	88% U_N~110% U_N (U_N 为标称电源电压)	±10%[a]	27.3	
交流电源频率[b]	47 Hz~51 Hz	±10%[a]	27.3	
交流电源瞬变影响	按照 GB/T 17626.4 严酷度水平 3	按照 GB/T 17626.4 严酷度水平 3	27.4	
环境温度[c]	+10 ℃~+35 ℃ (中点:+22 ℃) −10 ℃~+40 ℃ (中点:+15 ℃) −25 ℃~+50 ℃ (中点:+12 ℃)	±10%[a] 正常值±10% ±20%[a] 正常值±10% ±50%[a] 正常值±10%	28.1	
相对湿度	90%(+35 ℃)	±10%[a]	28.2	
大气压	—[d]	—[d]	28.3	
密封	—[d]	—[d]	28.4	
机械冲击	按照供方规定	按照制造厂规定	28.5	
抗外界电磁场干扰和静电放电	按照 GB/T 17626 严酷度水平 3	按照 GB/T 17626 严酷度水平 3	28.6	
电磁发射	按照 GB 9254 严酷度水平为 A	按照 GB 9254 严酷度水平为 A	28.7	

注:对非线性刻度的装置,可以用线性仪表代替设备的指示表头来验证是否满足本表规定的性能要求。

a 对于标准试验条件下的指示值。

b 当使用直流电源时,不规定频率。

c 指设备所处地气候的温度,在较热或较冷的气候条件下,可以规定其他限值。

d 一般不作规定,必要时,影响量变化范围和指示值变化限值应满足 GB/T 2423.5 的规定。

表 4 空气回路试验

影响量	影响量的数值范围	标称流量的变化限值	参考条款 GB/T 7165.1—2005
时间	30 min～100 h	±10%	29.1
过滤器压降	按制造厂技术规格书	－10%～0%	29.2
电源电压	88% U_N～110% U_N (U_N 为标称电源电压)	±5%	29.3
交流电源频率[a]	47 Hz～51 Hz	±10%	29.4
注：这些试验仅适用于其响应取决于流量的装置。			
[a] 使用直流电源时，不规定频率。			

12 参考源

本部分规定的型式试验应使用气体源进行。固体源可用于其他类型试验和传递标准中的例行试验及以后的检查。应使用固体源与气体源交叉校准的方法确定装置对固体源的响应。表 5 给出了一些合适的源。

表 5 参考源[a]

气体源[b]	固体源	β 能量/MeV		γ 能量[c]/MeV	半衰期[c]
		平均值[c]	最大值[d]		
^{85}Kr		0.251(100)	0.67		10.72 a
	^{185}W	0.127(100)	0.427	—	75.1 d
	^{204}Tl	0.244(97)	0.766	—	3.779 a
^{133}Xe		0.101(99)	0.346	0.081(37)	5.245 d
	^{241}Am	—	—	0.060(36)	432.2 a
	^{185}W	0.127(100)	0.427	—	75.1 d
^{135}Xe		0.307(96)	0.92	0.25(90)	9.09 h
	^{143}Pr	0.314(100)	0.933	—	13.56 d
	^{204}Tl	0.244(97)	0.766	—	3.779a
	^{203}Hg	0.058(100)	0.214	0.279(81)	46.6 d
^{41}Ar		0.459(99)	1.198	1.29(99)	1.827 h
	^{89}Sr	0.583(100)	1.463	—	50.5 d
	^{60}Co	0.096(100)	0.314	1.17(100)	5.271 a
				1.33(100)	
	^{137}Cs-^{137m}Ba	0.173(95)	0.514	0.662(90)	30.0 a
		0.425(5)	1.176		
	^{90}Sr-^{90}Y	0.196(100)	0.546(100)	—	29.12 a
		0.935(100)	2.27(100)		

[a] 本表同时列出若干可能的气体参考源(初级源)和固体参考源(次级源)，并将可能用来代替某一特定气体源的各个固体源列在表中同一行内。
表中仅列出一些主要的辐射成分。
表中扩号内的数字是发射的百分率。

[b] 当被试验装置用来测量 γ 辐射时，通常把装在安瓿瓶中的气体源当作固体源用。

[c] 数据来自 ICRP 38《Radionuclide Transformation: Energy and Intensity of Emissions》。

[d] 数据来自 Lederer，Hollander，Periman:《Tables of Isotopes》。

12.1 气体源

气体源可由含有待试验装置所需的放射性气体的压缩空气或气体的气瓶组成。这些可以是待试验装置拟测放射性气体或其他感兴趣的放射性气体。

为了将气体回路因可能的污染所造成的影响减到最少,所有使用气体源的试验,其体积活度应从低到高依次进行。

注1:如果使用短寿命同位素进行试验,则体积活度从高到低进行试验可能更合适。

注2:在适当场合,用户应了解空气混合物和纯气体之间电离能的差异。

12.2 试验源活度的不确定度

参考源体积活度的约定真值应已知,其不确定度应小于 7% ($k=2$)。

所有固体试验源的表面发射率的约定真值应已知,其不确定度应小于 10%($k=2$)。

12.3 固体源

固体参考源可代替放射性气体源进行例行试验。固体参考源的物理形状应与试验装置相适应,以便使源与探测器的相对位置能精确定位,并在需要时可以重复定位。使用的放射性核素应适合于试验装置。

任何情况下,都应在型式试验期间确定装置对固体源和对气体源响应之间的关系。在用固体源代替气体源进行试验时,就可以使用源响应的相对关系。

13 辐射性能试验

这些试验应在标准试验条件下用一定流量的放射性气体源进行。

如果采用电子学方法来补偿天然放射性活度,则对测量装置进行的所有试验都应按制造厂说明书的规定预先调整好补偿电路,在补偿电路处于工作状态时进行试验。

13.1 参考响应

13.1.1 要求

在标准试验条件下,按制造厂说明书的要求调整好校准控制器,其相对固有误差应小于 15%。

13.1.2 试验方法

型式试验、例行源试验和例行电子学试验应按 GB/T 7165.1—2005 中 26.2 规定进行。如果用固体源进行例行试验,则应在型式试验期间确定装置对所用固体源和合适气体源响应的关系。

13.1.3 气体放射源试验

根据监测仪的设计,可分别采用下列两种方法中的任何一种方法进行试验:

——用一已知体积活度的空气或气体源以恒定的流量循环流过待试验装置,在经过足够长的时间达到平衡后记下平衡读数值(见附录 A);

——将探测器浸没在一个同探测器实际工作位置的容积等效的足够大的已知体积活度的气体源内,记下在平衡条件下的读数值。

注:用户应了解氡及其衰变子体的影响。

13.1.4 固体源校准

把合适的固体源放在与探测器相对应的规定位置上(不改变气体源试验时的条件,但没有气体源存在),确定平衡时装置对固体源的相对响应。对于以后的例行或运行试验,只需要把固体源放在与探测器相应的规定位置处,便可利用在型式试验时已确定的装置对气体源的相对响应因子。

13.1.5 电信号试验

对于例行试验,为避免使用若干个源,可在正常的探测器信号输入端输入一个合适的电信号,对测量装置单独进行试验。

13.2 线性

GB/T 7165.1—2005 规定的要求和试验方法适用于本部分。

13.3 非特定核素监测仪对其他放射性气体的响应

13.3.1 要求

除了参考放射源外,制造厂应规定装置对其他放射性气体源的响应。有关放射性气体种类应由制造厂与用户商定,并选择其中具有代表性的气体进行试验。装置的性能应符合技术条件的规定。

13.3.2 试验方法

试验方法与13.1.3中规定的相同,但使用的是某种或某些合适的放射性气体。气体的体积活度应足以证明设备能满足要求。

13.4 特定核素监测仪对其他放射性气体的响应

13.4.1 要求

制造厂应说明装置对拟测气体以外的其他放射性气体的响应,且应小于拟测气体响应的15%。气体的体积活度应足以证明设备能满足要求。

13.4.2 试验方法

试验方法与13.1.3中规定的方法相同,但使用的是某种或某些合适的放射性气体。

13.5 响应时间

13.5.1 要求

对于由制造厂与用户商定的适用于特殊用途的装置,制造厂应规定其响应时间。

13.5.2 试验方法——取样或远程探测装置

对于该项试验,应使用一台记录仪与装置相连,以便确定指示值随时间的变化关系。

可使用下列两种方法:

方法一:用一种已知体积活度的放射性惰性气体连续注入监测仪,经过足够长时间,达到一个恒定的指示值 R_f。

方法二:设备的空气回路入口处应连接一个双通阀,其中一端使空气沿回路循环,而另一端与贮气罐相连,该贮气罐的体积至少等于试验设备管道系统容积和装置测量室容积总和的10倍。贮气罐本身应通过减压阀和调节阀连接到气瓶上。测量贮气罐压力与大气压的相对关系。气瓶内应装有装置拟测的放射性同位素气体。通过调节阀和减压阀调节到标称气体流量。用来自气瓶内的气体充满贮气罐至大气压。

试验开始时,双通阀应打开连通到贮气罐,并同时打开气瓶上的阀门。利用调节阀使贮气罐内的气体维持在大气压水平,直到记录仪的读数达到一个恒定值 R_f。

响应时间是放射性气体输入时的起始时刻(读数为 R_i)与读数首次达到 $0.9(R_f-R_i)+R_i$ 时的时间间隔。

如果试验设备既不吸收也不浓缩放射性惰性气体,则可在试验起始时刻将空气回路出口与贮气罐直接连接并使放射性气源瓶与贮气罐隔离,以简化试验装置。

13.5.3 试验方法——直接测量装置

本项试验应使用一个次级源进行。

在没有试验源存在时,应使记录仪工作并记下平衡读数值 R_i,然后迅速地将检查源放到与探测器相对应的规定位置上,同时记录装置的输出,直到获得一个新的平衡读数 R_f。

在本项试验中,"迅速"的含义是指比待试验的响应时间短得多的时间。响应时间就是放射性气体输入起始时刻(读数为 R_i)与读数首次达到 $0.9(R_f-R_i)+R_i$ 瞬间的时间间隔。

14 空气回路试验

应按GB/T 7165.1—2005第29章规定的方法进行空气回路试验。

15 型式试验报告和合格证书

制造厂应给每台设备提供一份合格证书,除了包含GB/T 7165.1—2005第30章规定的内容外,还应包括下述内容：

——装置拟测量的放射性惰性气体(一种或几种)；

——探测器的类型和一般技术特性；

——探测器在参考条件下对体积活度浓度的响应；

——探测器对检查源的响应；

——探测器对其他放射性气体的响应；

——探测器对干扰气体的响应。

附　录　A
（资料性附录）
放射性气体参考源制备

许多制备放射性气体参考源的方法都能满足本部分的性能试验要求。

无论采用哪种制备方法，都应满足第12章的规定。

本附录介绍了两种实用的制备方法，只要正确使用这些方法，就可以完成各种试验。

A.1　使用市售的放射性气体瓶

经过校准的市售压缩气体瓶可直接用于需要放射性气体的试验。压缩气体瓶可将已知体积活度浓度的气体直接注入与待试验设备相连的校准回路。图A.1为校准回路的方框图。

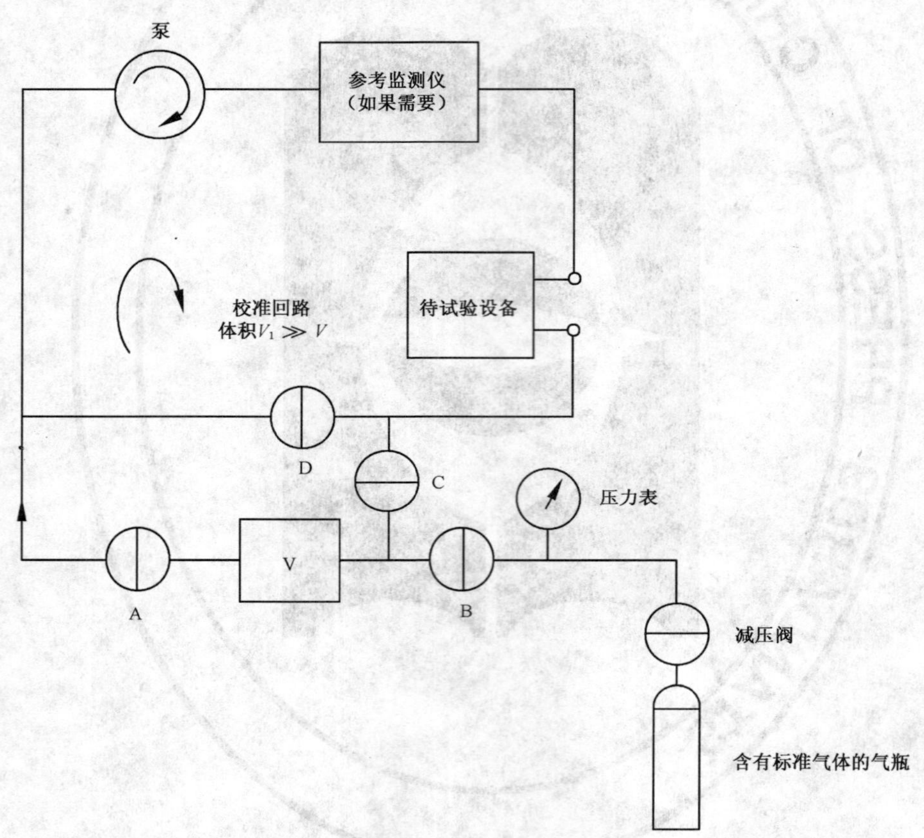

图 A.1　校准回路

操作方法

a)　用压力高于大气压的已知比例的标准气体对阀门A、B和C之间的已知容积V进行充气（阀门A和C关闭，阀门B打开）。

b)　把容积V内的气体注入到校准回路，校准回路的已知总体积$V_1 \gg V$，V_1包括待试验设备测量室的容积。

c)　重复这些操作，直到在校准回路中获得大气压下所期望的体积活度浓度为止。

A.2　使用含有放射性惰性气体的安瓿瓶

将标准安瓿瓶放在已知体积的空气或气体中打碎，就可获得已知体积活度浓度的惰性气体。

操作方法

a) 将安瓿瓶放到一个合适的圆筒形气瓶中。

b) 关闭圆筒形气瓶，并用干燥空气或气体充气至压力 p。

c) 通过旋转或猛力摇动圆筒形气瓶把安瓿瓶打碎。

如果安瓿瓶中的惰性气体活度足够高，可以采用 A.1 中介绍的方法。

对于低活度的安瓿瓶，可通过选择不同体积的圆筒形气瓶来直接获得所需的体积活度浓度。在这些条件下，各个圆筒形气瓶内的空气或气体，经过降压后以额定的流量注入到待试验设备中。

ICS 13.280
F 84

中华人民共和国国家标准

GB/T 7165.4—2008/IEC 60761-4:2002
代替 GB/T 7165.4—1989

气态排出流(放射性)活度连续监测设备 第4部分:放射性碘监测仪的特殊要求

Equipment for continuous monitoring of radioactivity in gaseous effluents—Part 4:Specific requirements for radioactive iodine monitors

(IEC 60761-4:2002,IDT)

2008-06-19 发布 2009-04-01 实施

中华人民共和国国家质量监督检验检疫总局
中国国家标准化管理委员会 发布

前　言

本部分是GB/T 7165《气态排出流(放射性)活度连续监测设备》标准的第4部分。该标准共包括下列五个部分：

GB/T 7165.1《气态排出流(放射性)活度连续监测设备　第1部分：一般要求》；

GB/T 7165.2《气态排出流(放射性)活度连续监测设备　第2部分：放射性气溶胶(包括超铀气溶胶)监测仪的特殊要求》；

GB/T 7165.3《气态排出流(放射性)活度连续监测设备　第3部分：放射性惰性气体监测仪的特殊要求》；

GB/T 7165.4《气态排出流(放射性)活度连续监测设备　第4部分：放射性碘监测仪的特殊要求》；

GB/T 7165.5《气态排出流(放射性)活度连续监测设备　第5部分：氚监测仪的特殊要求》。

本部分是对GB/T 7165.4—1989的修订。

本部分等同采用IEC 60761-4:2002《气态排出流(放射性)活度连续监测设备　第4部分：放射性碘监测仪的特殊要求》(英文版)。

为便于使用，本部分做了下列编辑性修改：

——删除原国际标准的目录和前言；

——用小数点"."代替原国际标准中小数点的","；

——在"2 规范性引用文件"中将已有相应国家标准和行业标准的国际标准改为我国的标准(以GB/T 2423.5代替IEC 60028-2-27:1987，以GB/T 7165.1—2005代替IEC 60761-2:2002，以GB/T 17626代替IEC 61000，以GB 9254—1998代替IEC/CISPR 22:1997)；

——在交流电源的电压和频率中只保留我国现行使用的内容。

本部分代替GB/T 7165.4—1989《气态排出流(放射性)活度连续监测设备　第四部分：碘监测仪的特殊要求》。

本部分与GB/T 7165.4—1989相比主要变化如下：

——对碘监测仪的类型，增加了在烟囱和管道中直接测量碘的监测仪；

——在取样和探测装置中，增加了对气泵的要求；

——参考源的选择种类中增加了气体参考源，增加了对专用源的规定；

——对标准试验条件作了修订，增加了流量、静电场、氡子体和化学污染等标准试验条件，修改了设备的预热时间和将标称频率变化范围由$f_N(1\pm1\%)$修订为$f_N(1\pm0.5\%)$；

——对相对固有误差的线性要求，由20%修订为10%；

——对指示稳定性试验要求的持续时间，由500 h修订为100 h；

——对报警阈值稳定性试验要求的时间，由500 h修订为100 h，报警阈漂移要求从20%改为5%；

——室内仪表环境温度的要求由10 ℃～50 ℃修订为10 ℃～35 ℃；

——相对湿度试验的温度由30 ℃修订为35 ℃；

——改变影响量的试验内容中增加了对密封、机械冲击和电磁兼容性的要求；

——空气回路试验内容中增加了收集效率试验，时间影响量量值范围由1 h～100 h修订为30 min～100 h；

——"空气吸收剂量率"修订为"空气比释动能率"。

本部分应与GB/T 7165.1—2005结合使用。

本部分由中国核工业集团公司提出。

本部分由全国核仪器标准化技术委员会归口。

本部分起草单位:上海核工程研究设计院。

本部分起草人:付羲、施红。

原标准于1989年10月首次发布。

气态排出流(放射性)活度连续监测设备 第4部分:放射性碘监测仪的特殊要求

1 范围

GB/T 7165的本部分适用于针对所有形式放射性碘的同时、延时或顺序测量的设备。当对排出流进行取样测量时,附着在气溶胶上的碘一般由前置过滤器进行采集,然后在实验室进行单独分析,以提供完整的测量。

放射性碘监测仪应具有下列功能:

——测量气态排出流中碘和碘化合物的体积活度以及排放的放射性碘的总活度;

——当碘或碘化合物的放射性活度浓度或总活度超过预置阈值时,启动报警信号。

这类设备会测量到气态排出流中存在的其他放射性核素的活度,其中包括天然放射性核素。对其他核素的甄别在测量低水平的放射性碘时非常重要。

在烟囱或通风管道中,本部分既考虑了利用活性炭来作为碘的取样介质,又考虑了对碘的直接测量。

本部分的目的是规定第4章所列碘监测仪的特定标准要求,包括技术特性和一般试验条件,并给出可行方法的实例。

GB/T 7165.1—2005中规定了这类设备的一般要求、技术特性、试验方法、辐射特性、电气特性、机械特性、安全特性和环境特性。除非另有说明,这些要求均适用于本部分。

2 规范性引用文件

下列文件中的条款通过GB/T 7165的本部分的引用而成为本部分的条款。凡是注日期的引用文件,其随后所有的修改单(不包括勘误的内容)或修订版均不适用于本部分,然而,鼓励根据本部分达成协议的各方研究是否可使用这些文件的最新版本。凡是不注日期的引用文件,其最新版本适用于本部分。

GB/T 2423.5 电工电子产品环境试验 第2部分:试验方法 试验Ea和导则:冲击(GB/T 2423.5—1995,idt IEC 60068-2-27:1987)

GB/T 7165.1—2005 气态排出流(放射性)活度连续监测设备 第1部分:一般要求(IEC 60761-1:2002,IDT)

GB 9254 信息技术设备的无线电骚扰限值和测量方法(GB 9254—1998,idt IEC/CISPR 22:1997)

GB/T 17626(所有部分) 电磁兼容 试验和测量技术(idt IEC 61000)

3 术语和定义

GB/T 7165.1—2005确立的以及下列术语和定义适用于本部分。

3.1

碘 iodine

除非另有说明,本部分中使用的"碘"是指以所有形态存在的化合物和非化合物的放射性碘,还包括附着在气溶胶中的碘。

注:通常先将气溶胶中的碘收集在一个前置过滤器上,然后在实验室进行单独分析。

3.2

碘监测仪　iodine monitor

用于连续或顺序地监测气态排出流中向环境排放的碘的设备。

3.3

取样介质的寿命　life time of the sampling medium

从取样介质开始工作到其采集效率降到标称值的90%时的时间间隔。

4　碘监测仪的分类

根据被测辐射类型，设备可分为：

——仅测量^{131}I的监测仪；

——测量^{125}I和/或^{129}I的监测仪；

——测量所有碘同位素的监测仪。

根据工作方式，设备可分为：

——带有固定收集介质并进行同时测量的监测仪；

——带有移动收集介质并进行同时测量的监测仪；

——在烟囱或管道中直接测量碘的监测仪。

5　取样和探测装置（适用时）

5.1　取样和排气系统

除了满足GB/T 7165.1—2005规定的一般要求外，还应考虑下列特性并由制造厂与用户商定：

——使用材料的性能，特别要注意碘的吸附；

——为防止碘或碘化合物的凝结而对空气通道进行的温度控制。

5.2　气泵

GB/T 7165.1—2005第11章和第29章的要求适用于本部分。

另外，空气或气体泵应在正常运行条件（最大预期取样时间、可用的碘滞留装置和大气尘埃等）引起的不同压力下维持其要求的空气或气体流量，并确保在取样的后期，空气流量的下降不超过标称流量的10%，或总的取样体积误差不超过8%。

应设置碘滞留介质的破裂（低差压）和阻塞（压力变化大于流量下降10%时所对应的差压）报警。

5.3　入口过滤器

必要时（如碘蒸气监测仪）在取样回路入口端设置一个过滤器以便去除灰尘和气溶胶。为了保持设备的特定性能，该过滤器不捕集也不暂时滞留气溶胶形态以外的碘。

本过滤器应处于远离辐射探测器的位置或对其进行屏蔽，使其对测量值的影响可被忽略。

5.4　碘收集介质

——根据装置的工作方式（见第4章），收集介质可以有不同的几何形状。

——碘的沉积应尽可能均匀，可以通过环形空气通道来提高均匀性。

——碘滞留装置的设计特性（尺寸和几何形状等）应考虑实际滞留介质的特性和空气（或气体）取样泵的特性。

——被监测空气中存在的其他放射性气体（例如^{41}Ar、^{85}Kr、^{133}Xe和^{222}Rn）会对碘的监测产生影响，尤其对非选择性探测器更为敏感。为了降低这些放射性核素的影响，探测器邻近处和碘收集介质内的气体空间应保持最小，见13.3的要求。

——设计时应考虑将空气泄漏减到最少，特别是旁路碘滞留介质引起的内部泄漏。

——碘滞留装置和过滤器的拆装应尽可能快速、方便而又不损害辐射探测器或碘滞留装置。同时，碘滞留装置或过滤器的更换应使操作人员所受到的照射不超过规定的剂量限值。

——制造厂应说明碘滞留介质的寿命，在温度和相对湿度的参考条件下至少为8 d。制造厂应规定相对湿度为90%条件下的取样时间。

5.5 收集效率和滞留方式

制造厂应针对不同的载荷因子说明收集元素碘和易挥发碘化合物的介质的收集效率和滞留方式。

碘与取样介质的接触时间应大于0.2 s。如果与滞留介质的接触时间小于0.2 s(例如大流量监测仪)，则应说明收集效率的降低情况。实际的取样效率应由制造厂规定并得到用户的同意。

制造厂应说明碘的化学形态、大气条件和取样空气中存在的其他化学物质对收集效率的影响。制造厂应规定收集介质的储存条件。

5.6 辐射探测器

制造厂应提供探测器的全部特性，包括探测器尺寸和传输特性，例如探测器的有效表面积等。

当探测器的外壳与被测气体直接接触时，设计应特别注意探测器要易于去污。

6 检查源

检查源应与设备一起提供。在间接测量装置中，应设计取代碘滞留介质的检查源(见GB/T 7165.1—2005第14章)。在直接测量装置中，应可置检查源于接近探测器的固定位置上。

7 测量结果的表示

根据GB/T 7165.1—2005第9章的要求，与探测器相连的电子测量装置应能提供直接用体积活度(Bq/m^3)为单位表示的读数。

制造厂应说明校准因子和所适用的碘同位素。

8 对其他电离辐射的响应

设备的设计应尽可能限制拟测同位素以外的电离辐射的影响。制造厂应规定适用场合和由其他电离辐射造成的影响。

9 天然放射性活度的甄别

设备设计(设备外形、探测器和信号处理)应使天然放射性核素及其衰变产物对设备的影响可忽略。假如无法满足此要求，制造厂应说明其影响的具体大小。

10 标准试验条件

除非另有规定，这些试验均为型式试验，由制造厂和用户协商，这些试验中的任何一项或全部都可作为验收试验。

参考条件和标准试验条件见表1。表中给出了进行试验的各种影响量数值和允许的变化范围，试验时影响量数值保持不变。

标准试验条件下进行的试验见表2。

表1 参考条件和标准试验条件

(除非制造厂另有说明)

影响量	参考条件	标准试验条件
参考源	^{131}I或规定的同位素	^{131}I或规定的同位素
预热时间：整个设备	30 min	≥30 min
环境温度	20 ℃	18 ℃～22 ℃

表 1（续）

影响量	参考条件	标准试验条件
相对湿度	65%	50%～75%
大气压[a]	101.3 kPa	86 kPa～106 kPa
电源电压	标称电源电压 U_N	U_N(1±1%)
交流电源频率[b]	标称频率 f_N	f_N(1±0.5%)
交流电源波形	正弦波	总谐波畸变小于 5%
γ 辐射场	空气比释动能率为 0.20 μGy/h	空气比释动能率小于 0.25 μGy/h
静电场	可忽略	可忽略
外界电磁场	可忽略	小于引起干扰的最低值
外界磁感应	可忽略	小于地磁场引起干扰的两倍
取样流量	调节到标称流量（由制造厂规定）	调节到标称流量(1±5%)
装置控制	处于正常工作状态	处于正常工作状态
放射性污染	可忽略	可忽略
氡子体(^{222}Rn，^{220}Rn)	可忽略	小于引起干扰的最低值
化学污染	可忽略	可忽略

a 当探测技术对大气压变化特别敏感时，应规定该条件为参考压力的(1±5%)。

b 可以使用直流电源，无频率要求。

表 2　标准条件下完成的试验

试验特性	要　求	参考条款	
		GB/T 7165.1	本部分
参考响应	按制造厂技术规格书±20%	26.2	13.1
线性	在整个有效测量范围内指示值相对误差小于 10%	26.3	13.2
过载	当受到能产生 10 倍最大可测量指示值的放射源照射时，设备的指示值应保持在满刻度	26.6	
统计涨落	变异系数小于 10%	27.1	
指示值稳定性	在 100 h 内指示值变化小于 10%	27.5	
报警阈范围	按照 GB/T 7165.1—2005 第 12 章	27.6	
报警阈稳定性	在 100 h 内工作点变化小于 5%	27.7	
设备故障报警	探测器故障报警按照 GB/T 7165.1—2005 的 27.7 执行，其他报警由制造厂和用户商定	27.8	

11　改变影响量的试验

改变影响量的试验见表 3 和表 4。应按 GB/T 7165.1—2005 第 24 章进行这些试验。

表 3 改变影响量的试验

影响量	影响量的数值范围	指示值的变化范围	参考条款	
			GB/T 7165.1	本部分
^{137}Cs 源外部 γ 辐射（源与探测器在规定几何条件下）	空气比释动能率为10 μGy/h	按制造厂的技术规格书	26.5	
^{137}Cs 源外部 γ 辐射（源与探测器在其他几何条件下）	空气比释动能率为10 μGy/h	在规定的几何条件下，由制造厂规定数值的两倍	26.5	
其他源外部 γ 辐射（源与探测器在规定几何条件下）	空气比释动能率为10 μGy/h	在使用^{137}Cs 源的情况下，由制造厂规定数值的两倍	26.5	
放射性气体响应	由制造厂规定	由制造厂规定		13.3
预热时间	≤30 min	±10%[a]	27.2	
电源电压	88%U_N～110%U_N （U_N 为标称电源电压）	±10%[a]	27.3	
交流电源频率	47 Hz～51 Hz	±10%[a]	27.3	
交流电源瞬变影响	按照 GB/T 17626.4，严酷度水平 3	按照 GB/T 17626.4，严酷度水平 3	27.4	
环境温度[b]	+10 ℃～+35 ℃ （中点：+22 ℃） −10 ℃～+40 ℃ （中点：+15 ℃） −25 ℃～+50 ℃ （中点：+12 ℃）	±10%[a] 正常值±10% ±20%[a] 正常值±10% ±50%[a] 正常值±10%	28.1	
相对湿度	90%（+35 ℃）	±10%[a]	28.2	
大气压	—[c]	—[c]	28.3	
密封	—[c]	—[c]	28.4	
机械冲击	按照制造厂规定	按照制造厂规定	28.5	
抗外界电磁场干扰和静电放电	按照 GB/T 17626 系列标准，严酷度水平为 3	按照 GB/T 17626 系列标准，严酷度水平为 3	28.6	
电磁发射	按照 GB 9254 标准，严酷度水平为 A 类	按照 GB 9254 标准，严酷度水平为 A 类	28.7	

注：非线性刻度设备，可以用线性仪表代替设备的指示表头来验证是否满足本表的性能要求。

[a] 相对于标准试验条件下的指示值。

[b] 装置用于温带气候条件，在更热或更冷的气候条件下，可以规定其他限值。

[c] 一般不作规定，必要时，影响量变化范围和指示值变化限值应满足 GB/T 2423.5 的要求。

表 4 空气回路试验

影响量	影响量量值范围	变化限值	参考条款	
			GB/T 7165.1	本部分
时间	30 min～100 h	标称流量（1±10%）	29.1	
外泄漏	进出口流量之差	进出口流量之差小于 5%		14.1
收集效率	标准运行条件	制造厂规定数值的±10%		14.2

表 4 （续）

影响量	影响量量值范围	变化限值	参考条款	
			GB/T 7165.1	本部分
电源电压	88%U_N～110%U_N （U_N 为标称电源电压）	标称流量(1±5%)	29.3	
交流电源频率	47 Hz～51 Hz	标称流量(1±10%)	29.4	
注 1：可以使用直流电源，无频率要求。 注 2：这些试验仅适用于其响应与流量有关的设备。				

12 参考源和专用源

12.1 参考源

为了在型式试验期间确定参考响应，参考源应是拟测碘同位素蒸气及碘的化学形态的已知体积活度的空气。碘的化学形态可以是分子碘或有机碘(例如：ICH_3 或 HIO_3)。与收集介质具有相同物理特征的已知活度的同类固体源可用于传递标准。

参考源应是拟测放射性核素源，但由于部分放射性核素的半衰期较短，因此可用其他放射性核素替代(例如：^{133}Ba 代替^{131}I、^{129}I 代替^{125}I)。当这两种方案都可使用时，制造厂应向用户提出建议。

12.2 专用源

用于能量响应试验和产生辐射干扰的源统称为专用源。

12.3 试验用源活度的不确定度

空气中碘体积活度的约定真值应已知，其不确定度应小于 10%(k=2)。

所用的固体源表面发射率或活度的约定真值应已知，其不确定度应小于 10%(k=2)。

13 辐射性能试验

13.1 参考响应

13.1.1 要求

参考响应与制造厂规定值之差不应大于 20%。

13.1.2 试验方法

应将适当形态的碘从监测仪入口直接注入。稳定时显示的碘活度与约定真值之差不应大于 20%。

13.2 线性

13.2.1 要求

GB/T 7165.1—2005 中 26.3 规定的要求和试验方法适用于本部分。

13.3 对放射性气体的响应

13.3.1 要求

应由制造厂规定对空气(或气体)中放射性气体的响应。

13.3.2 试验方法

两种方法可供选择：

方法一：向监测仪持续地注入已知体积活度的放射性气体，例如^{133}Xe、^{85}Kr 或^{222}Rn，直到待试验设备达到平衡。

方法二：连接空气进出口管并测量其气体空间的总容量(例如：在已知的压力条件下向空气进口处通入一已知量的空气并记下达到平衡时的压力变化)。向该系统注入少量已知活度的气体(约为管道空气总量的 1%)，例如^{133}Xe 或^{85}Kr，然后正常运行该设备。

记录达到平衡时的读数或最大值。试验结果用指示值与试验气体体积活度的比值来表示。

14 空气回路试验

除了按GB/T 7165.1—2005第29章规定的试验外，还应进行以下试验。

14.1 外部泄漏

本试验测量外部泄漏而不是碘滞留装置周围的内部泄漏。不考虑内部泄漏的定量试验方法。

14.1.1 要求

由流量计上游漏入装置的空气(或气体)应小于标称流量的5%。

14.1.2 试验方法

应使用两台流量计(或体积测量计)来测量监测仪空气回路的泄漏率，它们应相互校准到两者的相对偏差小于1%。其中一台应位于装置的上游而另一台则位于碘滞留介质下游并紧靠装置所带流量计的上游。

监测仪应用清洁的收集介质进行试验。以合适的时间间隔(甚至包括严重的沉积以后)测得一组10个连续的测量值，其上下游被测流量的平均值之差不应大于5%。如果适用，应对空气压差进行修正。

14.2 收集效率

14.2.1 要求

所测得的收集效率与制造厂说明的收集效率之差应在±10%以内。

14.2.2 试验方法

以下两种方法之一都可用于收集介质效率的试验：

方法一：利用放射性碘蒸气进行试验，碘蒸气的化学形态由制造厂规定。收集介质中吸附的碘可利用γ能谱测定法进行测量。

方法二：利用非放射性碘蒸气进行试验，其碘蒸气的化学形态由制造厂规定。给监测仪安装一个清洁的收集介质(未被任何形态的碘污染过的)，然后向空气回路中注入已知量的蒸气。经适当时间收集全部蒸气后，应取出滞留介质。所有收集的碘可利用化学方法将其提取并测定其总量。在考虑了化学分离和定量分析中的损耗后，再与注入空气回路的原始量进行比较。

15 型式试验报告和合格证书

制造厂为每台设备提供一份合格证书，除了GB/T 7165.1—2005第30章规定的内容外，合格证书还应包括下述内容：

——碘滞留装置的尺寸、类型和流动方向(对于使用该装置的仪表)；

——所用源的特性；

——取样和测量之间的延迟时间；

——碘及碘化合物滞留装置的使用周期；

——设备是否对碘的同位素有选择，如果有选择，则应说明所选择的碘同位素；

——对放射性气体的响应；

——对易挥发性碘化合物的收集效率。

ICS 13.280
F 84

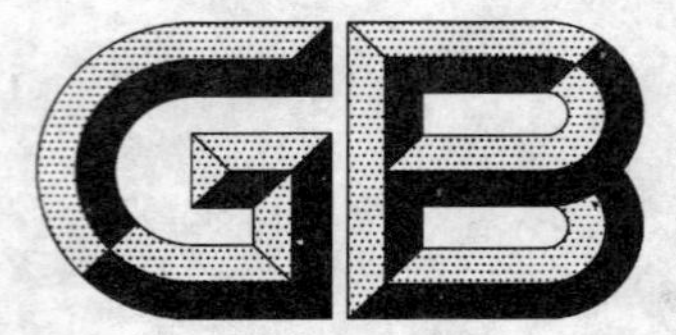

中华人民共和国国家标准

GB/T 7165.5—2008/IEC 60761-5:2002
代替 GB/T 7165.5—1988

气态排出流(放射性)活度连续监测设备 第5部分:氚监测仪的特殊要求

Equipment for continuous monitoring of radioactivity in gaseous effluents—Part 5:Specific requirements for tritium monitors

(IEC 60761-5:2002,IDT)

2008-06-19 发布　　2009-04-01 实施

中华人民共和国国家质量监督检验检疫总局
中国国家标准化管理委员会　发布

前　言

本部分是 GB/T 7165《气态排出流(放射性)活度连续监测设备》标准的第 5 部分,该标准共包括下列五个部分:

——GB/T 7165.1《气态排出流(放射性)活度连续监测设备　第 1 部分:一般要求》;

——GB/T 7165.2《气态排出流(放射性)活度连续监测设备　第 2 部分:放射性气溶胶(包括超铀气溶胶)监测仪的特殊要求》;

——GB/T 7165.3《气态排出流(放射性)活度连续监测设备　第 3 部分:放射性惰性气体监测仪的特殊要求》;

——GB/T 7165.4《气态排出流(放射性)活度连续监测设备　第 4 部分:放射性碘监测仪的特殊要求》;

——GB/T 7165.5《气态排出流(放射性)活度连续监测设备　第 5 部分:氚监测仪的特殊要求》。

本部分是对 GB/T 7165.5—1988 的修订。

本部分等同采用 IEC 60761-5:2002《气态排出流(放射性)活度连续监测设备　第 5 部分:氚监测仪的特殊要求》(英文版)。

为了便于使用,本部分对 IEC 60761-5:2002 做了下列编辑性修改:

——删除原国际标准的前言;

——按照汉语习惯对一些编排格式进行了修改(例如:注的后面加":",一些列项说明的后面将"。"改为";");

——用小数点符号"."代替国际标准中的小数点符号",";

——在"2　规范性引用文件"中将已有相应国家标准和行业标准的国际标准改为我国的标准(以 GB/T 2423.5 代替 IEC 60028-2-27:1987,以 GB/T 7165.1—2005 代替 IEC 60761-1:2002,以 GB/T 17626 代替 IEC 61000,以 GB 9254 代替 IEC/CISPR 22:1997);

——在交流电源的电压和频率中只保留我国现行使用的内容。

本部分代替 GB/T 7165.5—1988《气态排出流(放射性)活度连续监测设备　第五部分:氚排出流监测仪的特殊要求》。

本部分与 GB/T 7165.5—1988 相比,除改变编写格式以外还有以下变化:

——标准名称改为《气态排出流(放射性)活度连续监测设备　第 5 部分:氚监测仪的特殊要求》;

——增加了三个引用文件;

——原第 3 章的"设备功能"放到"范围"中;

——原"5　设计要求"改为"5　取样和探测装置",修改相关内容,并将"测量结果的表示"单独列为第 6 章;

——原"6.3　参考源"改为"9　参考源",将"其不确定度(ε_{SA})必须小于 10%"改为"其不确定度应小于 7%($k=2$)"并删去"但同一组检验源之间的活度约定真值的相对偏差(ε_{SR})必须小于 5%。";

——原"6.4　辐射特性的检验"改为"10　辐射性能试验";

——删去原"6.4.3　使用电信号发生器的检验";

——原"6.4.4　对不同化学形态氚的响应"改为"10.4　对氚以外的其他放射性气体的响应",并将响应值的要求由 10% 改为 15%;

——原"6.4.7.2　对气体污染敏感性的检验"改为"10.7　气体滞留的灵敏度",并修改要求和试验方法；

——修改图 A.1。

本部分的附录 A 为资料性附录。

本部分应与 GB/T 7165.1—2005 结合使用。

本部分由中国核工业集团公司提出。

本部分由全国核仪器仪表标准化技术委员会归口。

本部分起草单位：深圳市计量质量检测研究院、福建省计量科学技术研究所。

本部分主要起草人：周迎春、罗峰、李名兆、李晓进、陈韦成、许航。

原标准于 1988 年 12 月首次发布。

气态排出流(放射性)活度连续监测设备 第5部分:氚监测仪的特殊要求

1 范围

GB/T 7165的本部分适用于同时、延时或顺序测量向环境排放的气态排出流中所有气态形式氚的设备。

这类设备应具有下述功能:

——在排放点测量气态排出流中氚浓度及其随时间的变化;

——当超过预定的体积活度或预定的总排放活度时,启动报警信号。

这类设备也可用于确定在给定周期内排放的氚活度。

本部分的目的是建立特殊的标准要求,包括技术特性和一般试验条件,并给出第4章规定的氚排出流监测仪可行方法的实例。

GB/T 7165.1—2005给出了一般要求、技术特性、试验方法、辐射特性、电气特性、机械特性、安全特性和环境特性。除非另有说明,这些要求均适用于本部分。

2 规范性引用文件

下列文件中的条款通过GB/T 7165的本部分的引用而成为本部分的条款。凡是注日期的引用文件,其随后所有的修改单(不包括勘误的内容)或修订版均不适用于本部分,然而,鼓励根据本部分达成协议的各方研究是否可使用这些文件的最新版本。凡是不注日期的引用文件,其最新版本适用于本部分。

GB/T 2423.5 电工电子产品环境试验 第2部分:试验方法 试验Ea和导则:冲击(GB/T 2423.5—1995,idt IEC 60068-2-27:1987)

GB/T 7165.1—2005 气态排出流(放射性)活度连续监测设备 第1部分:一般要求(IEC 60761-1:2002,IDT)

GB 9254 信息技术设备的无线电骚扰限值和测量方法(GB 9254-1998,idt IEC/CISPR 22:1997)

GB/T 17626(所有部分) 电磁兼容 试验和测量技术(idt IEC 61000)

3 术语和定义

GB/T 7165.1—2005确立的以及下列术语和定义适用于本部分。

3.1

氚排出流监测仪 tritium effluent monitor

连续监测向环境排放的气态排出流中氚的设备。

3.2

氚 tritium

除非另有说明,本部分中的"氚"包括以所有气体或蒸气形态存在的氚,不管是否为化合物。

4 氚排出流监测仪的分类

按照测量类型,设备可分为:

——选择性监测仪，对氚的某一特定形态（气体、氚氧化物或任何氚化合物）进行选择性测量；

——非选择性监测仪，对所有形态的氚进行总体测量。

5 取样和探测装置

5.1 取样和排气管

除了GB/T 7165.1—2005第7章的一般要求以外，应考虑下述特性并由制造厂与用户协商：

——所用材料的特性应特别注意化学腐蚀、静电效应、记忆效应等；

——入口和出口之间的最小距离，以防止发生回流；

——控制管道的温度和压力，以防止凝结。

——易于去污。

5.2 入口过滤器

过滤器应置于取样回路入口过滤器支架上，以去除灰尘和空气中的气溶胶。为了使设备保持其规定的性能，过滤器应不捕集氚，甚至也不暂时滞留氚。

应采取一切必要的措施控制过滤器的压降。系统设计应允许在给定的压降变化范围内保证过滤器正常工作。

5.3 易于去污

为了避免影响测量，建议采取一切必要的措施来限制探测器的污染。在所有情况下，探测装置应易于拆卸、去污和重新装配。

5.4 收集介质

如果探测装置包括收集特定化学形态氚的吸收介质，则应已知该介质的特性、收集效率、滞留量和延迟时间常数。

制造厂应说明收集效率是如何受氚的化学形态、大气条件以及取样空气中的化学产物和其他气体的影响。制造厂应规定吸收介质的储存条件。

5.5 检查源

任何检查源在不使用时，它使测量装置增加的读数不大于最低有效十进位位最大值的10%。

5.6 气泵

满足GB/T 7165.1—2005第11章的要求。

5.7 辐射探测器

制造厂应规定探测器特性，包括探测器尺寸和取样体积。

6 测量结果的表示

满足GB/T 7165.1—2005第9章的要求，带有探测器的电子测量装置应提供直接以体积活度(Bq/m^3)表示的读数。

7 标准试验条件下进行的试验

除非另有规定，这些试验均为型式试验。由制造厂和用户协商，这些试验也可作为验收试验。

参考条件和标准试验条件见表1。表中给出了进行试验的各种影响量数值和允许的变化范围，试验时影响量数值保持不变。

标准试验条件下进行的试验见表2。

表 1 参考条件和标准试验条件
(除非制造厂另有说明)

影响量	参考条件	标准试验条件
参考源	用适当形态氚标记的空气或气体	用适当形态氚标记的空气或气体
预热时间(整个设备)	30 min	≥30 min
环境温度	20 ℃	18 ℃～22 ℃
相对湿度	65%	50%～75%
大气压力[a]	101.3 kPa	86 kPa～106 kPa
电源电压	标称电压 U_N	$U_N(1\pm1\%)$
交流电源频率[b]	标称频率 f_N	$f_N(1\pm0.5\%)$
交流电源波形	正弦波	总谐波畸变小于 5%
γ 辐射本底	空气比释动能率为 0.20 μGy/h	空气比释动能率小于 0.25 μGy/h
外界电磁场	可忽略	小于引起干扰的最低值
外界磁感应	可忽略	小于地磁场感应值的两倍
静电场	可忽略	可忽略
取样流量	调节到标称流量(由制造厂规定)	调节到标称流量(1±5%)
装置控制	处于正常工作状态	处于正常工作状态
放射性物质的污染	可忽略	可忽略
化学物质的污染	可忽略	可忽略

[a] 当探测技术对大气压力的变化特别灵敏时,应限制该条件为参考压力的(1±5%)。

[b] 可以使用直流电源,不规定频率。

表 2 标准试验条件下进行的试验

试验特性	要求	参考条款	
		GB/T 7165.1	本部分
参考响应	按制造厂的技术规格书±15%	26.2	10.1
线性	在整个有效测量范围内指示值相对误差小于±10%	26.3	10.2
响应时间	按制造厂的技术规格书		10.5
过载	当受到大约 10 倍的最大可测量指示值的活度照射时,指示值保持在满刻度	26.6	10.6
气体滞留的灵敏度	在受到大于 1 000 倍判断阈的体积活度照射以后,小于由其所产生的最大读数的 1%		10.7
统计涨落	变异系数小于 10%	27.1	
指示值稳定性	在 100 h 内指示值变化小于 10%	27.5	
报警阈范围	满足 GB/T 7165.1—2005 第 12 章的规定	27.6	
报警阈稳定性	在 100 h 内工作点变化小于 5%	27.7	
设备故障报警	探测器故障报警满足 GB/T 7165.1—2005 的 27.7 规定,其他报警由制造厂与用户商定	27.8	

8 改变影响量的试验

这些试验见表3和表4。应按照GB/T 7165.1—2005第24章进行试验。

表3 改变影响量的试验

影响量	影响量的数值范围	指示值的变化限值	参考条款	
			GB/T 7165.1	本部分
对其他化学形态氚的响应	与设备拟测量化学形态氚的范围相同	按制造厂的技术规格书，但一般小于装置对拟测量化学形态氚在相同比活度时读数的15%		10.3
对氚以外的其他放射性气体的响应	按制造厂的技术规格书	按制造厂的技术规格书		10.4
^{137}Cs源外部γ辐射（源与探测器在规定的几何条件下）	空气比释动能率为10 μGy/h	按制造厂的技术规格书	26.5	
^{137}Cs源外部γ辐射（源与探测器在其他几何条件下）	空气比释动能率为10 μGy/h	在规定的几何条件下，由制造厂规定数值的两倍	26.5	
其他源外部γ辐射（源与探测器在规定的几何条件下）	空气比释动能率为10 μGy/h	在使用^{137}Cs源情况下，由制造厂规定数值的两倍	26.5	
预热时间	≤30 min	±10%[a]	27.2	
交流电源电压	88%U_N～110%U_N （U_N＝标称电压）	±10%[a]	27.3	
交流电源频率	47 Hz～51 Hz	±10%[a]	27.3	
交流电源瞬变影响	按GB/T 17626.4的规定 严酷等级3	按GB/T 17626.4的规定 严酷等级3	27.4	
环境温度[b]	10 ℃～35 ℃ （中点：22 ℃） －10 ℃～40 ℃ （中点：15 ℃） －25 ℃～50 ℃ （中点：15 ℃）	±10%[a] 正常值±10% ±20%[a] 正常值±10% ±50%[a] 正常值±10%	28.1	
相对湿度	35 ℃，90%	±10%[a]	28.2	
大气压力	—[c]	—[c]	28.3	
密封	—[c]	—[c]	28.4	
机械冲击	由制造厂规定	由制造厂规定	28.5	
抗电磁干扰和静电放电	按GB/T 17626系列标准的规定 严酷等级3	按GB/T 17626系列标准的规定 严酷等级3	28.6	

表 3（续）

影响量	影响量的数值范围	指示值的变化限值	参考条款	
			GB/T 7165.1	本部分
电磁发射	GB 9254 严酷等级 A	GB 9254 严酷等级 A	28.7	
注：对非线性刻度的装置，可以用线性仪表代替装置的指示表头来验证本表规定的性能。				
[a] 相对于标准试验条件下的指示值。 [b] 适用于温带使用的装置。在较热和较冷的气候条件下，可以规定其他限值。 [c] 一般不作规定，必要时，影响量的数值范围和指示值的变化限值应满足 GB/T 2423.5 的规定。				

表 4　空气回路的试验

影响量	影响量的数值范围	标称流量的变化限值	参考条款
			GB/T 7165.1
时间	30 min～100 h	±10%	29.1
过滤器压降	按制造厂的技术规格书	0%～−10%	29.2
电源电压	88%U_N～110%U_N	标称流量的±5%	29.3
交流电源频率	47 Hz～51 Hz	标称流量的±10%	29.4
注：这些试验仅适用于其响应取决于流量的装置。			

9　参考源

为了在型式试验期间确定参考响应，参考源应是拟测特定形态氚的已知体积活度的空气。参考源应由拟测形态氚的压缩空气或气体瓶组成，或者由其他能产生适当形态氚的校准装置组成。

附录 A 给出三种制备源的适用方法。气体源活度的约定真值应已知，其不确定度应小于 7%(k=2)。

10　辐射性能试验

这些试验应在标准试验条件下进行。如果使用了电子学方法补偿天然放射性本底，测量装置的所有试验应在补偿电路处于工作状态下进行，补偿电路的工作状态应按制造厂的说明书规定调整。

10.1　参考响应

10.1.1　要求

参考响应与制造厂的规定值之差不应大于 15%。

10.1.2　试验方法

将已知活度的含氚空气以恒定流速通过装置，并循环足够长的时间，使测量达到平衡。记录平衡时的读数。在附录 A 中给出了一些方法。

10.2　线性

要求和试验方法按 GB/T 7165.1—2005 中 26.3 的规定。

10.3　对其他化学形态氚的响应

10.3.1　要求

如果设备是设计用于测量某一种特定化学形态氚的活度，制造厂应规定设备对影响测量的其他化学形态氚的响应，此值应小于该设备对拟测形态氚响应的 15%。

10.3.2　试验方法

试验方法与 10.1.2 相同，但使用其他化学形态的氚。

10.4 对氚以外的其他放射性气体的响应

10.4.1 要求

制造厂应说明设备对氚以外的其他放射性气体的响应。制造厂和用户应商定对哪些放射性气体进行此项试验。

10.4.2 试验方法

试验方法与10.1.2相同，但使用适用的一种或多种放射性气体。

10.5 响应时间

10.5.1 要求

制造厂应规定装置的响应时间。响应时间包括探测器中空气的更新时间。

10.5.2 试验方法

应以标称流量进行此项试验。测量室内的体积活度至少是判断阈的10倍。为了确定指示值随时间的变化，应将一台记录仪与装置连接。

可使用下述两种方法：

方法一：将已知体积活度的氚气连续注入监测仪的入口，经一段时间后达到平衡。记录平衡值 R_f。

方法二：将设备的空气回路入口与一个双向阀连接，双向阀的一端能使空气在回路中循环，而另一端与至少10倍于管道和测量室体积之和的容器连接。容器本身通过减压阀和调节阀与气瓶连接（见图A.1）。应确定容器压力与大气压力的关系。

气瓶应包含装置拟测的气体活度。应将调节阀和减压阀调整至标称流量。在大气压力下将容器充满来自气瓶的气体。

开始试验时，将双向阀置于容器一端，同时打开气瓶的阀门。调整调节阀以使容器维持在大气压力，直至装置记录的读数达到恒定值 R_f。

响应时间是开始注入氚气（读数为 R_i）与读数首次达到 $0.9(R_f-R_i)+R_i$ 之间的时间间隔。

如果监测仪对放射性物质既不吸收也不浓缩，可以通过将空气回路的出口直接与容器连接，并在试验开始时将气瓶与容器隔离来简化校准回路。

10.6 过载试验

按GB/T 7165.1—2005中26.6的规定和本部分表2的要求进行试验。

10.7 气体滞留的灵敏度

10.7.1 要求

将体积活度大于判断阈1 000倍的氚气引入监测仪。对气体滞留的灵敏度试验应表明：在将清洁空气引入监测仪后，指示值小于由氚产生最大读数的1%。

10.7.2 试验方法

将体积活度约为判断阈1 000倍的拟测化学形态的氚气引入到探测装置，时间至少为设备响应时间的10倍。

对于不包括吸收介质的装置，使气体系统呈闭合回路并将体积活度等于判断阈1 000倍的足够氚气引入到系统中。闭合回路系统运行10 min。

验证测量装置的指示值维持在其最大值的时间至少为设备响应时间的10倍。

然后，在环境温度和压力下，以标称流量使清洁空气在空气回路中开路循环足够长的时间达到平衡，指示值应小于使用氚活度试验时最大指示值的1%。

11 空气回路的试验

按GB/T 7165.1—2005第29章的规定进行试验。

12 型式试验报告和合格证书

制造厂应给每台设备提供一份合格证书，除了GB/T 7165.1—2005第30章规定的内容以外，还应给出下述内容：

——设备拟测氚的化学形态；

——响应随体积活度的变化；

——对其他形态氚的响应(如果测量是选择性的)；

——对氚以外的其他放射性气体的响应；

——对外部γ辐射的响应；

——气溶胶过滤器的特性、尺寸和有效面积；

——响应时间；

——气体滞留的灵敏度。

附 录 A
（资料性附录）
氚化放射性参考源的制备

本部分试验所需的含氚气体参考源有多种制备技术。

无论采用哪种技术，都应满足第9章的规定。

本附录介绍三种实际可行的技术，只要正确使用这些方法，就能完成各种试验。

A.1 使用市售的含氚压缩气瓶

经过校准的市售瓶装含氚压缩气体瓶可以直接用于10.1中规定的试验。

这些含氚压缩气瓶能将已知活度的氚注入到与待试验设备连接的校准回路。图A.1给出了试验的配置图。

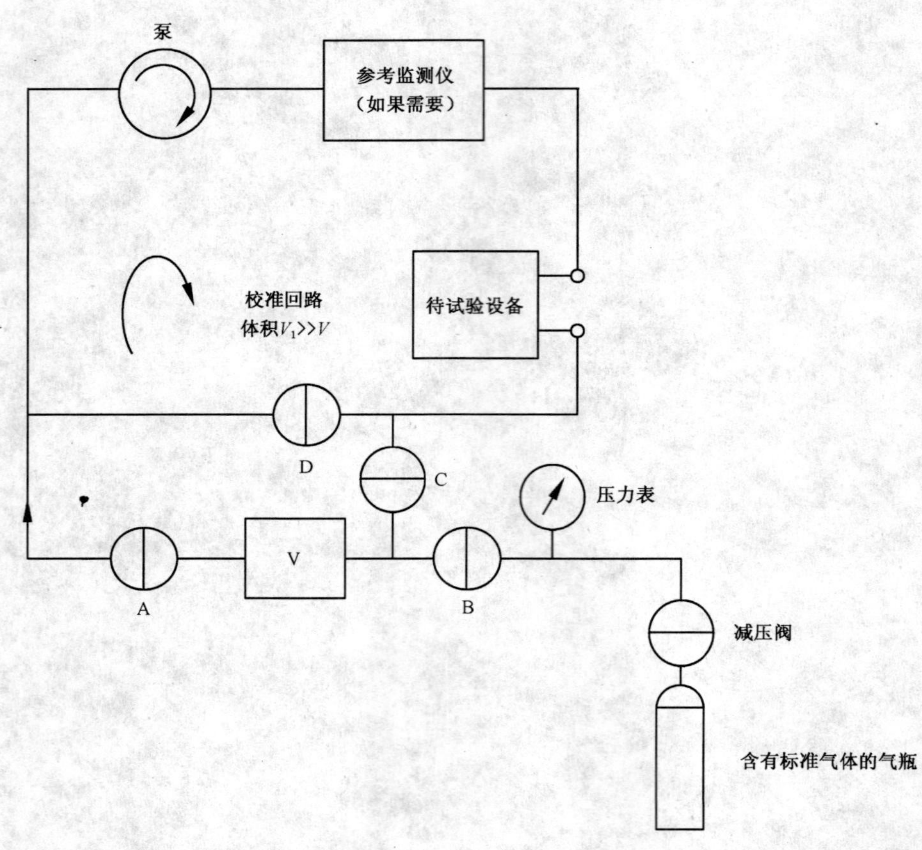

图 A.1 校准回路

A.1.1 操作方法

——以高于大气压的压力 p 在阀门A和阀门B之间用含氚压缩气瓶充满已知体积 V 的标准含氚气体；

——然后将体积为 V 的气体注入到总已知体积为 V_1 的校准回路（$V_1 \gg V$），其中 V_1 还包括待试验设备的体积；

——重复这些操作，直到在校准回路中获得在大气压下所要求的体积活度。

这种技术不适用于包含用于捕集或选择性地浓缩所用形态氚的吸收介质的装置。

A.2 使用含氚的安瓿瓶

通过在已知体积的空气或气体中打碎安瓿瓶装的标准含氚气体源可以获得含氚空气或气体的已知体积活度。

A.2.1 操作方法

——将安瓿瓶放入空气回路中；

——通过旋转或摇动气瓶打碎安瓿瓶。

可以使用低活度安瓿瓶在不同的圆柱形气瓶中直接获得所要求的体积活度。在这些情况下，将每个圆柱形气瓶中的含氚空气或气体经减压后以标称流量注入待试验设备。

为了减少氚的损耗和对环境的排放，校准回路应尽可能闭路循环。这种方法不适用于包含用于捕集或选择性地浓缩氚的吸收介质的装置。

A.3 通过氚气的氧化生产氚水蒸气

为了试验测量氚水蒸气的装置，可以通过在电加热器中将氚气(HT)或氚化甲烷(C_3H_3T)氧化以获得氚水蒸气。

A.3.1 操作方法

——使用市售的或 A.2 中给出的方法获得的含氚空气或气体源；

——以标称流量让含氚空气或气体通过含有相应氧化剂的小型电加热器，使其加热至某一适当温度；

注：典型实例是：HT+CuO 为 400 ℃，HT+混合物($CuO+MnO_2$)为 200 ℃，HT+O_2(在 100 ℃空气中)Pd(在氧化铝上)。

——在电加热器和待试验设备之间，通过使用足够长的不易吸附氚的管道，让离开电加热器的气体降至环境温度。

ICS 27.120
F 88

中华人民共和国国家标准

GB/T 7167—2008
代替 GB/T 7167—1996

锗 γ 射线探测器测试方法

Test procedures for germanium gamma-ray detectors

(IEC 60973:1989,NEQ)

2008-07-02 发布　　2009-04-01 实施

中华人民共和国国家质量监督检验检疫总局
中国国家标准化管理委员会　发布

前　言

本标准对应于IEC 60973:1989《锗γ射线探测器测试方法》,与IEC 60973:1989一致性程度为非等效。

本标准代替GB/T 7167—1996《锗γ射线探测器测试方法》。

本标准与GB/T 7167—1996相比主要变化如下:

——修改了术语和定义中能量分辨力和探测器窗厚度等部分(见本标准3.16、3.17、3.25);

——删除了锗探测器分类部分(见原标准第3章);

——修改了探测效率部分(见本标准第6章)。

本标准由中国核工业集团公司提出。

本标准由全国核仪器仪表标准化技术委员会归口。

本标准起草单位:中国原子能科学研究院。

本标准主要起草人:袁大庆,魏可新。

本标准所代替标准的历次版本发布情况为:GB/T 7167—1987、GB/T 7167—1996。

锗γ射线探测器测试方法

1 范围

本标准规定了锗γ射线探测器的性能测试方法。

本标准适用于高纯锗γ射线探测器的性能测试,也适用于高纯锗X射线探测器和锗(锂)探测器的性能测试。

2 规范性引用文件

下列文件中的条款通过本标准的引用而成为本标准的条款。凡是注日期的引用文件,其随后所有的修改单(不包括勘误的内容)或修订版均不适用于本标准,然而,鼓励根据本标准达成协议的各方研究是否可使用这些文件的最新版本。凡是不注日期的引用文件,其最新版本适用于本标准。

JJG 578—1994 锗γ谱仪体源活度测量装置检定规程

JJG 752—1991 锗γ谱仪活度标准装置检定规程

3 术语和定义

下列术语和定义适用于本标准。

3.1

高纯锗 high-purity germanium (HPGe)

在室温下,电活性杂质净浓度稳定的锗单晶,杂质净浓度典型值小于 3×10^{10} cm^{-3}。在适当的偏压下,由常规尺寸高纯锗单晶制成的探测器可达到全耗尽。

3.2

平面型半导体探测器 planar semiconductor detector

半导体探测器的两电接触极面是平行的。

3.3

同轴半导体探测器 coaxial semiconductor detector

半导体探测器的两电接触极面是部分或全部同轴的。一般地,某一个电极的一端是闭合的,称为单开端同轴探测器。两个电极端都不是闭合的,称为双开端同轴探测器。

3.4

普通电极同轴探测器 conventional-electrode coaxial detector

外接触层(外电极)是N+型的同轴探测器,外电极上加正偏压。因探测器晶体采用P型高纯锗,又称P型同轴探测器。

3.5

反电极同轴探测器 reverse-electrode coaxial detector

外接触层(电极)是P型的同轴探测器,外电极上加负偏压。因探测器晶体采用N型高纯锗,又称N型同轴探测器。

3.6

井型同轴探测器 well-type coaxial detector

探测器灵敏体积中有一与电极同轴的井形圆柱孔。测量样品可以放入井中,被探测器灵敏区所包围，源-探测器立体角接近 4π。

3.7

（半导体探测器的）偏压　bias (of a semiconductor detector)

半导体探测器两电极间所施加的反向工作电压。

3.8

耗尽区　depletion region

移动的载流子电荷密度不足以中和半导体内施主或者受主的净固定电荷密度的区域。对于二极管型半导体射线探测器，耗尽区就是探测器的灵敏区。

3.9

耗尽电压　depletion voltage

使得半导体探测器的结变成全耗尽所加电压。

3.10

死层　dead layer

半导体探测器中的一层，射线粒子在其中的能损对最终信号没有明显贡献。

3.11

载流子　charge carrier

移动的传导电子或空穴。

3.12

电荷收集时间　charge collection time

电离粒子通过半导体探测器后，收集电荷形成积分电流所需要的时间间隔。以其最终值的 10%上升到 90%所需要的时间来表示。

3.13

半高宽（FWHM）　full width at half maximum

测量能峰分布的峰值一半处的宽度。对于正态分布，半高宽等于 $2\sqrt{2\ln 2}$倍标准差。

3.14

十分之一高宽（FWTM）　full width at 0.1 maximum

测量能峰分布峰值的十分之一处的宽度。

3.15

五十分之一高宽（FWFM）　full width at 0.02 maximum

测量能峰分布峰值的五十分之一处的宽度。

3.16

（半导体探测器的）能量分辨力　energy resolution (of a semiconductor detector)

探测器能够分辨的两个粒子能量之间的最小值。对于给定能量，用探测器对（包括探测器漏电流噪声）脉冲高度分布的 FWHM 的贡献表征，以能量单位表示。

3.17

（半导体探测器和前放组合的）能量分辨力　energy resolution (of a semiconductor detector and pre-amplifier combination)

探测器和前放组合的测量系统能够分辨的两个粒子能量之间的最小值。对于给定能量，用测量能谱能峰的 FWHM 表征，以能量单位表示。

3.18

定时时间分辨力　timing resolution

探测系统能够分辨的两个脉冲之间的最小时间间隔。用定时时间分布谱峰的半高宽表征，以时间单位表示。

3.19

恒比定时甄别器　constant-fraction discriminator

输入信号延迟反相后与幅度按恒定比例衰减的输入信号叠加，叠加信号的过零点触发定时信号。适当选择衰减比例和延迟，定时信号与输入脉冲的上升时间和幅度无关，可以减少定时晃动。

3.20

弹道亏损　ballistic deficit

当探测器的电荷收集时间大于放大器微分时间常数时，信号幅度的损失。

3.21

能峰(谱线)　energy peak (spectral line)

能谱中的尖锐部分，由辐射事件的全部能量沉积在探测器中并全部转化为脉冲幅度形成，即单能辐射的全能峰。

3.22

能谱　spectrum

辐射强度或者等效的探测器电模拟量(电荷或者电压)随能量的分布。

3.23

噪声线宽　noise linewidth

噪声对谱峰宽度的贡献。

3.24

峰康比　peak to Compton ratio

单能谱线的峰道计数与康普顿连续谱平坦部分的平均道计数之比。

3.25

入射窗厚度指示参数　index of window thickness

探测器测量同一放射性核素发射的两条低能光子射线的面积比，用于表征探测器入射窗厚度。

3.26

凹杯(Marinelli beaker)　reentrant beaker

倒井形的杯子，也称为 Marinelli 杯。杯的夹层中可装有放射性样品。测量时，凹杯覆盖在探测器端帽上，探测器基本上被放射性样品所包围，以增加探测效率。

4　一般要求

4.1　参考条件

一般情况下，探测器应该放置在环境温度下，测量时温度变化不大于±2 ℃，相对湿度小于75%，无明显电磁干扰和电源波动条件下进行测试。测试环境中不得存在明显干扰测量的环境本底。

4.2　工作条件

测试高纯锗 γ 射线探测器时，探测器的工作偏压不得超过探测器允许的规定范围。探测器应该在低温下工作，冷却时间应该满足制造商规定的时间。

4.3　测试仪器

测试所用电子学仪器，包括低压电源、高压电源、前放、主放、ADC 和多道脉冲分析器等相关仪器的稳定性、非线性及其他性能指标不得明显影响探测器的性能测试结果。

4.4　测试结果重复性

任何一项测试结果在测量精度内能够重复。

5 能谱性能测试

5.1 基本要求

所用电子学仪器能够调节以保证所测谱峰的半高宽至少为6道，半高宽内峰计数大于50 000。

能量分辨力的测量与计数率有关，测量中高能区能量分辨力时，全谱积分计数率不低于2 000 s^{-1}，测量低能区能量分辨力时，全谱积分计数率不低于1 000 s^{-1}。

测试用的γ射线源采用点薄膜源。对于平面和同轴形探测器，源应当放置在探测器端帽中心轴线上，距离探测器端帽表面25.0 cm处。对于井形探测器，源应当放置在井孔中心轴线上，距离井孔底部1.0 cm处。

5.2 测试系统

将探测器和测试电子学仪器按图1所示方法连接。锗探测器与前放可以用直流或者交流耦合。可以采用一精密脉冲产生器接入前放的测试输入端口，监测电子学仪器性能。脉冲产生器的脉冲上升时间不大于放大器微分时间常数的20%。当同时使用高纯锗探测器和脉冲产生器时，脉冲产生器产生的计数不能明显影响基线恢复和死时间校正。主放、ADC与MCA系统可以用单独的插件，也可以用一体的数字化谱仪。测试所用主放的脉冲成形类型(准高斯、准三角等)和脉冲成形时间常数应当说明。一般地，在低计数率条件下，用模拟的脉冲成形放大器测量，其能量分辨力优于数字化谱仪，在高计数率条件下，则相反。

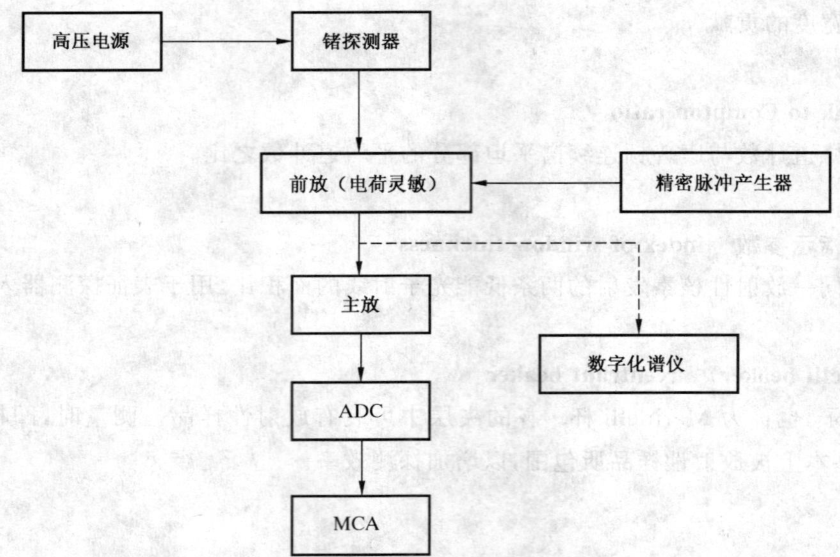

图1 高纯锗γ射线探测器测试系统框图

5.3 峰面积和本底

在计数$N(x)$对道址x的谱中，用谱峰两侧的本底计数直线拟合得到本底直线$B(x)$，如图2中$A-B$和$C-D$两条直线，其中A、B、C、D四点是直线本底与谱峰交点，直线下的面积为峰下本底。

以1 173.2 keV谱峰为例，峰的总面积A_T为：

$$A_T=\sum_{x=A}^{B}N(x) \qquad (1)$$

峰本底面积A_B为：

$$A_B=\sum_{x=A}^{B}B(x) \qquad (2)$$

峰面积A为：

$$A=A_T-A_B \qquad (3)$$

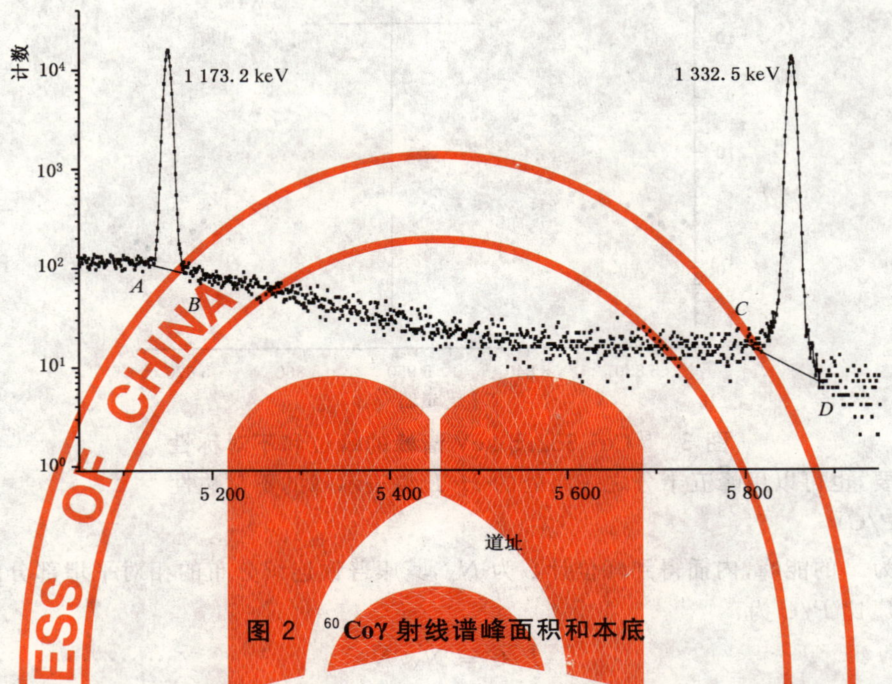

图 2 ^{60}Coγ 射线谱峰面积和本底

5.4 峰位

单能峰的峰位采用重心法确定：以道址为单位，采用峰半高宽以上部分的净计数值的加权平均。

峰位 $\hat{x}$ 为：

$$\hat{x}=\frac{\sum x[N(x)-B(x)]}{\sum[N(x)-B(x)]} \quad \cdots\cdots(4)$$

5.5 峰的半高宽、十分之一高宽和五十分之一高宽

峰的半高宽、十分之一高宽和五十分之一高宽用道数作为单位，用扣除本底计数后的净计数 $[N(x)-B(x)]$ 与道数 x 的关系，内插确定谱峰的半高宽(FWHM)、十分之一高宽(FWTM)和五十分之一高宽(FWFM)。

用高斯比(FWTM/FWHM/1.82)表示峰形质量，高斯比一般约大于 1，越接近 1，说明峰形越接近高斯分布。

5.6 峰的不对称性

谱峰的不对称性主要由探测器晶体缺陷俘获载流子造成其减少和弹道亏损引起的能峰出现低能尾部。测量峰的不对称性时，计数率应当足够小，以排除高计数率造成的峰不对称性。

确定峰不对称性如图 3 所示，用扣除本底计数后的净计数 $[N(x)-B(x)]$ 与道数 x 的关系，按 5.4 确定的峰位引一条垂直于横坐标的直线，称为峰的中线。过峰的十分之一高处画一平行于横坐标的直线，该直线与峰的中线、峰低能侧和高能侧相交，中线交点与峰低能侧交点和高能侧交点的距离分别为 L 和 H，用 H/L 值表示峰的不对称性。一般用 ^{60}Co 的 1 332.5 keV 能峰十分之一高处的 H/L 值表征探测器测量能峰的不对称性。

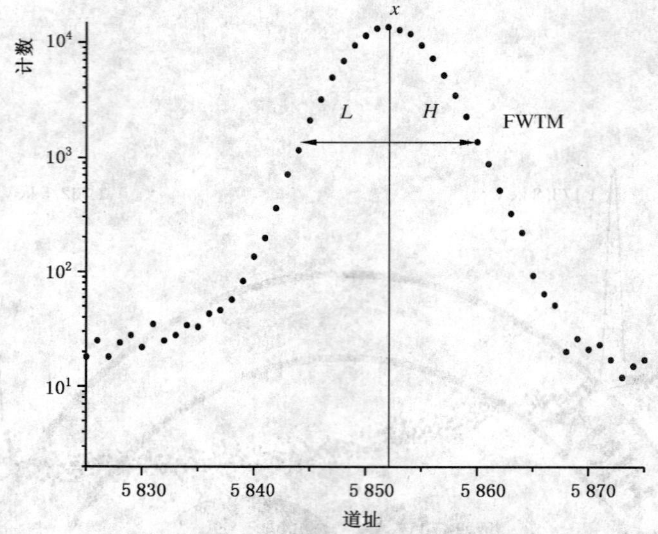

图 3 ^{60}Co1 332.5 keV 谱峰的峰位和不对称性

如果有必要，也可以用峰五十分之一高处的 H/L 值表示峰的不对称性。

5.7 峰康比(P/C)

对于峰位为 $\hat{x}$ 的能峰，内插得到峰位计数为 $\widehat{N}_X$，其康普顿连续分布的相对平坦部分的平均每道计数为 $\overline{N}_C$，则峰康比 P/C 为：

$$P/C = \widehat{N}_X / \overline{N}_C \quad \cdots\cdots (5)$$

对于^{60}Co 的 1 332.5 keV 能峰，其康普顿平坦部分能区为 1 040 keV～1 096 keV。对于^{137}Cs 的 661.6 keV 能峰，其康普顿平坦部分能区为 358 keV～382 keV。

峰康比与探测器几何形状、封装、探测器晶体构造、探测效率和能量分辨力有关。一般情况下，探测器效率越高，峰康比越高。在其他因素相同的情况下，峰康比与能量分辨力成反比。峰康比越高，探测器分辨复杂能谱的能力越好。

5.8 能量分辨力测试

5.8.1 参考能峰

探测器能量分辨力应当按照所测试的能区范围选择适当的单能射线，推荐参考能峰如表 1：

表 1 描述不同能区能量分辨力的参考能峰

能　区	参考能峰(核素)
>1 MeV	1 332.5 keV(^{60}Co)
400 keV～1 MeV	661.6 keV(^{137}Cs)
70 keV～400 keV	122.1 keV(^{57}Co)
<70 keV	5.9 keV(^{55}Fe)，22 keV(^{109}Cd)

5.8.2 能量分辨力

测量对应能区能峰后，按 5.5 确定以道数单位的峰半高宽 ΔN_S。为了得到以能量为单位的峰半高宽，至少需要测量两条单能峰进行能量刻度。如无特别说明，对于 1 332.5 keV(^{60}Co)能峰，选择^{60}Co 的 1 173.2 keV(E_1)和 1 332.5 keV(E_2)两能峰，其峰位道址分别为 $\hat{x}_1$ 和 $\hat{x}_2$，则能量分辨力 ΔE_S 为：

$$\Delta E_S = \frac{E_2 - E_1}{\hat{x}_2 - \hat{x}_1} \Delta N_S \quad \cdots\cdots (6)$$

对于其他参考能峰，选择与之能量接近的能峰进行能量刻度。例如对于 661.6 keV(^{137}Cs)能峰，可选择 569.7 keV(^{207}Bi)或者 835 keV(^{54}Mn)作为另外一条能峰。

5.8.3 总噪声线宽和探测器对能量分辨力的贡献

在同样的测量条件下，前放和主放的参数保持一致，分别测量单能γ射线谱峰和精密脉冲产生器的检验脉冲峰，得到以能量为单位的半高宽分别为 ΔE_S 和 ΔE_T。ΔE_T 描述谱仪系统电子学仪器噪声，称为总噪声线宽。除了电子学噪声外，其他因素对能量分辨力的贡献 ΔE_0 为：

$$\Delta E_0 = \sqrt{\Delta E_S^2 - \Delta E_T^2} \qquad \cdots\cdots(7)$$

在低计数率下，ΔE_0 主要由射线在探测器中产生载流子数的统计涨落和电荷收集不完全造成的，是探测器本身性能好坏的重要指标。

6 探测效率

6.1 全能峰绝对探测效率

对某一能量的γ射线全能峰的探测效率与锗探测器的灵敏体积、形状、源形状及源与探测器的位置等因素有关。当探测器一定时，探测效率由源形状及源与探测器的位置确定。因此，描述探测效率时，应指明源的类型和源与探测器的距离。

全能峰绝对探测效率 ε_a 定义为：

$$\varepsilon_a = \frac{A}{N_S} \qquad \cdots\cdots(8)$$

式中：

A——测量活时间内全能峰净面积；

N_S——测量活时间内源发射的此种能量光子数。

为确定 N_S 的值，所用放射源应是经过校准或者检定的标准源。

6.2 体源探测效率

6.2.1 概述

对于体源的探测效率测量方法见 JJG 578—1994。本标准所指的体源探测效率为源直接放置在探测器端帽上时的全能峰绝对探测效率。

6.2.2 标准体源

标准体源使用规格化的，有固定容量和形状的凹杯（Marinellli Beaker）或者圆柱形源盒，源盒形状与探测器直径要匹配。源活度值应经过校准或者检定，不确定度一般要求≤4%（k=3）。源活度不能过高，要保证测量时计数率不超过测量系统计数率上限。

体源的放射性载体可以是液体或固体，对载体的密度需要说明，必要时需要对源自吸收进行修正。

6.2.3 体源效率计算

因为体源放置在探测器端帽上，在计算体源效率时，除了考虑源自吸收修正外，还应考虑所测量γ射线为放射性核素发射的级联射线之一时造成的符合相加效应的修正。

能量为 E 的被测γ射线的体源全能峰探测效率 $\varepsilon(E)$ 由式(9)计算：

$$\varepsilon(E) = \frac{A}{N_S} C_c C_a \qquad \cdots\cdots(9)$$

式中：

A——测量活时间内全能峰净面积；

N_S——测量活时间内源发射的此种能量光子数；

C_c——被测γ射线符合相加修正因子；

C_a——被测γ射线相对自吸收修正因子。

符合相加修正因子和相对自吸收修正因子的确定见 JJG 578—1994 的附录。

6.3 点源探测效率

6.3.1 概述

对于点源的探测效率测量方法见 JJG 752—1991。本标准所指的点源探测效率为源放置在探测器端帽中心轴线上，距离探测器端帽表面 25.0 cm 处的全能峰绝对探测效率。

6.3.2 标准点源

用于效率测量的标准点源，其活度值应经过校准或者检定，不确定度一般要求不大于 2.5%(k=3)。源斑位于源托中心，直径不大于 2.0 mm，偏离中心<1.5 mm。源自吸收和源衬托膜的吸收对效率测量的影响小于 0.1%，可以不计。

6.3.3 点源效率计算

能量为 E 的被测 γ 射线的点源全能峰探测效率 $\varepsilon(E)$ 由式(10)计算：

$$\varepsilon(E)=\frac{A}{N_S}C_c \qquad \cdots\cdots(10)$$

式中：

A——测量活时间内全能峰净面积；

N_S——测量活时间内源发射的此种能量光子数；

C_c——被测 γ 射线符合相加修正因子。

符合相加修正因子的确定见 JJG 752—1991 的附录，对于相对效率小于 30%的探测器可以忽略符合相加修正。

6.4 探测器相对探测效率

为了比较不同探测器的效率，定义探测器相对探测效率 ε_{rel} 为：

$$\varepsilon_{rel}=\frac{\varepsilon_a}{\varepsilon_{NaI(Tl)}}\times 100\% \qquad \cdots\cdots(11)$$

式中：

ε_a——^{60}Co 点薄膜源位于探测器端帽中心轴线上，距离探测器顶帽 25.0 cm 处，1 332.5 keV 能峰的绝对探测效率。

$\varepsilon_{NaI(Tl)}$——是 ϕ76.0 cm×76.0 cm 的 NaI(Tl)闪烁探测器对^{60}Co 点薄膜源距离探测器顶帽 25.0 cm 处，1 332.5 keV 能峰的绝对探测效率的理论值，取为 1.2×10^{-3}。

7 定时性能测试

7.1 概述

定时性能测试采用符合方法，利用一个快定时探测器与高纯锗探测器，同时测量^{22}Na 源发射的正电子湮没时发射的两个 511 keV 的光子，来测量锗探测器的定时性能。

锗探测器给出起始定时信号，快定时探测器给出经延迟的停止定时信号，测量起始定时信号和停止定时信号的时间差。由时间差的分布确定锗探测器的定时时间分辨力。

给出停止定时信号的快定时探测器定时性能要远好于锗探测器的定时性能，一般要好于200 ps。定时线路所用电子学仪器的定时性能不得明显影响测量时间差的分布。

7.2 定时测试系统

图 4 给出一个锗探测器定时性能测试系统参考框图。

锗探测器的输出信号经过前放后，分为时间信号和能量信号两路。时间信号经过快成形放大器、恒比定时甄别器后送入时间-幅度变换器的起始信号输入端。选择快成形放大器的微分时间常数接近前置放大器输出最快脉冲上升时间。恒比定时甄别器工作于 ARC(Amplitude and Risetime Compensated，幅度和上升时间补偿)模式，延迟时间设为前置放大器输出最快脉冲上升时间的一半，恒比因子选择 0.2，对于大体积的高纯锗探测器，最好使用恒比定时甄别器的 SRT (Slow Rise Time，慢上升时间)排除功能。能量信号经主放大器、定时单道，作为 ADC 的选通门信号。定时单道的中心设置在 511 keV处，上下阈值在(1±10%)511 keV 处。

停止道的探测器系统由快闪烁探测器(塑料闪烁体、BaF_2 闪烁体等)与渡越时间短的快光电倍增管

(上升时间不大于 5 ns)组成。光电倍增管的输出经过恒比定时甄别器、延迟器(延迟线),送入时间-幅度变换器的停止信号输入端。如果测试所用时间-幅度变换器没有经过校准,则至少需要使用两根校准过的不同延时的延迟线,以进行时间分布谱的时间轴刻度。

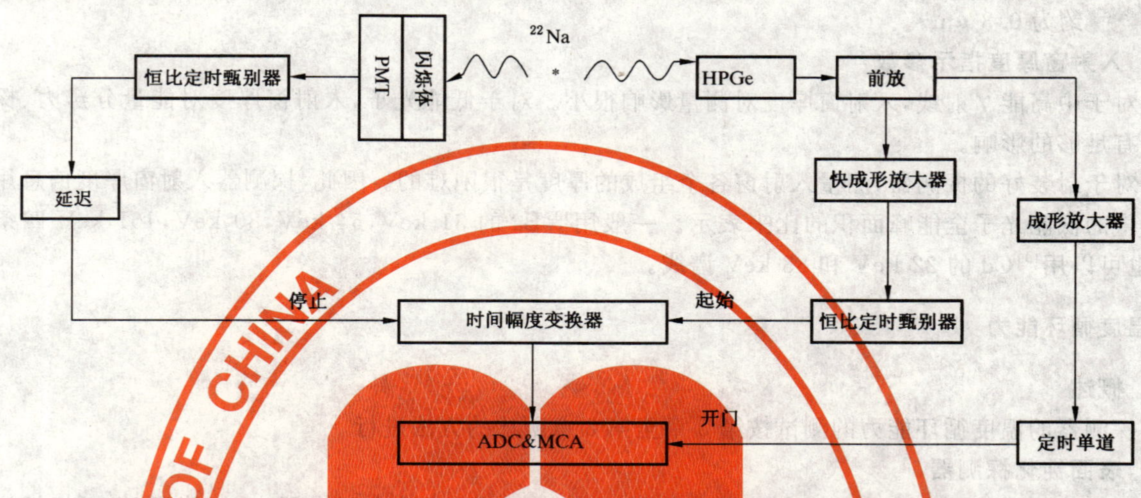

图 4 锗 γ 探测器定时性能测试系统参考框图

7.3 定时分辨力

测量得到的典型时间分布谱如图 5 所示。时间谱峰的半高宽内至少有 6 道,半高宽内计数不少于 4×10^3。一般用高斯分布函数拟合谱峰,求出谱峰的 FWHM 和 FWTM。如果谱峰明显偏离高斯分布,则参考 5.5 内插求出谱峰的 FWHM 和 FWTM。

一般用 ns 作为单位的谱峰 FWHM 值作为高纯锗探测器的定时分辨力。测试数据应同时给出高纯锗探测器的高压、快成形放大器的微分时间常数和积分时间常数、恒比定时甄别器的延迟时间和恒比因子。

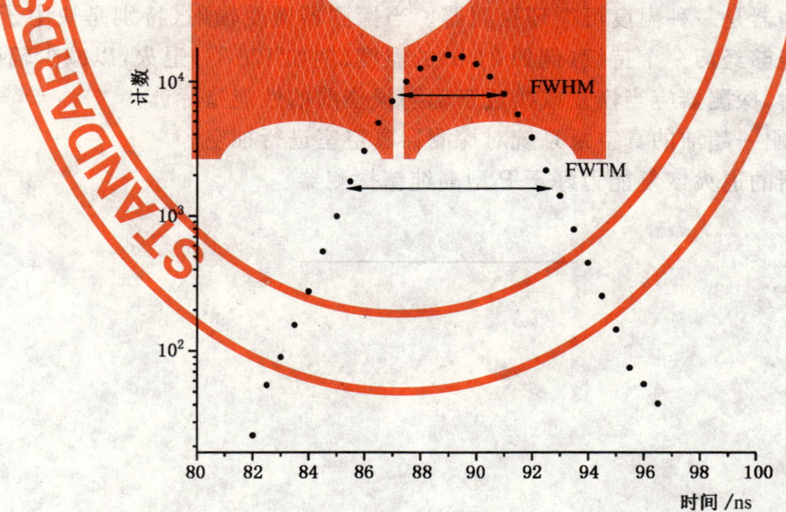

图 5 确定锗 γ 探测器定时分辨力的时间分布谱

8 探测器入射窗厚度

8.1 入射窗的构成

由于探测器材料、制造和封装工艺的差异,入射窗组成不同。高纯锗探测器密封在真空室内,一般存在三个窗:

a) 探测器真空帽。用于保持室内高真空,通常是金属铝、金属铍或者高分子聚合物薄膜,典型厚度在 0.02 mm～1 mm；

b) 探测器热屏蔽罩。用于屏蔽热光子，通常由铝膜或铍膜构成，典型厚度在 0.01 mm～0.2 mm；

c) 探测器外电极所形成的死层。P 型探测器典型厚度在 0.3 μm～0.7 mm，N 型探测器典型厚度约为 0.3 μm。

8.2 入射窗厚度指示参数

对于中高能 γ 射线，入射窗厚度对测量影响很小。对于低能光子，入射窗厚度对能量分辨力、探测效率有足够的影响。

对于封装好的探测器，测量入射窗各个组成的厚度是很困难的。因此，探测器入射窗厚度信息用不同能量的低能光子全能峰面积的比来表示。一般用 ^{133}Ba 的 31 keV，54 keV，80 keV，161 keV 四条谱线，也可以用 ^{109}Cd 的 22 keV 和 88 keV 谱线。

9 温度循环能力

9.1 概述

探测器的温度循环能力的测试按第 5 章至第 8 章所述的方法进行。

9.2 表面钝化探测器

表面钝化探测器可储存在温度变化不大的室内空气中(通常放在干燥器内)。使用时，可把探测器装入致冷器中抽真空，然后冷却和使用。它可返回到室内空气中保存。这种循环和保存应按厂家所规定的条件进行。

9.3 温度可循环高纯锗探测器

温度可循环高纯锗探测器要么是表面钝化探测器，要么把探测器晶体安装在一个真空室中，可以承受由液氮温度到室温，再回到液氮温度的无限次反复循环，以及无限期在室温下保存，探测器性能保持规定值。

9.4 可退火探测器

可退火高纯锗探测器是一种温度可循环探测器。当探测器遭受辐射(特别是快中子)损伤后，探测器及其真空室和冷指能够经历一个持续(例如 24 h)的温度(例如 120 ℃)退火，以减少辐射损伤的影响。经过适当的退火过程后，探测器应当恢复或接近于辐射损伤前的性能指标。

在退火过程中，应用一超洁的真空泵系统对探测器真空室进行抽空。

N 型高纯锗探测器的退火恢复能力好于 P 型高纯锗探测器。

ICS 27.020
J 90

中华人民共和国国家标准

GB/T 7184—2008
代替 GB/T 7184—1987，GB/T 10397—2003

中小功率柴油机振动测量及评级

Small and medium power diesel engines—Measurement and evaluation of vibration

2008-08-11 发布 2009-02-01 实施

中华人民共和国国家质量监督检验检疫总局
中国国家标准化管理委员会 发布

ICS 27.020
J 91

中华人民共和国国家标准

GB/T 7184—2008
代替 GB/T 7184—1987、GB/T 14097—2003

中小功率柴油机 振动测量及评级

Small and medium power diesel engines—Measurement and evaluation of vibration

2008-08-11 发布　　2009-02-01 实施

中华人民共和国国家质量监督检验检疫总局
中国国家标准化管理委员会　发布

前　言

本标准是对 GB/T 7184—1987《中小功率柴油机振动测量方法》,GB/T 10397—2003《中小功率柴油机　振动评级》的修订。

本标准与被修订标准的主要区别如下：

——扩大了适用范围；

——改进了振动测量和评级量标；

——修改了测量工况；

——增加附录 D,提供了往复式柴油机振动分类参考表。

本标准的附录 A 为规范性附录,附录 B、附录 C、附录 D 为资料性附录。

本标准自实施之日起代替 GB/T 7184—1987、GB/T 10397—2003。

本标准由中国机械工业联合会提出。

本标准由全国内燃机标准化技术委员会(SAC/TC 177)归口。

本标准起草单位:上海内燃机研究所、绵阳新晨动力机械有限公司、广西玉柴机器集团有限公司、上海汽车集团股份有限公司技术中心。

本标准主要起草人:袁卫平、叶怀汉、蔡相儒、王立强、汪建忠、王红剑、罗志坚、陈伟芳。

本标准所代替标准的历次版本发布情况为：

——GB/T 7184—1987；

——GB 10397—1989、GB/T 10397—2003。

引　言

本标准通过对非旋转部件的测量，建立了往复式柴油机机械振动测量及评级的方法和指南。本标准涉及了柴油机的主结构振动，并且为柴油机振动的分级和避免结构上所装附属设备产生问题，规定了振动的指导值。本标准还推荐了测量和评级准则。

往复机械的典型特征是振动的质量，周期性变化的输出(输入)扭矩和附属管路中的脉冲力，所有这些特征都会对主支承产生很大的变力，并使主支承架的振动振幅增大。该振幅一般要比旋转机械的高，但是由于其主要取决于机械的结构特征，因此在机器使用寿命内，往复式机械比旋转式机械更稳定。

对往复式柴油机来说，按照本标准对柴油机主结构的振动进行测量和量化，只能对柴油机本身零部件的应力和振动状况提供一个粗略的概念。如旋转零件的扭转振动一般不能通过机械结构零件的测量来评定。当超过按同类柴油机的经验数据所制定的指导值时，主要是使安装柴油机上的零件(如增压器、热交换器、调速器、滤清器、泵等)、柴油机与其外部零件间的连接件(如管路)或监测仪表(如压力表、温度计等)遭致损坏。而要预测振动达到什么值就会出现损坏的问题，则在很大程度取决于这些零件及其紧固件的设计。

在某些情况下，需要对某些柴油机零件进行专门的测量，以确定其振动的允许值。而且有时还会碰到即使测量值在允许的指导值范围内，但由于各种柴油机附属零部件不尽相同，仍可发生问题。这些问题可以而且也必须通过特定的"局部测量"(如避开共振)来校准。尽管如此，经验表明，在大多情况下用可测量的量来表征振动状况，并给出指导值是可行的。这说明可测量的变量和指导值在大多数情况下可以给出可靠的评定。为定量表示，在以简单方式描述往复活塞式柴油机振动时，本标准将采用"振动烈度"这一术语。

往复活塞式柴油机的振动值不仅受柴油机本身特性的影响，而且在很大程度上受基础影响。由于往复式柴油机可看作振源，因此在柴油机与基础间的隔振是必要的。基础的振动响应会对柴油机振动产生相当大的响应，这些振动状况还依赖于柴油机周边环境的传递特性，所以不能由柴油机本身的振动完全确定。因此本标准只能就柴油机对环境的影响起建议作用。

中小功率柴油机 振动测量及评级

1 范围

本标准规定了往复式柴油机整机非旋转和非往复部件振动的测量方法及评级准则。轴振动(包括扭转振动)不属于本标准的范围。

本标准适用于刚性或柔性支承的往复活塞式柴油机,其典型用途为低速货车、三轮汽车、拖拉机、排灌泵、船用主机、船用辅机以及发电机组等用柴油机。

本标准还适用于由往复式机器驱动或驱动往复式机械的配套机器,对此应按有关标准和分级来评定。

本标准不适用于安装在道路车辆(如工业卡车)上功率大于 100 kW 的往复式柴油机。

本标准提供的评级准则适用于运行监控和验收试验,评价柴油机的机械振动对直接安装在柴油机上仪器设备的不利影响。

本标准提供的评级准则不适用于柴油机内部零件的评定。例如与气门、活塞、与活塞环等有关的问题就未必能在测量中反映出来,识别这些问题需要使用研究性技术。同样噪声也不在本标准范围内。

2 规范性引用文件

下列文件中的条款通过本标准的引用而成为本标准的条款。凡是注日期的引用文件,其随后所有的修改单(不包括勘误的内容)或修订版均不适用于本标准,然而,鼓励根据本标准达成协议的各方研究是否可使用这些文件的最新版本。凡是不注日期的引用文件,其最新版本适用于本标准。

GB/T 2298 机械振动与冲击 术语(GB/T 2298—1991,neq ISO 2041:1990)

3 术语及定义

本标准采用 GB/T 2298 所规定的定义及下列定义。

3.1

振动烈度 vibration severity

诸如极大值、平均值、均方根值或其他描述振动的参数中的一个或一组指定值。它可适用于瞬时数据或平均后的数据。

注:GB/T 2298 对上列定义所加的两条注,不适用于本标准。

4 振动测量方法

4.1 测量仪器和待测的量

第 5 章规定了往复式柴油机振动烈度分级准则。该分级以频率 2 Hz～1 000 Hz 范围内所测振动速度或位移、速度和加速度的综合值为基础。

往复式柴油机的主激振频率一般在 2 Hz～300 Hz 范围内,但是当把辅助设备与柴油机一起按整机考虑时,就在至少 2 Hz～1 000 Hz 范围内描述振动特征。而对特殊用途来说,则可由制造厂与客户商定不同的范围。

振动信号常量一般包括许多主要频率分量,其均方根(r.m.s)值与峰值之间、峰-峰值之间没有简单的数学关系,因而推荐测量系统所测得的位移、速度和加速度的均方根值,其准确度在 10 Hz～1 000 Hz范围内的应为±10%,2 Hz～10 Hz 范围内应为－20%～＋10%。这些数值均可用单个传感器测得,其信号经处理后还可求出非直接测量的量(例如加速度计的输出经一次积分可得速度,两次积分可得位移)，应该注意确保任何处理过程都不影响测量系统所要求的精度。对于功率小于等于100 kW的往复式柴油机只要求测量速度的均方根值，该值也可以通过非直接测量经信号处理后得到。

频率响应和所测振动幅值均与传感器的固定方法有关。尤其重要的是，在高振动值时，必须保持传感器与柴油机间的可靠固定，例如GB/T 14412就有加速度计的安装指南。

4.2 测点位置和测量方向

为了确保振动测量的评级尽可能统一，进而可对不同柴油机进行精确的比较，推荐测量位置如图1～图4所示，通常必须在这些测点位置上与柴油机相关的三个主方向上进行测量。

图1～图4所示柴油机仅为示例；对于不同型式的柴油机(如星形式发动机)，可采用类似的测点。

如果根据同类柴油机的经验，可以预测最大振动烈度点的位置，则不必考虑采用图中所规定全部测点。但应将易接近受有载荷的轴承位置应当包括在内。而对验收试验来说，如果所用测点数较少，则应由制造厂与客户另行商定。

如果为了更仔细地研究或进行比较之用，应优先推荐使用图1～图4中的测点。

在选取合适的测点时，应考虑具体所测柴油机的结构布置及安装限制。所选择的全部测点，应使振动传感器能正确固定在柴油机的主结构上。

测量柴油机所装零部件的振动，可以提供有关失效的有用信息，但是本标准中所列指导仅适用于在柴油机主结构上由图1～图4所给定的测点位置。

示例

在机架右侧部边缘、靠柴油机联轴节端、沿 Y(水平)方向的标记为：

$R3.1\ Y$

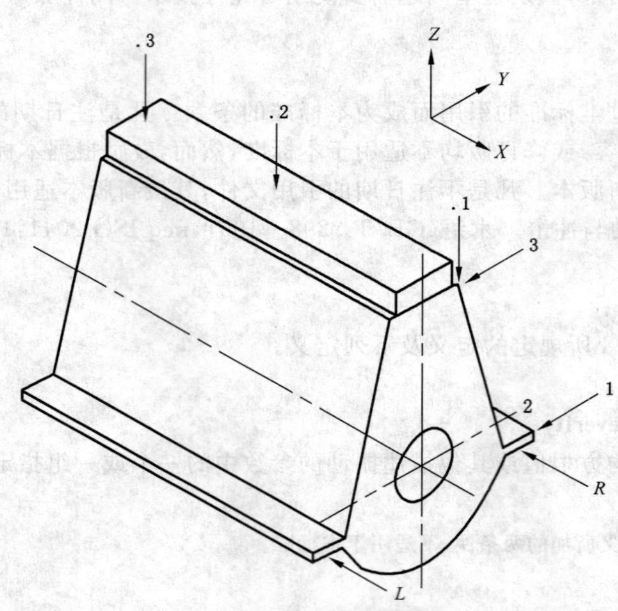

图示说明：

测量端面	L	面向联轴节法兰时左侧
	R	面向联轴节法兰时右侧
测量平面	1	柴油机支承端
	2	曲轴平面
	3	机架顶部边缘
沿柴油机长度方向的测点	.1	联轴节端部
	.2	柴油机中部
	.3	柴油机自由端

图1 直列式柴油机示例

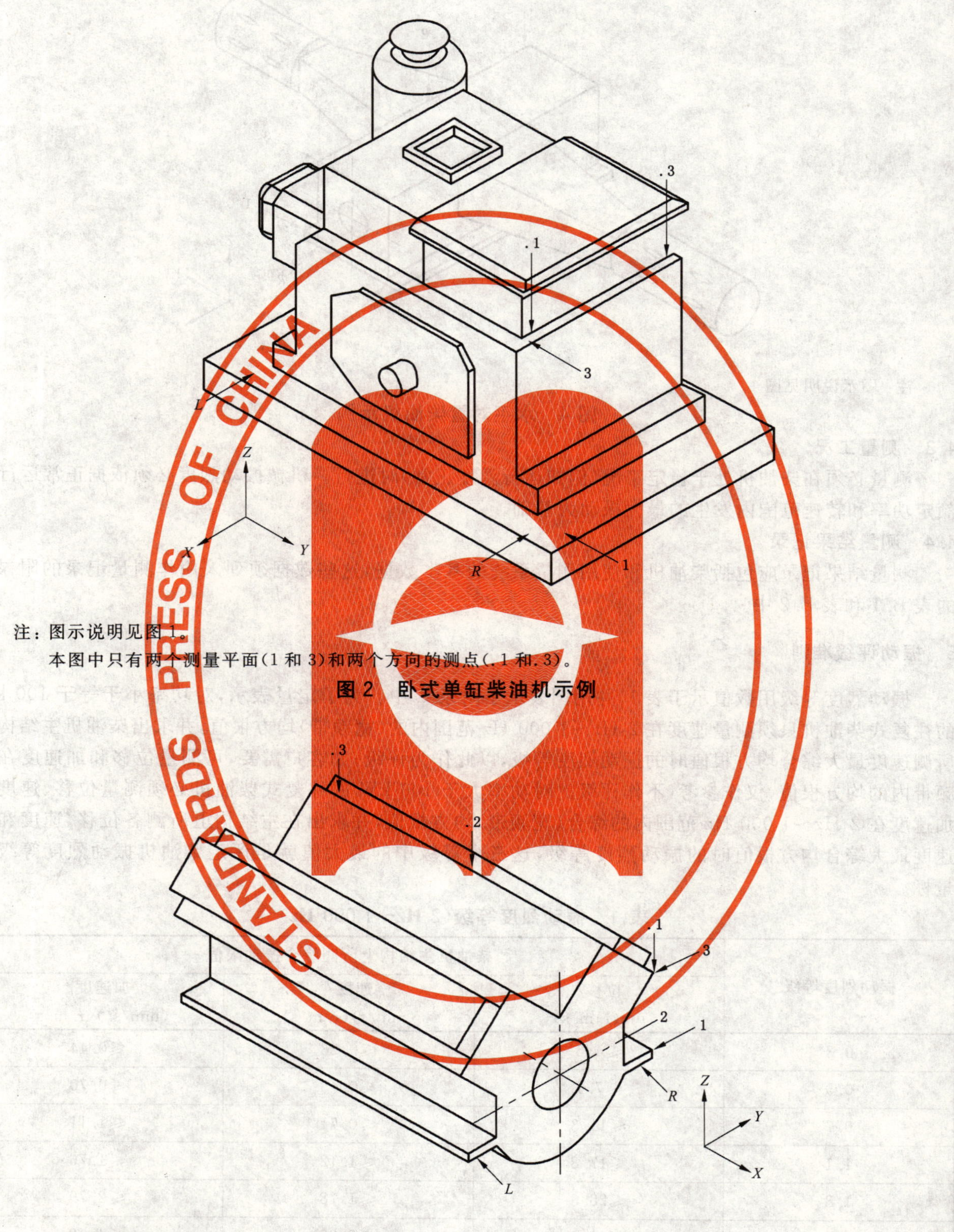

注：图示说明见图 1。

本图中只有两个测量平面(1 和 3)和两个方向的测点(.1 和.3)。

图 2　卧式单缸柴油机示例

注：图示说明见图 1。

图 3　多缸 V 型柴油机示例

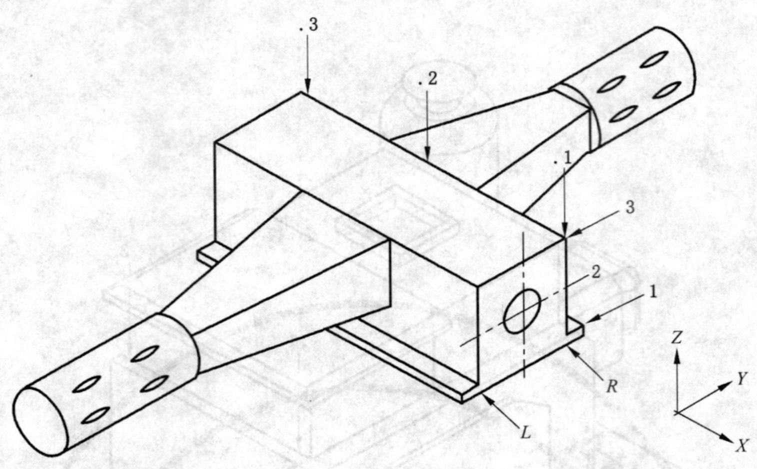

注：图示说明见图 1。

图 4 水平对置柴油机示例

4.3 测量工况

测量必须在柴油机处于稳定工况(例如运行温度正常)时进行。机械振动烈度必须依据正常运行时额定功率和转速范围内发生的最大振动为基础。

4.4 测量结果记录

测量结果记录应包括柴油机和使用测量系统的基本数据，这些数据须列入用作测量记录的附录 B 的表 B.1 和表 B.2 中。

5 振动评级准则

振动烈度等级用数值示于表 1，并用图表示于附录 C 中。为了定量表示，对功率小于等于 100 kW 的往复式柴油机只须测量速度在 2 Hz～1 000 Hz 范围内的(宽频带)均方根值，并求出柴油机主结构上所测速度最大综合均方根值时的振动烈度等级，以此作为评级；如客户需要，可测量位移和加速度在该频带内的均方根值，仅作参考，不作评级。对功率大于 100 kW 的往复式柴油机必须测量位移、速度和加速度在 2 Hz～1 000 Hz 范围内的综合(宽频带)均方根值，并求出在主结构上所测各位移、速度和加速度最大综合均方根值时的振动烈度等级，这三个等级中的最大值就是评定柴油机振动烈度等级的量标。

表 1 振动烈度等级(2 Hz～1 000 Hz)

振动烈度等级	柴油机主结构上所测综合振动限值		
	位移/ μm(r.m.s)	速度/ (mm/s)(r.m.s)	加速度/ (mm/s²)(r.m.s)
0.3	≤4.5	≤0.28	≤0.44
0.5	≤7.1	≤0.45	≤0.70
0.7	≤11.3	≤0.71	≤1.11
1.1	≤17.8	≤1.12	≤1.76
1.8	≤28.3	≤1.78	≤2.79
2.8	≤44.8	≤2.82	≤4.42
4.5	≤71.0	≤4.46	≤7.01
7.1	≤113	≤7.07	≤11.1
11	≤178	≤11.2	≤17.6

表 1（续）

振动烈度等级	柴油机主结构上所测综合振动限值		
	位移/ μm(r. m. s)	速度/ (mm/s)(r. m. s)	加速度/ (mm/s^2)(r. m. s)
18	≤283	≤17.8	≤27.9
28	≤448	≤28.2	≤44.2
45	≤710	≤44.6	≤70.1
71	≤1 125	≤70.7	≤111
112	≤1 784	≤112	≤176
180	>1 784	>112	>176
注：表中值系根据在 2 Hz～10 Hz 范围恒位移，在 10 Hz～250 Hz 范围恒速度和在 250 Hz～1 000 Hz 范围恒加速度导出。			

例如表 2 中给出的振动值系在柴油机主结构上 *R*3.1 位置处的测量值。相应于表 1 中的振动烈度等级列于方括号内。该柴油机的标定功率大于 100 kW，可以得出柴油机在此位置处的振动烈度等级为 28。同样可以对所有其他位置进行评定以确定整台柴油机的最大振动烈度等级。

表 2 振动值示例

位 置	实测振动值		
	位移/ μm(r. m. s)	速度/ (mm/s)(r. m. s)	加速度/ (mm/s^2)(r. m. s)
*R*3.1 *X*	100[等级 7.1]	15[等级 18]	9[等级 7.1]
*R*3.1 *Y*	150[等级 11]	16[等级 18]	8[等级 7.1]
*R*3.1 *Z*	250[等级 18]	22[等级 28]	10[等级 7.1]

与某一具体机型相关的振动烈度值取决于它的尺寸、质量、支承系统特性和运行工况等。因此在应用振动烈度等级时，需要考虑不同的用途和与其有关的环境状况。然后利用在柴油机总长上所测的最大值即可确定振动烈度。往复式柴油机振动分级数和指导值可参照附录 A 中的表 A.1。

为了减少柴油机对环境的影响，已广泛使用柔性支承。有关其设计和应用的问题不在本标准所涉及范围内。

注 1：有关隔振装置的指南见 GB/T 8540。

注 2：有关振动对建筑物影响的指南见 GB/T 14124。

附 录 A
（规范性附录）
机器振动分级

往复式机器振动等级数和指导值见表 A.1，该指导值有助于评定机器机架和所装辅件和设备可能承受的振动烈度。

往复式机器可根据其类型、用途、尺寸、结构布置、柔性或刚性支承以及转速等将振动分成多级，例如许多工业和船用柴油机可分为 5、6 或 7 级。

在附录 D 中编制了各种机器（主要是往复式柴油机）的振动的分类表，供制造厂和客户参考。

表 A.1 往复式机器振动分级数和指导值

振动烈度等级	机器结构上所测综合振动最大值 位移/ μm(r.m.s)	 速度/ (mm/s)(r.m.s)	 加速度/ (mm/s²)(r.m.s)	机器振动分级 1	 2	 3	 4	 5	 6	 7
				评级范围						
0.3				A/B	A/B	A/B	A/B	A/B	A/B	A/B
	4.5	0.28	0.44							
0.5				A/B	A/B	A/B	A/B	A/B	A/B	A/B
	7.1	0.45	0.70							
0.7				A/B	A/B	A/B	A/B	A/B	A/B	A/B
	11.3	0.71	1.11							
1.1				A/B	A/B	A/B	A/B	A/B	A/B	A/B
	17.8	1.12	1.76							
1.8				A/B	A/B	A/B	A/B	A/B	A/B	A/B
	28.3	1.78	2.79							
2.8				A/B	A/B	A/B	A/B	A/B	A/B	A/B
	44.8	2.82	4.42							
4.5				A/B	A/B	A/B	A/B	A/B	A/B	A/B
	71.0	4.46	7.01							
7.1				C	A/B	A/B	A/B	A/B	A/B	A/B
	113	7.07	11.1							
11				D	C	A/B	A/B	A/B	A/B	A/B
	178	11.2	17.6							
18				D	D	C	A/B	A/B	A/B	A/B
	283	17.8	27.9							
28				D	D	D	C	A/B	A/B	A/B
	448	28.2	44.2							
45				D	D	D	D	C	A/B	A/B
	710	44.6	70.1							
71				D	D	D	D	D	C	A/B
	1 125	70.7	111							
112				D	D	D	D	D	D	C
	1 784	112	176							
180				D	D	D	D	D	D	D

评级范围说明：

A：新近委托评级的机器，其振动值一般应位于该范围内。

B：振动值位于该范围内的机器，一般均认为可作长期运行。

C：振动位于该范围内的机器，一般均认为不能满足长期持续运行的要求。通常在没有机会采取补救措施前，机器只能作有限时间运行。

D：振动值位于该范围时，一般认为其振动烈度足以使机器损坏。

注：在机器使用寿命内，往复式机器的振动比旋转式机器更稳定。因此在本表中把范围 A 和范围 B 放在一起，待将来积累更多经验后，就可以为范围 A 和范围 B 提供不同的指导值。

附 录 B
（资料性附录）
往复式柴油机振动测量记录表

表 B.1 往复式柴油机振动测量记录表

<table>
<tr><td>1</td><td colspan="10">概　要
记录号：　　　　　　　　　　安装地点：
日　期：　　　　　　　　　　测量人员：</td></tr>
<tr><td>2</td><td colspan="10">往复式柴油机规格
种　　类：柴油机/压气机[a]　　　　功　　能：主动/从动[a]
制 造 厂：____　　　　型式/系列号：____
机械标识号：____　　　　结 构 布 置：单排卧式/直列；V 型，对置[a]
气 缸 数：____　　　　工 作 循 环：二/四冲程[a]；单/双作用[a]
相应转速：____ r/min　　　　测量时转速：____ r/min
相应功率：____ kW　　　　测量时功率：____ kW
支　　承：刚性/柔性[a]；直接/基座上[a]　　　　连　　接：刚性/柔性[a]
注：____</td></tr>
<tr><td>3</td><td colspan="10">测量系统规格
仪器型式：____　　　　制 造 厂：____
传感器型式：____　　　　固定方式：____
测量系统是否符合本标准中 4.1 的要求，即综合均方根值的准确度在 10 Hz～1 000 Hz 范围内为±10%，在 2 Hz～10 Hz 范围内为？　是/否[a]
注：____</td></tr>
<tr><td>4</td><td colspan="10">测量结果
柴油机测量草图如下：按本标准中图 1～图 4 要求标明测点位置。
测量值：记入表 B.2。
应附上测量记录、频谱、图表等，并提供测点方向及测量时转速和功率，如适用。</td></tr>
<tr><td></td><td></td><td></td><td></td><td></td><td></td><td></td><td></td><td></td><td></td><td></td></tr>
<tr><td></td><td></td><td></td><td></td><td></td><td></td><td></td><td></td><td></td><td></td><td></td></tr>
<tr><td></td><td></td><td></td><td></td><td></td><td></td><td></td><td></td><td></td><td></td><td></td></tr>
<tr><td colspan="11">测量方向：相对于曲轴轴线而言（见本标准中图 1～图 4）
X——轴向；Y——水平横向；Z——垂直向。</td></tr>
<tr><td colspan="11">[a] 必要时可删去/补充。</td></tr>
</table>

表 B.2 往复式柴油机振动测量结果表

测点号 No. 如图	转速/(r/min)	功率/(kW)	测量值:综合均方根值(2 Hz~1 000 Hz)									注
			水平横向			垂直向			轴向			
			d/ μm M[a] C[a]	v/ (mm/s) M[a] C[a]	a/ (m/s^2) M[a] C[a]	d/ μm M[a] C[a]	v/ (mm/s) M[a] C[a]	a/ (m/s^2) M[a] C[a]	d/ μm M[a] C[a]	v/ (mm/s) M[a] C[a]	a/ (m/s^2) M[a] C[a]	

a 必要时标注:M——直接测量;
C——频谱计算。

附　录　C
（资料性附录）
振动烈度等级诺谟图

图 C.1 所示振动诺谟图表明了振动烈度等级的范围。多频振动系统很难按离散频率分级，因而各等级的限值主要示于表 1 中，具有多频振动的机械应根据所测位移、速度、加速度的综合值对照表 1 划分等级。

应求出在往复式柴油机主结构上所测各位移、速度、加速度的最大综合均方根值时的烈度等级。这三个等级中的最大值就是往复式柴油机的振动烈度等级。

注：如果从频率分析中知道，往复式柴油机在某一频率时只有一个振动频率分量，则只要用位移、速度或加速度中的一个参数就可按诺谟图直接划分等级。

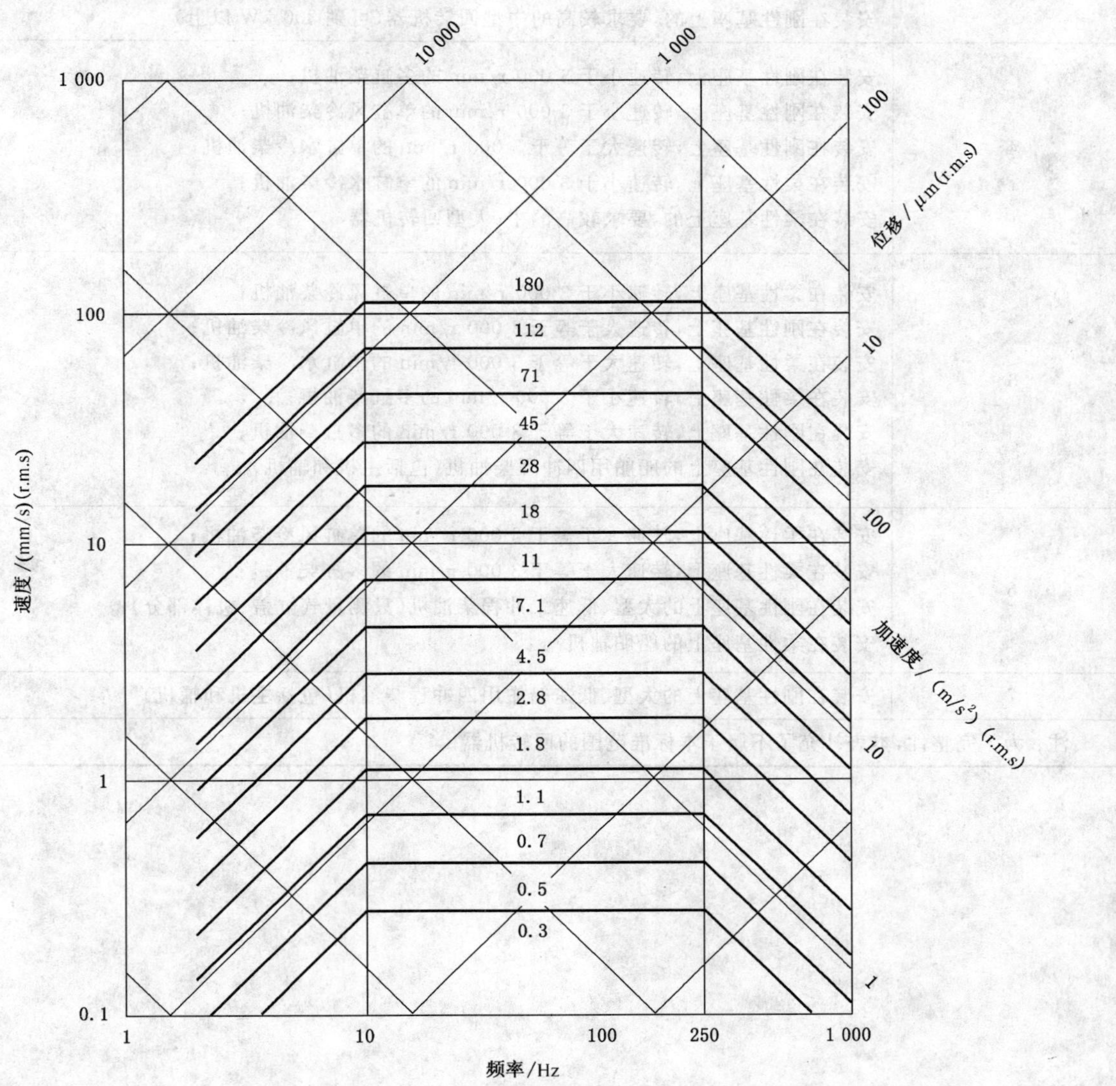

图 C.1　机器振动烈度等级诺谟图

附 录 D
（资料性附录）
机器振动分类表

表 D.1 机器振动分类表

分 类	应 用 机 器
1	15 kW 以下，转速大于 3 000 r/min 的小型高速回转机器
2	15 kW 以下，转速小于 3 000 r/min 的小型高速回转机器； 安装在刚性基座上的，要求较高的中型回转机器（可到 75 kW）
3	安装在刚性基座上，转速小于 3 000 r/min 的单缸水冷柴油机； 安装在刚性基座上的，要求较高的中型回转机器（可到 300 kW 以上）
4	安装在刚性基座上，转速小于 3 000 r/min 的多缸柴油机； 安装在刚性基座上，转速小于 3 000 r/min 的单缸风冷柴油机； 安装在刚性基座上，转速大于等于 3 000 r/min 的单缸水冷柴油机； 安装在柔性基座上，转速小于 3 000 r/min 的单缸水冷柴油机； 安装在柔性基座上的，要求较高的中、大型回转机器
5	安装在柔性基座上，转速小于 3 000 r/min 的单缸风冷柴油机； 安装在刚性基座上，转速大于等于 3 000 r/min 的单缸风冷柴油机； 安装在柔性基座上，转速大于等于 3 000 r/min 的单缸水冷柴油机； 安装在柔性基座上，转速小于 3 000 r/min 的多缸柴油机； 安装在刚性基座上，转速大于等于 3 000 r/min 的多缸柴油机； 安装在刚性基座上的船舶用四冲程柴油机（包括主机和辅机）
6	安装在柔性基座上，转速大于等于 3 000 r/min 的单缸风冷柴油机； 安装在柔性基座上，转速大于等于 3 000 r/min 的多缸柴油机； 安装在刚性基座上的大型、低速二冲程柴油机（只测量气缸盖、机体部分）； 安装在柔性基座上的船舶辅机
7	安装在刚性基座上的大型、低速船舶用四冲程柴油机（包括主机和辅机）
注：为了完整性，本表补充了不属于本标准范围的回转机器。	

参 考 文 献

[1] GB/T 6075.1—1999 在非旋转部件上测量和评价机器的机械振动 第1部分:总则(idt ISO 10816-1:1995)

[2] GB/T 8540—1987 振动与冲击隔离器确定特性要求导则(idt ISO 2017:1982)

[3] GB/T 13824—1992 对振动烈度测量仪的要求(eqv ISO 2954:1987)

[4] GB/T 14124—1993 机械振动与冲击对建筑物振动影响的测量和评价基本方法及使用导则

[5] GB/T 14412—2005 机械振动与冲击 加速度计的机械安装(ISO 5348:1998,IDT)

[6] ISO 2017:2007 振动与冲击隔离器确定特性要求导则

[7] ISO 8528-9:1995 往复式内燃机发电机组 第9部分:机械振动测量和评估

ICS 73.040
D 27

中华人民共和国国家标准

GB/T 7186—2008
代替 GB/T 7186—1998

选煤术语

Terms relating to coal preparation

(ISO 1213-1:1993, Solid mineral fuels—Vocabulary—
Part 1: Terms relating to coal preparation, MOD)

2008-08-07 发布　　2009-03-01 实施

中华人民共和国国家质量监督检验检疫总局
中国国家标准化管理委员会　发布

前 言

本标准修改采用ISO 1213-1:1993《固体矿物燃料词汇　第一部分:选煤术语》(英文版),以促进国际间科技、经济、信息等方面的交流合作。

本标准根据ISO 1213-1:1993重新起草。为了方便比较,在资料性附录A中列出了本国家标准条款和国际标准条款的对照一览表。

由于ISO 1213-1:1993发布年代较早,许多术语未被列入,部分术语不属于选煤范畴,本标准在采用国际标准时进行了增删,这些技术性差异用垂直线标识在它们所涉及的条款的页边空白处。在附录B中给出了技术性差异及其原因的一览表以供参考。

为便于使用,本标准还对ISO 1213-1:1993做了下列编辑性修改:

a) “本国际标准”一词改为“本标准”。

b) 删除ISO 1213-1:1993的前言和引言。

本标准代替GB/T 7186—1998《煤矿科技术语　选煤》。

本标准与GB/T 7186—1998相比的主要变化如下:

——根据标准修订计划,标准名称改为《选煤术语》。

——标准格式按照GB/T 20001.1—2001的要求编写,而GB/T 7186—1998则采用了表格型式。

——取消GB/T 7186—1998中为方便使用而增加的“代号”、“允许使用的同义词”和“禁止使用的同义词”的内容。

——删除GB/T 7186—1998中的附录A,摘录其中部分与选煤有关的内容放入正文的第10章“其他”中。

——将GB/T 7186—1998中的附录B、附录C改为“中文索引”和“英文索引”。

——对在GB/T 7186—1998中增加的部分条文,根据其内容对条文排序进行了重新调整,删除了部分与ISO 1213-1:1993中的条文内容重复及不属于选煤领域的术语,并对部分术语定义进行了文字修改。

本标准的附录A、附录B是资料性附录。

本标准由中国煤炭工业协会提出。

本标准由全国煤炭标准化技术委员会(CSBTS/TC 42)归口。

本标准起草单位:中煤国际工程集团北京华宇工程有限公司。

本标准主要起草人:吴影、郭牛喜、刘文欣、邓晓阳、范素清。

本标准所代替标准历次版本的发布情况为:

—— GB/T 7186—1987、GB/T 7186—1998。

选 煤 术 语

1 范围

本标准规定了选煤有关术语及其英文译名和定义。

本标准适用于有关标准、文件、教材、书刊和手册。

2 规范性引用文件

下列文件中的条款通过本标准的引用而成为本标准的条款。凡是注日期的引用文件，其随后所有的修改单(不包括勘误的内容)或修订版均不适用于本标准，然而，鼓励根据本标准达成协议的各方研究是否可使用这些文件的最新版本。凡是不注日期的引用文件，其最新版本适用于本标准。

GB/T 3715 煤质及煤分析有关术语(GB/T 3715—1996,ISO 1213-2:1992,NEQ)

GB/T 17608 煤炭产品品种和等级划分

GB/T 19833 选煤厂 煤伴生矿物泥化程度测定(GB/T 19833—2005,ISO 10753:1994,Coal preparation plant—assessment of the liability to breakdown in water of materials associated with coal seams ,IDT)

3 基本术语 General

3.1 选煤一般术语 General coal preparation terms

3.1.1

选煤(总称) coal preparation

通常采用物理或机械的方法对煤炭进行加工，使其满足某种特殊用途的过程。

注：泛指选煤的总称。

3.1.2

毛煤 run of mine; R. O. M. coal

煤矿直接生产出来，未经过任何筛分、破碎和分选的煤。

3.1.3

原煤 raw coal

仅可能经过筛分或破碎处理的煤。

3.1.4

原料煤 raw coal feed

供给选煤厂或选煤设备以便用某种方式加工处理的煤。

3.1.5

选煤(专称) coal cleaning

利用密度或表面特性的不同，来降低原料煤杂质成分的加工过程。

注：专指分选作业。

3.1.6

精煤 cleaned coal; clean coal

经过干法或湿法分选获得的低密度产物。

3.1.7

中煤　middlings

经精选后得到的、品质介于精煤和矸石之间的产物。

注：由于中煤的相对密度也介于精煤和矸石之间，故中煤可以进行再处理。

3.1.8

纯中煤　true middlings；bone

质地非常均匀，不易通过破碎和再选来改善其质量的中煤。

3.1.9

假中煤　false middlings；interbanded middlings

颗粒由煤和页岩生成的连生体，并可通过破碎将煤解离出来的中煤。

3.1.10

矸石　reject；refuse

从原料中选出的可再处理或排弃的高灰分物料。

3.1.11

废矸　discard；dirt；stone

从原煤中选出的最终排弃物。

3.1.12

再循环　recirculation

在一个作业中，把全部或部分产物返回到该作业给料的过程。例如：筛分机的筛上物经破碎后，返回到筛分机的给料中再进行筛分。

3.1.13

外来煤　foreign coal

从选煤厂煤源以外而来的煤。

3.1.14

进口煤　imported coal

主要指从国外来的煤。

3.1.15

低质煤　low-grade coal

由于其特性（例如灰分）不符合要求，只具有有限用途的可燃物。

3.1.16

析离　segregation

散装物料堆积时，不同物理特性（如颗粒粒度或相对密度）颗粒的自然分离。

3.1.17

选煤厂　coal preparation plant

对煤炭进行分选加工，生产不同质量、规格产品的加工厂。

3.1.18

矿井选煤厂　pithead coal preparation plant

厂址位于煤矿工业场地内，只入选该矿所产毛（原）煤的选煤厂。

3.1.19

群矿选煤厂　groupmine's coal preparation plant

厂址位于某一座煤矿工业场地内，可同时入选该矿及附近煤矿所产毛（原）煤的选煤厂。

3.1.20

矿区选煤厂　mine field coal preparation plant

在煤矿矿区范围内，厂址设在单独的工业场地上，入选该矿区毛(原)煤的选煤厂。

3.1.21

中心选煤厂　central coal preparation plant

厂址设在矿区范围以外独立的工业场地上，入选外来毛(原)煤的选煤厂。

3.1.22

用户选煤厂　user's coal preparation plant

厂址设在用户(如焦化厂等)工业场地的选煤厂。

3.1.23

筛选厂　sizing plant

对煤进行筛选加工，生产不同粒级产物的加工厂。

3.1.24

分选作业　separation process

降低矿物质和其他杂质的含量，提高煤炭质量的加工作业。

3.1.25

辅助作业　auxiliary process

与分选作业相联系，基本上不改变所加工煤炭质量的作业。

3.1.26

粒度　size

物料颗粒的大小。

3.1.27

入料上限　top size

最大给料粒度。

3.1.28

入料下限　lower size

最小给料粒度。

3.1.29

可见矸石　visible refuse

粒度＞50 mm 的矸石。

3.1.30

手选矸石　hand picked refuse

用人工方法由原料煤中拣选出的矸石。

3.2　分选特性　Cleaning characteristics

3.2.1

可选性　washability

通过分选改善煤质的可处理性，一般用相对密度/灰分关系来描述。

3.2.2

浮沉试验　float-and-sink analysis

将煤样用不同密度的重液分成不同的密度级，并测定各密度级产物的产率和特性。其特性一般以灰分表示(必要时也可表示其他特性)。

3.2.3

可选性曲线　washability curve

根据浮沉试验结果绘制的一组曲线，从中可读出浮物或沉物等产物的理论产率等。

注：可选性曲线主要包含下列5条曲线

——灰分特性曲线(λ)；

——浮物累计曲线(β)；

——沉物累计曲线(θ)；

——密度(相对密度)曲线(δ)；

——邻近密度物曲线($\delta\pm0.1$)。

3.2.4

灰分特性曲线　characteristic ash curve

根据浮沉试验结果绘制的，用来表示在任一产率下浮物(或沉物)中最高(或最低)密度物的灰分值。纵坐标(垂直轴)是产率、横坐标(水平轴)是灰分值。

3.2.5

累计曲线　cumulative curve

表示逐个密度级或粒度级累计结果的曲线。

3.2.6

浮物累计曲线　cumulative floats curve

根据浮沉试验结果绘制，用来表示各密度级浮物累计产率与加权平均灰分关系的曲线。

3.2.7

沉物累计曲线　cumulative sinks curve

根据浮沉试验结果绘制，用来表示各密度级沉物累计产率与加权平均灰分关系的曲线。

3.2.8

密度曲线　densimetric curve

相对密度曲线　relative density curve

根据浮沉试验结果绘制，用来表示浮物或沉物累计产率与相对密度之间关系的曲线。

3.2.9

邻近密度物曲线　near-density curve

难度曲线　difficulty curve

根据浮沉试验结果绘制(或从相对密度曲线上查得)，表示邻近密度物含量(±0.1范围)与该密度关系的曲线。

3.2.10

性能曲线　performance curve

用以表示煤炭特性与专门加工处理结果的关系曲线。

3.2.11

实际性能曲线　actual performance curve

表示选煤加工处理实际结果的性能曲线。

3.2.12

预期性能曲线　expected performance curve

表示选煤加工处理预期结果的性能曲线。

3.2.13

M-曲线　M-curve

迈尔曲线　Mayer curve

用矢量图解法绘制的，表示煤炭可选性的一种累计灰分与累计产率之间关系的曲线，矢量的投影代表产物的产率，矢量的方向代表该产物中某一成分的含量。

3.2.14

灰分/相对密度曲线　ash/relative density curve

根据浮沉试验结果绘制的，表示逐个密度级的灰分与相应的平均相对密度级之间关系的曲线。

3.2.15

分选粒级 size range of separation

进入分选作业的原料煤中最大到最小粒度范围。

3.2.16

密度级　densimetric fractions；density fractions

以不同密度所划分的范围。

3.2.17

密度组成　densimetric consist；density consist

各密度级产物的质量分布。

3.2.18

分选密度±0.1含量法　classification of washability based on $\delta\pm0.1$ near-density material

以邻近密度物含量的多少，评定煤炭可选性的一种方法。

3.2.19

中间煤含量法　classification of washability based on middling

以高、低两种分选密度间的中间煤含量的多少评定煤炭可选性的一种方法。

3.2.20

泥化　degradation in water

矸石或煤浸水后碎散成细泥的现象。

3.2.21

煤泥(粉)浮沉试验　fine coal float-and-sink test；fine coal float-and-sink analysis

在离心力场中对煤泥(粉)进行的浮沉试验。

3.2.22

可浮性　flotability

通过浮选提高煤粉(泥)质量的难易程度。

3.3　能力与通过量　Capacity and throughput

3.3.1

额定能力　nominal capacity

一种理论指标，以单位质量表示，用于流程图的图表及选煤厂的总说明中，供选煤厂考虑全盘或某特定产物时采用。

3.3.2

生产能力　operational capacities

考虑了给料量和组成(如粒度和杂质含量)的波动，标在工艺流程图上的，用来表示单位时间通过选煤厂各个作业的数量。

3.3.3

设计能力　design capacity

在特定给料性质范围内，能满足或达到要求性能和指标的前提下，选煤厂各专用设备连续运转时的给料量。

3.3.4

最大设计能力　peak design capacity

在不能满足或达到要求性能和指标的前提下，选煤厂各专用设备在短时间内所能承受的，超过设计能力的给料量。

3.3.5

设备最大能力　mechanical maximum capacity

受入料品种和质量的影响，在工作性能得不到保证的前提下，各设备所能承受的最大给料量。

3.3.6

原料　feed

供给选煤厂或设备处理的物料。

3.3.7

原则流程图　basic flowsheet

按选煤加工顺序，表明工艺过程中各作业间相互联系的示意图。

3.3.8

工艺流程图　process flowsheet

一种表示选煤厂各个作业及各作业之间物料流向，并标明数、质量关系和最终产品的原则流程图。

3.3.9

设备流程图　equipment flowsheet

用图示符号表示选煤厂内各生产作业所使用的设备及其相互联系的系统图。

3.3.10

物料流程图　materials flowsheet

主要表示固体物料量的流程图。

3.3.11

液体流程图　liquids flowsheet

表示通过各作业液体流量的流程图。

3.3.12

质量流程图　weighted flowsheet

能力流程图　capacity flowsheet

用于选煤厂设计的物料流程图，它包括说明选煤厂主要作业点的小时通过量。

3.3.13

处理能力　capacity

选煤厂或某车间、设备，单位时间加工原料煤的能力。

3.3.14

单位处理能力　unit capacity

选煤设备按单位工作面积、单位宽度或单位容积计算的处理能力。

4　分级　Sizing

4.1　一般术语 General

4.1.1

分级(泛指粒度分级)　sizing

将物料分成若干个标准粒级的作业。

4.1.2

分级(专指沉降分级)　classification

控制不同粒度、密度和形状的物料在流动介质中的沉降速度,使其分成若干粒级。

4.1.3

筛分试验　size analysis

为了解煤的粒度组成和各粒级产物的特性而进行的筛分和测定。各粒级的数质量均用占全样的百分数来表示。

4.1.4

小筛分　sieve analysis

对粒度小于 0.5 mm 的物料进行的筛分试验。

4.1.5

平均粒度　mean size

任一试样,或一批特定颗粒的物料其粒度大小的加权平均值。

注:计算平均粒度有几种方法,对同一粒度组成得出的结果大不相同,因此每当报告平均粒度的结果时,都应说明其计算方法。

4.1.6

额定粒度　nominal size

限制粒度　limiting size

用来描述分级作业产物颗粒的粒度或限制。

4.1.7

筛上粒　oversize

筛分产物中大于额定粒度上限的颗粒,可用占产物的百分数表示。

4.1.8

筛下粒　undersize

筛分产物中小于额定粒度下限的颗粒,可用占产物的百分数表示。

4.1.9

粉尘　dust

粒度细到足以在空气中悬浮的固体物料颗粒(也可参见 6.4)。

4.1.10

粉煤　fines; fine coal

通常指粒度<6 mm 的煤。

4.1.11

末煤　smalls; slack coal

通常指粒度<25 mm 或<13 mm 的煤。

4.1.12

粒级煤　sized coal

煤通过筛选或洗选生产的、粒度下限大于 6 mm 的产品煤。

4.1.13

块煤　lump coal

粒度>13 mm 的各粒级煤的总称。

4.1.14

粒度组成　size consist; gradation composition

各粒级物料的质量分布。

4.1.15

粒级　size fraction; grade

一定粒度的范围。

4.1.16

自然级　size fractions of raw coal

未经破碎的原料煤的筛分粒级。

4.1.17

破碎级　size fractions of crushed coal

块煤经破碎后的筛分粒级。

4.2　筛分　Screening

4.2.1

筛分　screening

物料通过设有筛孔的筛面,部分留在筛面,部分从筛孔穿过,从而实现不同粒度的固体物料的分离。

4.2.2

筛分机　screen

(1) 完成筛分作业的设备。

(2) 一般用筛面形式加以简称,如编织筛。

4.2.3

振幅　amplitude

在振动时,偏离中心位置的最大位移。

注:当筛子作直线或椭圆运动时,其振幅为总行程或椭圆长轴的一半,当作圆周运动时,其振幅为圆的半径。

也可参见行程(4.2.4)。

4.2.4

行程　stroke; throw

振动或摆动的两个极限端点之间的距离,即行程等于振幅的两倍。

4.2.5

孔径　aperture size

筛面上开孔尺寸的大小,通常还指明其孔形如:"圆孔"、"方孔"、"长条孔"。

4.2.6

干法筛分　dry screening

不借助于水的作用,对不同粒度的固体物料进行的筛分。

4.2.7

湿法筛分　wet screening

借助于水的作用,对不同粒度的固体物料进行的筛分。

4.2.8

概率筛分　probability screening

应用颗粒通过筛孔概率原理的一种筛分方法,此方法允许在小颗粒筛分时用较大的筛孔。

4.2.9

脱泥　desliming

无论用何种方法,从煤或煤水混合物中除去煤泥的作业。

4.2.10

脱粉　fines removal

用湿法或干法脱出入料中粉煤的作业。

4.2.11

脱尘　dedusting

用干法脱除粉尘的作业。

4.2.12

筛上物　screen overflow

给料中未透过筛孔而从筛面上排走的那部分物料。

4.2.13

错配筛下粒　misplaced undersize

筛上物中小于额定筛孔尺寸的颗粒。

4.2.14

筛下物　screen underflow

给料中透过筛孔的那部分物料。

4.2.15

错配筛上粒　misplaced oversize

筛下物中大于额定筛孔尺寸的颗粒。

4.2.16

错配物(筛分)　misplaced material (screening)

筛上物中含有的筛下粒,或筛下物中含有的筛上粒。

4.2.17

邻近筛孔物　near-mesh material; near-size material

难筛物

粒度接近筛面孔径的物料,通常在孔径的±25%范围之内。

4.2.18

额定面积(筛子)　nominal area (screen)

承受物料流的筛面总面积。

4.2.19

有效面积(筛子)　effective area (screen)

工作面积　working area

筛子的额定面积减去阻碍物料通过或透过筛面的固定件和支撑物所占据的面积。

4.2.20

开孔率　open area

筛孔总面积与筛面额定面积之比,以百分数表示。

4.2.21

标准筛　sieve

(1) 泛指:面积相对较小的筛分机。

(2) 专指:用于筛分试验的筛分机。

4.2.22

准备筛分　preliminary screening

预先筛分

按下一工序要求,将原料煤分成不同粒级的筛分。

4.2.23

检查筛分　control screening

从产物(例如破碎产品)中分出粒度不合格产品的筛分。

4.2.24

最终筛分　final screening

对洗选后的产物进行分级，生产出粒级商品煤的筛分。

4.2.25

等厚筛分　banana screening

筛面上的物料层厚度，从入料端到排料端是递增的或不变的一种筛分方法。

4.2.26

气流筛分　air flow screening

用空气作动力完成筛分作业的一种筛分方法。通常物料从上部给入，筛面以下有多股气流的“鼓动”，促使物料分散，透筛并沿筛面向下运动。

4.2.27

筛孔　screen aperture

筛面上具有一定规格的孔(按孔形可分为圆孔、方孔、长孔、条缝孔等)。

4.2.28

筛序　sieve scale

筛孔大小依次减小的序列。

4.2.29

筛比　sieve ratio

在给定筛序中，两个相邻筛面的筛孔尺寸之比。

4.3　筛分机的部件　Parts of screens

4.3.1

筛面　screen deck; screening surface

用于实现筛分作业，具有特定尺寸筛孔的表面。

4.3.2

筛板　screen plate

具有特定尺寸和排列形式的筛孔，用作筛面的金属板等。

4.3.3

筛网　screen cloth; screen mesh

用金属丝以一定方式编制而成的网状物。

4.3.4

楔条筛面　wedge-wire deck; wedge-wire sieve

由相间一定距离的楔形断面金属条组成的筛面，这样筛下物是通过断面渐增的筛孔。

4.3.5

活动棒条筛面　loose-rod deck

由大致平行的，安装成与物料流垂直的棒条所组成的筛面。

注：通常棒条筛面仅用在高速振动筛上。

4.3.6

缓冲筛面　relieving deck

具有大的筛孔，安装在工作筛面之上，用来减轻工作筛面负荷和摩损的筛面。

4.4　按用途分类的筛分机　Screens according to purpose

4.4.1

毛煤筛　run-of-mine screen

将毛煤分成两种或两种以上粒级，以便进一步处理或存放的筛分机。

注：毛煤筛通常用于分出最大块，经破碎后再混入毛煤中。

4.4.2

预先分级筛　primary screen

原煤筛　raw coal screen

把煤炭(通常为原煤)分成多种粒级,使其中部分或全部粒级更适合下一步分选的筛分机。

4.4.3

脱水筛　dewatering screen

使水和固体分离的筛分机。

4.4.4

脱泥筛　desliming screen

通常借助于喷水,从大颗粒中脱除煤泥的筛分机。

4.4.5

煤泥筛　slurry screen

用于回收选煤厂煤泥水中粗粒煤泥的筛分机。

4.4.6

喷洗筛　rinsing screen; spray screen

用喷水脱去细粒固体的筛分机,特别是粘附于大颗粒之间的细粒或重介质。

4.4.7

分级筛(组)　sizing screen(s); grading screen(s); classifying screen(s)

通常用于将物料(例如:精煤)分成不同粒级的筛分机(或筛分机组)。

4.4.8

检查筛　guard screen

超粒控制筛　oversize control screen

用于防止大颗粒物料进入设备,影响生产的筛分机。

4.4.9

筛下粒控制筛　undersize control screen

细粒控制筛　breakage screen

用于从产物中脱除过细粒级物料的筛分机。

4.5　按结构原理分类的筛分机　Screens according to principle of construction

4.5.1

单层筛　single-deck screen

只有一层筛面,但其筛孔或孔形不限于一种的筛分机。

4.5.2

多层筛　multi-deck screen

具有两层或两层以上重叠筛面,并牢固地装在同一筛框上的筛分机。

4.5.3

摇动筛　jigging screen; reciprocating screen; shaking screen

筛面水平或稍倾斜,用曲轴和连杆给以水平和垂直综合运动的筛分机。

4.5.4

共振筛　resonance screen

振动频率接近或等于弹性机架固有频率的振动筛。

4.5.5

振动筛　vibrating screen

用机械或电磁的方法使其振动的筛分机。

注:振动筛的振幅较摇动筛小,而频率高于摇动筛。

4.5.6

旋转概率筛　rotation probability screen

由具有径向辐条制成的旋转水平筛面组成，用变化旋转速度来实现物料分离的设备。

4.5.7

滚筒筛　trommel screen

旋转筛　revolving screen

筛面是圆柱形或圆台形，安装在水平的或接近水平旋转轴上的筛分机。

4.5.8

滚轴筛　roll screen

筛面是用横向平行排列在倾斜筛架上的旋转滚轴组成的筛分机。

4.5.9

棒条筛　bar screen

筛面是用具有一定间隔的径向棒条组成的一种固定倾斜筛，物料从筛面高端给入。

4.5.10

格筛　grizzly

用来对较大粒度(例如:150 mm)进行粗略分级的牢固的筛分机。

注：筛格可由固定的或运动的棒条、圆盘，或成型的转筒或滚轴组成。

4.5.11

弧形筛　sieve bend

用于筛除悬浮在水中的细颗粒的筛分设备。通常筛面由楔形筛条组成，沿纵向呈固定弧形，筛缝与入料方向垂直，细小颗粒随大部分水排入筛下。

[可见固定筛 6.2.2]

4.5.12

条缝筛　wedge-wire screen

筛面是用楔形筛条组成的一种固定筛、筛孔(缝宽)一般不超出 3 mm。

4.5.13

旋流筛　vortex sieve

用楔形筛条构成圆筒形和倒置的截头圆锥形筛面的一种条缝筛。

4.5.14

圆振动筛　circular vibrating screen

运动轨迹呈圆形的振动筛。

4.5.15

直线振动筛　linear vibrating screen; rectilinear vibrating screen

水平筛　horizontal screen

运动轨迹为直线的振动筛。

4.5.16

电磁振动筛　electro-magnetic vibrating screen

利用电磁力激振，运动轨迹为直线的振动筛。

4.5.17

振动概率筛　vibrating probability screen

根据物料在振动筛面上的透筛概率，不同层面的筛孔由大到小递减，物料给入后，迅速完成筛分过程的振动筛。

4.5.18

弛张筛　flip-flow screen

利用弹性筛面的弛张运动来抛掷物料，筛面可作弛张运动的筛分机。

4.5.19

等厚筛　screen with constant thickness of bed

香蕉筛　banana screen

曲面筛

筛面由二段或多段不同倾角的筛板组成，利用等厚筛分原理实现粒度分级或固液分离的振动筛。

4.6　在气流或水流中的分级　Sizing in a current of air or water

4.6.1

风力分级　air classification

在气流中进行的分级工艺。

4.6.2

分级机　classifier

一种按照粒度、形状或密度的差异，用筛分方法以外的其他物理方法使颗粒进行分级的设备。

4.6.3

分级旋流器　cyclone classifier

一种利用离心力的方法对悬浮在流体中的细颗粒进行分级的设备。较粗的颗粒从设备的底流口排出，而细粒则与大部分流体一起从溢流口排出。

4.6.4

水力分级　hydraulic classification；hydraulic separation

以水为介质的分级。

4.6.5

水析　hydraulic analysis

用水力分析测定极细(通常小于 0.074 mm)物料粒度组成的方法。

4.6.6

沉降末速　terminal velocity

在介质中运动的颗粒，当重力或离心力与介质阻力相等时，与介质之间的相对运动速度。

4.6.7

等沉粒　equal falling particles

等降粒

沉降末速相同的颗粒。

4.6.8

等沉比　equal falling ratio

等降比

等沉粒中最大颗粒与最小颗粒粒度之比值。

4.6.9

自由沉降　free falling

单个颗粒在无限空间介质中的沉降。

4.6.10

干扰沉降　hindered falling

颗粒在有限空间介质中的沉降。

4.6.11

水力旋流器　hydro-cyclone

以水为介质的旋流器。

5　分选　Cleaning

5.1　一般术语　General

5.1.1

干选　dry cleaning

不用液体，采用手工或机械方法从煤中分选出杂质。

5.1.2

湿选　wet cleaning

用液体作为介质，从煤中用机械分选出杂质。

5.1.3

洗选厂　washery

采用湿法加工工艺的选煤厂。

5.1.4

再选　reclean；rewash

在相同的或另外的设备中，重新处理某种产品。

5.1.5

洗选产品　washery products

从洗选厂出来的最终产物。

5.1.6

矸石提升机　reject elevator；refuse elevator

从洗选设备中排出矸石并进行脱水的提升机。

5.1.7

中煤提升机　middling elevator

排出中煤，以便再选或作为低质产品处理的提升机。

5.1.8

定压水箱　head tank

水循环系统中的箱体或容器，靠恒定液位保持洗选设备的供水压力。

5.1.9

溜槽　launder

用于输送液体、固体或固液混合物的输送槽。

5.1.10

泵池　pump sump

存放各种自流进入的流体并用泵将其扬送循环使用或再处理的入料池。

5.1.11

悬浮体　suspension

由固体颗粒与水或空气组成的混合物，在这种混合物中，固体颗粒被全部或部分地承托起来。

5.1.12

流态化悬浮体　teeter(in)；fluidized suspension(in)

在上升水流或气流中固体颗粒的悬浮状态，由于所给予的承托作用使颗粒间的内摩擦降低到足以使悬浮体具有流体或半流体特性的状态。

5.1.13

水循环系统　water circuit

供选煤厂循环用水的管道、泵、水池、水箱、水槽及所属设备的全部系统。

5.1.14

闭路水循环系统　closed water circuit

只需补加由洗选产品带走和由于蒸发所损失水的水循环系统。

5.1.15

循环水　circulating water

水循环系统中的水。

5.1.16

补充水　make-up water

为补充产品带走的或选煤过程中损失的水量而补加的水。

5.1.17

喷水　rinsing water；spray water

用于脱除大颗粒上的细泥而喷加的水。

5.1.18

废水　waste water；surplus water；bleed water

允许从水循环系统中排放废弃的过量水。

［参见 6.1.9 和 6.1.10］

5.1.19

矿井水　pit water

井下水　mine water

从矿井地下巷道或露天矿排出的水。

5.1.20

细泥　slimes

存在于悬浮液中或者粘附在较大颗粒上的极细颗粒

5.1.21

煤泥水　slurry

煤粉或煤泥与水混合而成的需进一步处理的流体。

5.1.22

泡沫浮选　froth flotation

在浮选剂的作用下，形成矿化泡沫，实现煤泥分选的方法。

5.1.23

重力选煤　gravity concentration；gravity separation

以密度差别为主要依据的选煤方法。

5.1.24

跳汰选煤　jigging

在垂直脉动为主的介质中实现分选的重力选煤方法。

5.1.25

重介质选煤　dense medium separation

在密度大于水的介质中实现分选的重力选煤方法。

5.1.26

流槽选煤　coal laundering; trough washing

在流槽中,借水流的冲力和流槽的摩擦力,利用密度、粒度和形状的差异实现分选的选煤方法。

5.1.27

摇床选煤　table cleaning

利用机械往复差动运动和水流冲洗的联合作用,使煤按密度分选的选煤方法。

5.1.28

离心选煤　centrifugal cleaning

利用密度差别,在离心力场中实现分选的选煤方法。

5.1.29

摩擦选煤　friction cleaning

利用矿物沿倾斜面运动时摩擦系数的差别,实现分选的选煤方法。

5.1.30

主选　primary cleaning

对原煤进行分选的作业。

5.1.31

中间产物　intermediate product

尚需进行继续分选的非最终产物。

5.1.32

回选　recirculation cleaning

回到本设备或本系统继续分选的作业。

5.1.33

配煤入选　preparation of blended raw coal

将不同特性的原料煤按比例混合进行分选的方式。

5.1.34

分组入选　preparation of grouped raw coal

按原料煤的牌号或可选性,分组进行分选的方式。

5.1.35

不分级入选　preparation of unsized raw coal

原煤不经分级直接进行分选的方式。

5.1.36

分级入选　preparation of sized raw coal

将原料煤分成不同粒级进行分选的方式。

5.1.37

脱泥入选　preparation of deslimed raw coal

原料煤经脱泥后进行分选的方式。

5.2　干法选煤　Dry cleaning

5.2.1

手选　hand cleaning

采用人工方法从煤块中拣出杂质或从杂质中拣出煤块。

5.2.2

人工拣选　hand selection

根据外观差异,用人工从煤中拣选出有某些特殊性质的物料。

5.2.3

手选带 picking belt; picking table

块煤在其上铺开，以便供人工手选或拣选的连续输送机(例如：胶带式、链板式或链条结构的)。

5.2.4

环形手选台 picking table circular

用途与手选带相同，由水平旋转的扁状环形板构成的设备。

5.2.5

风选 pneumatic cleaning

利用气流选煤。

5.2.6

风力摇床 dry cleaning table

通过往复运动，使盘面上一定厚度的入料层受气流和床面搅动作用，从而实现干法分选的设备。

5.2.7

风力跳汰机 air jig

利用脉动气流使入料分层，并将分层后的产物分别排出的一种机械。

5.2.8

风力跳汰 air jigging

利用空气作分选介质的跳汰过程。

5.2.9

空气重介流化床干法选煤 beneficiation with air-dense medium fluidized bed

以气－固两相悬浮体作分选介质(一般为空气和磁铁矿、电厂磁珠、石英砂等)，在均匀稳定的流化床中，按阿基米德原理实现煤和矸石分离的一种选煤方法。

5.2.10

检查性手选 control hand picking

拣除原料煤中部分可见矸石和其他杂物的手选作业。

5.3 跳汰选煤 Jigging

5.3.1

跳汰机 jig; washbox

利用垂直脉冲运动使物料在分选介质中分层，并使分层后的产物分别排出的一种机械。

5.3.2

主选跳汰机 primary jig

居一系列跳汰机中的首位，接受入料为原煤且所得的产物中至少有一种需要进一步处理。

5.3.3

再选跳汰机 re-wash jig

接受前面分选作业的产物(或者其中的一部分)以使再进行分选的一种跳汰机。

5.3.4

空气脉动跳汰机 air pulsating jig

用压缩空气沿跳汰床层一侧(如鲍姆跳汰机)，或在跳汰机床层的下面(如巴达克，高桑跳汰机)间断地驱动水流，产生脉动运动的跳汰机。

5.3.5

长石床层跳汰机 feldspar jig

在跳汰筛板上分段铺设长石层(人工床层)，主要利用脉冲水流分选粒度通常小于13mm的跳汰机。

5.3.6

动筛跳汰机 moving sieve jig

支撑被处理物料床层的跳汰筛板在水中作上下运动的跳汰机。

5.3.7

活塞跳汰机 plunger jig；piston jig

借柱塞或活塞的往复运动使分选介质产生脉冲运动的跳汰机。

5.3.8

隔膜跳汰机 diaphragm jig

借隔膜的往复运动使分选介质产生脉冲运动的跳汰机。

5.3.9

跳汰筛板 jig screen plate；bed plate；grid plate，sieve plate

承托被处理物料床层的冲孔钢板或格栅。

5.3.10

跳汰床层 jig bed

跳汰机筛板承托的全部物料。

5.3.11

跳汰分室 jig cell

跳汰机筛板之下用横隔板分开的单独区间，每一区间都独立调节风或水。

5.3.12

跳汰分段 jig compartments

横隔板延伸到跳汰机筛板以上形成堰所分隔开的独立区段。

注：每一分段通常包括两个或两个以上的分室。

5.3.13

跳汰机筛下室 hutch

跳汰机筛板以下的机体部分，由此实现控制水的脉冲运动。

5.3.14

跳汰机入料堰 jig feed sill

入料进入跳汰机时所越过的跳汰机部件。

5.3.15

跳汰机中间堰 jig centre weir

位于跳汰机入料端和溢流端之间的一个可调隔板，用以调节跳汰机物料向前的运动。

5.3.16

跳汰机溢流堰 jig discharge sill

精煤排出跳汰机时所越过的跳汰机部件。

注：溢流堰通常是溢流端排矸室的一部分。

5.3.17

风阀 air valve

控制压缩空气交替进入和排出跳汰机每个分室的装置。

5.3.18

滑动风阀 jig slide valve；jig piston valve

作往复运动的跳汰机风阀。

5.3.19

旋转风阀 rotary air valve

围绕中心轴旋转运动的跳汰机风阀。

5.3.20

跳汰机风阀周期　jig air cycle

决定进气和排气的定时周期。

5.3.21

排矸装置　reject extractor

从跳汰机的各个分段用人工或自动操作排除重物料的装置。

5.3.22

浮标　float

探测跳汰机筛板上重物料层厚度变化的部件，属于某种类型的自动排矸装置的一部分。

5.3.23

床层传感器　bed depth transducer

不用浮标，测定跳汰机筛板上重物料层厚度变化的装置。

5.3.24

排矸室　reject extraction chamber

排除矸石的那一部分跳汰机机体。

5.3.25

排矸闸门　reject gate；discharge shutter

利用人工或自动操纵的排料装置，用以控制从跳汰机中排除重物料的速度。

5.3.26

排矸轮　reject rotor；star wheel extractor

一种旋转（或星形）阀式的排矸闸门。

5.3.27

排矸螺旋　reject worm

安装在某些跳汰机底部的螺旋输送机，用以集运透筛的细粒重物料。

5.3.28

排矸管　reject discharge pipes

在一些跳汰机中用以代替排矸螺旋的管道。

5.3.29

一段排矸提升机　primary reject elevator

通常设在跳汰机的入料端，排运第一段重物料的提升机。

5.3.30

二段排矸提升机　secondary reject elevator

通常设在跳汰机的溢流端，排运第二段重物料的提升机。

5.3.31

输送水　top water；transport water

与原料煤一同给入，主要起辅助输送物料进入跳汰机的水。

5.3.32

冲水　flushing water

用来帮助物料在溜槽中流动所加的水。

5.3.33

顶水　underscreen water；back water

从跳汰机筛板下或槽选机排料箱给入，主要起分选作用的水。

5.3.34

跳汰周期　jig cycle

跳汰机中介质流上下脉动一次所经历的时间，它是跳汰频率的倒数。

5.3.35

跳汰周期特性曲线　characteristic curve of jigging cycle

在一个跳汰周期内，跳汰室中脉动水流的速度变化曲线。

5.3.36

风阀特性曲线　characteristic curve of air valve

在一个跳汰周期内风阀进、排气面积的变化曲线。

5.3.37

跳汰频率　jig frequency

分选介质每分钟的脉动次数。

5.3.38

跳汰振幅　jig amplitude

分选介质在跳汰室内脉动一次的最高和最低位置差。

5.3.39

水力跳汰　hydraulic jigging

用水作分选介质的跳汰过程。

5.3.40

人工床层　artificial bed; feldspar bed

在跳汰机筛板上人为铺设的，具有一定密度和粒度的物料层。

5.3.41

床层松散度　mobility of the jig bed

床层呈悬浮状态时，其中分选介质所占的体积百分数。

5.3.42

分层　stratification

分选过程中物料主要按密度分类成层的现象。

5.3.43

透筛排料　discharge of heavy material though screenplate

透过跳汰筛板排除重产物的方式。

5.3.44

正排矸　discharge of heavy dirt at the discharge end

矸石层移动方向与煤流方向相同的排矸方式。

5.3.45

倒排矸　discharge of heavy dirt at the feed end

矸石层移动方向与煤流方向相反的排矸方式。

5.3.46

跳汰室　jigging chamber

跳汰机中物料分层和产物分离的工作室。

5.3.47

空气室　air chamber

跳汰机中与跳汰室直接联通的，容纳压缩空气的工作室。

5.3.48

跳汰面积　jig area

跳汰机承托床层的筛板总面积。

5.3.49

电控气动风阀　electro-pneumatic valve

用电子数控装置和电磁阀控制跳汰机进气和排气的风阀,其频率和特性曲线可以任意调整。

5.3.50

筛侧空气室跳汰机　Baum jig

鲍姆跳汰机

空气室在筛板一侧的空气脉动跳汰机。

5.3.51

筛下空气室跳汰机　air chamber under the bed jig

巴达克跳汰机　Batac jig

高桑跳汰机　Tacub jig

空气室在跳汰机筛板下面的空气脉动跳汰机。

5.3.52

复合脉动跳汰机　compound pulsating jig

在一个进风周期内,多次供入压缩空气的脉动跳汰机。

5.4　重介质选煤 Dense medium cleaning

5.4.1

重液　dense liquid

密度比水大的液体或溶液,可用于工业上或实验室中将煤分为两个不同密度级别。

5.4.2

重介质　dense medium; heavy medium

相对密度较高的微粒(例如:磁铁矿、重晶石、页岩)悬浮在水中形成的流体。可用在工业上或实验室中将煤分为不同密度的级别。

5.4.3

重介质工艺　dense medium process

重介工艺

在重介质中实现有效分选的选煤方法。

5.4.4

重介质分选机　dense medium separator

用重介质分选煤炭的选煤设备,其分选利用重力或者离心力来完成。

5.4.5

加重质　medium solids

重介质中的固体成分。

5.4.6

分选介质　separating medium; correct medium

具有指定的密度,藉以实现分选的重介质。

5.4.7

循环介质　circulating medium

循环悬浮液

在重介质分选机内外循环使用的重介质,其密度等于或者接近分选密度。

5.4.8

补充介质　make-up medium；make-up medium solids

补充悬浮液

为补充分选过程中损失的悬浮液，而向系统中加入的悬浮液或加重质。

5.4.9

重介质回收　dense medium recovery

加重质回收　medium solids recovery

从稀介质中回收加重质以便再用，通常还包括全部或部分地除去煤泥和黏泥等污染物。

5.4.10

磁选机　magnetic separator

用磁性方法回收和浓缩磁性加重质的设备。

5.4.11

磁性物　magnetics

加重质中磁性强度高，并容易用磁性方法回收的那一部分固体。

5.4.12

非磁性物　non-magnetics

加重质中磁性强度低的那一部分固体。

注：这些固体通常因其密度比磁性物低，因而归入污染物一类。

5.4.13

再生重介质　regenerated dense medium；recovered dense medium

再生悬浮液

得自悬浮液回收系统并与污染物(全部或部分地)分离的悬浮液。

5.4.14

稀介质　dilute medium

稀悬浮液

低于重介质分选机内分选密度的悬浮液，通常是用水喷洗产物以除去粘附的加重质而产生的。

5.4.15

浓介质　over-dense medium

浓悬浮液

高于重介质分选机内分选密度的悬浮液，通常是由介质回收系统产生，并用于保持分选机内既定的密度。

5.4.16

重介车间　dense medium plant

包括与介质回收、再生和介质循环有关的全部设备在内的重介质分选车间。

5.4.17

密度控制装置　density control device

控制重介质分选机内或进入分选机的分选介质密度的自动装置。

5.4.18

脱介筛　medium draining screen；depulping screen

从重介质分选机的产物中脱除重介质的筛分机。

5.4.19

悬浮物　suspended matter

入料中密度等于或接近于分选介质的颗粒，因其在浮物和沉物产物中不能被迅速回收，所以比较难以从分选机中排出。

5.4.20

介质回收筛　medium recovery screen

用于从重介质分选机的产物中脱除并喷洗所粘附加重质的筛分机。

5.4.21

喷水装置　shower box

在筛子上方沿整个宽度产生一股连续水幕的装置,通常用于介质回收筛或脱泥筛。

5.4.22

加重质制备　medium solids preparation

介质制备

对加重质原料进行研磨或加工,使其满足使用要求。

5.4.23

悬浮液　suspension

高密度的固体微粒与水配制成悬浮状态的两相流体。

5.4.24

悬浮液稳定性　stability of suspension

悬浮液维持其各部位密度均一的性能,其值通常用加重质沉降速度的倒数表示。

5.4.25

分流　spilt flow

为排除循环悬浮液中多余的水、煤泥和其他杂物等,从悬浮液系统中分出的一部分悬浮液。

5.4.26

预磁　pre-magnetization

以磁性物作加重质的稀悬浮液,在磁场作用下被磁化的过程。

5.4.27

退磁　de-magnetization

磁性物通过交变磁场,使颗粒的剩磁减弱或消失的过程。

5.4.28

磁性物含量　magnetic material content

磁性物的质量占固体总质量的百分数。

5.4.29

水平流　horizontal current

从重介质分选机给料端给入的悬浮液流,用以补充分选槽内的悬浮液和输送浮起物。

5.4.30

上升流　upward current

从重介质分选机底部给入的悬浮液流,主要用以维持分选槽内悬浮液的稳定性。

5.4.31

下降流　downward current

从重介质分选机下部排出的悬浮液流,主要用以维持分选槽内悬浮液的稳定性。

5.4.32

斜轮重介质分选机　inclined lifting wheel separator

用斜提升轮提升并排除沉物的重介质分选机。

5.4.33

立轮重介质分选机　vertical lifting wheel separator

用垂直提升轮提升并排除沉物的重介质分选机。

5.4.34

刮板重介质分选机　H. M vessel；heavy media bath；heavy media washer

浅槽重介分选机

利用槽内的刮板输送机排出重产物的重介质分选机。

5.4.35

重介质旋流器　dense medium cyclone；heavy medium cyclone

以重悬浮液或重液为介质进行分选的旋流器。

5.4.36

湿式弱磁永磁筒式磁选机　low intensity permanent magnetic wet drum separator

以一个永磁圆筒作为分选部件，用于分选湿物料的弱磁磁选机。

5.4.37

圆筒带式磁选机　drum-belt magnetic separator

利用回转带卸料的筒式磁选机。

5.4.38

磁力脱水槽　magnetic dewatering tank

在磁力和重力联合作用下，使磁性物与非磁性物分离的一种磁选浓缩机械。

5.4.39

风力提升器　air lifter

用压缩空气提升、输送悬浮液、加重质等物料的装置。

5.4.40

分流量　spilt flow quantity

分流作业中分出悬浮液量的多少。

5.4.41

非磁性物含量　non-magnetic material content

非磁性物的质量占固体总质量的百分数，或等于固体总质量减去磁性物含量。

5.4.42

高梯度磁选　high-gradient magnetic separation

用于分离极细的弱磁性颗粒物料的一种磁选方法。

5.4.43

介质桶　medium tank

存放悬浮液(介质)的容器，通常分为合格、稀、浓三种介质桶。

5.4.44

混料桶　blending tank

悬浮液与物料混合的容器。

5.4.45

悬浮液黏度　suspension viscosity

因固液界面水化膜及颗粒间摩擦碰撞所引起的表面摩擦力的存在而形成的。一般分为视黏度和有效黏度。

5.5 其他分选设备 Cleaning equipment (miscellaneous)

5.5.1

槽选机 trough washer; launder washer

在溜槽中利用冲积原理分选的分选机。

5.5.2

摇床 concentrating table; shaking table

床面设有格条,且通常对水平两个方向倾斜,并作水平的往复差动运动的分选设备。一般被选物料呈流体状态给入,重颗粒聚集在格条之间并沿往复运动的方向运送,而轻物颗粒则被水流携带越过格条,从床面的侧边排出。

5.5.3

格条 riffles

摇床床面上用于分离较重颗粒的纵向隆起部分。

5.5.4

清洗水 dressing water

横冲水 cross water

摇床上的二次用水。

5.5.5

上升流分选机 upward current washer

利用上升水流或重介质流的作用进行分选的分选机。

5.5.6

斜板分选机 plate cleaner

选煤槽

利用精煤和矸石与倾斜板(通常为钢板)之间的弹性或摩擦系数的差别,使精煤跳跃缺口,而矸石堕入口内来分选粒度相近原料煤的分选设备。

5.5.7

滚筒分选机 barrel washer; drum washer

由围绕与水平稍倾斜的轴线慢慢旋转的圆筒构成的原料煤分选设备。原料煤随水流或悬浮液一起从靠近上端的位置给入,精煤被水或者悬浮液携带至圆筒的下端越过螺旋排出,而矸石则被螺旋运送到圆筒的上端排走。

5.5.8

旋流器 cyclone

利用离心力的原理,在水或重介质中实现物料分离(分级、分选、浓缩等)的设备。

5.5.9

阻沉选煤机 hindered settling cleaner

干扰床分选机 teetered bed separator

利用向上的水流形成流化态床层,对细粒煤实现湿法分选的设备。

5.5.10

螺旋分选机 spiral

物料在绕垂直弯曲成螺旋状的溜槽中,利用离心力和重力进行分选的机械。

5.5.11

离心摇床 centrifugal table

在即作旋转运动,又作轴向变加速振动的圆弧形床面上,使物料在离心力场中进行分选的摇床。

5.5.12

水介质旋流器　hydro-cyclone

以水为介质使物料按密度进行分选的旋流器。

5.5.13

选择性絮凝法　selective flocculation methed

利用煤和矿物杂质表面物理化学性的不同，应用絮凝剂选择性地将低灰分物料或高灰分物料絮凝，以达到两者分离的方法。

5.6　泡沫浮选(浮选)Froth flotation

5.6.1

活化剂　activating agent；activator

加到有捕收剂的矿浆中，具有提高可浮性作用的药剂。

5.6.2

捕收剂　collecting agent；collector

加入矿浆中提高固体颗粒和气泡间粘附力的药剂。

5.6.3

起泡剂　frothing agent；frother

在浮选过程中用以控制气泡大小，维持泡沫稳定性的药剂。

5.6.4

润湿剂　wetting agent

降低固体与液体之间的表面张力，以促使液体在固体表面上散开的药剂。

5.6.5

抑制剂　depressant

将其加入矿浆中，阻止矿粒在浮选过程中浮起的物质。

5.6.6

矿浆　pulp

细颗粒固体与水的混合物。

[参见 5.1.21]

5.6.7

选择性浮选　selective flotation

用浮选法优先回收煤中特定成分(例如：煤岩成分)的作业。

5.6.8

充气　aeration

将空气导入浮选槽内的矿浆中以形成气泡。

5.6.9

调和　conditioning

在浮选过程中使浮选剂与矿浆中的固体颗粒充分接触的准备阶段。

5.6.10

调和槽　conditioner

一种进行调和的设备。

5.6.11

给药机　reagent feeder

添加和分配一种或数种浮选剂的设备。

5.6.12

浮选机　flotation cell

对矿浆进行泡沫浮选的机械。

5.6.13

搅拌桶　agitator

一种连续强烈搅拌矿浆的设备，一般用于帮助调整矿浆浓度。

注：搅拌桶通常由旋转的叶轮和静止的扩散体两部分组成。

5.6.14

主选槽　primary cells

对入料进行初步分选的一组浮选槽，得出的两种产物或其中的一种产物需要进一步处理。

5.6.15

粗选槽　rougher cells

排出或排除大多数尾煤的主选槽。

5.6.16

再选槽　secondary cells

对主选槽的产物进行再次分选的一组浮选槽。

5.6.17

精选槽　cleaner cells; recleaner cells

对主选或粗选槽的泡沫产物进一步分选的再选槽。

5.6.18

扫选槽　scavenger cells

对尾煤进行再处理的再选槽。

5.6.19

浮选精煤　flotation concentrate

从泡沫浮选中获得的精煤产物。

5.6.20

浮选尾煤　flotation tailings

从泡沫浮选中排出的高灰分产物。

5.6.21

浮选中煤　flotation middlings

一般需要再处理的浮选产物。

5.6.22

接触角　contact angle

在两种流体和一种固体表面接触周边的任一点上，流体界面切线和固体表面切线之间的夹角。

注1：涉及水时，通常在水相内侧测量接触角。

注2：在静止状态下测得的最大和最小值(分别称为前倾接触角和后倾接触角)通常还指明被测角所在的相(例如：油－前倾接触角)。

5.6.23

消泡器　froth breaker

用消泡的方法减少泡沫浮选精煤体积的装置。

5.6.24

分段试验　release analysis

采用分阶段添加捕收剂，来确定最佳效果的浮选试验。

5.6.25

疏水性矿物　hydrophobic mineral

表面不易被水润湿，即接触角大的矿物。

5.6.26

亲水性矿物　hydrophilic mineral

表面容易被水润湿，即接触角小的矿物。

5.6.27

矿化泡沫　mineralized froth

表面附着煤粒的气泡的聚合体。

5.6.28

浮选时间　flotation time

为获得合格产物完成浮选过程所需要的时间。

5.6.29

浮选剂　flotation agent

为实现或促进浮选过程所使用的药剂。

5.6.30

调整剂　modifying agent；regulator

调整矿浆及矿物表面的性质，提高某种浮选剂的效能或消除负作用的浮选剂。

5.6.31

分散剂　dispersing agent；dispersant

消除细泥覆盖于煤(矿)粒表面有害作用的浮选剂。

5.6.32

乳化剂　emulsifier

将非极性油类分散成微小的液滴，以提高其捕收效用的表面活性剂。

5.6.33

药剂制度　regime of anent

浮选过程中使用的浮选剂种类、用量、加药地点和加药方式等的总称。

5.6.34

直接浮选　direct flotation

一种煤泥水不经浓缩直接进行浮选的方式。

5.6.35

浓缩浮选　thickening flotation

一种煤泥水先经浓缩再进行浮选的方式。

5.6.36

微泡浮选　microbubble flotation

通过特制的微泡发生器生产微泡(直径 0.1 mm～0.4 mm)，对煤泥进行分选的一种浮选方法。

5.6.37

粗选　roughing

多次浮选工艺流程中的第一次浮选作业。

5.6.38

扫选　scavenging

将不合格的尾矿(煤)再次进行浮选的作业。

5.6.39

精选　cleaning

将泡沫产物再进行浮选的作业。

5.6.40

单元浮选试验　batch-flotation

用单槽浮选机进行的浮选试验。

5.6.41

分步释放浮选试验　timed-release analysis

采用一次粗选多次精选流程的单元浮选试验。

5.6.42

连续性浮选试验　continuous flotation test

模拟工业生产条件,用多槽浮选机连续进行的浮选试验。

5.6.43

单位充气量　aeration quantity

向精煤中将导入的空气数量,以 $m^3/(m^2 \cdot min)$表示。

5.6.44

充气均匀系数　aeration uniformity coefficient

表示浮选机矿(煤)浆表面充气量分布均匀程度的指标。

5.6.45

机械搅拌式浮选机　subaeration flotation machine; agitation froth machine

依靠旋转叶轮吸入空气(或同时从外部压入空气)并进行搅拌,使气泡分散在矿(煤)浆中的浮选机。

5.6.46

喷射式浮选机　jet flotation machine

利用高速矿(煤)浆流通过喷射器产生的负压使矿(煤)浆充气的浮选机。

5.6.47

充气式浮选机　pneumatic flotation machine

利用外部风源将空气压入矿(煤)浆中进行浮选的浮选机。

5.6.48

浮选柱　flotation column

无搅拌叶轮,空气由柱形机体底部经充气器进入与煤浆混合,形成矿化的浮选设备。

5.6.49

矿浆准备器　pulp preprocessor; pulp conditioner

借高速旋转的圆盘或叶轮的离心力作用,使药剂雾化或形成气溶胶以增强药剂效果,从而使矿浆与浮选药剂均匀混合的设备。

6　固液或固气分离　Separation of solids form water or air

6.1　一般术语 General

6.1.1

脱水　dewatering

利用除蒸发以外的方法降低物料水分的作业。

6.1.2

干燥　drying

主要利用蒸发作用降低物料水分的作业。

6.1.3

泄水 draining

主要借重力作用从产品中脱去水分或介质。

6.1.4

过滤 filtration

使液体透过细密的纤维织品或金属丝网而留住固体，并用真空或压力以加速其分离的一种固液分离过程。

6.1.5

离心脱水 centrifuging

借助离心力实现脱水。

6.1.6

絮凝 flocculation

利用絮凝剂将分散在液体中的颗粒聚集成团。

6.1.7

澄清 clarification

从循环水中分离固体，以使悬浮的固体颗粒减至最低限度。

6.1.8

浓缩 thickening

对悬浮液中的固体物进行浓缩，以获得固体浓度比原悬浮液更高的产品。

6.1.9

溢流 effluent

在完成作业，或者经过自身处理（例如：澄清）后，从各种设备或液体容器上部排出的流体。

6.1.10

选煤厂排放水 plant effluent

从选煤厂排出的有时含有固体的水，通常废弃。

6.1.11

煤泥池 slurry pond

对煤泥水进行沉淀并排放固体颗粒的一种天然或人造的池子。

6.1.12

分散体 dispersion

(1) 在液体中离散颗粒群的一种悬浮体。

(2) 用散凝作用产生的离散颗粒群。

6.1.13

预先脱水 preliminary dewatering

为下一个作业准备条件而预先脱除物料中一部分水的作业。

6.1.14

最终脱水 final dewatering

产物的最后一次脱水作业。

6.1.15

脱水时间 dewatering time

产物在脱水设备（设施）中的停留时间。

6.1.16

过滤介质　filter media

过滤时用于阻留固体颗粒，渗透液体的多孔隙固体物质。

6.1.17

脱落率　percentage of cake discharge

脱落滤饼的质量占全部滤饼质量的百分数。

6.1.18

助滤剂　filter aid

提高过滤效果所使用的药剂。

6.1.19

离心强度　centrifugal intensity

物料所受离心力与重力的比值。

6.1.20

煤泥　slime

泛指：湿的煤粉。

专指：选煤厂粒度在0.5 mm以下的一种洗煤产品。

6.1.21

粗煤泥　coarse slime

粒度近于煤泥，通常在0.5(0.3)mm以上，不宜用浮选处理的颗粒。

6.1.22

原生煤泥　primary slime

由入选原煤中所含的煤粉形成的煤泥。

6.1.23

次生煤泥　secondary slime

在选煤过程中，煤炭因粉碎和泥化所产生的煤泥。

6.1.24

浮沉煤泥　slime from float-and-sink analysis; slime from float-and-sink test

在浮沉试验过程中产生的煤泥。

6.1.25

澄清水　clarified water

澄清过程得到的水。

6.1.26

洗水　wash water

湿法选煤操作用水。

6.1.27

底流　underflow

经分级、浓缩或分选等作业获得的粗颗粒、高浓度或高密度的产物。

6.1.28

浓度　concentration

用于表示煤浆、煤泥水等液体中固体与水的相对含量。

注：通常用液固比，固体含量或百分比浓度来表示。

6.2 脱水 Dewatering

6.2.1

干燥机 dryer

借助热力使煤干燥的设备。

6.2.2

固定筛 fixed screen

有固定(不运动)的倾斜或曲线形筛板,通常为楔形筛面,用于从悬浮液中排掉大量水和细颗粒。

6.2.3

过滤式离心脱水机 basket centrifuge

利用过滤原理,湿的固体颗粒靠离心力紧贴在带孔的筛篮表面,水向外排出,挡住的固体颗粒用机械排出的脱水设备。

6.2.4

沉降式离心脱水机 solid-bowl centrifuge

利用无孔筛篮的旋转,沉降的固体颗粒由螺旋收集并从设备的另一端排出,水从相对的另一端排出的脱水设备。

6.2.5

沉降过滤式离心脱水机 screen-bowl centrifuge

把沉降和过滤原理结合在一台机器上的脱水设备。

6.2.6

离心液 centrate

从离心脱水设备中排出的液体。

6.2.7

过滤槽 filter bowl; filter tank

容纳被过滤矿浆用的槽子,一般设有搅拌器以保持矿浆中的固体颗粒呈悬浮状态,真空过滤机旋转的滚筒或圆盘部分地浸在槽里。

6.2.8

滤布 filter cloth

滤网

用作过滤介质的编织物或粘结物。

6.2.9

滤饼 filter cake

过滤作业的固体产物。

6.2.10

滤液 filtrate

过滤作业的液体产物。

6.2.11

加压过滤机 pressure filter

在过滤介质一侧利用空气压力加压实现过滤的过滤机。

6.2.12

压滤机 filter press

用于脱除煤泥、尾煤和类似产品中的水,进行非连续作业的一种压力过滤机。

6.2.13

真空过滤机　vacuum filter

在过滤介质的一侧利用负压实现过滤的过滤机。

6.2.14

埋刮板输送机　dredging conveyor

部分地浸在含有液体的槽内，用以排出可能沉在其中固体的刮板输送机。

6.2.15

捞坑　dredging sump；drag tank；smudge tank

构成水循环系统之一的水池，沉淀在其中的煤泥或末煤用链式或斗式提升机连续排出。

6.2.16

脱水仓　drainage bin

选后产品泄水用的煤仓。

6.2.17

脱水斗式提升机　dewatering basket；dewatering elevator

借助带孔的勺斗，在提升、运输过程中泄水的机械。

6.2.18

离心脱水机　centrifuge

利用过滤或沉降原理，在离心力场中实现固液分离的机械。

6.2.19

惯性卸料离心脱水机　inertial discharge centrifuge

利用惯性力使物料沿圆锥台形筛篮滑动，而排卸产物的过滤式离心脱水机。

6.2.20

刮刀卸料离心脱水机　scraper discharge centrifuge

利用圆台形筛篮内的刮刀排卸产物的过滤式离心脱水机。

6.2.21

振动卸料离心脱水机　vibrating discharge centrifuge

利用筛篮的振动作用，排卸产物的过滤式离心脱水机，按筛篮的安装(振动)方向，又可分为立式与卧式两种。

6.2.22

过滤机 filter

实现过滤脱水所用的机械。

6.2.23

圆盘式真空过滤机　disc-type vacuum filter

过滤面为圆盘形的真空过滤机。

6.2.24

圆筒式真空过滤机　drum-type vacuum filter

以旋转圆筒作为过滤元件的真空过滤机，按过滤面在圆筒内或外可分为内滤式与外滤式两种。

6.2.25

折带式真空过滤机　belt-folded discharge drum vacuum filter；Feinc vacuum filter；Feinc filter

将滤网引出筒外进行卸料的圆筒式真空过滤机。

6.2.26

水平带式真空过滤机　belt vacuum filter

在具有特制小孔的水平带式输送机上覆盖滤布，利用真空过滤原理，实现细粒物料连续脱水的机械。

6.2.27

箱式压滤机 chamber pressure filter; recessed plate press

由凹槽板构成滤室并间断排料的压滤机。

6.2.28

充气式压滤机 hyperbaric pressure filter

利用高压空气对压滤机内物料进行挤压或风干脱水的箱式压滤机。

6.2.29

管式压滤机 tubular pressure filter; tube filter

交替进行入料、充气、真空、排料作业的管状细泥脱水机械。

6.2.30

带式压滤机 belt filter press; belt press filter

物料在两条网带之间受挤压而脱水并连续排料的压滤机。

6.2.31

筒式压滤机 drum-type filter press

利用高压风力使固液快速分离并连续排出的筒形脱水机械。

6.2.32

管式干燥机 tubular dryer; flash dryer

在立式干燥管中利用热气流与湿物料瞬时接触进行干燥的机械。

6.2.33

滚筒式干燥机 drum-type dryer

在倾斜安装的转动圆筒内,使热气流与湿物料直接接触进行干燥的机械。

6.2.34

井筒式干燥机 shaft dryer; cascade type dryer

利用筒体内部相向转动的滚轮,使下落湿物料分散并与热气流接触进行干燥的机械。

6.2.35

沸腾层(床)干燥机 fluid-bed dryer; fluidized-bed dryer

利用热气流使物料呈流体悬浮状态进行干燥的机械。

6.2.36

螺旋干燥机 helicoids screw dryer

使输送槽中的湿物料与空心螺旋片中的传热介质间接接触进行干燥的机械。

6.3 澄清和浓缩 Clarification and thickening

6.3.1

絮凝剂 flocculating agent; flocculent

加入具有分散固体的液体中,使细颗粒聚集形成絮团的药剂。

6.3.2

絮团 flocs

由凝聚作用产生的聚集体。

6.3.3

浓缩漏斗 settling cone; conical settling tank

用于沉淀循环水中粗颗粒的锥形筒。

6.3.4

沉淀池 settling pond

从选煤厂排放水中收集固体的自然或人造的池子,澄清水再用或者排弃。

6.3.5

耙式浓缩机　rake thickener

使被浓缩的悬浮体在圆形池内沉淀，并用围绕中心轴缓慢回转的一系列耙子将其集送到一个或数个排料口的浓缩设备。

6.3.6

浓缩旋流器　cyclone thickener

利用离心力方法进行浓缩的一种装置，其中高浓度的悬浮体从容器的底流口排出，大部分水通过溢流口排走。

6.3.7

给料箱　headbox；feed box

将固水悬浮体分配给某些设备的装置，或者对顶部给料的过滤机进行流体减速的装置。

6.3.8

凝聚剂　coagulating agent；coagulant

可使液体中分散的细颗粒固体形成凝聚体的无机盐类。

6.3.9

角锥沉淀池　spitzkasten

上部为方形，下部为倒角锥形的浓缩分级设备。

6.3.10

沉淀塔　settling tower

直径较大(通常在 12 m 左右)的倒圆锥形的浓缩、澄清设备。

6.3.11

带式沉淀池　dredging tank

在长形槽子内，装有刮板输送机的脱水、浓缩设备。

6.3.12

倾斜板沉淀槽　lamella；inclined plate depositing tank

由安设倾斜板的斜方体容器和倒角锥组成的澄清、浓缩、分级设备。

6.3.13

深锥浓缩机　deep cone thickener

高度大于直径，上部为圆筒，下部为锥角较小的倒圆锥形的澄清、浓缩设备。

6.3.14

高效浓缩机　high-capacity thickener；high-efficient thickener

浓缩效果比普通浓缩机要高的浓缩机的总称。一般采用在普通浓缩机中加斜管、斜板或改进入料结构等方法来提高其沉淀浓缩效果。

6.3.15

沉淀仓　settling banker

沉淀水力提升原煤的煤仓。

6.4　固气分离　Separation of solids from air

6.4.1

除尘　dust extraction

除去气体或者周围空气中悬浮的尘粒。

6.4.2

集尘　dust recovery

将空气或气体中悬浮的尘粒聚集起来以便处理。

6.4.3

除尘器　dust collector，deduster

集尘器

将空气或气体中的尘粒分离出来，并将其收集以便进一步处理的设备。

6.4.4

旋风集尘器　cyclone dust collector

利用离心力的方法分离悬浮在空气或气体中尘粒的设备。

6.4.5

袋式除尘器　bag filter；fabric filter

利用编织材料做成的，允许空气通过而留住尘粒的容器，用于除去含尘空气中尘粒的设备。

6.4.6

静电除尘器　electrostatic precipitator

利用静电沉集的原理，从含尘空气中除去尘粒的设备。

6.4.7

水膜除尘器　water-film deduster

尘粒受离心力和水膜的作用，实现除尘的一种设备。

6.4.8

泡沫除尘器　froth deduster

使含尘气体通过泡沫层水浴，实现除尘的一种设备。

7　破碎 Size reduction

7.1　一般术语　General

7.1.1

破碎(轧碎)　breaking；cracking

大颗粒的粉碎。

7.1.2

破碎(压碎)　crushing

使物料破碎成较粗颗粒。

7.1.3

磨碎　grinding；pulverizing

以碾磨作用为主，使物料成较细颗粒的作业。

7.1.4

破碎比　reduction ratio

破碎作业中入料粒度与产品粒度之比。

注：计算破碎比的方法有多种，例如：极限破碎比，80%破碎比，平均粒度破碎比。

7.1.5

解离　liberation (of intergrown constituents)

借破碎或磨碎作用，使共生的成分单体分离。

7.1.6

碎裂　breakage

(1) 固体随意或非随意的破裂。

(2) 在机械处理或加工过程中，由于非随意碎裂而产生的细粒物料。

7.1.7

裂解 degradation

在处理、加工和储存中引起的非随意碎裂。

7.1.8

碎解 disintegration；dissociation

由于浸入水中或风化的结果，使物料（通常指页岩）发生的自然崩裂。

7.1.9

可碎性 crushability

在标准条件下使试样粉碎的相对难易程度。

7.1.10

可磨性 grindability

在标准条件下使试样磨碎的相对难易程度。

7.1.11

选择性破碎 selective crushing

使入料中的一种成分较其他成分优先破碎的方式。

7.1.12

选择性磨碎 selective grinding

使入料中的一种成分较其他成分优先磨碎的方式。

7.1.13

破碎流程 crushing circuit

包括破碎机及其后置筛分机等设备在内的系统。

注：如若粗粒级返回到破碎机再处理，则该系统称之为“闭路破碎流程”，否则称为“开路破碎流程”。

7.1.14

磨碎流程 grinding circuit

包括磨机及其后置分级排料设备在内的系统。

注：如若粗粒级返回到磨碎机再处理，则该系统称之为“闭路磨碎流程”，否则称为“开路磨碎流程”。

7.2 破碎设备 Size reduction machines

7.2.1

劈碎机 pick breaker

通过机械操纵一组尖镐的劈裂作用对煤进行破碎的设备。

7.2.2

滚筒碎选机 rotary breaker；Bradford breaker

一种旋转的带孔钢制滚筒，小于要求粒度的物料透过滚筒下落，大于要求粒度的物料被滚筒内侧的提升板提起和翻落，较软的物料（如煤）破碎后透筛落下，较硬的物料（如矸石）未破碎而被排出。

7.2.3

颚式破碎机 jaw crusher

借固定颚板与摆动颚板之间，或者两摆动颚板之间的挤压作用，对物料进行破碎的设备。

7.2.4

辊式破碎机 roll crusher

齿辊式破碎机 toothed roll crusher

物料通过一个通常是带齿的转动圆辊与固定板或摆动板之间，或者是两个或多个齿辊之间的挤压、劈裂作用对物料进行破碎的设备。

7.2.5

固定锤式破碎机　rigid-hammer crusher

利用装设在机壳内,刚性固定在水平转轴上的锤头回转时的打击作用,对物料进行破碎的设备。

7.2.6

摆动锤式破碎机　swing-hammer crusher; swing-hammer mill; swing-hammer pulverizer

利用装设在机壳内,套装在水平转轴的一组圆盘上的枢轴上的锤头回转时的打击作用,对物料进行破碎的设备。

7.2.7

球磨机　ball mill

棒磨机　rod mill

在装有部分球或棒状物(一般为钢制)的沿水平轴旋转圆筒内,借助球的滚落运动,将粗物料碰撞和研磨成细物料的设备。

7.2.8

旋回破碎机　gyratory crusher

圆锥破碎机　cone crusher

物料被输送到沿垂直轴偏心旋转的坚固锥形腔内进行挤压、研磨的设备。

7.2.9

准备破碎　auxiliary breaking; preliminary breaking; auxiliary crushing; preliminary crushing

将煤破碎到下一作业要求粒度的作业。

7.2.10

最终破碎　finished breaking; finished crushing; final breaking; final crushing

将选后产物破碎到商品煤要求粒度的作业。

7.2.11

开路破碎　open-circuit crushing

破碎产物中超粒不返回入料再破碎的作业。

7.2.12

闭路破碎　closed-circuit crushing

破碎产物中超粒返回入料再破碎的作业。

7.2.13

一段破碎　single-stage crushing

只进行一次破碎的破碎作业。

7.2.14

二段破碎　tow-stage crushing

进行两次破碎的破碎作业。

7.2.15

总破碎比　total reduction ratio

各段破碎比的连乘积。

7.2.16

超粒　oversize

破碎产物中大于要求粒度的颗粒。

7.2.17

过粉碎　over crushing; over breaking

破碎过程中产生大量小于要求粒度颗粒的现象。

7.2.18

破碎机 crusher；breaker

对物料进行破碎的机械。

7.2.19

单齿辊破碎机 single roll crusher

借一个旋转齿辊与弧形棒条，破碎板的劈裂和挤压作用，破碎物料的机械。

7.2.20

反击式破碎机 impact crusher

借固定在转子上的锤头回转时的打击作用及物料对反击板的冲击作用，破碎物料的机械。

7.2.21

双齿辊破碎机 double roll crusher

用相向转动的两个带齿圆辊，主要借其劈裂作用破碎物料的机械。

7.2.22

四齿辊破碎机 four roll crusher

用两组相向转动的两个带齿圆辊，主要借其劈裂作用，连续破碎物料的机械。

7.2.23

分级破碎机 sizing crusher

由两个平行安装、相向转动的齿辊形成一个旋转的格筛，小于排料粒度的颗粒能够直接通过，大于排料粒度的颗粒在齿辊沿轴向布置的破碎齿环的剪切和拉伸作用下实现破碎。

8 效果的表达 Expression of results

8.1 一般术语 General terms

8.1.1

效率 efficiency

对分离有效性的某一种度量。

8.1.2

性能描述 statement of performance

用例如每小时处理煤的吨数，所用的工艺，达到的分选结果以及产品的粒度，描述选煤厂的规模和任务。

注：性能描述有时也可用于表示选煤厂生产的结果。

8.1.3

产率 yield；recovery

任一作业获得的产物数量，用占入料量的百分数表示。

8.1.4

计算入料 calculated feed；reconstituted feed

根据各产物的组成(密度或粒度)及其产率按加权平均求出的入料组成(密度或粒度)。

8.1.5

分配曲线 partition curve；distribution curve

表示某一分离产物各密度(或粒度)级含量百分数的曲线。

8.1.6

分配率 partition coefficients；distribution coefficients

产物中某一成分(密度级或粒度级)的数量与原料中该成分数量的百分比。

8.1.7

分割点　cut-point

预期或达到分为两个级别的确切基准(如密度或粒度)。

8.1.8

错配物　misplaced material

在按粒度分级或密度分选的过程中,错误地混入各产物中的物料。即在细粒级或低密度产物中所包含的高于分割点的粗粒级或高密度物料,或者相反。

注:错配物的质量可用占产物或入料的百分比表示。

8.1.9

错配物总量　total misplaced material

在按粒度分级或密度分选的各产物中错配物的质量之和,用占入料质量的百分数表示。

注:如果某一分离机械生产出三种产物,错配物的总量则是误入每一产物的物料质量之和,以占入料百分比表示。

8.1.10

正配物　correctly placed material

在按粒度分级或密度分选时,正确进入各产物中的物料。

8.1.11

正配物总量　total correctly placed material

在按粒度分级或密度分选的各产物中正配物的质量之和,用占入料质量的百分数表示(且等于100减去错配物总量)。

8.1.12

正配率　recovery rate

产品中正配物的分配率。

8.1.13

错配率　miscellany rate

产品中错配物的分配率。

8.1.14

单位消耗量　specific consumption

处理一吨原料煤所消耗的加重质、浮选剂、水和电等指标。

8.1.15

加工费　preparation cost

扣除原料煤费用外,成本中的各种费用之和,以"元/吨原料煤"表示。

8.1.16

破碎效率　crushing efficiency

破碎产物中已破碎的(扣除入料中原有的小于要求破碎粒度的)物料与入料中待破碎的(大于要求破碎粒度的)物料的质量比率。

8.1.17

粉碎率　degradation rate

煤炭在运输、加工、贮存等过程中被粉碎的质量分数。

8.1.18

细粒增量　increment of fines

出料与入料中的细粒含量的差值。

8.1.19

脱水效率　dewatering efficiency

脱水产物中的固体回收率与液体错配率之差。

8.1.20

浓缩效率　thickening efficiency

底流产物中的固体回收率与液体错配率之差。

8.1.21

浮选完善指标　perfect of index floatation;floatation perfect index

评价不同条件下浮选效果的综合性指标。

8.1.22

比阻率　relative filter resistance

表示物料可过滤性的综合指标。与过滤压力成正比,与滤液黏度、滤饼容积与滤液体积的比值成反比。

8.2　分级作业　Sizing operations

8.2.1

指定粒度　designated size

在粒度分级作业中使原料分离所希望的粒度。

注:规定粒度通常以分配粒度或等误粒度表示。

8.2.2

分离粒度　separation size

表示进行分离的有效粒度的一般用词,根据产物粒度分析资料计算而得。

注:分离粒度通常以分配粒度或等误粒度表示。

8.2.3

分配粒度　partition size

粒度分配曲线上相当于回收率为50%的分离粒度。

8.2.4

等误粒度　equal errors size

入料等量错配到分级作业两种产物时的分离粒度。

8.2.5

控制粒度　control size;checking size; testing size

用于检验分级作业的精确度所选用的单一粒度。

注:控制粒度也可能与指定粒度相同。

8.2.6

参考粒度　reference size

分离粒度、规定粒度或控制粒度,用于说明分级作业产品的粒度限定。

8.2.7

额定筛分粒度　nominal screening size

通过筛分作业分离入料的名义粒度。

8.2.8

(粒度)错配物　misplaced material (sizing)

在分级作业中,筛上物中所含的筛下粒,或筛下物中所含的筛上粒。

8.2.9

(粒度)正配物　correctly placed material (sizing)

在分级作业中,筛下物中的小于分离粒度的物料,或筛上物中大于分离粒度的物料。

8.2.10

有效筛孔　effective screen aperture

在分级作业中,将被处理的物料分为两种粒级的分割点(例如,等误粒度或分配粒度)。

8.2.11

额定筛孔　nominal screen aperture

用于规定分级作业效果的名义筛孔。

8.2.12

分级效率　efficiency of sizing; yield of sizing

正确分配到指定粒级的物料的质量，用物料的质量与入料中该粒级质量的百分比表示。

8.2.13

筛分效率　efficiency of screening

筛下物(除掉筛上物)质量占入料中小于参考粒度全部质量的百分比。

8.2.14

粒度特性曲线　size-distribution curve

用常规的、对数的或其他比例绘制的，表示不同粒级的混合物料筛分试验结果的图示曲线。

8.2.15

分级粒度　sizing size

两种分级产物的分界粒度。

8.2.16

理论分级粒度　theoretical sizing size

按理论计算的分级粒度。

8.2.17

实际分级粒度　practical sizing size

实测的分级粒度，系根据产物的粒度分析资料求出的；通常用分配粒度或等误粒度表示。

8.2.18

通过粒度　through size

以溢流中95%的量通过标准筛的筛孔大小所表示的粒度。

8.2.19

限下率　undersize fraction

筛上产物中小于规定粒度部分的质量分数。

8.2.20

限上率　oversize fraction

筛下产物中大于规定粒度部分的质量分数。

8.3　分选作业　Cleaning operations

8.3.1

数量效率　organic efficiency

某一产物在相同灰分时实际产率与理论产率的百分比。

8.3.2

理论产率　theoretical yield

具有指定灰分产物的最大产率(如从可选性曲线上查得的相应产率)。

8.3.3

误差曲线　error curve; tromp error curve

以常规比例绘制的，将分配率超过50%的线段倒置，闭合为一误差区的分配曲线。

8.3.4

分选密度　separation density

实现分选的有效密度，由产品的相关密度分析计算得出。

注：分选密度通常用分配密度或等误密度表示。

8.3.5

分配密度　partition density(d_p, d_{50}); tromp cut-point

d_p, d_{50}

密度分配曲线上得到的,对应回收率为50%的密度。

8.3.6

等误密度　equal errors cut-point (density); wolf cut-point

分选作业中给料错配到两种产物的量相等时的密度。

8.3.7

可能偏差　ècart probable moyen; E_{pm}(literally: mean probable error)

E_{pm}

分配曲线上对应纵坐标为75%和25%的密度值之差的一半。

8.3.8

不完善度　imperfection; I

I

其比值为:

$$\frac{\text{可能偏差}}{\text{分配密度}-1}\text{或}\frac{E_{pm}}{d_{50}-1}$$

注:此比值只用于分选介质为水时。

8.3.9

灰分误差　ash error

产物的实际灰分与可选性曲线(基于计算给料)上相当于产物实际产率时的理论灰分之差值。

8.3.10

产率损失　yield loss, washing loss

某一产物在相同特性(通常为灰分)时,实际产率和理论产率的差值。

8.3.11

浮物　floats

在指定相对密度介质中浮起的那部分物料。例如可称为:相对密度为1.40 g/cm^3 的浮物。

8.3.12

沉物　sinks

在指定相对密度介质中沉下的那部分物料。例如可称为:相对密度为1.60 g/cm^3 的沉物。

8.3.13

邻近密度物　near-density material

相对密度位于分割点两侧范围(通常是0.1 g/cm^3)内的物料。

8.3.14

(分选)错配物　misplaced material (cleaning)

在高密度产物中所含有的小于分选密度的物料,或者在低密度产物中所含有的大于分选密度的物料。

8.3.15

(分选)正配物　correctly placed material (cleaning)

在低密度产物中所含有的小于分选密度的物料,或者在高密度产物中所含有的大于分选密度的物料。

8.3.16

理论灰分 theoretical ash

按某一给定产率，从浮物或沉物曲线上查得的相应灰分值。

8.3.17

理论分选密度 theoretical separation density

在可选曲线上按某一理论灰分(或产率)从密度曲线上查得的相应密度，通常用等灰密度或当量密度表示。

8.3.18

等灰密度 equal ash density

按分选过程中获得的设计产物灰分，从密度曲线上查得的相应密度。

8.3.19

当量密度 equal yield density

按分选过程获得的实际产物产率，从密度曲线上查得的相应密度。

8.3.20

实际分选密度 practical separation density

完成分选过程的实际密度，是从产物的浮沉试验资料计算出的，通常用分配密度或等误密度表示。

8.3.21

质量效率 quality efficiency

相当于精煤实际产率时的精煤理论灰分与精煤实际灰分的百分比。

8.3.22

污染指标 contamination index

选后产品中错配物与正配物的质量分布。

8.3.23

浮煤 float coal

小于低分选密度的物料。

8.3.24

中间煤 middle coal

介于高、低分选密度之间的物料。

8.3.25

沉矸 sink refuse

大于高分选密度的物料。

8.3.26

含矸率 percentage of refuse content

煤中可见矸石的质量分数。

8.3.27

拣矸效率 efficiency of hand picking

实际检出的矸石量占原料煤中可见矸石量的百分数。

8.3.28

含煤率 percentage of coal content

毛煤或手选矸石中煤量所占的百分数。

8.3.29

分选下限 lower limit of separation

选煤机械有效分选作用所能达到的最小粒度。

8.3.30

基元灰分　elementary ash

煤在某一密度(或产率)点的灰分。

8.3.31

分界灰分　cut-point ash

两种产物分界线上的基元灰分(即浮物的最高灰分和沉物的最低灰分)。

8.3.32

最高产率原则　rule of maximum yield

从两种或两种以上的原料煤中选出一定质量的综合精煤时,必须按各部分精煤分界灰分相等的条件选定各种煤的分选密度,才能使综合精煤的产率最大。

8.3.33

灰分批合格率　ash qualification ratio

按批检查商品煤灰分时,小于规定灰分上限的批数,占发运总批数的百分数。

8.3.34

灰分批稳定率　ash stabilization ratio

按批检查商品煤灰分时,符合规定灰分范围的批数,占发运总批数的百分数。

8.3.35

降硫率　percentage of desulphurization

选后产物(一般指精煤)中的硫分,比原料中的硫分降低的百分数。

8.3.36

脱硫率　percentage of desulphurization

经过分选脱除的硫量占原料煤中总硫量的百分数。

8.3.37

脱硫完善指标　perfect of index desulphurization

评价不同条件下脱硫效果的综合性指标。

9　配料与均质化　Blending and homogenization terms

9.1.1

仓配　bunker blending; bin blending

将不同物料分别储存在预定的且可控制排料量的若干个仓内的配料方法。

9.1.2

给料机　feeder

以可控制的速度输出物料的一种机械装置。

9.1.3

不均质性　heterogeneity

具有某一特性的颗粒群,呈非均匀分布时的物料状态。

9.1.4

均质性　homogeneity

具有某一特性的颗粒群,呈均匀分布时的物料状态。

9.1.5

均质化　homogenization

通过充分混合以获得具有特性相对稳定的产品。

9.1.6

混料 mixing

无需按预定的控制比例,对两种或多种不同特性物料的混合作业。

9.1.7

混料机 mixer

实现混料的一种装置或设备。

9.1.8

均匀性 uniformity

对于某一特性,所有颗粒具有相同的值,这种物料被称为在这一特性中是均匀的。

9.1.9

不均匀性 non-uniformity

对于某一特性,所有颗粒具有不相同的值,这种物料被称为在这一特性中是不均匀的。

9.1.10

取料机 reclaimer

从料堆取得物料的机械设备。

9.1.11

堆料机 stacker

用于形成料堆的机械设备。

9.1.12

料堆 stockpile

物料在地上存放形成的物料堆。

注:料堆可以有下列两部分:

a) 可取部分:能用已安装好的设备取回的那一部分料堆。

b) 固定部分:不能用已安装好的设备取回的那一部分料堆。

9.1.13

堆料 stockpiling

堆成料堆的行为。

注:堆料有若干种方法,例如:

a) 人字形堆法:将物料连续的沿料堆的中心轴线均匀堆放成有三角形横断面的纵向堆料方法。

b) 锥形堆法:在一个锥面连续的添加物料直线扩大最初的锥形料堆而形成三角断面的纵向堆料方法。

c) 分层堆法:分层连续的添加物料形成料堆的方法。

d) 条形堆法:物料按逐步形成整个料堆的多个相邻的平行纵向料堆的堆料方法。

9.1.14

整体流动(在仓内) mass flow (in bunkers)

当仓内所有物料都在运动时,通过物料的整个断面具有均匀的流速。

9.1.15

管状流动 core flow; funnel flow

物料的流动限制成一个竖轴穿过排料口的柱状体,物料沿柱状体表面呈管状向下运动。

9.1.16

堆取料机 stocker-reclaimer

既能堆料又能取料的机械。

9.1.17

配煤仓 blending bunker

分别储存不同特性的煤炭,以便进行配料的煤仓。

9.1.18

装车仓　loading bunker；loading bin

储存各种煤炭产品，以便装车外运的煤仓。

9.1.19

多点装车　multipoint loading

一股道上有几个点同时进行装车的装车方式。

9.1.20

单点装车　single-point loading

将煤集中到一点进行装车的方式。

9.1.21

矸石场　refuse pile

堆放选煤厂或煤矿矸石的场地和设施。

9.1.22

定量装车　quantitative loading

将物料按规定质量连续地自动称量并装入车辆的方式。

10　其他　Miscellaneous

10.1.1

防尘　dust-proofing

为了防止或降低煤炭在加工过程中尘埃的污染，利用油、氯化钙溶液或其他表面活性剂进行的表面处理。

10.1.2

防冻　freeze-proofing

在冻结期，为了防止或减轻由于结冰而使煤粒粘结在一起，而利用药剂进行的表面处理。

10.1.3

安息角　angle of repose

休止角

散装物料堆的表面与水平面所夹的角。

10.1.4

抑尘　dust depression

防止或减少煤尘扩散到空气中，例如使用喷水。

10.1.5

配料　blending

按预定的控制量进行混合，以获得指定特性的均质产品。

10.1.6

仓　bunker；bin

储存物料的容器，主要部分是垂直的立壁，其下部通常建成漏斗形状。

10.1.7

漏斗　hopper

接受物料的容器，通常建造成倒角锥或者倒圆锥形，底部设有开口，物料由此排出（一般不用于储存功能）。

10.1.8

缓冲仓　surge hopper；surge bunker

用于接收一定流速的来料，并以预先设定的速度将来料卸下的漏斗仓。

10.1.9

粘结　agglomeration

使细颗粒粘结在一起形成球或团的过程，通常加入适当的药剂以促使粘结。

10.1.10

堆密度　bulk density

单位体积松散物料在空气中的质量，包括颗粒之间的空隙。

10.1.11

叶片式混料机　paddle mixer

由两个不连续的螺旋构成桨叶，对物料进行推进并混合的水平螺旋输送机。

10.1.12

防冻剂　antifreeze；antifreezing agent

为防止或减轻湿煤在运输过程中冻结而加入的一种物质。

10.1.13

计量水分　metrological moisture

用于选煤产品计量而规定的全水分。

10.1.14

型煤　coal briquette

一种或数种煤（末煤或粉煤）与一定比例的粘合剂、固硫剂、助燃剂等加工成一定形状并有一定理化性能（冷强度、热强度、热稳定性、防水性等）的块状燃料或原料。

10.1.15

流量计　flowmeter

用于测量流量（体积/单位时间）或者在给定的时间内测量总体积的装置。

10.1.16

灰分仪　ash monitor

按灰分百分数分析煤质，再用信号表示灰分百分数的装置。

10.1.17

散密度计　bulk density meter

监测矿物的堆密度，提供质量显示的装置。

10.1.18

水分仪　moisture meter

分析煤质水分百分数的装置，并产生一个表示水分百分数的信号。

10.1.19

密度计　density meter

监测悬浮液相对密度的装置。

附　录　A
（资料性附录）
本标准章条编号与 ISO 1213-1:1993 章条编号对照表

表 A.1 中给出了本标准章条编号与 ISO 1213-1:1993 的章条编号对照一览表。

表 A.1　本标准章条编号与 ISO 1213-1:1993 章条编号对照

本标准章条编号	对应的国际标准章条编号
1～3	1～3
3.1	3.1
3.1.1～3.1.16	3.1.01～3.1.16
3.1.17～3.1.30	—
3.2	3.2
3.2.1～3.2.14	3.2.01～3.2.14
3.2.15～3.2.22	—
3.3	3.3
3.3.1～3.3.12	3.3.01～3.3.12
3.3.13～3.3.14	—
4	4
4.1	4.1
4.1.1～4.1.11	4.1.01～4.1.11
4.1.12～4.1.17	—
4.2	4.2
4.2.1～4.2.21	4.2.01～4.2.21
4.2.22～4.2.29	—
4.3	4.3
4.3.1～4.3.6	4.3.01～4.3.06
4.4	4.4
4.4.1～4.4.9	4.4.01～4.4.09
4.5	4.5
4.5.1～4.5.11	4.5.01～4.5.11
4.5.12～4.5.19	—
4.6	4.6
4.6.1～4.6.3	4.6.01～4.6.03
4.6.4～4.6.11	—
5	5
5.1	5.1
5.1.1～5.1.22	5.1.01～5.1.22

表 A.1（续）

本标准章条编号	对应的国际标准章条编号
5.1.23～5.1.37	—
5.2	5.2
5.2.1～5.2.7	5.2.01～5.2.07
5.2.8～5.2.10	—
5.3	5.3
5.3.1～5.3.33	5.3.01～5.3.33
5.3.34～5.3.52	—
5.4	5.4
5.4.1～5.4.22	5.4.01～5.4.22
5.4.23～5.4.45	—
5.5	5.5
5.5.1～5.5.9	5.5.01～5.5.09
5.5.10～5.5.13	—
5.6	5.6
5.6.1～5.6.24	5.6.01～5.6.24
5.6.25～5.6.50	—
6	6
6.1	6.1
6.1.1～6.1.12	6.1.01～6.1.12
6.1.13～6.1.28	—
6.2	6.2
6.2.1～6.2.15	6.2.01～6.2.15
6.2.16～6.2.36	—
6.3	6.3
6.3.1～6.3.7	6.3.01～6.3.07
6.3.8～6.3.15	—
6.4	6.4
6.4.1～6.4.6	6.4.01～6.4.06
6.4.57～6.4.8	—
7	7
7.1	7.1
7.1.1～7.1.14	7.1.01～7.1.14
7.2	7.2
7.2.1～7.2.8	7.2.01～7.2.08
7.2.9～7.2.23	—

表 A.1（续）

本标准章条编号	对应的国际标准章条编号
8	8
8.1	8.1
8.1.1～8.1.11	8.1.01～8.1.11
8.1.12～8.1.22	—
8.2	8.2
8.2.1～8.2.14	8.2.01～8.2.14
8.2.15～8.2.20	—
8.3	8.3
8.3.1～8.3.15	8.3.01～8.3.15
8.3.16～8.3.37	—
9	10
9.1.1～9.1.15	10.1.01～10.1.15
9.1.16～9.1.22	—
10	9
10.1.1～10.1.11	9.1.01～9.1.11
10.1.12～10.1.14	—
—	11
—	11.1
—	11.1.01～11.1.15
—	11.2
—	11.2.01～11.2.03
10.1.15	11.2.04
—	11.2.05～11.2.09
10.1.16～10.1.19	11.2.10～11.2.13
—	11.2.14～11.2.33
—	11.3
—	11.3.01～11.3.33

附 录 B
（资料性附录）
本标准与 ISO 1213-1:1993 技术性差异及其原因

表 B.1 中给出了本标准与 ISO 1213-1:1993 技术性差异及其原因一览表。

表 B.1 本标准与 ISO 1213-1:1993 技术性差异及其原因

本标准章条号	技术性差异	原 因
3.1.17～3.1.23	增加 选煤厂、矿井选煤厂、群矿选煤厂、矿区选煤厂、中心选煤厂、用户选煤厂、筛选厂	实际需要，而 ISO 标准中没有
3.1.24～3.1.30	增加 分选作业、辅助作业、粒度、入料上限、入料下限、可见矸石、手选矸石	实际需要，而 ISO 标准中没有
3.2.15～3.2.17	增加 分选粒级、密度级、密度组成	实际需要，而 ISO 标准中没有
3.2.18～3.2.22	增加 分选密度±0.1 含量法、中间煤含量法、泥化、煤泥(粉)浮沉试验、可浮性	实际需要，而 ISO 标准中没有
3.3.13、3.3.14	增加 处理能力、单位处理能力	实际需要，而 ISO 标准中没有
4.1.10	修改定义	按照 GB/T 3715—1996 中 3.1.25 “粉煤”定义修改，增加英文定义“fine coal”，原 ISO 标准中粉煤粒度上限为 4 mm，修改为 6 mm
4.1.11	修改定义	按照 GB/T 3715—1996 中 3.1.24 “末煤”定义修改，增加英文定义“slack coal”，原 ISO 标准中末煤粒度上限为 25 mm，修改为 13 或 25 mm
4.1.12～4.1.17	增加 粒级煤、块煤、粒度组成、粒级、自然级、破碎级	实际需要，而 ISO 标准中没有
4.2.22～4.2.29	增加 准备筛分 预先筛分、检查筛分、最终筛分、等厚筛分、气流筛分、筛孔、筛序、筛比	实际需要，而 ISO 标准中没有
4.5.12～4.5.19	增加 条缝筛、旋流筛、圆振动筛、直线振动筛、电磁振动筛、振动概率筛、弛张筛、等厚筛 香蕉筛 曲面筛	实际需要，而 ISO 标准中没有
4.6.4～4.6.11	增加 水力分级、水析、沉降末速、等沉粒 等降粒、等沉比 等降比、自由沉降、干扰沉降、水力旋流器	实际需要，而 ISO 标准中没有
5.1.23～5.1.29	增加 重力选煤、跳汰选煤、重介质选煤、流槽选煤、摇床选煤、离心选煤、摩擦选煤	实际需要，而 ISO 标准中没有
5.1.30～5.1.37	增加 主选、中间产物、回选、配煤入选、分组入选、不分级入选、分级入选、脱泥入选	实际需要，而 ISO 标准中没有
5.2.8～5.2.10	增加 风力跳汰、空气重介流化床干法选煤、检查性手选	实际需要，而 ISO 标准中没有
5.3.34～5.3.42	增加 跳汰周期、跳汰周期特性曲线、风阀特性曲线、跳汰频率、跳汰振幅、水力跳汰、人工床层、床层松散度、分层	实际需要，而 ISO 标准中没有

表 B.1（续）

本标准章条号	技术性差异	原　因
5.3.43～5.3.52	增加 透筛排料、正排矸倒排矸、跳汰室、空气室、跳汰面积、电控气动风阀、筛侧空气室跳汰机 鲍姆跳汰机、筛下空气室跳汰机 巴达克跳汰机 高桑跳汰机、复合脉动跳汰机	实际需要，而 ISO 标准中没有
5.4.23～5.4.31	增加 悬浮液、悬浮液稳定性、分流、预磁、退磁、磁性物含量、水平流、上升流、下降流	实际需要，而 ISO 标准中没有
5.4.32～5.4.35	增加 斜轮重介质分选机、立轮重介质分选机、刮板重介质分选机 浅槽重介分选机、重介质旋流器	实际需要，而 ISO 标准中没有
5.4.36～5.4.40	增加 湿式弱磁永磁筒式磁选机、圆筒带式磁选机、磁力脱水槽、风力提升器、分流量	实际需要，而 ISO 标准中没有
5.4.41～5.4.45	增加 非磁性物含量、高梯度磁选、介质桶、混料桶、悬浮液黏度	实际需要，而 ISO 标准中没有
5.5.10～5.5.13	增加 螺旋分选机、离心摇床、水介质旋流器、选择性絮凝法	实际需要，而 ISO 标准中没有
5.6.25～5.6.32	增加 疏水性矿物、亲水性矿物、矿化泡沫、浮选时间、浮选剂、调整剂、分散剂、乳化剂	实际需要，而 ISO 标准中没有
5.6.33～5.6.39	增加 药剂制度、直接浮选、浓缩浮选、微泡浮选、粗选、扫选、精选	实际需要，而 ISO 标准中没有
5.6.40～5.6.44	增加 单元浮选试验、分步释放浮选试验、连续性浮选试验、单位充气量、充气均匀系数	实际需要，而 ISO 标准中没有
5.6.45～5.6.49	增加 机械搅拌式浮选机、喷射式浮选机、充气式浮选机、浮选柱、矿浆准备器	实际需要，而 ISO 标准中没有
6.1.13～6.1.19	增加 预先脱水、最终脱水、脱水时间、过滤介质、脱落率、助滤剂、离心强度	实际需要，而 ISO 标准中没有
6.1.20～6.1.24	增加 煤泥、粗煤泥、原生煤泥、次生煤泥、浮沉煤泥	实际需要，而 ISO 标准中没有
6.1.25～6.1.28	增加 澄清水、洗水、底流、浓度	实际需要，而 ISO 标准中没有
6.2.16～6.2.21	增加 脱水仓、脱水斗式提升机、离心脱水机、惯性卸料离心脱水机、刮刀卸料离心脱水机、振动卸料离心脱水机	实际需要，而 ISO 标准中没有
6.2.22～6.2.26	增加 过滤机、圆盘式真空过滤机、圆筒式真空过滤机、折带式真空过滤机、水平带式真空过滤机	实际需要，而 ISO 标准中没有
6.2.27～6.2.31	增加 箱式压滤机、充气式压滤机、管式压滤机、带式压滤机、筒式压滤机	实际需要，而 ISO 标准中没有
6.2.32～6.2.36	增加 管式干燥机、滚筒式干燥机、井筒式干燥机、沸腾层(床)干燥机、螺旋干燥机	实际需要，而 ISO 标准中没有
6.3.8～6.3.15	增加 凝聚剂、角锥沉淀池、沉淀塔、带式沉淀池、倾斜板沉淀槽、深锥浓缩机、高效浓缩机、沉淀仓	实际需要，而 ISO 标准中没有
6.4.7、6.4.8	增加 水膜除尘器、泡沫除尘器	实际需要，而 ISO 标准中没有
7.2.9～7.2.17	增加 准备破碎、最终破碎、开路破碎、闭路破碎、一段破碎、二段破碎、总破碎比、超粒、过粉碎	实际需要，而 ISO 标准中没有

表 B.1（续）

本标准章条号	技术性差异	原　因
7.2.18～7.2.23	增加 破碎机、单齿辊破碎机、反击式破碎机、双齿辊破碎机、四齿辊破碎机、分级破碎机	实际需要，而ISO标准中没有
8.1.12～8.1.22	增加 正配率、错配率、单位消耗量、加工费、破碎效率、粉碎率、细粒增量、脱水效率、浓缩效率、浮选完善指标、比阻率	实际需要，而ISO标准中没有
8.2.15～8.2.20	增加 分级粒度、理论分级粒度、实际分级粒度、通过粒度、限下率、限上率	实际需要，而ISO标准中没有
8.3.16～8.3.22	增加 理论灰分、理论分选密度、等灰密度、当量密度、实际分选密度、质量效率、污染指标	实际需要，而ISO标准中没有
8.3.23～8.3.29	增加 浮煤、中间煤、沉矸、含矸率、拣矸效率、含煤率、分选下限	实际需要，而ISO标准中没有
8.3.30～8.3.34	增加 基元灰分、分界灰分、最高产率原则、灰分批合格率、灰分批稳定率	实际需要，而ISO标准中没有
8.3.35～8.3.37	增加 降硫率、脱硫率脱硫完善指标	实际需要，而ISO标准中没有
9.1.16～9.1.22	增加 堆取料机、配煤仓、装车仓、多点装车、单点装车、矸石场、定量装车	实际需要，而ISO标准中没有
10.1.12～10.1.14	增加 防冻剂、计量水分、型煤	实际需要，而ISO标准中没有
—	删除国际标准第11章 自动控制术语	自动控制术语，与选煤无大联系
—	删除国际标准11.1　一般术语	自动控制术语，与选煤无大联系
—	删除国际标准11.1.01～11.1.07　控制系统、自动控制、手动控制、集中控制、就地控制、遥控指示、遥控	自动控制术语，与选煤无大联系
—	删除国际标准11.1.08～11.1.15　过程控制系统、自适应控制系统、信息管理系统、监测、数据资料、工序控制、报警、故障保护	自动控制术语，与选煤无大联系
—	删除国际标准11.2　控制设备	自动控制术语，与选煤无大联系
—	删除国际标准11.2.01～11.2.03　传感器、监测器变换器	自动控制术语，与选煤无大联系
—	删除国际标准11.2.05～11.2.09　控制器、制动器、伺服机构、放大器、转换器	自动控制术语，与选煤无大联系
—	删除国际标准11.2.14～11.2.18　接近开关、预启动报警、模拟图、打印机、打印输出	自动控制术语，与选煤无大联系
—	删除国际标准11.2.19～11.2.22　光学显示器、状态显示、静态显示、动态显示	自动控制术语，与选煤无大联系
—	删除国际标准11.2.23～11.2.27　微型计算机、数字计算机、模拟计算机、混合计算机、前端处理机	自动控制术语，与选煤无大联系
—	删除国际标准11.2.28～11.2.33　程序控制器、可编程序控制器、专用控制器、限位开关、限位转换器、锁定系统	自动控制术语，与选煤无大联系
—	删除国际标准11.3　控制术语	自动控制术语，与选煤无大联系

表 B.1（续）

本标准章条号	技术性差异	原　因
—	删除国际标准 11.3.01～11.3.03　开路控制(系统)、闭路控制(系统)、比例控制(系统)	自动控制术语，与选煤无大联系
—	删除国际标准 11.3.04～11.3.06　可控装置、可控条件、预定值	自动控制术语，与选煤无大联系
—	删除国际标准 11.3.07～11.3.12　输入信号、指令信号、给定值、偏差、误差信号、控制信号	自动控制术语，与选煤无大联系
—	删除国际标准 11.3.13～11.3.16　控制作用、比例作用、微分作用、积分作用	自动控制术语，与选煤无大联系
—	删除国际标准 11.3.17～11.3.23　反馈、稳定性、衰减、摆动、校定、接口、人机接口	自动控制术语，与选煤无大联系
—	删除国际标准 11.3.24～11.3.33　硬件、软件、硬连线、机器语言、程序、传递、诊断、字、存储器、配置	自动控制术语，与选煤无大联系

汉语拼音索引

A

按用途分类的筛分机…………………………… 4.4
按结构原理分类的筛分机……………………… 4.5
安息角(休止角) ………………………………… 10.1.3

B

棒条筛………………………………………… 4.5.9
棒磨机………………………………………… 7.2.7
鲍姆跳汰机 …………………………………… 5.3.50
巴达克跳汰机 ………………………………… 5.3.51
摆动锤式破碎机……………………………… 7.2.6
闭路水循环系统 ……………………………… 5.1.14
闭路破碎 ……………………………………… 7.2.12
比阻率 ………………………………………… 8.1.22
泵池 …………………………………………… 5.1.10
不分级入选 …………………………………… 5.1.35
不完善度……………………………………… 8.3.8
不均质性……………………………………… 9.1.3
不均匀性……………………………………… 9.1.9
补充水 ………………………………………… 5.1.16
补充介质……………………………………… 5.4.8
补充悬浮液…………………………………… 5.4.8
捕收剂………………………………………… 5.6.2

C

槽选机………………………………………… 5.5.1
仓配…………………………………………… 9.1.1
仓 ……………………………………………… 10.1.6
参考粒度……………………………………… 8.2.6
磁选机 ………………………………………… 5.4.10
磁性物 ………………………………………… 5.4.11
磁性物含量 …………………………………… 5.4.28
磁力脱水槽 …………………………………… 5.4.38
次生煤泥 ……………………………………… 6.1.23
粗选槽 ………………………………………… 5.6.15
粗选 …………………………………………… 5.6.37
粗煤泥 ………………………………………… 6.1.21
错配率 ………………………………………… 8.1.13
错配物………………………………………… 8.1.8
错配物(筛分) ………………………………… 4.2.16
错配物总量…………………………………… 8.1.9
错配筛下粒 …………………………………… 4.2.13
错配筛上粒 …………………………………… 4.2.15
超粒控制筛…………………………………… 4.4.8
齿辊式破碎机………………………………… 7.2.4
澄清…………………………………………… 6.1.7
澄清和浓缩…………………………………… 6.3
澄清水 ………………………………………… 6.1.25
脱尘 …………………………………………… 4.2.11
除尘…………………………………………… 6.4.1
除尘器………………………………………… 6.4.3
产率…………………………………………… 8.1.3
产率损失 ……………………………………… 8.3.10
沉物累计曲线………………………………… 3.2.7
错配物(粒度)………………………………… 8.2.8
沉降末速……………………………………… 4.6.6
沉降式离心脱水机…………………………… 6.2.4
沉降过滤式离心脱水机……………………… 6.2.5
沉淀池………………………………………… 6.3.4
沉淀塔 ………………………………………… 6.3.10
沉淀仓 ………………………………………… 6.3.15
长石床层跳汰机……………………………… 5.3.5
超粒 …………………………………………… 7.2.16
弛张筛 ………………………………………… 4.5.18
处理能力 ……………………………………… 3.3.13
床层传感器 …………………………………… 5.3.23
床层松散度 …………………………………… 5.3.41
纯中煤………………………………………… 3.1.8
冲水 …………………………………………… 5.3.32
充气…………………………………………… 5.6.8
充气均匀系数 ………………………………… 5.6.44
充气式浮选机 ………………………………… 5.6.47
充气式压滤机 ………………………………… 6.2.28
储存仓 ………………………………………… 10.1.6
沉物 …………………………………………… 8.3.12
沉矸 …………………………………………… 8.3.25
(分选)错配物 ………………………………… 8.3.14

D

单层筛………………………………………… 4.5.1
带式压滤机 …………………………………… 6.2.30

带式沉淀池 …… 6.3.11
单位处理能力 …… 3.3.14
单元浮选试验 …… 5.6.40
单位充气量 …… 5.6.43
单齿辊破碎机 …… 7.2.19
单位消耗量 …… 8.1.14
单点装车 …… 9.1.20
当量密度 …… 8.3.19
袋式除尘器 …… 6.4.5
倒排矸 …… 5.3.45
等厚筛分 …… 4.2.25
等厚筛 …… 4.5.19
等沉粒 …… 4.6.7
等沉比 …… 4.6.8
等降粒 …… 4.6.7
等降比 …… 4.6.8
等误粒度 …… 8.2.4
等误密度 …… 8.3.6
等灰密度 …… 8.3.18
低级煤 …… 3.1.15
底流 …… 6.1.27
电磁振动筛 …… 4.5.16
电控气动风阀 …… 5.3.49
定压水箱 …… 5.1.8
定量装车 …… 9.1.22
顶水 …… 5.3.33
动筛跳汰机 …… 5.3.6
堆密度 …… 9.1.10
堆料机 …… 9.1.11
堆料 …… 9.1.13
堆取料机 …… 9.1.16
散密度计 …… 10.1.17
多层筛 …… 4.5.2
多点装车 …… 9.1.19

E

额定能力 …… 3.3.1
额定粒度 …… 4.1.6
额定面积(筛子) …… 4.2.18
颚式破碎机 …… 7.2.3
额定筛分粒度 …… 8.2.7
额定筛孔 …… 8.2.11
二段排矸提升机 …… 5.3.30
二段破碎 …… 7.2.14

F

反击式破碎机 …… 7.2.20
防尘 …… 10.1.1
防冻 …… 10.1.2
防冻剂 …… 10.1.12
分选特性 …… 3.2
分选粒级 …… 3.2.15
分选密度±0.1含量法 …… 3.2.18
分选作业 …… 3.2.24
分级 …… 4
分级(泛指粒度分级) …… 4.1.1
分级(专指沉降分级) …… 4.1.2
分级筛(组) …… 4.4.7
分级机 …… 4.6.2
分级旋流器 …… 4.6.3
分选 …… 5
分级入选 …… 5.1.36
分级粒度 …… 8.2.15
分级效率 …… 8.2.12
分级作业 …… 8.2
分级破碎机 …… 7.2.23
分选介质 …… 5.4.6
分选作业 …… 8.3
分选密度 …… 8.3.4
分选下限 …… 8.3.29
分组入选 …… 5.1.34
分层 …… 5.3.42
分流 …… 5.4.25
分流量 …… 5.4.40
分段试验 …… 5.6.24
分散剂 …… 5.6.31
分步释放浮选试验 …… 5.6.41
分散体 …… 6.1.12
分配曲线 …… 8.1.5
分配率 …… 8.1.6
分割点 …… 8.1.7
分离粒度 …… 8.2.2
分配粒度 …… 8.2.3
分配曲线 …… 8.3.5
分界灰分 …… 8.3.31
非磁性物 …… 5.4.12

非磁性物含量 …………………………… 5.4.41
废矸 …………………………………… 3.1.11
废水 …………………………………… 5.1.18
粉尘…………………………………… 4.1.9
粉煤 …………………………………… 4.1.10
粉碎率 ………………………………… 8.1.17
风力分级……………………………… 4.6.1
风选…………………………………… 5.2.5
风力摇床……………………………… 5.2.6
风力跳汰机…………………………… 5.2.7
风力跳汰……………………………… 5.2.8
风阀 …………………………………… 5.3.17
风阀特性曲线 ………………………… 5.3.36
风力提升器 …………………………… 5.4.39
浮沉试验……………………………… 3.2.2
浮物累计曲线………………………… 3.2.6
浮标 …………………………………… 5.3.22
浮选机 ………………………………… 5.6.12
浮选精煤 ……………………………… 5.6.19
浮选尾煤 ……………………………… 5.6.20
浮选中煤 ……………………………… 5.6.21
浮选时间 ……………………………… 5.6.28
浮选剂 ………………………………… 5.6.29
浮选柱 ………………………………… 5.6.48
浮沉煤泥 ……………………………… 6.1.24
浮选完善指标 ………………………… 8.1.21
浮物 …………………………………… 8.3.11
浮煤 …………………………………… 8.3.23
复合脉动跳汰机 ……………………… 5.3.52
沸腾层(床)干燥机 …………………… 6.2.35
辅助作业 ……………………………… 3.1.25

G

概率筛分……………………………… 4.2.8
干扰沉降 ……………………………… 4.6.10
干选…………………………………… 5.1.1
干法筛分……………………………… 4.2.6
干法选煤……………………………… 5.2
干燥…………………………………… 6.1.2
干燥机………………………………… 6.2.1
矸石 …………………………………… 3.1.10
矸石提升机 …………………………… 5.1.6
矸石场 ………………………………… 9.1.21
高桑跳汰机 …………………………… 5.3.51
高效浓缩机 …………………………… 6.3.14
高梯度磁选 …………………………… 5.4.42
格筛 …………………………………… 4.5.10
格条…………………………………… 5.5.3
隔膜跳汰机…………………………… 5.3.8
给料箱………………………………… 6.3.7
给药机 ………………………………… 5.6.11
给料机………………………………… 9.1.2
共振筛………………………………… 4.5.4
工艺流程图…………………………… 3.3.8
工作面积 ……………………………… 4.2.19
固液或固气分离……………………… 6
固定筛………………………………… 6.2.2
固气分离……………………………… 6.4
固定锤式破碎机……………………… 7.2.5
刮板重介质分选机 …………………… 5.4.34
刮刀卸料离心脱水机 ………………… 6.2.20
惯性卸料离心脱水机 ………………… 6.2.19
管式压滤机 …………………………… 6.2.29
管式干燥机 …………………………… 6.2.32
管状流动 ……………………………… 9.1.15
滚筒筛………………………………… 4.5.7
滚轴筛………………………………… 4.5.8
滚筒分选机…………………………… 5.5.7
滚筒式干燥机 ………………………… 6.2.33
滚筒碎选机…………………………… 7.2.2
辊式破碎机…………………………… 7.2.4
过滤…………………………………… 6.1.4
过滤介质 ……………………………… 6.1.16
过滤式离心脱水机…………………… 6.2.3
过滤槽………………………………… 6.2.7
过滤机 ………………………………… 6.2.22
过粉碎 ………………………………… 7.2.17
规定粒度……………………………… 8.2.1

H

含矸率 ………………………………… 8.3.26
含煤率 ………………………………… 8.3.28
弧形筛 ………………………………… 4.5.11
滑动风阀 ……………………………… 5.3.18
缓冲仓 ………………………………… 10.1.8
缓冲筛面……………………………… 4.3.6

环形手选台…………………………………… 5.2.4
灰分特性曲线…………………………………… 3.2.4
灰分/相对密度曲线………………………………… 3.2.14
灰分误差………………………………………… 8.3.9
灰分批合格率 ………………………………… 8.3.33
灰分批稳定率 ………………………………… 8.3.34
灰分仪………………………………………… 10.1.16
回选 ……………………………………………… 5.1.32
回收率 …………………………………………… 8.1.12
活动棒条筛面………………………………………… 4.3.5
活塞跳汰机……………………………………… 5.3.7
活化剂………………………………………… 5.6.1
混料桶 ………………………………………… 5.4.44
混料…………………………………………… 9.1.6
混料机………………………………………… 9.1.7

J

拣矸效率 ……………………………………… 8.3.27
基本术语………………………………………… 3
基元灰分 ……………………………………… 8.3.30
计量水分……………………………………… 10.1.13
计算入料……………………………………… 8.1.4
集尘…………………………………………… 6.4.2
集尘器………………………………………… 6.4.3
机械搅拌式浮选机 …………………………… 5.6.45
加重质………………………………………… 5.4.5
加重质制备(介质制备) ……………………… 5.4.22
加压过滤机 …………………………………… 6.2.11
加工费 ………………………………………… 8.1.15
假中煤………………………………………… 3.1.9
搅拌桶 ………………………………………… 5.6.13
角锥沉淀池…………………………………… 6.3.9
检查筛分 ……………………………………… 4.2.23
检查筛………………………………………… 4.4.8
检查性手选 …………………………………… 5.2.10
降硫率 ………………………………………… 8.3.35
介质回收筛 …………………………………… 5.4.20
介质桶 ………………………………………… 5.4.43
加重质回收…………………………………… 5.4.9
接触角 ………………………………………… 5.6.22
解离…………………………………………… 7.1.5
进口煤 ………………………………………… 3.1.14
精煤…………………………………………… 3.1.6
精选 …………………………………………… 5.6.39
精选槽 ………………………………………… 5.6.17
井下水 ………………………………………… 5.1.19
井筒式干燥机 ………………………………… 6.2.34
静电除尘器…………………………………… 6.4.6
均质性………………………………………… 9.1.4
均质化………………………………………… 9.1.5
均匀性………………………………………… 9.1.8

K

开路破碎 ……………………………………… 7.2.11
开孔率 ………………………………………… 4.2.20
可见矸石 ……………………………………… 3.1.29
可选性………………………………………… 3.2.1
可选性曲线…………………………………… 3.2.3
可浮性 ………………………………………… 3.2.22
可碎性………………………………………… 7.1.9
可磨性………………………………………… 7.1.10
可能偏差……………………………………… 8.3.7
孔径…………………………………………… 4.2.5
空气重介流化床干法选煤……………………… 5.2.9
空气脉动跳汰机……………………………… 5.3.4
空气室 ………………………………………… 5.3.47
块煤 …………………………………………… 4.1.13
控制粒度……………………………………… 8.2.5
矿井水 ………………………………………… 5.1.19
矿井选煤厂 …………………………………… 3.1.18
矿区选煤厂 …………………………………… 3.1.20
矿浆…………………………………………… 5.6.6
矿化泡沫 ……………………………………… 5.6.27
矿浆准备器 …………………………………… 5.6.49

L

捞坑 …………………………………………… 6.2.15
累计曲线……………………………………… 3.2.5
立轮重介质分选机 …………………………… 5.4.33
粒度 …………………………………………… 3.1.26
粒级煤 ………………………………………… 4.1.12
粒度组成 ……………………………………… 4.1.14
粒级 …………………………………………… 4.1.15
粒度特性曲线 ………………………………… 8.2.14
离心选煤 ……………………………………… 5.1.28
离心摇床 ……………………………………… 5.5.11

离心脱水…………………………………………… 6.1.5
离心强度 ………………………………………… 6.1.19
离心液…………………………………………… 6.2.6
离心脱水机 ……………………………………… 6.2.18
理论分级粒度 …………………………………… 8.2.16
理论产率………………………………………… 8.3.2
理论灰分 ………………………………………… 8.3.16
理论分选密度 …………………………………… 8.3.17
连续性浮选试验 ………………………………… 5.6.42
料堆 ……………………………………………… 9.1.12
裂解……………………………………………… 7.1.7
邻近密度物 ……………………………………… 8.3.13
邻近密度物曲线………………………………… 3.2.9
邻近筛孔物 ……………………………………… 4.2.17
溜槽……………………………………………… 5.1.9
流态化悬浮体 …………………………………… 5.1.12
流槽选煤 ………………………………………… 5.1.26
流量计…………………………………………… 10.1.15
漏斗(受煤坑) …………………………………… 10.1.7
滤布……………………………………………… 6.2.8
滤网……………………………………………… 6.2.8
滤饼……………………………………………… 6.2.9
滤液 ……………………………………………… 6.2.10
螺旋分选机 ……………………………………… 5.5.10
螺旋干燥机 ……………………………………… 6.2.36

M

M-曲线 …………………………………………… 3.2.13
埋刮板输送机 …………………………………… 6.2.14
迈尔曲线 ………………………………………… 3.2.13
毛煤……………………………………………… 3.1.2
毛煤筛…………………………………………… 4.4.1
煤仓……………………………………………… 9.1.6
煤泥池 …………………………………………… 6.1.11
煤泥 ……………………………………………… 6.1.20
煤泥筛…………………………………………… 4.4.5
煤泥水 …………………………………………… 5.1.21
煤泥(粉)浮沉试验 ……………………………… 3.2.21
密度曲线………………………………………… 3.2.8
密度级 …………………………………………… 3.2.16
密度组成 ………………………………………… 3.2.17
密度控制装置 …………………………………… 5.4.17
密度计…………………………………………… 10.1.17
摩擦选煤 ………………………………………… 5.1.29
磨碎……………………………………………… 7.1.3
磨碎流程 ………………………………………… 7.1.14
末煤 ……………………………………………… 4.1.11

N

难度曲线………………………………………… 3.2.9
难筛物 …………………………………………… 4.2.17
能力与通过量…………………………………… 3.3
能力流程图 ……………………………………… 3.3.12
泥化 ……………………………………………… 3.2.20
粘结 ……………………………………………… 10.1.9
凝聚剂…………………………………………… 6.3.8
浓悬浮液(浓介质) ……………………………… 5.4.15
浓缩浮选 ………………………………………… 5.6.35
浓缩……………………………………………… 6.1.8
浓度 ……………………………………………… 6.1.28
浓缩漏斗………………………………………… 6.3.3
浓缩旋流器……………………………………… 6.3.6
浓缩效率 ………………………………………… 8.1.20

P

耙式浓缩机……………………………………… 6.3.5
排矸装置 ………………………………………… 5.3.21
排矸室 …………………………………………… 5.3.24
排矸闸门 ………………………………………… 5.3.25
排矸轮 …………………………………………… 5.3.26
排矸螺旋 ………………………………………… 5.3.27
排矸管 …………………………………………… 5.3.28
泡沫浮选 ………………………………………… 5.1.22
泡沫浮选(浮选)………………………………… 5.6
泡沫除尘器……………………………………… 6.4.8
喷洗筛…………………………………………… 4.4.6
喷水 ……………………………………………… 5.1.17
喷水装置 ………………………………………… 5.4.21
喷射式浮选机 …………………………………… 5.6.46
配料 ……………………………………………… 10.1.5
配料与均质化…………………………………… 9
配煤仓 …………………………………………… 9.1.17
配煤入选 ………………………………………… 5.1.33
劈碎机…………………………………………… 7.2.1
平均粒度………………………………………… 4.1.5
破碎级 …………………………………………… 4.1.17

破碎…… 7
破碎(轧碎)…… 7.1.1
破碎(压碎)…… 7.1.2
破碎比…… 7.1.4
破碎流程 …… 7.1.13
破碎设备…… 7.2
破碎机 …… 7.2.18
破碎效率 …… 8.1.16

Q

气流筛分 …… 4.2.26
其他分选设备…… 5.5
起泡剂 …… 5.6.3
其他 …… 10
清洗水(横冲水)…… 5.5.4
亲水性矿物 …… 5.6.26
球磨机…… 7.2.7
倾斜板沉淀槽 …… 6.3.12
群矿选煤厂 …… 3.1.19
曲面筛 …… 4.5.19
取料机 …… 9.1.10
浅槽重介分选机 …… 5.4.34

R

人工拣选…… 5.2.2
人工床层 …… 5.3.40
入料上限 …… 3.1.27
入料下限 …… 3.1.28
润湿剂…… 5.6.4
乳化剂 …… 5.6.32

S

扫选槽 …… 5.6.18
扫选 …… 5.6.38
四齿辊破碎机 …… 7.2.22
湿法筛分…… 4.2.7
湿选…… 5.1.2
实际性能曲线 …… 3.2.11
实际分级粒度 …… 8.2.17
实际分选密度 …… 8.3.20
筛分试验…… 4.1.3
筛上粒…… 4.1.7
筛下粒…… 4.1.8
筛分…… 4.2
筛分…… 4.2.1
筛分机…… 4.2.2
筛上物 …… 4.2.12
筛下物 …… 4.2.14
标准筛 …… 4.2.21
筛孔 …… 4.2.27
筛序…… 4.2.28
筛比 …… 4.2.29
筛分机的部件…… 4.3
筛面…… 4.3.1
筛板…… 4.3.2
筛网…… 4.3.3
筛下粒控制筛…… 4.4.9
筛侧空气室跳汰机 …… 5.3.50
筛下空气室跳汰机 …… 5.3.51
筛分效率 …… 8.2.13
筛选厂 …… 3.1.23
上升流 …… 5.4.30
上升流分选机…… 5.5.5
设计能力…… 3.3.3
设备最大能力…… 3.3.5
设备流程图…… 3.3.9
深锥浓缩机 …… 6.3.13
生产能力…… 3.3.2
手选…… 5.2.1
手选带…… 5.2.3
疏水性矿物 …… 5.6.25
输送水 …… 5.3.31
数量效率…… 8.3.1
双齿辊破碎机 …… 7.2.21
手选矸石 …… 3.1.30
水力分级…… 4.6.4
水析…… 4.6.5
水力旋流器 …… 4.6.11
水循环系统 …… 5.1.13
水力跳汰 …… 5.3.39
水平流 …… 5.4.29
水平筛 …… 4.5.15
水介质旋流器 …… 5.5.12
水平带式真空过滤机 …… 6.2.26
水膜除尘器…… 6.4.7
水分仪…… 10.1.18

碎裂…………………………………………… 7.1.6
碎解…………………………………………… 7.1.8

T

条缝筛 ……………………………………… 4.5.12
调和…………………………………………… 5.6.9
调和槽 ……………………………………… 5.6.10
调整剂 ……………………………………… 5.6.30
跳汰选煤 …………………………………… 5.1.24
跳汰选煤…………………………………………… 5.3
跳汰机………………………………………… 5.3.1
跳汰筛板……………………………………… 5.3.9
跳汰床层 …………………………………… 5.3.10
跳汰室 ……………………………………… 5.3.11
跳汰分段 …………………………………… 5.3.12
跳汰机筛下室 ……………………………… 5.3.13
跳汰机入料堰 ……………………………… 5.3.14
跳汰机中间堰 ……………………………… 5.3.15
跳汰机溢流堰 ……………………………… 5.3.16
跳汰机风阀周期 …………………………… 5.3.20
跳汰周期 …………………………………… 5.3.34
跳汰周期特性曲线 ………………………… 5.3.35
跳汰频率 …………………………………… 5.3.37
跳汰振幅 …………………………………… 5.3.38
跳汰室 ……………………………………… 5.3.46
跳汰面积 …………………………………… 5.3.48
退磁 ………………………………………… 5.4.27
通过粒度 …………………………………… 8.2.18
筒式压滤机 ………………………………… 6.2.31
湿式弱磁永磁筒式磁选机 ………………… 5.4.36
透筛排料 …………………………………… 5.3.43
脱泥…………………………………………… 4.2.9
脱粉 ………………………………………… 4.2.10
脱水筛………………………………………… 4.4.3
脱泥筛………………………………………… 4.4.4
脱泥入选 …………………………………… 5.1.37
脱介筛 ……………………………………… 5.4.18
脱水…………………………………………… 6.1.1
脱水时间 …………………………………… 6.1.15
脱落率 ……………………………………… 6.1.17
脱水仓 ……………………………………… 6.2.16
脱水…………………………………………… 6.2
脱水斗式提升机 …………………………… 6.2.17
脱水效率 …………………………………… 8.1.19
脱硫率 ……………………………………… 8.3.36
脱硫完善指标 ……………………………… 8.3.37

W

外来煤 ……………………………………… 3.1.13
微泡浮选 …………………………………… 5.6.36
污染指标 …………………………………… 8.3.22
物料流程图 ………………………………… 3.3.10
误差曲线……………………………………… 8.3.3

X

析离 ………………………………………… 3.1.16
洗煤…………………………………………… 3.1.5
洗水 ………………………………………… 6.1.26
细泥 ………………………………………… 5.1.20
细粒控制筛…………………………………… 4.4.9
细粒增量 …………………………………… 8.1.18
稀介质 ……………………………………… 5.4.14
稀悬浮液 …………………………………… 5.4.14
洗选厂………………………………………… 5.1.3
洗选产品……………………………………… 5.1.5
下降流 ……………………………………… 5.4.31
限制粒度……………………………………… 4.1.6
限下率 ……………………………………… 8.2.19
限上率 ……………………………………… 8.2.20
楔条筛面……………………………………… 4.3.4
香蕉筛 ……………………………………… 4.5.19
相对密度曲线………………………………… 3.2.8
箱式压滤机 ………………………………… 6.2.27
消泡器 ……………………………………… 5.6.23
小筛分………………………………………… 4.1.4
效果的表达………………………………………… 8
效率…………………………………………… 8.1.1
斜轮重介质分选机 ………………………… 5.4.32
斜板分选机…………………………………… 5.5.6
泄水…………………………………………… 6.1.3
性能曲线 …………………………………… 3.2.10
行程…………………………………………… 4.2.4
性能描述……………………………………… 8.1.2
型煤………………………………………… 10.1.14
絮凝…………………………………………… 6.1.6
絮凝剂………………………………………… 6.3.1

絮团…………………………………… 6.3.2
旋转概率筛……………………………… 4.5.6
旋流筛 ………………………………… 4.5.13
旋转风阀 ……………………………… 5.3.19
旋流器…………………………………… 5.5.8
旋风除尘器……………………………… 6.4.4
旋回破碎机……………………………… 7.2.8
悬浮体 ………………………………… 5.1.11
悬浮物 ………………………………… 5.4.19
悬浮液 ………………………………… 5.4.23
悬浮液稳定性 ………………………… 5.4.24
悬浮液黏度 …………………………… 5.4.45
选煤一般术语…………………………… 3.1
选煤……………………………………… 3.1.1
选煤厂…………………………………… 3.1.17
选煤厂排放水 ………………………… 6.1.10
选择性絮凝法 ………………………… 5.5.13
选择性破碎 …………………………… 7.1.11
选择性磨碎 …………………………… 7.1.12
循环水 ………………………………… 5.1.15
循环介质………………………………… 5.4.7
循环悬浮液……………………………… 5.4.7

Y

压滤机 ………………………………… 6.2.12
一般术语………………………………… 4.1
一般术语………………………………… 5.1
一般术语………………………………… 6.1
一般术语………………………………… 7.1
一般术语………………………………… 8.1
一段排矸提升机 ……………………… 5.3.29
一段破碎 ……………………………… 7.2.13
溢流……………………………………… 6.1.9
抑尘……………………………………… 9.1.4
抑制剂…………………………………… 5.6.5
摇床选煤 ……………………………… 5.1.27
摇床……………………………………… 5.5.2
摇动筛…………………………………… 4.5.3
药剂制度 ……………………………… 5.6.33
液体流程图 …………………………… 3.3.11
叶片式混料机 ………………………… 9.1.11
有效面积(筛子) ……………………… 4.2.19
有效筛孔 ……………………………… 8.2.10
优先浮选………………………………… 5.6.7
预先分级筛……………………………… 4.4.2
预先筛分圆振动筛 …………………… 4.5.14
预期性能曲线 ………………………… 3.2.12
预磁 …………………………………… 5.4.26
预先脱水 ……………………………… 6.1.13
原煤……………………………………… 3.1.3
原料煤…………………………………… 3.1.4
用户选煤厂 …………………………… 3.1.22
原料……………………………………… 3.3.6
原则流程图……………………………… 3.3.7
原煤筛…………………………………… 4.4.2
原生煤泥 ……………………………… 6.1.22
圆筒带式磁选机 ……………………… 5.4.37
圆盘式真空过滤机 …………………… 6.2.23
圆筒式真空过滤机 …………………… 6.2.24
圆锥破碎机……………………………… 7.2.8

Z

再循环 ………………………………… 3.1.12
再选……………………………………… 5.1.4
再选跳汰机……………………………… 5.3.3
再选槽 ………………………………… 5.6.16
再生悬浮液 …………………………… 5.4.13
再生重介质 …………………………… 5.4.13
在气流或水流中的分级………………… 4.6
自然级 ………………………………… 4.1.16
自由沉降 ……………………………… 4.6.9
折带式真空过滤机 …………………… 6.2.25
振幅……………………………………… 4.2.3
振动筛…………………………………… 4.5.5
振动概率筛 …………………………… 4.5.17
真空过滤机 …………………………… 6.2.13
正配物(分选) ………………………… 8.3.15
正排矸 ………………………………… 5.3.44
正配物(粒度)…………………………… 8.2.9
直线振动筛 …………………………… 4.5.15
直接浮选 ……………………………… 5.6.34
质量流程图 …………………………… 3.3.12
质量效率 ……………………………… 8.3.21
振动卸料离心脱水机 ………………… 6.2.21
正配物 ………………………………… 8.1.10
正配物总量 …………………………… 8.1.11

正配率 ······ 8.1.12
整体流动(在仓内) ······ 9.1.14
中煤 ······ 3.1.7
中心选煤厂 ······ 3.1.21
中间煤含量法 ······ 3.2.19
中煤提升机 ······ 5.1.7
中间产物 ······ 5.1.31
中间煤 ······ 8.3.24
重力选煤 ······ 5.1.23
重介质选煤 ······ 5.1.25
重介质选煤 ······ 5.4
重液 ······ 5.4.1
重介质 ······ 5.4.2
重介质工艺 ······ 5.4.3
重介工艺 ······ 5.4.3
重介质分选机 ······ 5.4.4
重介质回收 ······ 5.4.9
重介车间 ······ 5.4.16
重介质旋流器 ······ 5.4.35
主选 ······ 5.1.30
主选跳汰机 ······ 5.3.2
主选槽 ······ 5.6.14
助滤剂 ······ 6.1.18
装车仓 ······ 9.1.18
准备筛分 ······ 4.2.22
准备破碎 ······ 7.2.9
总破碎比 ······ 7.2.15
阻沉选煤机 ······ 5.5.9
最大设计能力 ······ 3.3.4
最终筛分 ······ 4.2.24
最终脱水 ······ 6.1.14
最终破碎 ······ 7.2.10
最高产率原则 ······ 8.3.32

英 文 索 引

A

activating agent …… 5.6.1
activator …… 5.6.1
actual performance curve …… 3.2.11
aeration …… 5.6.8
aeration quantity …… 5.6.43
aeration uniformity coefficient …… 5.6.44
agitation froth machine …… 5.6.45
agitator …… 5.6.13
agglomeration …… 10.1.9
air chamber …… 5.3.47
air chamber under the bed jig …… 5.3.51
air classification …… 4.6.1
air flow screening …… 4.2.26
air jig …… 5.2.7
air jigging …… 5.2.8
air lifter …… 5.4.39
air pulsating jig …… 5.3.4
air valve …… 5.3.17
amplitude …… 4.2.3
angle of repose …… 10.1.3
antifreeze …… 10.1.12
antifreezing agent …… 10.1.12
aperture size …… 4.2.5
artificial bed …… 5.3.40
ash/relative density curve …… 3.2.14
ash error …… 8.3.9
ash monitor …… 10.1.16
ash qualification ratio …… 8.3.33
ash stabilization ratio …… 8.3.34
auxiliary breaking …… 7.2.9
auxiliary crushing …… 7.2.9
auxiliary process …… 3.1.25

B

basic flowsheet …… 3.3.7
banana screening …… 4.2.25
bar screen …… 4.5.9
banana screen …… 4.5.19

back water …… 5.3.33
bag filter …… 6.4.5
ball mill …… 7.2.7
barrel washer …… 5.5.7
basket centrifuge …… 6.2.3
batch-flotation …… 5.6.40
Batac jig …… 5.3.51
Baum jig …… 5.3.50
beneficiation with air-dense medium fluidized bed …… 5.2.9
bed depth transducer …… 5.3.23
belt filter press …… 6.2.30
belt-folded discharge drum vacuum filter …… 6.2.25
bed plate …… 5.3.9
belt vacuum filter …… 6.2.26
bin …… 10.1.6
bin blending …… 9.1.1
bleed water …… 5.1.18
blending …… 10.1.5
Blending and homogenization terms …… 9
blending bunker …… 9.1.17
blending tank …… 5.4.44
bone …… 3.1.8
Bradford breaker …… 7.2.2
breakage screen …… 4.4.9
breaking …… 7.1.1
breakage …… 7.1.6
breaker …… 7.2.18
bunker …… 10.1.6
bulk density …… 10.1.10
bulk density meter …… 10.1.17
bunker blending …… 9.1.1

C

calculated feed …… 8.1.4
capacity …… 3.3.13
Capacity and throughput …… 3.3
capacity flowsheet …… 3.3.12
cascade type dryer …… 6.2.34
central coal preparation plant …… 3.1.21
centrate …… 6.2.6
centrifugal cleaning …… 5.1.28
centrifugal intensity …… 6.1.19
centrifugal table …… 5.5.11

centrifuge …… 6. 2. 18
centrifuging …… 6. 1. 5
characteristic ash curve …… 3. 2. 4
characteristic curve of air valve …… 5. 3. 36
characteristic curve of jigging cycle …… 5. 3. 35
chamber pressure filter …… 6. 2. 27
checking size …… 8. 2. 5
circular vibrating screen …… 4. 5. 14
circulating medium …… 5. 4. 7
circulating water …… 5. 1. 15
clarification …… 6. 1. 7
Clarification and thickening …… 6. 3
clarified water …… 6. 1. 25
classifier …… 4. 6. 2
classification …… 4. 1. 2
classification of washability based on middling …… 3. 2. 19
classification of washability based on δ±0. 1 near-density material …… 3. 2. 18
classifying screen(s) …… 4. 4. 7
clean coal …… 3. 1. 6
cleaned coal …… 3. 1. 6
cleaner cells …… 5. 6. 17
Cleaning …… 5
cleaning …… 5. 6. 39
Cleaning characteristics …… 3. 2
Cleaning equipment (miscellaneous) …… 5. 5
Cleaning operations …… 8. 3
closed-circuit crushing …… 7. 2. 12
closed water circuit …… 5. 1. 14
coagulant …… 6. 3. 8
coagulating agent …… 6. 3. 8
coal briquette …… 10. 1. 14
coal cleaning …… 3. 1. 5
coal laundering …… 5. 1. 26
coal preparation …… 3. 1. 1
coal preparation plant …… 3. 1. 17
coarse slime …… 6. 1. 21
collection agent …… 5. 6. 2
collector …… 5. 6. 2
compound pulsating jig …… 5. 3. 52
concentration …… 6. 1. 28
concentrating table …… 5. 5. 2
conditioning …… 5. 6. 9
conditioner …… 5. 6. 10

cone crusher ········ 7. 2. 8
conical settling tank ········ 6. 3. 3
contact angle ········ 5. 6. 22
contamination index ········ 8. 3. 22
continuous flotation test ········ 5. 6. 42
control hand picking ········ 5. 2. 10
control screening ········ 4. 2. 23
control size ········ 8. 2. 5
core flow ········ 9. 1. 15
correct medium ········ 5. 4. 6
correctly placed material ········ 8. 1. 10
correctly placed material (sizing) ········ 8. 2. 9
correctly placed material (cleaning) ········ 8. 3. 15
cracking ········ 7. 1. 1
cross water ········ 5. 5. 4
crushability ········ 7. 1. 9
crusher ········ 7. 2. 18
crushing ········ 7. 1. 2
crushing circuit ········ 7. 1. 13
crushing efficiency ········ 8. 1. 16
cumulative curve ········ 3. 2. 5
cumulative floats curve ········ 3. 2. 6
cumulative sinks curve ········ 3. 2. 7
cut-point ········ 8. 1. 7
cut-point ash ········ 8. 3. 31
cyclone ········ 5. 5. 8
cyclone classifier ········ 4. 6. 3
cyclone dust collector ········ 6. 4. 4
cyclone thickener ········ 6. 3. 6

D

dedustor ········ 6. 4. 3
dedusting ········ 4. 2. 11
deep cone thickener ········ 6. 3. 13
degradation ········ 7. 1. 7
degradation in water ········ 3. 2. 20
degradation rate ········ 8. 1. 17
depulping screen ········ 5. 4. 18
density meter ········ 10. 1. 19
designated size ········ 8. 2. 1
de-magnetization ········ 5. 4. 27
dense liquid ········ 5. 4. 1
dense medium ········ 5. 4. 2

Dense medium cleaning 5. 4
dense medium plant 5. 4. 16
dense medium cyclone 5. 4. 35
dense medium process 5. 4. 3
dense medium recovery 5. 4. 9
dense medium separtor 5. 4. 4
dense medium separation 5. 1. 25
densimetric consist 3. 2. 17
densimetric fractions 3. 2. 16
densimetric curve 3. 2. 8
density consist 3. 2. 17
density control device 5. 4. 17
density fractions 3. 2. 16
depressant 5. 6. 5
design capacity 3. 3. 3
desliming 4. 2. 9
desliming screen 4. 4. 4
dewatering 6. 1. 1
Dewatering 6. 2
dewatering basket 6. 2. 17
dewatering efficiency 8. 1. 19
dewatering elevator 6. 2. 17
dewatering screen 4. 4. 3
dewatering time 6. 1. 15
diaphragm jig 5. 3. 8
difficulty curve 3. 2. 9
dirt 3. 1. 11
discard 3. 1. 11
discharge shutter 5. 3. 25
discharge of heavy dirt at the discharge end 5. 3. 44
discharge of heavy dirt at the feed end 5. 3. 45
discharge of heavy material though screenplate 5. 3. 43
dilute medium 5. 4. 14
dispersant 5. 6. 31
dispersing agent 5. 6. 31
direct flotation 5. 6. 34
disc-type vacuum filter 6. 2. 23
discharge shutter 5. 3. 25
disintegration 7. 1. 8
dispersion 6. 1. 12
dissociation 7. 1. 8
distribution coefficients 8. 1. 6
distribution curve 8. 1. 5

double roll crusher ······ 7. 2. 21
downward current ······ 5. 4. 31
drag tank ······ 6. 2. 15
drainage bin ······ 6. 2. 16
draining ······ 6. 1. 3
dredging conveyor ······ 6. 2. 14
dredging sump ······ 6. 2. 15
dredging tank ······ 6. 3. 11
dressing water ······ 5. 5. 4
drum-belt magnetic separator ······ 5. 4. 37
drum-type dryer ······ 6. 2. 33
drum-type filter press ······ 6. 2. 31
drum-type vacuum filter ······ 6. 2. 24
drum washer ······ 5. 5. 7
dry cleaning ······ 5. 1. 1
Dry cleaning ······ 5. 2
dry cleaning table ······ 5. 2. 6
dry screening ······ 4. 2. 6
dryer ······ 6. 2. 1
drying ······ 6. 1. 2
dust ······ 4. 1. 9
dust depression ······ 10. 1. 4
dust extraction ······ 6. 4. 1
dust collector ······ 6. 4. 3
dust recovery ······ 6. 4. 2
dust-proofing ······ 10. 1. 1

E

E_{pm} ······ 8. 3. 7
ècart probable moyen ······ 8. 3. 7
effective area (screen) ······ 4. 2. 19
effective screen aperture ······ 8. 2. 10
efficiency ······ 8. 1. 1
efficiency of hand picking ······ 8. 3. 27
efficiency of screening ······ 8. 2. 13
efficiency of sizing ······ 8. 2. 12
effluent ······ 6. 1. 9
electro-magnetic vibrating screen ······ 4. 5. 16
electro-pneumatic valve ······ 5. 3. 49
electrostatic precipitator ······ 6. 4. 6
elementary ash ······ 8. 3. 30
emulsifier ······ 5. 6. 32
equal ash density ······ 8. 3. 18

equal errors cut-point (density) ······ 8.3.6
equal errors size ······ 8.2.4
equal falling particles ······ 4.6.7
equal falling ratio ······ 4.6.8
equal yield density ······ 8.3.19
error curve ······ 8.3.3
equipment flowsheet ······ 3.3.9
expected performance curve ······ 3.2.12
Expression of results ······ 8

F

fabric filter ······ 6.4.5
false middlings ······ 3.1.9
feed ······ 3.3.6
feed box ······ 8.3.7
feeder ······ 10.1.2
feinc filter ······ 6.2.25
feinc vacuum filter ······ 6.2.25
feldspar bed ······ 5.3.40
feldspar jig ······ 5.3.5
filter aid ······ 6.1.18
filter bowl ······ 6.2.7
filter cake ······ 6.2.9
filter cloth ······ 6.2.8
filter press ······ 6.2.12
filter tank ······ 6.2.7
filter media ······ 6.1.16
filter ······ 6.2.22
filtrate ······ 6.2.10
filtration ······ 6.1.4
final breaking ······ 7.2.10
final crushing ······ 7.2.10
final dewatering ······ 6.1.14
final screening ······ 4.2.24
fine coal float-and-sink analysis ······ 3.2.21
fine coal float-and sink test ······ 3.2.21
fines ······ 4.1.10
fines removal ······ 4.2.10
finished breaking ······ 7.2.10
finished crushing ······ 7.2.10
fixed screen ······ 6.2.2
flash dryer ······ 6.2.32
flip-flow screen ······ 4.5.18

float ………… 5. 3. 22
float-and-sink analysis ………… 3. 2. 2
float coal ………… 8. 3. 23
floats ………… 8. 3. 11
flocculating agent ………… 6. 3. 1
flocculation ………… 6. 1. 6
flocculent ………… 6. 3. 1
flocs ………… 6. 3. 2
flotability ………… 3. 2. 22
flotation agent ………… 5. 6. 29
flotation cell ………… 5. 6. 12
flotation column ………… 5. 6. 48
flotation concentrate ………… 5. 6. 19
flotation middling ………… 5. 6. 21
flotation tailings ………… 5. 6. 20
flotation time ………… 5. 6. 28
flow meter ………… 10. 1. 15
fluidized suspension ………… 5. 1. 12
fluid-bed dryer ………… 6. 2. 35
fluidized-bed dryer ………… 6. 2. 35
flushing water ………… 5. 3. 32
foreign coal ………… 3. 1. 13
four roll crusher ………… 7. 2. 22
free falling ………… 4. 6. 9
freeze-proofing ………… 10. 1. 2
friction cleaning ………… 5. 1. 29
froth breaker ………… 5. 6. 23
froth dedustor ………… 6. 4. 8
Froth flotation ………… 5. 6
froth flotation ………… 5. 1. 22
frother ………… 5. 6. 3
frothing agent ………… 5. 6. 3
funnel flow ………… 9. 1. 15

G

General ………… 3
General ………… 4. 1
General ………… 5. 1
General ………… 6. 1
General ………… 7. 1
General coal preparation ………… 3. 1
General terms ………… 8. 1
gradation composition ………… 4. 1. 14

grade ······ 4.1.15
grading screen(s) ······ 4.4.7
gravity concentration ······ 5.1.23
gravity separation ······ 5.1.23
grid plate ······ 5.3.9
grindability ······ 7.1.10
grinding ······ 7.1.3
grinding circuit ······ 7.1.14
grizzly ······ 4.5.10
groupmine's coal preparation plant ······ 3.1.19
guard screen ······ 4.4.8
gyratory crusher ······ 7.2.8

H

H. M vessel ······ 5.4.34
hand cleaning ······ 5.2.1
hand picked refuse ······ 3.1.30
hand selection ······ 5.2.2
head tank ······ 5.1.8
headbox ······ 6.3.7
heavy medium ······ 5.4.2
heavy media bath ······ 5.4.34
heavy medium cyclone ······ 5.4.35
heavy media washer ······ 5.4.34
helicoids screw dryer ······ 6.2.36
heterogeneity ······ 9.1.3
high-capacity thickener ······ 6.3.14
high- gradient magnetic separation ······ 5.4.42
hindered falling ······ 4.6.10
hindered settling cleaner ······ 5.5.9
homogeneity ······ 9.1.4
homogenization ······ 9.1.5
hopper ······ 10.1.7
horizontal current ······ 5.4.29
horizontal screen ······ 4.5.15
hutch ······ 5.3.13
hydraulic analysis ······ 4.6.5
hydraulic classification ······ 4.6.4
hydraulic jigging ······ 5.3.39
hydro-cyclone ······ 5.5.12
hydro-cyclone ······ 4.6.11
hydrophobic mineral ······ 5.6.25
hydrophilic mineral ······ 5.6.26

hyperbaric pressure filter …… 6.2.28

I

I …… 8.3.8
impact crusher …… 7.2.20
imported coal …… 3.1.14
inclined lifting wheel separator …… 5.4.32
inclined plate depositing tank …… 6.3.12
increment of fines …… 8.1.18
inertial discharge centrifuge …… 6.2.19
interbanded middlings …… 3.1.9
intermediate product …… 5.1.31

J

jaw crusher …… 7.2.3
jet flotation machine …… 5.6.46
jig …… 5.3.1
jig air cycle …… 5.3.20
jig amplitude …… 5.3.38
jig area …… 5.3.48
jig bed …… 5.3.10
jig cell …… 5.3.11
jig centre weir …… 5.3.15
jig compartments …… 5.3.12
jig discharge sill …… 5.3.16
jig feed sill …… 5.3.14
jig piston valve …… 5.3.18
jig screen plate …… 5.3.9
jig slide valve …… 5.3.18
jigging …… 5.1.24
Jigging …… 5.3
jigging chamber …… 5.3.46
jig cycle …… 5.3.34
jig frequency …… 5.3.37
jigging screen …… 4.5.3

L

lamella …… 6.3.12
launder …… 5.1.9
launder washer …… 5.5.1
liberation(of intergrown constituents) …… 7.1.5
liquids flowsheet …… 3.3.11
limiting size …… 4.1.6

linear vibrating screen …… 4.5.15
loading bunker …… 9.1.18
loading bin …… 9.1.18
loose-rod deck …… 4.3.5
low-grade coal …… 3.1.15
low intensity permanent magnetic wet drum separator …… 5.4.36
lower limit of separation …… 8.3.29
lower size …… 3.1.28
lump coal …… 4.1.13

M

M-curve …… 3.2.13
magnetics …… 5.4.11
magnetic dewatering tank …… 5.4.38
magnetic material content …… 5.4.28
magnetic separator …… 5.4.10
make-up medium …… 5.4.8
make-up medium solids …… 5.4.8
make-up water …… 5.1.16
mass flow（in bunkers）…… 9.1.14
materials flowsheet …… 3.3.10
mayer curve …… 3.2.13
mean size …… 4.1.5
mechanical maximum capacity …… 3.3.5
medium draining screen …… 5.4.18
medium recovery screen …… 5.4.20
medium solids …… 5.4.5
medium solids preparation …… 5.4.22
medium solids recovery …… 5.4.9
medium tank …… 5.4.43
metrological moisture …… 10.1.13
microbubble flotation …… 5.6.36
middle coal …… 8.3.24
middlings …… 3.1.7
middling elevator …… 5.1.7
mine field coal preparation plant …… 3.1.20
mine water …… 5.1.19
mineralized froth …… 5.6.27
Miscellaneous …… 10
miscellany rate …… 8.1.13
misplaced material（screening）…… 4.2.16
misplaced material …… 8.1.8
misplaced material（sizing）…… 8.2.8

misplaced material (cleaning) ………………………………… 8. 3. 14
misplaced oversize ………………………………… 4. 2. 15
misplaced undersize ………………………………… 4. 2. 13
mixer ………………………………… 9. 1. 7
mixing ………………………………… 9. 1. 6
mobility of the jig bed ………………………………… 5. 3. 41
modifying agent ………………………………… 5. 6. 30
moisture meter ………………………………… 10. 1. 18
moving sieve jig ………………………………… 5. 3. 6
multi-deck screen ………………………………… 4. 5. 2
multipoint loading ………………………………… 9. 1. 19

N

near-density curve ………………………………… 3. 2. 9
near-density material ………………………………… 8. 3. 13
near-mesh material ………………………………… 4. 2. 17
near-size material ………………………………… 4. 2. 17
nominal area (screen) ………………………………… 4. 2. 18
nominal capacity ………………………………… 3. 3. 1
nominal screening size ………………………………… 8. 2. 7
nominal screen aperture ………………………………… 8. 2. 11
nominal size ………………………………… 4. 1. 6
non-magnetics ………………………………… 5. 4. 12
non-magnetic material content ………………………………… 5. 4. 41
non-uniformity ………………………………… 9. 1. 9

O

open-circuit crushing ………………………………… 7. 2. 11
operational capacities ………………………………… 3. 3. 2
oversize ………………………………… 4. 1. 7
open area ………………………………… 4. 2. 20
organic efficiency ………………………………… 8. 3. 1
over breaking ………………………………… 7. 2. 17
over crushing ………………………………… 7. 2. 17
over-dense medium ………………………………… 5. 4. 15
oversize ………………………………… 7. 2. 16
oversize control screen ………………………………… 4. 4. 8
oversize fraction ………………………………… 8. 2. 20

P

paddle mixer ………………………………… 10. 1. 11
partition coefficients ………………………………… 8. 1. 6
partition curve ………………………………… 8. 1. 5

partition density ········· 8.3.5
partition size ········· 8.2.3
Parts of screens ········· 4.3
peak design capacity ········· 3.3.4
percentage of cake discharge ········· 6.1.17
percentage of coal content ········· 8.3.28
percentage of desulphurization ········· 8.3.35
percentage of desulphurization ········· 8.3.36
percentage of refuse content ········· 8.3.26
perfect of index floatation ········· 8.1.21
perfect of index desulphurization ········· 8.3.37
performance curve ········· 3.2.10
pick breaker ········· 7.2.1
picking belt ········· 5.2.3
picking table ········· 5.2.3
picking table circular ········· 5.2.4
piston jig ········· 5.3.7
pit water ········· 5.1.19
pithead coal preparation plant ········· 3.1.18
plant effluent ········· 6.1.10
plate cleaner ········· 5.5.6
plunger jig ········· 5.3.7
pneumatic cleaning ········· 5.2.5
pneumatic flotation machine ········· 5.6.47
practical separation density ········· 8.3.20
practical sizing size ········· 8.2.17
pre-magnetization ········· 5.4.26
preliminary breaking ········· 7.2.9
preliminary crushing ········· 7.2.9
preliminary dewatering ········· 6.1.13
preliminary screening ········· 4.2.22
preparation cost ········· 8.1.15
preparation of blended raw coal ········· 5.1.33
preparation of deslimed raw coal ········· 5.1.37
preparation of grouped raw coal ········· 5.1.34
preparation of sized raw coal ········· 5.1.36
preparation of unsized raw coal ········· 5.1.35
pressure filter ········· 6.2.11
primary cleaning ········· 5.1.30
primary cells ········· 5.6.14
primary jig ········· 5.3.2
primary reject elevator ········· 5.3.29
primary screen ········· 4.4.2

primary slime ········· 6. 1. 22
probability screening ········· 4. 2. 8
probability vibrating screen ········· 4. 5. 17
process flowsheet ········· 3. 3. 8
pulp ········· 5. 6. 6
pulp conditioner ········· 5. 6. 49
pulp preprocessor ········· 5. 6. 49
pump sump ········· 5. 1. 10
pulverizing ········· 7. 1. 3

Q

quality efficiency ········· 8. 3. 21
quantitative loading ········· 9. 1. 22

R

R. O. M. coal ········· 3. 1. 2
rake thickener ········· 6. 3. 5
raw coal ········· 3. 1. 3
raw coal feed ········· 3. 1. 4
raw coal screen ········· 4. 4. 2
recleaner cells ········· 5. 6. 17
re-wash jig ········· 5. 3. 3
reagent feeder ········· 5. 6. 11
recirculation ········· 3. 1. 12
reduction ratio ········· 7. 1. 4
recessed plate press ········· 6. 2. 27
recirculation cleaning ········· 5. 1. 32
reciprocating screen ········· 4. 5. 3
reclaimer ········· 9. 1. 10
reclean ········· 5. 1. 4
reconstituted feed ········· 8. 1. 4
recovered dense medium ········· 5. 4. 13
recovery ········· 8. 1. 3
recovery rate ········· 8. 1. 12
rectilinear vibrating screen ········· 4. 5. 15
reference size ········· 8. 2. 6
refuse ········· 3. 1. 10
refuse elevator ········· 5. 1. 6
refuse pile ········· 9. 1. 21
regime of anent ········· 5. 6. 33
regulator ········· 5. 6. 30
reject discharge pipes ········· 5. 3. 28
reject ········· 3. 1. 10

reject elevator ······ 5.1.6
reject extraction chamber ······ 5.3.24
reject extractor ······ 5.3.21
reject gate ······ 5.3.25
reject rotor ······ 5.3.26
reject worm ······ 5.3.27
regenerated dense medium ······ 5.4.13
relative density curve ······ 3.2.8
relative filter resistance ······ 8.1.22
release analysis ······ 5.6.24
relieving deck ······ 4.3.6
resonance screen ······ 4.5.4
revolving screen ······ 4.5.7
rewash ······ 5.1.4
riffles ······ 5.5.3
rigid-hammer crusher ······ 7.2.5
rinsing screen ······ 4.4.6
rinsing water ······ 5.1.17
rod mill ······ 7.2.7
roll crusher ······ 7.2.4
roll screen ······ 4.5.8
rotary air valve ······ 5.3.19
rotary breaker ······ 7.2.2
rotation probability screen ······ 4.5.6
rougher cells ······ 5.6.15
roughing ······ 5.6.37
rule of maximum yield ······ 8.3.32
run of mine ······ 3.1.2
run-of-mine screen ······ 4.4.1

S

scavenger cells ······ 5.6.18
scavenging ······ 5.6.38
scraper discharge ······ 6.2.20
screen ······ 4.2.2
screen aperture ······ 4.2.27
screen-bowl centrifuge ······ 6.2.5
screen cloth ······ 4.3.3
screen deck ······ 4.3.1
screen mesh ······ 4.3.3
screen plate ······ 4.3.2
screen overflow ······ 4.2.12
screen underflow ······ 4.2.14

screen with constant thickness of bed …… 4.5.19
Screening …… 4.2
screening …… 4.2.1
screening surface …… 4.3.1
Screens according to purpose …… 4.4
Screens according to principle of construction …… 4.5
secondary cells …… 5.6.16
secondary reject elevator …… 5.3.30
secondary slime …… 6.1.23
segregation …… 3.1.16
selective crushing …… 7.1.11
selective flotation …… 5.6.7
selective flocculation methed …… 5.5.13
selective grinding …… 7.1.12
separating medium …… 5.4.6
separation density …… 8.3.4
Separation of solids from air …… 6.4
Separation of solids form water or air …… 6
separation process …… 3.1.24
separation size …… 8.2.2
settling banker …… 6.3.15
settling cone …… 6.3.3
settling pond …… 6.3.4
settling tower …… 6.3.10
shaking screen …… 4.5.3
sieve …… 4.2.21
sieve analysis …… 4.1.4
sieve bend …… 4.5.11
sieve plate …… 5.3.9
sieve ratio …… 4.2.29
sieve scale …… 4.2.28
single-deck screen …… 4.5.1
single-point loading …… 9.1.20
single roll crusher …… 7.2.19
single-stage crushing …… 7.2.13
sink refuse …… 8.3.25
sinks …… 8.3.12
size …… 3.1.26
size analysis …… 4.1.3
size consist …… 4.1.14
size-distribution curve …… 8.2.14
size fraction …… 4.1.15
size fractions of crushed coal …… 4.1.17

size fractions of raw coal ······ 4. 1. 16
size range of separation ······ 3. 2. 15
Size reduction ······ 7
Size reduction machines ······ 7. 2
Sizing operations ······ 8. 2
sizing size ······ 8. 2. 15
Sizing ······ 4
sizing ······ 4. 1. 1
sizing crusher ······ 7. 2. 23
Sizing in a current of air or water ······ 4. 6
sizing plant ······ 3. 1. 23
sizing screen(s) ······ 4. 4. 7
sized coal ······ 4. 1. 12
shaking table ······ 5. 5. 2
shaft dryer ······ 6. 2. 34
shower box ······ 5. 4. 21
spray screen ······ 4. 4. 6
spray water ······ 5. 1. 17
slack coal ······ 4. 1. 11
slime ······ 6. 1. 20
slime from float-and-sink analysis ······ 6. 1. 24
slime from float-and-sink test ······ 6. 1. 24
slimes ······ 5. 1. 20
slurry ······ 5. 1. 21
slurry pond ······ 6. 1. 11
slurry screen ······ 4. 4. 5
smalls ······ 4. 1. 11
smudge tank ······ 6. 2. 15
solid-bowl centrifuge ······ 6. 2. 4
specific consumption ······ 8. 1. 14
spilt flow ······ 5. 4. 25
spilt flow quantity ······ 5. 4. 40
spiral ······ 5. 5. 10
spitzkasten ······ 6. 3. 9
stability of suspension ······ 5. 4. 24
stacker ······ 9. 1. 11
star wheel extractor ······ 5. 3. 26
statement of performance ······ 8. 1. 2
stocker-reclaimer ······ 10. 1. 16
stockpile ······ 9. 1. 12
stockpiling ······ 9. 1. 13
stone ······ 3. 1. 11
stratification ······ 5. 3. 42

stroke ···· 4.2.4
subaeration flotation machine ···· 5.6.45
surge bunker ···· 10.1.8
surge hopper ···· 10.1.8
surplus water ···· 5.1.18
suspended matter ···· 5.4.19
suspension ···· 5.1.11
suspension ···· 5.4.23
suspension viscosity ···· 5.4.45
swing-hammer crusher ···· 7.2.6
swing-hammer mill ···· 7.2.6
swing-hammer pulverizer ···· 7.2.6

T

table cleaning ···· 5.1.27
Tacub jig ···· 5.3.51
teeter ···· 5.1.12
teetered bed separator ···· 5.5.9
terminal velocity ···· 4.6.6
testing size ···· 8.2.5
theoretical ash ···· 8.3.16
theoretical separation density ···· 8.3.17
theoretical sizing size ···· 8.2.16
theoretical yield ···· 8.3.2
thickening ···· 6.1.8
thickening efficiency ···· 8.1.20
thickening flotation ···· 5.6.35
through size ···· 8.2.18
throw ···· 4.2.4
timed-release analysis ···· 5.6.41
toothed roll crusher ···· 7.2.4
top size ···· 3.1.27
top water ···· 5.3.31
total reduction ratio ···· 7.2.15
total misplaced material ···· 8.1.9
total correctly placed material ···· 8.1.11
tow-stage crushing ···· 7.2.14
transport water ···· 5.3.31
trommel screen ···· 4.5.7
tromp cut-point ···· 8.3.5
tromp error curve ···· 8.3.3
trough washer ···· 5.5.1
trough washing ···· 5.1.26

true middlings ………………………………………… 3.1.8
tube filter ………………………………………… 6.2.29
tubular dryer ………………………………………… 6.2.32
tubular pressure filter ………………………………………… 6.2.29

U

underscreen water ………………………………………… 5.3.33
undersize ………………………………………… 4.1.8
undersize control screen ………………………………………… 4.4.9
undersize fraction ………………………………………… 8.2.19
underflow ………………………………………… 6.1.27
uniformity ………………………………………… 9.1.8
unit capacity ………………………………………… 3.3.14
upward current ………………………………………… 5.4.30
upward current washer ………………………………………… 5.5.5
user's coal preparation plant ………………………………………… 3.1.22

V

vacuum filter ………………………………………… 6.2.13
vertical lifting wheel separator ………………………………………… 5.4.33
vibrating screen ………………………………………… 4.5.5
vibrational discharge centrifuge ………………………………………… 6.2.21
visible refuse ………………………………………… 3.1.29
vortex sieve ………………………………………… 4.5.13

W

wash water ………………………………………… 6.1.26
washability ………………………………………… 3.2.1
washability curve ………………………………………… 3.2.3
washbox ………………………………………… 5.3.1
washery ………………………………………… 5.1.3
washery products ………………………………………… 5.1.5
washing loss ………………………………………… 8.3.10
waste water ………………………………………… 5.1.18
water circuit ………………………………………… 5.1.13
water-film dedustor ………………………………………… 6.4.7
wedge-wire deck ………………………………………… 4.3.4
wedge-wire screen ………………………………………… 4.5.12
wedge-wire sieve ………………………………………… 4.3.4
weighted flowsheet ………………………………………… 3.3.12
wet cleaning ………………………………………… 5.1.2
wet screening ………………………………………… 4.2.7
wetting agent ………………………………………… 5.6.4

wolf cut-point ································· 8.3.6
working area ································· 4.2.19

Y

yield loss ································· 8.3.10
yield of sizing ································· 8.2.12
yield ································· 8.1.3

ICS 83.120
Q 23

中华人民共和国国家标准

GB/T 7190.1—2008
代替 GB/T 7190.1—1997

玻璃纤维增强塑料冷却塔 第1部分:中小型玻璃纤维增强塑料冷却塔

Glass fiber reinforced plastic cooling tower—
Part 1: Middle and small glass fiber reinforced plastic cooling tower

2008-06-30 发布　　2009-04-01 实施

中华人民共和国国家质量监督检验检疫总局
中国国家标准化管理委员会　发布

前　言

GB/T 7190《玻璃纤维增强塑料冷却塔》分为2个部分：

——第1部分：中小型玻璃纤维增强塑料冷却塔；

——第2部分：大型玻璃纤维增强塑料冷却塔。

本部分代替GB/T 7190.1—1997《玻璃纤维增强塑料冷却塔　第1部分：中小型玻璃纤维增强塑料冷却塔》。

本部分与GB/T 7190.1—1997相比主要变化如下：

——扩大适用范围(见第1章)；

——调整部分术语和定义(1997年版的第3章，本版的第3章)；

——将冷却效率不小于90%，修改为不小于95.0%(1997年版的5.1.2.2，本版的5.1.2.2)；

——增加了飘水率指标(见5.4)；

——增加了飘水率试验方法(见附录E)。

本部分的附录A、附录C、附录D、附录E为规范性附录，附录B为资料性附录。

本部分由中国建筑材料联合会提出。

本部分由全国纤维增强塑料标准化技术委员会归口。

本部分负责起草单位：北京玻璃钢研究设计院、西安建筑科技大学、上海交通大学。

本部分参加起草单位：浙江联丰股份有限公司、江苏海鸥冷却塔股份有限公司、大连斯频德冷却塔有限公司、广州览讯科技开发有限公司、南京大洋冷却塔股份有限公司、山东金光集团有限公司、山东双一集团有限公司、中国良机集团、浙江金菱制冷工程有限公司、浙江上风冷却塔有限公司、广州新菱(佛冈)空调冷冻设备有限公司、北京东方睿港科技开发有限公司。

本部分主要起草人：尹证、王大哲、张立晨、吕琴、任世瑶。

本部分于1987年首次发布，1997年第一次修订，本次为第二次修订。

玻璃纤维增强塑料冷却塔
第1部分：中小型玻璃纤维
增强塑料冷却塔

1 范围

GB/T 7190 的本部分规定了中小型冷却塔的产品分类、技术要求、试验方法、检验规则、标志、包装、运输、贮存及其他等。

本部分适用于单塔冷却水量小于 1 000 m^3/h、机力通风、装有淋水填料的混合结构开式冷却塔。

2 规范性引用文件

下列文件中的条款通过本标准的引用而成为 GB/T 7190 的本部分的条款。凡是注日期的引用文件，其随后所有的修改单（不包括勘误的内容）或修订版均不适用于本部分，然而，鼓励根据本部分达成协议的各方研究是否可使用这些文件的最新版本。凡是不注日期的引用文件，其最新版本适用于本部分。

GB/T 1449　纤维增强塑料弯曲性能试验方法

GB/T 2576　纤维增强塑料树脂不可溶分含量试验方法

GB/T 2577　玻璃纤维增强塑料树脂含量试验方法

GB/T 3854　增强塑料巴柯尔硬度试验方法

GB/T 8237　纤维增强塑料用液体不饱和聚酯树脂

GB/T 8924　纤维增强塑料燃烧性能试验方法　氧指数法

GB/T 17470　玻璃纤维短切原丝毡和连续原丝毡

GB/T 18370　玻璃纤维无捻粗纱布

3 术语和定义

下列术语和定义适用于本标准。

3.1

热力性能曲线　thermal performance curves

在直角坐标上，以 $\Omega = f(\lambda)$ 曲线形式表示冷却塔散热散质能力的曲线。

3.2

设计工况　designing working conditions

冷却塔设计的热力性能工作状态数据。包括：进塔空气干球温度、湿球温度、大气压力、进塔空气流量、冷却水流量、进塔水温、出塔水温。

3.3

名义冷却水流量　nominal cooling water capacity

标准设计工况的进塔冷却水流量（m^3/h）。

3.4

气水比　air/water ratio

进塔干空气流量（kg/h）与进塔冷却水流量（kg/h）之比。

3.5

湿空气的含湿量　humidity of wet air

湿空气中的水汽质量(kg)和干空气的质量(kg)之比，也称比湿，单位 kg/kg(DA)，DA 为干空气。

3.6

填料径深　air entrancing packing length

横流式冷却塔每边的填料进出空气的二端面之间的水平有效距离。

3.7

喷头　sprayer

配水系统的末端组成部分。通常喷头内有一出水套管，即为喷嘴。

3.8

噪声的标准测点　measuring noise standard point

距塔进风口方向离塔壁水平距离为一个塔直径(或当量直径)、离地面(或水池顶)1.5 m 高的测点。

4　产品分类

4.1　产品型式

冷却塔根据水、空气在填料中的相对流向分为逆流式和横流式两种。根据塔体形状又分为圆形塔、方形塔。根据噪声风级又分为普通型、低噪声型、超低噪声型及工业型。逆流式圆形冷却塔示意图如图 1所示；逆流式方形冷却塔示意图如图 2 所示；横流式冷却塔示意图如图 3 所示。

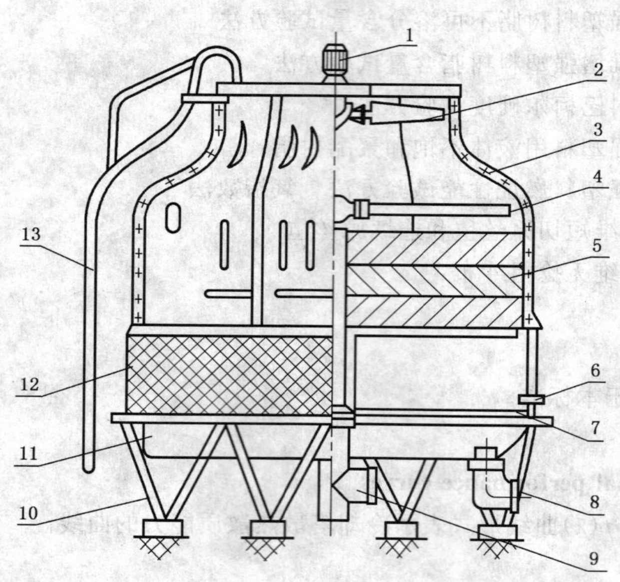

1——电动机和减速器；
2——叶片；
3——上塔体；
4——布水器；
5——填料；
6——补给水管；
7——滤水网；
8——出水管；
9——进水管；
10——支架；
11——下塔体；
12——进风窗；
13——梯子。

图 1　逆流式圆形冷却塔示意图

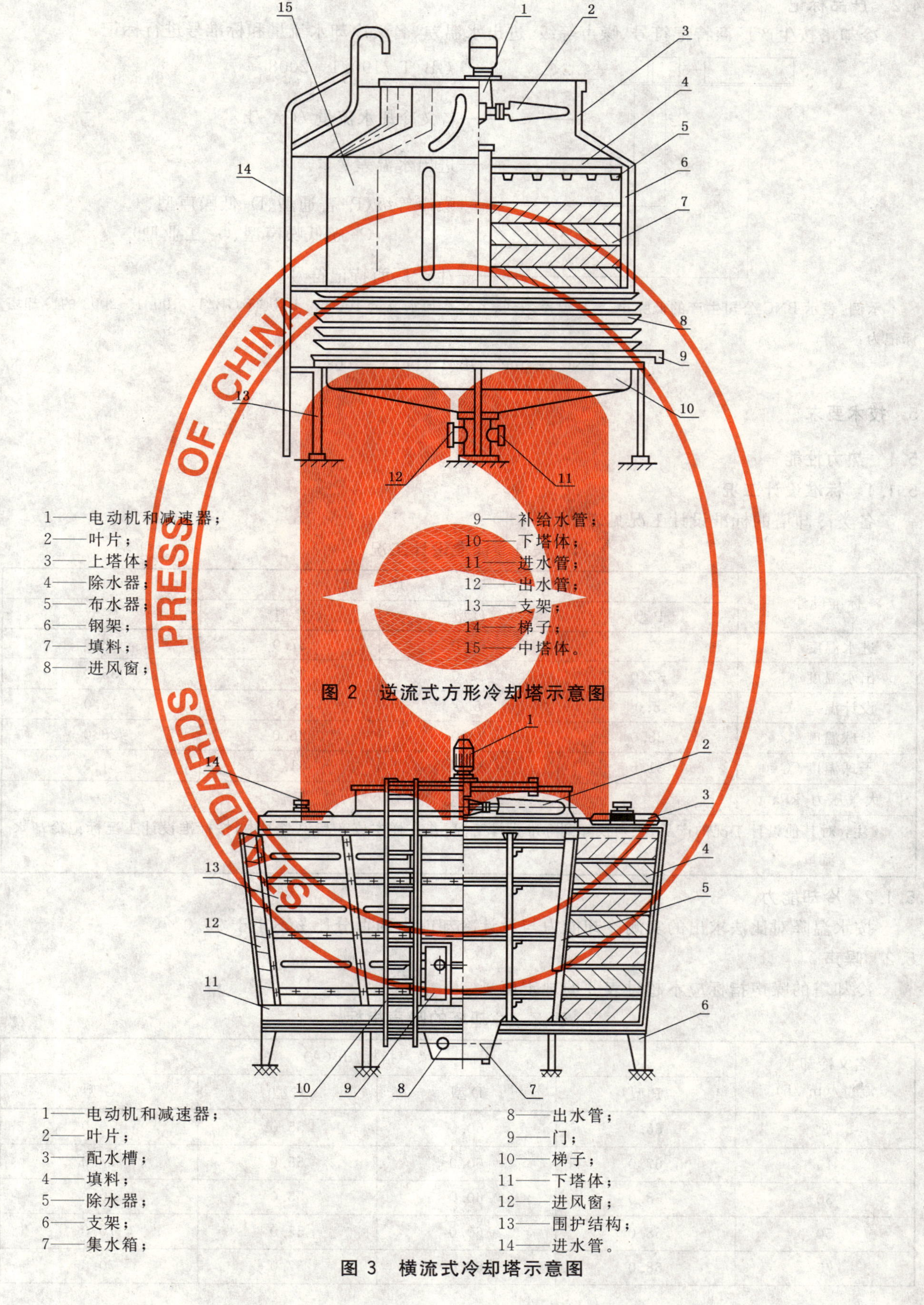

1——电动机和减速器；
2——叶片；
3——上塔体；
4——除水器；
5——布水器；
6——钢架；
7——填料；
8——进风窗；
9——补给水管；
10——下塔体；
11——进水管；
12——出水管；
13——支架；
14——梯子；
15——中塔体。

图 2　逆流式方形冷却塔示意图

1——电动机和减速器；
2——叶片；
3——配水槽；
4——填料；
5——除水器；
6——支架；
7——集水箱；
8——出水管；
9——门；
10——梯子；
11——下塔体；
12——进风窗；
13——围护结构；
14——进水管。

图 3　横流式冷却塔示意图

4.2 产品标记

冷却塔按生产厂商特记符号、噪声等级、进出水温差、名义冷却水流量和标准号进行标记。

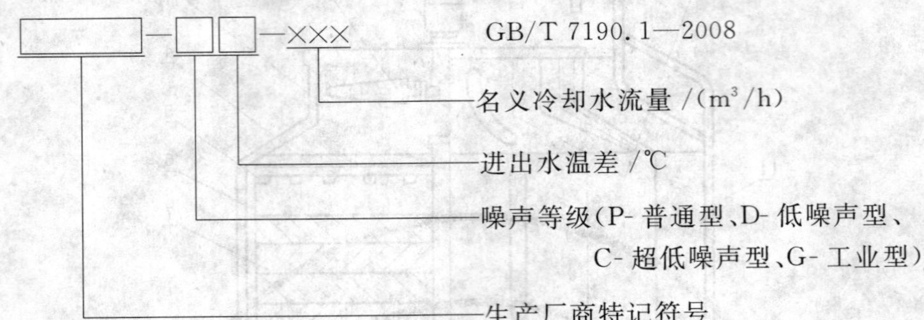

示例:表示 BNC 公司生产的低噪声、5 ℃温差系列、名义冷却水流量 100 m^3/h,执行 GB/T 7190.1—2008 的冷却塔标记为:

BNC-D5-100　GB/T 7190.1—2008

5 技术要求

5.1 热力性能

5.1.1 标准设计工况

各类冷却塔的标准设计工况见表 1。

表 1 标准设计工况

标准设计	塔型			
	P 型	D 型	C 型	G 型
进水温度/℃	37.0	37.0	37.0	43.0
出水温度/℃	32.0	32.0	32.0	33.0
设计温差/℃	5.0	5.0	5.0	10.0
湿球温度/℃	28.0	28.0	28.0	28.0
干球温度/℃	31.5	31.5	31.5	31.5
大气压力/kPa	99.4			
注:对其他设计工况的产品,必须换算到标准设计工况,并在样本或产品说明书中,按标准设计工况标记冷却水流量。				

5.1.2 冷却能力

按水温降对比法求出的实测冷却能力与设计冷却能力的百分比 η 不小于 95.0%。

5.2 噪声

冷却塔的噪声指标应不超过表 2 的规定值。

表 2 冷却塔的噪声指标

名义冷却水流量/(m^3/h)	噪声指标/dB(A)			
	P 型	D 型	C 型	G 型
8	66.0	60.0	55.0	70.0
15	67.0	60.0	55.0	70.0
30	68.0	60.0	55.0	70.0
50	68.0	60.0	55.0	70.0
75	68.0	62.0	57.0	70.0

表 2（续）

名义冷却水流量/(m^3/h)	噪声指标/dB(A)			
	P型	D型	C型	G型
100	69.0	63.0	58.0	75.0
150	70.0	63.0	58.0	75.0
200	71.0	65.0	60.0	75.0
300	72.0	66.0	61.0	75.0
400	72.0	66.0	62.0	75.0
500	73.0	68.0	62.0	78.0
700	73.0	69.0	64.0	78.0
800	74.0	70.0	67.0	78.0
900	75.0	71.0	68.0	78.0
1 000	75.0	71.0	68.0	78.0
注 1：介于两流量间时，噪声指标按线性插值法确定。 注 2：对噪声指标有特殊要求时，由供需双方商定。				

5.3 耗电比

实测耗电比：在电动机的实际工作电流不大于其额定电流的条件下，G型塔不大于 0.05 kW/(m^3/h)；其他型塔不大于 0.035 kW/(m^3/h)。

5.4 飘水率

冷却塔的飘水率，不大于名义冷却水流量的 0.015%。

5.5 玻璃钢件

5.5.1 外观

5.5.1.1 塔体外表面应有均匀的胶衣层，表面应光滑、无裂纹、色泽均匀。

5.5.1.2 塔体表面的气泡和缺损允许修补，但应保持色泽基本一致。修补后的塔体外表面上直径 3 mm～5 mm 的气泡在 1 m^2 内不允许超过 3 个；不允许有直径大于 5 mm 以上的气泡。

5.5.1.3 下塔体内表面应为富树脂层。

5.5.1.4 塔体边缘应整齐、厚度均匀、无分层、切割加工断面应加封树脂。

5.5.2 树脂含量

5.5.2.1 玻璃钢塔体的树脂含量：富树脂层应在 70%以上；短切毡和喷射成型层应在 65%以上；结构层为 45%～55%。

5.5.2.2 玻璃钢风机叶片的树脂含量为 43%～50%。

5.5.3 固化度

聚酯玻璃钢的固化度不小于 80%；环氧玻璃钢的固化度不小于 90%。

5.5.4 弯曲强度

织物增强聚酯玻璃钢的弯曲强度不低于 147 MPa；织物增强环氧玻璃钢的弯曲强度不低于 196 MPa；短切毡增强玻璃钢的弯曲强度不低于 78.4 MPa。

5.5.5 巴氏硬度

聚酯玻璃钢的巴氏硬度不小于 35。

5.5.6 阻燃性能

对有阻燃要求的冷却塔，玻璃钢的氧指数不低于 28%。

5.6 金属件

5.6.1 除有色金属外，所有黑色金属部件(包括连接件)表面应作去油、防锈、防腐处理。

5.6.2 玻璃钢件内的预埋金属件，应作去油、除锈、打毛、清洗处理。

6 试验方法

6.1 热力性能

6.1.1 性能试验见附录A。

6.1.2 当冷却水量等于名义冷却水流量、进塔水温为37 ℃±2 ℃、进塔空气湿球温度为10 ℃～30 ℃的时，可采用简便的热力性能测试法，参见附录B。

6.2 噪声

噪声试验见附录C。

6.3 耗电比和不淋水塔风量

6.3.1 耗电比试验见附录D。

6.3.2 不淋水时塔的风量采用微速风表、热球风速仪、毕托管等风速仪表测量冷却塔的进风口或出风口的风速，然后根据进风口或出风口的面积换算成进塔或出塔空气量，即不淋水时塔的风量。

6.4 飘水率

飘水率试验见附录E。

6.5 玻璃钢件性能

6.5.1 试件

采用随炉试样。对塔体也可在观察窗开孔处取样。

6.5.2 外观

目测。

6.5.3 树脂含量

树脂含量试验按GB/T 2577的规定进行。

6.5.4 固化度

固化度试验按GB/T 2576的规定进行。

6.5.5 巴氏硬度

巴氏硬度试验按GB/T 3854的规定进行。

6.5.6 弯曲强度

弯曲强度试验按GB/T 1449的规定进行。

6.5.7 阻燃性能

氧指数试验按GB/T 8924的规定进行。

6.6 金属件

金属件外观采用目测方法。

7 检验规则

7.1 检验分类

产品检验分为出厂检验和型式检验。

7.2 出厂检验

7.2.1 检验项目

a) 产品外观、巴氏硬度应逐个进行检查。

b) 树脂含量、弯曲强度、不淋水时塔的风量，按表3组批和抽检。

表 3 抽样方案

批量范围/(台)	取样数	判定数组	
		Ac	*Re*
1～15	2	0	1
16～25	3	0	1
26～90	5	0	1
91～150	8	1	2
151～280	13	1	2
281～500	13	1	2
注 1：*Ac*——作出批合格判断样本中所允许的最大不合格品数或不合格数。 注 2：*Re*——作出批不合格判断样本中所不允许的最小不合格品数或不合格数。			

7.2.2 判定规则

a) 外观符合 5.5.1、5.6 规定，判该项合格。如不符合该条规定，允许修补一次；如修补后符合规定，则判该项合格，否则为不合格；

b) 巴氏硬度符合 5.5.5 的规定，判该项合格。如不符合该条规定，允许进行处理，15 天后再次试验，如已符合规定，判该项合格，否则为不合格；

c) 树脂含量、弯曲强度、风机耗电比符合相应的规定，则判相应项为合格，否则为不合格；

d) 不淋水塔风量测定值不小于设计值为合格，若不符合此要求，允许调整风机叶片安装角一次，再次检验，若符合要求，判为合格，否则为不合格。

以上各项全部符合要求，则判该批冷却塔出厂检验合格；否则为不合格。

7.3 型式检验

7.3.1 检验项目

第 6 章中的全部项目。

7.3.2 检验条件

有下列情况之一时，应对临近检验时生产的一台冷却塔进行型式检验。

a) 首制塔；

b) 主要原材料或工艺方法有较大改变时；

c) 正常生产每满三年时；

d) 停产一年以上，恢复生产时；

e) 出厂检验结果与上次型式检验有较大差异时；

f) 质量监督机构提出要求或供需双方发生争议时。

7.3.3 判定规则

a) 热力性能、噪声、耗电比、飘水率分别符合相应要求时为合格。如其中任何一项未符合要求，在不更换零部件的前提下，允许采取一次补救措施，重做试验（热力性能、噪声、耗电比、飘水率同时进行），若该项已符合要求且另两项仍符合要求，则判该项合格，否则判该项不合格。

b) 玻璃钢符合 5.5、金属件符合 5.6 要求为合格。如某项不合格，允许重新取样做不合格项试验，如已符合要求，则判该项合格；否则判该项不合格。

c) 每项指标均符合要求，判该塔合格。

8 标志、包装、运输和贮存

8.1 标志

塔体上应有产品标记、设计单位、制造厂名和生产日期等。

8.2 包装

8.2.1 包装必须牢固可靠,有安全起吊标志。

8.2.2 随同产品提供如下文件:

a) 样本或产品说明书:主要包括设计湿球温度、进出塔水温、冷却水流量、风量、电动机功率、标准点噪声、主要安装尺寸、基本尺寸、基础载荷、安装及维修说明;产品样本或产品说明书应提供根据热力测试资料计算的热力性能曲线,以供用户在非标准设计工况时确定冷却塔的有关参数;

注:样本及产品说明书,必须与销售过程中提供给选用单位的一致。

b) 出厂合格证;

c) 产品说明书:主要包括安装尺寸,基础尺寸,基础荷载,安装和维护等;

d) 产品易损件明细表;

e) 装箱单。

8.3 运输

齿轮减速器不可倒放,塔体和风机叶片及填料等上面不准堆放重物。

8.4 贮存

8.4.1 齿轮减速器不可倒放,应室内存放。

8.4.2 玻璃钢件和淋水填料不许暴晒和堆压重物,存放处应干燥、防水、防火,无腐蚀介质。

8.4.3 风机应妥善保管,防止叶片变形。

9 其他

9.1 原材料

9.1.1 玻璃钢塔体,玻璃纤维毡应符合 GB/T 17470 的规定,玻璃纤维无捻粗纱应符合 GB/T 18369 的规定,玻璃纤维布应符合 GB/T 18370 的规定,不饱和聚酯树脂应符合 GB/T 8237 的规定。

9.1.2 当冷却塔的进水温度大于 46 ℃时,应采用相应的基体材料和成型工艺。

9.2 风机

9.2.1 风机特性参数应符合设计工况要求,其主要配件(如电动机、减速器)应符合有关技术规定。

9.2.2 任何材质的风机叶片要求强度可靠,表面光洁,各截面过渡均匀、无裂纹、缺口、毛刺等缺陷。玻璃钢风机叶片的表面,其可见气泡直径不大于 3 mm,展向每 100 mm 区域内气泡数不超过 3 个。

9.2.3 风机组装前,风机叶片应作静平衡试验,并按"刚性转子平衡精度",取 G6.3 等级,平衡力矩由计算求出。叶片平衡后应定位、编号。

9.2.4 叶尖距风筒内壁之间的间隙应保持均匀,其值宜不大于 0.008D(D 为风机直径)。

9.2.5 风机传动系统采用皮带传动型式时,皮带轮应与风机同时进行静平衡试验。

9.2.6 电动机必须采用户外电动机。

9.3 布水系统

应将冷却水均匀布洒在填料顶部。

9.3.1 采用旋转布水器布水时,应保证布水管正常运转,管上开孔方向正确、孔口光滑,管端与塔体间隙以 20 mm 为宜,管底与填料间隙宜不小于 50 mm。

9.3.2 横流塔宜采用带盖板的池式布水,配水池应水平,孔口光滑,积水深度宜不小于 50 mm。

9.4 淋水填料

9.4.1 填料材料应选用冷却效率高、通风阻力小的阻燃材料。

9.4.2 填料安装时要求间隙均匀、顶面平整、无塌落和叠片现象,每平方米能承力 2.94 kN,填料片不得穿孔破裂。

9.5 抗震要求

对有抗震要求的冷却塔,结构设计时应根据地震设防烈度进行防震计算。

9.6 塔体刚度

塔体刚度应符合设计要求。

9.7 试验报告

9.7.1 冷却塔的热力性能、噪声、耗电比、飘水率等指标相互关联,不宜就其中某项指标做单独测试并出具测试报告。

9.7.2 试验报告内容包括以下各项中的全部或部分:

a) 试验任务、目的;

b) 冷却塔设计、施工、运行的概况及有关示意图;

c) 方法、仪表及测点布置;

d) 试验记录整理、数据汇总;

e) 试验计算结果、数据汇总;

f) 存在问题及分析;

g) 负责与参加试验的单位、人员、试验日期。

附　录　A
（规范性附录）
热力性能试验方法

A.1　范围

本方法适用于单塔冷却水量小于 1 000 m^3/h、有淋水填料的机力通风冷却塔。

A.2　原理

冷却塔的实测冷却能力与设计冷却能力有可比性，前提是需将非设计工况下的实测冷却能力换算成相当于设计工况条件下的冷却能力，用实测风量（或设计风量）及实测工况，求出实测交换数，将该交换数代入标准设计的冷却水流量、进塔水温、湿球温度及对应的实测风量（或设计风量），求出出塔水温进行评价。

A.3　仪表

A.3.1　通风干湿球温度计，最小分度值不大于 0.2 ℃，精度不低于 0.5 级。

A.3.2　气压计。

A.3.3　毕托管和压差计，孔板、堰板或电磁流量计、超声波流量计。

A.3.4　棒式水银温度计，最小分度值不大于 0.1 度，精度不低于 0.2 级；或热电偶、铂电阻温度计，最小分度值不大于 0.1 度。精度不低于 0.2 级。

A.3.5　三相功率表和互感器。

A.3.6　旋桨式风速仪、微速风表。

A.4　条件

A.4.1　新塔或运行一年以内。

A.4.2　空气湿球温度应在 10 ℃～31 ℃，最好在夏季测试。

A.4.3　应在环境风速小于 4 m/s、阵风小于 7 m/s、无雨的条件下测试。

A.4.4　进塔水流量应为设计水流量 90%～110%。

A.4.5　进塔水温应为（t_b±2）℃（t_b 为设计进塔水温）。

A.4.6　进塔水质总固体不超过 5 000 mg/L，含油（包括焦油）不超过 10 mg/L，不含有直径大于 5 mm 的机械性杂质。

A.5　步骤

A.5.1　仪表检验

所用仪表必须经检验合格，在有效期内。

A.5.2　仪表安装布点

a)　干湿球温度计安装在距进风口外 2 m～5 m 处，距地面 1.5 m。温度计应避开阳光直射，所在空间通风良好；

b)　测量大气的气压计的测点布置同 A.5.2a，但只设一个测点。也可选用附近气象站的相应参数；

c) 测量进塔流量的仪表应安装在进塔水管上，测点前后均需有(5～7)个倍管径的平直段；

d) 侧进塔水温的测点应靠近冷却塔的压力管内，在管道上应事先焊上装温度计的铜管，并内装少许机油，使传热均匀，横流塔也可布置在配水槽内；

e) 测出塔温度的温度计布置在出水管或回水沟内；

f) 测进塔空气流量应在塔的出风口用毕托管和微压计测出压差再计算出风量；当无条件在风筒喉部测量时，也可在冷却塔进风口采用风速仪进行测量，宜将进风断面分为若干等面积的方格，在每个方格中心测量风速，方格尺寸宜不大于$(1.0\times1.0)\mathrm{m}^2$。

A.5.3 每组测试数据的允差范围

a) 进塔空气湿球温度：±1.0 ℃；

b) 进塔水温：±1 ℃；

c) 进塔水流量：±5%；

d) 水温降：±5%。

A.5.4 每组测试数据稳定时间

在 A.5.3 允差范围内稳定 30 min。出塔水温比进塔水温滞后 2 min～5 min 读数。

A.5.5 有效测试数据组数

有效测试数据组数不少于 3 组。

A.6 结果及计算

A.6.1 热力性能按式(A.1)计算：

$$\eta=\frac{\Delta t_t}{\Delta t_c}\times100 \qquad \text{(A.1)}$$

式中：

η——实测冷却能力与设计冷却能力的百分比，%；

Δt_t——实测的进出塔水温差，单位为摄氏度(℃)；

Δt_c——修正到标准设计工况后的进出塔水温差，单位为摄氏度(℃)。

A.6.2 所需参数的计算公式。

A.6.2.1 进塔空气相对湿度按式(A.2)计算：

$$\Phi=\frac{p''_\tau-Ap_0(\theta_1-\tau)}{p''_{\theta_1}} \qquad \text{(A.2)}$$

式中：

Φ——进塔空气相对湿度，%；

p''_τ——进塔空气在湿球温度 τ 时饱和空气的水蒸气分压，单位为千帕(kPa)；

p''_{θ_1}——进塔空气在干球温度 θ_1 时饱和空气的水蒸气分压，单位为千帕(kPa)；

A——不同干湿球温度计的系数。屋式阿弗古斯特干湿球温度计为 $A=0.000\,797\,4$；通风式阿斯曼干湿球温度计为 $A=0.000\,662$；

p_0——大气压力，单位为千帕(kPa)；

θ_1——干球温度，单位为摄氏度(℃)；

τ——湿球温度，单位为摄氏度(℃)。

饱和空气的水蒸气分压在 0 ℃～100 ℃时按式(A.3)计算：

$$\lg p''=2.005\,717\,3-3.142\,305\left(\frac{10^3}{T}-\frac{10^3}{373.16}\right)+8.2\lg\frac{373.16}{T}-0.002\,480\,4(373.16-T) \qquad \text{(A.3)}$$

式中：

p''——饱和空气的蒸汽分压，单位为千帕(kPa)；

T——绝对温度，$T=(273.16+t)$，单位为开尔文(K)。

A.6.2.2 进塔干空气密度按式(A.4)计算：

$$\rho_1=\frac{(p_0-\Phi p''_{\theta_1})\times 10^3}{287.14(273+\theta_1)} \quad \cdots\cdots(A.4)$$

式中：

ρ_1——进塔干空气密度，单位为千克每立方米(kg/m^3)；

p_0、Φ、θ_1与p''_{θ_1}同式(A.2)。

A.6.2.3 气水比按式(A.5)计算：

$$\lambda=\frac{\rho_1 G}{Q} \quad \cdots\cdots(A.5)$$

式中：

λ——气水比；

G——风量，单位为立方米每小时(m^3/h)；

Q——冷却水流量(质量流量)，单位为千克每小时(kg/h)。

ρ_1同式(A.4)。

A.6.2.4 进塔空气焓按式(A.6)计算：

$$h_1=1.006\theta_1+0.622(2\,500+1.858\theta_1)\frac{\Phi p''_{\theta_1}}{p_0-\Phi p''_{\theta_1}} \quad \cdots\cdots(A.6)$$

式中：

h_1——进塔空气焓，单位为千焦每千克(kJ/kg)；

θ_1、Φ、p''_{θ_1}、p_0同式(A.2)。

A.6.2.5 出塔空气焓按式(A.7)计算：

$$h_2=h_1+\frac{C_W\Delta t}{k\cdot\lambda} \quad \cdots\cdots(A.7)$$

式中：

h_2——出塔空气焓，单位为千焦每千克(kJ/kg)；

h_1——进塔空气焓，单位为千焦每千克(kJ/kg)；

C_W——水的比热，$C_W=4.187$ kJ/(kg·℃)；

Δt——水温降，单位为摄氏度(℃)；

k——系数，$k=1-\frac{t_2}{586-0.56(t_2-20)}$；

λ同式(A.5)。

A.6.2.6 塔内空气的平均焓按式(A.8)计算：

$$h_m=\frac{h_2+h_1}{2} \quad \cdots\cdots(A.8)$$

式中：

h_m——塔内空气的平均焓，单位为千焦每千克(kJ/kg)；

h_1、h_2同式(A.7)。

A.6.2.7 温度为t时，饱和空气焓按式(A.9)计算：

$$h''=1.006t+0.622(2\,500+1.858t)\frac{p''_t}{p_0-p''_t} \quad \cdots\cdots(A.9)$$

式中：

h''——温度 t 时的饱和空气焓，单位为千焦每千克(kJ/kg)；

p''_t——温度 t 时的饱和空气的水蒸气分压，单位为千帕(kPa)；

p_0同式(A.2)。

A.6.3 逆流式冷却塔热力按式(A.10)计算：

$$N=\frac{k\beta_{xv}V}{Q}=\int_{t_2}^{t_1}\frac{C_W\mathrm{d}t}{h''-h} \qquad \text{(A.10)}$$

式中：

N——交换数；

β_{xv}——容积散质系数，单位为千克每[立方米·小时][(kg/(m³·h)]；

V——淋水填料体积，单位为立方米(m³)；

h——空气焓，单位为千焦每千克(kJ/kg)；

k、C_W同式(A.7)；

Q同式(A.5)；

h''同式(A.9)；

t_1——进塔水温，单位为摄氏度(℃)；

t_2——出塔水温，单位为摄氏度(℃)。

式(A.10)的积分可采用辛普逊两段近似积分公式，如下式(A.11)：

$$C_W\int_{t_2}^{t_1}\frac{\mathrm{d}t}{h''-h}=\frac{C_W\Delta t}{6}\left(\frac{1}{h''_2-h_1}+\frac{4}{h''_m-h_m}+\frac{1}{h''_1-h_2}\right) \qquad \text{(A.11)}$$

式中：

h''_m——平均水温$(t_1+t_2)/2$的饱和空气焓，单位为千焦每千克(kJ/kg)；

h''_1——进塔水温 t_1 的饱和空气焓，单位为千焦每千克(kJ/kg)；

h''_2——出塔水温 t_2 的饱和空气焓，单位为千焦每千克(kJ/kg)。

A.6.4 横流式冷却塔热力按式(A.12)计算：

$$N=\frac{k\beta_{xv}V}{Q}=\frac{C_W}{L}\int_0^L\int_0^H\frac{1}{i''-i}\times\frac{\partial^2 t}{\partial x\partial z}\mathrm{d}z\mathrm{d}x \qquad \text{(A.12)}$$

式中：

L——填料径深，单位为米(m)；

H——填料高度，单位为米(m)。

式(A.12)中积分可采用平均焓差计算，如下式(A.13)：

$$\frac{C_W}{L}\int_0^L\int_0^H\frac{1}{h''-h}\cdot\frac{\partial^2 t}{\partial x\partial z}\mathrm{d}z\mathrm{d}x=\frac{C_W\Delta t}{\Delta h_m} \qquad \text{(A.13)}$$

式中：

Δh_m——平均焓差，单位为千焦每千克(kJ/kg)，$\Delta h_m=x(h''_1-\delta''_i-h_1)$；

x——η和ζ的函数，由图(A.1)中查出。

其中：

$\eta=\dfrac{h''_1-h''_2}{h''_2-\delta''_i-h_1}$；

$\zeta=\dfrac{h_2-h_1}{h''_2-\delta''_i-h_1}$；

$\delta''_i=\dfrac{h''_1+h''_2-2h''_m}{4}$。

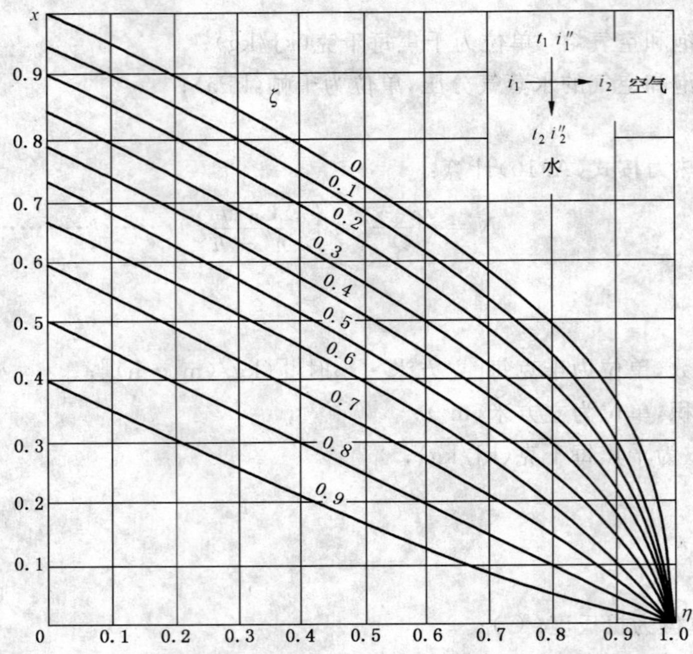

图 A.1 横流塔平均焓差计算曲线图

附 录 B
（资料性附录）
标准设计工况冷却塔的简便热力性能试验方法

B.1 范围

本试验方法适用于单塔冷却水量小于1 000 m^3/h、有淋水填料、标准设计工况5 ℃温差的机力通风冷却塔。

B.2 原理

同A.2。

B.3 仪表

同A.3。

B.4 条件

B.4.1 标准设计工况下的冷却塔。

B.4.2 其他条件同A.4。

B.5 步骤

B.5.1 装置

试验装置见图B.1、图B.2。

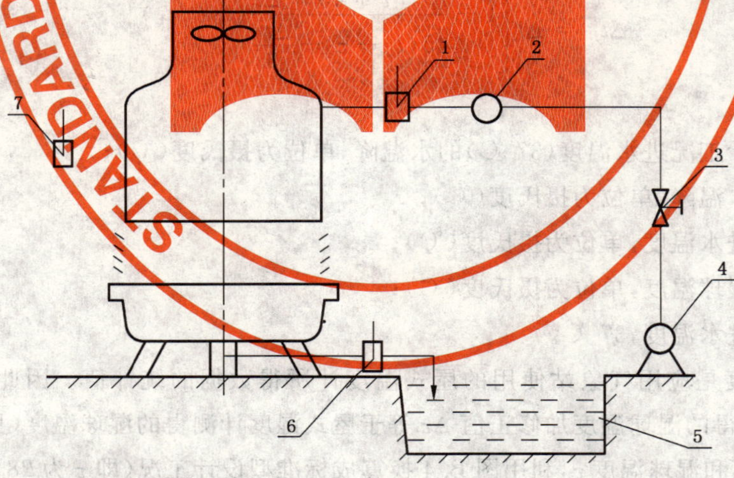

1——温度计；
2——流量计；
3——流量调节阀；
4——泵；
5——热力；
6——温度计；
7——干湿球温度计。

图 B.1 逆流式试验塔

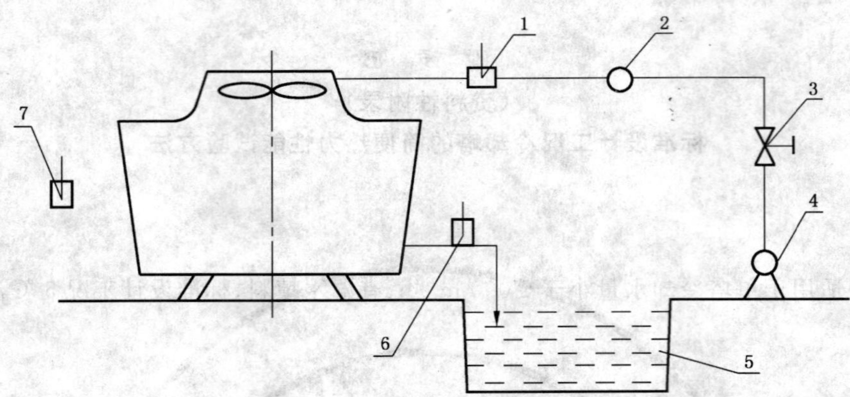

1——温度计；

2——流量计；

3——调节流量阀；

4——泵；

5——热力；

6——温度计；

7——干湿球温度计。

图 B.2 横流式试验塔

B.5.2 其他步骤同 A.5。

B.6 结果及计算

B.6.1 标准设计工况冷却塔(包括低噪声塔和超低噪声塔)按附录 A 进行测试,将三次以上的试验平均值代入式 B.1,先将在允许变化范围的进水温度换算成设计工况的进水温度(即 37 ℃)的水温降。

$$\Delta t_B = \Delta t\left[1+\frac{t_1-\tau+45-\Delta t}{45(t_1-\tau)-\frac{\Delta t^2}{3}}(t_B-t_1)\right] \quad \cdots\cdots\cdots\cdots\cdots\cdots(\text{B.1})$$

式中：

Δt_B——标准设计工况进水温度(37 ℃)的水温降,单位为摄氏度(℃)；

Δt——测定的水温降,单位为摄氏度(℃)；

t_1——测定的进水温度,单位为摄氏度(℃)；

τ——测定的湿球温度,单位为摄氏度(℃)；

t_B——设计的进水温度,37 ℃。

B.6.2 设计湿球温度是应用气象站使用的屋式温度计所得数据的统计值。因此,如用通风式(阿斯曼)湿度计测试,所测得的湿球温度加修正值 $\Delta\tau$ 等于屋式湿度计测得的湿球温度(见图 B.3)。

B.6.3 由水温降 Δt_B 和湿球温度 τ,利用图 B.4 换算成标准型设计工况(即 τ 为 28 ℃)的水温降。具体方法如图 B.5 所示：在横坐标上取测得的湿球温度 τ 值与纵坐标上的水温降 Δt_B 相交于 B 点,作曲线群的平行线与横坐标上的设计湿球温度 28 ℃相交于 C 点,从 C 点作平行线至纵轴,即可求出该测试塔在设计工况的水温降(Δt_A)。

B.6.4 按式(B.2)计算被测冷却塔的热力性能,比值不小于 95.0%为合格。

$$\eta=\frac{\text{被测塔水温降}}{5}\times 100=\frac{\Delta t_A}{5}\times 100 \quad \cdots\cdots\cdots\cdots\cdots\cdots(\text{B.2})$$

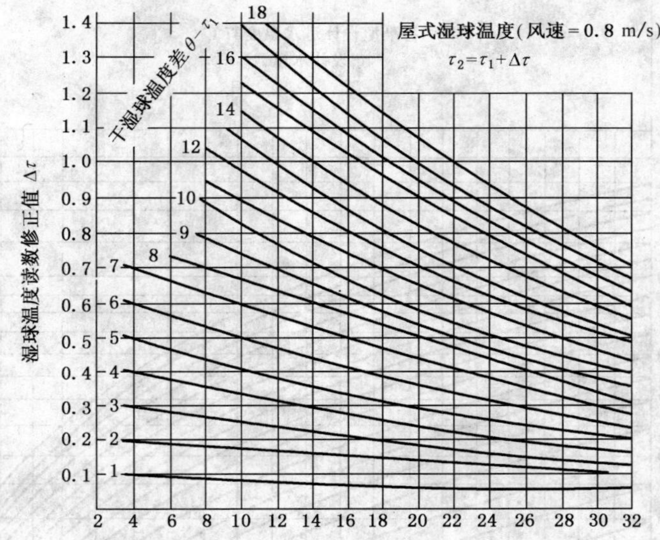

图 B.3 湿球温度换算曲线表

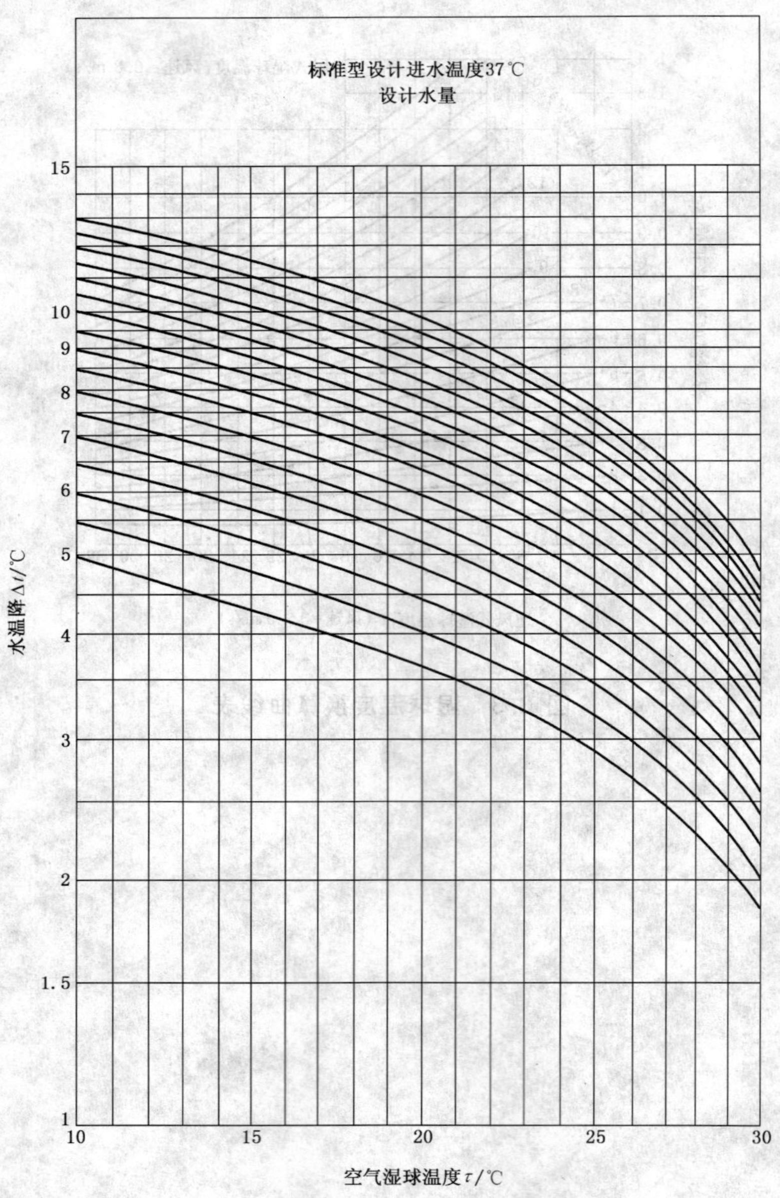

图 B.4　冷却塔 Δt-τ 曲线图

图 B.5 求解设计工况水温降

附 录 C
（规范性附录）
噪声测定方法

C.1 范围

本测定方法适用于所有单台冷却塔。

C.2 仪表

经计量单位校验合格的声级计。

C.3 条件

C.3.1 噪声应在冷却塔正常运转时测定。

C.3.2 噪声测定时周围环境必须安静，冷却塔不运转时冷却塔的本底噪声应比运转时的 A 声级至少低 10 dB(A)，当实测噪声与本底噪声差值小于 10 dB(A)时，应按表 C.1 对其实测值进行修正。

表 C.1 噪声修正值表

单位为分贝

噪声差值	≤3.0	4.0～5.0	6.0～9.0	≥10.0
减去的修正值	3.0	2.0	1.0	0

C.4 测点布置

测点布置见图 C.1、图 C.2。

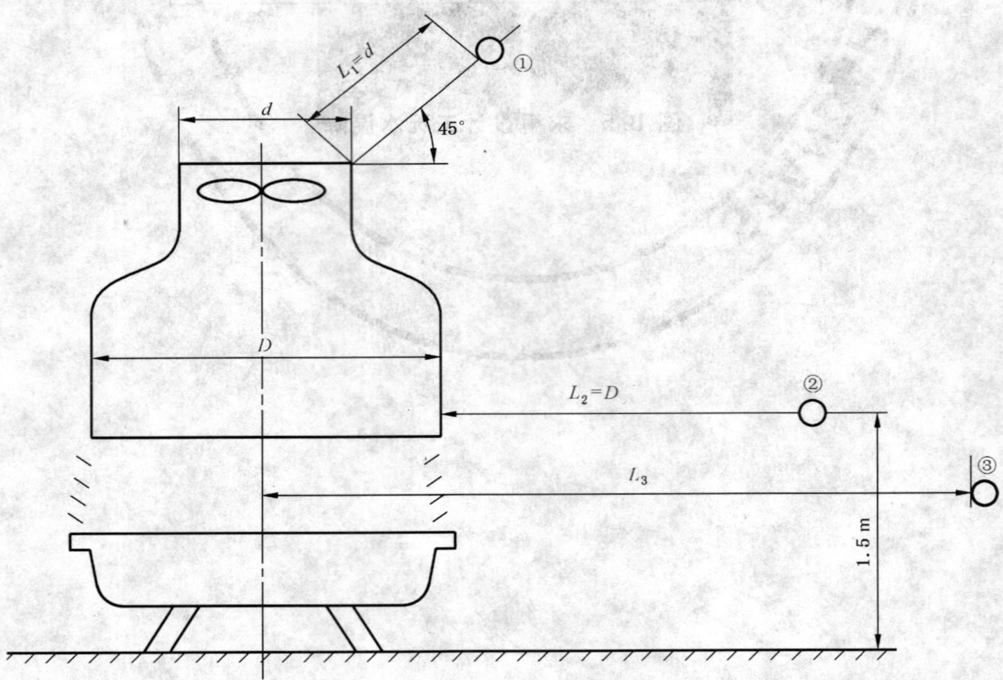

图 C.1 逆流式塔测点布置图

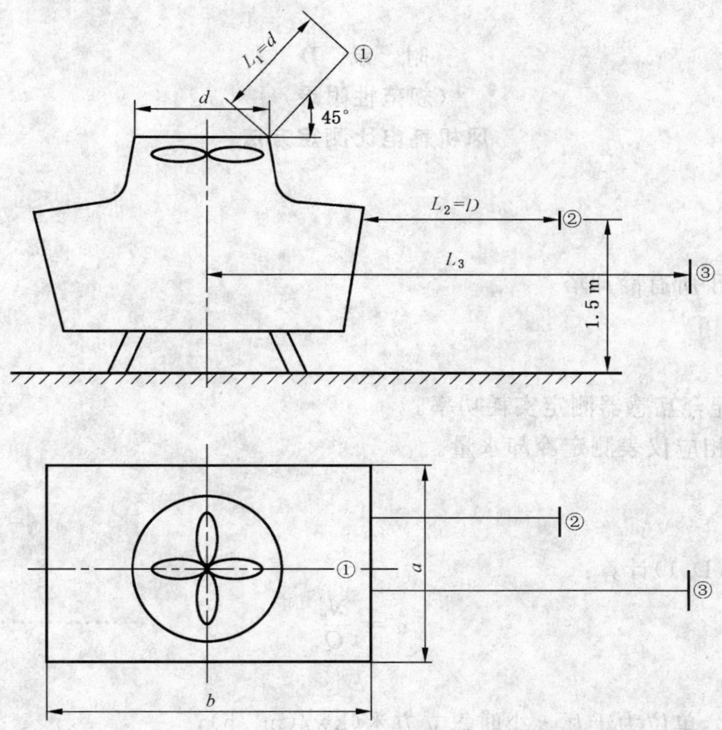

图 C.2　横流式塔测点布置图

C.4.1　测点①在出风口 45°方向，离风筒为一倍出风口直径，当出风口直径大于 5 m 时，测定距离取 5 m。

C.4.2　测点②在塔进风口方向，离塔壁水平距离为一倍塔体直径。当塔体直径小于 1.5 m 时，取 1.5 m；当塔形为方形或矩形时，取塔体的当量直径：$D=1.13\sqrt{ab}$，a、b 为塔的边长。

C.4.3　测点③在塔进风口方向，离塔中心线水平距离 16 m，高度为 1.5 m。

C.5　结果及分析

C.5.1　至少测二个方向，取其算术平均值。

C.5.2　确定声级标准以测点②的 A 档总声级为准。①、③二点作为对比用。

附 录 D
（规范性附录）
风机耗电比测定方法

D.1 范围

本测定方法适用于所有冷却塔。

D.2 仪表

D.2.1 三相功率表配合互感器测定实耗功率。

D.2.2 按 A.3.3 的相应仪表测定冷却水量。

D.3 结果及计算

风机耗电比按式(D.1)计算：

$$\alpha = \frac{N_e}{Q} \qquad \text{(D.1)}$$

式中：

α——风机耗电比，单位为千瓦·小时每立方米(kw/(m³/h)；

N_e——电动机实际消耗有功功率，单位为千瓦(kW)；

Q——冷却水流量(体积流量)，立方米每小时(m³/h)。

D.4 结果及评定

D.4.1 对工业型塔，α 不大于 0.050kW/(m³/h)。

D.4.2 对其他类冷却塔，α 不大于 0.035kW/(m³/h)。

附 录 E
（规范性附录）
飘水率试验方法

E.1 范围

本方法适用于机力通风冷却塔飘水率的试验。

E.2 仪表及设施

E.2.1 计量秒表。

E.2.2 分析天平，感量0.001 g。

E.2.3 理化试验室普通干燥设备、塑料袋、120 mm×120 mm普通滤纸，及将滤纸放到冷却塔风筒出口定点位置的固定辅助设备。

图 E.1 固定滤纸辅助设施示意图

E.3 测点布置

根据出风筒直径的大小，将冷却塔出风口顶划分成(3～5)个等面积环，每个环中对称布置2个。

E.4 试验条件

进塔空气流量与进塔水流量应与热力性能试验时相近，差值在±5%之内。为了减少热力蒸发量的影响，有条件时，最好让进塔水温尽量的低，可以不与热力性能试验同步进行。

E.5 试验步骤

将滤纸干燥之后放入塑料袋，用天平称量，取出滤纸，用辅助设施将滤纸水平放到各测点，记时。视飘水情况放置 1 min～5 min，快速取出，记时。放入原塑料袋中，用天平称量。得出先后两次称量的差值，精确到 0.01 g。

E.6 试验结果

由滤纸的总增量、总面积、出风口面积，滤纸的放置时间可计算出飘水总量 Q_n，再与进塔水流量比较，可求出飘水率，按式(E.1)：

$$p_f = \frac{Q_n}{Q_t} \qquad \cdots\cdots\cdots(E.1)$$

式中：

p_f——飘水率；

Q_n——冷却塔出风口飘水量(质量流量)，单位为千克每小时(kg/h)；

Q_t——进塔冷却水流量(质量流量)，单位为千克每小时(kg/h)。

进塔冷却水流量的试验见附录 A。

ICS 83.120
Q 23

中华人民共和国国家标准

GB/T 7190.2—2008
代替 GB/T 7190.2—1997

玻璃纤维增强塑料冷却塔 第2部分:大型玻璃纤维增强塑料冷却塔

Glass fiber reinforced plastic cooling tower—Part 2:Large glass fiber reinforced plastic cooling tower

2008-06-30 发布　　　　2009-04-01 实施

中华人民共和国国家质量监督检验检疫总局
中国国家标准化管理委员会　发布

前　言

GB/T 7190《玻璃纤维增强塑料冷却塔》分为二个部分：

——第 1 部分：中小型玻璃纤维增强塑料冷却塔；

——第 2 部分：大型玻璃纤维增强塑料冷却塔。

本部分代替 GB/T 7190.2—1997《玻璃纤维增强塑料冷却塔　第 2 部分：大型玻璃纤维增强塑料冷却塔》。

本部分与 GB/T 7190.2—1997 相比主要变化如下：

——将冷却能力的计算方法由水温降对比法改为冷却水量对比法（1997 年版的 A.7.5，本版的 A.7.5）；

——增加热力性能评价实例（见附录 F）。

本部分的附录 A、附录 B、附录 C、附录 D 和附录 E 为规范性附录，附录 F 为资料性附录。

本部分由中国建筑材料联合会提出。

本部分由全国纤维增强塑料标准化技术委员会归口。

本部分负责起草单位：北京玻钢院复合材料有限公司、机械工业第四设计研究院、西安建筑科技大学、中国水利水电科学研究院，上海交通大学。

本部分参加起草单位：江苏海鸥冷却塔股份有限公司、浙江联丰股份有限公司、大连斯频德冷却塔有限公司、广州览讯科技开发有限公司、南京大洋冷却塔股份有限公司、山东金光集团有限公司、山东双一集团有限公司、中国良机集团、浙江金菱制冷工程有限公司、浙江上风冷却塔有限公司、广州新菱（佛冈）空调冷冻设备有限公司、北京东方睿港科技开发有限公司。

本部分主要起草人：尹证、周长西、王大哲、赵顺安、张立晨、刘震炎。

本部分于 1987 年首次发布，1997 年第一次修订，本次为第二次修订。

玻璃纤维增强塑料冷却塔
第2部分:大型玻璃纤维增强塑料冷却塔

1 范围

GB/T 7190的本部分规定了大型冷却塔的产品分类、技术要求、试验方法、检验规则、标志、包装、运输、贮存及其他等。

本部分适用于冷却水流量不小于1 000 m^3/h的机力通风工业型冷却塔。

2 规范性引用文件

下列文件中的条款通过GB/T 7190的本部分的引用而成为本部分的条款。凡是注日期的引用文件,其随后所有的修改单(不包括勘误的内容)或修订版均不适用于本部分,然而,鼓励根据本部分达成协议的各方研究是否可使用这些文件的最新版本。凡是不注日期的引用文件,其最新版本适用于本部分。

GB/T 1033 塑料密度和相对密度的试验方法

GB/T 1040 塑料 拉伸性能的测定

GB/T 1449 纤维增强塑料弯曲性能试验方法

GB/T 2406 塑料燃烧性能试验方法 氧指数法

GB/T 2577 玻璃纤维增强塑料树脂含量试验方法

GB/T 3854 增强塑料巴柯尔硬度试验方法

GB/T 8924 纤维增强塑料燃烧性能试验方法 氧指数法

GB/T 13041 包装容器 菱镁砼箱

GB 50204 混凝土结构工程施工质量验收规范

GB 50205 钢结构工程施工质量验收规范

3 术语和定义

下列术语和定义适用于本标准。

3.1

淋水填料 fill

将配水系统喷溅下来的热水,以水膜或水滴形式最大限度地增加水和空气接触面积和时间的一种装置,简称填料。

3.2

薄膜式填料 film fill

能将水在填料表面最大限度地形成水膜的一种填料。

3.3

点滴式填料 splash fill

能将水溅成细小水滴的一种填料。

3.4

填料径深 air entrancing fill length

横流式冷却塔每边的填料进出空气的二端面之间的水平距离。

3.5

配水系统　cooling water distribution system

位于填料顶部的水槽或管道与喷头组成的分配进塔热水的系统。

3.6

喷头　sprayer

配水系统的末端组成部分。通常喷头内有一出水套管，即为喷嘴。

3.7

收水器　drift eliminator

用来收集出塔空气所夹带水滴的一种装置。

3.8

围护结构　surrounding panel structure

设在冷却塔四周或两侧，主要作用是将塔内外分开的板状结构。

3.9

冷却塔的长度　length of cooling tower

进风口立面在水平面上投影线的尺寸。

3.10

冷却塔的宽度　width of cooling tower

与冷却塔长度垂直的塔的尺寸。

3.11

热力性能曲线　thermal performance curves

在直角坐标上，以 $\Omega=f(\lambda)$ 曲线形式表示冷却塔散热散质能力的曲线。

3.12

设计工况　design working conditions

冷却塔设计的热力性能工作状态数据，包括：进塔空气干球温度、湿球温度、大气压力、进塔空气流量、冷却水流量、进塔水温、出塔水温等。

3.13

名义冷却流量　nominal cooling water capacity

标准设计工况的进塔冷却水流量(m^3/h)。

3.14

气水比　air/water ratio

进塔干空气流量(kg/h)与进塔冷却水流量(kg/h)之比。

3.15

湿空气的含湿量　humidity of wet air

湿空气中的水汽质量(kg)和干空气质量(kg)之比，也称比湿，单位为 kg/kg(DA)。

3.16

逼近度　approach

出塔水温与环境空气湿球温度之差。

3.17

淋水密度　water drenching density

单位时间内通过每平方米淋水填料水平断面的水量，单位通常以 $kg/(m^2 \cdot h)$ 表示。

3.18

飘水率　drifting ratio

单位时间内从出风筒飘出的水量(kg/h)与进塔冷却水流量(kg/h)之比。

3.19

噪声的标准测点　measuring noise standard point

指距塔进风口的水平距离，圆形塔为塔的直径，矩形塔为 $L=1.13\sqrt{A\times B}$（A、B 为塔的长度、宽度），距水池顶 1.5 m 高处的点。

3.20

耗电比　consumptive electric power ratio

每单位冷却水流量 1 m^3/h 风机配用电动机消耗的有功功率，单位为 kW/(m^3/h)。

4　产品分类

4.1　产品型式

冷却塔根据水和空气在填料中流动方向分为两种型式：逆流式和横流式。

4.2　产品标记

4.2.1　冷却塔按生产厂商特记符号、进出水温差、冷却水名义流量（体积流量）和标准号进行标记。

示例：表示 BNS 公司生产的 10 ℃温差、冷却水名义流量 2 000 m^3/h，执行 GB/T 7190.2—2008 的冷却塔标记为：BNS-10-2000 GB/T 7190.2—2008。

5　技术要求

5.1　热力性能

5.1.1　**标准设计工况**

进塔空气干球温度 $\theta=31.5$ ℃，湿球温度 $\tau=28.0$ ℃，大气压力 $P=9.94\times10^4$ Pa，进塔水温 $t_1=43.0$ ℃，出塔水温 $t_2=33.0$ ℃。

5.1.2　**热力性能要求**

按冷却水量对比法求出的实测冷却能力与设计冷却能力的百分比（η）不得小于 95%。

5.2　噪声

冷却塔的噪声不应超过表 1 规定值。

表 1　噪声规定值

型　式	名义冷却流量 Q/(m^3/h)	标准点噪声值/dB(A)
逆流式	1 000≤Q<2 000	78.0
	2 000≤Q<3 000	79.0
	3 000≤Q	80.0
横流式	1 000≤Q<2 000	74.0
	2 000≤Q<3 000	75.0
	3 000≤Q	76.0

5.3　耗电比

实测耗电比不大于 0.045 kW/(m^3/h)。

5.4 飘水率

飘水率不大于0.005%。

5.5 玻璃钢件

5.5.1 巴柯尔硬度

织物增强的不饱和聚酯玻璃钢件的巴柯尔硬度不小于35。

5.5.2 弯曲强度

织物增强的不饱和聚酯玻璃钢件的弯曲强度不小于147 MPa。

5.5.3 树脂含量(质量含量)

不小于45%(不计胶衣层和富树脂层)。对富树脂层树脂含量不小于70%。

5.5.4 围护结构和风筒外观

外表面应有均匀的胶衣层,表面应光滑、无裂纹、色泽均匀;表面的气泡和缺损允许修补,但应保持色泽基本一致,修补后的外表面上直径3 mm~5 mm的气泡在1 m^2 内不允许超过3个;不允许有直径大于5 mm以上的气泡;切边边缘应整齐、厚度均匀、无分层、切割加工断面应加封树脂。

5.5.5 阻燃性能

阻燃玻璃钢件(不含胶衣层)的氧指数不低于28,当冷却塔无阻燃要求时,除水器的除水片,氧指数不低于28%。

5.6 填料

如为薄膜式改性聚氯乙烯(PVC)材质填料片组装的填料时,填料片和组装块应符合以下要求:

a) 片材密度不大于1.55 g/cm^3;

b) 平片拉伸强度不小于40 MPa;

c) 阻燃氧指数不低于28;

d) 平片在(90±1)℃水中,15 min纵向变形率不大于5%;

e) 填料块放在65 ℃的水中一小时,目测无明显变形;

f) 粘接或联杆联接的填料块,常温时在简支条件下承受2.94 kN/m^2 均布荷载一小时,支承面及加载面应无明显变形,卸载后应无明显残余变形,粘结点松脱率不应超过10%。

6 试验方法

6.1 热力性能

热力性能试验见附录A。

6.2 噪声

噪声试验见附录B。

6.3 耗电比

耗电比试验见附录C。

6.4 飘水率

飘水率试验见附录D。

6.5 玻璃钢件

6.5.1 试样

采用随炉试样。

6.5.2 巴柯尔硬度

巴柯尔硬度按GB/T 3854的规定进行。

6.5.3 弯曲强度

弯曲强度按GB/T 1449的规定进行。

6.5.4 树脂含量

树脂含量按 GB/T 2577 的规定进行。

6.5.5 围护结构和风筒外观

目测

6.5.6 阻燃性能

氧指数按 GB/T 8924 的规定进行。

6.6 填料

6.6.1 片材密度

片材密度按 GB/T 1033 的规定进行。

6.6.2 平片拉伸强度

平片拉伸强度按 GB/T 1040 的规定进行。

6.6.3 阻燃氧指数

阻燃氧指数按 GB/T 2406 的规定进行。

6.6.4 耐水温及承载

平片在(90±1)℃水中纵向变形率,组装块在 65 ℃水中耐温性能和承载性能按附录 E。

7 检验规则

7.1 检验分类

产品检验分为交收检验和型式检验。

7.2 交收检验

7.2.1 检验项目

a) 整塔的热力性能和噪声;

b) 玻璃钢件的硬度、阻燃氧指数和外观;

c) 填料平片的密度、组装块耐 65 ℃热水和承载性能。

7.2.2 抽样

以同原材料、同工艺、同类型的冷却塔为一批,每批抽检一台。

7.2.3 判定规则

a) 热力性能和噪声:符合 5.1.2 和 5.2 要求为合格。如不符合要求,允许分别各采取一次补救措施,重做试验,如符合相应要求,则判为合格,否则判相应项为不合格;

b) 玻璃钢件:巴柯尔硬度符合 5.5.1 要求为合格,阻燃氧指数符合 5.5.5 要求为合格,外观符合 5.5.4 要求为合格。如不符合要求,则抽取二倍数量的试样,做不合格项试验,如符合要求则判为合格,否则判相应项为不合格;

c) 填料片和组装块符合 5.6 要求时为合格。如某项不符合要求,则抽取二倍数量的试样做不合格项试验,如符合要求则判为合格,否则判相应项为不合格;

d) 最终判定:若热力性能不合格时,则判整塔不合格。其他各项如有二项或二项以上不合格时,则判整塔为不合格,如有一项不合格时,则判整塔为合格,同时注明不合格项。

7.3 型式检验

7.3.1 检验项目

第 5 章中的全部项目。

7.3.2 检验条件

有下列条件之一时应进行型式检验:

a) 首制塔;

b) 主要原材料或加工工艺改变时;

c) 正常生产每满3年时；

d) 停产一年以上，恢复生产时；

e) 国家质量监督机构或用户提出要求时。

7.3.3 抽样

以同工艺、同材料、同类型的冷却塔为一批，每批抽检一台。

7.3.4 判定规则

7.3.4.1 热力性能、噪声、耗电比

热力性能、噪声、耗电比分别符合相应要求时为合格。如其中任一项未符合要求，允许采取一次补救措施，重做试验(热力性能、噪声、耗电比同步进行)；若该项符合要求且另两项仍符合要求时，则判为合格，否则为不合格。

7.3.4.2 飘水率

飘水率符合相应要求为合格。如不符合要求，允许采取一次补救措施，重做试验，若符合要求，则判为合格，否则判为不合格。

7.3.4.3 玻璃钢件

符合5.5要求为合格。如其中某项不合格，则再抽取二倍数量试样做不合格项试验，如符合要求，则判为合格，否则判该项为不合格。

7.3.4.4 填料片材及其组装块

符合5.6要求为合格。如其中某项不合格，则再抽取二倍数量试样做不合格项试验，如符合要求，则判为合格，否则判该项为不合格。

7.3.5 最终判定

冷却塔的热力性能、噪声、耗电比、阻燃玻璃钢件和填料的氧指数，五项中只要有一项不合格，则判整塔不合格。其他各项如有二项或二项以上不合格，则判整塔为不合格，如其他各项只有一项不合格时，则判整塔为合格，同时注明不合格项。

8 标志、包装、运输和贮存、样本或产品说明书

8.1 标志

包装上和安装好的冷却塔上应有标志。标志宜在醒目处。标志宜用金属标牌或喷涂油漆形式。标志应包括：产品标记、制造厂名、设计单位、生产日期等。

8.2 包装

8.2.1 风机、减速器、电动机、联接轴、辅件、紧固件应用木箱、菱镁混凝土箱或其他足以保证贮存安全的包装。填料片宜用编织袋包装。玻璃钢件(风机叶片除外)和钢件可用草绳缠包。大件应有起吊钩环和标志。玻璃钢件和填料片不应挤压，应满足防火要求。

8.2.2 如用菱镁混凝土箱，应符合GB/T 13041的要求。

8.2.3 随包装应附以防水密封袋装文件，其内应有：

a) 产品零部件、组件检验合格证；

b) 装箱单；

c) 易损件明细表；

d) 配用的风机、减速器和电动机安装使用说明书，风机的空气动力性能曲线；

e) 冷却塔使用、维护说明书；

f) 样本或产品说明书。

8.3 运输和贮存

减速器和电动机的包装应正位平放。填料应避免暴晒。填料和玻璃钢件上不得堆压重物和碰撞，应满足防火要求。

8.4 样本或产品说明书

产品说明书应包括以下资料：

a) 以 $\Omega = A\lambda^{m}$ 的形式表示的热力性能曲线；

b) 冷却塔总装示意图、基础及其荷载分布图；

c) 进塔水管接口数量、空间位置、管径、接管形式等；

d) 冷却塔抗风载及地震等级；

e) 冷却塔适用条件，例如允许进塔水质、最高水温、最大水流量、最小及最大进塔水压及电源电压、频率等。

9 其他

9.1 风机

9.1.1 叶片材质如为环氧玻璃钢，弯曲强度不小于 196 MPa，各截面应圆滑过渡，外表面应光洁、无裂缝、缺口、毛刺等缺陷，展向每 100 mm 内直径 2 mm～3 mm 的可见气泡数不大于 3 个，可见气泡直径不大于 3 mm。

9.1.2 风机应做静平衡试验，试验时应按"刚性转子平衡精度"，精度等级取 G6.3。平衡力矩由计算求出。平衡后应编号。

9.1.3 叶尖距风筒内壁间隙设计平均值为 e，宜取 20 mm$<e<$0.005D(D 为风机直径)。风机安装应按安装说明书。

9.1.4 风机性能应与冷却塔对其要求的参数相匹配，在一般情况下，应在高效率区段工作。

9.2 出风筒

应符合 5.5 要求。风筒壁应能承受 690 Pa 的压力。风筒线型应为动能回收型的。

9.3 电动机、减速器

配用的电动机、减速器应与风机相匹配。电动机为 Y 系列户外型，防护等级宜为 IP54。减速器应有油温和震动保护报警装置。当有要求时，可配用防爆电动机或变速电动机。电动机与减速器相联的轴应做动平衡试验。

9.4 配水系统

逆流式冷却塔宜优先采用低压管式配水系统，当水质太差时，例如悬浮物 70 mg/L，含油量 10 mg/L 以上或含有其他易粘挂、堵塞的杂质时，宜采用槽式配水系统。

9.5 除水器

应采用除水效率高、气流阻力小、容易安装牢固的除水器。除水器组装块之间及其与柱、梁、板之间不应有气流短路的间隙和空洞。从除水器出来的气流方向应与风机转向一致。

9.6 钢框架及其他钢件

加工、安装及验收应符合 GB 50205 的要求。

9.7 钢筋混凝土构件

施工及验收应符合 GB 50204 的要求。

9.8 防护措施

9.8.1 防腐措施

钢件，包括预埋钢件外露部分，应有防腐措施。

9.8.2 防冻、防雷和防爆措施

必要时，应有可靠的防冻、防雷和防爆措施。

9.8.3 满足检修、维护安全等要求的措施

应有满足检修、维护、安全等要求的措施，例如：应设检修门、走道、平台、护栏等。

9.9 试验报告

试验报告应包括以下全部或部分内容：

a) 注明试验按本标准；

b) 试验任务、目的；

c) 冷却塔的设计、制造、使用单位；

d) 冷却塔的型号、规格和设计、施工、运行概况，有关示意图；

e) 试验项目、仪表和测点布置；

f) 试验数据汇总、结果及说明；

g) 存在问题及分析；

h) 负责及参加试验单位和人员，试验日期。

附 录 A
（规范性附录）
冷却塔热力性能试验方法

A.1 范围

本方法适用于大型机力通风工业型冷却塔的热力性能试验。

A.2 主要符号及单位

θ——空气的干球温度，℃；

τ——空气的湿球温度，℃；

p——大气压力，Pa；

G——进塔空气体积（或质量）流量，m^3/h 或 kg/h；

Q——进塔水体积（或质量）流量，m^3/h 或 kg/h；

t_1——进塔水温，℃；

t_2——出塔水温，℃；

Ω——冷却塔的冷却数（特性数）；

C_W——水的比热，4.181 kJ/kg·℃；

Δt——水温降；$\Delta t = t_1 - t_2$，℃；

(DA)——干空气的代号；

h_1——进塔空气比焓，kJ/kg(DA)；

h_2——出塔空气比焓，kJ/kg(DA)；

h''_1——温度等于进塔水温 t_1 条件下的空气饱和比焓，kJ/kg(DA)；

h''_2——温度等于出塔水温 t_2 条件下的空气饱和比焓，kJ/kg(DA)；

K——蒸发水量带走热量的系数；

X——含湿量，kg/kg(DA)；

φ——空气相对湿度；

λ——气水比，亦即进塔干空气流量和水流量之比；

X''_1——温度等于进塔水温 t_1 条件下的饱和空气的含湿量，kJ/kg(DA)；

X''_2——温度等于进塔水温 t_2 条件下的饱和空气的含湿量，kJ/kg(DA)；

η——按冷却水量对比法求出的实测冷却能力与设计冷却能力的百分比。

A.3 原理

冷却塔的冷却能力是客观存在的。它的实测冷却能力与设计冷却能力有可比性，前提是须将非设计工况下的实测冷却能力换算成相当于设计工况条件下的冷却能力。

A.4 仪表

A.4.1 通风干湿球温度计，最小分度值不大于 0.2 ℃，精度不低于 0.5 级。

A.4.2 气压计。

A.4.3 毕托管和压差计或电磁流量计，超声波流量计。压差计精度不低于 1.5 级，电磁流量计、超声波流量计精度不低于 1.5%。

A.4.4 棒式水银温度计，最小分度值不大于 0.1 ℃，精度不低于 0.2 级；或热电偶、铂电阻温度计，最小分度值和精度，不低于棒式水银温度计。

A.4.5 三相功率表和互感器，精度不低于 1.5%。

A.4.6 功率因数表，精度不低于 1.5%。

A.4.7 旋桨式风速仪或热球式风速仪，精度不低于 1.5%。

A.5 条件

A.5.1 应在使用半个月之后一年之内进行。

A.5.2 空气湿球温度应在 31 ℃～10 ℃范围内，最好在夏季进行。

A.5.3 应在环境风速小于 4 m/s，阵风小于 7 m/s，无雨条件下进行。

A.5.4 进塔水流量应在设计水流量的 90%～110%范围内，不排放也不补充水。

A.5.5 进塔水温应在 53 ℃～33 ℃范围内，当进塔水温与设计水温温差大于±2 ℃时，应按 A.7.7.2 进行修正。

A.5.6 进塔水质总溶固体不超过 5 000 mg/L，含油（包括焦油）量不超过 10 mg/L，不含有直径大于 5 mm 的机械性杂质。

A.6 步骤

A.6.1 仪表检验要求

所用仪表应经过有资格的单位校验合格，且在有效期内。

A.6.2 仪表安装、布点

a) 测量进塔干、湿球温度的通风干湿球温度计应布置在塔的进风口外距塔 2 m 之内，距水池顶 1.5 m 高处，每侧（1～2）个点，温度计应避开阳光直射，所在空间通风良好；

b) 测量大气压的气压计，测点布置同 A.6.2a)，但只设一个；

c) 测进塔水流量的仪表，应安装在进塔水管上，测点前直管段长应大于 10D（D 为管直径），测点后直管段长应大于 5D，其间不应有接入、接出管道或有闸阀、法兰。如用毕托管，应另外满足以下要求：

在测点所在管道横断面上划分等面积环，其上的测点距管中心的距离 R_n 按式（A.1）计算：

$$R_n = R\sqrt{\frac{2n-1}{2a}} \qquad \cdots\cdots\cdots\cdots (A.1)$$

式中：

R_n——测点距管中心的距离，单位为米（m）；

R——管道半径，单位为米（m）；

n——从管中心计起，测点位置的顺序数；

a——等面积环数；a 不应小于表 A.1 的规定数。

表 A.1 管道等面积环数 a

管道直径/mm	＜300	300～900	1 000～1 500
等面积环数 a	3	5	7

d) 测进塔水温的温度计布置在进塔水管内，或放空水嘴处，或配水竖井内，横流塔也可布置在配水槽内；

e) 测出塔水温的温度计，最好布置在出水管内或出水渠内。必要时布置在集水池上所设置的集水槽或集水盘内。集水槽宽宜取 200 mm，不少于 4 条。集水盘直径宜取 200 mm，不少于 12 个。集水槽和集水盘均布，可串联。

A.6.3　每组测试数据的允差范围和稳定时间

A.6.3.1　允差范围

a)　τ，±1.0 ℃；

b)　t_1，±0.5 ℃；

c)　Q，±5%；

d)　Δt，±5% 。

A.6.3.2　稳定时间

在 A.6.3.1 允差范围内，稳定 30 min 才能读数。

A.6.4　试验参数及相应读数频率（见表 A.2）

表 A.2　主要试验参数及相应读数频率

序号	参　　数	读数频率/(次/小时)	每次间隔/min
1	进塔空气干湿球温度及大气压	6	10
2	进塔空气流量	2	30
3	进塔、出塔水温	6	10
4	冷却水流量	6	10
5	风机配用电动机的输入功率	2	30
6	出塔空气干、湿球温度	2	30

A.6.5　出塔水温比进塔水温读数滞后时间为 2 min～5 min。

A.6.6　试验数据有效组数不少于 3 组。

A.6.7　进塔空气流量的测求

A.6.7.1　推荐用间接测求法，亦即测量风机的轴功率，借用某些数据用按式(A.2)测求。

$$G_t = G_d\left(\frac{\gamma_d}{\gamma_t}\right)\left(\frac{N_t}{N_d}\right)^{\frac{1}{3}}\left(\frac{\rho_d}{\rho_t}\right)^{\frac{1}{3}} \quad \cdots\cdots\cdots\cdots (A.2)$$

式中：

G_t——实测的进塔干空气流量，单位为千克每小时(kg/h)；

G_d——设计的进塔干空气流量，单位为千克每小时(kg/h)；

γ_d——设计的干空气比容，单位为立方米每千克(m^3/kg)；

γ_t——实测的干空气比容，单位为立方米每千克(m^3/kg)；

N_d——设计的风机轴功率，单位为千瓦(kW)；

N_t——实测的风机轴功率，单位为千瓦(kW)；

ρ_d——设计的进塔空气密度，单位为千克每立方米(kg/m^3)；

ρ_t——实测的进塔空气密度，单位为千克每立方米(kg/m^3)。

A.6.7.2　如直接测求进塔空气流量，宜用毕托管和压差计。在风机吸入侧，风机以下 0.2 m 处的水平断面上，布置在互相垂直的两个半径上。各点距塔中心距离，按式(A.1)求出，总测点数(14～30)个，每个等面积环的面积不宜大于 3 m^2。计算气流通过的面积时应将风机基础所占面积扣除。

A.6.7.3　如在冷却塔进风口或风筒出口测量，可用旋桨式风速仪或热球式风速仪。进风口的测点，每点负担面积不宜大于 2 m^2。出风口的测点位置、个数可按 A.6.7.2。

A.6.7.4　逆流塔不淋水时，可在塔内除水器以上 0.5 m 处的水平断面上测量，布点按 A.6.7.2。

A.7　结果及计算

A.7.1　每组工况的某项(例如出塔水温)测试数据的处理

取该单项在本组的多次(例如4次)测试数据的算术平均值,做为该单项在此组工况中的一个数据。

A.7.2 进塔空气湿球温度实测值的修正

应将通风干湿球温度计测得的 τ_t 修正到用屋式干湿球温度计测得的数值 τ_c 修正方法按式(A.3):

$$\tau_c = \tau_t + \Delta\tau \qquad \cdots\cdots(A.3)$$

式中:

τ_c——修正后的湿球温度,单位为摄氏度(℃);

τ_t——实测的湿球温度,单位为摄氏度(℃);

$\Delta\tau$——湿球温度修正值,单位为摄氏度(℃)。

$\Delta\tau$ 的求解见图A.1。

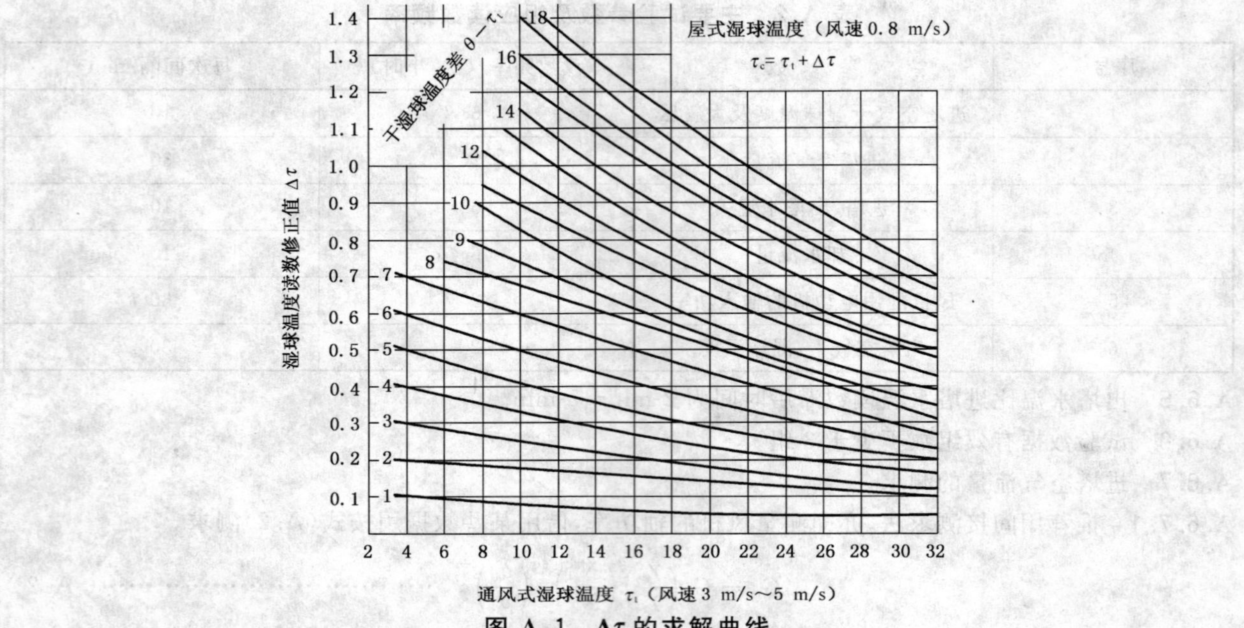

图A.1 $\Delta\tau$ 的求解曲线

A.7.3 热平衡计算

某组工况测试结果是否有效,应通过热平衡计算确定。如果热平衡百分比误差 $\Delta\eta_H \leqslant \pm 5\%$,则为有效,否则为无效。

$$\Delta\eta_H = \left[1 - \frac{G_t(h_2 - h_1)}{Q_t C_W(t_1 - t_2)} \times 100\right] \qquad \cdots\cdots(A.4)$$

式中:

$\Delta\eta_H$——热平衡百分比误差,%;

G_t 同式(A.2);

Q_t——实测的冷却水量,单位为立方米每小时(m^3/h)。

A.7.4 热力性能 η 的计算方法

按焓差法。

A.7.5 η 按式(A.5)计算:

$$\eta = \frac{G_t}{Q_d \lambda_c} = \frac{Q_c}{Q_d} \times 100 \qquad \cdots\cdots(A.5)$$

式中:

η——热力性能,%

Q_d——设计的冷却水量,单位为立方米每小时(m^3/h);

Q_c——修正后的冷却水量,单位为立方米每小时(m^3/h);

λ_c——气水比；

G_t 同式(A.2)。

A.7.6 λ_c的求解

A.7.6.1 当设计或制造单位提供设计工况参数及该塔的热力性能曲线或公式时，λ_c 的计算步骤如下：

a) 根据实测进塔水流量 Q_t 和进塔空气量 G_t 求实测气水比 λ_t；

b) 根据实测气水比 λ_t 和实测工况参数计算实测工况的特性数 Ω'_t；

c) 将气水比 λ_t 和特性数 Ω'_t点绘在修正气水比计算图上得 b 点，如图 A.2 所示，图中Ⅰ为该塔设计热力性能曲线，Ⅱ为冷却塔的工作特性曲线；

d) 过 b 点引设计热力性能曲线Ⅰ的平行线Ⅲ，与工作特性曲线Ⅱ相交于 c 点，其相应的气水比 λ_c 即为所求。

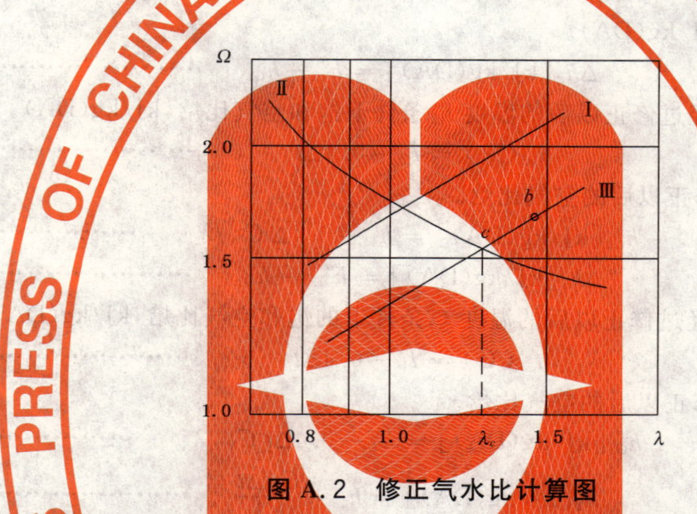

图 A.2 修正气水比计算图

A.7.6.2 当设计或制造单位仅提供设计工况参数，没有提供该塔的热力性能曲线或公式时，λ_c 的计算步骤如下：

a) 取两组不同工况参数分别求出气水比 λ_t 和冷却数 Ω'_t。

b) 将求得的两组气水比 λ_t 和冷却数 Ω'_t 分别点绘在修正气水比计算图上，得 b_1 和 b_2 两点，如图 A.3 所示。

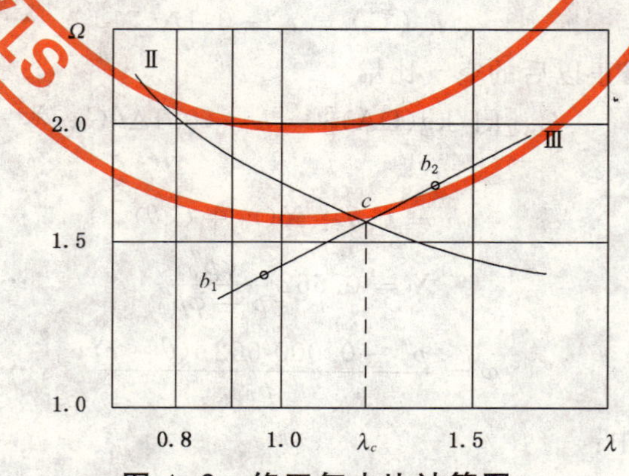

图 A.3 修正气水比计算图

c) 连接 b_1 和 b_2 两点得直线Ⅲ，直线Ⅲ与工作特性曲线Ⅱ相交与 c 点，c 点对应的气水比即为所求的 λ_c。

A.7.7 Ω 的求解

A.7.7.1 逆流式冷却塔冷却数 Ω_n 的求解

$$\Omega_n = \int_2^1 \frac{C_W dt}{h'' - h} \qquad \text{(A. 6)}$$

用切比雪夫公式求 Ω_n

$$\Omega_n = \frac{C_W \Delta t}{4}\left(\frac{1}{\Delta h_1} + \frac{1}{\Delta h_2} + \frac{1}{\Delta h_3} + \frac{1}{\Delta h_4}\right) \qquad \text{(A. 7)}$$

式中：

$$\Delta h_1[\text{kJ/kg(DA)}] = h''_{c1} - h_{G1} \qquad \text{(A. 8)}$$

h''_{c1}——在出塔水温 t_2 经过修正以后的温度 t_{c1} 条件下的饱和空气比焓，kJ/kg(DA)。

$$t_{c1}(℃) = t_2 + 0.1\Delta t \qquad \text{(A. 9)}$$

h_{G1}——第一个点经过修正以后的空气比焓。

$$h_{G1}[\text{kJ/kg(DA)}] = h_1 + 0.1\Delta t\, C_W/\lambda \qquad \text{(A. 10)}$$

h_1——进塔空气比焓，kJ/kg(DA)。

$$\Delta h_2[\text{kJ/kg(DA)}] = h''_{c2} - h_{G2} \qquad \text{(A. 11)}$$

h''_{c2}——在出塔水温 t_2 经过修正以后的温度 t_{c2} 条件下饱和空气比焓，kJ/kg(DA)。

$$t_{c2}(℃) = t_2 + 0.4\Delta t \qquad \text{(A. 12)}$$

h_{G2}——第二个点经过修正以后的空气比焓。

$$h_{G2}[\text{kJ/kg(DA)}] = h_1 + 0.4\Delta t C_W/\lambda \qquad \text{(A. 13)}$$

$$\Delta h_3[\text{kJ/kg(DA)}] = h''_{c3} - h_{G3} \qquad \text{(A. 14)}$$

h''_{c3}——在进塔水温 t_1 经过修正以后的温度 t_{c3} 条件下的饱和空气比焓，kJ/kg(DA)。

$$t_{c3}(℃) = t_1 - 0.4\Delta t \qquad \text{(A. 15)}$$

h_{G3}——第三个点经过修正以后的空气比焓。

$$h_{G3}[\text{kJ/kg(DA)}] = h_2 - 0.4\Delta t\, C_W/\lambda \qquad \text{(A. 16)}$$

$$h_2[\text{kJ/kg(DA)}] = h_1 + \frac{C_W \Delta t}{K\lambda} \qquad \text{(A. 17)}$$

$$K = 1 - \frac{t_2}{586 - 0.56(t_2 - 20)} \qquad \text{(A. 18)}$$

K——蒸发水量带走热量系数。

$$\Delta h_4[\text{kJ/kg(DA)}] = h''_{c4} - h_{G4} \qquad \text{(A. 19)}$$

h''_{c4}——在进塔水温 t_1 经过修正以后的温度 t_{c4} 条件下的饱和空气比焓，[kJ/kg(DA)]。

$$t_{c4}(℃) = t_1 - 0.1\Delta t \qquad \text{(A. 20)}$$

h_{G4}——第四个点经过修正以后的空气比焓。

$$h_{G4}[\text{kJ/kg(DA)}] = h_2 - 0.1\Delta t\, C_W/\lambda \qquad \text{(A. 21)}$$

空气比焓值求解：

$$h = C_g\theta + X(r_0 + C_q\theta) \qquad \text{(A. 22)}$$

$$X = 0.662\frac{\varphi p''_\theta}{p - \varphi p''_\theta} \qquad \text{(A. 23)}$$

$$\varphi = \frac{p''_\tau - 0.000\,662 p(\theta - \tau)}{p''_\theta} \qquad \text{(A. 24)}$$

式(A. 22)～式(A. 24)中：

C_g——干空气的比热，取 1.005 kJ/(kg·℃)；

C_q——水蒸气的比热，取 1.842 kJ/(kg·℃)；

r_0——温度为 0 ℃时水的汽化热，取 2 500.8，单位为千焦每千克(kJ/kg)；

p''_θ——空气温度为 θ 时饱和水蒸气分压力，单位为千帕(kPa)；

p''_τ——空气温度为 τ 时饱和水蒸气分压力，单位为千帕(kPa)。

饱和水蒸气分压力可用下式求解：

$$p''(\mathrm{kPa}) = 98.066\,5 \times 10^{E} \qquad \cdots\cdots(\mathrm{A.25})$$

式中：

$$E = 0.014\,196\,6 - 3.142\,305\left(\frac{10^3}{T} - \frac{10^3}{373.16}\right) + 8.2\lg\left(\frac{373.16}{T}\right) - 0.002\,480\,4(373.16 - T) \qquad \cdots\cdots(\mathrm{A.26})$$

式中：

T——绝对温度，$T = 273.16 + \theta$。

饱和空气比焓宜根据求比焓公式求出：

$$h'' = C_g t + X''(r_0 + C_g t) \qquad \cdots\cdots(\mathrm{A.27})$$

式中：

t——饱和空气的温度，单位为摄氏度(℃)；

X''——饱和空气含湿量，用式(A.23)求解。

空气的比焓值及饱和空气的比焓值也可借助图表求出。

A.7.7.2 当实测进塔水温与设计水温不相等，且温差大于±2 ℃时，应将测定的特性数进行水温修正后再做评价计算，修正计算公式如下：

$$\Omega'_{tx} = \Omega'_t \left[\frac{t_{d1}}{t_{t1}}\right]^{-P_0} \qquad \cdots\cdots(\mathrm{A.28})$$

式中：

Ω'_{tx}——修正后特性数；

Ω'_t——实测特性数；

t_{d1}——设计进塔水温；

t_{t1}——实测进塔水温；

P_0——系数，根据有关淋水填料实测值选用，无资料时取 0.4。

A.7.7.3 横流冷却塔冷却数 Ω_H 的求解——修正系数法

先按求逆流冷却塔冷却数的方法求出 Ω_n，再除以修正系数 F_0

$$\Omega_H = \frac{\Omega_n}{F_0} \qquad \cdots\cdots(\mathrm{A.29})$$

式中：$F_0 = 1 - 0.106\left(1 - \dfrac{h''_2 - h_2}{h''_1 - h_1}\right)^{3.5}$ $\cdots\cdots$(A.30)

附　录　B
（规范性附录）
冷却塔噪声试验方法

B.1　范围

本方法适用于大型机力抽风冷却塔噪声的试验。

B.2　仪表

应用标定合格的Ⅰ级声级计。

B.3　测点布置

应设在冷却塔进风口外，每侧 2 个点。测点与塔外缘距离 $L=1.13\sqrt{A\times B}$（A、B 分别为塔的长度与宽度，距水池顶高 1.5 m 高处）。

B.4　试验条件与要求

应与热力性能和风机功率试验同步进行。自然风速 4 m/s 以下，无雨。应排除建筑物反射、电磁场及水泵等噪声的干扰。仪器不得背向声源，传声器与声源间不应有人或物遮挡。试验前后，必须对声级计校准，校准精度为±1 dB(A)。实测噪声比环境噪声至少高出 2 dB(A)。

当实测噪声与环境噪声差 10 dB(A)以下时，应对其实测值进行修正，其修正值如表 B.1。

表 B.1　噪声修正值表

噪声差值/dB(A)	3.0	4.0～5.0	6.0～9.0	≥10.0
减去的修正值/dB(A)	3.0	2.0	1.0	0

B.5　结果

取经过修正后的几个测点的算术平均值作为最终测试结果。

附　录　C
（规范性附录）
耗电比试验方法

C.1　范围

本方法适用于大型机力抽风冷却塔耗电比的试验。

C.2　仪表

应用标定合格的三相功率表和互感器。功率表精度，±2.5%。

C.3　测点布置

应尽量靠近电动机。当输电电缆较长时，应考虑输电沿途的电能损耗。

C.4　试验条件与要求

风机、减速器和电动机运转正常。电动机的启动电流不超过规定值。运转电流不超过电动机的额定电流值。耗电比的试验与热力性能试验和噪声试验同步进行。

C.5　测量

条件具备以后，用相应仪表测求电动机的输入功率和功率因数，同时测量电流电压。

C.6　试验结果

耗电比按式(C.1)计算：

$$\alpha = \frac{N_e}{Q_t} \qquad \text{(C.1)}$$

式中：

α——耗电比，单位为千瓦每[立方米·小时][kW/(m^3/h)]；

N_e——实测电动机的输入功率，单位为千瓦(kW)；

Q_t——实测冷却水流量，单位为立方米每小时(m^3/h)。

附 录 D
（规范性附录）
飘水率试验方法

D.1 范围

本方法适用于大型机力抽风冷却塔飘水率的试验。

D.2 仪表及设施

D.2.1 普通计量秒表。

D.2.2 分析天平，感量为 0.001 g。

D.2.3 理化试验室普通干燥设备，塑料袋，120 mm×120 mm 普通滤纸，及将滤纸放到冷却塔出口定点位置的固定辅助设备。

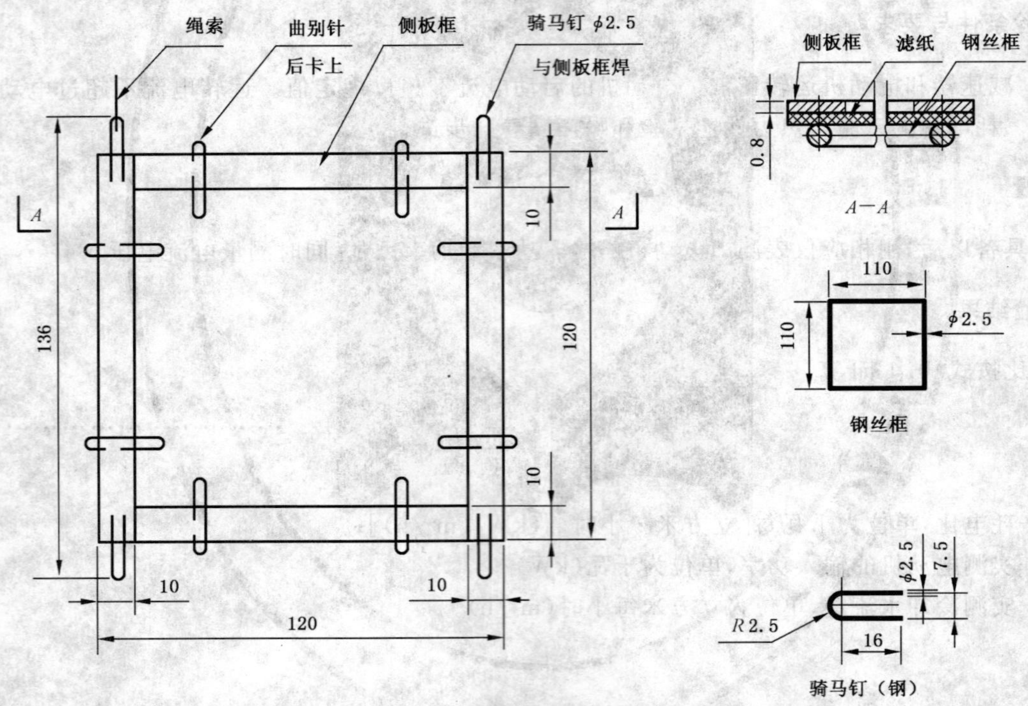

图 D.1 固定滤纸辅助设施示意图

D.3 测点布置

将冷却塔出风口顶划分成 5 个等面积环，每个环中对称布置 2 个。

D.4 试验条件

进塔空气流量与进塔水流量应与热力性能试验时相近，差值在±5%之内。为了减少热力蒸发量的影响，有条件时，最好让进塔水温尽量的低，可以不与热力性能试验同步进行。

D.5 试验步骤

将滤纸干燥之后放入塑料袋，用天平称量，取出滤纸，用辅助设施将滤纸水平放到各测点，记时。视飘水情况放置 1 min～5 min，快速取出，记时。放入原塑料袋中，用天平称量。得出先后两次称量的差值，精确到 0.01 g。

D.6　试验结果

由滤纸的总增量、总面积、出风口面积，滤纸的放置时间可计算出飘水总流量 Q_n，再与进塔水流量比较，可求出飘水率，按式(D.1)计算：

$$p_f = \frac{Q_n}{Q_t} \quad \cdots\cdots (D.1)$$

式中：

p_f——飘水率；

Q_n——冷却塔出风口飘水流量，单位为千克每小时(kg/h)；

Q_t——进塔水流量，单位为千克每小时(kg/h)。

进塔水流量的试验见附录 A。

附　录　E
（规范性附录）
塑料淋水填料平片和组装块耐水温及承载试验方法

E.1　平片在(90±1)℃水中的纵向变形率试验方法

E.1.1　试样

随机抽取与原片材纵向平行长为(250±1)mm，宽为(10±0.5)mm的试样5条。

E.1.2　试验步骤

将试样分别置于300 mm×12 mm×2 mm的木槽中，盖上一层普通铁丝纱网，然后将装有试样的木槽放入(90±1)℃水中15 min，取出。于室温中冷却15 min。在木槽中测量试验中心纵向变形后的尺寸L（精确到0.5 mm）。

E.1.3　结果计算

$$\eta = \frac{|L_1 - L|}{L_1} \times 100 \qquad \cdots\cdots\cdots\cdots(E.1)$$

式中：

η——变形率，%；

L_1——受热前试样长度，单位为毫米(mm)；

L——受热后试样中心线长度，单位为毫米(mm)。

取5个试样变形率的算术平均值，作为试验结果。

E.2　组装块在65 ℃水中的耐温性能试验方法

E.2.1　试样

随机抽取200 mm×200 mm的三片已成型的填料片，组装成一块。共三块。

E.2.2　试验步骤

将以上三块试样，置于(65±1)℃的热水中，浸泡72 h后取出，目测有无明显变形。

E.3　组装块承载性能试验方法

E.3.1　试样

随机抽取1 000 mm×500 mm×500 mm试样一块。

E.3.2　试验步骤

在室温下，将填料块放在筒支支座上且填料片垂直地面，二个支座宽100 mm，长600 mm。填料块顶上铺满厚度10 mm的木板，在木板上均布加载，分二次，每次加1 470 N。一小时后卸载。目测加载时和卸载后，有无明显变形、残余变形及粘结点松脱现象。

附 录 F
（资料性附录）
热力性能计算实例

F.1 设计或制造单位给出了热力性能曲线

F.1.1 某机械抽风冷却塔的设计工况及实测工况参数如表 F.1 所示，该塔的热力性能曲线Ⅰ，工作特性曲线Ⅱ如图 F.1 所示

表 F.1 设计工况及实测工况参数表

项　　目	设计工况	实测工况Ⅰ
大气压力/kPa	98.0	98.0
进塔空气干球温度/℃	30.0	26.8
进塔空气湿球温度/℃	27.6	22.6
进塔水流量/(m^3/h)	2 271	2 078
进塔水温/℃	46.1	40.4
出塔水温/℃	29.5	26.4
风机轴功率/kW	175.0	157.5
进塔空气流量/(kg/h)	2 641.2×10^3	—
气水比	1.16	—

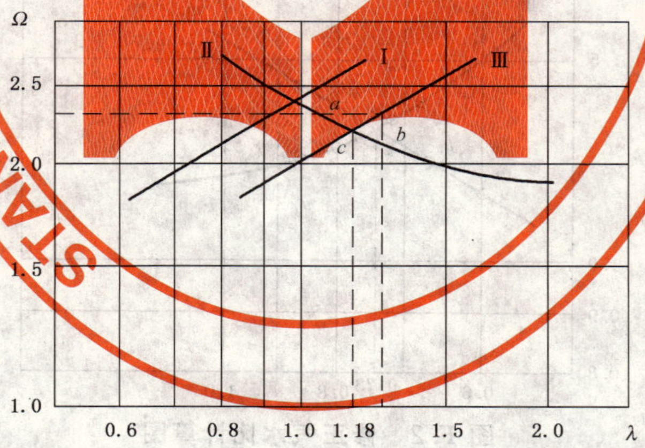

图 F.1 修正气水比计算图

F.1.2 由实测数据经计算得实测进塔干空气流量 G_t=2 589.4×10^3(kg/h)、实测气水比 λ_t=1.25、实测特性数 Ω'_t=2.23，根据 λ_t 和 Ω'_t 在图 F.1 上点绘出 b 点，经过 b 点作热力性能曲线Ⅰ的平行线Ⅲ，直线Ⅲ与工作特性曲线Ⅱ相交于 c 点，该点对应的气水比 λ_c=1.18 即为所求的修正气水比。

$$Q_c = \frac{G_t}{\lambda_c} = \frac{2\ 589.4}{1.18} = 2\ 194.4(\mathrm{m^3/h})$$

$$\eta_{st} = \frac{G_t}{Q_d \lambda_c} = \frac{Q_c}{Q_d} \times 100 = \frac{2\ 194.4}{2\ 271.0} = 96.6\%$$

评价：该冷却塔的实测冷却能力达到设计冷却能力的 96.6%。

F.2 设计或制造单位未给出热力性能曲线

F.2.1 某机械抽风冷却塔的设计工况及实测工况参数如表 F.2 所示，对该塔的进行评价。

表 F.2 设计工况及实测工况参数表

项　目	设计工况	实测工况Ⅰ	实测工况Ⅱ
大气压力(kPa)	99.9	100.3	100.4
进塔空气干球温度/℃	32.6	37.6	33.0
进塔空气湿球温度/℃	28.2	30.5	29.8
进塔水流量/(m^3/h)	4 000	3 980	4 530
进塔水温/℃	43.0	42.7	42.3
出塔水温/℃	33.0	34.7	34.7
气水比	—	0.68	0.60
特性数	—	1.25	1.19

F.2.2 根据设计工况参数，假定不同的气水比 λ 计算相应的冷却数 Ω 如表 F.3 所示，并根据假定的气水比 λ 相应的冷却数 Ω 绘制工作特性曲线Ⅱ，如图 F.2 所示。

表 F.3 冷却数计算表

λ	0.69	0.72	0.76	0.80	0.85
Ω	1.43	1.37	1.31	1.26	1.22

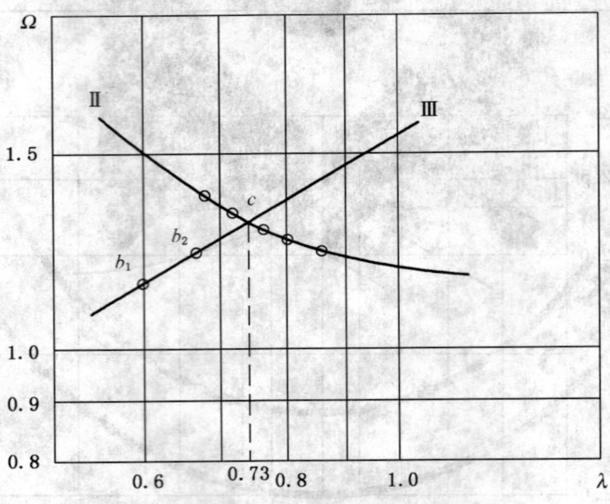

图 F.2 修正气水比计算图

将两组实测工况的气水比和特性数分别点绘在图 F.2 上，得实测工况得 b_1 和 b_2 两点，连接 b_1 和 b_2 两点得直线Ⅲ，直线Ⅲ与工作特性曲线Ⅱ相交于 c 点，c 点对应的气水比 $\lambda_c = 0.73$。

根据公式 A.5 计算出 η。

由实测工况Ⅰ得：

$$G_t = Q_t\lambda_t = 3\,980 \times 0.68 = 2\,706 \times 10^3 (\text{kg/h})$$

$$Q_c = \frac{G_t}{\lambda_c} = \frac{2\,706}{0.73} = 3\,707 (\text{m}^3/\text{h});$$

$$\eta = \frac{G_t}{Q_d\lambda_c} = \frac{Q_c}{Q_d} \times 100 = \frac{3\,707}{4\,000} \times 100 = 92.7\%\ 。$$

由实测工况Ⅰ得：

$$G_t = Q_t\lambda_t = 4\ 530 \times 0.60 = 2\ 718 \times 10^3 (\mathrm{kg/h});$$

$$Q_c = \frac{G_t}{\lambda_c} = \frac{2\ 718}{0.73} = 3\ 723(\mathrm{m^3/h});$$

$$\eta = \frac{G_t}{Q_d\lambda_c} = \frac{Q_c}{Q_d} \times 100 = \frac{3\ 723}{4\ 000} \times 100 = 93.1\%。$$

平均值：$\eta = 92.9\%$

评价：该冷却塔的实测冷却能力达到设计冷却能力的92.9%。

ICS 83.120
Q 23

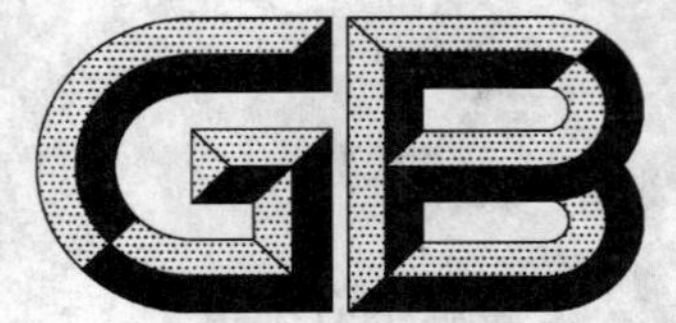

中华人民共和国国家标准

GB/T 7193—2008
代替 GB/T 7193.1～7193.6—1987，部分代替 GB/T 8238—1987

不饱和聚酯树脂试验方法

Test methods for unsaturated polyester resins

（ISO 2554：1997，ISO 584：1982，NEQ）

2008-06-30 发布　　　　2009-04-01 实施

中华人民共和国国家质量监督检验检疫总局
中国国家标准化管理委员会　发布

前　言

本标准对应于ISO 2554:1997《塑料——不饱和聚酯树脂——羟值测定方法》(英文版)和ISO 584:1982《塑料——不饱和聚酯树脂——80 ℃下反应活性测定方法(通用方法)》(英文版),与ISO 2554:1997、ISO 584:1982的一致性程度为非等效。其中,"羟值测定方法"与ISO 2554:1997完全相同,"80 ℃下反应活性测定方法"与ISO 584:1982完全相同。

本标准同时代替GB/T 7193.1—1987《不饱和聚酯树脂　粘度测定方法》、GB/T 7193.2—1987《不饱和聚酯树脂　羟值测定方法》、GB/T 7193.3—1987《不饱和聚酯树脂　固体含量测定方法》、GB/T 7193.4—1987《不饱和聚酯树脂　80 ℃下反应活性测定方法》、GB/T 7193.5—1987《不饱和聚酯树脂　80 ℃热稳定性测定方法》、GB/T 7193.6—1987《不饱和聚酯树脂　25 ℃凝胶时间测定方法》和GB/T 8238—1987《不饱和聚酯树脂液体和浇铸体折光率的测定》的液体部分。

本标准与GB/T 7193.1—1987相比主要变化如下:

——删除原标准的附录B;

——增加了粘度试验原理(见4.1.1)。

本标准与GB/T 7193.2—1987相比主要变化如下:

——规定了氢氧化钾-甲醇标准溶液的浓度(GB/T 7193.2—1987中的3.5,本标准的4.2.2.6);

——不给出称取试样的范围(GB/T 7193.2—1987中的5.1,本标准的4.2.4.1);

——规定了正丁醇/甲苯混合液的用量(GB/T 7193.2—1987中的5.4,本标准的4.2.4.5);

——规定用于结果计算的V_1值是使溶液变蓝的那1滴以前所消耗的氢氧化钾-甲醇标准溶液的体积(GB/T 7193.2—1987中的5.4,本标准的4.2.4.7)。

本标准与GB/T 7193.3—1987相比主要变化如下:

——增加了固体含量的定义(见3.4);

——分析天平的感量由原来的0.001 g修改为0.1 mg(GB/T 7193.3—1987中的4.1,本标准的4.3.3.1)。

本标准与GB/T 7193.4—1987相比主要变化如下:

——规定试剂过氧化苯甲酰-邻苯二甲酸二丁酯试验前配制(GB/T 7193.4—1987中的3.1、3.2、5.1.2,本标准的4.4.2、4.4.4.1);

——80 ℃凝胶时间测定方法不再单独列出(GB/T 7193.4—1987中的5.2)。

本标准与GB/T 7193.6—1987相比主要变化如下:

——增加了凝胶时间的定义(见3.6);

——增加了25 ℃粘胶时间试验原理(见4.6.1);

——删除了凝胶时间测定仪法和搅拌器法(GB/T 7193.6—1987中的3.1、3.2);

——规定了促进剂、引发剂的种类和用量(GB/T 7193.6—1987中的第1章,本标准的4.6.2)。

本标准与GB/T 8238—1987相比主要变化如下:

——将"不饱和聚酯树脂液体折光率"部分纳入本标准,"浇铸体折光率"部分纳入GB/T 2567—2008;

——增加了仪器类型(本标准的4.7.2.1.1);

——将稳定时间改为2 min,几次读数之间的相差值改为不大于0.000 3(GB/T 8238—1987中的4.1.2,本标准的4.7.3.3、4.7.3.9)。

本标准的附录A为资料性附录。

本标准由中国建筑材料联合会提出。

本标准由全国纤维增强塑料标准化技术委员会归口。

本标准主要起草单位：北京玻钢院复合材料有限公司、常州天马集团有限公司。

本标准主要起草人：宁珍连、张鸿雁、宣维栋、敖文亮。

本标准所代替标准的历次版本发布情况为：

——GB/T 7193.1～7193.6—1987；

——GB/T 8238—1987。

不饱和聚酯树脂试验方法

1 范围

本标准规定了测试液体不饱和聚酯树脂性能的试验方法、范围、原理、试样、仪器设备、试验步骤、试验结果及试验报告等。

本标准适用于测定液体不饱和聚酯树脂的绝对粘度、羟值、固体含量、80 ℃下反应活性、80 ℃热稳定性、25 ℃凝胶时间和折射率。

2 规范性引用文件

下列文件中的条款通过本标准的引用而成为本标准的条款。凡是注日期的引用文件，其随后所有的修改单(不包括勘误的内容)或修订版均不适用于本标准，然而，鼓励根据本标准达成协议的各方研究是否可使用这些文件的最新版本。凡是不注日期的引用文件，其最新版本适用于本标准。

GB/T 2895 不饱和聚酯树脂酸值的测定

GB/T 6682 分析实验室用水规格和试验方法

3 术语和定义

下列术语和定义适用于本标准。

3.1

羟值 hydroxyl value

中和 1 g 不饱和聚酯树脂乙酰化反应所产生的乙酸所消耗的氢氧化钾的毫克数。

3.2

酸值 acid value

在试验条件下中和 1 g 试样所消耗的氢氧化钾的毫克数。

3.3

总酸值 total acid value

中和聚酯中所有羧基、游离酸和游离酸酐所消耗的氢氧化钾的毫克数。

3.4

固体含量 solid content

在特定的测试条件下，不饱和聚酯树脂中所含有的不挥发分的质量分数。

3.5

80 ℃热稳定性 heat stability at 80 ℃

在 80 ℃的温度下，液体不饱和聚酯树脂从开始试验到出现凝胶现象的时间。

3.6

凝胶时间 gel time

从引发剂加入树脂到树脂粘度达到 50 Pa·s 时所用的时间。

4 试验方法

4.1 粘度

4.1.1 原理

转筒或转子在固定的转速下在试样中转动，由于液体具有粘度，转动过程中施加给转筒或转子阻力,产生扭矩,通过一定的方法测量出此扭矩。

本测量过程是通过螺旋弹簧的压缩导致数字指针的变化实现的,用旋转粘度计测量绝对粘度是通过用系数乘以读数得到的,此系数取决于转速和转筒或转子类型。

4.1.2 **试样**

4.1.2.1 均匀、无气泡、无杂质。

4.1.2.2 数量能满足粘度计测定需要。

4.1.3 **仪器和设备**

4.1.3.1 旋转粘度计:转筒型或转子型。

4.1.3.2 恒温水浴:控温精度为±0.5 ℃。

4.1.3.3 温度计:测量范围 0 ℃～50 ℃,最小分度值为 0.2 ℃。

4.1.3.4 容器:应符合粘度计的要求。

4.1.3.5 秒表。

4.1.4 **试验步骤**

4.1.4.1 选择旋转粘度计的转筒或转子及转速(参见附录 A),使测定读数落在满刻度值的 20%～90%,尽可能落在 45%～90%。

4.1.4.2 把试样装入容器,将温度调到 25 ℃左右,然后把容器放入温度为 25 ℃±0.5 ℃的恒温水浴中(或将试样倒入粘度计的测定容器),水浴面应比试样面略高。

4.1.4.3 将粘度计转筒或转子垂直浸入试样中心,浸入深度应符合粘度计的规定,与此同时开始计时。

4.1.4.4 在整个测定过程中,应将试样温度控制在 25 ℃±0.5 ℃,当转筒或转子浸入试样中达 8 min 时,开启马达,转筒或转子旋转 2 min 后读数。读数后关闭马达,停留 1 min 后再开启马达,旋转 1 min 后第二次读数。

4.1.4.5 清空容器,重复 4.1.4.2～4.1.4.4。

4.1.4.6 每测定一个试样后,应将粘度计转筒或转子等用溶剂清洗干净。

4.1.5 **试验结果**

4.1.5.1 每个试样测定两次,将读数按粘度计规定进行计算,以算术平均值表示,取三位有效数字。

4.1.5.2 测定结果以 Pa·s 为单位。

4.2 羟值

4.2.1 **原理**

本方法是以对甲苯磺酸作催化剂,在乙酸乙酯中,利用乙酸酐与羟基乙酰化反应进行的。

过量的乙酸酐用吡啶/水混合液水解,产生的乙酸用氢氧化钾-甲醇标准溶液滴定。滴定中,存在于树脂中的游离酸和游离酸酐也被碱中和。羟值是在单独测定总酸值后,最后计算求得,酸值的测定按 GB/T 2895 进行。

4.2.2 **试剂**

分析过程中,使用分析纯以上级试剂及 GB/T 6682 中规定的 3 级以上水。

4.2.2.1 酸酐乙酰化溶液,约 1 mol/L。

将 1.4 g 纯净、干燥的对甲苯磺酸溶于 111 mL 无水乙酸乙酯中,当完全溶解时,在搅拌下缓慢加入 12 mL 新蒸馏的乙酸酐。保存在干燥器中。

4.2.2.2 乙酸乙酯,无水。

4.2.2.3 吡啶/水混合液,3+2(体积比)。

将 3 体积吡啶和 2 体积水混合。

注 1:吡啶有毒,不要吸入蒸汽,避免接触皮肤和眼睛。操作时在通风橱中或通风好的地方进行。

4.2.2.4 正丁醇/甲苯混合液,2+1(体积比)。

将 2 体积正丁醇和 1 体积甲苯混合。

4.2.2.5 混合指示剂

将3体积0.1%的百里酚蓝乙醇溶液和1体积0.1%的甲酚红乙醇溶液混合。

4.2.2.6 氢氧化钾-甲醇标准溶液,0.5 mol/L。

4.2.3 **仪器设备**

4.2.3.1 锥形瓶,250 mL,带磨口塞。

4.2.3.2 磁力搅拌器,有外敷防腐材料(如PTFE)的搅拌棒。

4.2.3.3 碱式滴定管,50 mL,0.05 mL分度值。

4.2.3.4 水浴,控温50 ℃±1 ℃。

4.2.3.5 移液管,5 mL和10 mL(用于乙酰化溶液)。

4.2.3.6 电位滴定仪,配有甘汞电极/玻璃电极系统,带滴定台。

4.2.3.7 分析天平,感量1 mg。

4.2.4 **步骤**

4.2.4.1 称取约含5 mg当量羟基的试样(1 g试样=280等分/羟值),放入250 mL锥形瓶中,准确到1 mg。如果羟值的近似值未知,先做初步试验。

4.2.4.2 准确加入10 mL乙酰化溶液,并放入磁力搅拌棒,塞上瓶塞,用乙酸乙酯润湿瓶口,用磁力搅拌器搅拌试样使其溶解。如加热后试样不能完全溶解,再加5 mL或10 mL乙酰化溶液。

4.2.4.3 将锥形瓶置于50 ℃±1 ℃的水浴中,浸入深度约10 mm,保持45 min。(这个时间可以减少,例如30 min或更少,只要能保证试验结果相同。)

4.2.4.4 取出锥形瓶,冷却至室温,加入2 mL蒸馏水,用磁力搅拌器搅拌。当溶液充分混合后,加10 mL吡啶/水混合液,搅拌5 min。

4.2.4.5 用60 mL正丁醇/甲苯混合液冲洗瓶塞和锥形瓶内壁,加入5滴混合指示剂。

4.2.4.6 在不断搅拌下,用氢氧化钾-甲醇标准溶液滴定,当颜色变化时,再加入(1~2)滴混合指示剂。溶液由黄色变为清澈;记录所消耗的氢氧化钾-甲醇标准溶液的毫升数(V_1),再加1滴氢氧化钾溶液,溶液颜色变蓝;如不变蓝,记录滴定管读数,再加1滴混合指示剂,直到蓝色出现。

4.2.4.7 用于结果计算的V_1值是使溶液变蓝的那1滴以前所消耗的氢氧化钾-甲醇标准溶液的体积。

4.2.4.8 在相同条件下做空白试验,记录所消耗的氢氧化钾-甲醇标准溶液的毫升数V_0。

4.2.4.9 至少做两个平行试样。两个平行试样的结果差不得超过2个羟值单位。如不符,追加试验,直到两次连续测定结果符合本要求。

4.2.4.10 另一种测试方法是用电位滴定仪替换彩色指示剂。这个方法在任何情况下都可行,尤其适合于颜色深的产品。用甘汞电极作参比电极,氯化钾-甲醇饱和溶液作电桥,玻璃电极连接到pH计或毫伏计上。

4.2.5 **试验结果**

4.2.5.1 每次试验的羟值HV按式(1)计算,数值以每克试样所消耗的氢氧化钾(毫克数)计:

$$HV=\frac{(V_0-V_1)\times c\times 56.1}{m}+AV \qquad (1)$$

式中:

HV——羟值,单位为毫克每克(mg/g);

V_0——滴定空白试样时所消耗的氢氧化钾-甲醇标准溶液的体积,单位为毫升(mL);

V_1——滴定试样时所消耗的氢氧化钾-甲醇标准溶液的体积,单位为毫升(mL);

c——氢氧化钾-甲醇标准溶液的浓度,单位为摩尔每升(mol/L);

m——试样质量,单位为克(g);

AV——试样的总酸值,根据GB/T 2895测定,单位为毫克每克(mg/g)。

注2:(V_0-V_1)的值可能是正的,也可能是负的。

4.2.5.2 计算两个测定结果的算术平均值,并修约成整数。

4.3 固体含量

4.3.1 方法原理

加热已知质量的试样，蒸发掉在此条件下可挥发的物质，再测定残留物的质量。

4.3.2 试样

试样应从不少于 100 mL 均匀、无机械杂质的样品中称取。

4.3.3 仪器和设备

4.3.3.1 分析天平：感量 0.1 mg。

4.3.3.2 电热恒温鼓风干燥箱：控温精度±2 ℃。

4.3.3.3 干燥器：用无水氯化钙或变色硅胶作干燥剂。

4.3.3.4 称量瓶：5 mL～10 mL。

4.3.3.5 培养皿或金属盘：直径 75 mm。

4.3.4 试验步骤

4.3.4.1 把清洁的培养皿或金属盘做好标记，放入 150 ℃±2 ℃的干燥箱中干燥 30 min，取出后放入密闭的干燥器中冷却到室温，再在天平上称量(m_1)，称准至 0.1 mg。

4.3.4.2 摇匀样品倒入清洁干燥的称量瓶内。

4.3.4.3 用减量法称取 2 g±0.2 g 试样(m_2)，称准至 0.1 mg，放入培养皿或金属盘内，并仔细地展平整个底部。

4.3.4.4 把培养皿或金属盘水平地放入预先恒温 150 ℃±2 ℃并鼓风的干燥箱最上层。

4.3.4.5 烘 60 min±2 min 后，取出并立即放入干燥器内冷却，经 20 min～30 min 后，进行称量(m_3)，称准至 0.1 mg。

4.3.5 试验结果

4.3.5.1 固体含量按式(2)计算，取三位有效数字。

$$SC = \frac{m_3 - m_1}{m_2} \times 100 \quad \cdots\cdots(2)$$

式中：

SC——不饱和聚酯树脂的固体含量(质量分数)，%；

m_3——培养皿和残留试样的质量，单位为克(g)；

m_1——培养皿的质量，单位为克(g)；

m_2——试样的质量，单位为克(g)。

4.3.5.2 测试结果以两个平行试样测定值的算术平均值表示。两个试样的结果相对误差不得超过 0.5%，否则应重新进行试验。

4.4 80 ℃下反应活性

4.4.1 原理

将 100 份树脂和 1 份引发剂的混合液，注入规定尺寸的试管中，置于 80 ℃恒温水浴中加热，观察(或记录)混合液的温度变化情况。

4.4.2 试剂

分析过程中，只使用分析纯试剂。

过氧化苯甲酰，引发剂。

注 1：纯的过氧化苯甲酰是危险品，注意保管。

50%(质量比)的过氧化苯甲酰-邻苯二甲酸二丁酯混合液，活性氧含量在 3.25%～3.33%(质量分数)，用已知的分析方法分析过。

4.4.3 仪器

4.4.3.1 水浴，恒温 80 ℃±0.5 ℃，具有温度自动调节器和循环水泵或搅拌器。

4.4.3.2 试管，硼硅酸盐玻璃或其他已知成分的玻璃，内径 18 mm±1 mm，长 210 mm±5 mm，壁厚 1 mm±0.2 mm。

4.4.3.3 铁-康铜热电偶，直径 1 mm±0.05 mm，焊接点最大直径 2 mm，可测量 250 ℃温度的记录仪，刻度分度为 2 ℃。

注 2：最理想的是使用带保护套管的热电偶，以便定位在正中心。

4.4.3.4 如果有记录仪，所用记录纸应保证其温度准确至 1 ℃，时间准确至 15 s。

4.4.3.5 装置，将热电偶固定在试管的中心，如图 1 所示。

单位为毫米

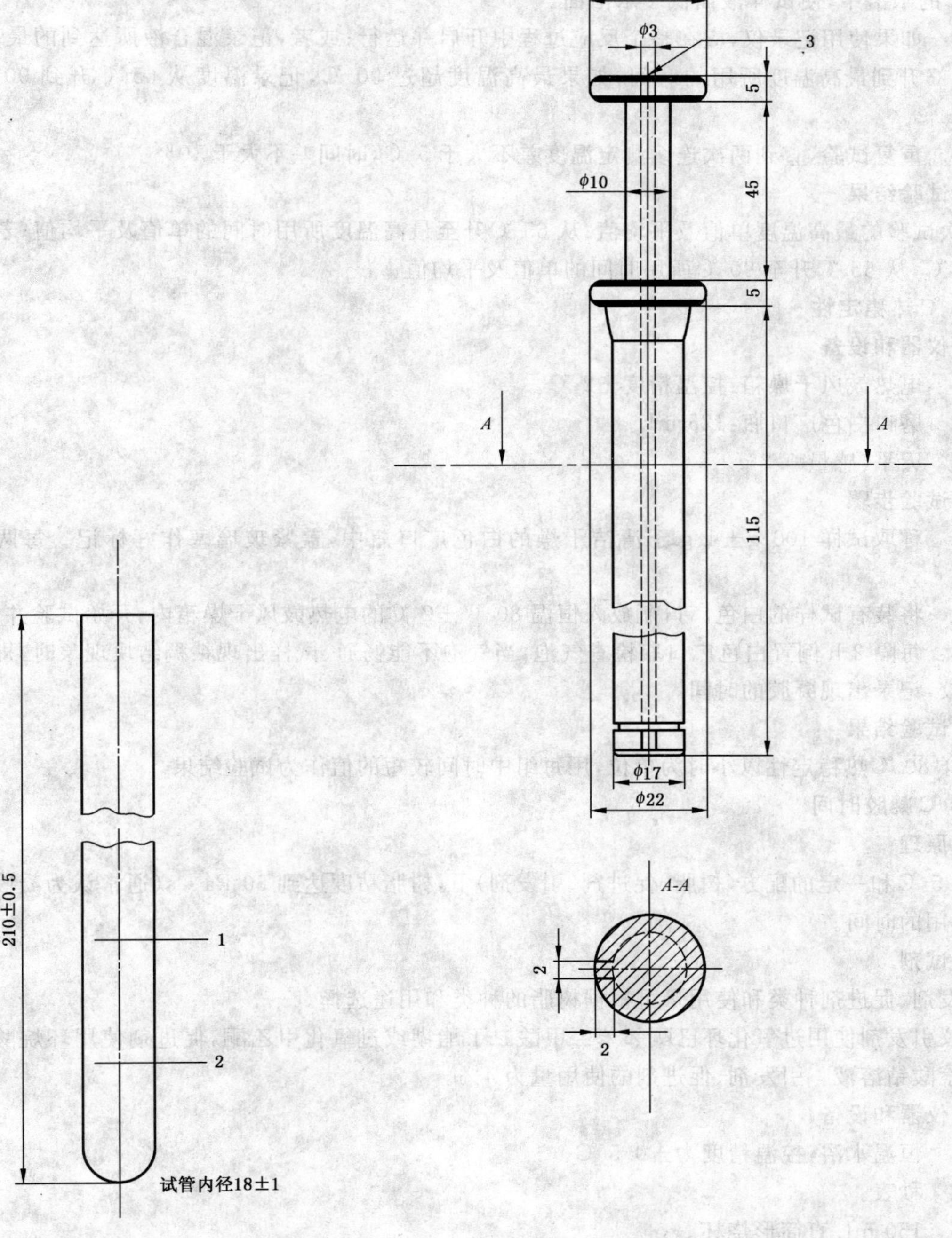

1——混合液液面；

2——热电偶位置；

3——热电偶插入孔。

图 1 热电偶在试管中的位置示意图

4.4.3.6 天平，感量 0.01 g。

4.4.3.7 秒表。

4.4.4 试验方法

4.4.4.1 称取 2 g±0.01 g 过氧化苯甲酰-邻苯二甲酸二丁酯混合液放入 250 mL 玻璃烧杯中，加入 100 g±1 g 树脂，置于 15 ℃～30 ℃下，连续搅拌 2 min～3 min。

4.4.4.2 立即将混合液倒入试管至 7 cm～8 cm，将热电偶插入混合液中心处，然后将试管放入 80 ℃±0.5 ℃的水浴中，使试样液面低于水浴面。

4.4.4.3 如果使用记录仪，应在整个反应过程中开启并运行；或者，记录混合液所达到的最高温度，以及从 65 ℃升到最高温度所用的时间，如果最高温度超过 90 ℃，记录温度从 65 ℃升到 90 ℃所用的时间。

4.4.4.4 重复试验，直到两次连续测定温度差不大于 5 ℃，时间差不大于 10%。

4.4.5 试验结果

两次试验的最高温度单值及平均值；从 65 ℃升至最高温度所用时间的单值及平均值；若最高温度超过 90 ℃，从 65 ℃升至 90 ℃所用时间的单值及平均值。

4.5 80 ℃热稳定性

4.5.1 仪器和设备

4.5.1.1 电热鼓风干燥箱：控温精度±2 ℃。

4.5.1.2 磨口白色广口瓶：125 mL。

4.5.1.3 天平：感量 0.2 g。

4.5.2 试验步骤

4.5.2.1 称取试样 100 g±1 g 于清洁干燥的白色广口瓶中，盖紧玻璃塞作好标记。每两个试样为一组。

4.5.2.2 将装有试样的白色广口瓶放入恒温 80 ℃±2 ℃的电热鼓风干燥箱内，开始试验并记录时间。

4.5.2.3 每隔 2 h 倒置白色广口瓶检查气泡，当气泡不能畅通、试样出现粘稠结块现象时，即试样已经出现凝胶，记录出现凝胶的时间。

4.5.3 试验结果

试样 80 ℃热稳定性以小时为单位，用每组中时间较短的值作为试验结果。

4.6 25 ℃凝胶时间

4.6.1 原理

在 25 ℃和一定的配方（树脂、促进剂、引发剂）下，树脂粘度达到 50 Pa·s（通常认为凝胶状态的粘度）时所用的时间。

4.6.2 试剂

引发剂、促进剂种类和使用量可根据树脂的种类和用途选择。

建议引发剂使用过氧化环己酮邻苯二甲酸二丁酯糊或过氧化甲乙酮，促进剂使用环烷酸钴苯乙烯溶液或萘酸钴溶液。引发剂、促进剂的使用量为 4%。

4.6.3 仪器和设备

4.6.3.1 恒温水浴：控温精度为±0.5 ℃。

4.6.3.2 秒表。

4.6.3.3 150 mL 直筒形烧杯。

4.6.3.4 温度计：最小分度值为 0.1 ℃。

4.6.3.5 天平：最大称量 200 g，读数精度 0.2 g。

4.6.3.6 移液管：容量 5 mL，最小分度值 0.05 mL。

4.6.3.7 滴瓶：50 mL。

4.6.4 试验步骤

4.6.4.1 将水浴温度调节至 25 ℃±0.5 ℃。

4.6.4.2 以烧杯为容器，用天平称量 100 g 试样及引发剂，称准至±0.2 g。将烧杯放在水浴中(试样液面低于水面 2 cm)恒温，小心搅拌均匀。

4.6.4.3 当试样温度为 25 ℃±0.5 ℃时，用移液管准确加入促进剂，当加入最后一滴时，启动秒表，搅匀试样。

4.6.4.4 每隔 30 s 观察，用玻璃棒试验试样流动情况，直至出现拉丝状态时，停止秒表，记下秒表所示的时间即凝胶时间。

4.6.5 试验结果

凝胶时间以分、秒计。进行两次平行试验，两次试验结果的相对误差不超过 10%，超过 10%时应重新进行试验。取其算术平均值作为测定的最终结果。

4.7 折射率

4.7.1 原理

折射率是光线从一种介质进入另一种介质时，入射角 i 和折射角 r 的正弦之比。

$$n=\frac{\sin i}{\sin r} \quad \cdots\cdots (3)$$

式中：

n——物质的折射率；

i——光线的入射角；

r——光线的折射角。

当温度、压力及入射光波长一定时，物质的折射率是定值。折射率一般用钠光 D 线，温度 20 ℃时，取相对于空气的值，计作 n_D^{20}。

光通过折射率为 N 的棱镜入射到折射率为 n 的物质时，若入射角 i 为 90°，按式(4)计算：

$$\frac{1}{\sin r}=\frac{N}{n} \quad \cdots\cdots (4)$$

式中：

r——光线的折射角；

N——棱镜的折射率；

n——物质的折射率。

棱镜的折射率 N 为已知值，故测定了折射角 r 的值，可求得 n。

4.7.2 仪器和材料

4.7.2.1 仪器

4.7.2.1.1 阿贝折射议或能得到同样结果的其他折射仪。仪器的测量范围从 1.300 至 1.700，测量精度不小于 0.000 3，需要为样品和棱镜提供温度控制装置。

4.7.2.1.2 白光光源或钠灯光源。

4.7.2.1.3 恒温器，精确至±0.1 ℃。

注：循环水应用蒸馏水或去离子水。

4.7.2.2 材料

接触液，a-溴代萘。

4.7.3 试验步骤

4.7.3.1 校准仪器。用仪器自带的标准块定期检查折射仪的准星。如果读数和标准块的值相差大于测量精度，根据使用手册调节仪器。使用阿贝折射仪时，可用标准块校正，亦可用二次蒸馏水校正。20 ℃时水的折射率为 1.333 0；30 ℃时为 1.332 0。温度系数为−0.000 1/℃。

4.7.3.2　将折射仪放在光线充足的位置，与恒温器连接，调节折射仪棱镜的温度至20 ℃。保持水的循环以保证所需的温度及保持在±0.1 ℃之内。

4.7.3.3　每次测试前根据使用手册清洁仪器的棱镜表面。如果没有特别说明，用无水乙醇和擦镜纸清洁棱镜，并立即用干的擦镜纸将棱镜擦干净。在往棱镜上放试样之前等待2 min以使温度稳定。

4.7.3.4　用一根圆头玻璃棒或移液管在折射棱镜表面上加入试样，使棱镜完全吻合。等待2 min以使温度稳定。

4.7.3.5　调节光源，使发散光照射到棱镜上。调节仪器的螺旋至视场出现。如果仪器无装备补偿棱镜，再调节光源，使视场边界清晰，明暗对比达到最大。

4.7.3.6　如果仪器装备有补偿棱镜，调节补偿棱镜直到视场出现明暗两部分，彩色条纹边界消失。

4.7.3.7　转动拇指调节旋钮，使明暗分界线对准在十字线上。

4.7.3.8　通过显微镜从分度刻度盘上读数，估读到小数点后第4位。

4.7.3.9　用不同的试样重复测试，直到得到3个读数且相差不大于0.000 3。结果取平均值，保留四位有效数字。

5　试验报告

试验报告应包括以下部分或全部内容：

a)　依据本标准；

b)　试样名称、牌号、编号；

c)　试样来源、送样日期；

d)　粘度试验所用粘度计名称、型号规格、使用的转筒或转子号数及转速；

e)　80 ℃下反应活性试验所用热电偶型号，是否带保护套管等；

f)　折射率试验所用阿贝折射仪(或其他折射仪)的型号；

g)　试样的测试温度和环境温度；

h)　试验结果；

i)　测试人员、日期。

附　录　A
（资料性附录）
转筒或转子与转速配合

测定常用不饱和聚酯树脂粘度时，可按表 A.1 和表 A.2 选用转筒或转子及转速。

表 A.1　转筒或转子与转速配合

粘度计	NDJ-79 型 旋转粘度计		NDJ-Ⅰ型 旋转粘度计		NDJ-Ⅱ型 旋转粘度计	
粘度范围	转筒与转速					
	转筒或转子	转速/(r/min)	转筒或转子	转速/(r/min)	转筒或转子	转速/(r/min)
(0.2～0.5)Pa・s	Ⅱ单元 因子为 100 的转筒	750	2 号	30	DN_A	11.5
(0.6～0.9)Pa・s	Ⅱ单元 因子为 10 的转筒	750	2 号	12	DN_A	4.35
(1.0～2.0)Pa・s	Ⅱ单元 (1.0～1.5)Pa・s， 因子为 20 的转筒； (1.6～2.0)Pa・s， 因子为 50 的转筒	750	2 号	12	DN_C	11.5
(2.1～4.0)Pa・s	Ⅱ单元 因子为 100 的转筒	750	2 号	6	DN_B	4.35

ICS 65.020.30
B 43

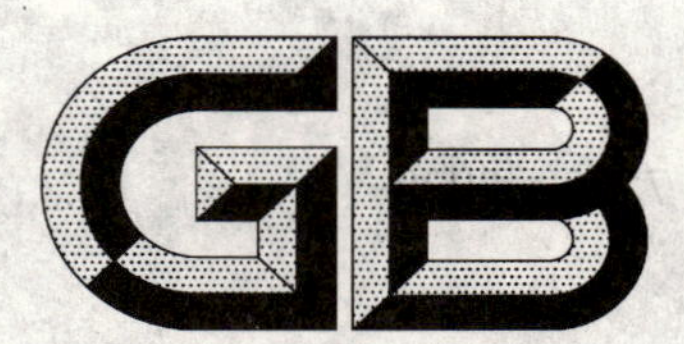

中华人民共和国国家标准

GB/T 7223—2008
代替 GB/T 7223—1987

荣昌猪

Rongchang pig

2008-06-17 发布　　　　2008-10-01 实施

中华人民共和国国家质量监督检验检疫总局
中国国家标准化管理委员会　发布

前　言

本标准代替 GB/T 7223—1987《荣昌猪》。

本标准与 GB/T 7223—1987 相比，主要变化如下：

——增加了毛色类型划分表；

——对生长发育的描述增加了 60 日龄个体重和 120 日龄个体重；

——对繁殖性能的描述增加了母猪初情期与适配期；

——对繁殖性能的描述明确了窝产活仔数；

——对繁殖性能的描述减少了 60 日龄离乳窝重；

——对肥育性能的描述明确了营养水平；

——对胴体品质的描述增加了第 6 肋与第 7 肋间膘厚；

——对胴体品质的描述减少了腿臀比例；

——等级评定增加了必备条件；

——后备猪等级评定标准仅用体重；

——后备猪等级评定阶段增加 120 日龄，减少 8 月龄；

——种母猪等级评定仅用窝产活仔数；

——种猪等级评定明确了营养水平；

——减少了肥育性能等级评定。

本标准由中华人民共和国农业部提出。

本标准由全国畜牧业标准化技术委员会(SAC/TC 274)归口。

本标准起草单位：重庆市畜牧科学院。

本标准主要起草人：郭宗义、王金勇、朱丹、魏文栋。

本标准所代替标准的历次版本发布情况为：

——GB/T 7223—1987。

荣　昌　猪

1　范围

本标准规定了荣昌猪的品种特征特性、种猪等级评定。

本标准适用于荣昌猪品种鉴别和种猪等级评定。

2　品种特征特性

2.1　原产地和主要特点

荣昌猪原产于重庆市荣昌县、四川省隆昌县等地，具有性成熟早、肉质优良、鬃质好、耐粗饲等优点。

2.2　外貌特征

荣昌猪皮毛白色，多数为两眼四周及头部有大小不等的黑色斑块，根据黑斑大小有“金架眼”、“小黑眼”、“大黑眼”、“小黑头”、“大黑头”等毛色类型之分，详见表1；或在尾根、体躯出现黑斑；也有极少数全身纯白。头大小适中，面微凹，耳中等大、下垂，额部皱纹横行，有旋毛。体躯较长，发育匀称，背腰微凹，腹大而深，臀部稍倾斜。四肢细致、结实，鬃毛洁白刚韧，乳头6对～7对。

表1　荣昌猪毛色类型

毛色分类	描　述
单边罩	单眼周黑色(单眼黑)，其余白色
金架眼	仅眼周黑色，其余白色
小黑眼	窄于眼周至耳根中线范围黑色，其余白色
大黑眼	宽于或等于眼周至耳根中线且不到耳根范围黑色，其余白色
小黑头	眼周扩展至耳根黑色，其余白色
大黑头	眼周扩展至耳背黑色，其余白色
飞花	眼周黑、中躯独立黑斑，其余白色
头尾黑	眼周、尾根部黑，其余白色
铁嘴	眼周、鼻端黑，其余白色
洋眼(全白)	全身白色

2.3　生长发育

正常饲养管理条件下，60日龄仔猪个体重不小于10.5 kg，120日龄后备公母猪体重不小于30 kg，成年公猪体重不小于110 kg，成年母猪体重不小于105 kg。

2.4　繁殖性能

母猪初情期在3月龄左右，适配期4月龄～5月龄。母猪头胎总产仔数平均不少于8头，产活仔数平均不少于6头；母猪3胎～7胎窝产总仔数平均不少于9头，窝产活仔数平均不少于8头。

2.5　肥育性能

生长肥育猪20 kg～90 kg，前期(20 kg～60 kg)日粮含消化能11.7 MJ/kg～12.9 MJ/kg、粗蛋白质14.0%～15.0%，后期(60 kg～90 kg)日粮含消化能11.9 MJ/kg、粗蛋白质11.8%～13.5%的条件下，全期日增重不少于370 g。

2.6　胴体品质

在体重80 kg～90 kg屠宰时，屠宰率不低于70%，第6肋与第7肋间膘厚不高于49 mm，胴体瘦肉率不低于38%。

3 种猪等级评定

3.1 必备条件

3.1.1 体型外貌符合本品种特征。

3.1.2 生殖器官发育正常。

3.1.3 无遗传疾患。

3.1.4 健康状况良好。

3.1.5 血缘关系清楚。

3.2 120日龄后备种猪等级评定

3.2.1 后备种猪应符合3.1的规定。

3.2.2 120日龄后备种猪的等级评定还应符合表2的规定。

表2 120日龄后备种猪等级评定标准

单位为千克

等级	后备公猪体重(m)	后备母猪体重(m)
特等	$m \geqslant 45$	$m \geqslant 41$
一等	$40 \leqslant m < 45$	$37 \leqslant m < 41$
二等	$35 \leqslant m < 40$	$35 \leqslant m < 37$
三等	$30 \leqslant m < 35$	$30 \leqslant m < 35$

3.3 成年种猪的等级评定

3.3.1 参与评定的种猪应是通过120日龄评定为二等以上的公猪和三等以上的母猪。

3.3.2 种母猪的等级评定应符合表3的规定。胎次的校正系数:1胎为1.27,2胎为1.15,3胎～7胎为1,8胎以上为1.02。

表3 成年种猪等级评定标准

等级	窝产活仔数(n)
特等	$n \geqslant 13$
一等	$11 \leqslant n < 13$
二等	$9 \leqslant n < 11$
三等	$8 \leqslant n < 9$

3.3.3 种公猪的等级评定用至少5头与配母猪的平均成绩计算。

3.3.4 等级评定标准:在母猪怀孕期日粮含消化能11.4 MJ/kg～12.1 MJ/kg、粗蛋白质12.0%～12.5%,哺乳期日粮含消化能11.8 MJ/kg～12.4 MJ/kg、粗蛋白质14.0%～14.5%的条件下,按窝产活仔数分为四等(见表3)。

ICS 71.040.20
C 70

中华人民共和国国家标准

GB/T 7230—2008
代替 GB 7230—1987

气体检测管装置

Gas detector tube measurement system

2008-12-23 发布　　2009-12-01 实施

中华人民共和国国家质量监督检验检疫总局
中国国家标准化管理委员会　发布

前　言

本标准代替 GB 7230—1987《气体检测管装置》。

本标准与 GB 7230—1987 相比，内容的变化主要有：

——按照 GB/T 1.1 的要求重新起草了标准文本，增加了范围、规范性引用文件；

——本标准改进了气体检测管配套采样器气密性试验的方法；

——本标准增加了气体检测管跌落试验；

——本标准增加了气体检测管和采样器外观检验技术要求和试验方法；

——本标准增加了抽样比例和判断规则等内容。

本标准由国家安全生产监督管理总局提出。

本标准由全国安全生产标准化技术委员会归口。

本标准起草单位：北京市劳动保护科学研究所。

本标准主要起草人：王栋、赵寿堂、胡玢、闫晓松、靳江红、朱佐刚、宁占武、朱晓锋、贾少峰、张艳妮。

本标准所代替标准的历次版本发布情况为：

——GB 7230—1987。

气体检测管装置

1 范围

本标准规定了气体检测管装置的种类、规格、技术性能、试验方法、检验规则和标志要求。

本标准适用于气体检测管装置的生产、产品质量检验。

2 规范性引用文件

下列文件中的条款通过本标准的引用而成为本标准的条款。凡是注日期的引用文件，其随后所有的修改单(不包括勘误的内容)或修订版均不适用于本标准，然而，鼓励根据本标准达成协议的各方研究是否可使用这些文件的最新版本。凡是不注日期的引用文件，其最新版本适用于本标准。

GB/T 10111 随机数的产生及其在产品质量抽样检验中的应用程序

3 术语和定义

下列术语和定义适用于本标准。

3.1

气体检测管装置 gas detector tube measurement system

用于测定气体浓度并给出可靠测定结果的一整套装置，包括检测管、采样器、预处理管及其他附件。

3.2

检测管 detector tube

填充涂有化学试剂的载体(以上两者合称指示粉)的透明管子。利用指示粉在化学反应中产生的颜色变化测定气体的浓度或种类。

3.3

采样器 sampler

与检测管配套使用的手动或自动采样装置。

3.4

气体 gas

被测定的气体或蒸气。

3.5

预处理管 pretreatment tube

用于对样品进行预处理的管子，如过滤管、氧化管、干燥管等。

3.6

附件 annex

组成气体检测管装置中的必要部分，如检测管支架、采样导管、散热导管、浓度标准色阶、标尺和校正表等。

3.7

灵敏度 sensitivity

可以测出的被测物质的最低浓度。

3.8

精密度 precision

气体检测管装置测定结果的重现性，用变异系数(CV)表示，计算公式如式(1)：

$$CV=\frac{S}{\overline{X}}\times 100\% \quad \cdots\cdots(1)$$

式中：

S——标准偏差；

$\overline{X}$——测定结果的平均值。

3.9

准确度　accuracy

气体检测管装置实际测定值与标准气体浓度值的相符程度，用相对误差(A)表示，计算公式如式(2)：

$$A=\frac{|\overline{X}-T|}{T}\times 100\% \quad \cdots\cdots(2)$$

式中：

$\overline{X}$——测定结果的平均值；

T——标准气体的浓度值。

3.10

标准气体　standard gas

标定或检验气体检测管装置时采用的已知组分和浓度的气体，气体浓度根据测定范围确定。

3.11

测定范围　measuring range

每种气体检测管装置标称的可测量的气体浓度范围。

4　气体检测管装置种类

4.1　检测管分类

4.1.1　比长式

根据指示粉变色部分的长度确定被测组分的浓度值。

4.1.2　比色式

根据指示粉的变色色阶确定被测组分的浓度值。

4.1.3　比容式

根据产生一定变色长度或变色色阶的采样体积确定被测组分的浓度值。

4.1.4　短时间型

用于测定被测组分的瞬时浓度。

4.1.5　长时间型

用于测定被测组分的时间加权平均浓度。

4.1.6　扩散型

利用气体扩散原理采集样品的气体检测管装置。该类型装置不使用采样器。

4.2　采样器分类

4.2.1　真空式采样器

采样器采用真空吸气原理，使气体首先通过检测管后再被吸入采样器中。

4.2.2　注入式采样器

采样器采用活塞压气原理，将先吸入采样器内的气体压入检测管。

4.2.3　囊式采样器

采样器采用压缩气囊原理，压缩具有弹簧的气囊达到压缩状态后，通过气囊形状恢复过程，使气体首先通过检测管后再被吸入采样器中。

4.3　预处理管

预处理管一般包括过滤管、氧化管、干燥管等，根据需要与检测管配套使用。

4.4 其他附件

其他附件如检测管支架、采样导管、散热导管、浓度标准色阶、标尺和校正表等，根据气体检测管需要进行配置。

5 技术要求

5.1 检测管

5.1.1 外观

检测管外观不能有裂纹、瑕疵，表面应干净整洁；每批检测管的玻璃管、指示粉、两端锥尖的长度应一致；两端锥尖要保持端正。

5.1.2 填充质量

检测管填充物的层面应平滑整齐；从指示粉柱的起始端测量，指示粉与衬塞之间的界面沿管壁的纵向最长端与最短端长度之差不超过 2 mm；经跌落试验后，检测管填充物与指示粉之间应紧密无空隙，指示粉之间应无断层。

5.1.3 刻度

检测管的刻度要与检测管纵轴垂直，清晰牢固，并应标明采样体积及浓度单位。

5.1.4 灵敏度要求

检测管的灵敏度应表现为可使指示粉颜色变化清晰，界限清楚整齐的最低检测浓度，检测管的灵敏度应作为检测管检测浓度范围的下限。

5.1.5 精密度要求

检测管的精密度(变异系数)CV≤10%。

5.1.6 准确度要求

当使用测定范围 1/3 以下浓度的试验气体检验时，测定值的相对误差在±35%以内，测定值的平均值相对误差在±25%以内。

当使用测定范围 1/3 以上浓度的试验气体检验时，测定值的相对误差在±25%以内，测定值的平均值相对误差在±15%以内。

氧气检测管浓度在 18%～21%时，测定值的相对误差在±8%以内，测定值的平均值相对误差在±5%以内。

5.1.7 变色界面要求

测定后，指示粉变色部分与未变色部分之间的界面沿管壁纵向最长端与最短端长度之差不超过两者平均值 M 的 20%，即 $\frac{|L_2-L_1|}{M}\leqslant 0.20$(见图 1)。式中 M 为 L_1 和 L_2 的变色长度平均值(mm)。

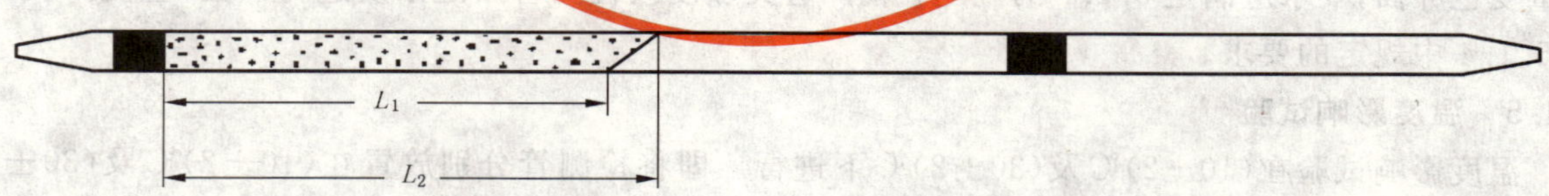

图 1 指示粉变色界面示意图

5.1.8 有效期

检测管的有效期应与出厂说明书一致，必须将有效期清晰地标示在检测管的包装上，在规定使用时间内，按照贮存条件存放时，性能应符合本标准的各项要求。

5.1.9 温度影响

检测管在 10 ℃～30 ℃使用，测定值一般不需要修正。对于受温度影响较大的检测管品种应标明使用温度或附有温度校正表。

5.1.10 配套性

检测管必须与专用采样器及附件配套使用。

5.2 采样器

5.2.1 外观

采样器和检测管连接的进气口不能有裂痕，不能变形，必须能与检测管紧密连接，避免漏气。应具有采样终点指示装置。

5.2.2 采样体积

采样体积的误差不大于标称体积的±5%。

5.2.3 气密性

采样器每分钟的泄漏量不大于其容积的3%。

5.2.4 耐久性

按6.2.4试验后应符合5.2.1～5.2.3的规定。

5.2.5 配套性

采样器必须与同规格的检测管配套使用。用于现场测定的采样器性能应与生产厂标定检测管时使用的采样器性能相同。

6 试验方法

6.1 检测管试验方法

6.1.1 感官检验

5.1.1～5.1.3采用感官检验。

6.1.2 试验环境条件

除温度影响试验外，检测管试验均应在温度(20±2)℃，相对湿度(65±20)%，大气压(86～106)kPa条件下进行。

6.1.3 跌落试验

从产品中随机抽取10支检测管，从25 mm高处向橡胶板上纵向自由跌落20次，检查填充物及指示粉是否松动。

6.1.4 灵敏度、精密度、准确度、变色界面试验

按生产厂规定的操作方法，用标准气体标定检测管装置，记录指示值，每项试验重复6次，求出平均值，计算出精密度和准确度，应符合5.1.5及5.1.6中规定的要求；同时用分度值为0.5 mm的钢板尺测量变色界面，要求应满足5.1.7的规定。检测管灵敏度按检测管给定浓度进行试验，重复6次，应符合5.1.4中规定的要求。

6.1.5 温度影响试验

温度影响试验在(10±2)℃及(30±2)℃下进行。即将检测管分别放置在(10±2)℃及(30±2)℃环境中12 h后，检测5.1.4、5.1.5、5.1.6、5.1.7中规定的各项指标。

6.1.6 标准气体

标准浓度的试验气体采用国家计量单位配制的高压容器标准气体或用下列方法配制：

a) 静态体积比混合法；

b) 动态流量比混合法；

c) 渗透管法；

d) 扩散管法。

6.2 采样器

6.2.1 外观

5.2.1 外观检验采用目测检查方法。

6.2.2 采样体积试验

试验装置如图 2。试验步骤如下：

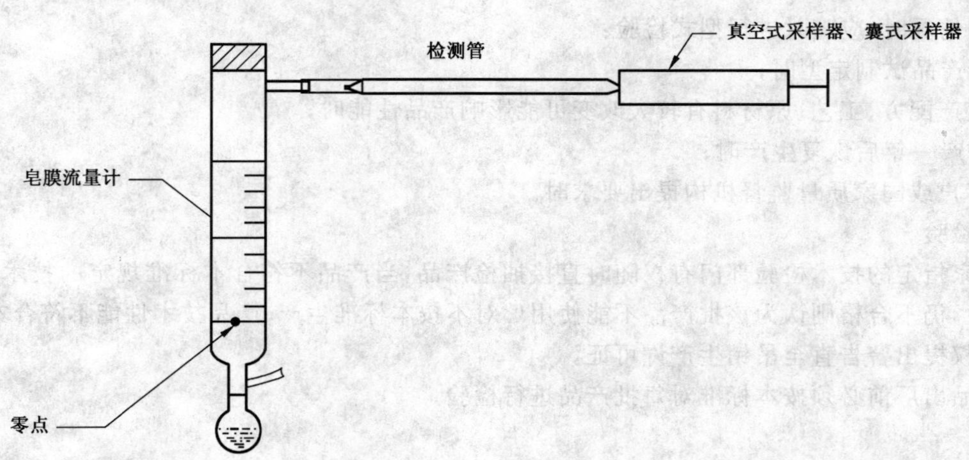

a) 真空式采样器实验装置

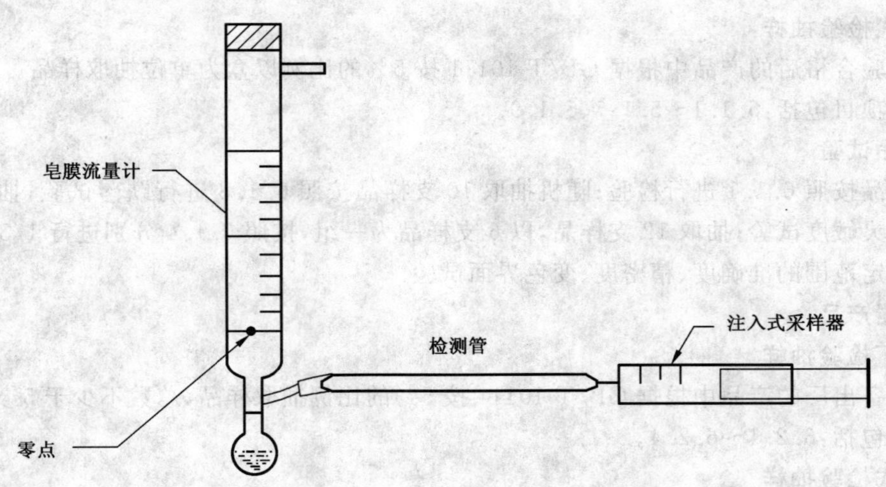

b) 注入式采样器实验装置

图 2 采样体积试验装置示意图

a) 将皂膜稳定在 0 刻度，操作采样器采样，同时记时；

b) 采样完毕，当皂膜不再移动时记下刻度值与时间；

c) 重复 6 次，取其平均值计算采样体积误差。

6.2.3 气密性试验

将采样器和皂膜流量计使用管路连接，管路中设一个阀。首先关闭阀，操作采样器采样，3 min 后打开阀，同步记录时间和流量，然后根据吸入的气样体积和采样时间计算泄漏速度。

6.2.4 耐久性试验

采样 100 次后按 6.2.1～6.2.3 规定的方法试验。

7 检验规则

产品分型式检验和出厂检验。

7.1 型式检验

有下列情况时，应随时进行型式检验：

a) 新产品试制定型时；

b) 生产配方、工艺、原材料有较大改变可能影响产品性能时；

c) 停产一年后恢复生产时；

d) 客户或国家质量监督机构提出要求时。

7.2 出厂检验

7.2.1 国家指定的技术检验部门有权随时直接抽检产品，当产品不符合本标准规定的技术要求时，加倍抽样复检，仍不合格则认为该批产品不能使用。对不按本标准生产、产品技术性能不符合本标准要求的企业，有权提出警告直至吊销生产许可证。

7.2.2 产品出厂前必须按本标准对每批产品进行检验。

7.3 抽样

7.3.1 检测管产品

7.3.1.1 出厂检验抽样

从同批包装成盒、准备出厂的产品中根据 GB/T 10111 按 5%的比例以盒为单位抽取样品。

出厂检验项目包括：5.1.1～5.1.7。

7.3.1.2 型式检验抽样

从出厂检验合格后的产品中根据 GB/T 10111 按 5%的比例以盒为单位抽取样品。

型式检验项目包括：5.1.1～5.1.7、5.1.9。

7.3.1.3 样品试验

将所有样品按照 6.1.1 进行检验；随机抽取 10 支样品按照 6.1.3 进行跌落试验；抽取 6 支样品按照 6.1.4 进行灵敏度试验；抽取 12 支样品，以 6 支样品为一组，按照 6.1.4 分别进行 1/3 以下测定范围和 1/3 以上测定范围的准确度、精密度、变色界面试验。

7.3.2 采样器产品

7.3.2.1 出厂检验抽样

从同批准备出厂的产品中根据 GB/T 10111 按 5%的比例抽取样品，总数不少于 5 支。

出厂检验包括：6.2.1～6.2.4。

7.3.2.2 型式检验抽样

从出厂检验合格后的产品中根据 GB/T 10111 按 5%的比例抽取样品，总数不少于 5 支。

型式检验包括：6.2.1～6.2.4。

7.3.2.3 样品试验

将抽取的样品全数按照 6.2.1、6.2.2、6.2.3 三项进行检测，抽取 5 支采样器检验 6.2.4 的指标。

7.4 判定规则

7.4.1 对于 5.1.1、5.1.2、5.1.3，若所抽样品中 3%不符合要求，即判定为整批不合格。

7.4.2 经跌落试验，如有 3 支检测管不符合要求即判定为整批不合格。

7.4.3 对于 5.1.4，如有 2 支检测管达不到要求，应加倍抽取样品，如仍然达不到要求即判定为整批不合格。

7.4.4 对于 5.1.5 和 5.1.6，如有一组检测管达不到要求，应加倍抽样，如仍有一组达不到要求即判定为整批不合格。

7.4.5 所有进行试验样品,按5.1.7要求,如有3支达不到要求即判定为整批不合格。

7.4.6 对于5.2.1、5.2.2、5.2.3、5.2.4四项指标,若所抽样品中有一支不符合要求,应加倍抽取,如仍有不符合要求的即判定为整批产品不合格。

8 标志、包装、运输和贮存

8.1 标志

8.1.1 检测管标志

8.1.1.1 检测管产品标志

检测管产品标志应包括产品名称(或分子式)、浓度单位、产品批号、进气方向、采样体积。

8.1.1.2 检测管包装标志

检测管包装盒上标志应包括厂家名称、厂址、商标、型号、测定范围、数量、生产日期、有效期、安全标志。

包装箱上应有"易碎"、"小心轻放"标志。

8.1.1.3 检测管说明书

检测管应以盒为单位配备说明书。说明书应包括以下内容:检测气体名称或分子式、测定范围、采样体积及检测所需时间、采样器的选用、检测完成后指示粉的颜色变化及正确的读数方法、温度影响及相应的修正方法、大气压的影响及修正方法、检测管的贮存方法及其他需要说明的内容。

8.1.2 采样器标志

8.1.2.1 采样器产品标志

采样器产品标志应包括产品名称、产品批号、产品型号。

8.1.2.2 采样器包装标志

采样器包装标志应包括厂家名称、厂址、商标、型号、数量、生产日期、采样体积。

8.1.2.3 采样器说明书

采样器说明书应包括采样器的使用方法、采样体积及调节方法、采样器的维护方法。

8.2 包装

8.2.1 检测管包装

检测管应装于硬质材料盒内,并固定牢固,避免晃动,盒内附有说明书。

8.2.2 采样器包装

采样器应有独立包装,包装内应包括采样器附件、说明书、合格证。

8.3 运输

运输过程中轻拿轻放,避免摔砸,按易碎物品发运。

8.4 贮存

8.4.1 检测管贮存

检测管应放置于阴凉、干燥的室内环境中,避光保存。生产厂家有特殊要求的,应按说明书中要求贮存。

8.4.2 采样器贮存

采样器应放置于阴凉、干燥的室内环境中。

ICS 29.140.20
K 71

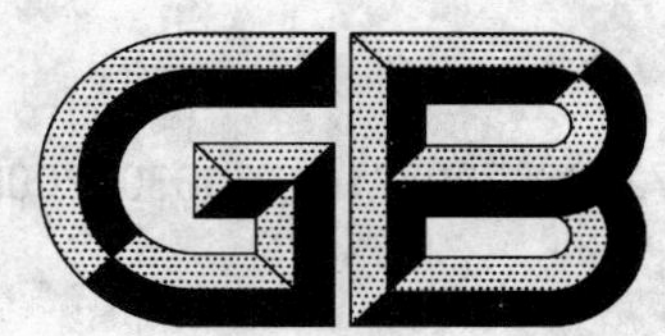

中华人民共和国国家标准

GB/T 7249—2008/IEC 60630:2005
代替 GB/T 7249—2002

白炽灯的最大外形尺寸

Maximum lamp outlines for incandescent lamps

(IEC 60630:2005,IDT)

2008-12-31 发布 2009-07-01 实施

中华人民共和国国家质量监督检验检疫总局
中国国家标准化管理委员会 发布

前　言

本标准等同采用 IEC 60630:2005《白炽灯的最大外形尺寸》(第 5.2 版,英文版)。

本标准代替 GB/T 7249—2002《白炽灯的最大外形尺寸》。

本标准与 GB/T 7249—2002 相比主要技术差异如下:

——增加了 2.1 引言中对活页号编写规则的说明;

——活页:1010-2、1020-2 变为 1010-4、1020-4,其玻壳型号由原来的 A60-PS60 变为 A55-A60-PS60、功率增加了 75 W;

活页 1610-1 变为 1610-2,其玻壳直径由原来的 97 变为 96;

活页 1620-1 变为 1620-2,其玻壳直径由原来的 119.5/123.5 变为 119.5/122.5;

活页 4010-1 变为 4010-2,其全长由原来的 50.5 变为 51.5;

——新增活页:4030-1、4040-1、4050-1、4060-1、4070-1、4080-1;

——考虑到我国国情,根据制造商要求,本标准未删除 E26、E39 活页的内容,仅供制造商产品出口时参考使用。活页包括:2010-2、2020-1、2030-1、2040-1、2050-1、2510-1、2520-1、2530-1、2540-1、2550-1、2560-1、3010-1、3020-1、3030-1、3520-1、3530-1、3540-1、3550-1、3560-1、3570-1、3580-1、3590-1、3600-1、3610-1、3620-1、3630-1、3640-1。

本标准与 IEC 60630:2005 相比做了下列编辑性修改:

a) "本国际标准"改为"本标准";

b) 作为小数点的","改为小数点".";

c) 对于 IEC 60630:2005 引用的其他国际标准中有被等同采用为我国标准的,本标准引用我国的这些国家标准或行业标准代替对应的国际标准,其余未有等同采用为我国标准的国际标准,在本标准中均被直接引用(见本标准 1.2)。

本标准由中国轻工业联合会提出。

本标准由全国照明电器标准化技术委员会(SAC/TC 224)归口。

本标准起草单位:北京电光源研究所、德清新明辉电光源有限公司、佛山市顺德区本邦电器有限公司。

本标准主要起草人:赵秀荣、江姗、钱芳、李晓青、蔡干强、段彦芳。

本标准于 1987 年首次发布,2002 年第一次修订,本次为第二次修订。

白炽灯的最大外形尺寸

1 总则

1.1 范围

本标准规定了白炽灯(包括卤钨灯)的最大外形尺寸。

1.2 规范性引用文件

下列文件中的条款通过本标准的引用而成为本标准的条款。凡是注日期的引用文件,其随后所有的修改单(不包括勘误的内容)或修订版均不适用于本标准,然而,鼓励根据本标准达成协议的各方研究是否可使用这些文件的最新版本。凡是不注日期的引用文件,其最新版本适用于本标准。

GB 14196.1 家庭和类似场合普通照明用钨丝灯 安全要求(GB 14196.1—2002,idt IEC 60432-1:1999 Incandescent lamps—Safety specifications—Part 1:Tungsten filament lamps for domestic and similar general lighting purposes)

GB 14196.2 家庭和类似场合普通照明用卤钨灯 安全要求(GB 14196.2—2002,idt IEC 60432-2:1999 Incandescent lamps—Safety specifications—Part 2:Tungsten halogen lamps for domestic and similar general lighting purposes)

GB 14196.3 白炽灯安全要求 第3部分:卤钨灯(非机动车用)(GB 14196.3—2008,IEC 60432-3:2005,IDT)

GB/T 20143 灯最大外形尺寸图的制定程序(GB/T 20143—2006,IEC 61126:1992,IDT)

IEC 60061-1 灯头、灯座及检验其互换性和安全性的量规 第1部分:灯头

IEC 60061-3 灯头、灯座及检验其互换性和安全性的量规 第3部分:量规

IEC 60064 家庭和类似场合普通照明用钨丝灯 性能要求

IEC 60357 卤钨灯(非机动车用)性能要求

IEC 60887 电光源玻壳的命名方法

1.3 一般要求

在灯具设计时,只要遵照这些要求,既可确保与符合本标准的灯相匹配。本标准不考虑温度要求,有关温度要求分别列在相应灯的标准中。

有关灯最大外形图的制定程序见 GB/T 20143。

有关玻壳形状命名方法见 IEC 60887。

本标准不考虑灯的安全要求。有关安全要求应参照 GB 14196。

本标准不考虑灯的性能要求。关于光通量、寿命或功率等特性应参照 IEC 60064 或 IEC 60357。

有关灯头和量规的要求见 IEC 60061-1 和 IEC 60061-3。

2 灯外形数据活页

2.1 引言

数据活页的编码系统由下述四部分组成:

——第1部分数字表示本标准号(7249);

——第2部分是字母组“GB/T”;

——第3部分是下表所示各系列的基本数据活页号;

——第4部分是表示活页的版本。

注:当对数据活页进行修订时,被修订的页发行时使用更新的版本号。例如,如果数据活页 7249-GB/T-1010-1 被修订,新发行本的版本号将为 7249-GB/T-1010-2。

按功率排列的数据活页细分为下表所示系列：

类　　型	数据活页编号
采用 B15、B22、E14、E27 和 E39/E40[a] 灯头的灯	1000～1499
采用 B22、E14 和 E27 灯头的反射型灯	1500～1999
采用 E26/24[b] 灯头的灯	2000～2499
采用 E26/24[b] 和 E26/53×39 灯头的反射型灯	2500～2999
采用 E26/25[b] 灯头的灯	3000～3499
采用 E17 和 E26/25[b] 灯头的反射型灯	3500～3999
卤钨灯	4000～4499

[a] 适用于 E39 和 E40 灯头的灯泡的合并数据活页将分开(在考虑中)。

[b] E26 灯头有两种不完全一致的变化类型。在本标准中，对于在北美使用的 E26/24 灯头和在日本使用的 E26/25 灯头分别介绍。

2.2 本标准中所包括的灯外形参数表

活页号	型号	功率/W	灯头型号
7249-GB/T-1010	梨型/A55-A60-PS60	25、40、60、75、100	B22d/25×26
7249-GB/T-1020	梨型/A55-A60-PS60	25、40、60、75、100	E27/27
7249-GB/T-1030	梨型/A80-PS80	150、200	B22d/25×26
7249-GB/T-1040	梨型/A80-PS80	150、200	E27/27
7249-GB/T-1050	梨型/A90-PS90	300	E27/27
7249-GB/T-1060	梨型/A90-PS90	300	E39/41 、E40/41
7249-GB/T-1070	梨型/A110-PS110	300、500	E39/41 、E40/45
7249-GB/T-1080	梨型/A130-PS130	1 000	E39/41 、E40/45
7249-GB/T-1090	梨型/A150-PS150	1 000	E39/41 、E40/45
7249-GB/T-1100	梨型/A170-PS170	1 500	E39/41 、E40/45
7249-GB/T-1110	蘑菇型/M60	40、60、100	B22d/25×26
7249-GB/T-1115	蘑菇型/M50	40、60	B22d/25×26
7249-GB/T-1120	蘑菇型/M60	40、60、100	E27/27
7249-GB/T-1125	蘑菇型/M50	40、60	E27/27
7249-GB/T-1130	蘑菇型/M75	150	B22d/25×26
7249-GB/T-1140	蘑菇型/M75	150	E27/27
7249-GB/T-1150	球形/P45	—	B22d/22 、B22d/25×26
7249-GB/T-1160	球形/P45	—	E27/27
7249-GB/T-1170	球形/P45	—	B15d/24×17
7249-GB/T-1180	球形/P45	—	E14/25×27
7249-GB/T-1190	烛型/B35	—	B22d/22 、B22d/25×26
7249-GB/T-1200	烛型/B35	—	E27/27
7249-GB/T-1210	烛型/B35	—	B15d/24×17
7249-GB/T-1220	烛型/B35	—	E14/25×27
7249-GB/T-1250	微型/S26	15、25	E14/25×27
7249-GB/T-1260	微型/S28	10、15、25	E14/25×27
7249-GB/T-1270	微型/S28	10、15、25	B15d/24×17 、B15d/27×22
7249-GB/T-1280	微型/S28	10、15、25	B22d/22
7249-GB/T-1310	管形/T17	10、15、25	E14/20
7249-GB/T-1320	管形/T17	10、15、25	B15d/19
7249-GB/T-1330	管形/T20	15、25	E14/23×15
7249-GB/T-1340	管形/T22	15、20、25	E14/25×27
7249-GB/T-1350	管形/T22	15、20、25	B15d/19
7249-GB/T-1360	管形/T25	15、25	E14/25×17
7249-GB/T-1370	管形/T25	15、25	B22d/22

表（续）

活页号	型号	功率/W	灯头型号
7249-GB/T-1380	管形/T25	15、25、40	E14/25×17
7249-GB/T-1390	管形/T25	15、25、40	E15d/24×17
7249-GB/T-1400	管形/T25	15、25、40	B22d/22
7249-GB/T-1410	管形/T29	15、25、40、60	E14/25×17
7249-GB/T-1420	管形/T29	15、25、40、60	B22d/22
7249-GB/T-1510	反射型/PAR50-R50	—	E14/25×17
7249-GB/T-1520	反射型/PAR63-R60-63	—	E27/27
7249-GB/T-1530	反射型/R60-R63	—	B22d/25×26
7249-GB/T-1540	反射型/PAR80-R80	—	E27/27
7249-GB/T-1550	反射型/R80	—	B22d/25×26
7249-GB/T-1570	反射型/PAR95L-R95	—	E27/27
7249-GB/T-1580	反射型/R95	—	B22d/25×26
7249-GB/T-1590	反射型/R125	—	E27/27
7249-GB/T-1600	反射型/R125	—	B22d/25×26
GB/T 7249-1610	反射型/PAR95S	—	E27/27
GB/T 7249-1620	反射型/PAR121	—	E27/51×39
7249-GB/T-2010	梨形/A60	25、40、60、75、100	E26/24
7249-GB/T-2020	梨形/A60	25	E26/24
7249-GB/T-2030	梨形/A67	150、200	E26/24
7249-GB/T-2040	梨形/A71	200	E26/24
7249-GB/T-2050	梨形/A90	300	E26/24
7249-GB/T-2510	反射型/R63	—	E26/24
7249-GB/T-2520	反射型/R95	—	E26/24
7249-GB/T-2530	反射型/RE95	—	E26/24
7249-GB/T-2540	反射型/R127(SG)[a]	—	E26/24
7249-GB/T-2550	反射型/R127(HG)[a]	—	E26/24
7249-GB/T-2560	反射型/R127(HG)[a]	—	E26/53×39
7249-GB/T-3010	梨形/A55-PS55	30、40	E26/25
7249-GB/T-3020	梨形/A60-PS60	60、100	E26/25
7249-GB/T-3030	梨形/A75-PS75	150、200	E26/25
7249-GB/T-3510	反射型/R50	—	E17/20
7249-GB/T-3520	反射型/R63	—	E26/25
7249-GB/T-3530	反射型/R80	—	E26/25

表（续）

活页号	型号	功率/W	灯头型号
7249-GB/T-3540	反射型/R100	—	E26/25
7249-GB/T-3550	反射型/R110	—	E26/25
7249-GB/T-3560	反射型/R120	—	E26/25
7249-GB/T-3570	反射型/R127	—	E26/25
7249-GB/T-3580	反射型/R135	—	E39/45
7249-GB/T-3590	反射型/R160	—	E39/45
7249-GB/T-3600	反射型/R170	—	E39/45
7249-GB/T-3610	反射型/XR60	—	E26/25
7249-GB/T-3620	反射型/YR65	—	E26/25
7249-GB/T-3630	反射型/ZR75	—	E26/25
7249-GB/T-3640	反射型/ZR95	—	E26/25
7249-GB/T-4010	TH 反射型带前透镜 ϕ51	—	GU5.3、GX5.3
7249-GB/T-4020	TH 反射型不带前透镜 ϕ51	—	GU5.3、GX5.3
7249-GB/T-4030	TH 反射型带前透镜 ϕ51	—	GU10、GZ10
7249-GB/T-4040	TH 反射型带前透镜 ϕ64	—	GU10、GZ10
7249-GB/T-4050	TH 反射型带前透镜 ϕ51	—	GU7
7249-GB/T-4060	TH 反射型带前透镜 ϕ35	—	G5.3-4.8
7249-GB/T-4070	TH 反射型带前透镜 ϕ25	—	GY4
7249-GB/T-4080	TH 反射型带前透镜 ϕ25	—	GX5.3

[a] SG＝软料玻璃
HG＝硬料玻璃

2.3 灯外形数据活页

灯头 B22	白炽灯的最大外形尺寸	玻壳型号 A55-A60-PS60

功率	灯头	玻壳直径	全长
25 W、40 W、60 W、75 W、100 W	B22d/25×26	max 62	max 108.5

尺寸单位为毫米　附图不按比例

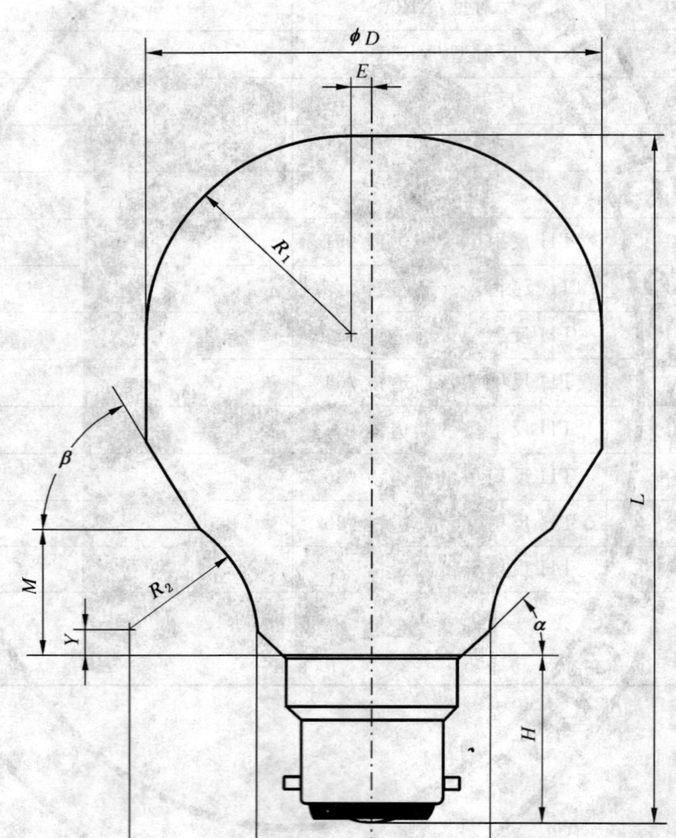

D	69
E	3.5
H	26
L	108.5
M	20
N	35
R_1	31
R_2	19
X	37
Y	4
α	45°
β	60°

7249-GB/T-1010-4

灯头 E27	白炽灯的最大外形尺寸	玻壳型号 A55-A60-PS60

功率	灯头	玻壳直径	全长
25 W、40 W、60 W、、75 W、100 W	E27/27	max 62	max 110

尺寸单位为毫米　附图不按比例

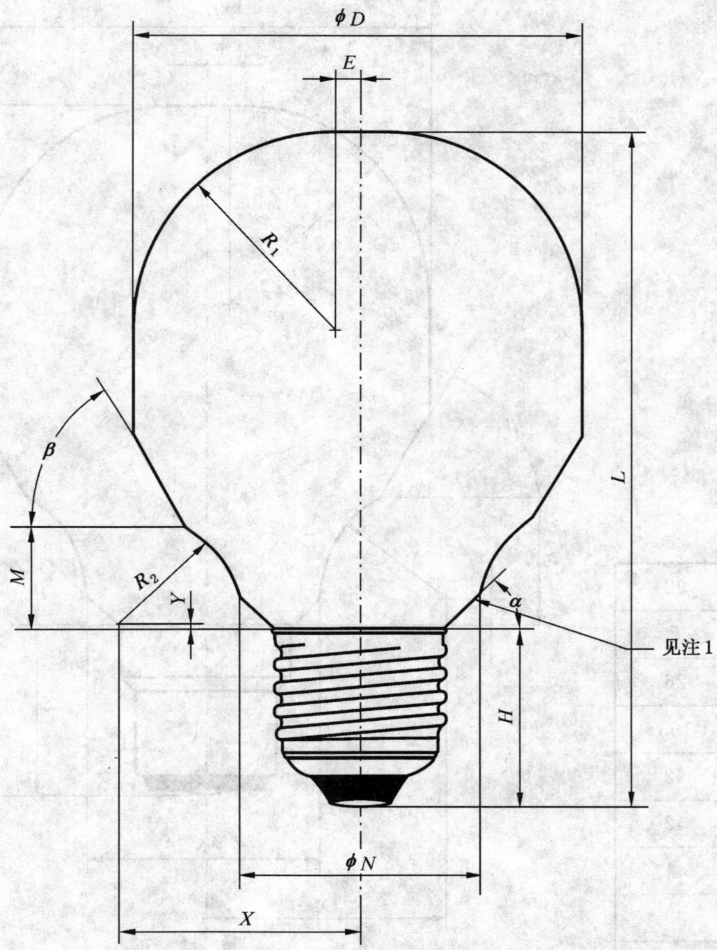

D	69
E	3.5
H	27
L	110
M	17
N	35
R_1	31
R_2	19
X	37
Y	1
α	45°
β	60°

注 1：采用相应量规时应在此线之下。

7249-GB/T-1020-4

灯头 B22	白炽灯的最大外形尺寸	玻壳型号 A80-PS80

功率	灯头	玻壳直径	全长
150 W、200 W	B22d/25×26	max 82	max 165

尺寸单位为毫米　附图不按比例

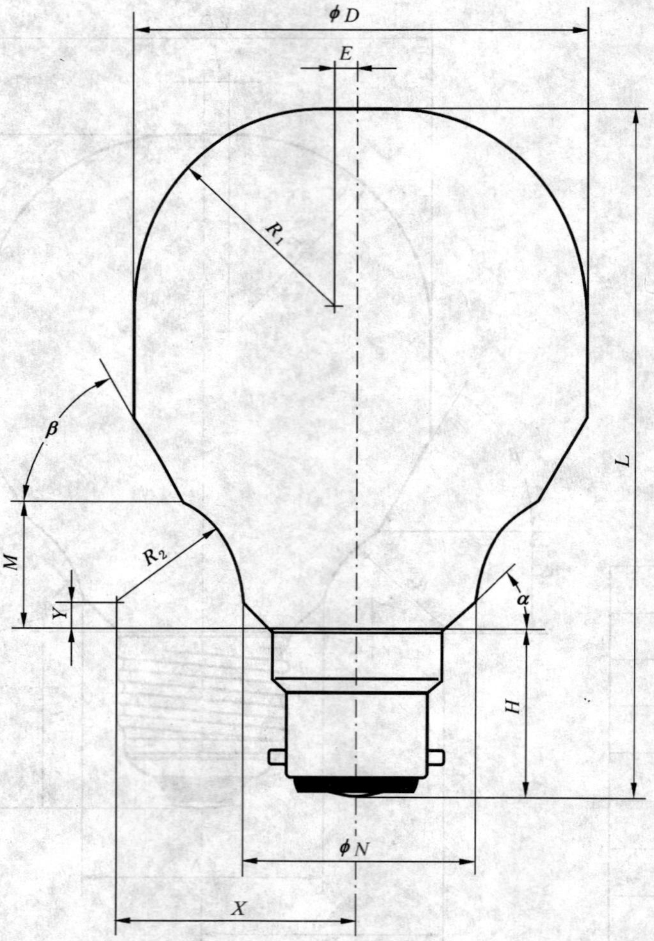

D	92
E	5
H	26
L	165
M	42
N	42
R_1	41
R_2	39
X	59
Y	12
α	45°
β	60°

7249-GB/T-1030-2

灯头 E27	白炽灯的最大外形尺寸	玻壳型号 A80-PS80

功率	灯头	玻壳直径	全长
150 W、200 W	E27/27	max 82	max 166.5

尺寸单位为毫米　附图不按比例

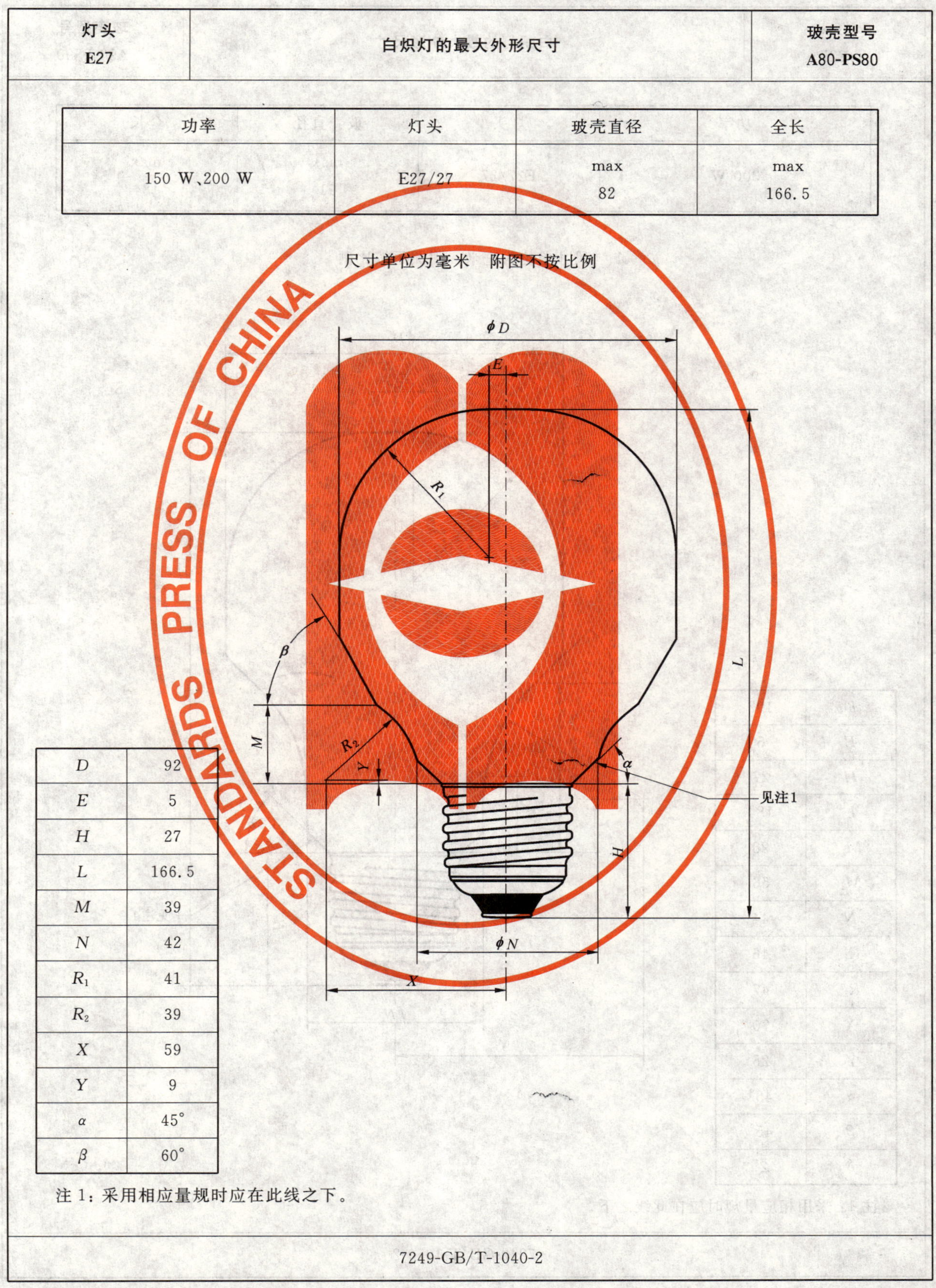

D	92
E	5
H	27
L	166.5
M	39
N	42
R_1	41
R_2	39
X	59
Y	9
α	45°
β	60°

注1：采用相应量规时应在此线之下。

7249-GB/T-1040-2

灯头 E27	白炽灯的最大外形尺寸	玻壳型号 A90-PS90

功率	灯头	玻壳直径	全长
300 W	E27/27	max 91	max 184

尺寸单位为毫米　附图不按比例

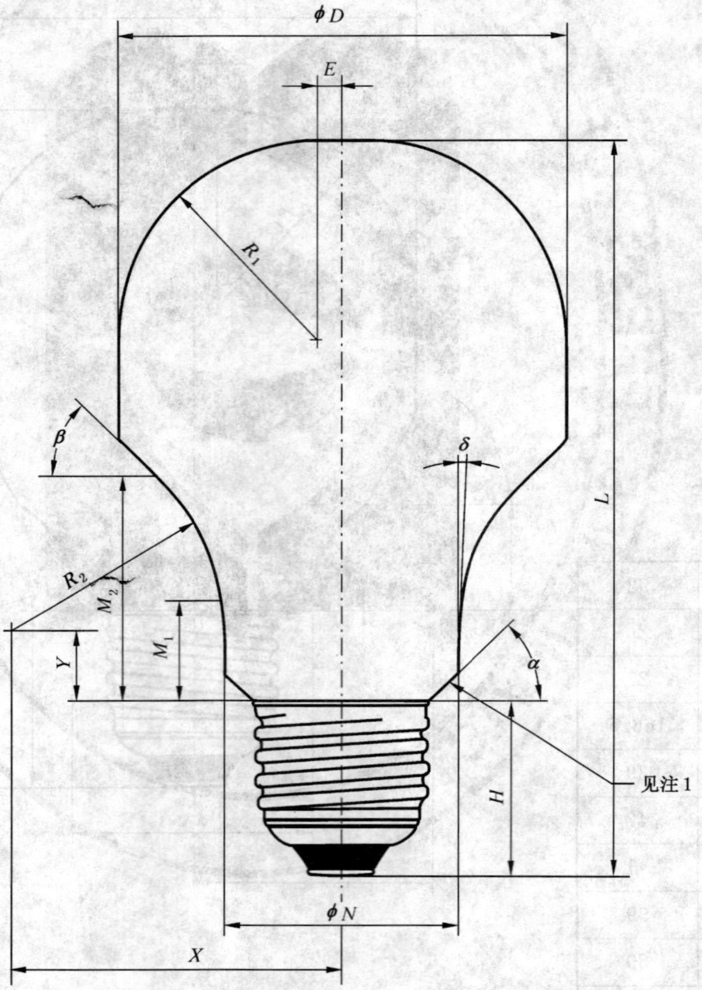

D	102
E	5
H	27
L	184
M_1	28
M_2	56
N	44
R_1	46
R_2	47
X	70
Y	25
α	45°
β	45°
δ .	2°

注 1：采用相应量规时应在此线之下。

7249-GB/T-1050-2

灯头 E39/E40	白炽灯的最大外形尺寸	玻壳型号 A90-PS90

功率	灯头	玻壳直径	全长
300 W	E39/41、E40/41	max 91	max 189

尺寸单位为毫米　附图不按比例

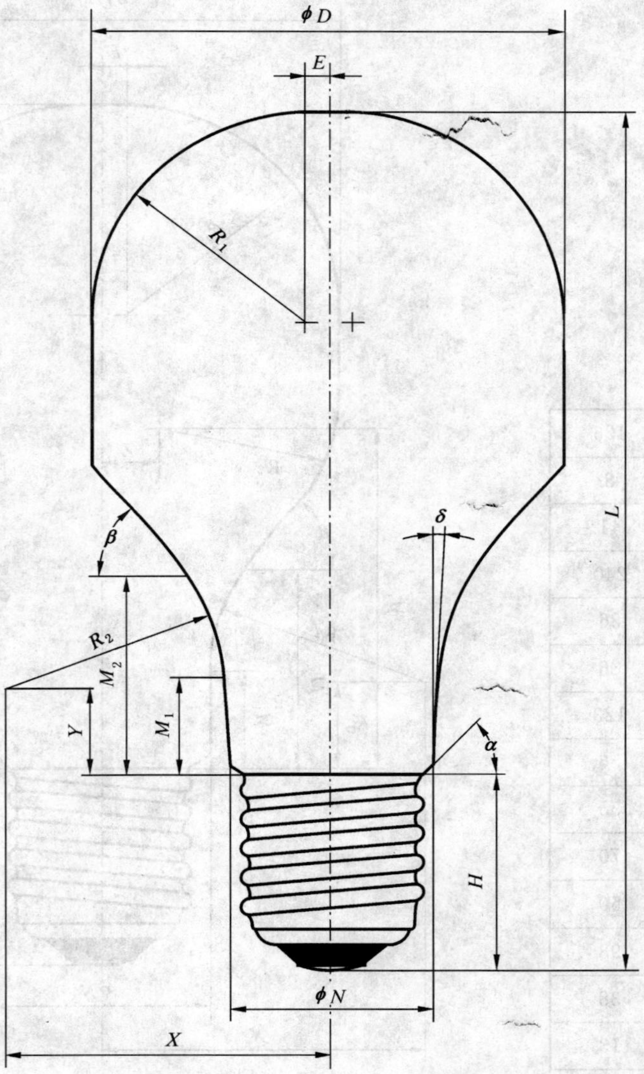

D	102
E	5
H	41
L	189
M_1	20
M_2	46
N	44
R_1	46
R_2	47
X	70
Y	21
α	45°
β	50°
δ	2°

7249-GB/T-1060-2

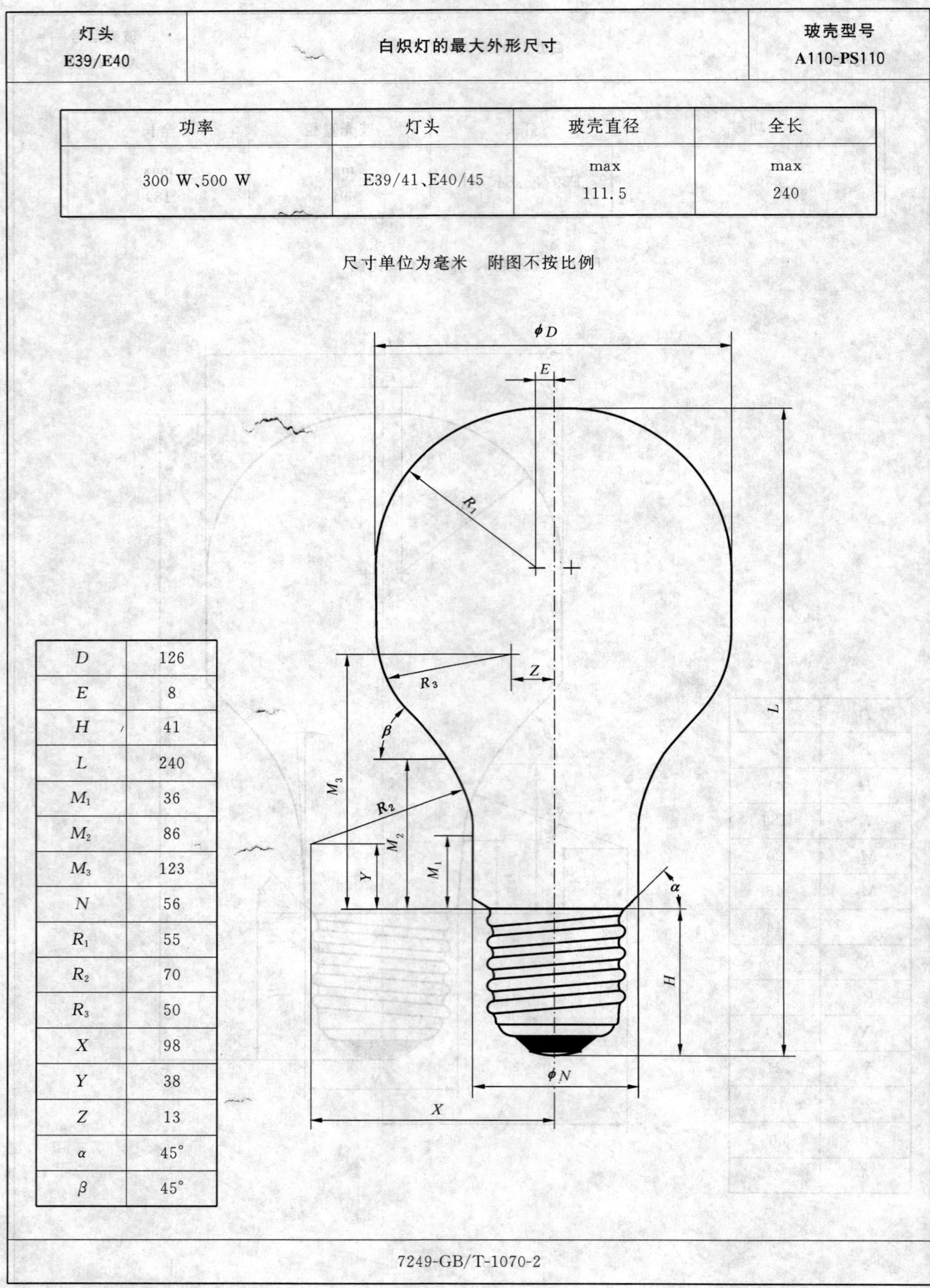

灯头 E39/E40	白炽灯的最大外形尺寸	玻壳型号 A110-PS110

功率	灯头	玻壳直径	全长
300 W、500 W	E39/41、E40/45	max 111.5	max 240

尺寸单位为毫米　附图不按比例

D	126
E	8
H	41
L	240
M_1	36
M_2	86
M_3	123
N	56
R_1	55
R_2	70
R_3	50
X	98
Y	38
Z	13
α	45°
β	45°

7249-GB/T-1070-2

灯头 E39/E40	白炽灯的最大外形尺寸	玻壳型号 A130-PS130

功率	灯头	玻壳直径	全长
1 000 W	E39/41、E40/45	max 131.5	max 275

尺寸单位为毫米　附图不按比例

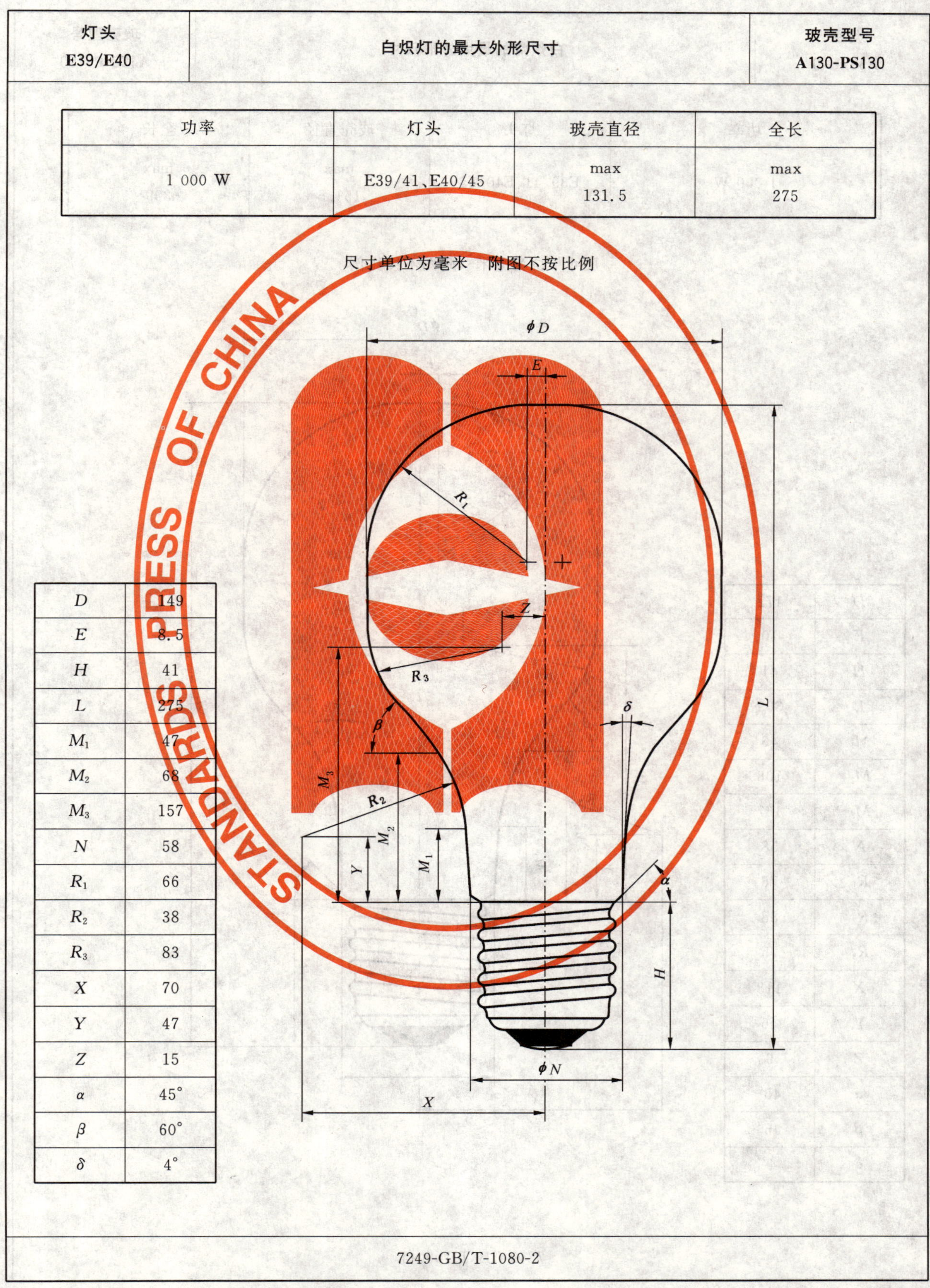

D	149
E	8.5
H	41
L	275
M_1	47
M_2	68
M_3	157
N	58
R_1	66
R_2	38
R_3	83
X	70
Y	47
Z	15
α	45°
β	60°
δ	4°

7249-GB/T-1080-2

灯头 E39/E40	白炽灯的最大外形尺寸	玻壳型号 A150-PS150

功率	灯头	玻壳直径	全长
1 000 W	E39/41、E40/45	max 151.5	max 309

尺寸单位为毫米　附图不按比例

D	172
E	10
H	41
L	309
M_1	46
M_2	108
M_3	167
N	58
R_1	76
R_2	88
R_3	75
X	118
Y	46
Z	9
α	45°
β	45°
δ	4°

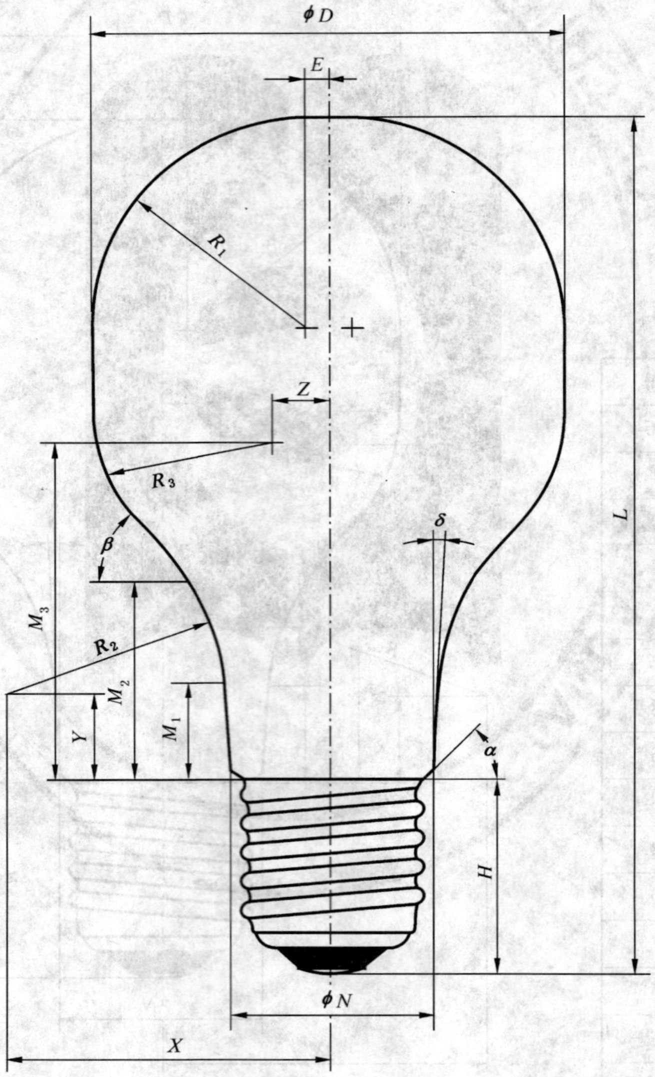

7249-GB/T-1090-2

灯头 E39/E40	白炽灯的最大外形尺寸	玻壳型号 A170-PS170

功率	灯头	玻壳直径	全长
1 500 W	E39/41、E40/45	max 171.5	max 344

尺寸单位为毫米　附图不按比例

D	192
E	12
H	41
L	344
M_1	42
M_2	106
M_3	179
N	60
R_1	84
R_2	90
R_3	89
X	124
Y	42
Z	6
α	45°
β	45°
δ	5°

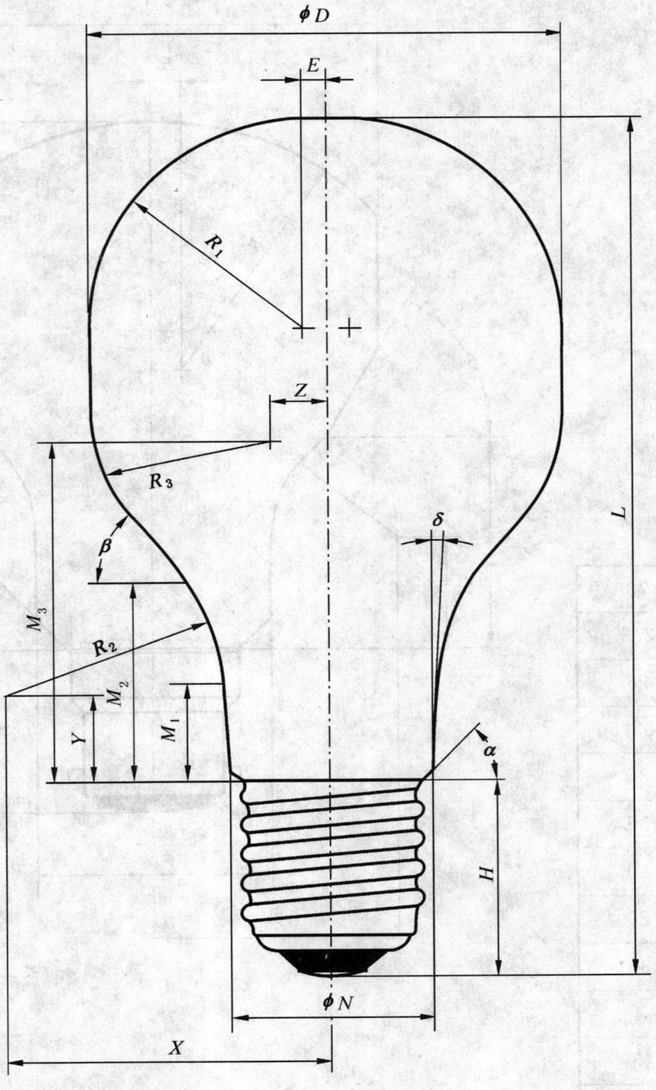

7249-GB/T-1100-2

灯头 B22	白炽灯的最大外形尺寸	玻壳型号 M60

功率	灯头	玻壳直径	全长
40 W、60 W、100 W	B22d/25×26	max 61	max 103.5

尺寸单位为毫米　附图不按比例

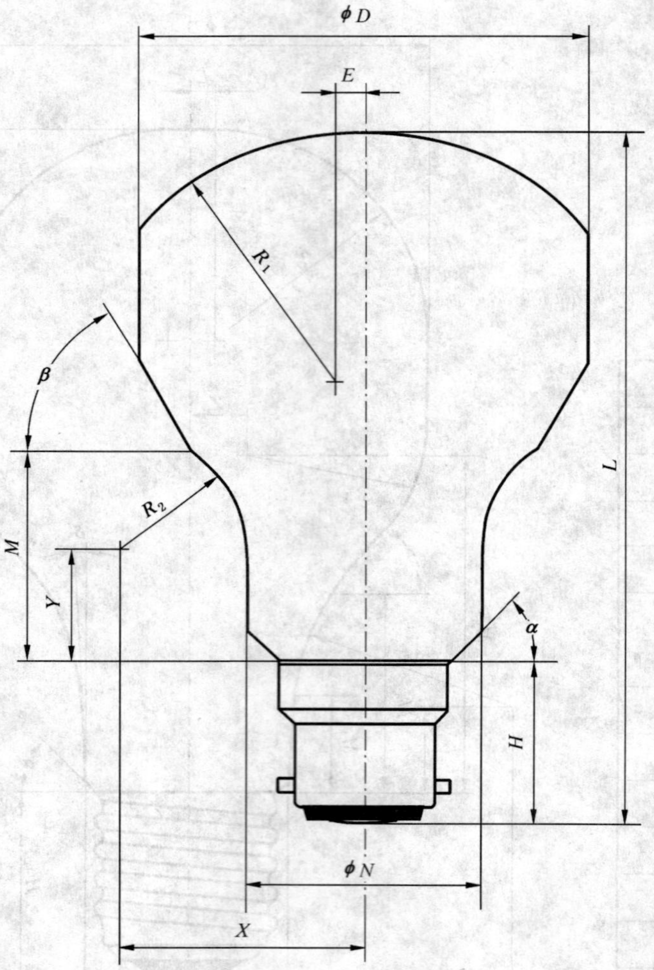

D	73
E	2.5
H	26
L	103.5
M	36
N	36
R_1	40
R_2	20
X	38
Y	4
α	45°
β	60°

7249-GB/T-1110-2

灯头 B22	白炽灯的最大外形尺寸	玻壳型号 M50

功率	灯头	玻壳直径	全长
40 W、60 W	B22d/25×26	max 51	max 90.5

尺寸单位为毫米　附图不按比例

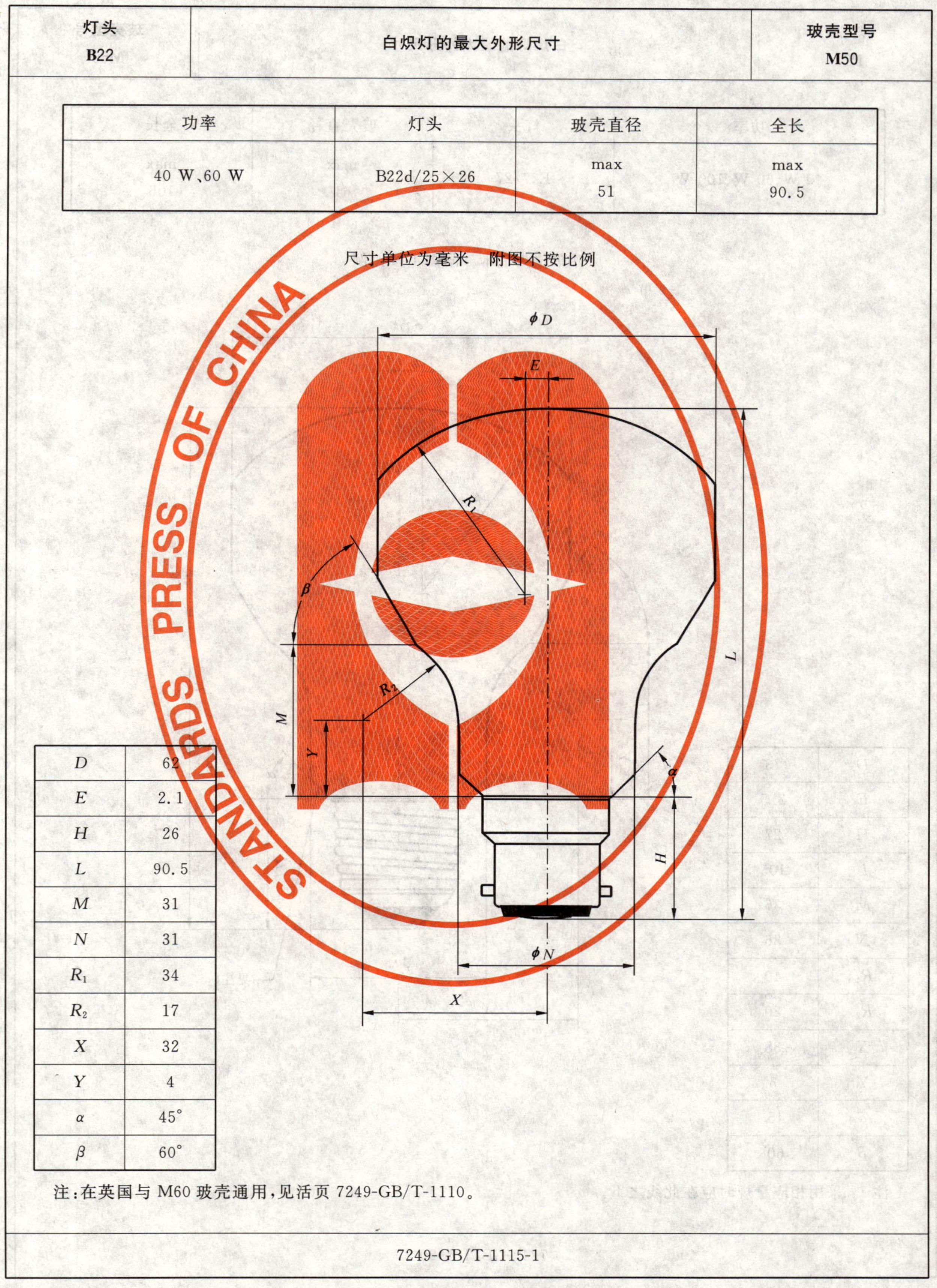

D	62
E	2.1
H	26
L	90.5
M	31
N	31
R_1	34
R_2	17
X	32
Y	4
α	45°
β	60°

注：在英国与 M60 玻壳通用，见活页 7249-GB/T-1110。

灯头 E27	白炽灯的最大外形尺寸	玻壳型号 M60

功率	灯头	玻壳直径	全长
40 W、60 W、100 W	E27/27	max 61	max 105

尺寸单位为毫米　附图不按比例

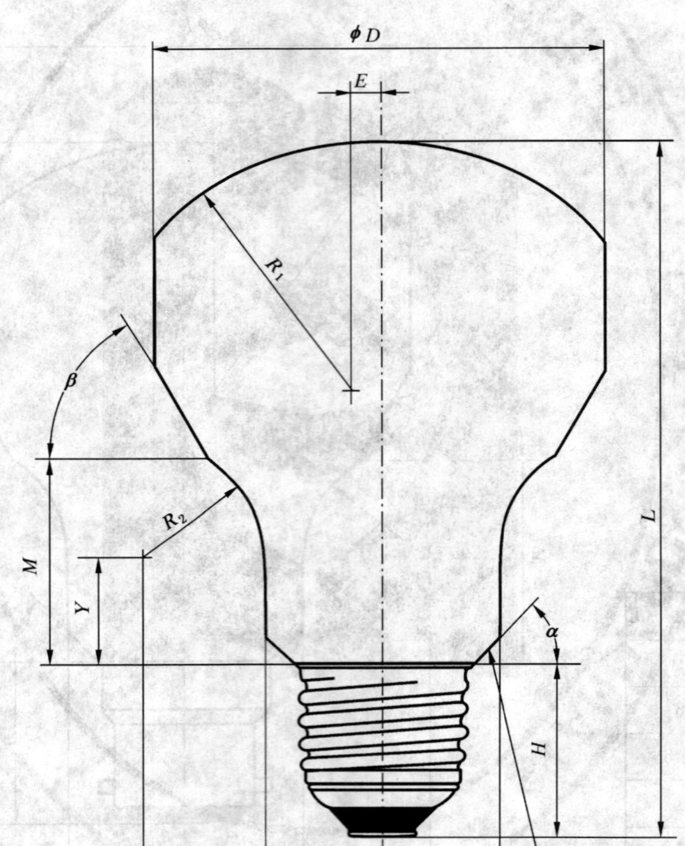

D	73
E	2.5
H	27
L	105
M	36
N	36
R_1	40
R_2	20
X	38
Y	5
α	45°
β	60°

注 1：采用相应量规时应在此线之下。

7249-GB/T-1120-2

灯头 E27	白炽灯的最大外形尺寸	玻壳型号 M50

功率	灯头	玻壳直径	全长
40 W、60 W	E27/27	max 51	max 92

尺寸单位为毫米　附图不按比例

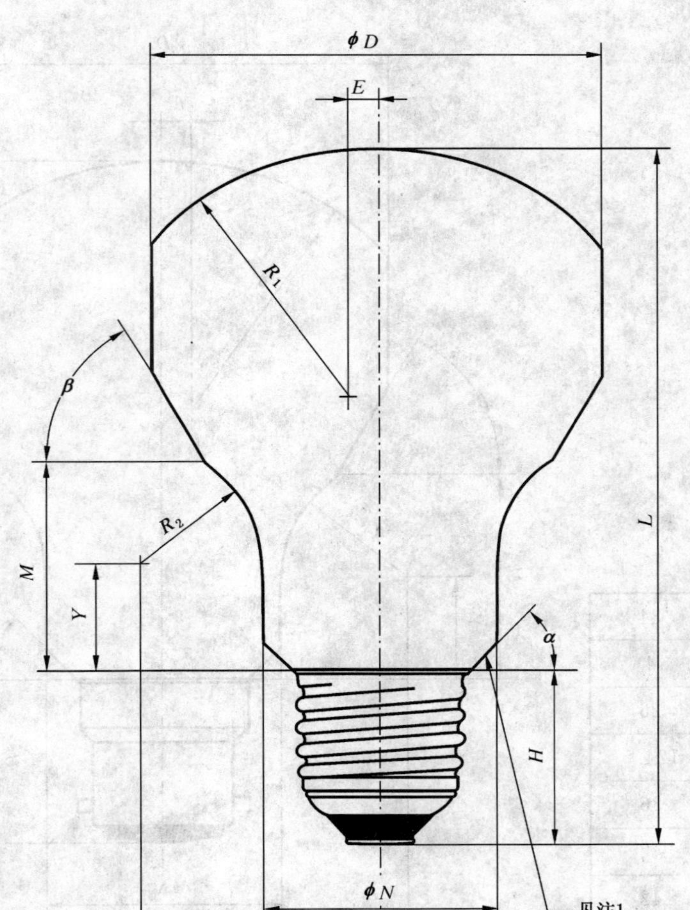

D	62
E	2.1
H	26
L	92
M	31
N	31
R_1	34
R_2	17
X	32
Y	4
α	45°
β	60°

注 1:采用相应量规时应在此线之下。

注 2:在英国与 M60 玻壳通用,见活页 7249-GB/T -1110

7249-GB/T-1125-1

灯头 B22	白炽灯的最大外形尺寸	玻壳型号 M75

功率	灯头	玻壳直径	全长
150 W	B22d/25×26	max 76	max 124.5

尺寸单位为毫米　附图不按比例

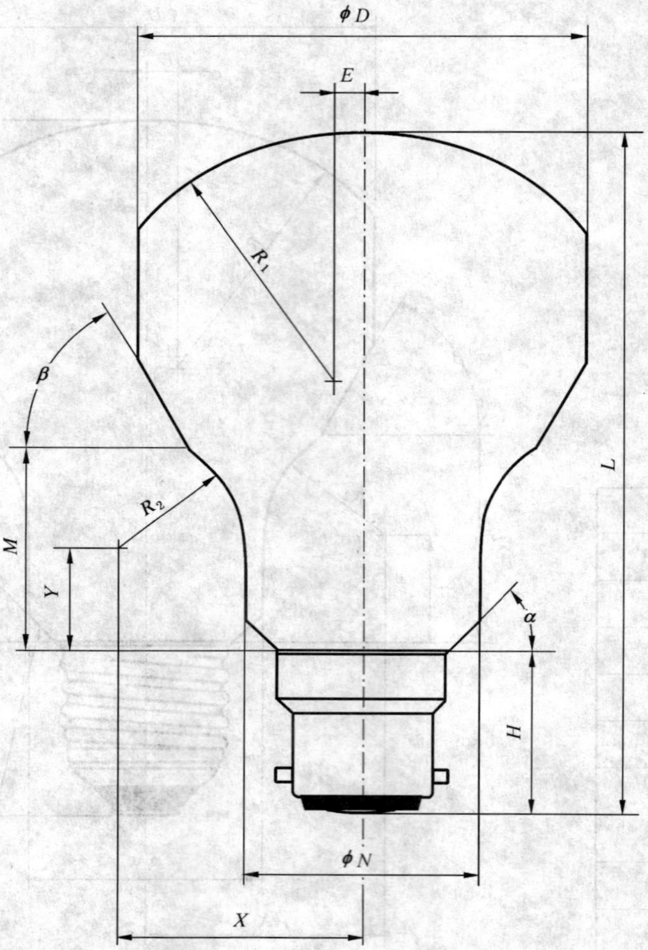

φD
E
R_1
β
R_2
M
Y
α
L
H
φN
X

D	84
E	4
H	26
L	124.5
M	36
N	42
R_1	42
R_2	18
X	39
Y	8
α	45°
β	60°

7249-GB/T-1130-2

灯头 E27	白炽灯的最大外形尺寸	玻壳型号 M75

功率	灯头	玻壳直径	全长
150 W	E27/27	max 76	max 126

尺寸单位为毫米　附图不按比例

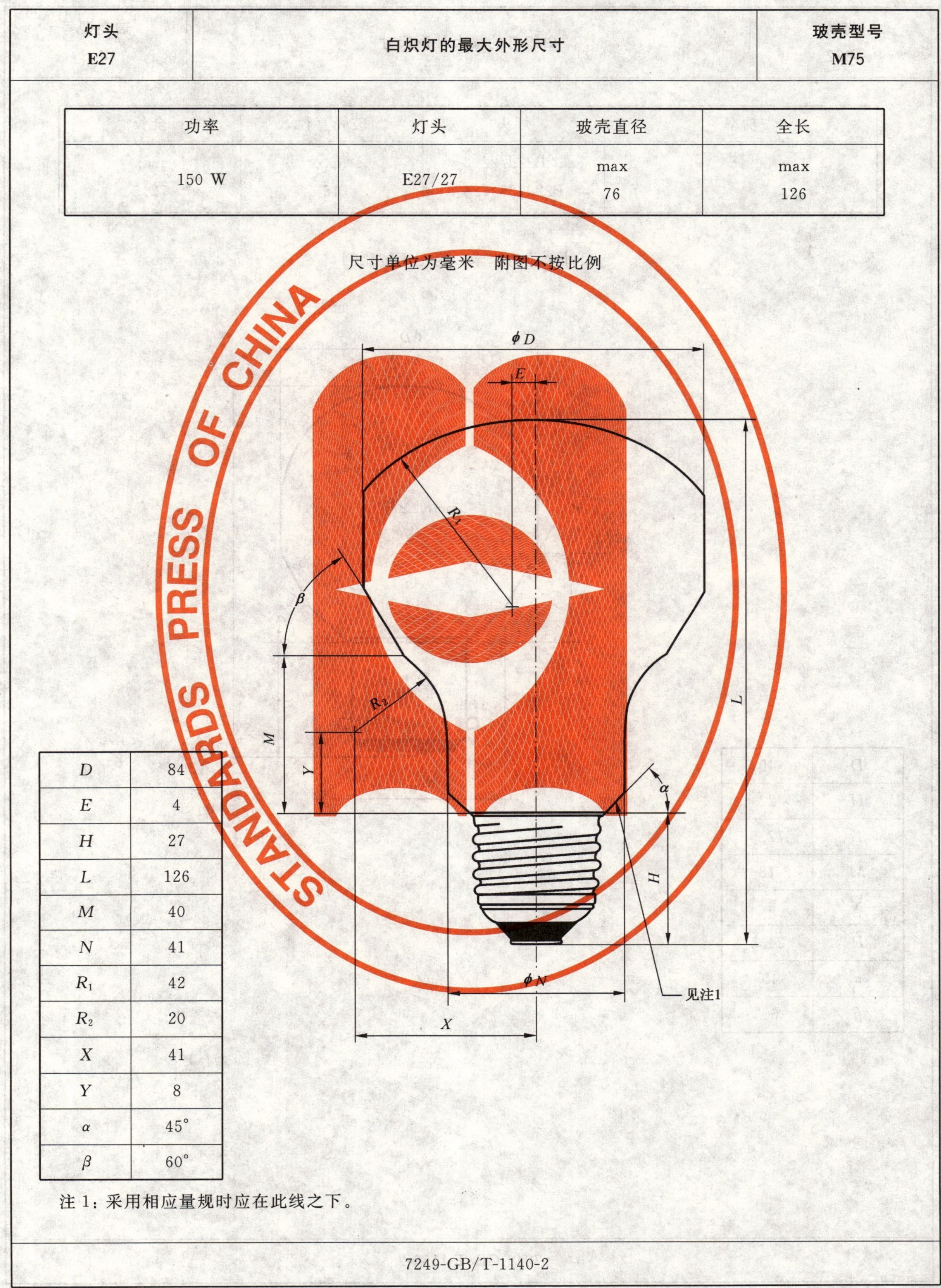

D	84
E	4
H	27
L	126
M	40
N	41
R_1	42
R_2	20
X	41
Y	8
α	45°
β	60°

注 1：采用相应量规时应在此线之下。

7249-GB/T-1140-2

灯头 B22	白炽灯的最大外形尺寸	玻壳型号 P45

功率	灯头	玻壳直径	全长
	B22d/22 B22d/25×26	max 46	max 72.5

尺寸单位为毫米　附图不按比例

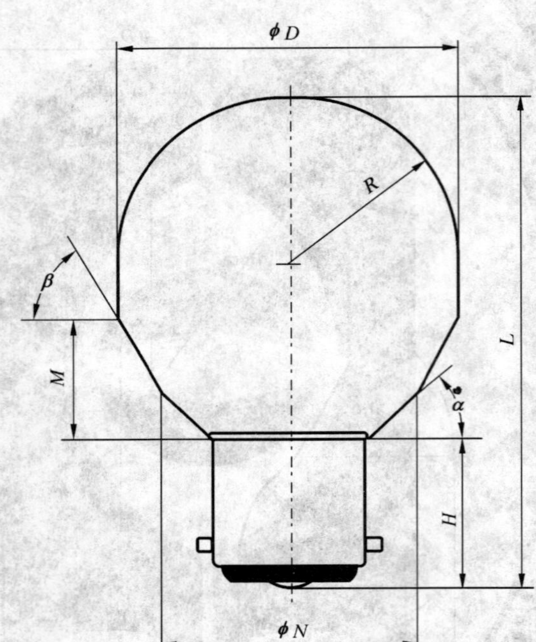

D	49
H	22
L	72.5
M	18
N	37
R	24.5
α	45°
β	60°

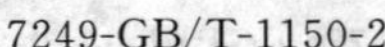
7249-GB/T-1150-2

灯头 E27	白炽灯的最大外形尺寸	玻壳型号 P45

功率	灯头	玻壳直径	全长
	E27/27	max 46	max 74

尺寸单位为毫米　附图不按比例

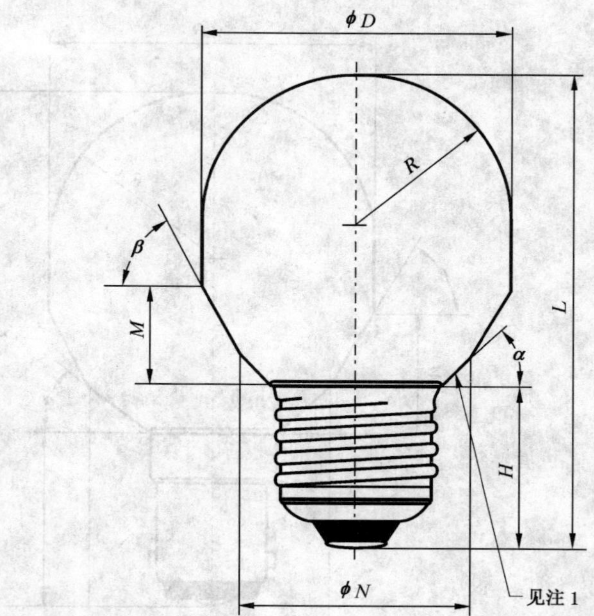

D	49
H	27
L	74
M	16
N	36
R	24.5
α	45°
β	60°

注 1：采用相应量规时应在此线之下。

灯头 B15	白炽灯的最大外形尺寸	玻壳型号 P45

功率	灯头	玻壳直径	全长
	B15d/24×17	max 46	max 78.5

尺寸单位为毫米　附图不按比例

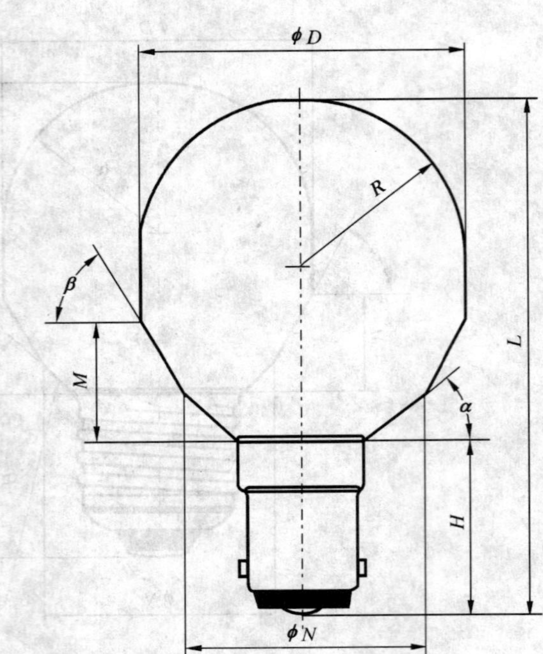

D	49
H	24
L	78.5
M	21
N	35
R	24.5
α	45°
β	60°

7249-GB/T-1170-2

灯头 E14	白炽灯的最大外形尺寸	玻壳型号 P45

功率	灯头	玻壳直径	全长
	E14/25×17	max 46	max 80

尺寸单位为毫米　附图不按比例

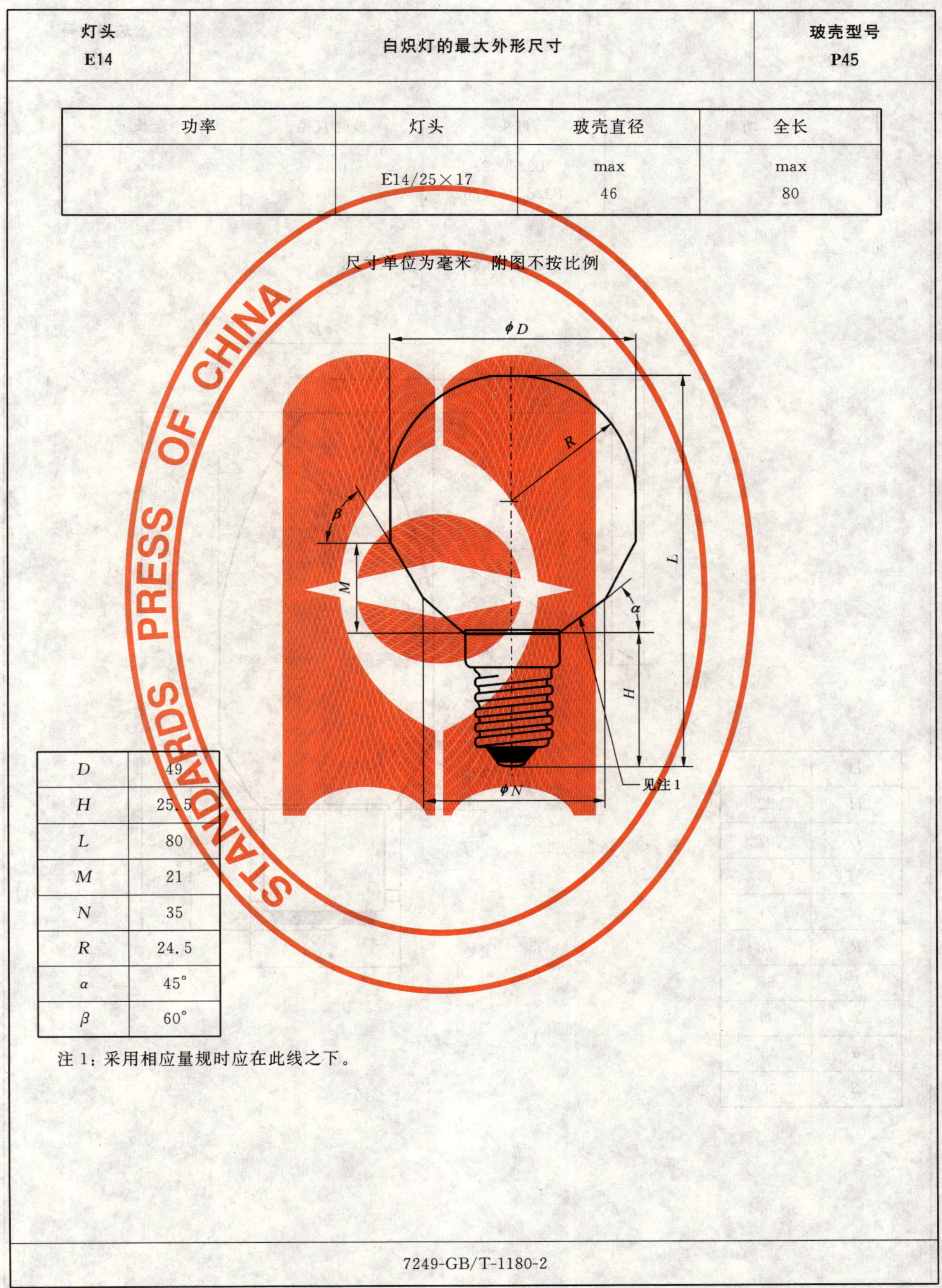

D	49
H	25.5
L	80
M	21
N	35
R	24.5
α	45°
β	60°

注1：采用相应量规时应在此线之下。

7249-GB/T-1180-2

灯头 B22	白炽灯的最大外形尺寸	玻壳型号 B35

功率	灯头	玻壳直径	全长
	B22d/22 B22d/25×26	max 36	max 97

尺寸单位为毫米　附图不按比例

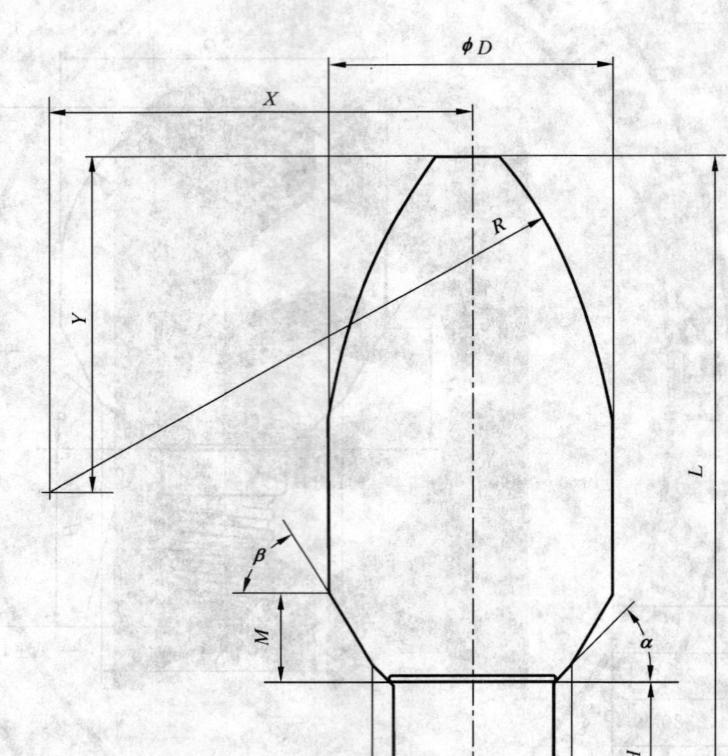

D	39
H	22
L	97
M	13
N	27
R	78
X	58
Y	47
α	45°
β	60°

7249-GB/T-1190-2

灯头 E27	白炽灯的最大外形尺寸	玻壳型号 B35

功率	灯头	玻壳直径	全长
	E27/27	max 36	max 98.5

尺寸单位为毫米　附图不按比例

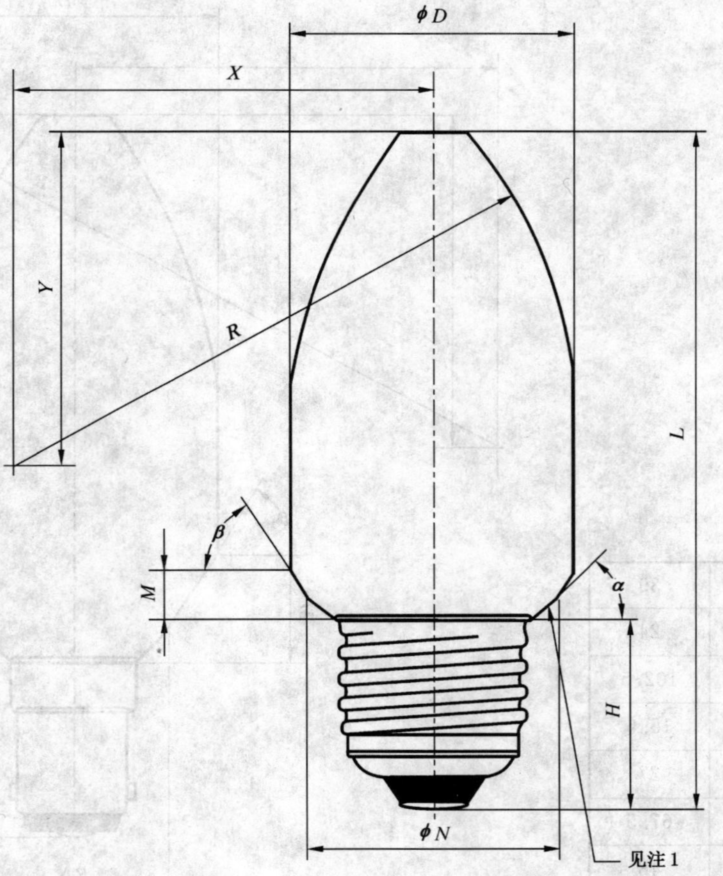

D	39
H	27
L	98.5
M	7
N	34
R	78
X	58.5
Y	43
α	45°
β	60°

注 1：采用相应量规时应在此线之下。

7249-GB/T-1200-2

灯头 B15	白炽灯的最大外形尺寸	玻壳型号 B35

功率	灯头	玻壳直径	全长
	B15d/24×17	max 36	max 102.5

尺寸单位为毫米　附图不按比例

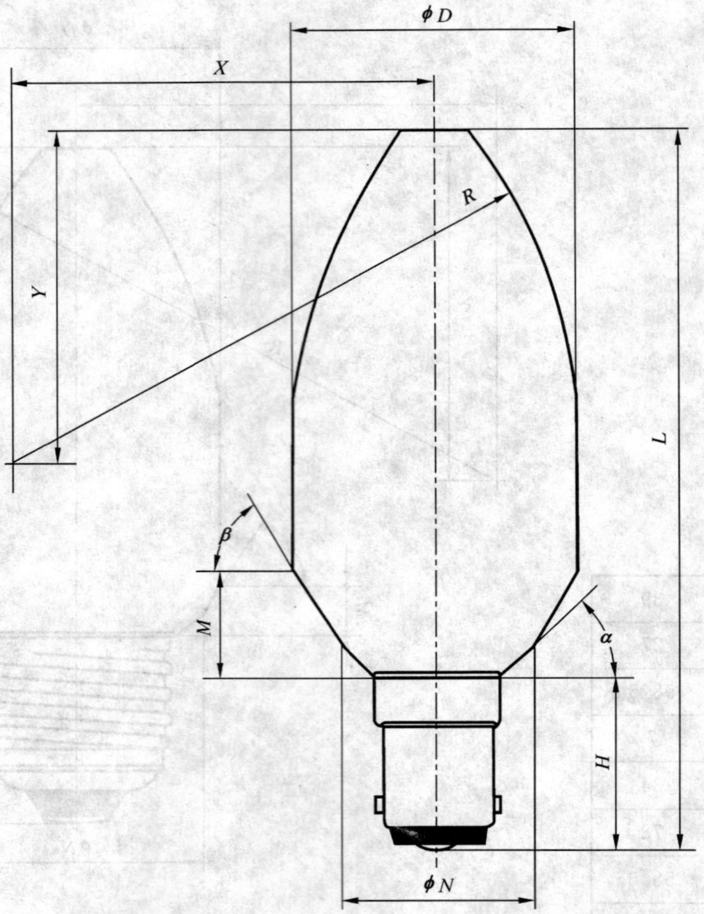

D	39
H	24
L	102.5
M	15.5
N	27
R	67.5
X	48
Y	42
α	45°
β	60°

7249-GB/T-1210-2

灯头 E14	白炽灯的最大外形尺寸	玻壳型号 B35

功率	灯头	玻壳直径	全长
	E14/25×17	max 36	max 104

尺寸单位为毫米　附图不按比例

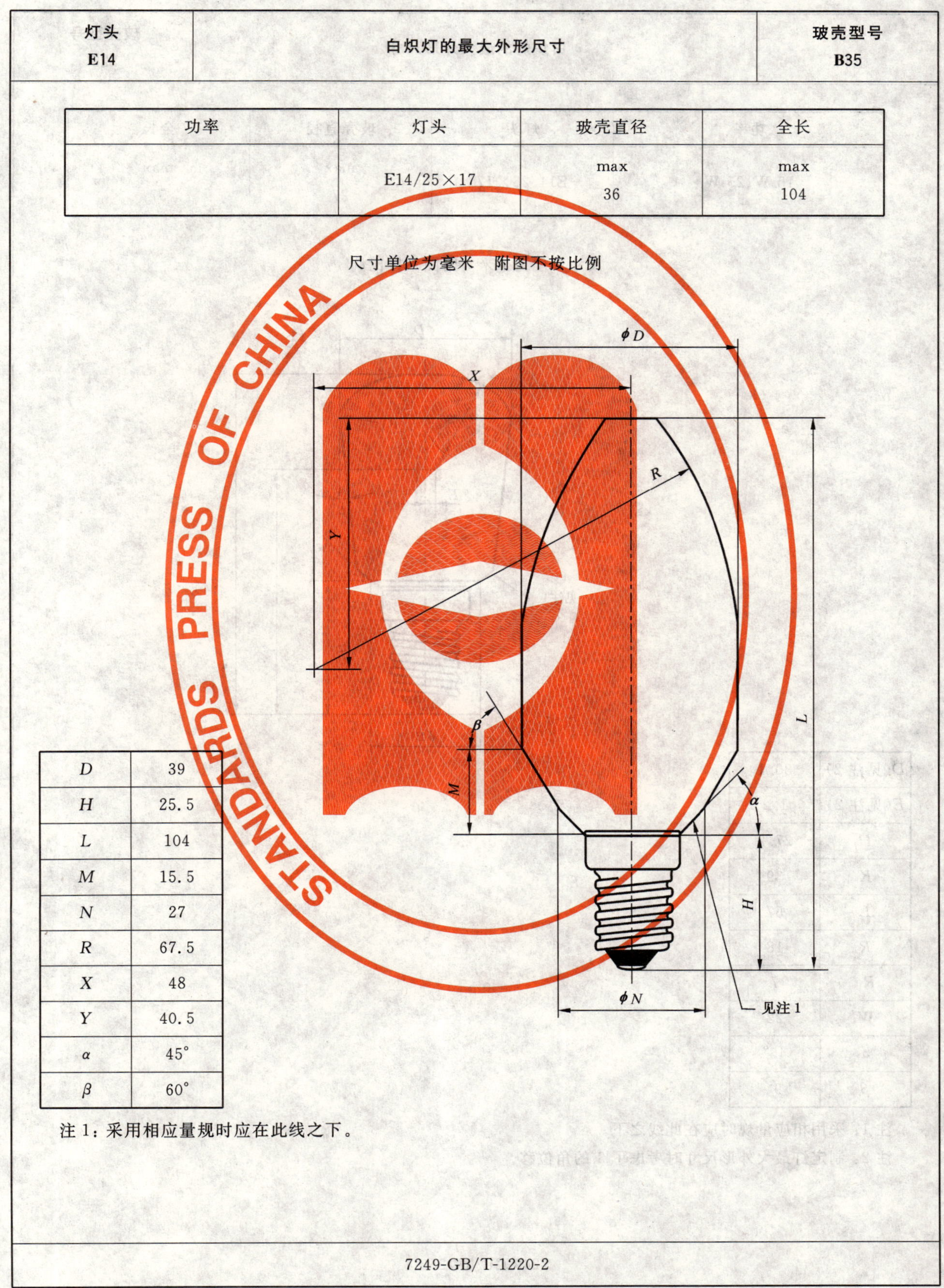

D	39
H	25.5
L	104
M	15.5
N	27
R	67.5
X	48
Y	40.5
α	45°
β	60°

注1：采用相应量规时应在此线之下。

7249-GB/T-1220-2

灯头 E14	白炽灯的最大外形尺寸	玻壳型号 S26

功率	灯头	玻壳直径	全长
15 W、25 W	E14/25×17	max 27	max 57

尺寸单位为毫米　附图不按比例

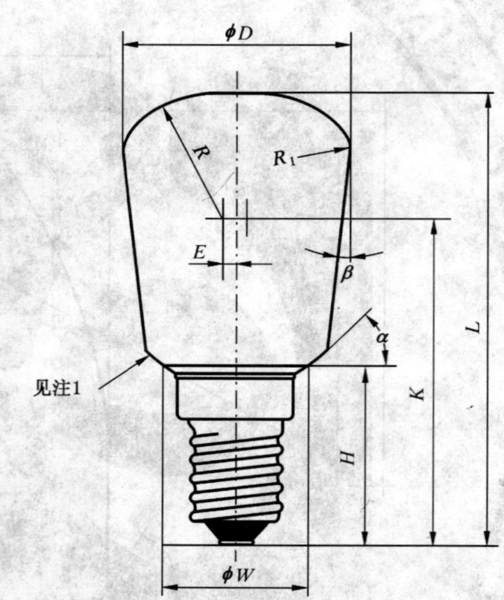

D(见注 2)	30.1
E(见注 2)	1.2
H	27.2
K	39
L	57
R	18
R_1	7
W	22
α	45°
β	9°

注 1：采用相应量规时应在此线之下。

注 2：制定灯最大外形尺寸时考虑了 3°的角位移。

7249-GB/T-1250-1

灯头 E14	白炽灯的最大外形尺寸	玻壳型号 S28

功率	灯头	玻壳直径	全长
10 W、15 W、25 W	E14/25×17	max 29	max 68

尺寸单位为毫米　附图不按比例

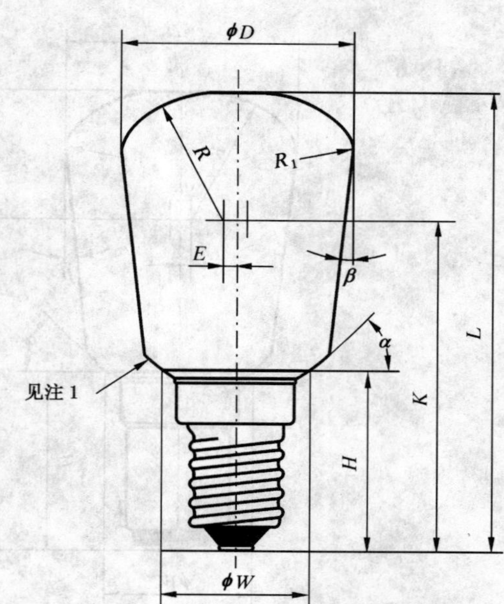

D(见注 2)	33.5
E(见注 2)	1.75
H	27.2
K	49
L	68
R	19
R_1	8
W	22
α	45°
β	6°

注 1：采用相应量规时应在此线之下。

注 2：制定灯最大外形尺寸时考虑了 3°的角位移。

7249-GB/T-1260-1

灯头 B15	白炽灯的最大外形尺寸	玻壳型号 S28

功率	灯头	玻壳直径	全长
10 W、15 W、25 W	B15d/24×17 B15d/27×22	max 29	max 67

尺寸单位为毫米　附图不按比例

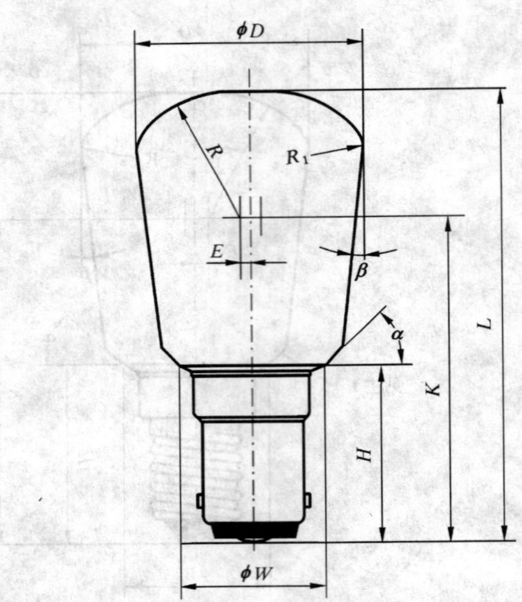

D(见注 1)	33.5
E(见注 1)	1.75
H	25.7
K	48
L	67
R	19
R_1	8
W	22
α	45°
β	6°

注 1：制定灯最大外形尺寸时考虑了 3°的角位移。

7249-GB/T-1270-1

灯头 B22	白炽灯的最大外形尺寸	玻壳型号 S28

功率	灯头	玻壳直径	全长
10 W、15 W、25 W	B22d/22	max 29	max 61

尺寸单位为毫米　附图不按比例

D(见注 1)	32.9
E(见注 1)	1.55
• H	26.8
K	42
L	61
R	19
R_1	8
W	34
β	6°

注 1：制定灯最大外形尺寸时考虑了 3°的角位移。

7249-GB/T-1280-1

灯头 E14	白炽灯的最大外形尺寸	玻壳型号 T17

功率	灯头	玻壳直径	全长
10 W、15 W、25 W	E14/20	max 17	max 54

尺寸单位为毫米　附图不按比例

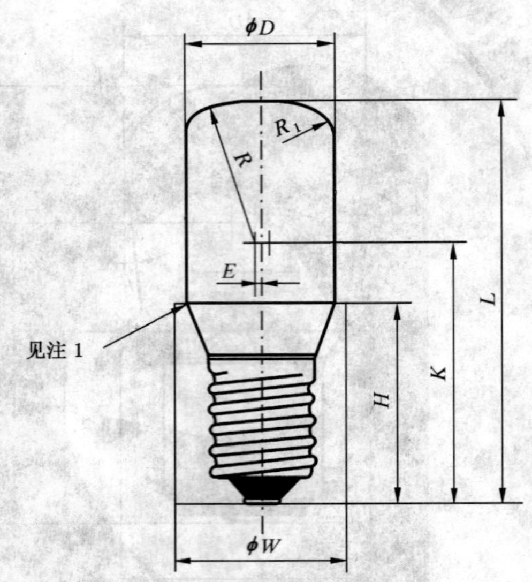

D(见注 2)	19.5
E(见注 2)	0.65
H	27.2
K	35
L	54
R	19
R_1	4
W	22

注 1：采用相应量规时应在此线之下。

注 2：制定灯最大外形尺寸时考虑了 2°的角位移。

7249-GB/T-1310-1

灯头 B15	白炽灯的最大外形尺寸	玻壳型号 T17

功率	灯头	玻壳直径	全长
10 W、15 W、25 W	B15d/19	max 17	max 54

尺寸单位为毫米　附图不按比例

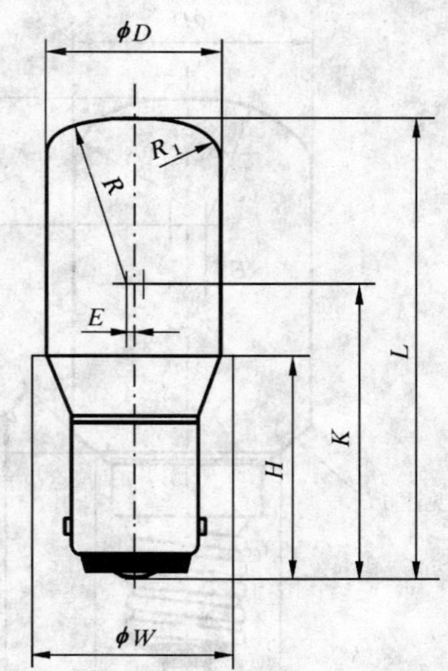

D(见注 1)	19.5
E(见注 1)	0.7
H	25.7
K	35
L	54
R	19
R_1	4
W	22

注 1：制定灯最大外形尺寸时考虑了 3°的角位移。

7249-GB/T-1320-1

灯头 E14	白炽灯的最大外形尺寸	玻壳型号 T20

功率	灯头	玻壳直径	全长
15 W、25 W	E14/23×15	max 21	max 115

尺寸单位为毫米　附图不按比例

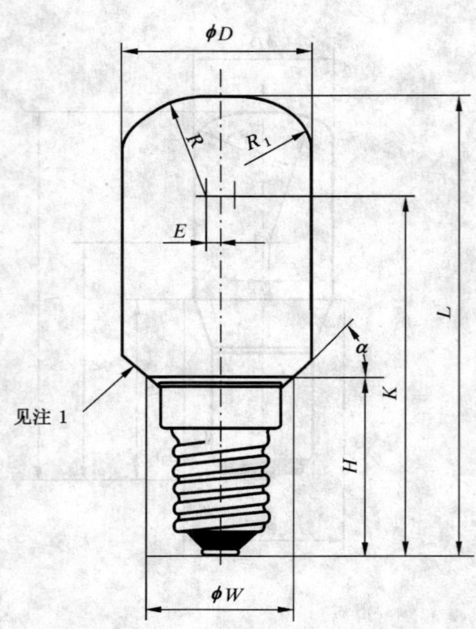

D(见注 2)	27.5
E(见注 2)	2.75
H	27.2
K	95
L	115
R	20
R_1	5
W	22
α	45°

注 1：采用相应量规时应在此线之下。

注 2：制定灯最大外形尺寸时考虑了 2°的角位移。

7249-GB/T-1330-1

灯头 E14	白炽灯的最大外形尺寸	玻壳型号 T22

功率	灯头	玻壳直径	全长
15 W、20 W、25 W	E14/25×17	max 23	max 68.5

尺寸单位为毫米　附图不按比例

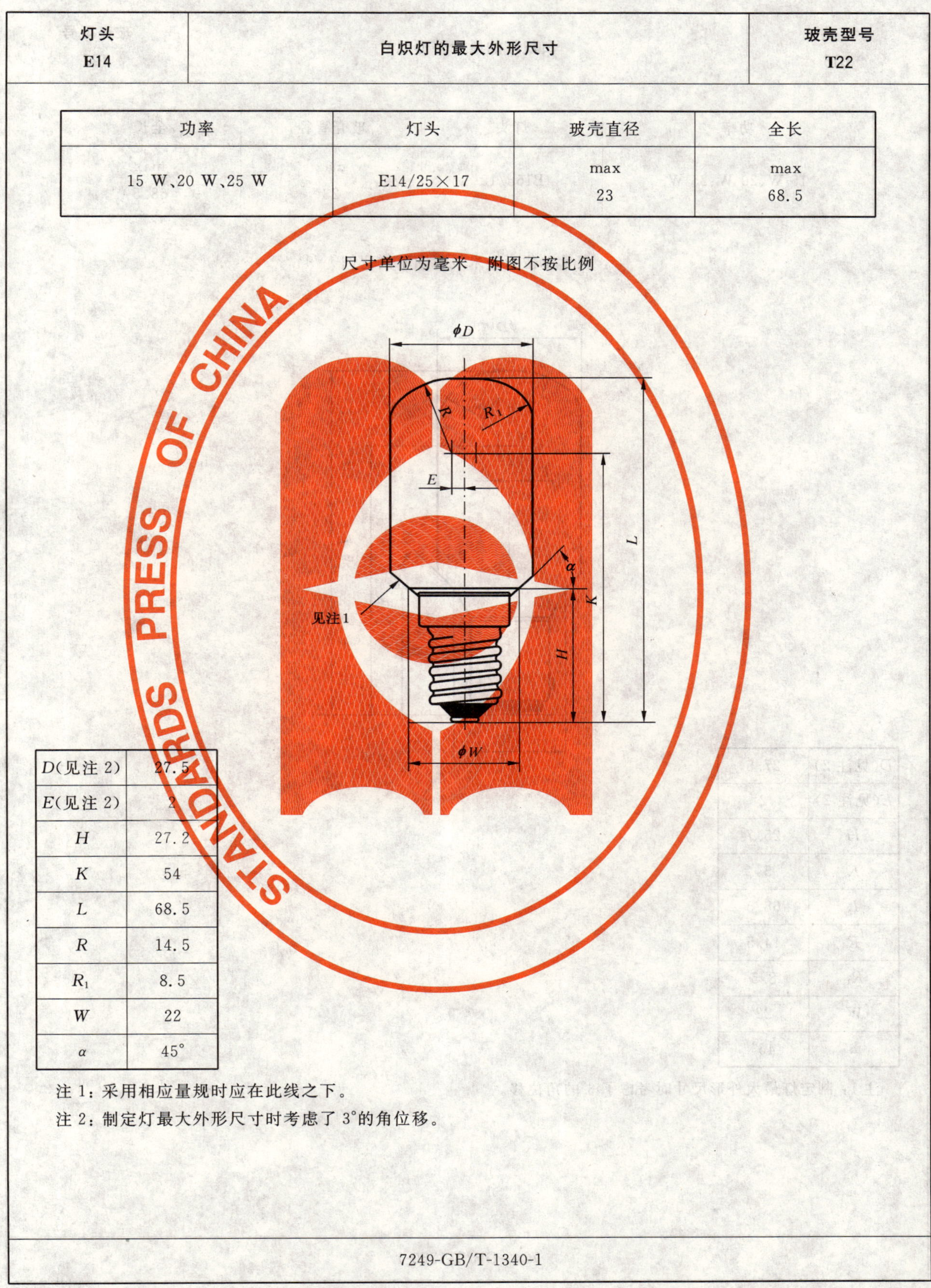

D(见注 2)	27.5
E(见注 2)	2
H	27.2
K	54
L	68.5
R	14.5
R_1	8.5
W	22
α	45°

注 1：采用相应量规时应在此线之下。

注 2：制定灯最大外形尺寸时考虑了 3°的角位移。

7249-GB/T-1340-1

灯头 B15	白炽灯的最大外形尺寸	玻壳型号 T22

功率	灯头	玻壳直径	全长
15 W、20 W、25 W	B15d/19	max 23	max 68.5

尺寸单位为毫米　附图不按比例

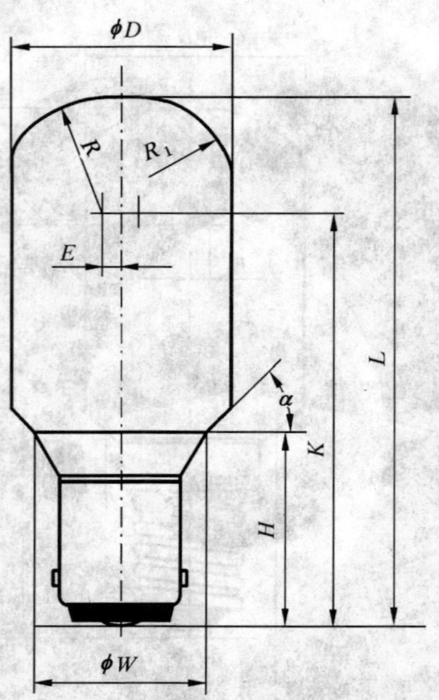

D(见注 2)	27.5
E(见注 2)	2
H	25.7
K	54
L	68.5
R	14.5
R_1	8.5
W	22
α	45°

注 1：制定灯最大外形尺寸时考虑了 3°的角位移。

7249-GB/T-1350-1

灯头 E14	白炽灯的最大外形尺寸	玻壳型号 T25

功率	灯头	玻壳直径	全长
15 W、25 W	E14/25×17	max 26	max 73.5

尺寸单位为毫米　附图不按比例

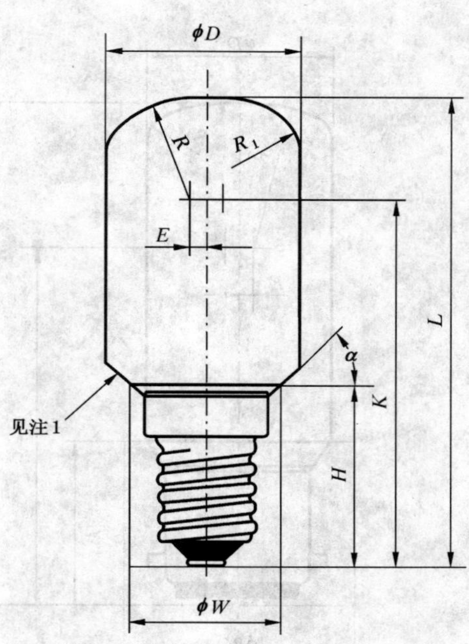

D(见注 2)	31.5
E(见注 2)	1.7
H	27.2
K	48.5
L	73.5
R	25
R_1	6
W	22
α	45°

注 1：采用相应量规时应在此线之下。

注 2：制定灯最大外形尺寸时考虑了 3°的角位移。

7249-GB/T-1360-1

灯头 B22	白炽灯的最大外形尺寸	玻壳型号 T25

功率	灯头	玻壳直径	全长
15 W、25 W	B22d/22	max 26	max 67

尺寸单位为毫米　附图不按比例

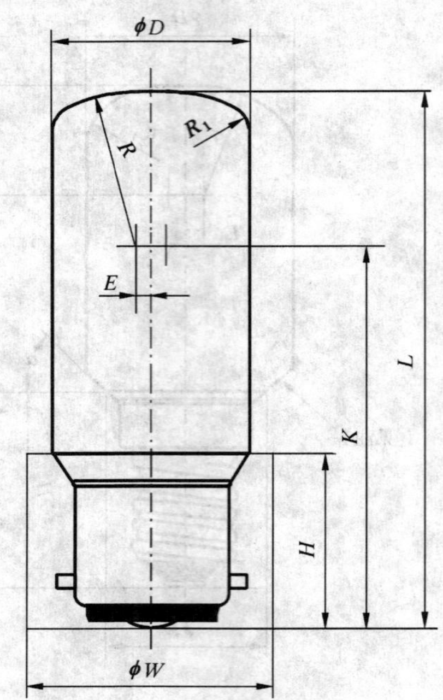

D(见注 1)	31
E(见注 1)	1.55
H	26.8
K	42
L	67
R	25
R_1	6
W	34

注 1：制定灯最大外形尺寸时考虑了 3°的角位移。

7249-GB/T-1370-1

灯头 E14	白炽灯的最大外形尺寸	玻壳型号 T25

功率	灯头	玻壳直径	全长
15 W、25 W、40 W	E14/25×17	max 26	max 85

尺寸单位为毫米　附图不按比例

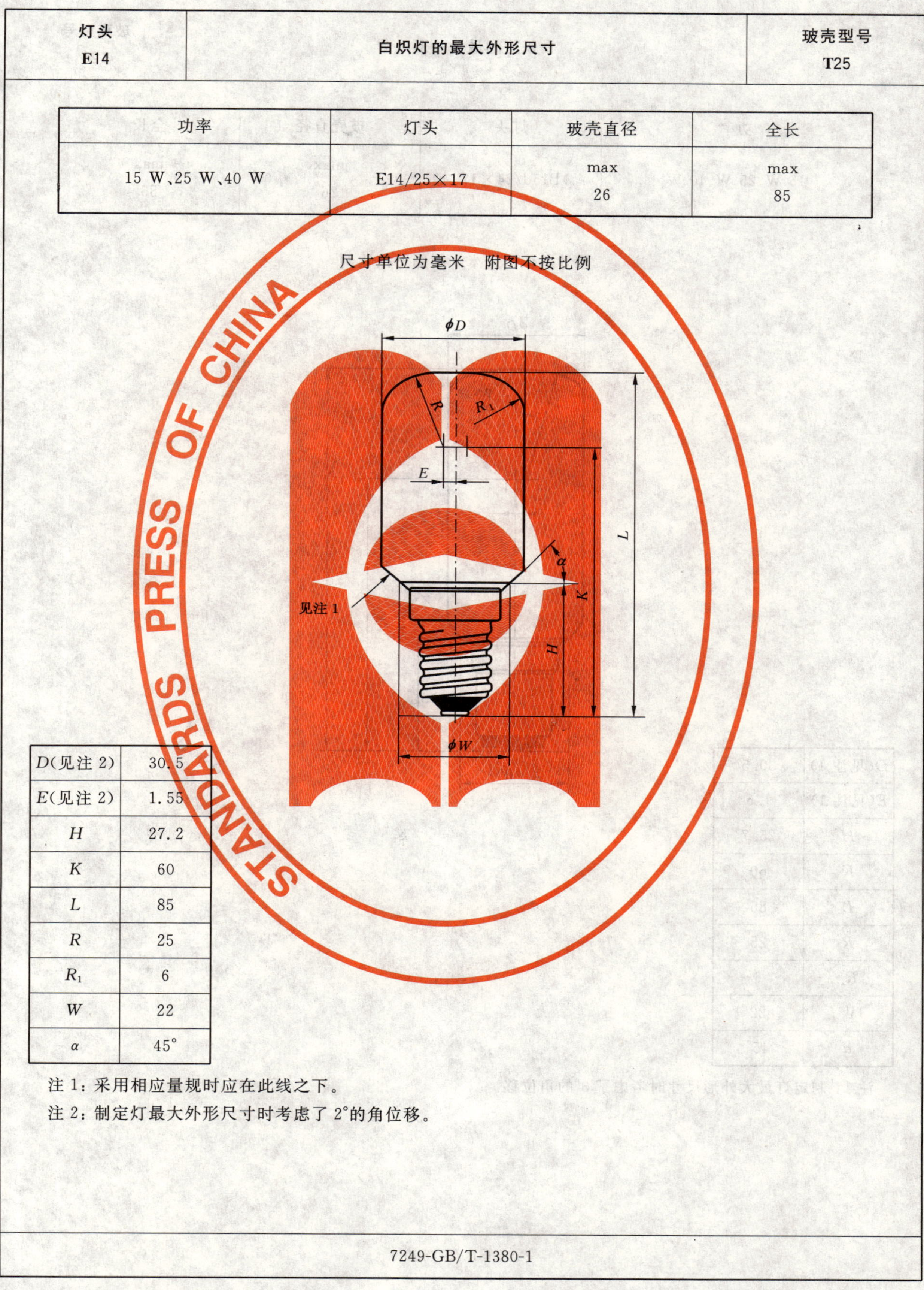

D(见注 2)	30.5
E(见注 2)	1.55
H	27.2
K	60
L	85
R	25
R_1	6
W	22
α	45°

注 1：采用相应量规时应在此线之下。

注 2：制定灯最大外形尺寸时考虑了 2°的角位移。

7249-GB/T-1380-1

灯头 B15	白炽灯的最大外形尺寸	玻壳型号 T25

功率	灯头	玻壳直径	全长
15 W、25 W、40 W	B15d/24×17	max 26	max 85

尺寸单位为毫米　附图不按比例

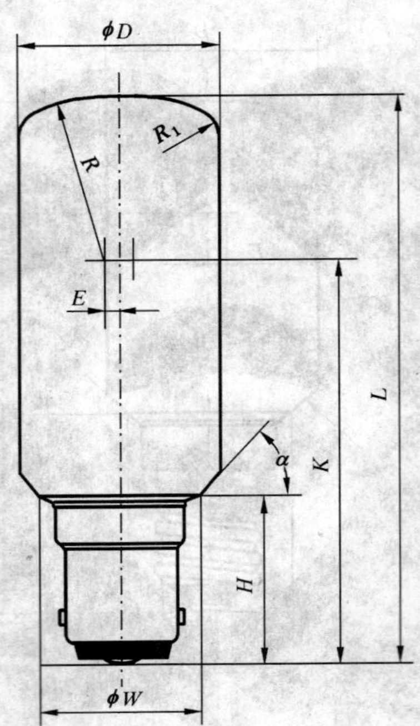

D(见注 1)	30.5
E(见注 1)	1.6
H	25.7
K	60
L	85
R	25
R_1	6
W	22
α	45°

注 1：制定灯最大外形尺寸时考虑了 3°的角位移。

7249-GB/T-1390-1

灯头 B22	白炽灯的最大外形尺寸	玻壳型号 T25

功率	灯头	玻壳直径	全长
15 W、25 W、40 W	B22d/22	max 26	max 85

尺寸单位为毫米　附图不按比例

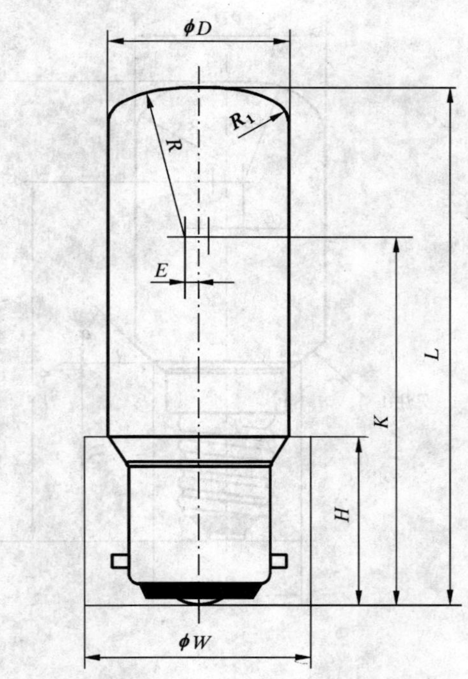

D(见注 1)	30.6
E(见注 1)	1.65
H	26.8
K	60
L	85
R	25
R_1	6
W	34

注 1：制定灯最大外形尺寸时考虑了 2°的角位移。

7249-GB/T-1400-1

灯头 E14	白炽灯的最大外形尺寸	玻壳型号 T29

功率	灯头	玻壳直径	全长
15 W、25 W、40 W、60 W	E14/25×17	max 30	max 100

尺寸单位为毫米　附图不按比例

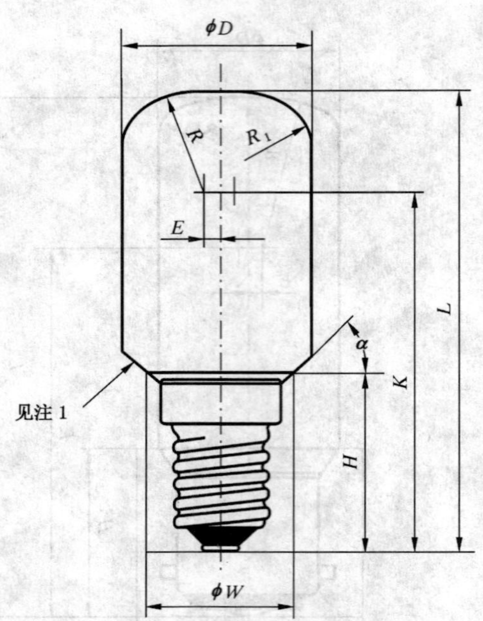

D(见注 1)	35.3
E(见注 1)	1.9
H	27.2
K	70
L	100
R	30
R_1	7
W	22
α	45°

注 1：采用相应量规时应在此线之下。

注 2：制定灯最大外形尺寸时考虑了 2°的角位移。

7249-GB/T-1410-1

灯头 B22	白炽灯的最大外形尺寸	玻壳型号 T29

功率	灯头	玻壳直径	全长
15 W、25 W、40 W、60 W	B22d/22	max 30	max 94

尺寸单位为毫米　附图不按比例

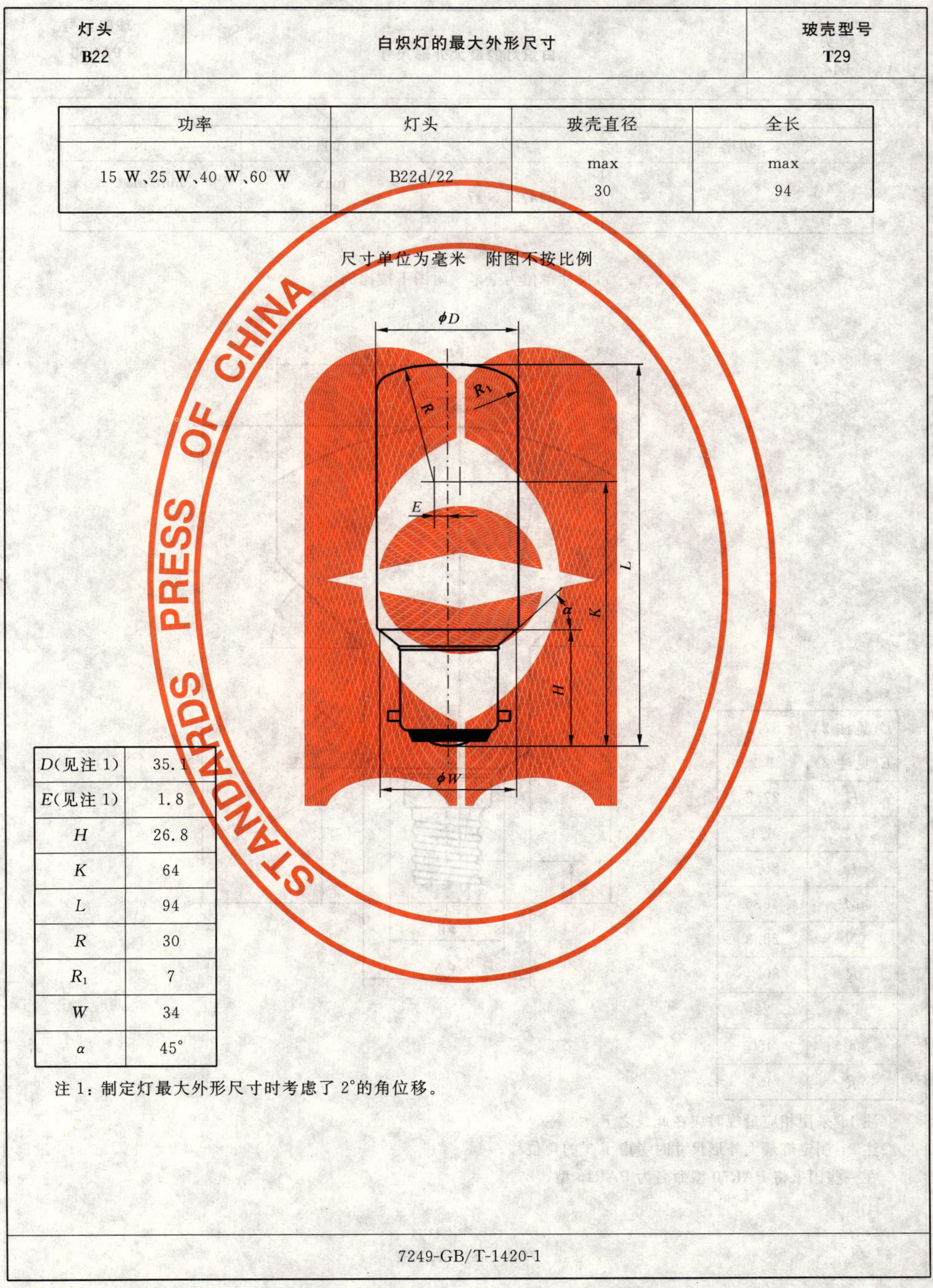

D(见注 1)	35.1
E(见注 1)	1.8
H	26.8
K	64
L	94
R	30
R_1	7
W	34
α	45°

注 1：制定灯最大外形尺寸时考虑了 2°的角位移。

7249-GB/T-1420-1

灯头 E14	白炽灯的最大外形尺寸	玻壳型号 PAR50 R50

功率	灯头	玻壳直径	全长
	E14/25×17	max 51	min/max 80/86.5

尺寸单位为毫米　附图不按比例

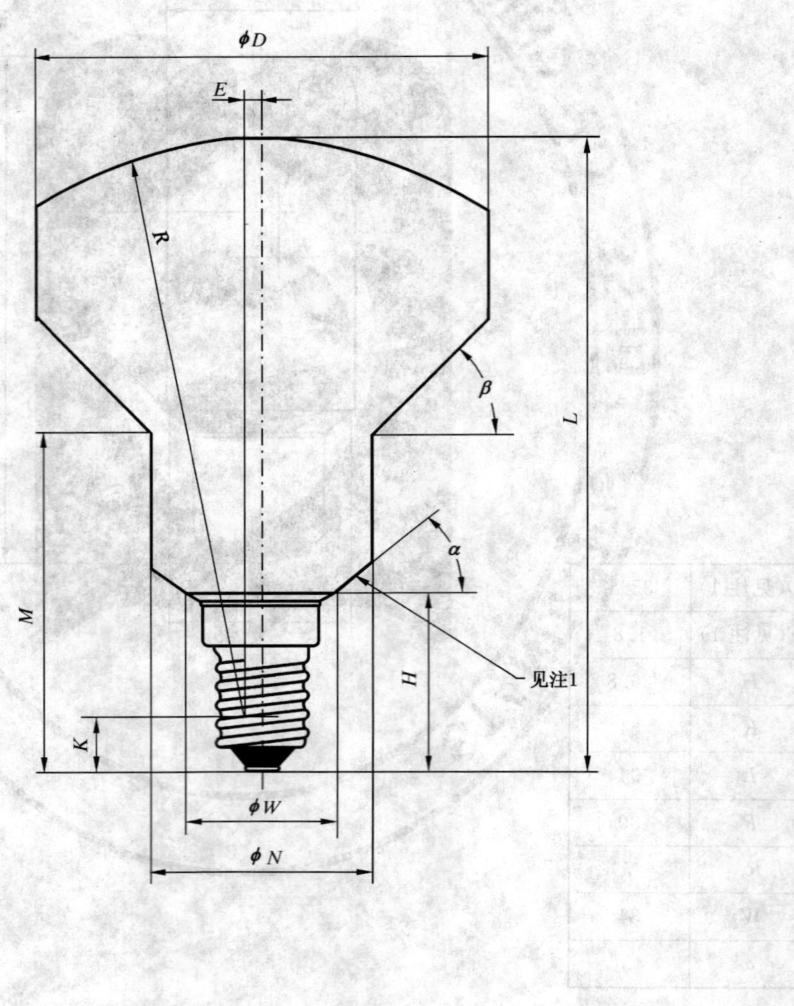

D(见注 2)	57.2
E(见注 2)	1.2
H	27.2
K	6.1
L	86.5
M	46.6
N	28.3
R	80.4
W	22
α	45°
β	45°

注 1：采用相应量规时应在此线之下。

注 2：制定灯最大外形尺寸时考虑了 3°的角位移。

在一些国家将 PAR50 型命名为 PAR16 型。

7249-GB/T-1510-2

灯头 E27	白炽灯的最大外形尺寸	玻壳型号 PAR63 R60-R63

功率	灯头	玻壳直径	全长
	E27/27	max 64.5(R60/R63) 65(PAR63)	min/max 100/105(R60/R63) …/…(PAR63)

尺寸单位为毫米　附图不按比例

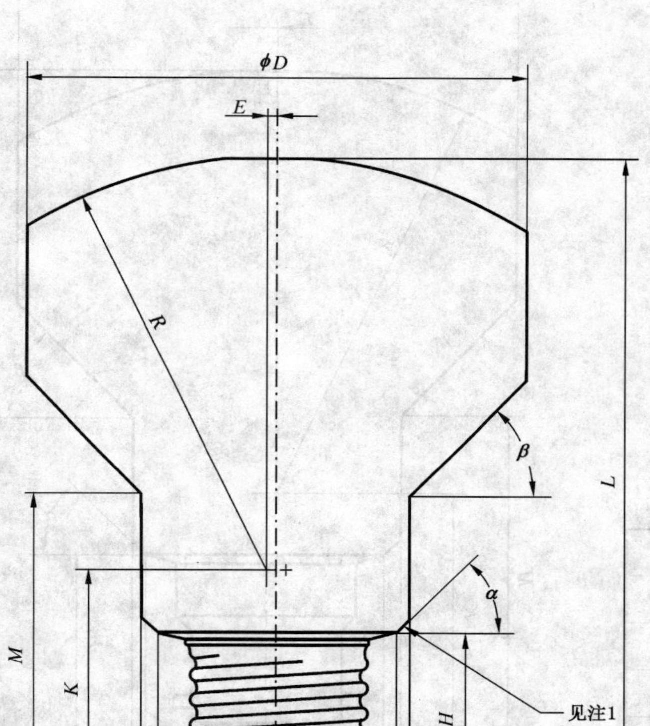

D(见注 2)	72.3
E(见注 2)	1.3
H	28.3
K	41.5
L	105
M	53
N	39.1
R	63.5
W	34
α	45°
β	45°

注 1：采用相应量规时应在此线之下。

注 2：制定灯最大外形尺寸时考虑了 3°的角位移。

在一些国家，将 PAR63 型命名为 PAR20 型。

7249-GB/T-1520-2

灯头 B22	白炽灯的最大外形尺寸	玻壳型号 R60-R63

功率	灯头	玻壳直径	全长
	B22d/25×26	max 64.5	min/max 95.5/103.5

尺寸单位为毫米　附图不按比例

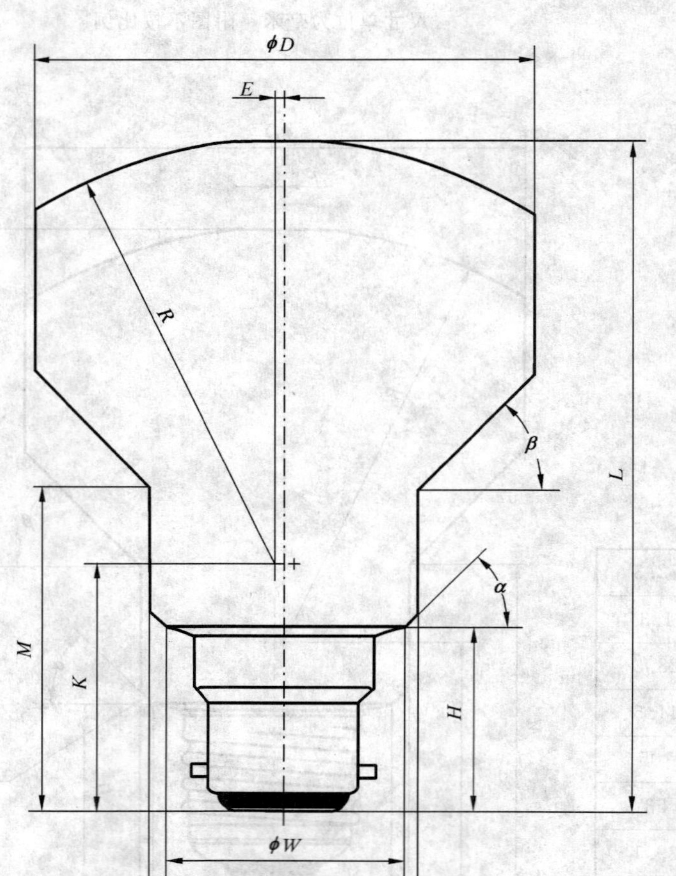

D(见注 1)	72.3
E(见注 1)	1.3
H	26.8
K	40
L	103.5
M	51.5
N	39.1
R	63.5
W	34
α	45°
β	45°

注 1：制定灯最大外形尺寸时考虑了 3°的角位移。

7249-GB/T-1530-1

灯头 E27	白炽灯的最大外形尺寸	玻壳型号 PAR80 R80

功率	灯头	玻壳直径	全长
	E27/27	max 81	min/max 107.5/116(R80) …/108(PAR80)

尺寸单位为毫米　附图不按比例

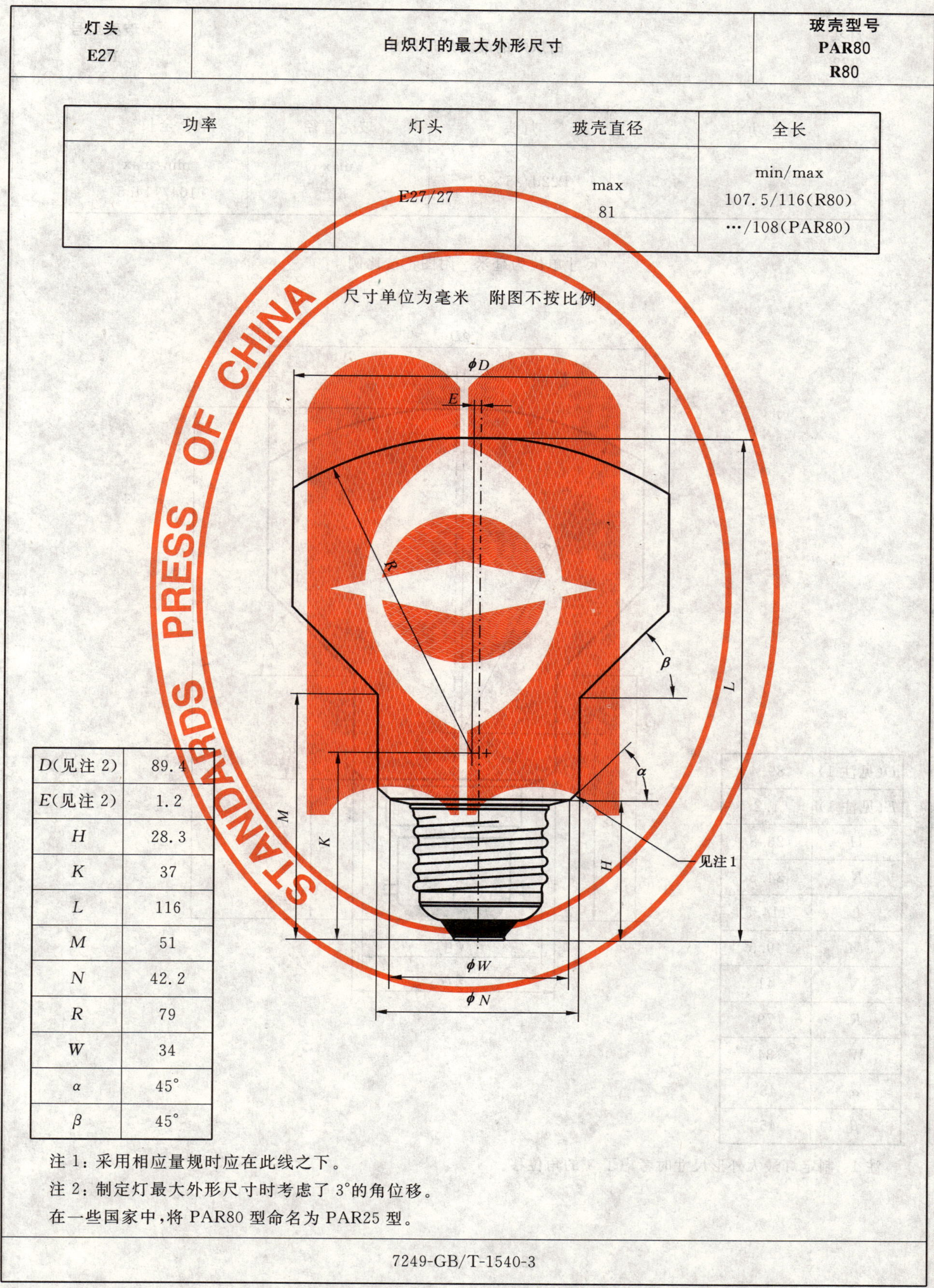

D(见注 2)	89.4
E(见注 2)	1.2
H	28.3
K	37
L	116
M	51
N	42.2
R	79
W	34
α	45°
β	45°

注 1：采用相应量规时应在此线之下。

注 2：制定灯最大外形尺寸时考虑了 3°的角位移。

在一些国家中，将 PAR80 型命名为 PAR25 型。

7249-GB/T-1540-3

灯头 B22	白炽灯的最大外形尺寸	玻壳型号 R80

功率	灯头	玻壳直径	全长
	B22d/25×26	max 81	min/max 104/114.5

尺寸单位为毫米　附图不按比例

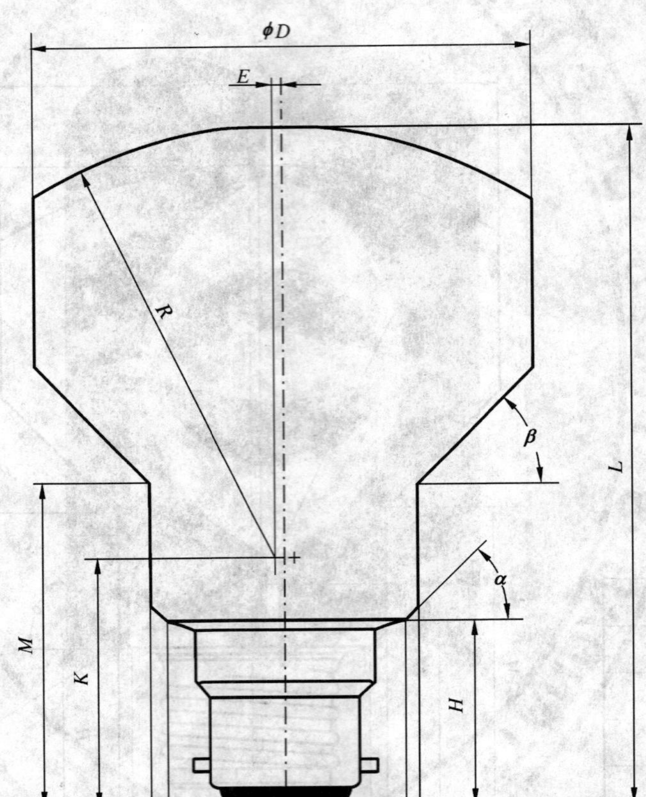

D(见注 1)	89.4
E(见注 1)	1.2
H	26.8
K	34.5
L	114.5
M	49.5
N	41
R	79
W	34
α	45°
β	45°

注 1：制定灯最大外形尺寸时考虑了 3°的角位移。

7249-GB/T-1550-1

灯头 E27	白炽灯的最大外形尺寸	玻壳型号 PAR95L R95

功率	灯头	玻壳直径	全长
	E27/27	max 96.25(R95) 96(PAR95L)	min/max 126/140(R95) …/…(PAR95L)

尺寸单位为毫米　附图不按比例

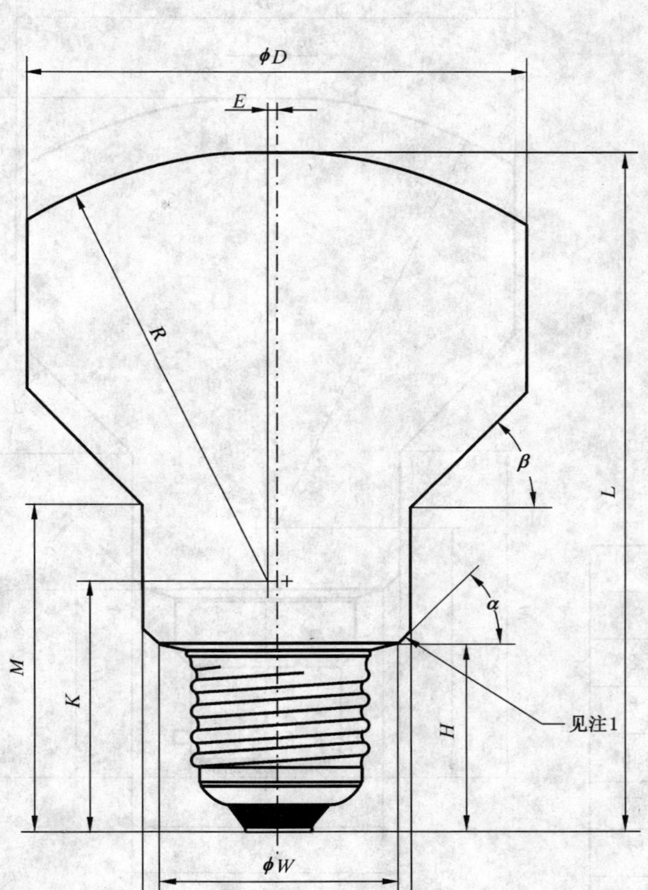

D(见注 2)	107.1
E(见注 2)	1.9
H	28.3
K	51.2
L	140
M	57.25
N	45.7
R	88.8
W	34
α	45°
β	45°

注 1：采用相应量规时应在此线之下。

注 2：制定灯最大外形尺寸时考虑了 3°的角位移。

在一些国家，将 PAR95L 型命名为 PAR30L。L 表示“长脖颈”。

7249-GB/T-1570-2

灯头 B22	白炽灯的最大外形尺寸	玻壳型号 R95

功率	灯头	玻壳直径	全长
	B22d/25×26	max 96.25	min/max 125.5/138.5

尺寸单位为毫米　附图不按比例

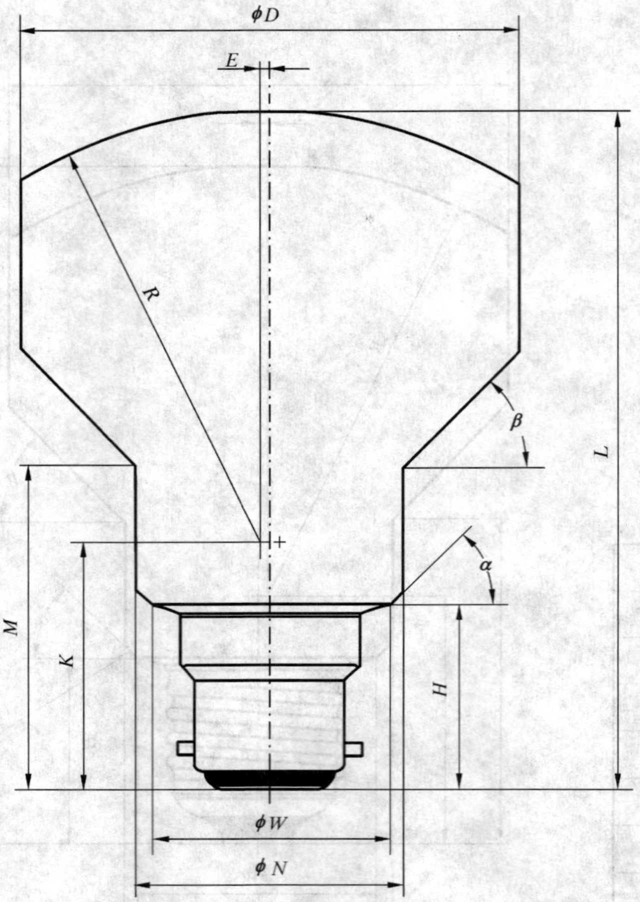

D(见注 1)	107.1
E(见注 1)	1.9
H	26.8
K	49.7
L	138.5
M	55.75
N	45.7
R	88.8
W	34
α	45°
β	45°

注 1：制定灯最大外形尺寸时考虑了 3°的角位移。

7249-GB/T-1580-1

灯头 E27	白炽灯的最大外形尺寸	玻壳型号 R125

功率	灯头	玻壳直径	全长
	E27/27	max 127.5	min/max 165/180

尺寸单位为毫米　附图不按比例

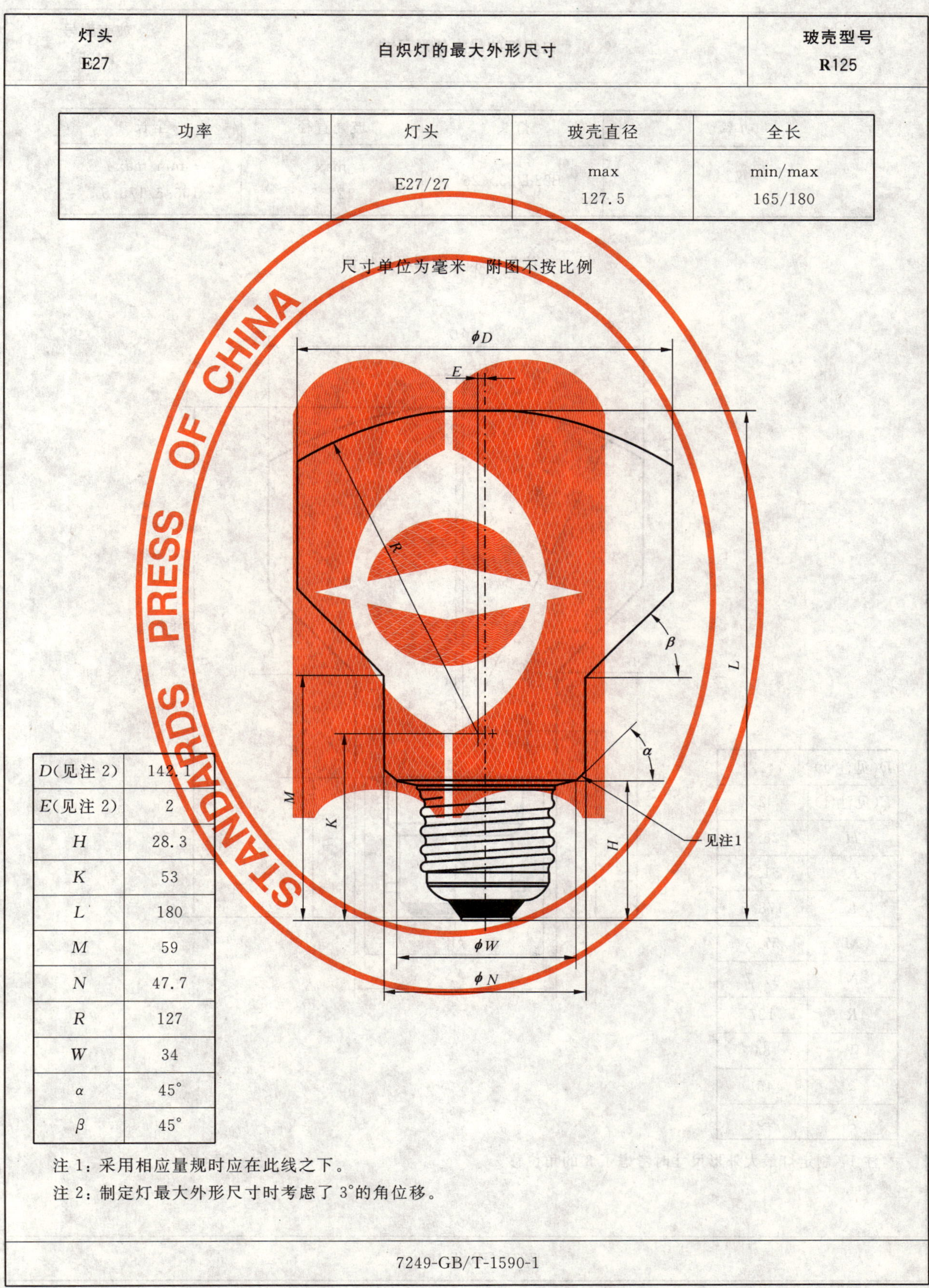

D(见注 2)	142.1
E(见注 2)	2
H	28.3
K	53
L	180
M	59
N	47.7
R	127
W	34
α	45°
β	45°

注 1：采用相应量规时应在此线之下。

注 2：制定灯最大外形尺寸时考虑了 3°的角位移。

7249-GB/T-1590-1

灯头 B22	白炽灯的最大外形尺寸	玻壳型号 R125

功率	灯头	玻壳直径	全长
	B22d/25×26	max 127.5	min/max 163.5/178.5

尺寸单位为毫米　附图不按比例

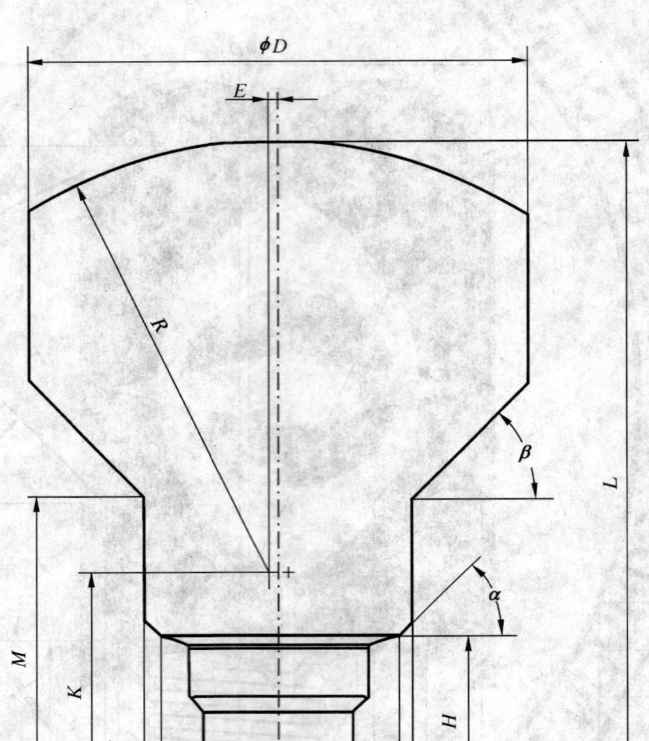

D(见注1)	142.1
E(见注1)	2
H	26.8
K	51.5
L	178.5
M	57.5
N	47.7
R	127
W	34
α	45°
β	45°

注1：制定灯最大外形尺寸时考虑了3°的角位移。

7249-GB/T-1600-1

灯头 E27	白炽灯的最大外形尺寸	玻壳型号 PAR95S

功率	灯头	玻壳直径	全长
	E27/27	max 97	min/max 87/99

尺寸单位为毫米　附图不按比例

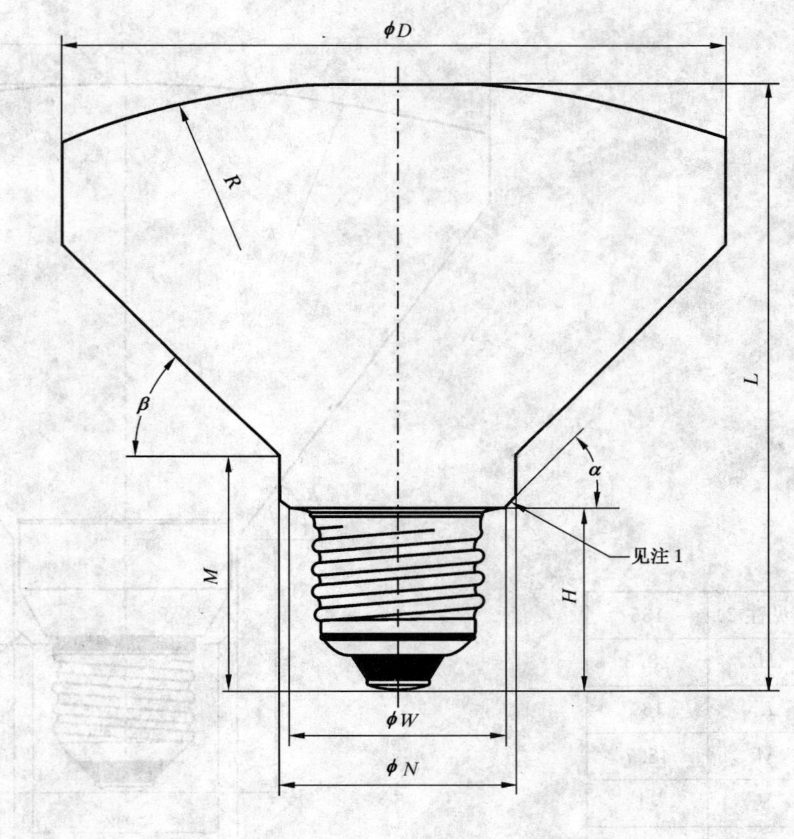

D(见注 2)	106
H	28.3
L	99
M	32.5
N	36.6
R	163
W	34
α	45°
β	45°

注 1：采用相应量规时应在此线之下。

注 2：制定灯最大外形尺寸时考虑了 3°的角位移。

在一些国家，将 PAR95S 型命名为 PAR30S。S 表示“短脖颈”。

7249-GB/T-1610-2

灯头 E27	白炽灯的最大外形尺寸	玻壳型号 PAR121

功率	灯头	玻壳直径	全长
	E27/51×39	max 119.5/123.5	min/max 132/139

尺寸单位为毫米　附图不按比例

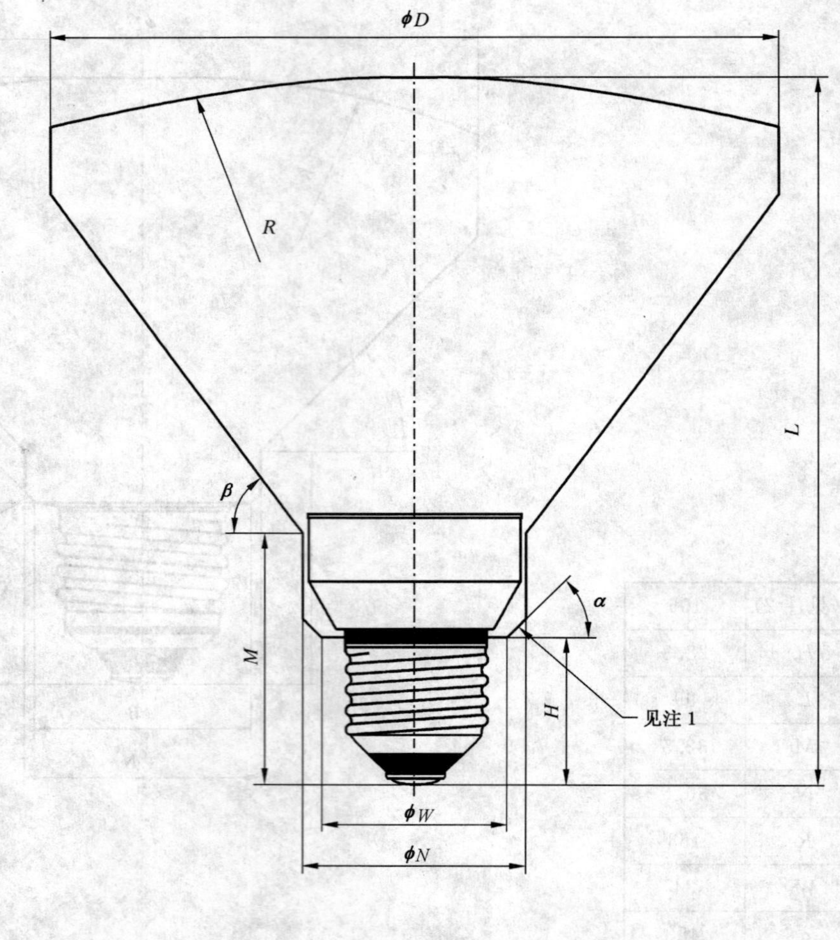

D(见注 2)	135
H	28.3
L	139
M	48.7
N	41
R	254
W	34
α	45°
β	54°

注 1：采用相应量规时应在此线之下。

注 2：制定灯最大外形尺寸时考虑了 3°的角位移。

在一些国家，将 PAR121 型命名为 PAR38。

7249-GB/T-1620-2

灯头 E26	白炽灯的最大外形尺寸	玻壳型号 A60

功率	灯头	玻壳直径	全长
25 W、40 W、60 W、75 W、100 W	E26/24	max 61.9	min/max 103.2/112.7

尺寸单位为毫米　附图不按比例

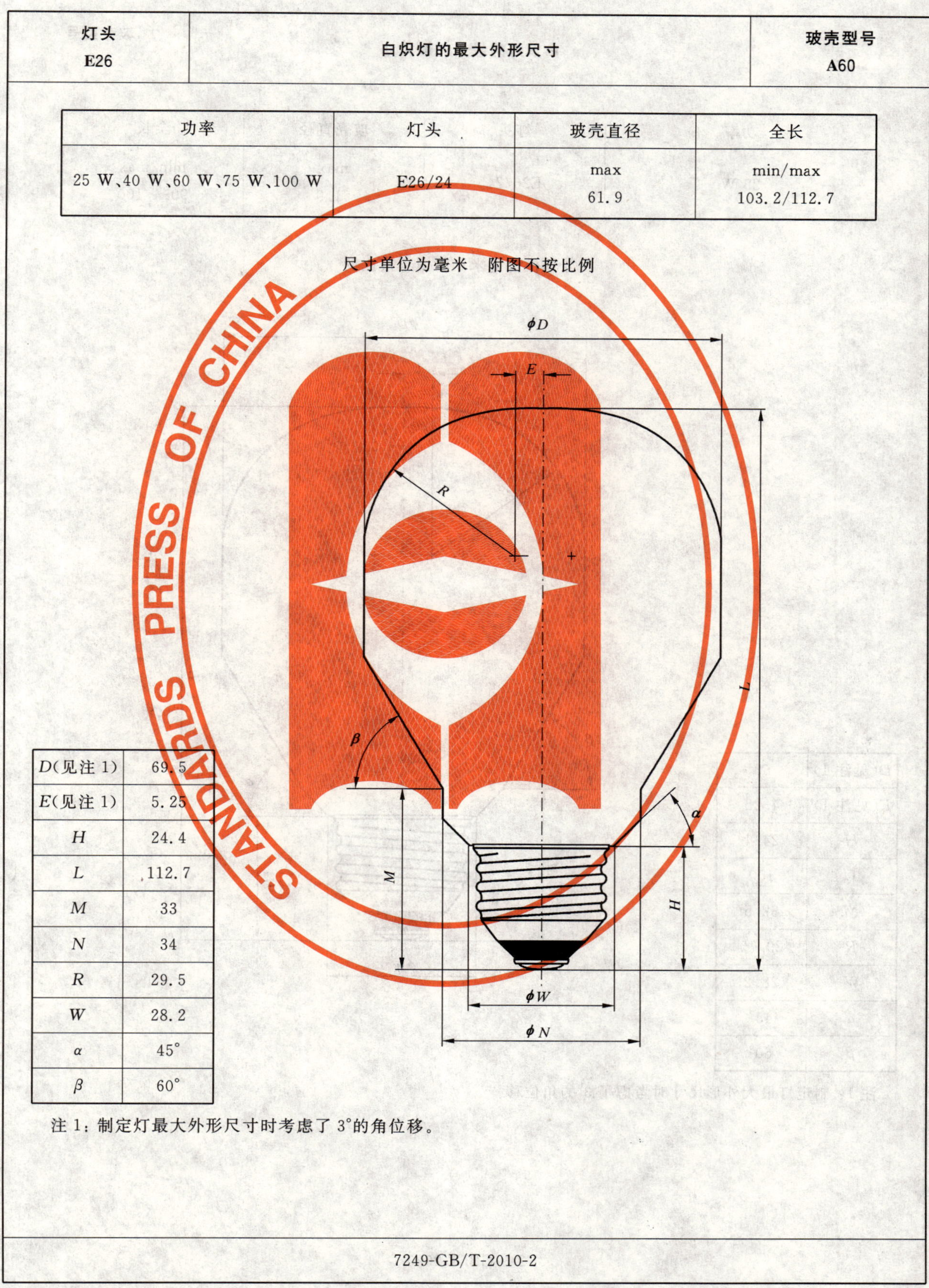

D(见注 1)	69.5
E(见注 1)	5.25
H	24.4
L	112.7
M	33
N	34
R	29.5
W	28.2
α	45°
β	60°

注 1：制定灯最大外形尺寸时考虑了 3°的角位移。

7249-GB/T-2010-2

灯头 E26	白炽灯的最大外形尺寸	玻壳型号 A60

功率	灯头	玻壳直径	全长
25 W	E26/24	max 61.9	min/max 90.4/100

尺寸单位为毫米　附图不按比例

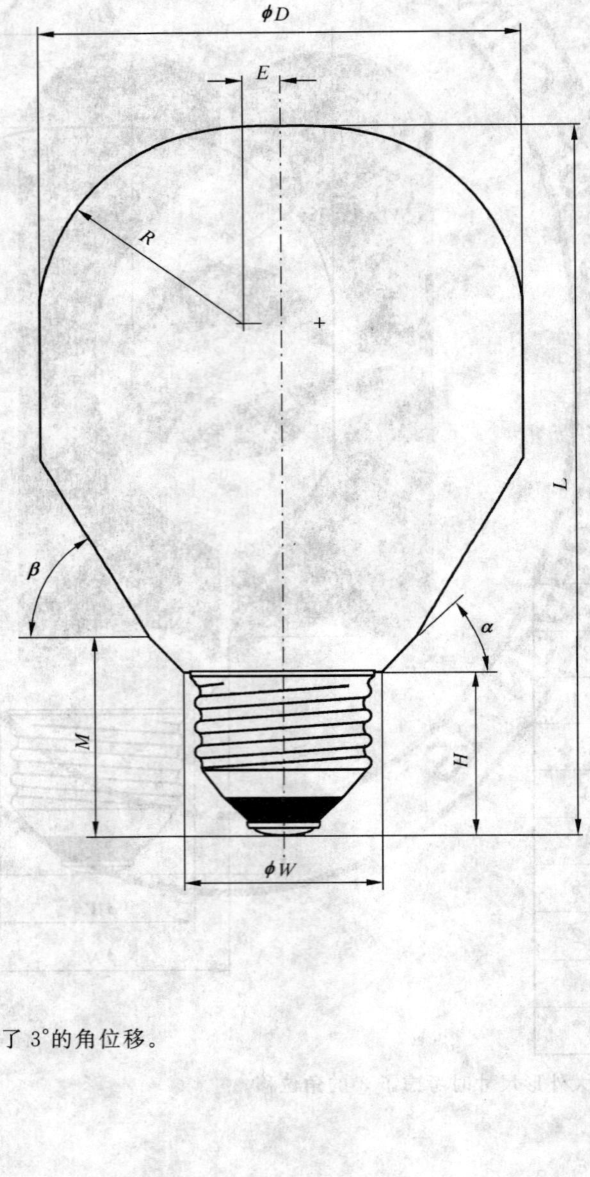

D(见注 1)	68
E(见注 1)	4.25
H	24.4
L	100
M	32.5
R	29.75
W	28.2
α	45°
β	60°

注 1：制定灯最大外形尺寸时考虑了 3°的角位移。

7249-GB/T-2020-1

灯头 E26	白炽灯的最大外形尺寸	玻壳型号 A67

功率	灯头	玻壳直径	全长
150 W、200 W	E26/24	max 68.3	min/max 125.4/139.7

尺寸单位为毫米　附图不按比例

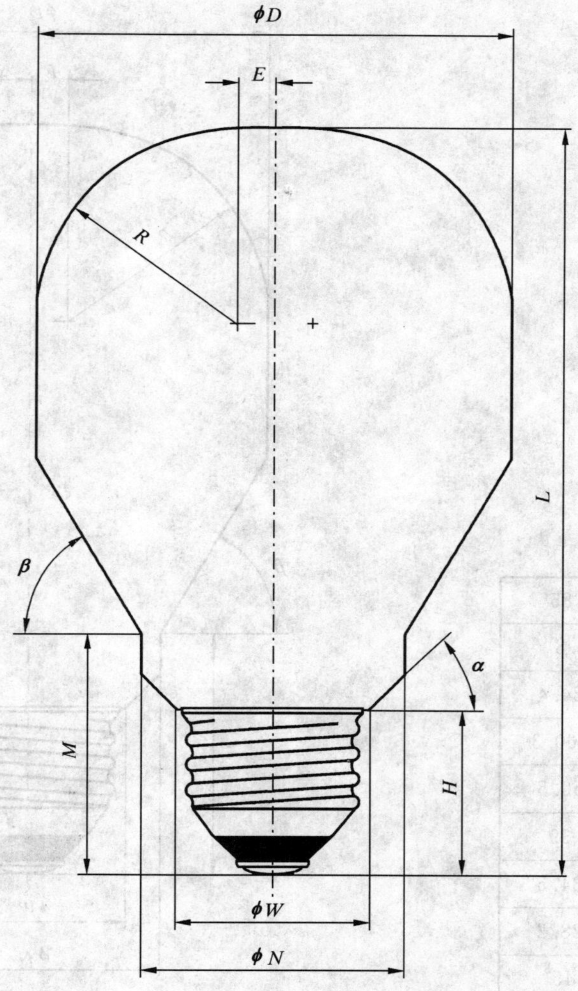

D(见注 1)	78.5
E(见注 1)	6.75
H	24.4
L	139.7
M	43
N	37.5
R	32.5
W	28.2
α	45°
β	60°

注 1：制定灯最大外形尺寸时考虑了 3°的角位移。

7249-GB/T-2030-1

灯头 E26	白炽灯的最大外形尺寸	玻壳型号 A71

功率	灯头	玻壳直径	全长
200 W	E26/24	max 73	min/max 149.2/160.3

尺寸单位为毫米　附图不按比例

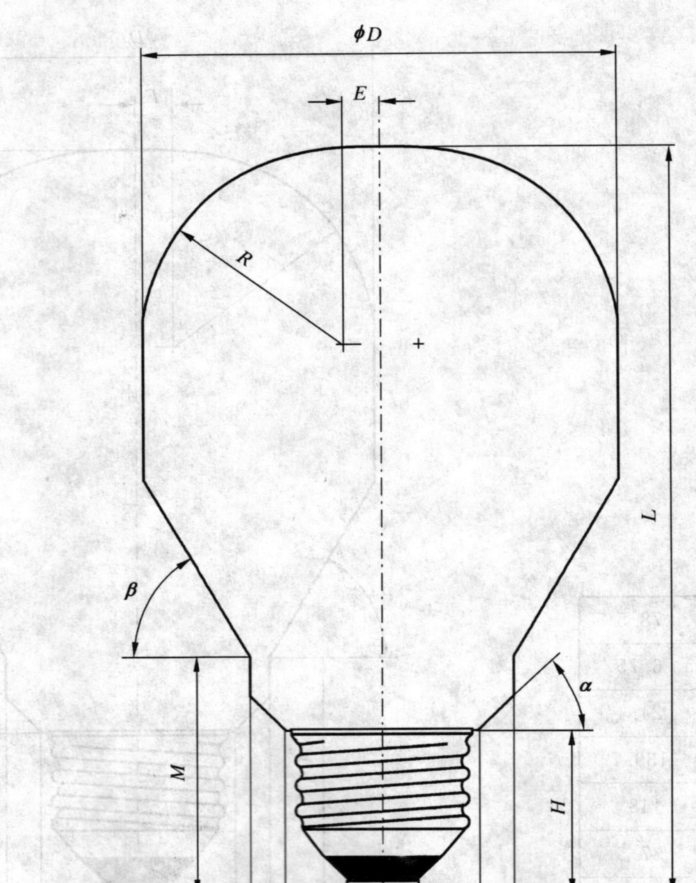

D(见注 1)	85
E(见注 1)	8
H	24.4
L	160.3
M	50.5
N	39
R	34.5
W	28.2
α	45°
β	60°

注 1：制定灯最大外形尺寸时考虑了 3°的角位移。

7249-GB/T-2040-1

灯头 E26	白炽灯的最大外形尺寸	玻壳型号 A90

功率	灯头	玻壳直径	全长
300 W	E26/24	max 91	max 184

尺寸单位为毫米　附图不按比例

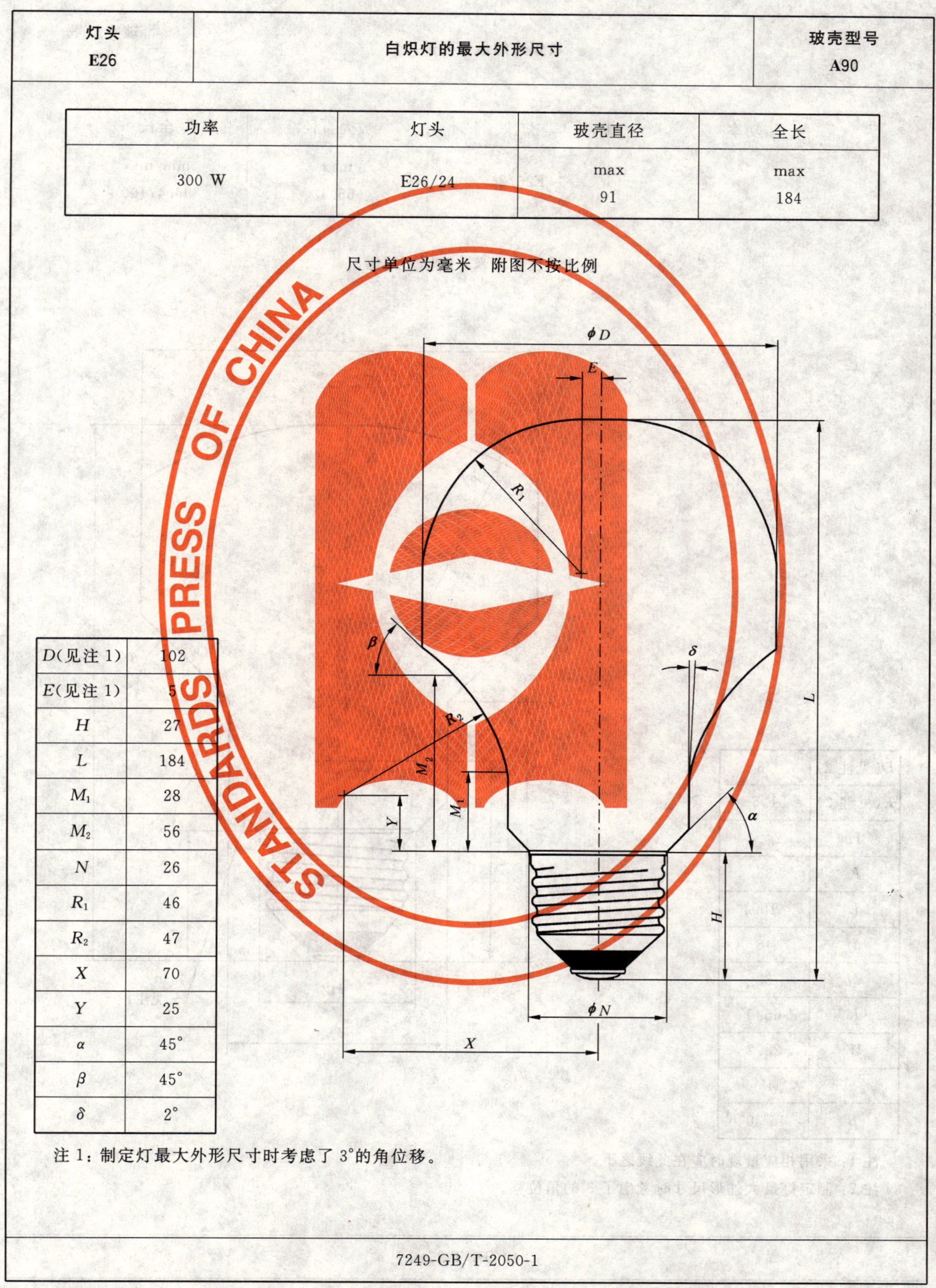

D(见注 1)	102
E(见注 1)	5
H	27
L	184
M_1	28
M_2	56
N	26
R_1	46
R_2	47
X	70
Y	25
α	45°
β	45°
δ	2°

注 1：制定灯最大外形尺寸时考虑了 3°的角位移。

7249-GB/T-2050-1

灯头 E26	白炽灯的最大外形尺寸	玻壳型号 R63

功率	灯头	玻壳直径	全长
	E26/24	max 65.1	min/max 90.4/100

尺寸单位为毫米　附图不按比例

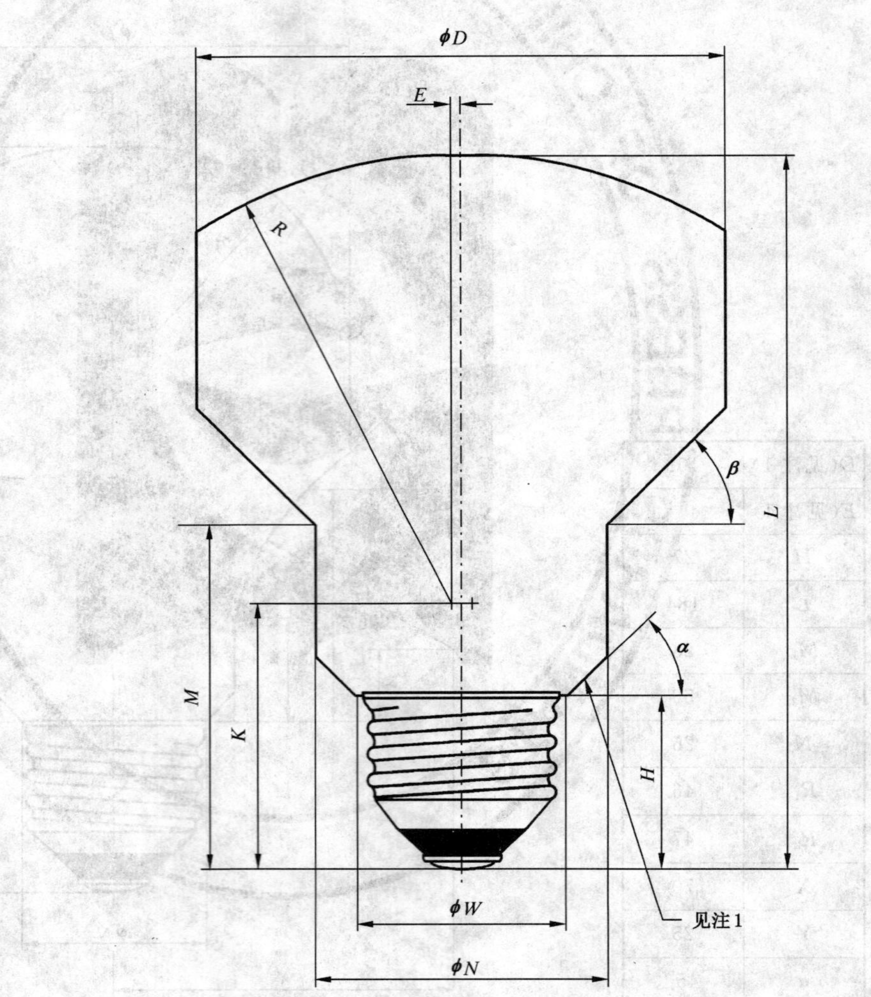

D(见注 2)	76
E(见注 2)	1.5
H	24.4
K	35
L	100
M	46
N	33
R	65.9
W	28.2
α	45°
β	46°30′

注 1：采用相应量规时应在此线之下。

注 2：制定灯最大外形尺寸时考虑了 3°的角位移。

7249-GB/T-2510-1

灯头 E26	白炽灯的最大外形尺寸	玻壳型号 R95

功率	灯头	玻壳直径	全长
	E26/24	max 97.6	min/max 123.8/136.5

尺寸单位为毫米　附图不按比例

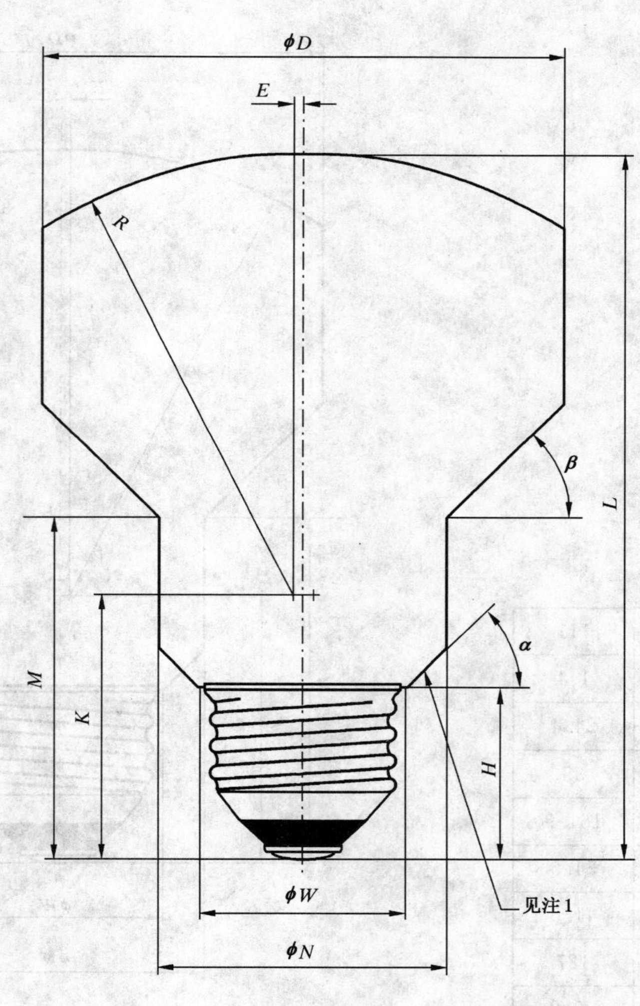

D(见注 2)	108.5
E(见注 2)	0.55
H	24.4
K	19.1
L	136.5
M	46.7
N	43.1
R	117.6
W	28.2
α	45°
β	54°

注 1：采用相应量规时应在此线之下。

注 2：制定灯最大外形尺寸时考虑了 3°的角位移。

7249-GB/T-2520-1

灯头 E26	白炽灯的最大外形尺寸	玻壳型号 RE95

功率	灯头	玻壳直径	全长
	E26/24	max 95.8	min/max 149.2/161.9

尺寸单位为毫米　附图不按比例

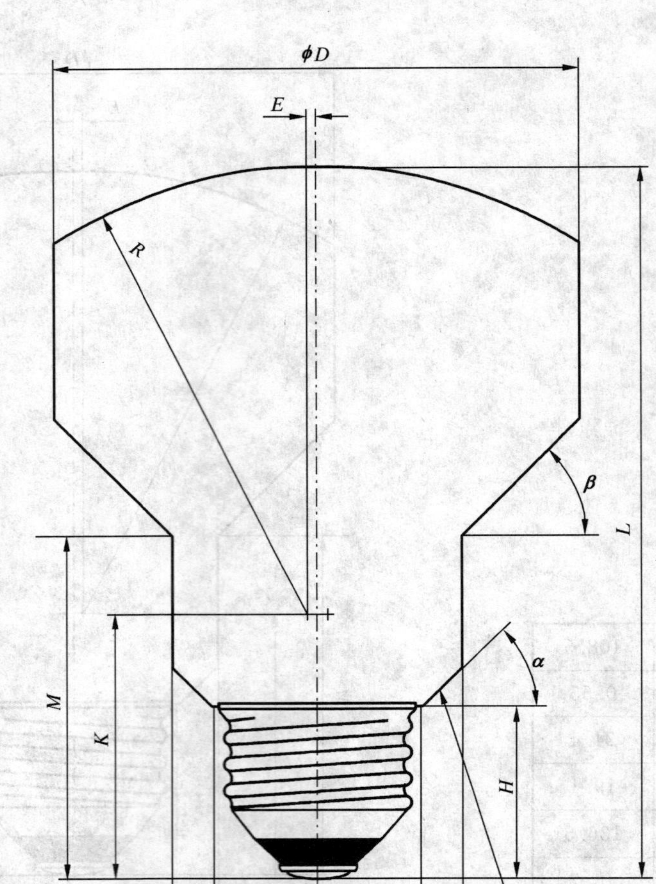

D(见注 2)	111
E(见注 2)	1.4
H	24.4
K	35
L	161.9
M	54.5
N	41.5
R	127
W	28.2
α	45°
β	56°

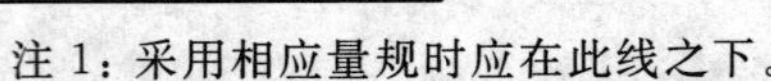

注 1：采用相应量规时应在此线之下。

注 2：制定灯最大外形尺寸时考虑了 3°的角位移。

7249-GB/T-2530-1

灯头 E26	白炽灯的最大外形尺寸	玻壳型号 R127(SG)[a]

功率	灯头	玻壳直径	全长
	E26/24	max 129.8	min/max 150.8/166.7

尺寸单位为毫米　附图不按比例

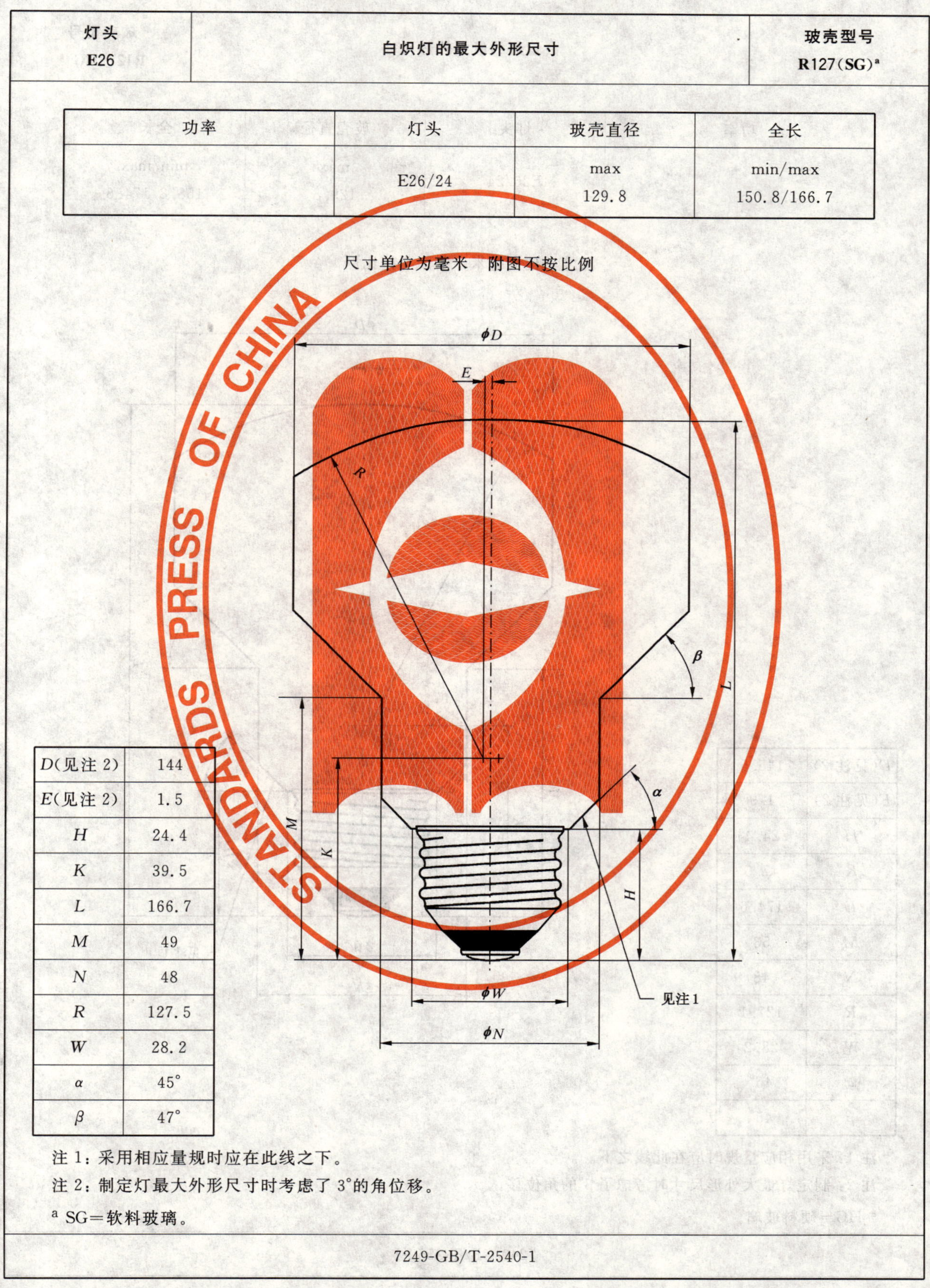

D(见注2)	144
E(见注2)	1.5
H	24.4
K	39.5
L	166.7
M	49
N	48
R	127.5
W	28.2
α	45°
β	47°

注1：采用相应量规时应在此线之下。

注2：制定灯最大外形尺寸时考虑了3°的角位移。

[a] SG＝软料玻璃。

7249-GB/T-2540-1

灯头 E26	白炽灯的最大外形尺寸	玻壳型号 R127(HG)[a]

功率	灯头	玻壳直径	全长
	E26/24	max 129.8	min/max 158.8/174.6

尺寸单位为毫米　附图不按比例

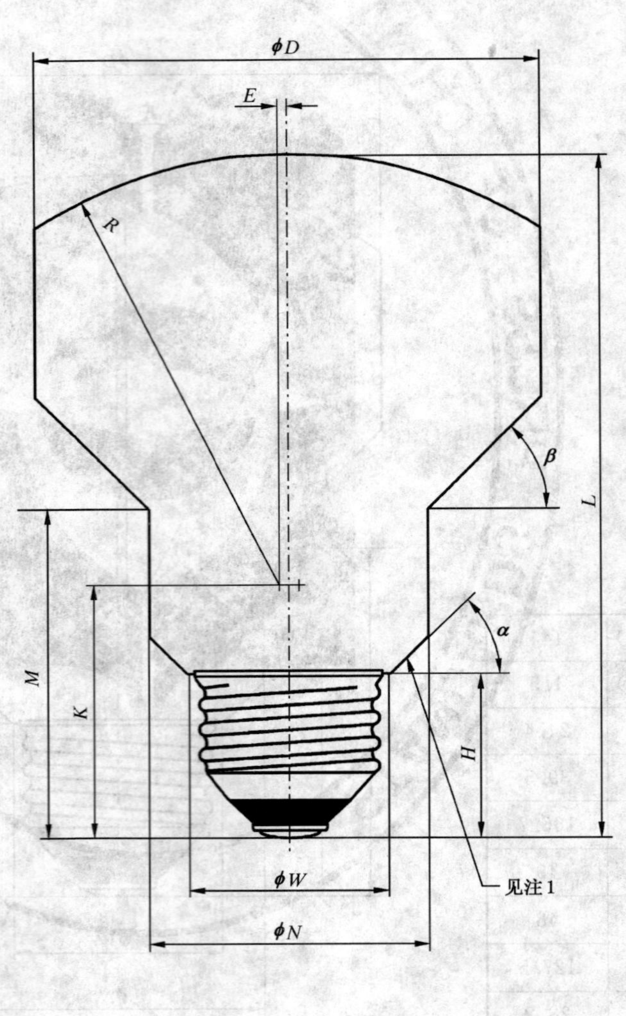

D(见注 2)	145.5
E(见注 2)	1.9
H	24.4
K	47.5
L	174.6
M	53
N	48
R	127.1
W	28.2
α	45°
β	45°

注 1：采用相应量规时应在此线之下。

注 2：制定灯最大外形尺寸时考虑了 3°的角位移。

[a] HG＝硬料玻璃。

7249-GB/T-2550-1

灯头 E26	白炽灯的最大外形尺寸	玻壳型号 R127(HG)[a]

功率	灯头	玻壳直径	全长
	E26/53×39	max 129.8	min/max 177.8/193.7

尺寸单位为毫米　附图不按比例

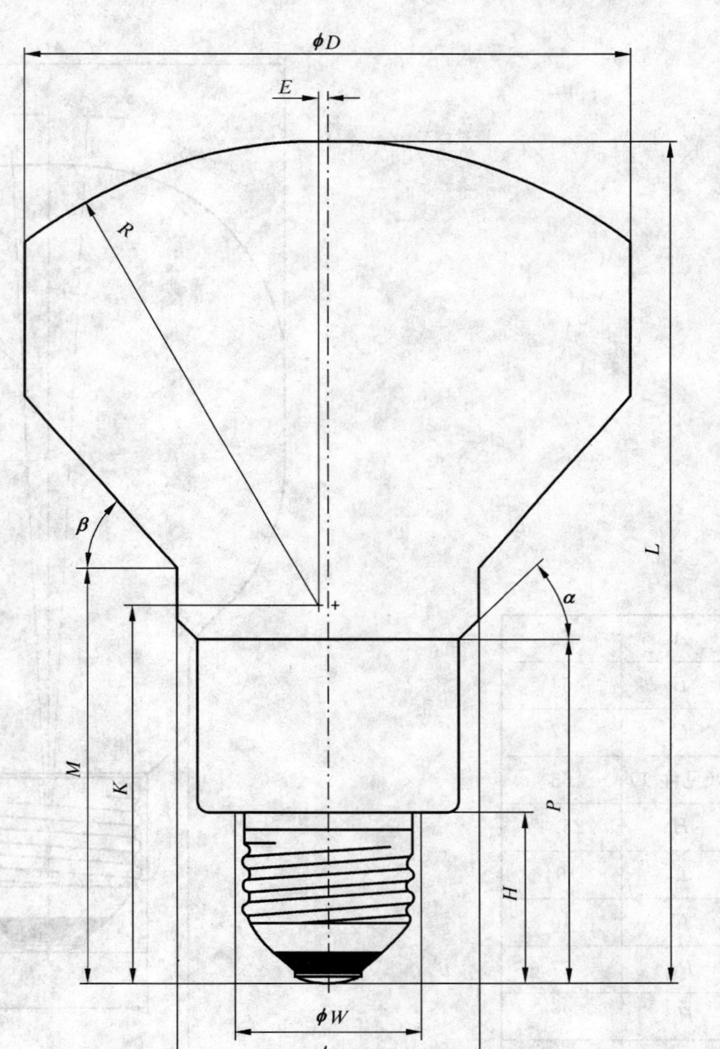

D(见注1)	145.5
E(见注1)	1.9
H	26.8
K	66.6
L	193.7
M	69
N	46
P	54
R	127.1
W	28.2
α	45°
β	49°

注1：制定灯最大外形尺寸时考虑了3°的角位移。

[a] HG=硬玻璃。

7249-GB/T-2560-1

灯头 E26	白炽灯的最大外形尺寸	玻壳型号 A55-PS55

功率	灯头	玻壳直径	全长
30 W、40 W	E26/25	max 56	max 104

尺寸单位为毫米　附图不按比例

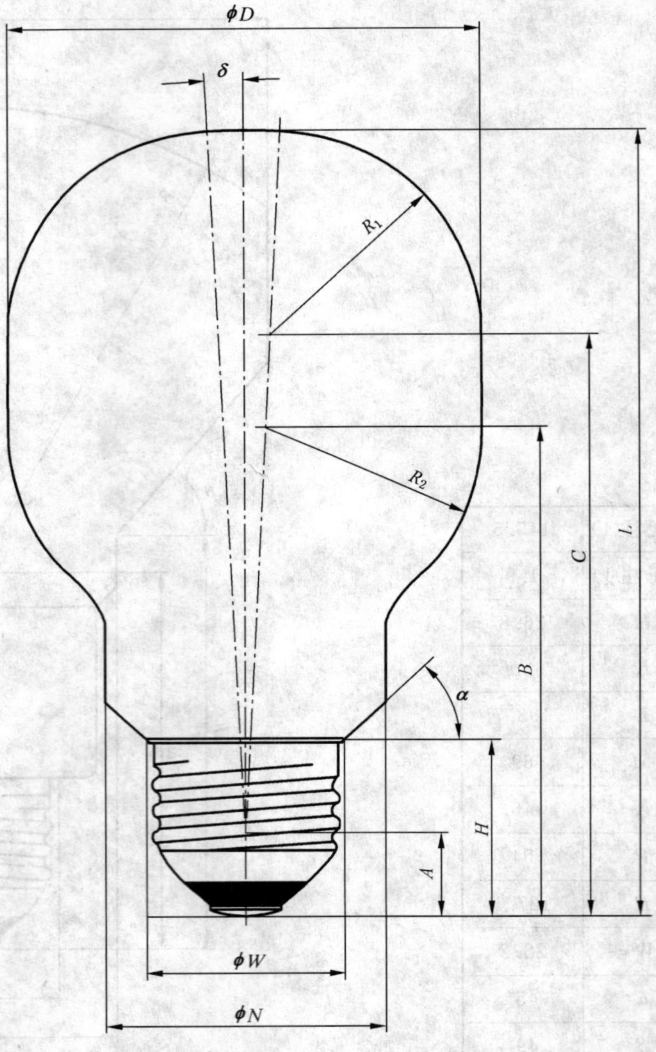

A	12
B	64
C	77
D(见注 1)	63
H	25.4
L	104
N	40
R_1	27
R_2	28
W	28.2
α	45°
δ	3°

注 1：制定灯最大外形尺寸时考虑了 3°的角位移。

7249-GB/T-3010-1

灯头 E26	白炽灯的最大外形尺寸	玻壳型号 A60-PS60

功率	灯头	玻壳直径	全长
60 W、100 W	E26/25	max 61	max 114

尺寸单位为毫米　附图不按比例

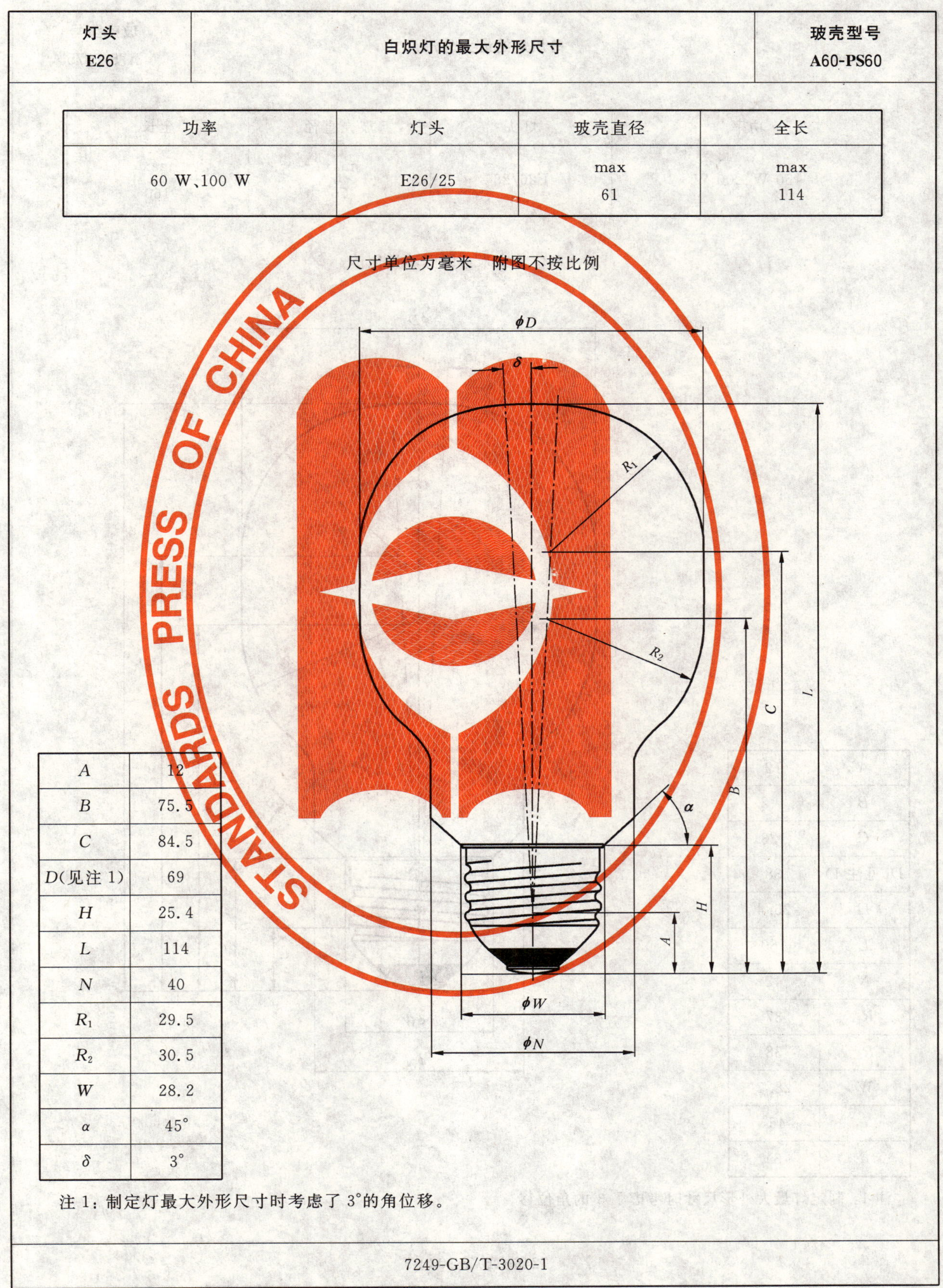

A	12
B	75.5
C	84.5
D(见注 1)	69
H	25.4
L	114
N	40
R_1	29.5
R_2	30.5
W	28.2
α	45°
δ	3°

注 1：制定灯最大外形尺寸时考虑了 3°的角位移。

7249-GB/T-3020-1

灯头 E26	白炽灯的最大外形尺寸	玻壳型号 A75-PS75

功率	灯头	玻壳直径	全长
150 W、200 W	E26/25	max 76	max 160

尺寸单位为毫米　附图不按比例

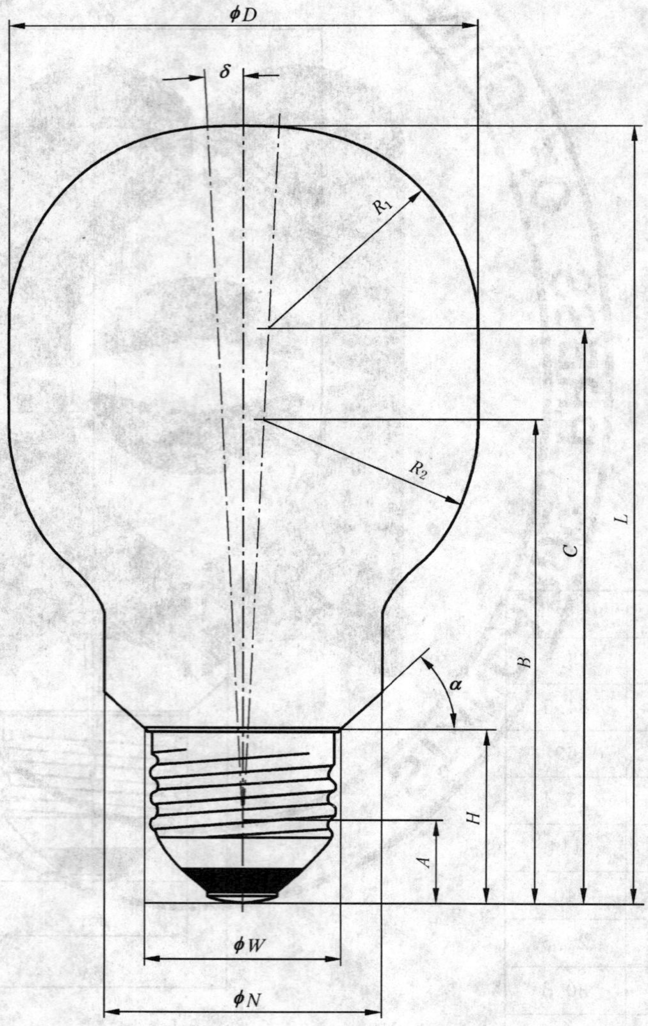

A	12
B	112
C	123
D(见注 1)	88
H	25.4
L	160
N	42
R_1	37
R_2	38
W	28.2
α	45°
δ	3°

注 1：制定灯最大外形尺寸时考虑了 3°的角位移。

7249-GB/T-3030-1

灯头 E17	白炽灯的最大外形尺寸	玻壳型号 R50

功率	灯头	玻壳直径	全长
	E17/20	max 51	min/max 72/78

尺寸单位为毫米　附图不按比例

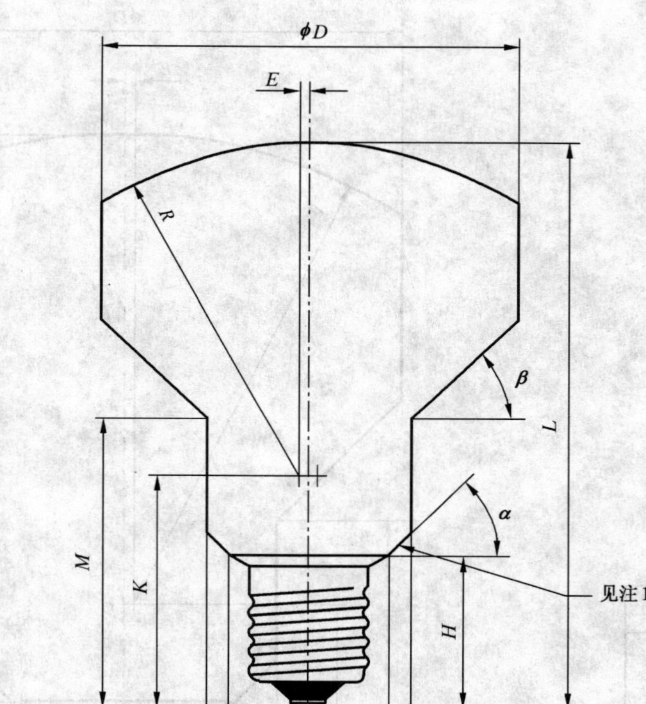

D(见注2)	56.6
E(见注2)	1
H	22.2
K	30
L	78
M	31.5
N	27.1
R	48
W	19.8
α	45°
β	45°

注1：采用相应量规时应在此线之下。

注2：制定灯最大外形尺寸时考虑了3°的角位移。

7249-GB/T-3510-1

灯头 E26	白炽灯的最大外形尺寸	玻壳型号 R63

功率	灯头	玻壳直径	全长
	E26/25	max 63	min/max 95/104

尺寸单位为毫米　附图不按比例

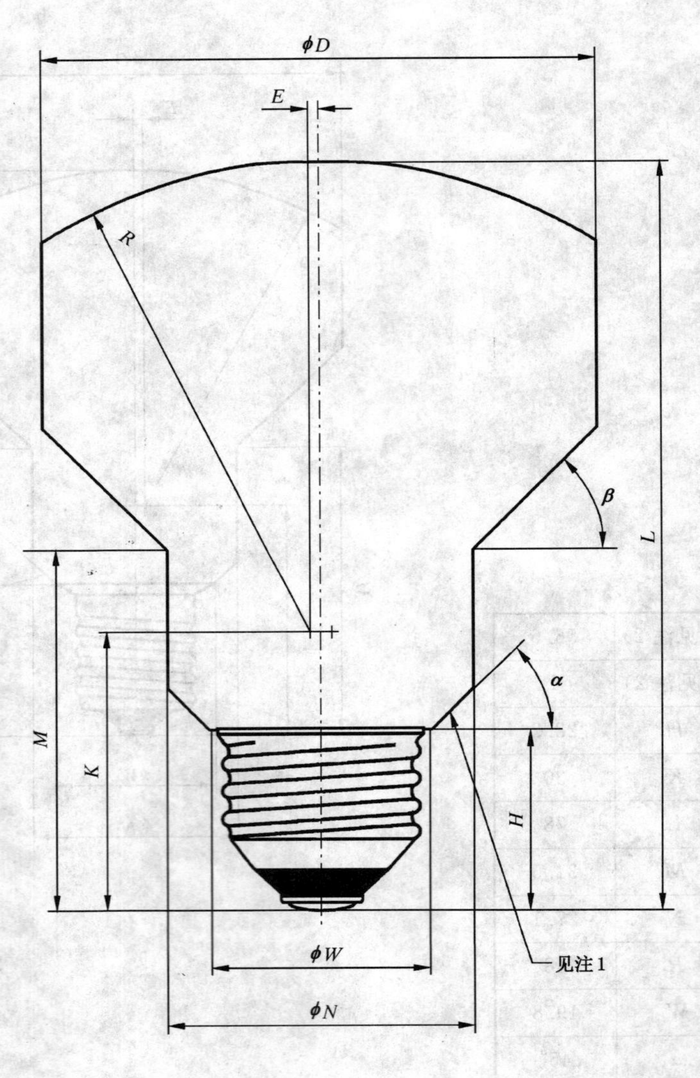

D(见注 2)	71
E(见注 2)	1.6
H	24.6
K	42
L	104
M	50.5
N	35.6
R	62
W	28.2
α	45°
β	20°

注 1：采用相应量规时应在此线之下。

注 2：制定灯最大外形尺寸时考虑了 3°的角位移。

7249-GB/T-3520-1

灯头 E26	白炽灯的最大外形尺寸	玻壳型号 R80

功率	灯头	玻壳直径	全长
		max	min/max
	E26/25	81	113/130

尺寸单位为毫米　附图不按比例

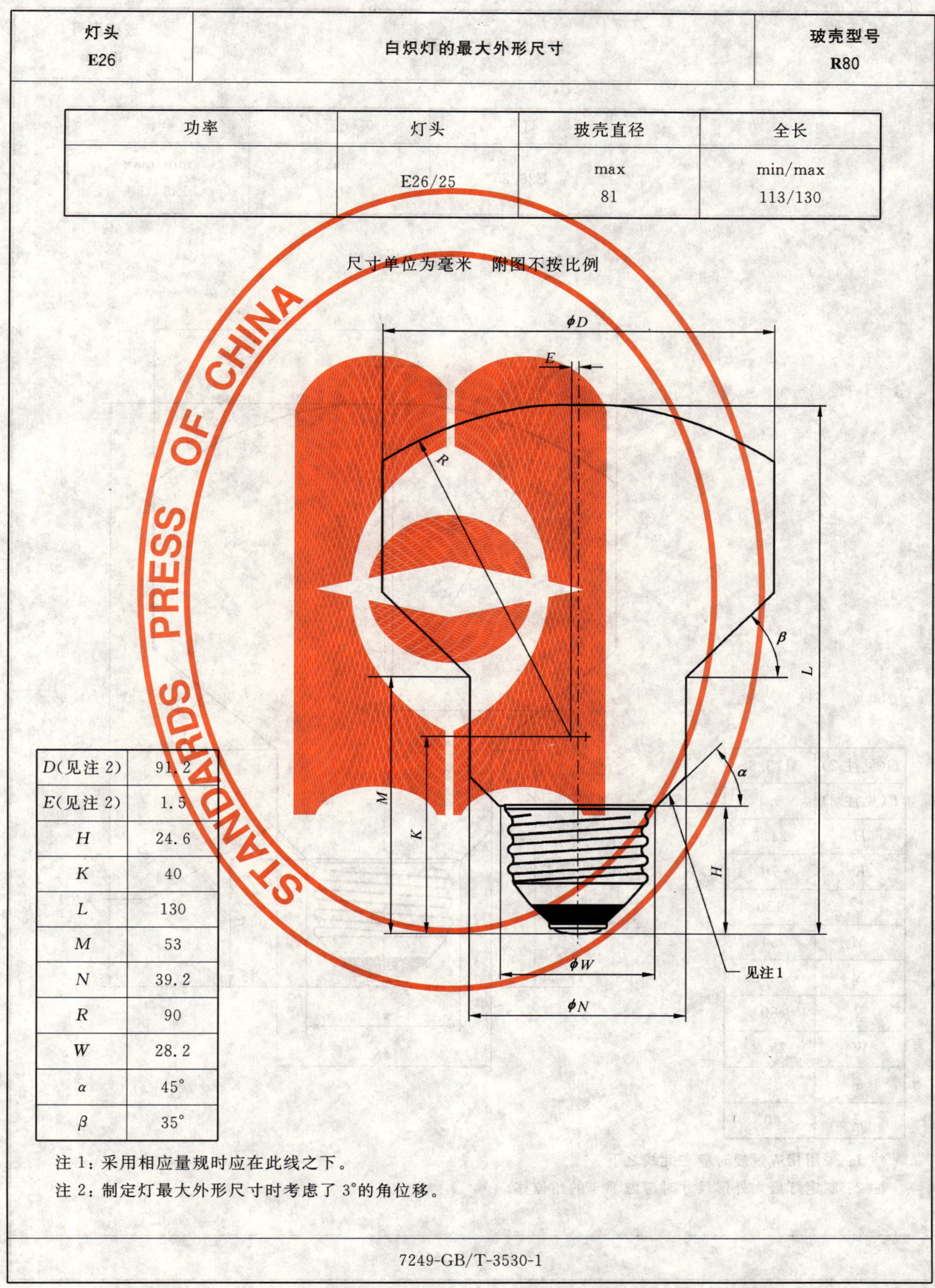

D(见注 2)	91.2
E(见注 2)	1.5
H	24.6
K	40
L	130
M	53
N	39.2
R	90
W	28.2
α	45°
β	35°

注 1：采用相应量规时应在此线之下。

注 2：制定灯最大外形尺寸时考虑了 3°的角位移。

7249-GB/T-3530-1

灯头 E26	白炽灯的最大外形尺寸	玻壳型号 R100

功率	灯头	玻壳直径	全长
	E26/25	max 102	min/max 135/150

尺寸单位为毫米　附图不按比例

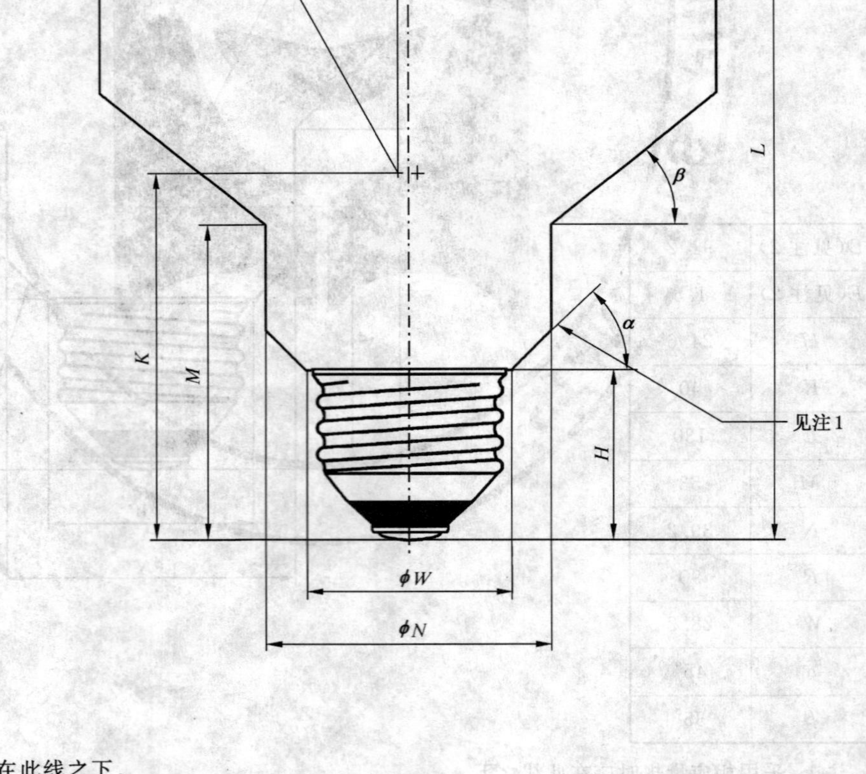

D(见注2)	113.6
E(见注2)	3.1
H	24.6
K	70
L	150
M	54
N	42.2
R	80
W	28.2
α	45°
β	40°

注1：采用相应量规时应在此线之下。

注2：制定灯最大外形尺寸时考虑了3°的角位移。

7249-GB/T-3540-1

灯头 E26	白炽灯的最大外形尺寸	玻壳型号 R110

功率	灯头	玻壳直径	全长
	E26/25	max 112	min/max 150/160

尺寸单位为毫米　附图不按比例

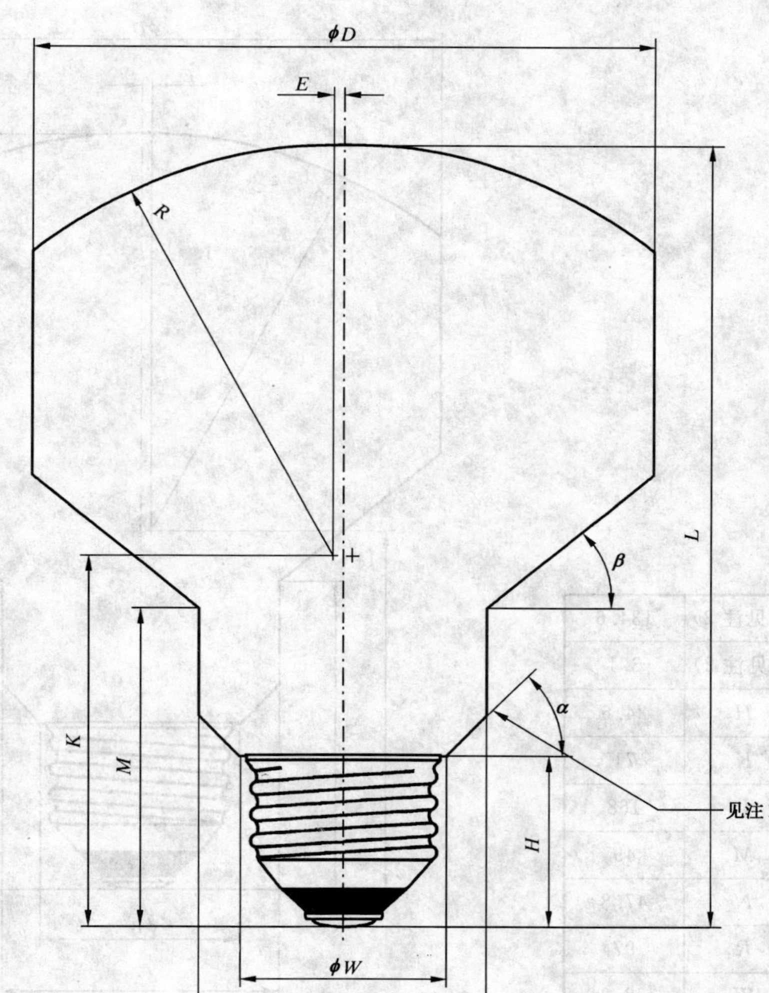

D(见注 2)	124.4
E(见注 2)	2.7
H	24.6
K	63
L	160
M	61
N	43.8
R	97
W	28.2
α	45°
β	40°

注 1：采用相应量规时应在此线之下。

注 2：制定灯最大外形尺寸时考虑了 3°的角位移。

7249-GB/T-3550-1

灯头 E26	白炽灯的最大外形尺寸	玻壳型号 R120

功率	灯头	玻壳直径	全长
	E26/25	max 122	min/max 154/168

尺寸单位为毫米　附图不按比例

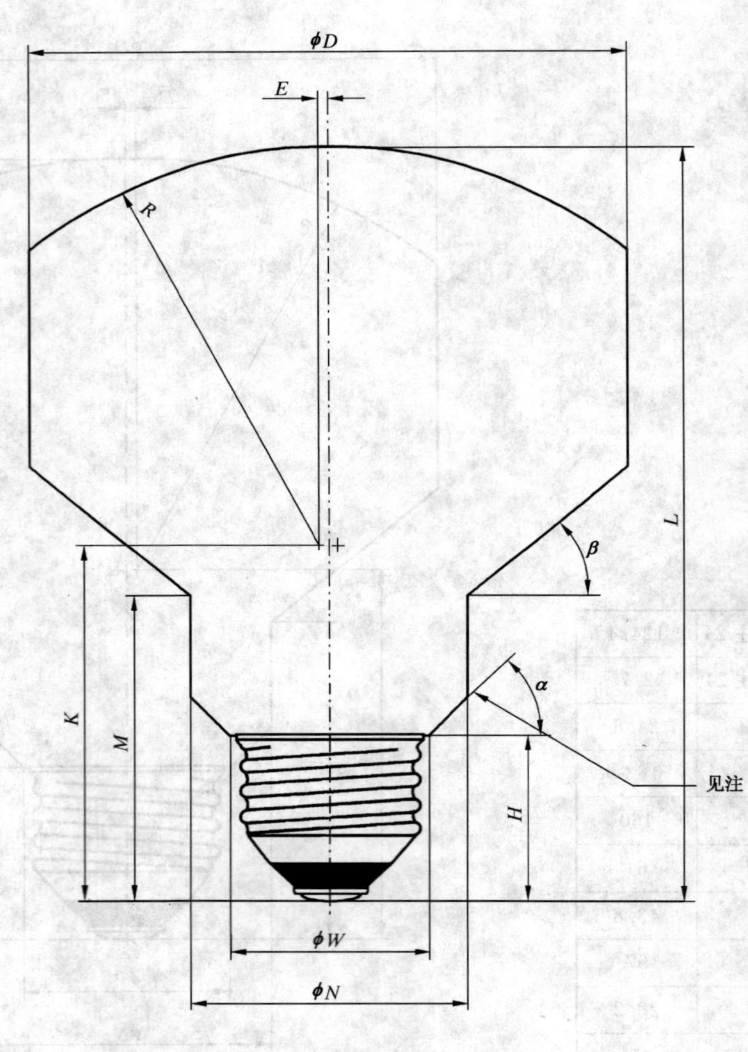

D(见注 2)	134.6
E(见注 2)	3.1
H	24.6
K	71
L	168
M	49
N	47.8
R	97
W	28.2
α	45°
β	40°

注 1：采用相应量规时应在此线之下。

注 2：制定灯最大外形尺寸时考虑了 3°的角位移。

7249-GB/T-3560-1

灯头 E26	白炽灯的最大外形尺寸	玻壳型号 R127

功率	灯头	玻壳直径	全长
	E26/25	max 130	min/max 168/193

尺寸单位为毫米　附图不按比例

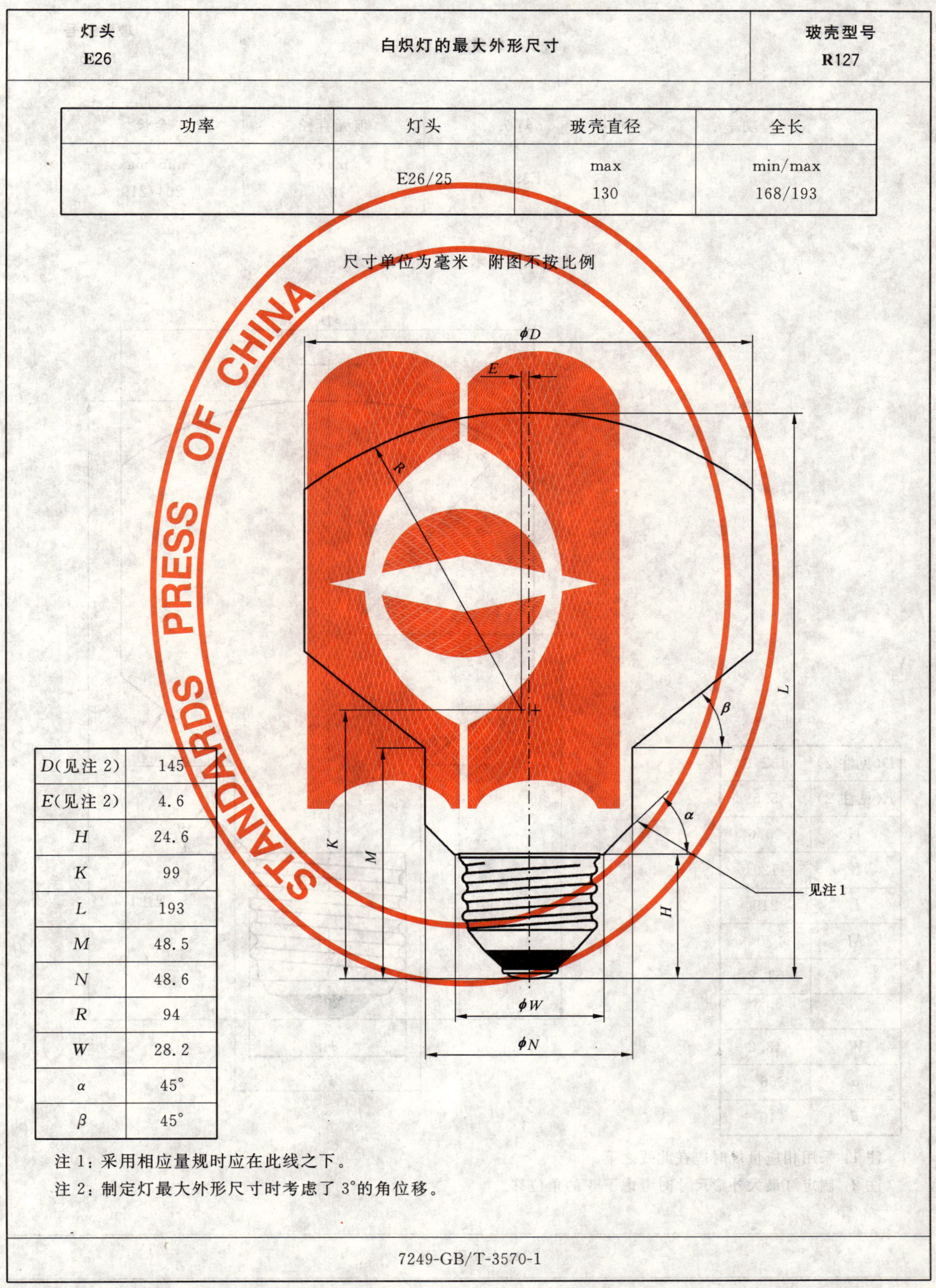

D(见注 2)	145
E(见注 2)	4.6
H	24.6
K	99
L	193
M	48.5
N	48.6
R	94
W	28.2
α	45°
β	45°

注 1：采用相应量规时应在此线之下。

注 2：制定灯最大外形尺寸时考虑了 3°的角位移。

7249-GB/T-3570-1

灯头 E39	白炽灯的最大外形尺寸	玻壳型号 R135

功率	灯头	玻壳直径	全长
	E39/45	max 137	min/max 204/219

尺寸单位为毫米　附图不按比例

D(见注 2)	152.6
E(见注 2)	5.5
H	40.6
K	129
L	219
M	70
N	51.2
R	90
W	43.2
α	56°
β	40°

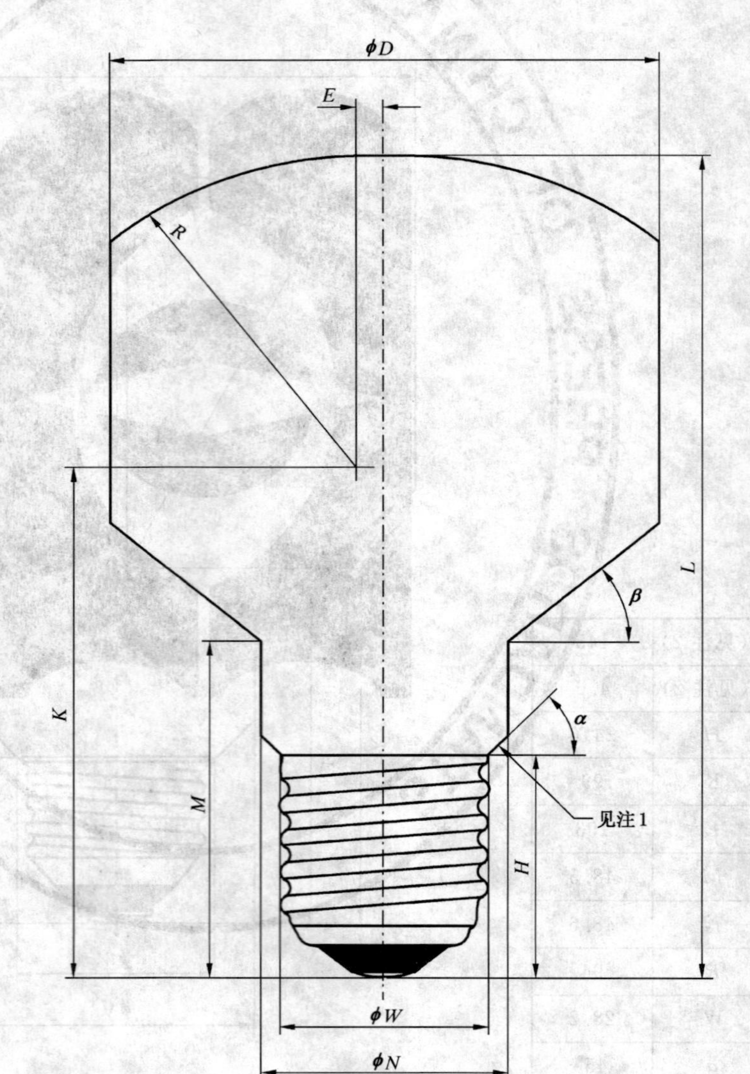

注 1：采用相应量规时应在此线之下。

注 2：制定灯最大外形尺寸时考虑了 3°的角位移。

7249-GB/T-3580-1

灯头 E39	白炽灯的最大外形尺寸	玻壳型号 R160

功率	灯头	玻壳直径	全长
	E39/45	max 162	min/max 229/243

尺寸单位为毫米　附图不按比例

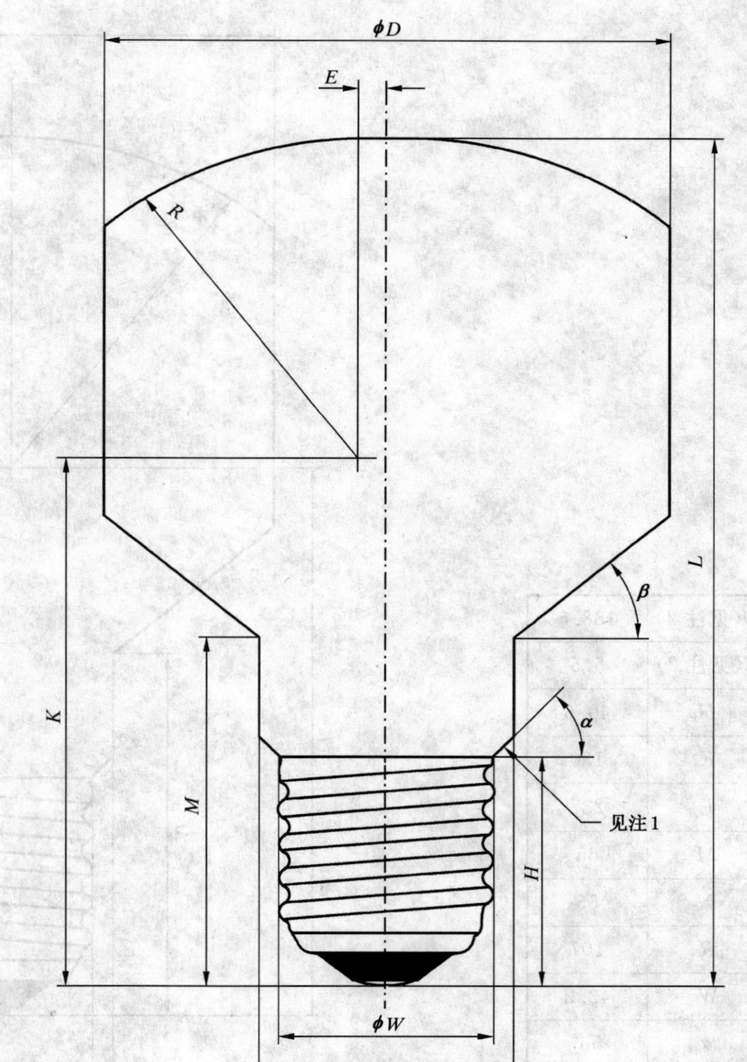

D(见注 2)	178.6
E(见注 2)	6.2
H	40.6
K	143
L	243
M	70
N	57.2
R	100
W	43.2
α	56°
β	35°

注 1：采用相应量规时应在此线之下。

注 2：制定灯最大外形尺寸时考虑了 3°的角位移。

7249-GB/T-3590-1

灯头 E39	白炽灯的最大外形尺寸	玻壳型号 R170

功率	灯头	玻壳直径	全长
	E39/45	max 172	min/max 231/237

尺寸单位为毫米　附图不按比例

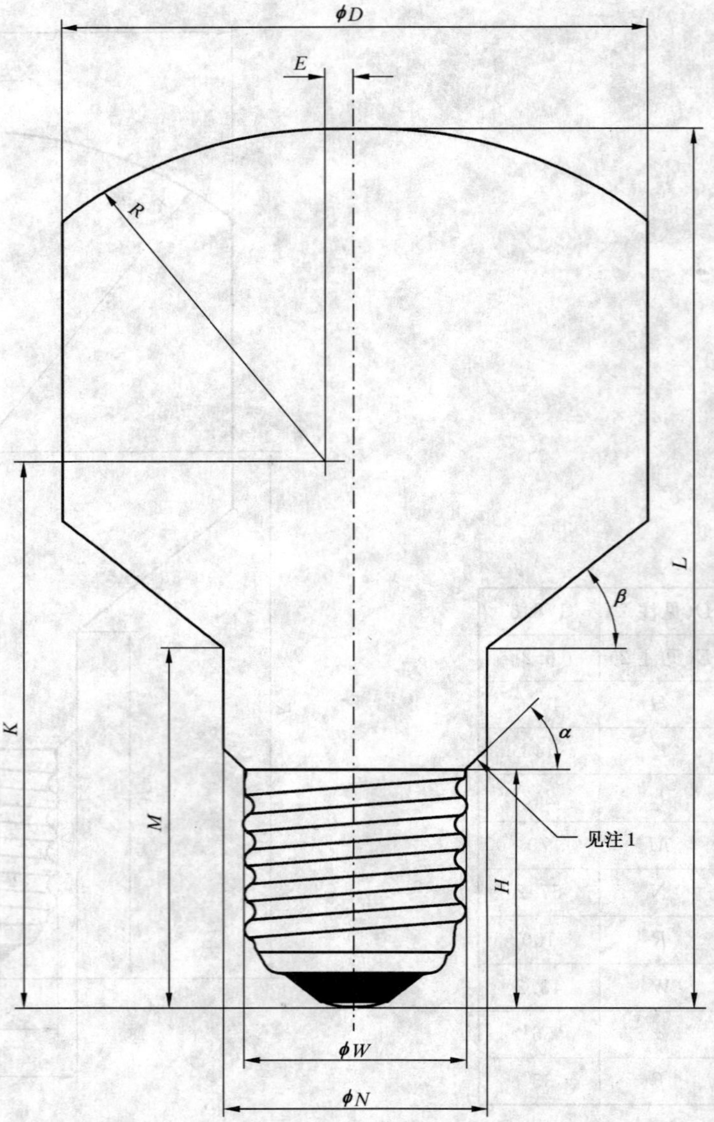

D(见注 2)	188.6
E(见注 2)	5.5
H	40.6
K	130
L	237
M	66
N	56
R	107
W	43.2
α	56°
β	35°

注 1：采用相应量规时应在此线之下。

注 2：制定灯最大外形尺寸时考虑了 3°的角位移。

7249-GB/T-3600-1

灯头 E26	白炽灯的最大外形尺寸	玻壳型号 XR60

功率	灯头	玻壳直径	全长
	E26/25	max 61	min/max 98/108

尺寸单位为毫米　附图不按比例

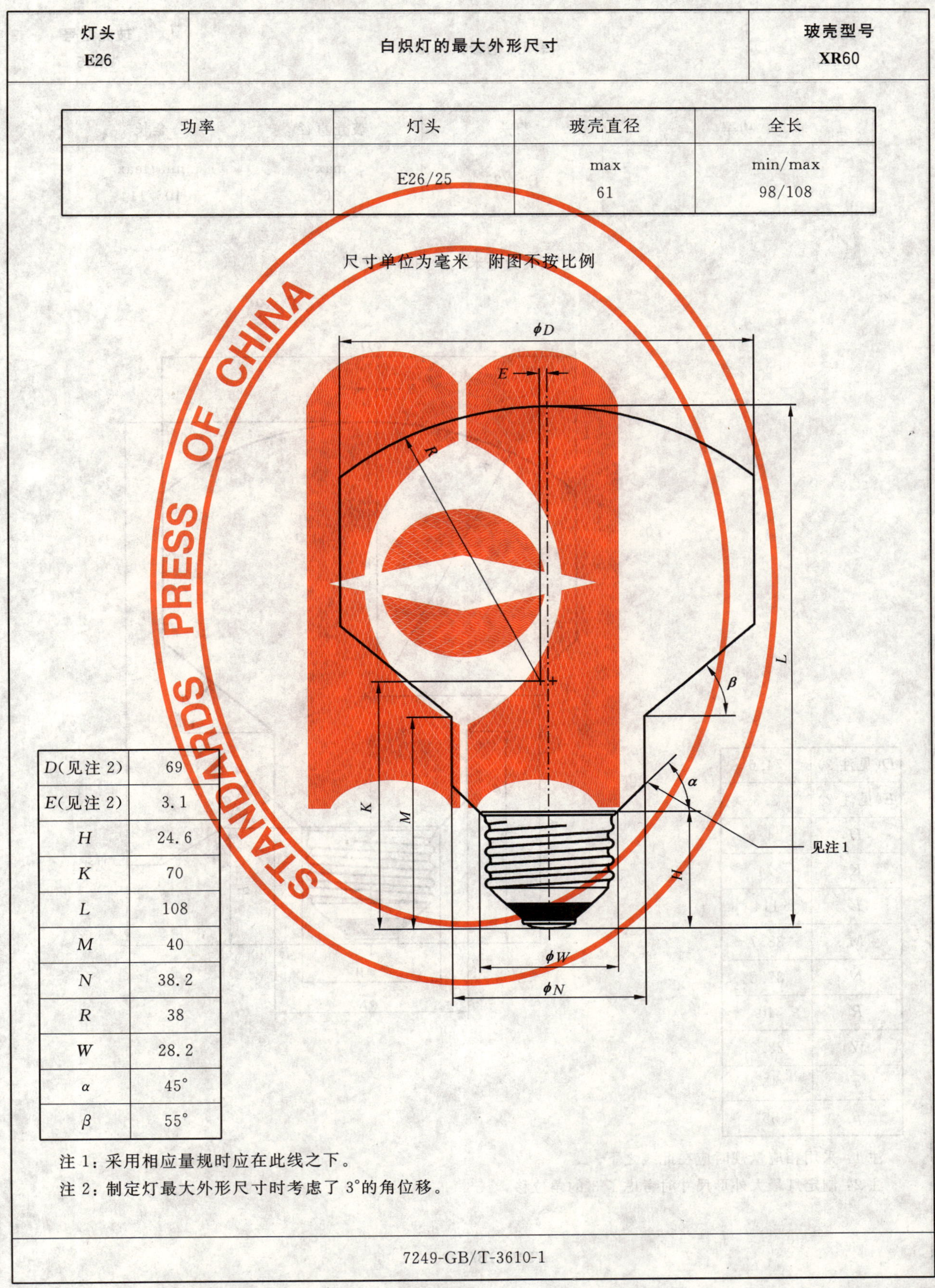

D(见注 2)	69
E(见注 2)	3.1
H	24.6
K	70
L	108
M	40
N	38.2
R	38
W	28.2
α	45°
β	55°

注 1：采用相应量规时应在此线之下。

注 2：制定灯最大外形尺寸时考虑了 3°的角位移。

7249-GB/T-3610-1

灯头 E26	白炽灯的最大外形尺寸	玻壳型号 YR65

功率	灯头	玻壳直径	全长
	E26/25	max 66	min/max 106/114

尺寸单位为毫米 附图不按比例

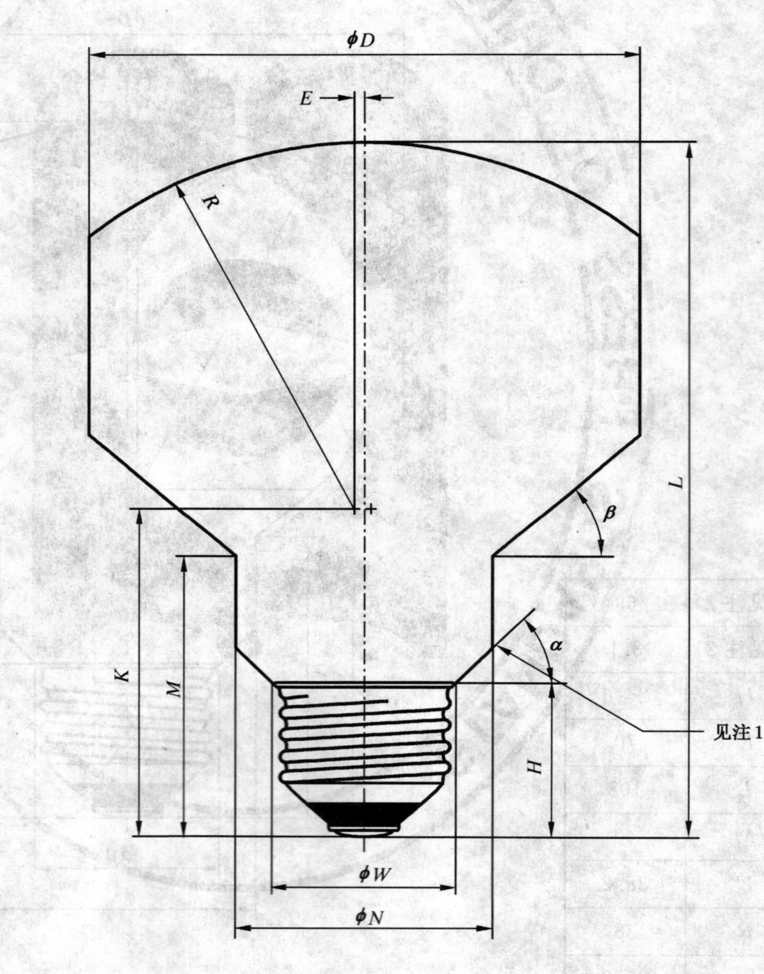

D(见注 2)	74.6
E(见注 2)	3.3
H	24.6
K	74
L	114
M	38.7
N	37.8
R	40
W	28.2
α	45°
β	55°

注 1：采用相应量规时应在此线之下。

注 2：制定灯最大外形尺寸时考虑了 3°的角位移。

7249-GB/T-3620-1

灯头 E26	白炽灯的最大外形尺寸	玻壳型号 ZR75

功率	灯头	玻壳直径	全长
	E26/25	max 76	min/max 125/133

尺寸单位为毫米　附图不按比例

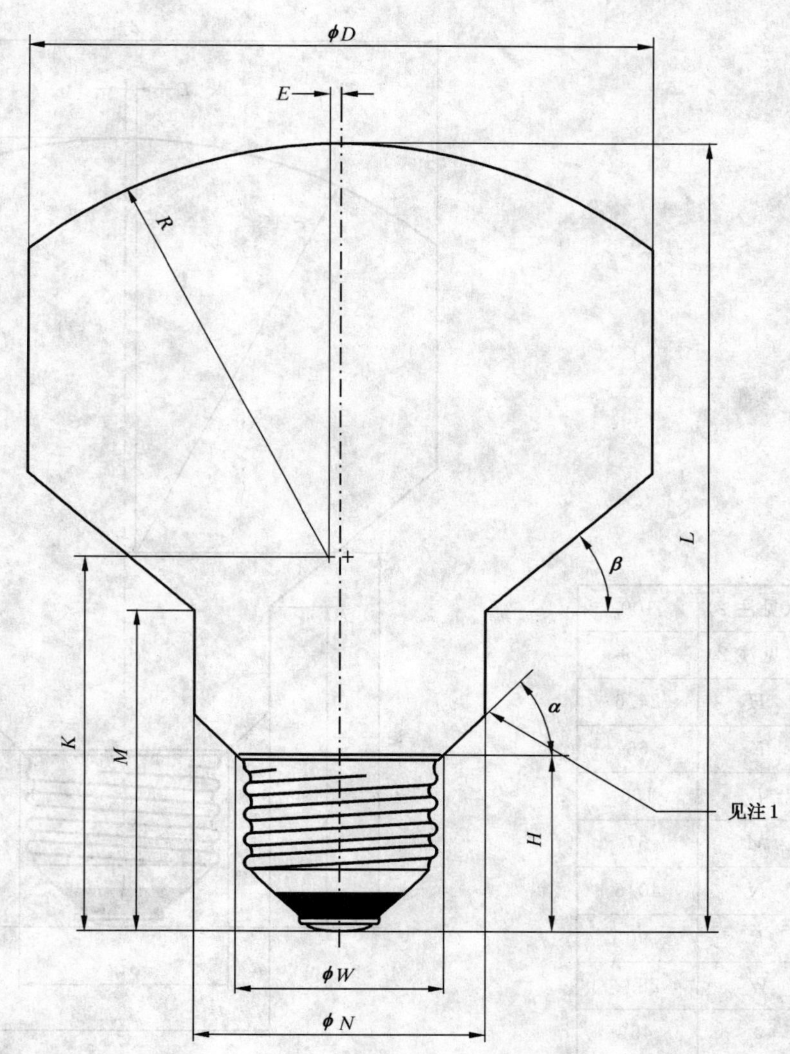

D(见注 2)	86.8
E(见注 2)	3
H	24.6
K	68
L	133
M	55
N	38.4
R	65
W	28.2
α	45°
β	55°

注 1：采用相应量规时应在此线之下。

注 2：制定灯最大外形尺寸时考虑了 3°的角位移。

7249-GB/T-3630-1

灯头 E26	白炽灯的最大外形尺寸	玻壳型号 ZR95

功率	灯头	玻壳直径	全长
	E26/25	max 96	min/max 148/156

尺寸单位为毫米　附图不按比例

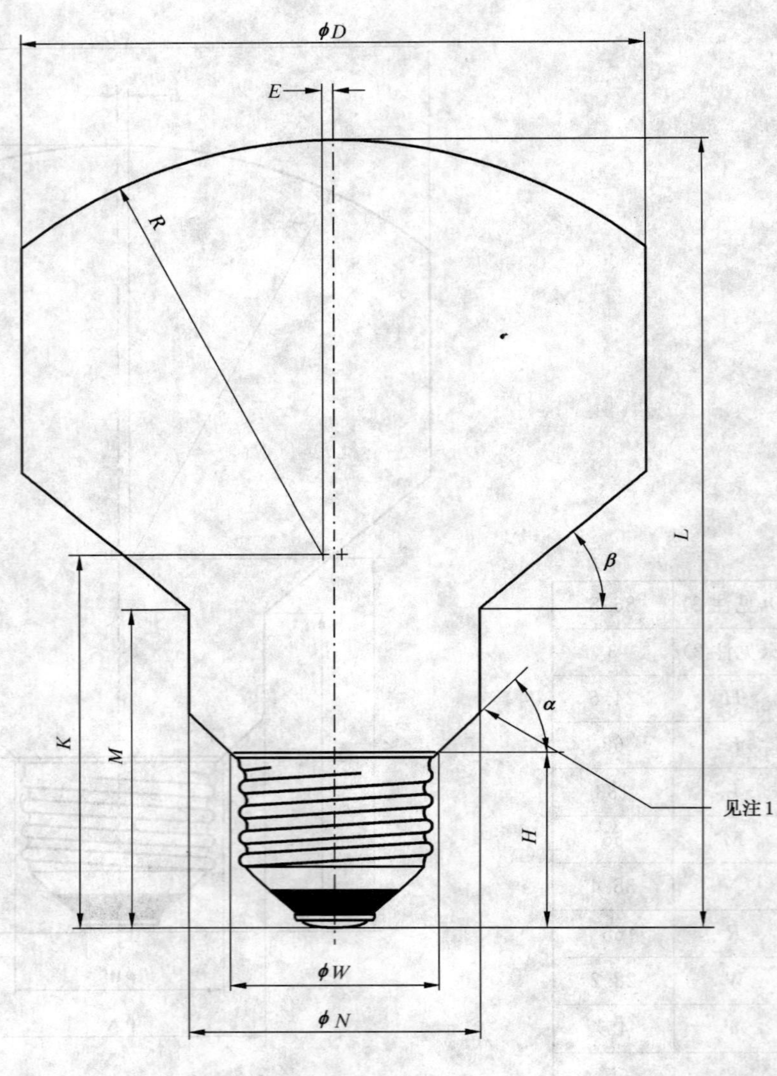

D(见注 2)	109
E(见注 2)	2.9
H	24.6
K	66
L	156
M	57
N	40.6
R	90
W	28.2
α	45°
β	45°

注 1：采用相应量规时应在此线之下。

注 2：制定灯最大外形尺寸时考虑了 3°的角位移。

7249-GB/T-3640-1

灯头 GU5.3/GX5.3	白炽灯的最大外形尺寸	玻壳型号

功率	灯头	玻壳直径	全长
	GU5.3/GX5.3	min/max 49.4/50.7	max 51.5

尺寸单位为毫米　附图不按比例

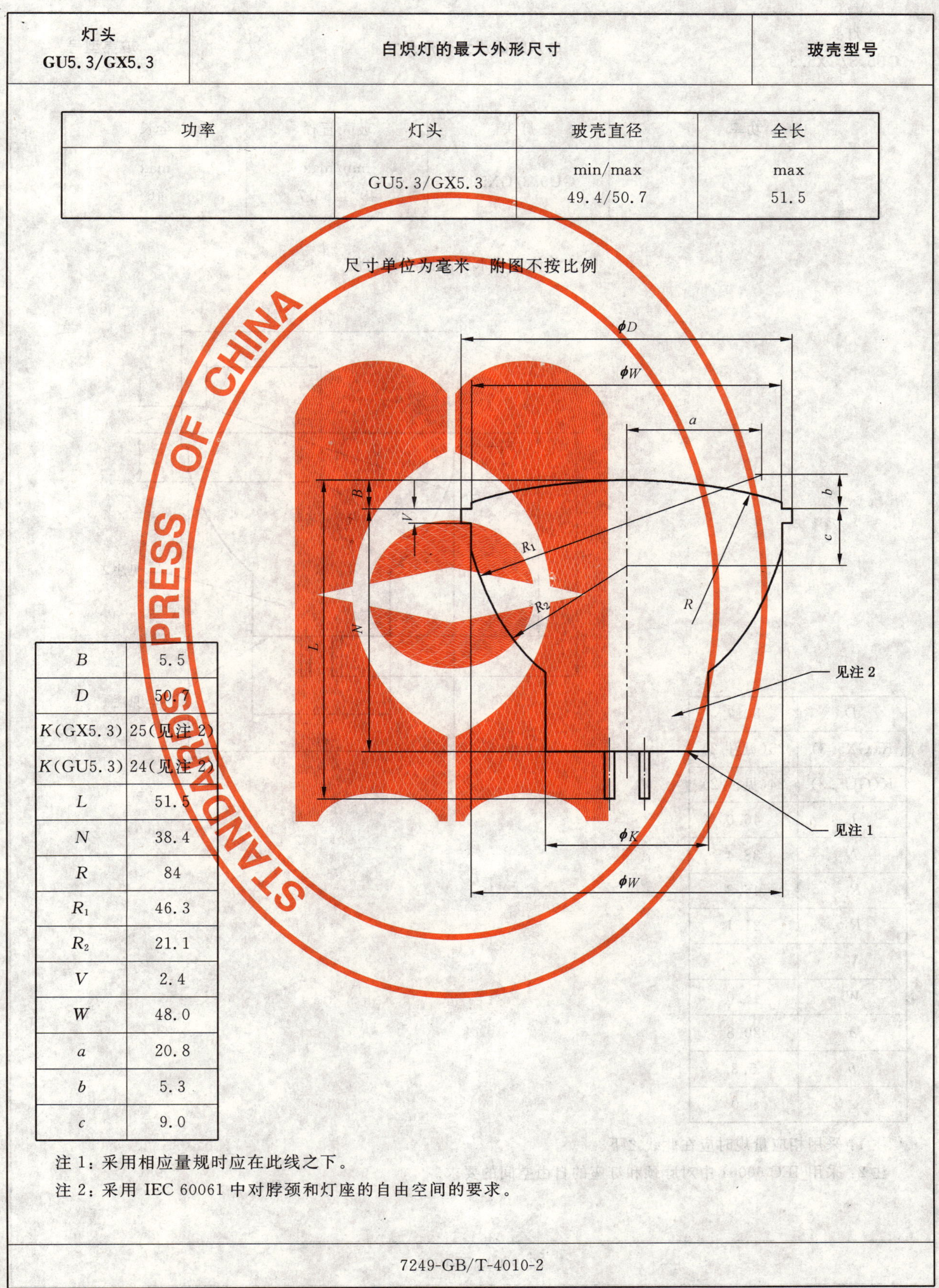

B	5.5
D	50.7
K(GX5.3)	25(见注 2)
K(GU5.3)	24(见注 2)
L	51.5
N	38.4
R	84
R_1	46.3
R_2	21.1
V	2.4
W	48.0
a	20.8
b	5.3
c	9.0

注 1：采用相应量规时应在此线之下。

注 2：采用 IEC 60061 中对脖颈和灯座的自由空间的要求。

7249-GB/T-4010-2

灯头 GU5.3/GX5.3	白炽灯的最大外形尺寸	玻壳型号

功率	灯头	玻壳直径	全长
	GU5.3/GX5.3	min/max 49.4/50.7	max 46

尺寸单位为毫米　附图不按比例

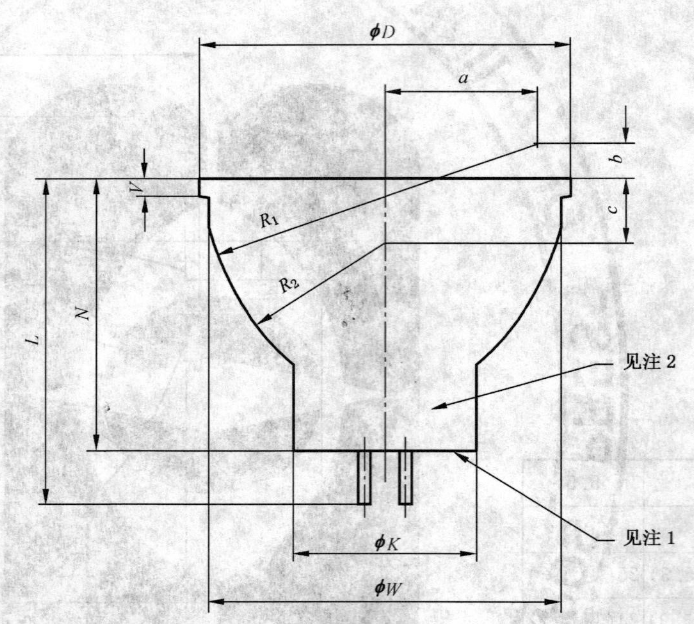

D	50.7
K(GX5.3)	25(见注 2)
K(GU5.3)	24(见注 2)
L	46.0
N	38.4
R_1	46.3
R_2	21.1
V	2.4
W	48.0
a	20.8
b	5.3
c	9.0

注 1：采用相应量规时应在此线之下。

注 2：采用 IEC 60061 中对脖颈和灯座的自由空间的要求。

7249-GB/T-4020-1

灯头 GU10/GZ10	白炽灯的最大外形尺寸	玻壳型号

功率	灯头	玻壳直径	全长
	GU10/GZ10	min/max 49.4/50.7	max 59.0

尺寸单位为毫米　附图不按比例

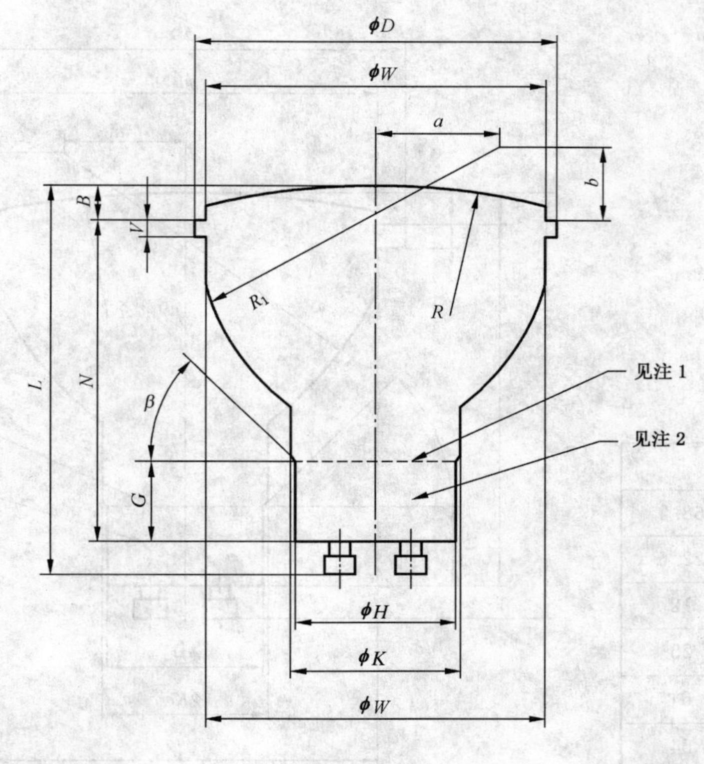

B	4.5
D	54.3
H(见注 2)	22.6
G(见注 2)	12
K	25
L	59.0
N	47.5
R	84
R_1	48
V	2.4
W	51.6
a	20.8
b	5.3
β	45°

注 1：采用相应量规时应在此线之下。

注 2：采用 IEC 60061 中对脖颈和灯座的自由空间的要求。

7249-GB/T-4030-1

灯头 GU10/GZ10	白炽灯的最大外形尺寸	玻壳型号

功率	灯头	玻壳直径	全长
	GU10/GZ10	min/max 63/64	max 64

尺寸单位为毫米　附图不按比例

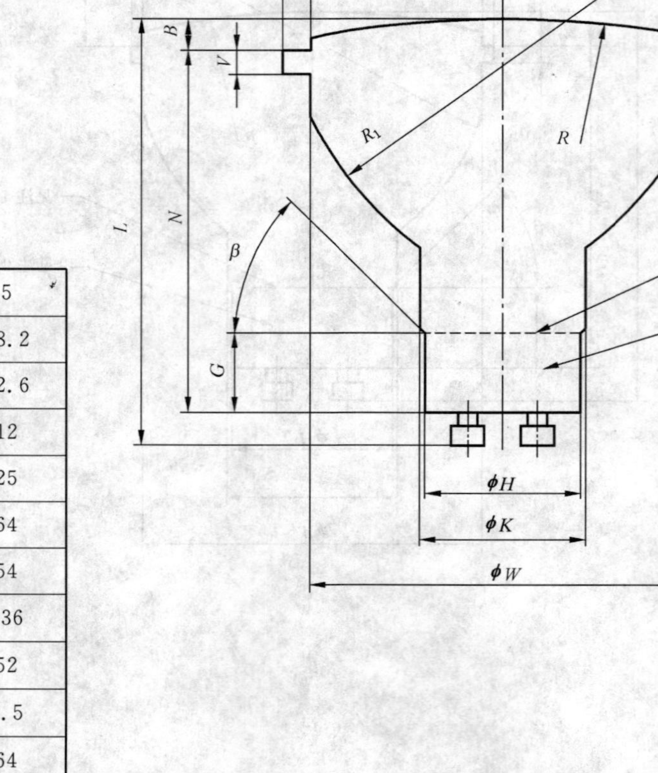

B	5
D	68.2
H(见注 2)	22.6
G(见注 2)	12
K	25
L	64
N	54
R	136
R_1	52
V	3.5
W	64
a	17.8
b	10.8
β	45°

注 1：采用相应量规时应在此线之下。

注 2：采用 IEC 60061 中对脖颈和灯座的自由空间的要求。

7249-GB/T-4040-1

灯头 GU7	白炽灯的最大外形尺寸	玻壳型号

功率	灯头	玻壳直径	全长
	GU7	min/max 49.4/50.7	max 51.8

尺寸单位为毫米　附图不按比例

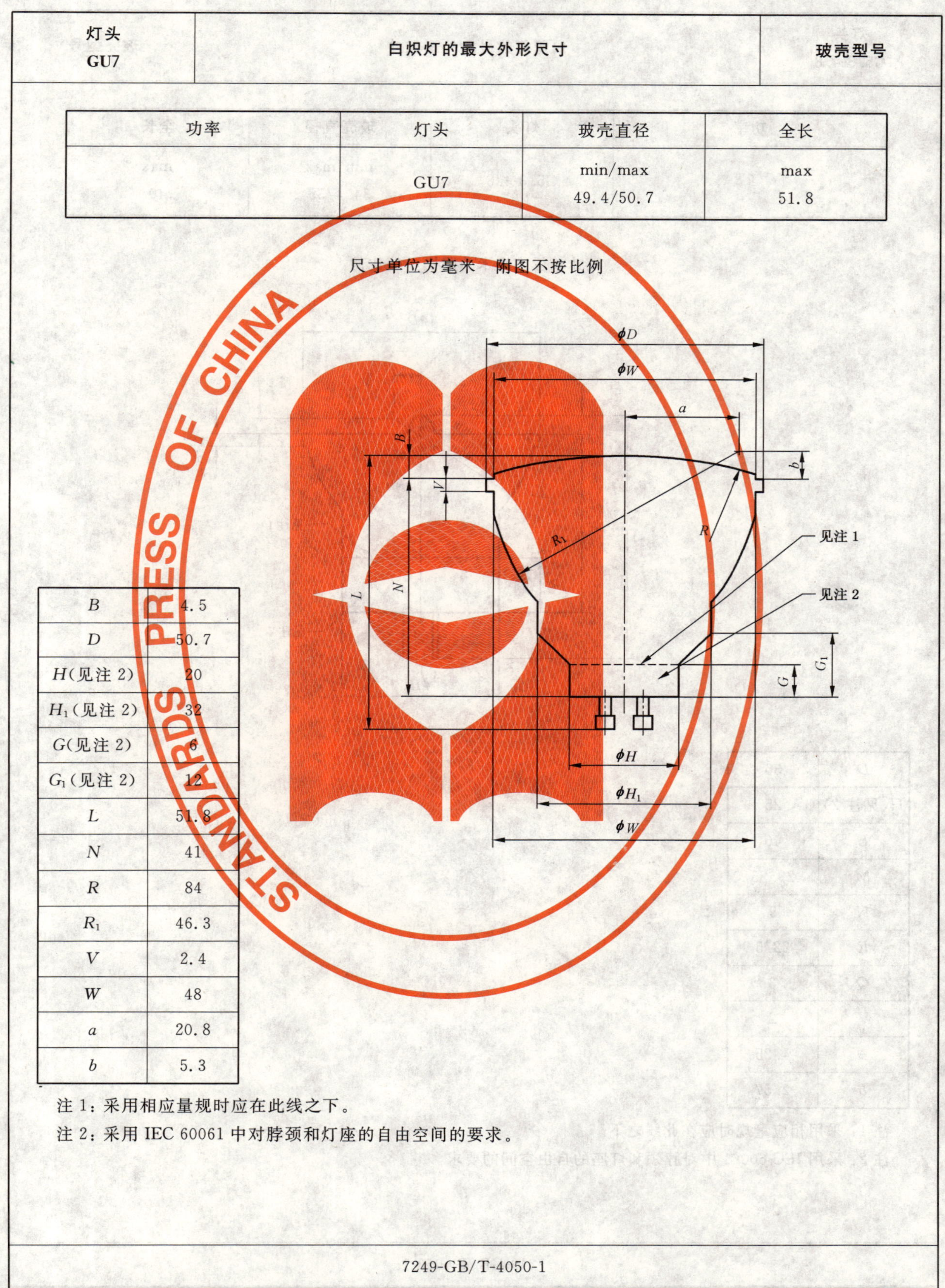

B	4.5
D	50.7
H(见注 2)	20
H_1(见注 2)	32
G(见注 2)	6
G_1(见注 2)	12
L	51.8
N	41
R	84
R_1	46.3
V	2.4
W	48
a	20.8
b	5.3

注 1：采用相应量规时应在此线之下。

注 2：采用 IEC 60061 中对脖颈和灯座的自由空间的要求。

7249-GB/T-4050-1

灯头 G5.3-4.8	白炽灯的最大外形尺寸	玻壳型号

功率	灯头	玻壳直径	全长
	G5.3-4.8	min/max 34.4/35	max 40

尺寸单位为毫米　附图不按比例

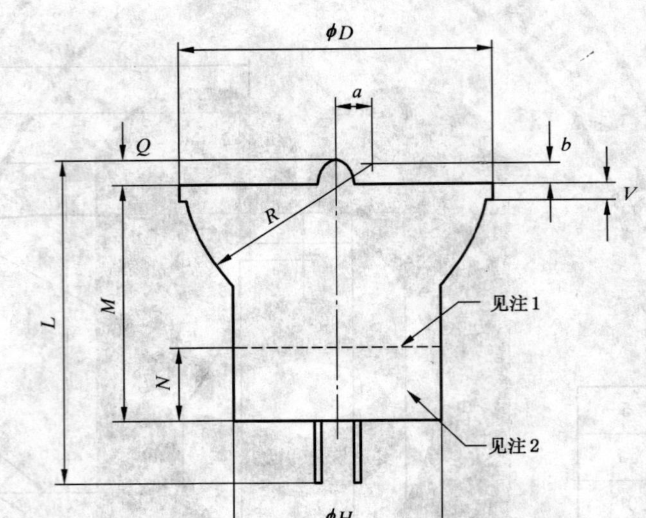

D	35
H(见注 2)	25
L	40
M	29.25
N	9
R	22.5
Q	3
V	2
a	4.25
b	2.57

注 1：采用相应量规时应在此线之下。

注 2：采用 IEC 60061 中对脖颈和灯座的自由空间的要求。

7249-GB/T-4060-1

灯头 GY4	白炽灯的最大外形尺寸	玻壳型号

功率	灯头	玻壳直径	全长
	GY4	min/max 24.7/25.3	max 35

尺寸单位为毫米　附图不按比例

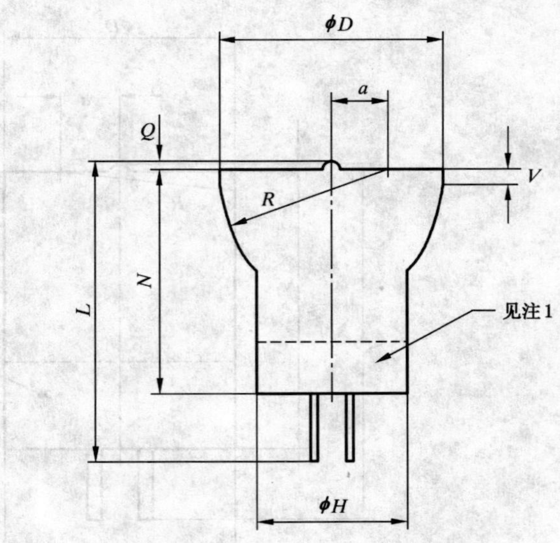

D	25.3
H	17
L	35
N	26
Q	1
R	18.9
V	1.8
a	6.3

注1：采用 IEC 60061 中对脖颈和灯座的自由空间的要求。

7249-GB/T-4070-1

灯头 GX5.3	白炽灯的最大外形尺寸	玻壳型号

功率	灯头	玻壳直径	全长
	GX5.3	min/max 24.7/25.3	max 40

尺寸单位为毫米　附图不按比例

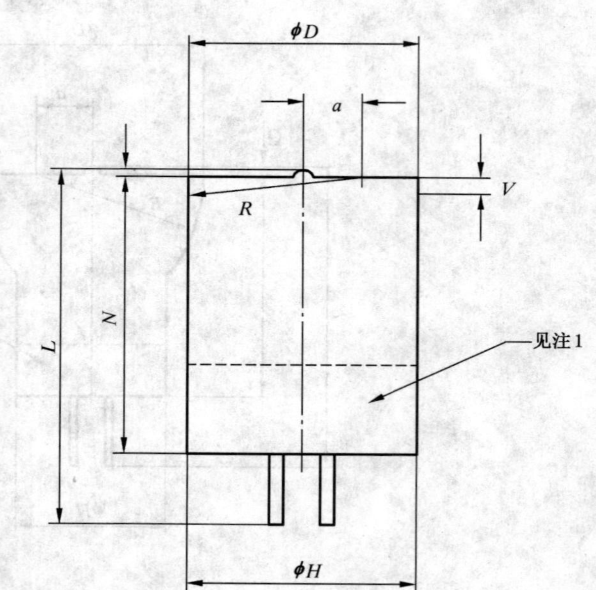

D	25.3
H	25
L	40
N	31
Q	1
R	18.9
V	1.8
a	6.3

注1：采用 IEC 60061 中对脖颈和灯座的自由空间的要求。

7249-GB/T-4080-1

ICS 29.120.50
K 31

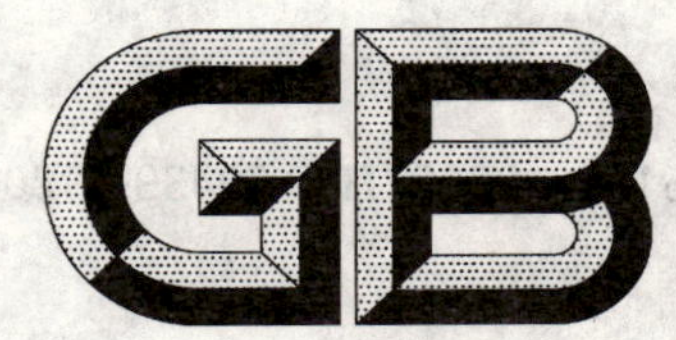

中华人民共和国国家标准

GB 7251.5—2008/IEC 60439-5:2006
代替 GB 7251.5—1998

低压成套开关设备和控制设备 第5部分:对公用电网动力配电成套设备的特殊要求

Low-voltage switchgear and controlgear assemblies—Part 5: Particular requirements for assemblies for power distribution in public networks

(IEC 60439-5:2006,IDT)

2008-06-19 发布　　2009-06-01 实施

中华人民共和国国家质量监督检验检疫总局
中国国家标准化管理委员会　发布

前　言

本部分的全部技术内容为强制性。

GB 7251《低压成套开关设备和控制设备》分为如下几个部分：

——第1部分：型式试验和部分型式试验成套设备；

——第2部分：对母线干线系统（母线槽）的特殊要求；

——第3部分：对非专业人员可进入场地的低压成套开关设备和控制设备——配电板的特殊要求；

——第4部分：对建筑工地用成套设备的特殊要求；

——第5部分：对公用电网动力配电成套设备的特殊要求。

本部分为GB 7251的第5部分，等同采用IEC 60439-5:2006《低压成套开关设备和控制设备　第5部分：对公用电网动力配电成套设备的特殊要求》（英文版）。

本部分应结合GB 7251.1一并使用。其条款补充、修改或取代GB 7251.1—2005中的相应条款。GB 7251.1的章条如在本部分中没有提及，则适用于本部分。

按照GB/T 1.1—2000和GB/T 20000.2的规定，本部分做了如下编辑性修改：

a) “本标准”改为“本部分”；

b) 用小数点“.”取代作为小数点的“，”；

c) 删除了国际标准的前言；

d) 将规范性引用文件放入1.2中。

本部分是对GB 7251.5—1998《低压成套开关设备和控制设备　第5部分：对户外公共场所的成套设备——动力配电用电缆分线箱（CDCs）的特殊要求》的修订。

本部分与GB 7251.5—1998相比，除在文字上有部分改动外，涉及的主要技术差异如下：

a) 增加了对变电站电缆配电盘的要求；

b) 增加了户内成套设备的大气使用条件；

c) 将暴露在恶劣的降雪和积雪中的寒冷气候视为正常使用条件；

d) 增加了对基座的机械强度的试验要求；

e) 本部分的增加内容（包括图）从101开始编号。

本部分由中国电器工业协会提出。

本部分由全国低压成套开关设备和控制设备标准化技术委员会归口。

本部分主要起草单位：天津电气传动设计研究所、天津天传电控配电有限公司、广州电气安全检验所、深圳市奇辉电气有限公司、深圳市宝安任达电器实业有限公司、广州白云电器设备股份有限公司、山东省产品质量监督检验研究院、上海柘中（集团）有限公司、正泰电气股份有限公司、成都市产品质量监督检验所、天津市三源电力设备制造有限公司、浙江正原电气股份有限公司、北京京仪敬业电工集团有限公司、广东必达电器有限公司、上海泰高开关有限公司、杭州杭开电气有限公司、临海市耀明电力设备有限公司、苏州爱知电机有限公司、镇江华强电力设备厂、余姚市电力设备修造厂、指月集团有限公司、北京国电康能科技有限公司、天津市德利泰开关有限公司。

本部分主要起草人：俞秀文、王春娟、项雅丽、马桂芬、邓永辉、李峰、王富敏、王锐森、李九明、崔维峰、仲继江、颜景新、马亦军、董伟、朱义兵、王博、陈少华、沈永林、寿萍、罗正阳、张木坚、陈廷国、夏惠钧、赵江宇、李志宏、陈广武。

本部分所替代标准的历次版本发布情况为：

——GB 7251.5—1998。

低压成套开关设备和控制设备 第5部分:对公用电网动力配电成套设备的特殊要求

1 总则

1.1 范围

公用电网动力配电变电站电缆配电盘(SCDBs)和电缆分线箱(CDCs)应符合 GB 7251.1—2005 的要求,并应遵守本部分的特殊要求。

本部分给出了变电站电缆配电盘(SCDBs)和电缆分线箱(CDCs)的补充要求,此装置为固定安装的型式试验的成套设备(TTA),用于三相系统的电能分配。本部分不包括开启式成套设备。

符合其他标准的单独部件,例如熔断器和开关器件也应符合本部分的要求。

本部分规定了变电站电缆配电盘和电缆分线箱的定义、工作条件、结构要求、技术性能和试验要求。对特殊电网,例如,环网连接,可以要求较高的性能和试验水平。

注 1:如果电缆分线箱配备的附加设备(例如仪表)明显的改变了其主要功能,可以根据制造商和用户之间的协议采用其他的标准(见 7.6)。

注 2:如果地方法规和实际情况允许,符合本部分的变电站电缆配电盘或电缆分线箱亦可用于公用配电网以外的其他配电网上。

变电站电缆配电盘适于安装在只有专业人员可以进入的场地,户外式变电站电缆配电盘安装在公众可以接近的场地。

变电站电缆配电盘是采用连接线、汇流排或电缆将其连接在配电变压器的低压端上。

安装在公众可进入场地的户外式电缆分线箱,只有专业人员在使用时才能接近。

1.2 规范性引用文件

下列文件中的条款通过 GB 7251 的本部分的引用而成为本部分的条款。凡是注日期的引用文件,其随后所有的修改单(不包括勘误的内容)或修订版均不适用于本部分,然而,鼓励根据本部分达成协议的各方研究是否可使用这些文件的最新版本。凡是不注日期的引用文件,其最新版本适用于本部分。

GB 7947 人机界面标志标识的基本和安全规则 导体的颜色或数字标识

GB/T 5169.16—2008 电工电子产品着火危险试验 第 16 部分:50 W 水平与垂直火焰试验方法(IEC 60695-11-10:2003,IDT)

GB 13539.1 低压熔断器 第 1 部分:基本要求(GB 13539.1—2008,IEC 60269-1:2006)

GB/T 16422.2—1999 塑料实验室光源暴露试验方法 第 2 部分:氙弧灯(idt ISO 4892-2:1994)

IEC 60068-2-11:1981 环境试验 第 2 部分:试验 试验 Ka:盐雾(GB/T 2423.17—1993 与 IEC 60068-2-11:1981 等效)

IEC 60068-2-30:2005 环境试验 第 2-30 部分:试验 试验 Db:交变湿热试验(GB/T 2423.4—1993 与 IEC 60068-2-30:1980 等效)

IEC 60238:2004 爱迪生螺纹灯座

ISO 3231:1993 色漆和清漆 抗含二氧化硫的湿气性能的测定

ISO 4628-3:2003 色漆和清漆 漆退老化的评定 一般类型缺陷的程度、数量和大小规定 第 3 部分:生锈等级的规定

ISO 6506-1:2005 金属材料 布氏硬度试验 第 1 部分:试验方法

ISO 9223:1992 金属与合金的腐蚀 大气腐蚀 分类等级

2 术语和定义

GB 7251.1 的术语和定义及以下的补充和修改适用于本部分：

2.1.1.2

部分型式试验的低压成套开关设备和控制设备 partially type-tested low-voltage switchgear and controlgear assembly;PTTA

不适用。

2.1.101

电缆分线箱(CDC) cable distribution cabinet;CDC

一种通过电缆从一个或多个变电站电缆配电盘(SCDBs)接收电能并通过一条或多条电缆将此电能分配给其他设备的箱式成套设备。

注：上述其他设备不是消耗电能的设备(见图 101)。

2.1.101.1

地面安装式电缆分线箱 ground-mounting cable distribution cabinet

安装在地面基座上的电缆分线箱。

注：箱体外接导线的入口适合电缆的进入。

2.1.101.2

柱上安装式电缆分线箱 pole-mounting cable distribution cabinet

安装在架空电网电杆上的电缆分线箱，一般都装有变压器。

注：箱体外接导线的入口适合电缆或绝缘高架线的进入。

2.1.101.3

悬挂式电缆分线箱 wall-mounting surface type cable distribution cabinet

用于安装在墙面上的电缆分线箱。

注：箱体外接导线的入口适合电缆的进入。

2.1.101.4

嵌入式电缆分线箱 wall-mounting recessed type cable distribution cabinet

用于安装在墙上凹槽里的电缆分线箱。

注 1：电缆分线箱不用来支撑墙体部分。

注 2：箱体外接导线的入口适合电缆的进入。

2.1.102

变电站电缆配电盘 substation cable distribution board;SCDB

直接连接在一个或多个配电变压器上的成套设备，包括一条或多条进线电路(隔离器、隔离开关、断路器等)。此进线电路用母线连接到一条或多条出线功能单元上(熔断器式隔离器、熔断器式隔离开关、断路器等)，以便采用隔离和控制方式对出线电路提供保护。

注：变电站电缆配电盘的安装、操作和维修只能由专业人员进行。

2.1.102.1

变电站电缆配电盘——户内安装式 SCDB—indoor;SCDB-I

户内安装的变电站电缆配电盘(SCDBs)，包括完整的成套设备必需的所有支撑母线、功能单元和其他附属器件的结构部件。

2.1.102.2

变电站电缆配电盘——户外电缆连接式 SCDB—outdoor cable connected;SCDB-CCO

用于户外安装的箱式变电站电缆配电盘，它是独立安装的并用电缆连接到配电变压器。

2.1.102.2.1

户外电缆连接的变电站电缆配电盘——地面安装式　SCDB-CCO—ground mounted

用于在地面或稍高于地面安装的公众可以接近的户外电缆连接的变电站电缆配电盘。

2.1.102.2.2

户外电缆连接的变电站电缆配电盘——柱上安装式　SCDB-CCO—pole mounted

用于在地面以上的电杆上安装的户外电缆连接的变电站电缆配电盘。

2.1.102.3

变电站电缆配电盘——户外变压器安装式　SCDB—outdoor transformer mounted;SCDB-TMO

用于户外安装的箱式变电站电缆配电盘,它适用于固定在配电变压器的低压侧。

2.1.102.3.1

户外变压器安装式变电站电缆配电盘——地面安装式　SCDB-TMO—ground mounted

用于固定在地面安装的配电变压器低压侧的户外变压器安装式变电站电缆配电盘。

2.1.102.3.2

户外变压器安装式变电站电缆配电盘——柱上安装式　SCDB-TMO—pole mounted

用于在配电变压器低压侧的电杆上安装的户外变压器安装式变电站电缆配电盘。

2.2

成套设备的结构单元　constructional units of ASSEMBLIES

2.2.1

柜架单元　section

不适用。

2.2.2

框架单元　sub-section

不适用。

2.3

成套设备外形设计　external design of ASSEMBLIES

2.3.1

开启式成套设备　open-type ASSEMBLY

不适用。

2.3.3.3

台式成套设备　desk-type ASSEMBLY

不适用。

2.3.4

母线干线系统(母线槽)　busbar trunking system(busway)

不适用。

2.5

成套设备安装条件　conditions of installation of ASSEMBLIES

2.5.4

移动式成套设备　movable ASSEMBLY

不适用。

3 成套设备的分类

第3列项不适用。

4 成套设备的电气性能

4.101 变电站电缆配电盘或电缆分线箱的额定电流

变电站电缆配电盘或电缆分线箱的额定电流由制造商按进线电路的额定电流来确定。如果有多条进线电路，此变电站电缆配电盘或电缆分线箱的额定电流可以是同时使用的所有进线电路或主母线的额定电流的算术和，选择二者中较低的值。在按照8.2.1进行试验时，应施加此电流且各部件的温升不应超过7.3规定的限值。

5 提供成套设备的资料

5.1 铭牌

r) 不适用

增加：

u) SCDB或CDC的额定电流

铭牌可以安置在成套设备的外壳内，其位置要保证在打开门或移开挡板时明显易读。

注：可以根据用户和制造商的协议增加资料。

5.2 标志

在末尾增加：

应能清楚地鉴别每个功能单元。

对于可更换的熔断体，应在熔断体以及熔断体基座上放置标志，以免熔断体更换错误。

6 使用条件

6.2.8 增加：

注：对于地面安装式变电站电缆配电盘和电缆分线箱，因交通工具引起的振动作为正常使用条件。

6.2.9 安装在会使载流容量和分断能力受到影响的地方

增加：

注：对于电缆分线箱，嵌入墙内不视为特殊使用条件。

6.2.101 暴露在恶劣的降雪和积雪中

当安装在降雪和积雪而且需用扫雪机清除积雪的地区时，根据制造商和用户之间的协议，可以将寒冷气候视为正常使用条件；但是适用的温度下限为－25℃(见8.2.101.2.2)。

7 设计和结构

7.1.1 总则

替代第一段的第二句：

用绝缘材料制成的外壳、挡板和其他绝缘部件应具有8.2.102规定的耐热应力和防止火焰蔓延的性能。

在第二段的末尾增加：

涂层材料应遵循用户和制造商之间的协议并应通过本部分8.2.103要求的试验。

在第三段的末尾增加：

户外电缆连接的变电站电缆配电盘、户外变压器安装式变电站电缆配电盘和电缆分线箱的机械性能应符合 8.2.101 的要求。

户外电缆连接的变电站电缆配电盘和电缆分线箱需要沉埋入地的部位应能承受来自安装和正常使用时施加于它的应力(见 8.2.101.6)。

在末尾增加以下段落:

成套设备的框架或外壳应装有一个尺寸合适的接地端子以提供与外部保护导体的连接,采用全绝缘防护的成套设备除外。

对于用来馈送高架电缆线的成套设备,出线单元的设计应使配接的电缆在终端接地。

7.1.1.101　对有碍清除积雪的 CDC 作出标记

对于地面安装式电缆分线箱,如果用于 6.1.1.2 所述的严寒地区或用户有此要求,应作清除积雪障碍的标志,并应备有标志的夹具,以便将标志牌固定在电缆分线箱上。从电缆分线箱的外部应该能够安装或调整此标志牌的位置。夹具的构造应在其传送给电缆分线箱外壳的机械力达到对防护等级(IP 代码)产生不利的影响之前,首先使夹具或标志牌遭到损坏。

7.1.1.102　操作和维修的便利性

从实际考虑,成套设备的所有部件应在不过度拆卸的情况下易于触及和更换。成套设备部件的互换性可依据用户与制造商之间的协议进行。

成套设备的设计应使电缆便于从正面进行连接。

如果变电站电缆配电盘没有内装的测量设施,使用便携式仪器应可以方便且安全地测量进线单元所有相上和出线单元在断流器件和/或开关器件两端上的电压,也可测量所有出线单元一相上的电流。在此操作过程中,变电站电缆配电盘的所有带电部件应有足够的保护,以保证 7.2.1.5 要求的防护等级。制造商应提供相关的说明。

如果成套设备打算连接在备用动力电源如备用发电机上,开关连接器件应设计成能与符合 GB 4208防护等级为 IP10 的带电部件进行连接。

应对户外安装的所有成套设备提供闭锁装置以使门能够锁紧并防止未经许可的进入。在安装或维修中可以移动的所有盖板的固定装置等应仅在门打开时才能接触到。

7.1.3　外接导线端子

7.1.3.2　用下文取代第一和第二段:

如果制造商与用户之间没有专门的协议,端子应能容纳与额定电流相适应的最小至最大截面的铜或铝导体的电缆(见附录 A 中的表 A.1)。

出线电路端子的位置应能提供足够的间距并且在不考虑电缆的敷设下能方便电缆相导体的连接。

进线电路在用户有要求时,应适合于用裸露或绝缘母排进行连接。

7.1.3.5　不适用。

7.1.3.6　在本条的末尾增加:

根据制造商与用户之间的协议,电缆分线箱可配有开口以便于电缆的临时连接。

7.1.101　耐受非正常热和着火

非正常热和火不应对绝缘材料制成的部件产生有害的影响。应按照 8.2.102 验证部件的适用性。

7.2　外壳和防护等级

7.2.1.3　用下文取代:

当电缆分线箱按照制造商的说明书完全安装好后,外壳应具有的防护等级至少为 GB 4208 中的 IP34D。

7.2.1.6 不适用。

7.3 温升

在末尾增加：

注：如果必须与其特殊的电网参数相匹配，用户可以规定更严格的试验要求。

7.4 电击防护

7.4.2 直接接触的防护

在标题下面增加注：

注：本部分不包括开启式成套设备。

删掉第二段。

7.4.2.2.1 在本条的末尾增加：

如果用户没有其他要求，用作临时电缆通道的电缆分线箱开口的设计，在临时电缆连接时，应具有依照 GB 4208 的 IP23C 的防护等级。见本部分的 7.1.3.6。

7.4.2.2.3 在 a)项后面增加：

应提供一个可靠的闭锁机构以防止未经允许的人员接近户外设备。门、盖板或遮板应设计成一旦锁闭，不会因为地面适度下陷或车辆来往的振动而被打开。

7.4.2.3 利用屏障进行防护

不适用。

7.4.3.2.1 不适用

7.4.5 成套设备内部操作与维修通道(见 2.7.1 和 2.7.2)

不适用。

7.6 成套设备内装的开关电器和元件

7.6.1 开关器件和元件的选择

在第一段的末尾增加：

熔断器应符合 GB 13539.1 或相关的国家标准的一般要求。

7.6.1.101 接地和短接方式

成套设备的出线单元的结构应使其能够借助于制造商推荐的设备可靠地进行接地和短接，以确保该成套设备的所有部件保持制造商指定的防护等级(IP 代码)。如果系统条件和/或实际操作可能导致危险产生时，此要求不适用。

替代：

7.6.5.1 主电路和辅助电路导体的鉴别

除了 7.6.5.2 中提到的情况外，鉴别导体的方法和范围，例如利用连接端子上的或在导体本身末端上的排列、颜色或符号，应经用户和制造商的同意，而且，应与线路图和图纸上的标志一致。在适合的地方，GB 7947 的鉴别方法应适用。

8 试验规范

8.1 试验分类

用以下内容取代注：

注：对成套设备进行的验证和试验项目在 GB 7251.1—2005 表 7 TTA 栏中列出，补充试验在本部分的表 7A 中列出。

在注后增加：

如果必须与其特殊的电网参数相匹配，用户可以规定更严格的或附加的试验要求。

表 7A 补充的验证和试验项目表

序号	被检性能	条　款	要　求
12	机械强度	8.2.101	验证
12.1	结构强度	8.2.101.1	验证
12.1.1	耐静力	8.2.101.1.1	耐静力——型式试验
12.1.2	耐冲击	8.2.101.1.2	耐冲击——型式试验
12.1.3	耐扭力	8.2.101.1.3	耐扭力——型式试验
12.2	撞击强度	8.2.101.2	验证
12.2.1	钢球撞击的耐受力	8.2.101.2.1	钢球撞击的耐受力——型式试验
12.2.2	对钢球撞击和半圆钢质物体压力的耐受力	8.2.101.2.2	对钢球撞击和半圆钢质物体压力的耐受力——型式试验
12.3	门的强度	8.2.101.3	耐挠强度——型式试验
12.4	金属嵌件的强度	8.2.101.4	金属嵌件轴向负荷的耐受能力——型式试验
12.5	对角状物机械撞击的耐受力	8.2.101.5	对角状物撞击的耐受力——型式试验
12.6	基座的机械强度	8.2.101.6	金属管撞击的耐受力
13	绝缘材料的外壳、挡板及部件	8.2.102	验证
13.1	耐非正常热	8.2.102.1	热应力——型式试验
13.2	可燃性等级	8.2.102.2	可燃性等级——型式试验
13.3	干热试验	8.2.102.3	热应力——型式试验
14	耐腐蚀和老化	8.2.103	耐腐蚀和老化验证——型式试验

注1：第2、3、4、7、12.4和13.3的试验应按照顺序在同一样机上进行，所有的其他试验可以根据制造商的决定在其他样机上进行。

注2：12和14项试验不适用于户内安装的变电站电缆配电盘(SCDB-I)。

8.1.1　型式试验(见8.2)

增加下文：

i)　机械强度验证(8.2.101)；

j)　耐非正常热和着火验证(8.2.102)；

k)　耐腐蚀和老化验证(8.2.103)。

8.2　型式试验

8.2.1　温升极限的验证

8.2.1.1　总则

删除最后一段。

8.2.1.3.4　不适用。

8.2.2　介电性能验证

8.2.2.1　总则

增加注：

注：如果必须适应特殊的电网参数，用户可以规定更高的试验电压。

8.2.3　短路耐受强度验证

8.2.3.2.3　主电路试验

在本条的末尾增加：

在成套设备上进行这些试验时，应向进线电路施加短路电流。如果进线电路不止一条，而且每条都有各自的供电电源，那些打算并联(最多三条)使用的，试验时应并联连接。如进线电路是采用熔断器保护的，试验中应配备设计为最大额定电流的熔断体。

注：若各进线电路是由同一个电源供电的，例如，在成套设备作为配电环网的一部分的场合，应用同样的短路电流值进行两个短路试验：一个供给并联连接的进线电路；另一个供给其中一条进线电路。

8.2.101 机械强度的验证

试验应在环境温度为10 ℃～40 ℃之间进行。

除8.2.101.2.1的试验外，一个新的成套设备的样机可用于每个单独的试验。如果同一台成套设备样机要经受8.2.101中的一项以上的试验，则只有在此样机通过了所有试验后，才对防护等级(IP代码)的第二位特征数进行验证。

所有的试验应在正常使用条件下安装的成套设备上进行，需要时可以在正常的地平面上安装附加的支撑件，如图104a、图104b、图106a、图106b和图109指出的。

除本部分8.2.101.3的试验外，如果适用，该成套设备的门在试验开始就应该是锁闭的，而且在试验过程中始终保持锁闭状态。

8.2.101.1 结构强度的验证

8.2.101.1.1 耐静力的验证

a) 下列试验应在除嵌入式以外的所有类型的户外电缆连接的变电站电缆配电盘、户外变压器安装的变电站电缆配电盘和电缆分线箱上进行：

试验1是将一个8 500 N/m² 的重力均匀分布在外壳的顶部，时间为5 min(见图102)。

试验2是将1 200 N的力相继施加在外壳前部和后部的顶角，时间为5 min(见图102)。

b) 下述试验应在凹嵌于墙内的电缆分线箱上进行：

将60 N的负载相继作用在外壳的每个侧壁上，时间为5 min。在试验中，此负载的中心应距离被试物侧壁的边缘20 mm，而且应作用于直径为10 mm的圆形表面上。

试验结束后，检查a)和b)项试验是否符合要求，如果防护等级仍保持为IP34D，门和闭锁装置仍能正常操作，同时在试验期间，仍能保持电气间隙，对于带金属外壳的成套设备，没有因为永久的或暂时的变形而引起带电部件与外壳的接触，则认为通过了试验。

8.2.101.1.2 耐冲击负载的验证

此试验适用于所有地面安装式户外电缆连接的变电站电缆配电盘、户外变压器安装的变电站电缆配电盘和电缆分线箱。

将质量为15 kg装有干沙的沙包，如图103所示，垂直悬吊在被试物的上方，并且应高于该成套设备最高点至少1 m。

每次试验应包括对外壳的每个垂直面上的一次撞击，此垂直面是指成套设备被安装在其正常使用位置时能见到的部位。每次撞击试验可以使用不同的外壳。

注：如果外壳是圆形的，试验将包括三次撞击，每次撞击的位置要有120°的角位移。

此试验应使用一个可以提到1 m高度的吊环，使沙包垂直下落，以撞击被试成套设备表面大致中心部位[见图104a)和104b)]。

试验结束后，防护等级仍保持为IP34D，所有的门和闭锁装置仍能正常操作。同时，在试验期间，仍保持了足够的电气间隙。对于带金属外壳的成套设备，没有因为永久的或临时的变形而导致带电部件与外壳的接触，则认为通过了此试验。对于带绝缘外壳的成套设备，如果满足了适当的条件，至于小的裂痕，表面的裂纹或外皮剥落，只要它们不会妨碍成套设备的使用，则不认为受到损坏。

8.2.101.1.3 耐扭力的验证

此试验仅适用于地面安装式户外电缆连接的变电站电缆配电盘、户外变压器安装的变电站电缆配电盘和电缆分线箱。

进行此试验要利用一个用60 mm×60 mm×5 mm的角铁制作的可水平旋转的框架，其框架臂两端垂直部位为100 mm。被试成套设备要牢牢地固定在其基座上，而框架紧扣其上，使框臂两端与成套设备的顶部和壁部相接触。

成套设备的门要关闭，它应承受图105a)和图105b)所示的2×1 000 N的扭力，时间为30 s。

试验期间，门一直保持关闭状态，而且试验结束后，防护等级仍保持为IP34D，则认为通过了此项试验。

8.2.101.2 耐撞击的验证

8.2.101.2.1 适用于打算在环境温度为 40 ℃～－25 ℃范围内使用的户外电缆连接的变电站电缆配电盘、户外变压器安装的变电站电缆配电盘和电缆分线箱的试验

试验应采用一个摆锤式的撞击试验器具，它包括一个外径为 9 mm，长度至少为 1 m 的软管，此摆锤沿垂直的弧度摆动。

管子的末端拴有一个质量为 2 kg 的钢球，将它提到 1 m 的高度后下落，使其撞击到被试成套设备的表面，所提供的撞击能量为 20 J[见图 106a)和 106b)]。

试验应包括对成套设备处于正常使用位置时所能见到的每一个垂直表面进行一次撞击。每一次撞击试验可以使用不同的外壳。

注：如果外壳是圆形的，试验将包括三次撞击，每次撞击的位置要有 120°的角位移。

试验 1 应将成套设备置于 10 ℃～40 ℃之间的环境温度中至少 12 h 后对成套设备进行试验。

试验 2 应将成套设备置于－25(0，－5)℃的环境温度中至少 12 h 后，立即在 10 ℃～40 ℃的环境温度中进行。

试验后，防护等级仍保持为 IP34D，门和闭锁装置仍能操作；试验期间仍保持足够的电气间隙，带电部件与外壳没有因为暂时的或永久的变形而发生接触，就认为通过了此试验。在成套设备具有绝缘外壳的情况下，如果满足了适当的条件，至于小的裂痕、表面的裂纹或外皮剥落，只要它们不妨碍成套设备的运行，则不认为受到损坏。

8.2.101.2.2 适合于打算在严寒地区(见 6.1.1.2)使用的户外电缆连接的变电站电缆配电盘、户外变压器安装的变电站电缆配电盘和电缆分线箱的试验

将成套设备置于－50(0，－5)℃的温度下至少 12 h 后立即在 10 ℃～40 ℃之间的环境温度下对其进行试验。

试验程序如下：

试验 1 和试验 2 是用接地金属试件以 1 500 N 的力在外壳上被认为最薄弱的 10 个部位进行撞击，施加力的时间为 30 s。试件应是半径为 100 mm±3 mm 的球体或半球体，表面硬度为 ISO 6506-1：2005 中的 HB160。

试验 1 应在空的户外电缆连接的变电站电缆配电盘、户外变压器安装的变电站电缆配电盘或电缆分线箱上进行。

试验 2 应在其外壳内的元件具有最小电气间隙的成套设备上进行。在试验期间，此外壳应该接地，并且应在所有相互连接的带电部件和外壳之间施加 8.2.2.4 规定的交流电压。

试验 3 应在空的外壳上进行，并使用本部分 8.2.101.2.1 描述的撞击试验的器具，此钢球的质量大约为 15 kg。将此撞击体提高到大约 1 m 处后使其下落撞击被试的成套设备表面，以提供 150 J 的撞击能量[见图 106a)和图 106b)]。

试验应包括对成套设备处于正常使用位置时所能见到的每一个垂直表面的中心部位进行一次撞击。每次试验撞击可使用不同的外壳。

注：如果外壳是圆形的，试验将包括三次撞击，每次撞击的位置要有 120°角位移。

试验后，防护等级仍保持为 IP34D，门和闭锁装置仍能操作，则认为通过了试验 1。

没出现击穿或闪络现象则认为通过了试验 2。

试验后，防护等级仍至少维持为 IP3X 则认为通过了试验 3。

注：当成套设备安装在有大雪和积雪而且需用扫雪机清除积雪的地区时，根据用户和制造商之间的协议，可以将寒冷气候视为正常使用条件；但是适用的温度下限可以是－25℃。

8.2.101.3 门的机械强度的验证

本试验适用于外壳的垂直面上带有铰接门的所有类型的户外电缆连接的变电站电缆配电盘、户外变压器安装的变电站电缆配电盘和电缆分线箱。

进行此试验时门要完全打开,并与阻挡机构接触。试验时应向门的上边缘距离铰接边 300 mm 处施加 50 N 的负荷,持续 3 s。除非门被设计成在进行维修或操作时不需借助工具就能从铰链上拆下,则应重复此试验并将负荷增加至 450 N(见图 107)。

施加 50 N 的负荷后,门的铰接无脱落,而且门、铰链和闭锁装置的功能没被损坏,则认为试验通过。施加了 450 N 负荷后,门重新关闭时,防护等级仍保持为 IP34D,则认为通过了此试验。如果试验后期铰接脱落,若不使用工具即可将其恢复原位,则不视为试验失败。

8.2.101.4 合成材料中金属嵌件轴向负荷的耐受能力的验证

此试验仅适用于在安装位置或开关设备和控制设备的支撑位置提供螺纹连接的金属嵌件的所有类型的成套设备。

本试验应在装有每种类型和尺寸的金属嵌件的代表性样机上进行。同时,如果特定规格的嵌件周围材料成型的厚度不同时,则应重复本试验。

试验期间,成套设备应完全由平台托住。

每个被试嵌件的螺纹孔应装配好,然后按照本部分的表 101 施加轴向力,时间为 10 s,以验证能否将嵌件从嵌入位置拔出。

如果嵌入物没被损坏,并仍在其最初的位置上;而且嵌入孔的周围材料也没出现裂纹,则认为通过了试验。

注:试验前已有的小裂纹或气泡,如果没因为施加轴向负荷而加重损坏,则可以忽略不计。

表 101 对嵌件施加的轴向负荷

嵌件的螺纹孔径	轴向负荷/N
M4	350
M5	350
M6	500
M8	500
M10	800
M12	800

8.2.101.5 对角状物机械撞击耐受能力的验证

本试验适合于所有类型的户外电缆连接的变电站电缆配电盘、户外变压器安装的变电站电缆配电盘和电缆分线箱。

试验应使用 8.2.101.2.1 描述的撞击试验的器具,质量为 5 kg 的钢质撞击物,其形状如图 108 所示。撞击物被提到 0.4 m 的高度时再使其下落,以撞击被试的成套设备表面,能量为 20 J[见图 106a)和图 106b)]。

每次试验应包括对成套设备处于正常使用位置时能看到的每个垂直面上被认为最薄弱的部位的一次撞击。每次试验撞击可用不同的外壳。

注:如果外壳是圆形的,要有三次撞击,每次撞击的位置要有 120°的角位移。

试验 1 应在成套设备被置于 10 ℃~40 ℃的温度下至少 12 h 后,在此环境温度下对其进行试验。

试验 2 应在成套设备置于−25(0,−5 ℃)的温度下至少 12 h 后,立即在 10 ℃~40 ℃的环境温度下对该成套设备进行试验。

由撞击导致裂纹的直径不超过 15 mm,则认为通过了试验,如果撞击物的尖端部穿透了成套设备的表面,而所形成的孔径应不能插入 4 mm 塞规,则认为通过了试验。插入塞规时,施加 5 N 的力。

8.2.101.6 基座的机械强度试验

此试验仅适用于电缆分线箱。

应按照图 110 和制造商的安装说明书对固定在基座上的电缆分线箱进行此试验。当电缆分线箱基座安装在地面以下时，用一根厚壁钢管对电缆分线箱基座最长表面上的最低部位施加机械力。

如果基座的设计包含一个或多个永久性的支架，则应该用数根钢管施加机械力。每根钢管分别放在每个支撑点的中部。每个单独的力 F 应同时施加在每根管子上，并应按照下面公式进行计算：

$$F = 3.5\ \text{N/mm} \times L$$

式中：

L——是指支撑点之间的长度，单位为毫米(mm)。

力的施加时间为 1 min。在持续施加力之后，应验证其防护等级。

如果电缆分线箱的基座具有长度相似但形状不同的其他表面，则应在其上重复试验。

检查基座是否断裂，并验证电缆分线箱基座在地面以上部位的防护等级是否仍保持 IP3XD。

8.2.102　对非正常热和着火的耐受能力验证

8.2.102.1　对非正常热的耐受能力验证

绝缘外壳、挡板和其他绝缘部件，包括设备和元件上的绝缘材料的每个有代表性的样品，都应经受 IEC 60238:2004 规定的球压试验。

被试部分的表面应水平放置，并由一块厚度至少为 5 mm 的钢板支托，再用直径为 5 mm 的球以 20 N 的力压迫此表面。

试验应在下述温度的空间里进行：

——支撑带电体的部件　(125±2)℃

——与温升高于 40 K 的部件的距离小于 6 mm 的绝缘件　(100±2)℃

——其他部件　(70±2)℃

注：如果用户与制造商之间有协议，可以采用与上面不同的温度。

1 h 后，将球从样品上移开，样品浸入冷水中，以使其在 10 s 之内被冷却至室温。

测量球对样品所造成的压痕，直径不得超过 2 mm。当不可能在整个成套设备上进行试验时，则可以在一个合适的部件上进行，部件厚度至少为 2 mm。

注：可以利用增加层数达到 2 mm 的厚度。

当试验是在原材料上进行时，样品的厚度至少为 2 mm。

8.2.102.2　可燃性等级验证

绝缘外壳、挡板和其他绝缘部件的每种材料的有代表性的样品应按照 GB/T 5169.16—2008 水平燃烧试验—试验方法 A 的规定经受可燃性试验。

注：如用户与制造商之间有协议，可以采用其他试验检查外壳、挡板和其他绝缘部件的材料的耐火性。

按照 GB/T 5169.16—2008 中的 8.4.2 中准则 a)或 b)检查每个试样，等级达到 HB40 则认为通过了试验。

8.2.102.3　干热试验

应将完整的成套设备放置在一个恒温箱中，此恒温箱的温度在 2 h～3 h 内升至(100±2)℃，并维持此温度 5 h。

经检查没有明显的损坏迹象，则认为通过了试验。如果用绝缘材料制作的覆板与温升高于 40 K 的部件的距离大于 6 mm 且不支撑带电元件，其变形是允许的(见 8.2.102.1)。

8.2.103　耐腐蚀和老化的验证

当耐腐蚀性能和预期寿命作为制造商与用户之间的协议，能够参照 ISO 9223:1992 确认，则不需进行下述试验。

对于其他情况，应用如下试验验证成套设备每个设计的耐腐蚀性能。

8.2.103.1　内装部件，包括器件和元件

内装部件，包括器件和元件应进行试验，以检查其是否符合 IEC 60068-2-30:2005 规定的交变湿热试验的要求：严酷等级——温度 55 ℃，循环 6 次，变化 1。

试验完成后,应将样品移出试验箱。

试验后,如未出现肉眼可见的锈斑、裂纹或其他损坏,则认为通过了此试验。但是防护层表面的蚀斑是允许的。

8.2.103.2　用合成材料制作的或用金属材料制作但完全由合成材料涂覆的外装部件

用合成材料制作的或用金属材料制作但完全由合成材料涂覆的外装部件应经受下述试验:

UV(紫外线)试验根据 GB/T 16422.2—1999 方法 A,用氙灯进行 17 次循环,总的试验时间为 500 h,喷雾循环 5～25 次。

验证固态合成材料仍保留了至少 70%的抗拉强度和延伸率,则认为通过了此试验。

具有由合成材料涂覆的金属部件的同一样机应经受下述试验。

8.2.103.3　金属材料制作的外装部件

由金属材料制作的外装部件,无论带或不带金属或合成材料防护层,都应经受下述试验:

在规定的温度和压力条件下,首先将样品暴露在中性盐雾中(氯化钠浓度为 5%),然后置于二氧化硫的饱和气体中(二氧化硫的初始体积浓度为 0.067%)。

8.2.103.3.1　试验仪器

盐雾试验的设备基本包括 IEC 60068-2-11:1981 中要求的试验箱室和喷雾设施。

进行二氧化硫饱和气体试验设备包括容纳试验样品及固定样品的支架的充满二氧化硫饱和气体的气密的箱室。箱体应用惰性材料制作,应具有(300±30) L 的容量,并应符合 ISO 3231:1993 中对外壳的要求。

8.2.103.3.2　试验程序

形成盐雾的溶液浓度为(5±1)%,试验箱室的温度应维持在(35±2)℃。

二氧化硫饱和气的形成是靠向密闭的试验箱输送 0.067%体积浓度的二氧化硫,它可以来源于气瓶,或产生于试验箱内的化学反应(见注 1 和注 2)。

试验包括两个相同的 12 d 的周期。

每个 12 d 的周期包括:

——7 d(168 h)暴露于盐雾中;

——5 d(120 h)循环包括暴露在二氧化硫饱和气体中 8 h,此期间温度上升至(40±3)℃,然后间歇 16 h,并同时打开箱门,暴露的时间总共为 40 h,间歇的时间总共为 80 h。

12 d 以后,用软化水冲洗样品。

注 1:在 300 L 密闭的试验箱加入 0.2 L 二氧化硫,产生的体积浓度为 0.067%。

注 2:在试验设备内用酸性相对较强的氨基磺酸(HSO_3NH_2)处理焦亚硫酸钠($Na_2S_2O_5$)可形成二氧化硫。氨基磺酸(HSO_3NH_2)是唯一一种易于储存的固体无机酸。

此方法是将过量的焦亚硫酸钠溶于水中,得出反应式:

$$Na_2S_2O_5 + H_2O \longrightarrow 2NaHSO_3$$

然后加入一定量的氨基磺酸,生成反应式:

$$NaHSO_3 + HSO_3NH_2 \longrightarrow NaSO_3NH_2 + H_2O + SO_2$$

整个过程的反应式为:

$$Na_2S_2O_5 + 2HSO_3NH_2 \longrightarrow 2NaSO_3NH_2 + H_2O + 2SO_2$$

在温度为 0℃,压力为 760 mm Hg 的正常条件下,要获得 1 L 二氧化硫(SO_2),需要 4.24 g 焦亚硫酸钠和 4.33 g 氨基磺酸。

8.2.103.3.3　试验验证

试验结束后,将样品移出试验箱。

试验后,如未出现肉眼可见的锈斑、裂纹和其他损坏,则认为通过了此试验。然而,防护层表面的蚀斑是允许的。在有疑问的情况下,可以参照 ISO 4628-3:2003 以验证被试样品是否符合标样 Ri1。

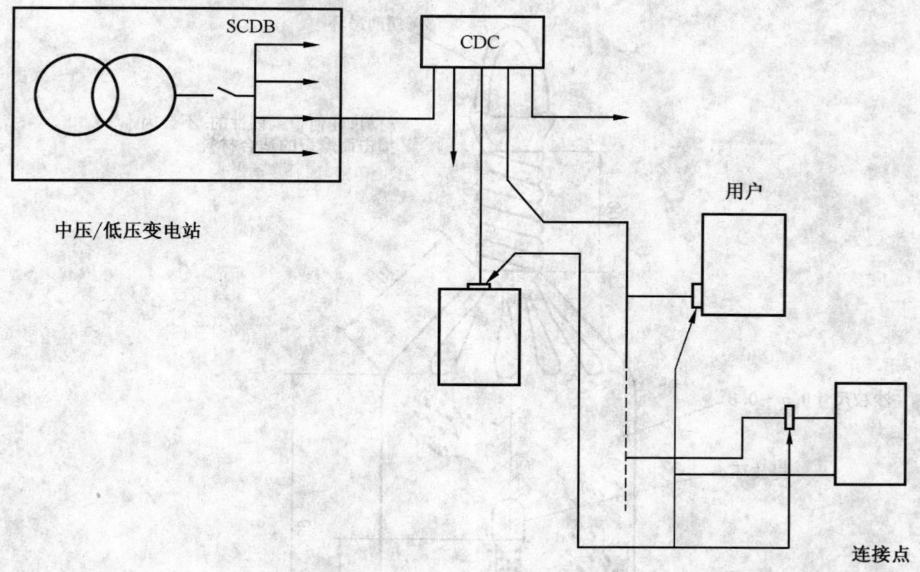

图 101 典型配电网

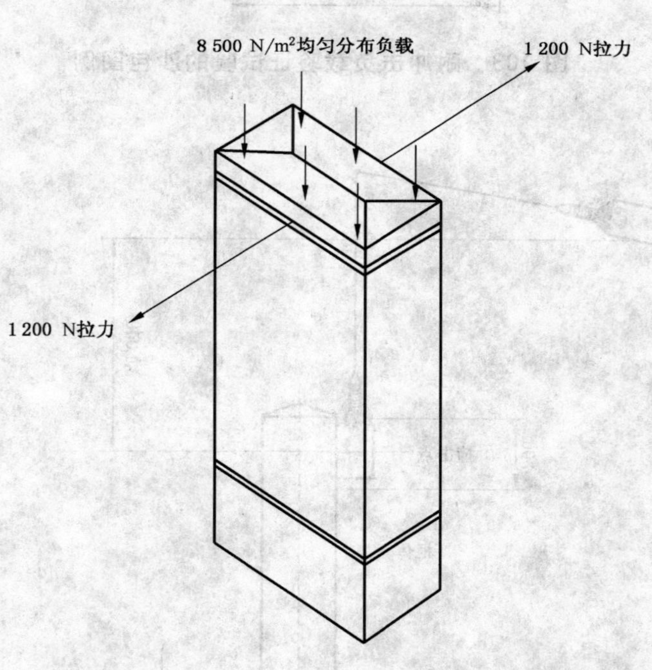

图 102 耐静力验证试验图解

单位为毫米

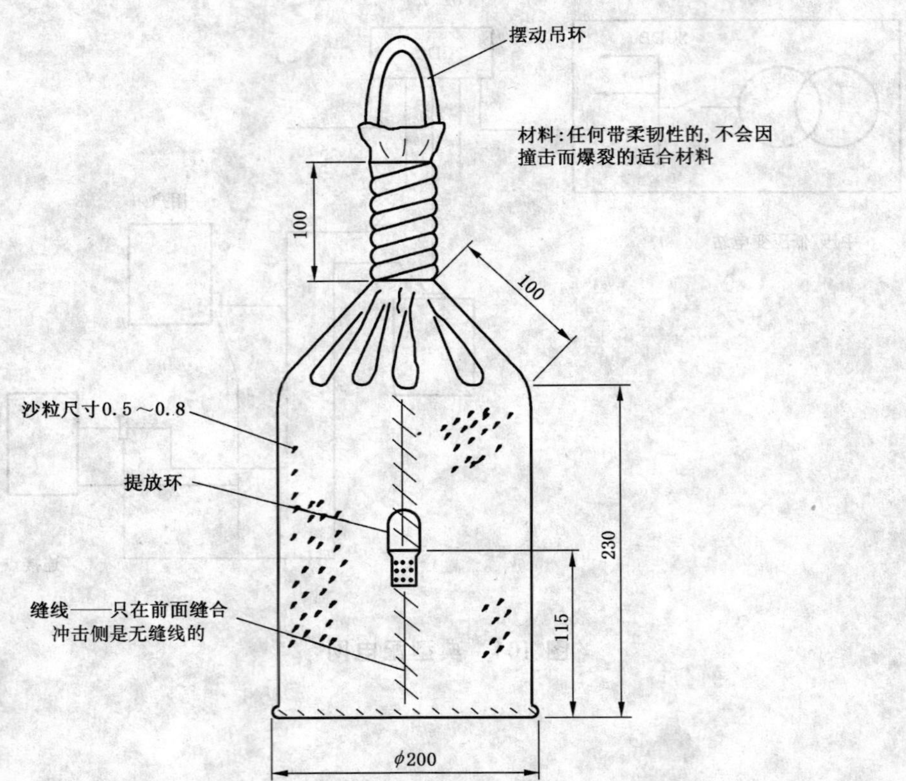

图 103　耐冲击负载验证试验的沙包图例

单位为毫米

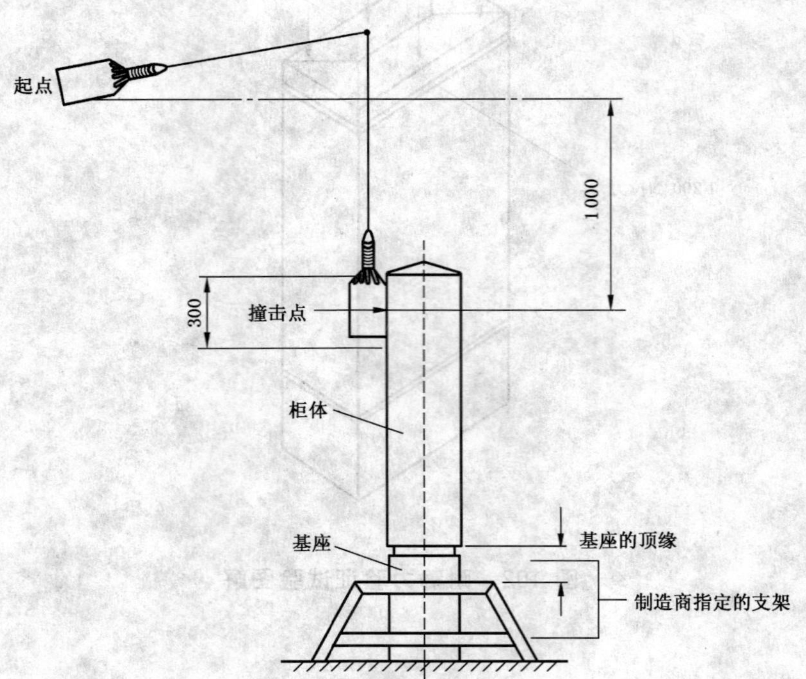

a) CDC 耐冲击负载验证试验图解

图 104　耐冲击负载验证试验图解

单位为毫米

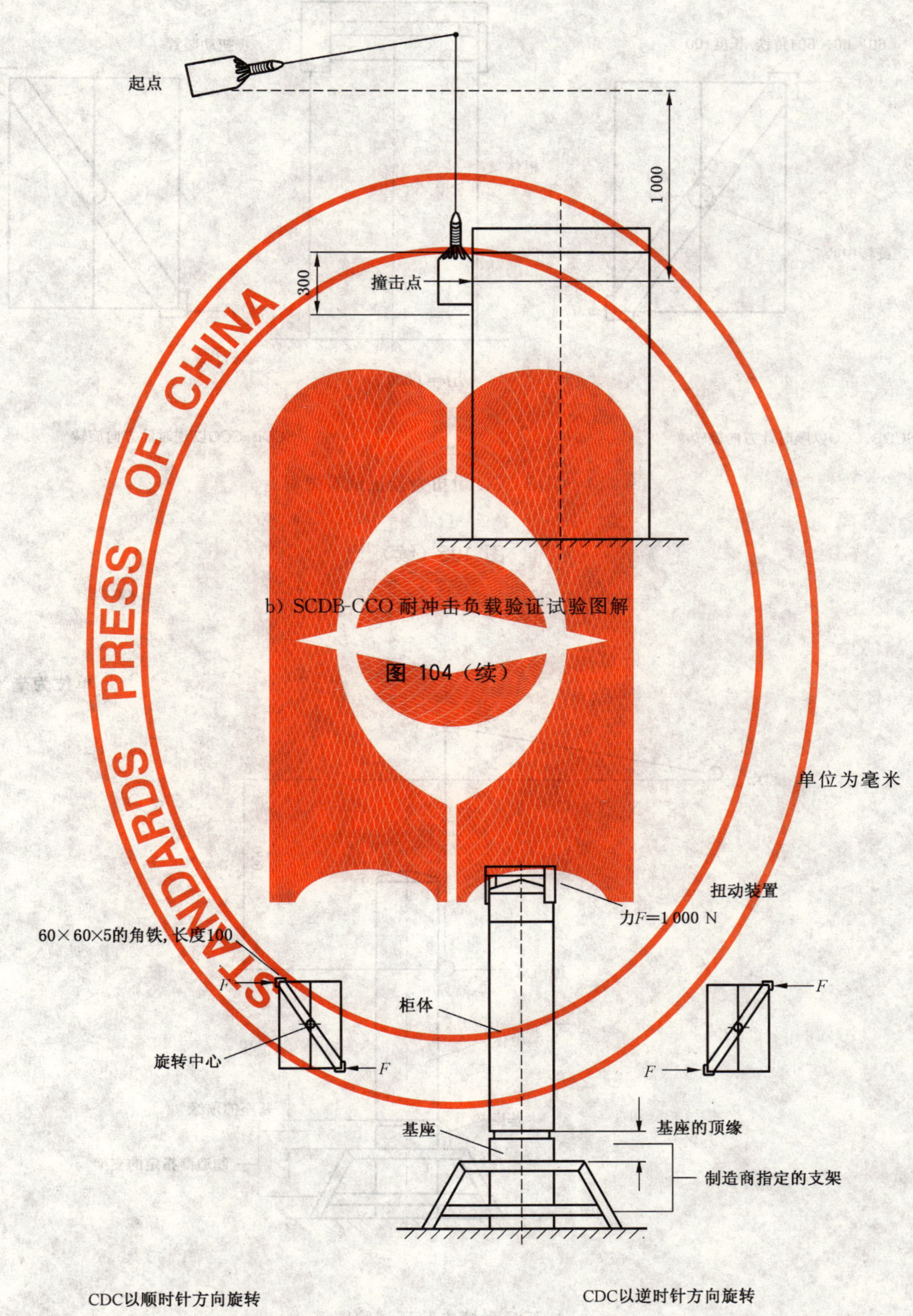

b）SCDB-CCO 耐冲击负载验证试验图解

图 104（续）

单位为毫米

a）CDC 耐扭力验证试验图解

图 105　SCDB-CCO 耐扭力验证试验图解

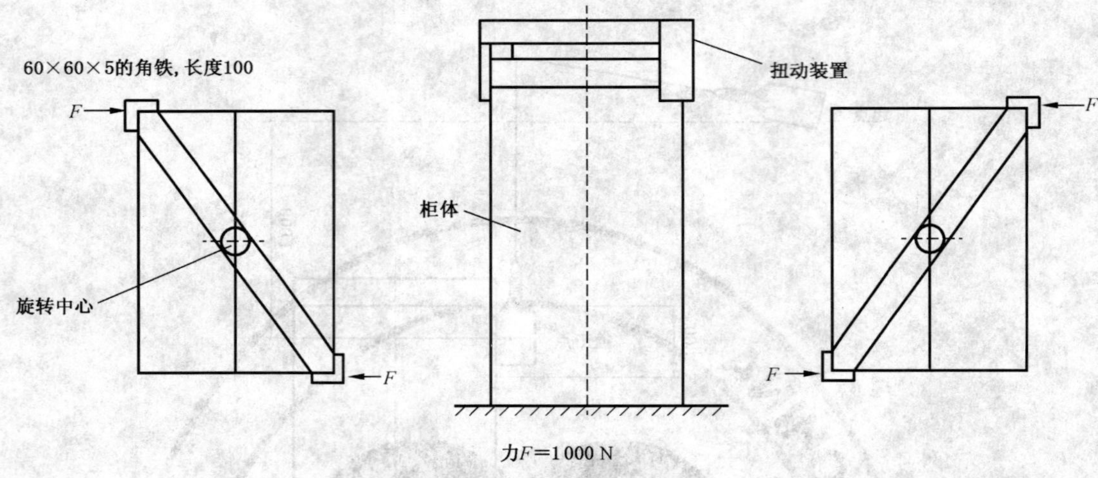

b) SCDB-CCO 耐扭力验证试验图解

图 105（续）

单位为毫米

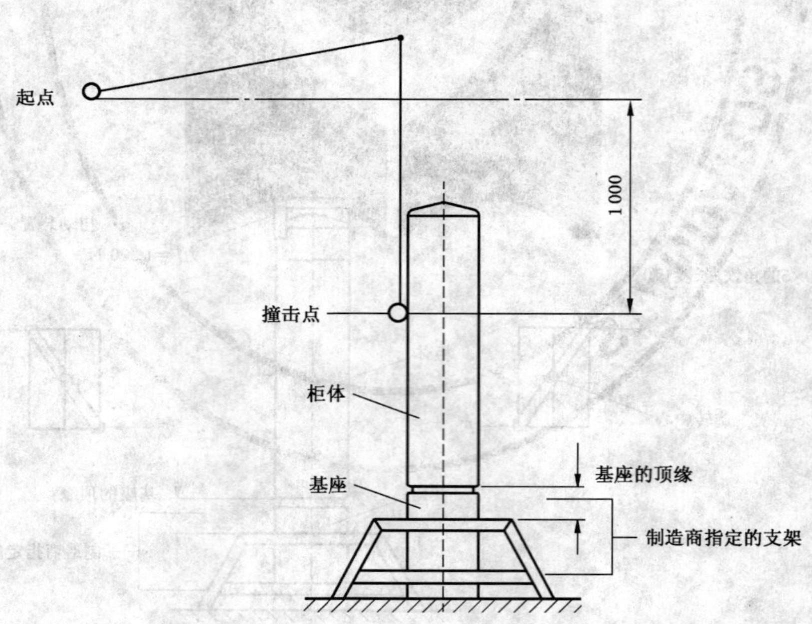

a) CDC 耐撞击验证试验图解

图 106　耐撞击验证试验图解

单位为毫米

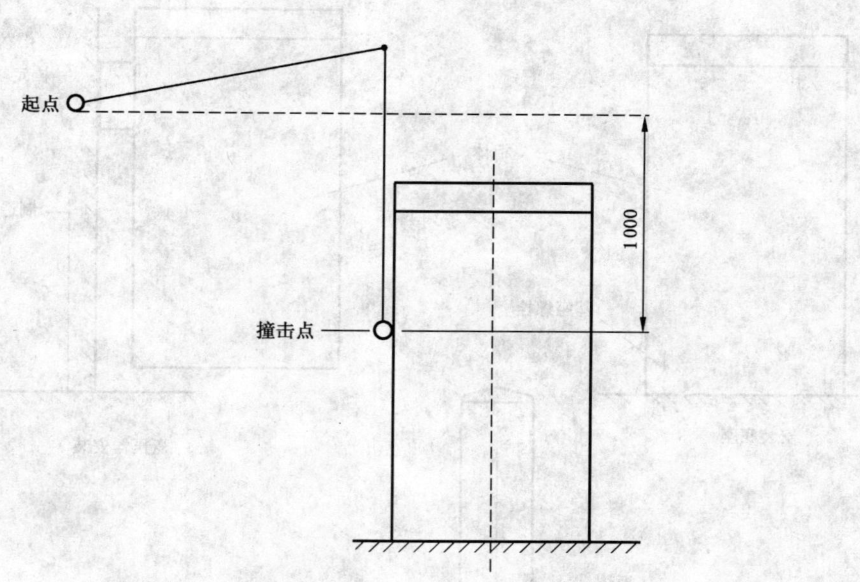

b）SCDB-CCO 耐撞击验证试验图解

图 106（续）

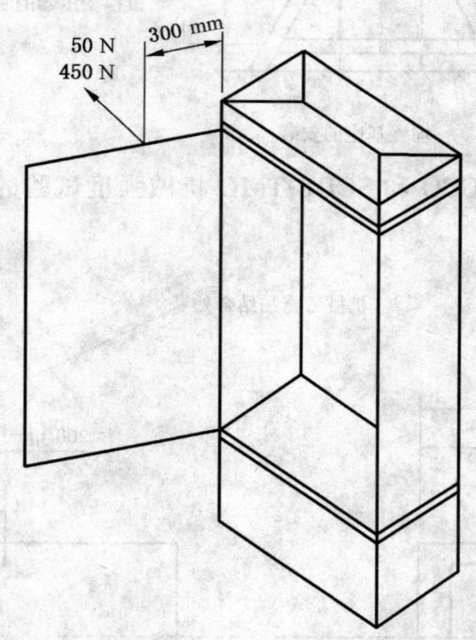

图 107　门的机械强度验证试验图解

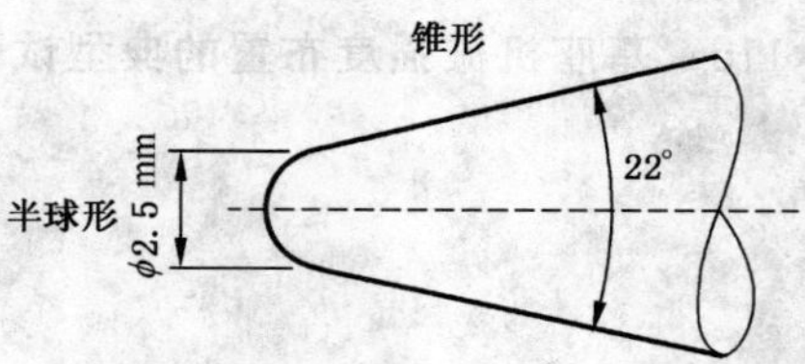

图 108　耐角状物机械撞击试验的撞击物

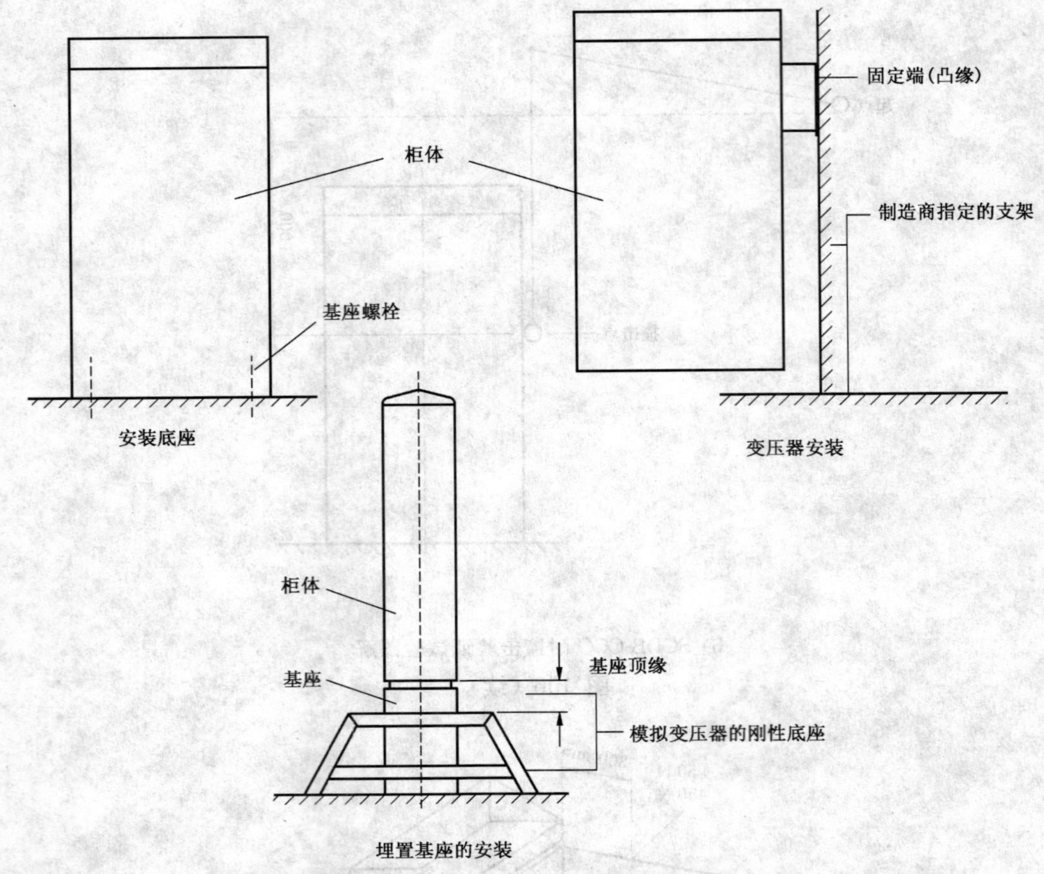

图 109　SCDB-CCO 和 SCDB-TMO 机械强度试验的典型壳体布置

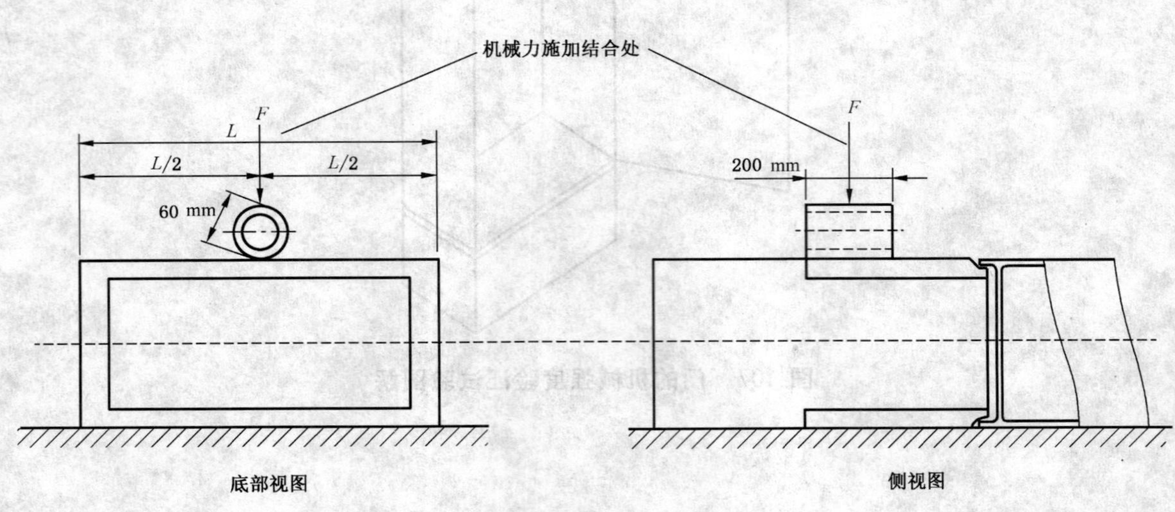

图 110　基座机械强度布置的典型试验

附 录 A
（规范性附录）
适合连接用铜和铝导线的最小和最大截面积

替代：

表 A.1 适合连接用铜和铝导线的最小和最大截面积（见 7.1.3.2）

额定电流/A	单芯或多芯导线（铝或铜）截面积/mm²		软铜导线截面积/mm²	
	最小	最大	最小	最大
6	0.75	1.5	0.5	1.5
8	1	2.5	0.75	2.5
10	1	2.5	0.75	2.5
12	1	2.5	0.75	2.5
16	1.5	4	1	4
20	1.5	6	1	4
25	2.5	6	1.5	4
32	2.5	10	1.5	6
40	4	16	2.5	10
63	6	25	6	16
80	10	35	10	25
100	16	50	16	35
125	25	70	25	50
160	35	95	35	70
200	50	150	50	95
250	70	150	70	120
315	70	240	95	185
400	70	240	95	185
500	70	300	95	240
630		300	95	240

注 1：本表适用于每个端子连接一根导线。

注 2：如果外接导线直接连接在内装器件上，有关规定中给出的截面积适用。

注 3：如果选用表中规定值以外的导线，建议由制造商和用户协商。

ICS 29.200
K 85

中华人民共和国国家标准

GB 7260.1—2008

不间断电源设备 第1-1部分:操作人员触及区使用的 UPS的一般规定和安全要求

Uninterruptible power systems(UPS)—
Part 1-1:General and safety requirements for UPS used in operator access areas

(IEC 62040-1-1:2002, MOD)

2008-05-20 发布　　　　2009-04-01 实施

中华人民共和国国家质量监督检验检疫总局
中国国家标准化管理委员会　发布

前言

本部分的全部技术内容为强制性。

GB 7260《不间断电源设备(UPS)》分为以下几个部分：

——第1-1部分：操作人员触及区使用的UPS的一般规定和安全要求；

——第1-2部分：限制触及区使用的UPS的一般规定和安全要求；

——第2部分：电磁兼容性(EMC)要求；

——第3部分：确定性能的方法和试验要求。

本部分为GB 7260的第1-1部分。

本部分修改采用IEC 62040-1-1:2002《不间断电源设备　第1-1部分：操作人员触及区使用的UPS的一般规定和安全要求》。

本部分与IEC 62040-1-1:2002相比，存在如下技术性差异：

本部分的4.5.15修改为"除非用户另有要求，提供给最终用户的文件资料、人机交互界面以及标识均应使用规范中文。"

本部分的附录A、附录B、附录C、附录D、附录E、附录F、附录G、附录K、附录L、附录M和附录N为规范性附录，附录H、附录J和附录X为资料性附录。

本部分由中国电器工业协会提出。

本部分由全国电力电子学标准化技术委员会(SAC/TC 60)归口。

本部分负责起草单位：艾默生网络能源有限公司、上海复旦复华科技股份有限公司。

本部分参加起草单位：中达电通股份有限公司、青岛整流器制造有限公司、西安电力电子技术研究所、青岛经济技术开发区创统科技发展有限公司。

本部分主要起草人：邱见青、王敖生、江伟石、张希范、蔚红旗、隋学礼、吴胜章、邵明乐、周观允、王英、王伟辉。

本部分是首次发布。

不间断电源设备 第1-1部分:操作人员触及区使用的 UPS 的一般规定和安全要求

1 范围和特殊应用

1.1 范围

GB 7260 的本部分适用于直流环节具有储能装置的电子式不间断电源设备。本部分引用了 GB 4943—2001及 IEC 60950-1:2001 的相关内容。

本部分包括的不间断电源设备(UPS)的主要功能是保证交流电源输出的连续性。UPS 也可使电源保持规定的特性,从而提高电源质量。GB 4943—2001 及 IEC 60950-1:2001 相关章节中关于地区差异的注释同样适用。

本部分适用于预定安装在操作人员触及区内、用于低压配电系统的移动式、驻立式、固定式或嵌装式的 UPS。本部分规定了保证操作人员和可能触及设备的外行人员安全的要求。当特别说明时,也适用于维修人员。

本部分旨在保证按制造商规定的方法安装、操作和维修 UPS 的安全。UPS 可是单一 UPS 单元,也可是内部互连的 UPS 系统。

本部分不包括直流供电的电子镇流器(IEC 60924 和 IEC 60925)和基于旋转电机的 UPS。

有关预定安装在限制触及区的 UPS 的一般要求和安全要求见 GB 7260.4,电磁兼容性(EMC)要求和定义见 GB 7260.2。

1.2 特殊应用

尽管本部分并未包括所有类型的 UPS,但仍可作为其指导性文件。对于一些特定用途的 UPS,可能需要对本部分规定附加一些要求。这些特定用途有:

——预定暴露工作在如下环境中的 UPS:极端温度,过量粉尘、潮湿或振动,可燃性气体,腐蚀性或爆炸性气氛等;

——处于患者身体触及区 1.5 m 内、配备有 UPS 的医疗电子设备;

——UPS 承受的瞬态过电压超过 GB/T 16935.1—1997 中的过电压类别Ⅱ的规定时,UPS 的供电部分可能需要附加保护措施;

——UPS 用于可能浸水和异物侵入的场合需要附加要求。这些要求的导则和相关试验见附录 H;

——长时间(超过 30 min)方波输出运行的 UPS 应符合 GB/T 7260.3—2003 中的 5.3.12 电压波形失真试验,以验证负载的兼容性。

注:预定在车辆、轮船或飞行器上或热带区域使用的 UPS,或海拔高度 1 000 m 以上地区使用的 UPS,可能需要不同的要求。

2 规范性引用文件

下列文件中的条款通过 GB 7260 的本部分的引用而成为本部分的条款。凡是注日期的引用文件,其随后所有的修改单(不包含勘误的内容)或修订版均不适用于本部分,然而,鼓励按本部分达成协议的各方研究是否可使用这些文件的最新版本。凡是不注日期的引用文件,其最新版本适用于本部分。

GB 4208 外壳防护等级(IP 代码)(GB 4208—2008,IEC 60529:2001,IDT)

GB 4943—2001 信息技术设备的安全(eqv IEC 60950:1999)

GB/T 5465.2 电气设备用图形符号(GB/T 5465.2—1996,idt IEC 60417:1994)

GB 6829—1995 剩余电流动作保护器的一般要求(eqv IEC 60755 及其修正件 1:1986 和修正件 2:1992)

GB 7260.2 不间断电源设备(UPS) 第 2 部分:电磁兼容性(EMC)要求(GB 7260.2—2003,IEC 62040-2:1999,MOD)

GB/T 7260.3 不间断电源设备(UPS) 第 3 部分:确定性能的方法和试验要求(GB/T 7260.3—2003,IEC 62040-3:1999,MOD)

GB 7260.4 不间断电源设备(UPS) 第 1-2 部分:限制触及区使用的 UPS 的一般规定和安全要求(GB 7260.4—2008,IEC 62040-1-2:2002,MOD)

GB 16916.1—2003 家用和类似用途的不带过电流保护的剩余电流动作断路器(RCCB) 第 1 部分:一般规则(IEC 61008-1:1996,MOD)

GB 16917.1—2003 家用和类似用途的带过电流保护的剩余电流动作断路器(RCBO) 第 1 部分:一般规则(IEC 61009-1:1996,MOD)

GB/T 16935.1—1997 低压系统内设备的绝缘配合 第一部分:原理、要求和试验(idt IEC 60664-1:1992)

GB/T 17045—2006 电击防护 装置和设备的通用部分(IEC 61140:2001,IDT)

IEC 60950-1:2001 信息技术设备 安全 第 1 部分:一般要求

IEC 61000-2-2:2002 电磁兼容 第 2-2 部分:环境 公用低压供电系统低频传导骚扰及信号传输的兼容水平

3 定义

3.1 总则

本部分采用下列定义。GB 4943—2001 和 IEC 60950-1:2001 的相关定义也适用于本部分。

除非另有规定,本部分使用的“电压”和“电流”均为方均根值(R.M.S 值)。

注:当存在非正弦波信号时,应使用能给出真实方均根读数的测量仪器。

3.1.1

不间断电源设备 uninterruptible power system

UPS

由变流器、开关和储能装置(如蓄电池)组合构成的,在输入电源故障时维持负载电力连续性的电源设备。

3.1.2

旁路 bypass

替代间接 UPS 的内部或外部供电通路。

3.1.3

主电源 primary power

由公用供电系统或用户的发电机提供的电力。

3.1.4

反向馈电 backfeed

在储能运行方式和主电源不可用的情况下,UPS 内的一部分电压或能量直接或通过泄漏通路反向馈送到任一输入端子。

3.1.5

反向馈电保护 backfeed protection

减小反向馈电引起的电击危险的控制方案。

3.1.6

储能供电运行方式　stored energy mode

UPS 在下列供电情况下运行：

——主电源断开或超出给定的允差；

——蓄电池正在放电；

——负载在给定范围内；

——输出电压在给定允差内。

3.2　UPS 电气参数

3.2.1

额定电压　rated voltage

制造商声明的输入或输出电压(三相供电系统指线电压)。

3.2.2

额定电压范围　rated voltage range

制造商声明的输入或输出电压范围,以额定电压的下限值和上限值表示。

3.2.3

额定电流　rated current

制造商声明的 UPS 最大输入或输出电流。

3.3　负载类型

3.3.1

正常负载　normal load

尽可能接近制造商操作说明规定的正常使用中最严酷条件的运行方式。但是,当实际使用条件比制造商推荐的最大负载条件明显严酷时,应使用能施加的最大负载。

注：UPS 基准正常负载条件的例子见附录 M。

3.3.2

线性负载　linear load

来自电源的电流由下述关系式描述的负载：

$$I = U/Z$$

式中：

I——负载电流；

U——电源电压；

Z——负载阻抗。

3.3.3

非线性负载　non-linear load

负载阻抗参数(Z)不再是恒定常数,而是随诸如电压或时间等其他参数变化的负载(参见附录 M)。

3.4　与电源的连接

GB 4943—2001 的 1.2.5 的定义与下述条款一并适用。

3.4.1

电源软线　power cord

用于互连目的的柔性软线或多芯导线。

3.5

电路和电路特性　circuits and circuit characteristics

IEC 60950-1:2001 的 1.2.8 的定义适用。

3.5.1

危险电压 hazardous voltage

GB 4943—2001 的 1.2.8.4 的定义适用。

3.6

绝缘 insulation

GB 4943—2001 的 1.2.9 的定义适用。

3.7

设备可移动性 equipment mobility

GB 4943—2001 的 1.2.3 的定义适用。

3.8

UPS 的绝缘类别 insulation classes of UPS

GB 4943—2001 的 1.2.4 的定义适用。

3.9

外壳 enclosures

GB 4943—2001 的 1.2.6 的定义适用。

3.10

可触及性 accessibility

GB 4943—2001 的 1.2.7 的定义适用。

3.11

零部件 components

IEC 60950-1:2001 的 1.2.11 的定义适用。

3.12

配电系统 power distribution

GB 4943—2001 的 1.2.8 的定义适用。

3.13

可燃性 flammability

IEC 60950-1:2001 的 1.2.12 的定义适用。

3.14

其他 miscellaneous

GB 4943—2001 的 1.2.13 的定义与以下条款一并适用。

3.14.1

型式试验 type test

GB 4943—2001 的 1.4.2 的定义与以下内容一并适用。

在本部分范围内，如果通过检验或特性试验来检查材料、元器件、部件的符合性，允许通过检查任何相关数据或适用的以往试验结果代替规定的型式试验。

注：对于大型或大功率设备，可能不具备合适的试验设施进行某些型式试验。

上述情况也存在于某些电气试验。这些试验的模拟设备无法从商业途径获得或特殊的试验设施超出了制造商所能解决的范围。

3.15

通讯网络 telecommunication networks

下列定义适用：GB 4943—2001 的 1.2.8.9，1.2.8.10，1.2.8.11，1.2.8.12，1.2.13.8。

4 试验的一般条件

GB 4943—2001 的 1.4.1，1.4.2，1.4.3，1.4.6，1.4.7，1.4.10，1.4.11，1.4.13，1.4.14 及 IEC 60950-1:2001 的 1.4.8，1.4.12 与以下条款一并适用。

只有漏电流和温升试验应在输入电压的允差内进行，其他试验均在标称输入电压下进行。

4.1 试验时的工作参数

除非本部分其他条款中规定了特定试验条件，且这些条件显然会对试验结果有重大影响，否则应在制造商的运行规范内，在下列参数最不利组合的情况下进行试验：

——供电电压；

——供电电压失电；

——供电频率；

——蓄电池充电条件；

——UPS 整机安装位置和可拆卸零部件的位置；

——运行方式；

——操作人员触及区的温控装置、调整装置或类似控制的调整，包括：

a) 不借助工具调整；或

b) 通过有意配置给操作人员的钥匙或工具调整。

4.2 试验负载

确定输入电流和其他试验结果可能受到影响的情况时，应考虑下列因素并将其调整到能产生最不利结果的状况：

——蓄电池再充电的负载；

——制造商提出或配置的在受试设备内或随设备的选件的负载；

——制造商预定配置的、由受试设备供电的其他单元的负载；

——操作人员触及区的任何标准电源插座可能连接的设备，不超过 4.5.2 要求的明示数值的负载。

试验中，可用人工负载模拟上述负载。

4.3 零部件

IEC 60950-1:2001 的 1.5.1,1.5.2,1.5.4,1.5.5,1.5.6,1.5.7,1.5.8 适用。

4.4 电源接口

GB 4943—2001 的 1.6.1,1.6.2 和 1.6.4 与以下条款一并适用。

设备内如果有中性线，则中性线应同相线一样与地和机身隔离。连接在中性线和地之间的零部件的额定工作电压应等于相电压。当输出与输入中性线隔离时，负责安装的维修人员应按当地布线规程和安装说明书的详细说明配置输出中性线。

通过检验检查其符合性。

4.5 标识和说明

4.5.1 概述

应有符合下述详细要求的标识或等效文字。除预定由维修人员安装的设备，位于操作人员触及区或设备外表的标识应显而易见。如果标识位于固定式设备外表，则按正常使用条件安装后还应显而易见。

如果标识在设备外不可见，但打开门或罩直接可见，认为是符合要求的。如果标识位于门或罩后面而不在操作人员触及区，则应附加易于看见、表明标识位置的标记（允许采用临时标记）。

4.5.2 电源额定值

设备应有足够的标识规定：

——输入电源要求；

——输出电源额定值。

有多个额定电压的设备应标明相应的额定电流，并依次用斜线分隔符“/”隔开，且能明显看出额定电压和额定电流之间的对应关系。

规定额定电压范围的设备应标明最大额定电流或电流范围。

除 GB 4943—2001 中的相关内容外，输入输出标识还应包括：

——额定输出电压；

——额定输出电流或额定功率(单位为伏安(VA))或有功功率(单位为瓦(W))；

——如果额定输出功率因数小于1,应标出额定输出功率因数,或有功功率和表观功率,或有功功率和额定电流；

——输出相数(1ϕ 或 3ϕ),有或无中性线；

——额定输出有功功率,单位为瓦(W)或千瓦(kW)(见附录 M)；

——额定输出表观功率,单位为伏安(VA)或千伏安(kVA)(见附录 M)；

——最大运行环境温度范围(可选)。

注：按附录 M 检查其符合性。

对设计有附加的独立自动旁路/维修旁路、附加的输入交流电源或外置蓄电池的设备,可在随机安装说明书中规定相应的电源额定值。这种情况下,在连接处或其附近应有下述说明：

与电源连接前,查看安装说明书

如果没有给出与主电源直接连接的方式,则不必标出额定电流。

4.5.3 安全说明

给出避免操作、安装、维修、运输或储存 UPS 时引起危险的特别事项是必要的。制造商应对此作必要的说明。

注1：可能需要特别注意,例如:连接至电源的设备与蓄电池的连接以及各独立单元(如有)之间的互连。UPS、蓄电池箱以及由 UPS 供电的设备端子或输出插座的保护连接甚至当 UPS 电源插头断开时仍应保持互连。

注2：适用时,安装说明应参考国家布线规程。

注3：维修资料通常只提供给维修人员。

操作说明书应提供给用户。对预定由用户安装的插接式设备,还应向用户提供安装说明书。

制造商应根据安装设备需要的能力水平向用户提供指导,如：

——操作人员可安装:供应商已安装蓄电池的 A 型或 B 型插接式设备；

——维修人员可安装:固定式设备或需现场安装蓄电池的设备。

制造商应根据操作设备需要的能力水平向用户提供指导,如：

——无经验人员操作的设备；

——有经验人员操作的设备。

当用于与电网电源隔离的断接装置没有安装在设备中(见 GB 4943—2001 的 3.4.2)或者用电源软线上的插头作为断接装置时,应在安装说明书中声明：

——对永久连接式 UPS,应在其固定布线上安装适当的、便于操作的断接装置；

——对插接式 UPS,给 UPS 供电的电源输出插座应安装在 UPS 的附近,且便于操作。UPS 的电源线由于安全原因必须与接地的电源插座连接时,应在 UPS 的标识上或安装说明中声明;连接到 UPS 的其他设备或Ⅰ类设备负载的特殊等电位接地连接也应符合此要求。

注4：带插头的电源线长度一般不超过 2 m。

对无内置自动反向馈电隔离(见 5.1.4)的永久连接式 UPS,说明书应要求用户在远离 UPS 区域的所有主电源隔离装置上增加警告标签,警告电气维护人员此电路给 UPS 供电。

警告标签应含有以下文字或等效词句：

线路施工前,断开 UPS

4.5.4 电源电压调整

见 GB 4943—2001 的 1.7.4。

4.5.5 电源输出插座

见 GB 4943—2001 的 1.7.5。

4.5.6 熔断器

见 GB 4943—2001 的 1.7.6。

4.5.7 接线端子

见 IEC 60950-1:2001 的 1.7.7。

4.5.8 蓄电池接线端子

预定和蓄电池连接的接线端子应按 GB/T 5465.2 标明极性,或以其结构减少误接的可能。

4.5.9 控制装置和指示器

见 GB 4943—2001 的 1.7.8。

4.5.10 多电源供电的隔离

见 GB 4943—2001 的 1.7.9。

4.5.11 IT 配电系统

见 GB 4943—2001 的 1.7.10。

4.5.12 建筑物设施内的防护

如果 B 型插接式设备或永久连接式设备是依赖于建筑物设施的保护装置提供设备内部配线的保护,则应在安装说明书中说明,并给出短路或过流保护的要求。必要时,同时给出对二者的要求(见 5.6.1)。

如果 UPS 的电击保护(见 5.1)依赖于建筑物设施的剩余电流装置,且 UPS 的电路设计使得直流部件在正常条件和非正常条件下可能会有对地故障电流,则应在安装说明书中要求:三相 UPS 的建筑物设施的剩余电流装置为 B 型(GB 6829);单相 UPS 为 A 型(GB 16916.1 或 GB 16917.1)。

注:应注意国家布线规程(如有)关于公用供电系统的防护要求。

4.5.13 大漏电流

以下内容与 GB 4943—2001 的 5.1 一并适用。

对预定用作 B 型插接式设备或固定式的 UPS,如果任一运行方式下,UPS 和连接的所有负载的漏电流总和使 UPS 初级保护接地导体上的漏电流超过或可能超过 GB 4943—2001 的 5.1 规定的限值,则 UPS 上应有 GB 4943—2001 的 5.1 要求的警告标签。安装手册中应规定与主电源的连接方法。

4.5.14 温控和其他调整装置

见 GB 4943—2001 的 1.7.11。

4.5.15 语言

除非用户另有要求,提供给最终用户的文件资料、人机交互界面以及标识均应使用规范中文。

4.5.16 标识的耐久性

见 GB 4943—2001 的 1.7.13。

4.5.17 可拆卸零部件

见 GB 4943—2001 的 1.7.14。

4.5.18 可更换蓄电池

见 GB 4943—2001 的 1.7.15。

4.5.19 操作人员使用工具触及

见 GB 4943—2001 的 1.7.16。

4.5.20 蓄电池

UPS 外置蓄电池箱或内置蓄电池柜上应有如下清楚易懂的信息,其位置应使维修人员在维修 UPS 时易于看到,并符合 GB 4943—2001 的 1.7.1 的要求:

a) 蓄电池类型(铅酸、镍镉等)和蓄电池组的蓄电池节数或单元数;
b) 蓄电池组的总标称电压;
c) 蓄电池组的总标称容量(可选);
d) 警告标签明示设备的能量或电击及化学危险,以及参考下述说明规定的维护处理和废弃处置要求。

例外：配置预定安装在 UPS 的上方、下方或旁边的内置蓄电池组或独立蓄电池箱、操作人员用插头和插座连接安装的 A 型插接式 UPS，仅需要在设备外贴上警告标签（见上述 d））。

所有其他信息应在用户说明书中给出。

说明

a） 内置蓄电池

——说明书中应有足够的信息，以保证更换合适的、推荐型号的蓄电池；

——安装/维修手册中应有允许维修人员触及的安全说明；

——如果蓄电池由维修人员安装，应提供包括端子扭矩的互连说明。

操作手册应包括下述说明：

——蓄电池维护宜由具备蓄电池专业知识的人员进行或在其监督下进行，并有相应措施；

——更换蓄电池时，应使用相同型号和数量的蓄电池替换，或使用蓄电池包替换。

警告：不得将蓄电池置于火中。蓄电池可能爆炸。

警告：不得打开或损毁蓄电池。释放的电解液对眼睛和皮肤有害，甚至可能中毒。

b） 外置蓄电池

——UPS 制造商未配置蓄电池时，安装说明书中应给出电压、安时数额定值、充电方式以及安装蓄电池时要求的与 UPS 保护装置协调工作的保护方法；

——蓄电池制造商应提供蓄电池单元的说明。

c） 外置蓄电池箱

如果 UPS 制造商未配置电缆，则 UPS 配置的外置蓄电池箱应有充分的安装说明规定与 UPS 连接的电缆尺寸。蓄电池单元或组未预先安装和连接、UPS 制造商也未给出详细说明的，应由蓄电池制造商提供蓄电池组的安装说明。

4.5.21 安装说明书

安装说明书应提供有关信号电路、继电器的触点和紧急断电电路等的用途和连接的足够信息。与其他设备连接时，应注意维护 TNV、SELV 或 ELV 电路的特性。

安装说明书应有充分的信息（包括 UPS 的内部电路基本配置），以突出其与配电系统的兼容性。

应特别注意与相关布线规程和旁路电路的兼容性。

5 基本设计要求

5.1 电击和能量危险的防护

GB 4943—2001 的 2.1.1.2，2.1.1.4，2.1.1.6，2.1.1.7 及 IEC 60950-1:2001 的 2.1.1.5，与以下条款一并适用。

5.1.1 操作人员触及

本部分对带电零部件引起的电击规定了两类防护要求。对 IEC 60950-1:2001 的 2.1.1.5 的规定增加了能量危险防护要求。

注 1：SELV 电路的定义见 GB 4943—2001 的 1.2.8.6。

这两类要求基于下述原则：

a） 允许操作人员触及

——SELV 电路中的裸露零部件；

——限流电路中的裸露零部件；

——在 GB 4943—2001 的 2.1.1.3 中规定条件下的 ELV 电路配线的绝缘。

注 2：对交流 25 V 至 50 V 和直流 60 V 至 120 V 的可触及裸露导电零部件应引起注意。

b） 防止操作人员触及

——ELV 电路或危险电压电路的裸露零部件；

——5.1.2 规定条件之外的零部件的工作绝缘或基本绝缘；

——仅用工作绝缘或基本绝缘与 ELV 或危险电压的零部件隔离的不接地的导电零部件。

5.1.2 ELV 配线的触及

GB 4943—2001 的 2.1.1.3 与下述内容一并适用。

注：应考虑逆变器的最大不同步电压或不同步状况。

通过检验(必要时通过试验)检查其符合性。

5.1.3 主电路电容器的放电

GB 4943—2001 的 2.1.1.7 与下述内容一并适用。

注：应当注意，对特定的配置，UPS 带载时的电击危险不仅来自其内部电容器，也来自连接至 UPS 的负载的电容器。这在设计安装时应予考虑。

5.1.4 反向馈电保护

应配置反向馈电保护。在正常情况和交流输入电压掉电使零部件(如控制电路中的)出现单一故障情况下，反向馈电保护装置输入端不应出现电击危险(危险电压、危险能量、危险接触电流)。

对固定安装的 UPS，反向馈电保护可配置在 UPS 内或外置在其交流输入线上。

如果 UPS 的反向馈电保护隔离装置是外置的，供应商应给出其适当的型号。

在紧靠输入端子处应有标签(见 4.5.3)。

通过设备和相关电路的试验和检验以及模拟 GB 4943—2001 中 5.3 的故障条件检查其符合性。

如果反向馈电保护应用气隙，则气隙应按下述定义或等效：

a) 正常工作时，各相之间的间距应满足基本绝缘的要求(见 GB 4943—2001 的表 2K 和 2L)；

b) 如果设备工作在逆变方式，输入源可认为是没有瞬态过电压的二次电源(见 GB 4943—2001 的表 2K 的最后一列)。例如：电压方均根值低于 150 V 的电路的基本绝缘要求 0.7 mm，电压方均根值为 150 V～300 V 的电路的基本绝缘要求 1.4 mm。浮地输出的、所有相线开路而中性线采用基本绝缘要求的电气间隙的 UPS，其符合性是可接受的。如果输出以机架为地，则要求加强绝缘或与之等效；

c) 假如制造质量保证程序至少有 GB 4943—2001 的 R.2 中示例质量保证的同样水平，且能承受 GB 4943—2001 的表 G.2 规定的电压，则零部件的电气间隙可进一步减小。例如：对方均根值不超过 300 V 的电压，0.4 mm 的气隙认为是可接受的。

通过检验检查其符合性。

5.1.5 紧急开关装置

UPS 应配置必要的单一紧急开关装置(或与远程紧急开关装置相连的端子)，防止 UPS 在任何运行方式下向负载继续供电。如果依赖于建筑物电气装置中的附加断接装置，则应在安装说明书中说明。对插接式 UPS，如果国家布线规程或相关电路允许，这些要求是非强制性的。

通过检验检查其符合性。

5.2 绝缘

GB 4943—2001 的 2.2.3.1、2.2.3.2 和 2.2.3.3 适用。

5.3 限流电路

IEC 60950-1:2001 的 2.4.1、2.4.2、2.4.3 适用。

5.4 保护接地措施

IEC 60950-1:2001 的 2.6 与以下条款一并适用。

5.4.1 保护接地

Ⅰ类设备的可触及导电部件在单一绝缘失效时可能有危险电压存在，故应在 UPS 内与保护接地端子可靠连接。

此要求不适用于通过以下方法与具有危险电压部件隔离的可触及导电部件：

——接地金属部件；或

——符合双重绝缘或加强绝缘要求的固体绝缘或气隙，或二者的组合。在这种情况下，涉及的部件的固定和强度应使得施加 IEC 60950-1:2001 的 2.10 和 4.3.2 中相关试验要求的作用力下保持最小距离。

通过检验 IEC 60950-1:2001 的 2.6.1 及 GB 4943—2001 的 5.3 的相关要求检查其符合性。

5.4.2 连接

对 A 型插接式Ⅰ类设备，UPS 应配置足够的端子、接地的插座或其他方式，使得最终系统配置中的其他Ⅰ类设备(包括外置蓄电池箱)与 UPS 等地电位连接。这种连接同 UPS 一次保护导体是否与其供电电源断开无关。任何特殊连接说明均应在用户说明书中给出。

通过检验相应连接处的地电阻测试来检查其符合性。

5.5 交流和直流电源的隔离

IEC 60950-1:2001 的 2.6.2,2.6.3,2.6.4,2.6.5 与以下条款一并适用。

5.5.1 断接装置

设备应配置断接装置，以便有资格的人员维修时能将 UPS 与交流电源断开。

注：除非对使用功能有要求，隔离措施既可位于维修触及区，也可位于设备外。

5.5.2 三相设备

对三相 UPS，断接装置应同时断开供电电源的所有相线。对由 IT 配电系统供电的 UPS，断接装置应是四极的，且能断开所有相线和中性线。如果 UPS 未配置这种四极断接装置，则安装说明书中应给出其作为建筑物设施一部分的具体要求。

如果断接装置断开中性线，则应同时断开所有相线(见 GB 4943—2001 的 1.7.2)。

5.5.3 作为断接装置的开关

如果断接装置是安装在设备内的开关，应按 GB 4943—2001 的 1.7.8 的规定标明其“通”和“断”位置。

如果断接装置的操作是竖直方向而不是旋转或水平方向，应以向上的位置作为“通”的位置。

5.5.4 多电源

如果永久连接的 UPS 由一个以上外部电源(例如将不同的电压/频率的电源作为备用电源)供电，则每个断接装置上都应有明显标识，给出切断所有外部电源的详细说明。

注：应注意保护接地导体。应使得即便一根电源线缆移开，保护接地依然保持。

5.5.5 不接地导体

对既有内置又有外置直流蓄电池供电的情况，断接装置或隔离措施应断开与蓄电池或蓄电池组连接的所有不接地导体。

通过检验来检查 5.5 的符合性。

5.6 过流保护和接地故障保护

GB 4943—2001 的 2.7.3,2.7.4,2.7.5,2.7.6 与以下条款一并适用。

5.6.1 基本要求

应配置过流、短路和输入、输出电路的接地故障保护。保护装置可是设备整体的一部分，也可是建筑物设施的一部分。

a) 除 b)中所述外，符合 8.3 要求的必要的保护装置应作为设备整体的一部分；

b) 与设备输入串联的零部件，如电源软线、器具耦合器、RFI 滤波器、旁路和开关的短路和接地故障保护应由建筑物设施的保护装置提供；

c) 如果依赖建筑物设施提供保护，除了 A 型插接式设备外，安装说明书应符合 4.5.12，应认为提供该保护是根据插座额定值且针对 4.5.12 不适用的情况；

d) 制造商应规定在最严酷条件下会产生的故障电流的方均根值，以便为永久连接的输出电路中性线、保护线和相线选择合适的尺寸。如果制造商配置输出电路保护或对于 A 型插接式设备的输出，则不必给出故障电流。

逆变器的输出电流单独由电流限定电路控制时，其短路或过载电流不应产生本部分所述的危险。

短路保护应在 5 s 内动作。

注：上述要求是为了减少一个输出端短路时的电击或着火危险。在输出端配置一个与输出电路额定值或电流限值相同的断路器，认为足以满足要求。

通过检验和功能试验检查其符合性。

5.6.2 蓄电池电路保护

蓄电池供电电路应配置符合5.6.3,5.6.4和表1要求的过流保护。

5.6.3 保护装置的位置

当蓄电池安装在UPS内时,蓄电池供电电路应在靠近蓄电池连接装置处、且在任何可能发生短路故障的元器件(如电容器、半导体器件或类似零部件)之前配置保护装置。

当蓄电池安装在UPS外,过流保护装置的位置见表1。

表1 蓄电池保护装置的位置

蓄电池的位置和/或类型	保护装置的位置	过流保护装置数量	接地故障保护装置数量
1) UPS内	UPS	1	1或2[a]
2) 移动式或独立的驻立式蓄电池箱	蓄电池箱	1	1或2[a]
3) 独立的固定式蓄电池箱	蓄电池箱	1	1或2[a]
4) 独立的蓄电池间[b]	蓄电池间	1	1或2[a]

[a] 未接地蓄电池要求在每一极上都有接地故障保护装置,除非外部电路的熔断器起到同样作用。

[b] UPS使用手册应说明UPS配置的过流保护装置和线缆的额定值。如果蓄电池箱不是作为UPS的整体配置,此要求也适用于第2项和第3项。

对独立的蓄电池供电的UPS,过流保护装置的额定值应在使用手册中说明,并按6.2中的要求确定UPS和供电蓄电池之间的导体的电流额定值。

5.6.4 保护装置的额定值

内置的过流保护装置的额定值应对GB 4943—2001的5.3.1所述情况起到保护作用。

通过检验和试验来检查其与5.6的符合性。

5.7 人身防护——安全联锁装置

5.7.1 操作人员防护

对操作人员触及区,GB 4943—2001的2.8适用。

5.7.2 维修人员防护

除GB 4943—2001的2.8的要求外,下述条款也适用于当UPS带电时,维修人员在非绝缘电气部件上方、下方和周围,或跨过该部件,或移动该部件进行调整和测量。

5.7.2.1 罩

应妥善安置罩和对其具有危险电压或能级的部件,减少移去或更换罩时导致的电击或大电流引起的危险。

5.7.2.2 部件的位置和防护

应对具有危险电压或能级的部件和会造成人身伤害的移动零部件进行固定、隔离或增加保护装置,以减少维修人员调整、复位或类似动作、或UPS带电时进行机械功能操作(例如:给电动机润滑、调整带数字拨盘或不带数字拨盘的控制器的设置、复位脱扣装置或操作手动开关)时无意触及的可能。

5.7.2.3 门上的部件

应对安装在门后面的具有危险电压或能级的部件进行隔离或增加保护装置,以减少维修人员无意触及带电部件的可能。

通过检验、测量和用试指(GB 4943—2001的图2A)试验检查其与5.7.1~5.7.2.3的符合性。

5.7.2.4 零部件的触及

需要带电时检查、复位、调整、维修或维护的零部件的安装固定,应考虑电气维修时可能触及的其他零部件和接地金属部件不会对维修人员造成电击、危险能级和大电流引起的危险,或邻近的移动零部件造成的人身伤害。触及某零部件时不应受到其他零部件或导线的妨碍。

当UPS带电时用螺丝刀或类似工具进行调整,应按GB 4943—2001的2.8.3的要求提供必要的防护，避免无意触及邻近未绝缘的危险带电部件造成电击和危险能级引起的危险，还应考虑工具未对准产生的危险。

可通过以下方式进行防护：

——调整装置的位置远离未绝缘的危险带电部件；或

——使用防护装置减少工具触及未绝缘带电部件的可能。

通过检验，必要时通过故障模拟检查其符合性。

5.7.2.5 移动的零部件

应固定或防护维修过程中能引起人身伤害的可移动的零部件，使之不会被无意触及。

5.7.2.6 电容器组

应对电容器组采取放电措施，以保护维修人员。如果放电时间超过 1.0 s，应有警告标签标示将危险降到 GB 4943—2001 的 1.2.8.4 和 1.2.8.7 定义的安全水平需要的时间(不应超过 5 min)。

5.7.2.7 内置蓄电池

内置蓄电池的放置应使无意触及接线端子的电击危险最小，其互连方式应使维修或更换时的短路和电击危险最小。

通过检验检查与 5.7.2.4～5.7.2.7 的符合性。

5.8 电气间隙、爬电距离和绝缘穿透距离

见 IEC 60950-1:2001 中的 2.10。

5.9 外部信号电路

GB 4943—2001 的 2.3 和 2.5 适用。

5.10 受限制电源

GB 4943—2001 的 2.5 适用。

6 布线、连接和供电

6.1 概述

GB 4943—2001 的 3.1 适用。

6.2 与电源的连接

GB 4943—2001 的 3.2.2，3.2.3，3.2.4，3.2.5，3.2.6. 3.2.7，3.2.8 及 IEC 60950-1:2001 的 3.2.5.2与下述条款一并适用。

6.2.1 连接方式

为与主电源安全可靠连接，UPS 应具有下列连接装置之一：

——与电源永久连接的接线端子；

——与电源永久连接或用插头与电源连接的不可拆卸的电源软线；

——与可拆卸的电源软线连接的器具插头。

如果设备的电源连接(例如不同电压/频率的电源，或作为备用电源)多于一种，则设计应符合下列所有条件：

——对不同电路提供独立的连接方式；

——如果电源插头连接装置的误插会引起危险，则它们应不可互换；

——当一个或多个连接器断开时，防止操作人员触及具有 ELV 或危险电压的裸露部件(如插头)。

通过检验检查其符合性。

6.3 外部电源导体的接线端子

GB 4943—2001 的 3.3.1 至 3.3.8 适用。

7 结构要求

GB 4943—2001 的 4.1 与下述内容一并适用。

7.1 外壳

在预定的运行中，设备机座或机架不应用于承载电流。

注：接地的机座或机架在发生电气故障时能承载漏电流或电流。

数字拨盘或铭牌等部件作为外壳的一个功能部分应符合外壳要求。

如果预期在现场组装模块化单元的各个模块（这些模块可为开放式结构——无外壳或是部分外壳），则模块化单元的外壳应符合 IEC 60950-1:2001 的 2.1 要求。模块的标识和模块之间的电气联结应符合 IEC 60950-1:2001 第 3 章的要求。

外壳应保护模块化单元的各种部件。构成外壳的部分应符合本部分关于防护火灾、电击、人身伤害和危险能级等方面危险的相关要求。

通过检验检查其符合性。

7.2 稳定性

GB 4943—2001 的 4.1 与下述内容一并适用。

在正常使用条件下，单元和设备结构的稳定性应不致给操作人员和维修人员带来危险。

如果使用某种可靠的稳定装置改善打开抽屉式部件、门等时的稳定性，则该稳定装置应在操作人员操作时自动起作用。如果不是自动的，应设置适当的、醒目的标识警告维修人员。

通过下述相关试验检查其符合性。每项试验应单独进行。试验时，设备的箱、柜应在其额定容量范围内装入能产生最不利条件的物品。如果设备正常运行时使用脚轮，则脚轮应处于最不利的位置。

不论有无蓄电池，设备在 GB 4943—2001 描述的最严酷情况下都不应翻倒。

7.3 机械强度

GB 4943—2001 的 4.2 和 IEC 60950-1:2001 的 4.2.7 适用。

7.4 结构设计细则

GB 4943—2001 的 4.3 与 IEC 60950-1:2001 的 4.3.13 及下述内容一并适用。

7.4.1 开口

防火外壳或电气防护外壳顶部、位于具有危险电压的裸露部件正上方的开口的任何方向上的尺寸不应超过 5 mm，除非设备采用迷宫结构或类似的限制结构（见 GB 4943—2001 的图 4B）防止垂直进入的外来物触及该裸露部件。本要求不适用于高度超过 1.8 m 的设备外壳顶部的开口。

7.4.2 气体浓度

如果设备在正常使用条件下包含蓄电池，则应有充分的安全措施避免爆炸性气体的积聚和内部或外部泄漏的危险。

注：也见 7.6。

通过检验检查其符合性。

7.4.3 设备的移动

为便于移动到安装位置而装有脚轮的设备，且预定进行刚性固定布线时，应有附加措施确保在安装中不移动。对质量大于或等于 25 kg 的单元，施加其重量 20%（但不超过 250 N）的作用力验证其是否移动。

通过检验和试验检查其符合性。

7.5 防火

GB 4943—2001 的 4.7 及 IEC 60950-1:2001 的 4.7.2.2，4.7.3.6 适用。

蓄电池阻燃等级应至少为 HB 级（见附录 A）。

7.6 蓄电池的安置

用于 UPS 的蓄电池要求有独立的和封闭的安装位置。可设计为：

——独立的蓄电池间或蓄电池房；

——户内或户外独立的蓄电池箱或蓄电池柜；

——UPS 内置的蓄电池槽或蓄电池室。

安装蓄电池应考虑下述要求。

适用时，按 7.6.1～7.6.8 检查其符合性。

7.6.1 可触及性和可维护性

蓄电池电极和蓄电池连接器应易于触及，以便使用合适的工具紧固。带有电解液的蓄电池的安装应使蓄电池单元的盖易于触及，以便于检测电解液和重新调整其液位。

通过检验和使用蓄电池制造商配置或推荐的工具和测试设备检查其符合性。

7.6.2 振动

应按蓄电池制造商的说明书防护振动。

通过检验检查其符合性。

7.6.3 距离

如果蓄电池单元的外壳由绝缘材料构成，或是由一个绝缘外壳罩住，只要符合规定的通风和蓄电池温度，蓄电池之间可不留间隙。

通过检验检查其符合性。

7.6.4 绝缘

外壳导电的镍镉蓄电池相互之间以及与蓄电池箱或柜之间的绝缘应符合 5.2 的要求。

通过试验检查其符合性。

7.6.5 布线

按第 6 章的要求，触点、连接和布线必须有防护措施防止其受环境温度、潮湿、气体、蒸气和机械应力的影响。

通过检验和试验检查其符合性。

7.6.6 电解液泄漏

蓄电池要求对电解液泄漏有充分的防护，如蓄电池托盘和箱的防电解液涂层。

注：此要求不适用于 VRLA 型蓄电池。

通过检验检查其符合性。

7.6.7 通风

应提供良好的通风，使内部潜在的易爆氢氧混合物能安全地扩散到危险水平之下。

附录 N 给出了保证蓄电池柜(独立的或组合的)达到足够的稀释水平所需空气流量的计算方法。

在蓄电池和电气零部件的组合设备中，应注意避免与起弧部件(如蓄电池排气孔/阀旁的接触器和开关)相邻处局部出现氢、氧积聚而引爆。

可采用全封闭零部件，或隔离蓄电池柜，或采用使 UPS 和蓄电池充分通风等技术结构解决此问题。

蓄电池排气孔/阀与任何敞开的起弧零部件之间的距离是否足够由制造商提供受试设备结构的技术数据证明。

如果 UPS 配置蓄电池，安装说明书中应提供关于蓄电池间所需空气流量的适当信息。

通过检验、计算和测量检查其符合性。如果使用非封闭零部件，起弧部件与蓄电池排气孔/阀之间有 500 mm 距离通常认为符合要求。

7.6.8 充电电压

在任何单一故障(例如充电器出现故障时关闭充电器或切断充电电流)情况下，应避免蓄电池承受过电压。制造商应明示充电电压限值。

通过电路评估和性能试验检查其符合性。

7.7 温升

GB 4943—2001 的 4.5.1 与下述内容一并适用。

表 2 温升限值

部　件	最大温升/℃
绝缘(包括绕组)	
A级材料 105	75
E级材料 120	90
B级材料 130	95
F级材料 155	115
H级材料 180	140
C级材料 200	150
N级材料 220	165
P级材料 240	185

表 3 以储能供电方式运行结束时，允许的绕组温度限值

绝缘等级/℃	平均电阻测量法测得的温度/℃	热电偶测量法测得的温度/℃
105	127	117
120	142	132
130	152	142
155	171	161
180	195	185
200	209	199
220	216	206
240	234	224

8 电气要求和模拟异常条件

8.1 概述

GB 4943—2001 的 5.1.1 与下述内容一并适用。

8.1.1 对地漏电流

当电路配置是任何运行方式下，UPS 的保护接地导体承载 UPS 及其连接的负载对地漏电流的总和时，UPS 应符合 GB 4943—2001 的 5.1.2 的要求。

对地漏电流超过 3.5 mA 时，GB 4943—2001 的 5.1.7 的要求适用。

通过检验和相关试验检查其符合性。

8.1.2 B型插接式 UPS

属于B型插接式的 UPS 应配备符合 IEC 60950-1:2001 的 3.2.5 要求的不可拆卸的电源软线。

通过检验检查其符合性。

8.2 抗电强度

GB 4943—2001 的 5.2 适用。

8.3 异常运行和故障条件

GB 4943—2001 的 5.3.1，5.3.2，5.3.3，5.3.4，5.3.5，5.3.8 与下述内容一并适用。

8.3.1 故障模拟

除 GB 4943—2001 的 5.3.2，5.3.3，5.3.5 规定以外的零部件和电路通过模拟下述条件检查其符合性：

——主电路中任何零部件的故障；

——其失效会对附加绝缘和加强绝缘有不利影响的任何零部件的故障；

——另外，对不符合 GB 4943—2001 的 4.4.2，4.4.3 要求的设备，所有相关零部件的故障；

——除主电源输出外，在设备配置的提供电力和信号输出的连接端子和连接器上连接最严酷的负载阻抗后引起的故障。

如果多个输出具有相同的内部电路，则只需对其中一个输出进行试验。

与电源输入和输出连接的主电路的零部件（如电源软线、器具耦合器、RFI 滤波元件、旁路、开关和它们的互连导线），如果符合 GB 4943—2001 的 5.3.6 中的 a），不进行故障模拟。

应通过检查设备、电路图和零部件技术条件确定预期可能合理发生的故障条件。

注：示例如三极管、二极管和电容器（特别是电解电容器）的短路和开路，设计为间断耗能的电阻器产生连续耗能的故障和引起过大功耗的集成电路内部故障。

设备运行在额定电压下或额定电压范围的上限时进行试验。一次模拟一个故障条件。

允许对设备内的电路或设备外的模拟电路、独立零部件或组件进行试验。

除 GB 4943—2001 的 5.3.3 规定的符合性判据外，给受试零部件供电的变压器的温度不应超过附录 C 的规定，而且还应考虑该附录关于例外的详细说明。

8.3.2 试验条件

设备运行在额定电压下或额定电压范围的上限时，在可预期的正常使用和误操作的任何条件下进行试验。

注：正常使用或误操作条件示例：

——可触及的操作装置如手柄、手杆、钥匙和挡板等未按制造商的说明的任何操作；

——可能同时覆盖或依次覆盖的排气孔组（如位于设备一侧或顶部）；

——在任何输出过载条件（包括短路）下运行。

另外，如果设备配置有防护罩，则将防护罩正常放置，试验从正常空载直到进入稳定状态。

9 与通信网络的连接

GB 4943—2001 第 6 章与下述内容一并适用：

GB 4943—2001 的 1.4.11，2.1.1，2.1.1.1，2.1.1.2，2.1.3，2.3，2.3.1，2.3.2，2.3.3，2.3.4，2.3.5，2.6.1，2.9.5，2.10.4，3.5，3.5.1，3.5.2，附录 M 和 IEC 60950-1:2001 的 1.4.8，2.6.5.8，2.10.3.3，2.10.3.4。

附　录

附　录　A
（规范性附录）
耐热和防火试验

见 GB 4943—2001 附录 A。

附　录　B
（规范性附录）
异常条件下的电动机试验

见 GB 4943—2001 附录 B。

附　录　C
（规范性附录）
变　压　器

见 GB 4943—2001 附录 C。

附　录　D
（规范性附录）
接触电流试验用测量仪器

见 GB 4943—2001 附录 D。

附　录　E
（规范性附录）
绕　组　温　升

见 GB 4943—2001 附录 E。

附　录　F
（规范性附录）
电气间隙和爬电距离测量方法

见 GB 4943—2001 附录 F。

附 录 G
(规范性附录)
确定最小电气间隙的替换方法

见 GB 4943—2001 附录 G。

附 录 J
(资料性附录)
电化学电位表

见 GB 4943—2001 附录 J。

附 录 K
(规范性附录)
控 温 装 置

见 GB 4943—2001 附录 K。

附 录 H
（资料性附录）
防止水和外部异物进入的导则

当预定的应用场合有可能造成水或外部异物进入时，应从 GB 4208 中选择适用的防护等级。本附录摘自 GB 4208。

用于确保达到要求的防止水和外部异物防护等级的零部件应是不借助工具就无法拆除的。

表 H.1 和 H.2 的内容摘自 GB 4208。试验条件和符合性见 GB 4208。

表 H.1 第一位特征数字代表的防止外部异物进入的防护等级

第一位特征数字	防护等级	
	简要描述	含义
0	无防护	—
1	防止直径不小于 50 mm 的固体异物	直径 50 mm 球形试具不得完全进入壳内[a]
2	防止直径不小于 12.5 mm 的固体异物	直径 12.5 mm 球形试具不得完全进入壳内[a]
3	防止直径不小于 2.5 mm 的固体异物	直径 2.5 mm 球形试具不得完全进入壳内[a]
4	防止直径不小于 1.0 mm 的固体异物	直径 1.0 mm 球形试具不得完全进入壳内[a]
5	防尘	不能完全防护尘埃进入，但进入的尘埃量不得影响设备的正常运行，不得影响安全
6	尘密	无尘埃进入

[a] 试具直径部分不得进入外壳的开口。

表 H.2 第二位特征数字代表的防水防护等级

第二位特征数字	防护等级	
	简要描述	含义
0	无防护	—
1	防止垂直方向滴水	垂直方向滴水应无有害影响
2	防止当外壳在 15°范围内倾斜时垂直方向滴水	当外壳各垂直面在 15°范围内倾斜时，垂直滴水应无有害影响
3	防淋水	各垂直面在 60°范围内淋水应无有害影响
4	防溅水	向外壳各方向溅水应无有害影响
5	防喷水	向外壳各方向喷水应无有害影响
6	防强烈喷水	向外壳各方向强烈喷水应无有害影响
7	防短时间浸水影响	浸入规定压力的水中，在规定时间后，外壳进水量应无有害影响
8	防持续潜水影响	按制造商和用户同意的条件（比数字 7 代表的条件严酷）持续潜水后，外壳进水量应无有害影响

附 录 L
（规范性附录）
反向馈电保护试验

L.1 概述

UPS 在储能供电方式下运行时，不允许任何一对输入端子之间有超限的电流。测得开路电压方均根值不超过 30 V（交流峰值 42.4 V，直流 60 V）时，不必进行此项测试。

通过电路分析、控制电路零部件失效试验和 L.2 和 L.3 中的试验检查其符合性。

L.2 A 类插接式 UPS 和 B 类插接式 UPS

当 UPS 以储能供电方式运行，且其输入端子或插头断开时，空载和满载情况均应满足下述条件：

a) 在正常条件和任何单一故障条件下，采用附录 D 所示电路测得的用户可触及的任两个输入端的电流不应超过 3.5 mA；

b) 交流输入电源应在 1 s 内切断。

L.3 永久连接的 UPS 的试验

当 UPS 运行在正常方式下有交流输出电流的负载和空载情况，且使待评估的零部件处于单一故障状况，则该故障应模拟该零部件的失效模式。然后，断开交流输入电源，用户可触及的任两个输入端的电流在正常条件和单一故障条件下均不应超过 3.5 mA。

如配置了外置反向馈电保护装置，通过检查有关电路图和外置反向馈电隔离器检测电路运行试验检查其符合性。

UPS 的保护导体在试验期间不应断开。

交流输入电源应在 15 s 内切断。

L.4 单一故障条件

对于 L.2 和 L.3 中的试验，单一故障是在电路研究的基础上确定的，但还应包括潜在的负载失效，如相对地的绝缘失效。

单相输出：

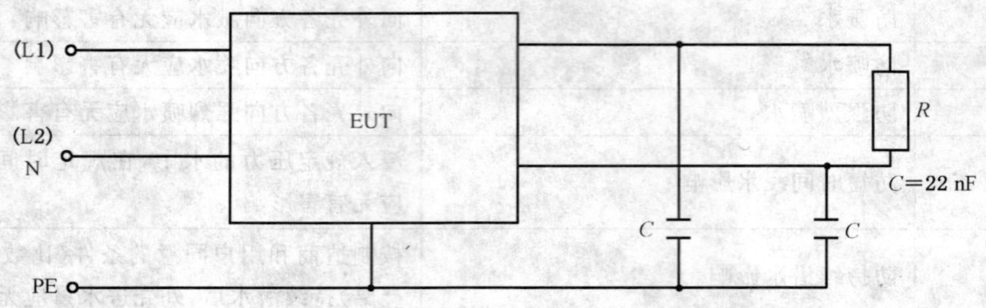

图 L.1 负载故障

三相输出：

图中：EUT——受试设备。

图 L.1（续）

阻性负载 R 的取值应等于制造商规定的单位功率因数的最大负载。

附 录 M
（规范性附录）
基准负载条件示例

M.1 概述

UPS按制造商在操作手册中给出的技术条件加载。如果没有相关技术条件，应用下述基准负载条件。

UPS能加载不同的线性和非线性负载（见3.3）。

如果正弦波电压施加在一个负载上，流过负载的电流也是正弦波，则定义为线性负载。

施加正弦波电压的非线性负载中流过的电流为非正弦波。

线性负载最一般的类型有：

——阻性；

——感性—阻性；

——容性—阻性。

非线性负载可能是：

——整流的容性负载；

——晶闸管或饱和电抗器控制的负载（相位控制）。

在小于3 kVA的低功率范围，与容性负载相连的桥式整流器是最常用的。用下述符号表示负载特性：

S——输出表观功率，单位为伏安（VA）；

P——输出有功功率，单位为瓦（W）；

λ——功率因数，$\lambda = P/S$；

U——输出电压，单位为伏（V）；

f——频率，单位为赫兹（Hz）。

M.2 基准阻性负载

对阻性负载，UPS可将其加载到标称功率。

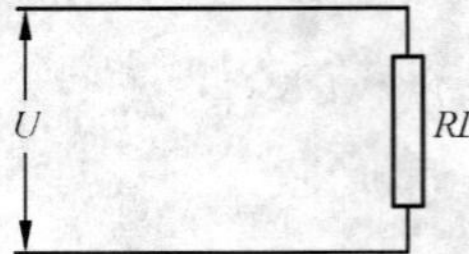

$$RL = \frac{U^2}{P}$$

M.3 基准感性—阻性负载

感性—阻性负载由一个电感器和一个电阻器串联或并联。电阻器R和电感器L的值由下述公式计算：

a) 串联

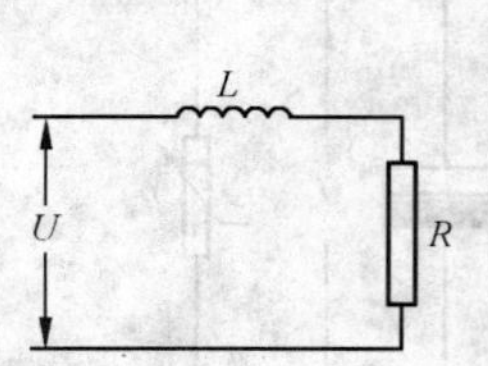

$$R=\frac{U^2}{S}\lambda(\Omega)$$

$$L=\frac{U^2\sqrt{1-\lambda^2}}{2\pi fS}\quad(\mathrm{H})$$

b) 并联

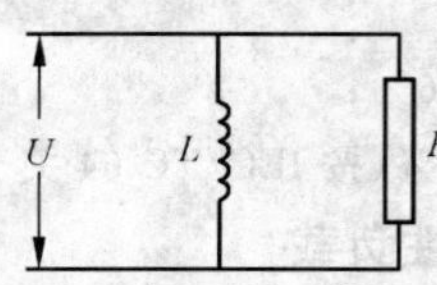

$$R=\frac{U^2}{S\lambda}(\Omega)$$

$$L=\frac{U^2}{2\pi fS\sqrt{1-\lambda^2}}\quad(\mathrm{H})$$

M.4 基准容性—阻性负载

容性—阻性负载由一个电容器和一个电阻器串联或并联。电阻器 R 和电容器 C 的值由下述公式计算：

a) 串联

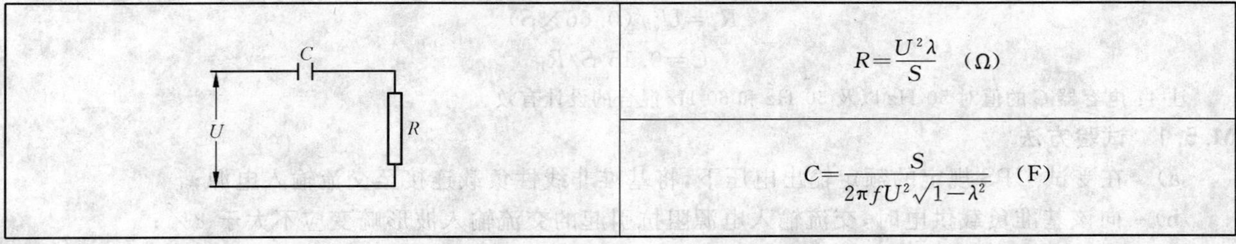

$$R=\frac{U^2\lambda}{S}\quad(\Omega)$$

$$C=\frac{S}{2\pi fU^2\sqrt{1-\lambda^2}}\quad(\mathrm{F})$$

b) 并联

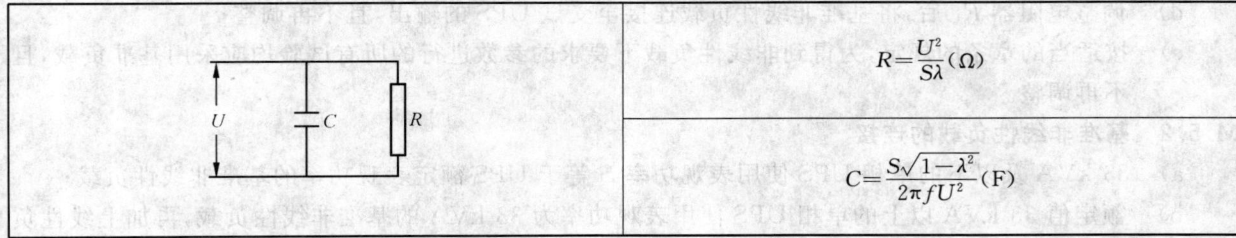

$$R=\frac{U^2}{S\lambda}(\Omega)$$

$$C=\frac{S\sqrt{1-\lambda^2}}{2\pi fU^2}(\mathrm{F})$$

M.5 基准非线性负载

为了模拟单相稳态整流器/电容器负载，连接到 UPS 的负载是一个二极管整流桥，其输出端接有一个电容器和电阻器的并联电路。

注 1：以下是对 50 Hz 输出电压最大畸变 8%（根据 IEC 61000-2-2：2002）、功率因数 $\lambda=0.7$ 而言（也就是说，表观功率 S 的 70% 作为有功功率消耗在电阻器 R_1 和 R_s 上）。

整个单相负载可由一个单一负载或多个并联的等效负载组成。

注 2：电阻器 R_s 可连接在整流桥的交流侧或直流侧。

注 3：用于试验的元器件的实际值应在以下计算值范围内：

——R_s：±10%；

——R_1：试验中可调整，以获得额定输出表观功率；

——C：+25%。

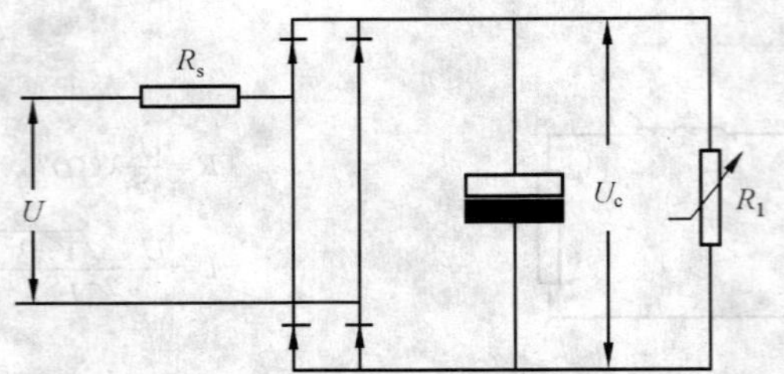

图中，U_c——整流电压值，单位为伏(V)；

R_1——负载电阻器，代表整个表观功率 S 中有功功率的 66%；

R_s——串联电阻器，代表整个表观功率 S 中有功功率的 4%(按 IEC/TC 64 关于线缆电压降的建议)。

图 M.1 基准非线性负载

纹波电压为电容电压 U_c 峰-峰值的 5%。U_c 相应的时间常数 $R_1 \times C = 0.15$ s。

观察峰值电压、电源电压畸变、线缆电压降和整流电压纹波，整流电压平均值 U_c 将为：

$$U_c = \sqrt{2} \times (0.92 \times 0.96 \times 0.975) \times U = 1.22 \times U$$

电阻器 R_s、R_1 和电容器 C 的值按下述公式计算：

$$R_s = 0.04 \times U^2 / S$$

$$R_1 = U_c^2 / (0.66 \times S)$$

$$C = 0.15\ S / R_1$$

注 4：电容器 C 的值对 50 Hz 以及 50 Hz 和 60 Hz 混合的设计有效。

M.5.1 试验方法

a) 在受试 UPS 规定的额定输出电压下，将基准非线性负载连接至交流输入电源；

b) 向该基准负载供电时，交流输入电源阻抗引起的交流输入波形畸变应不大于 8%；

c) 调整电阻器 R_1，直至受试 UPS 的输出表观功率 S 等于规定的额定值；

d) 调整电阻器 R_1 后，将基准非线性负载连接至受试 UPS 的输出，且不再调整；

e) 按适当的章条的规定，为得到非线性负载下要求的参数进行的所有试验均应采用基准负载，且不再调整。

M.5.2 基准非线性负载的连接

a) 33 kVA 及以下的单相 UPS 使用表观功率 S 等于 UPS 额定表观功率的基准非线性负载；

b) 额定值 33 kVA 以上的单相 UPS 使用表观功率为 33 kVA 的基准非线性负载，再加上线性负载，达到 UPS 的表观功率和有功功率额定值；

c) 设计采用单相负载、表观功率和有功功率额定值 100 kVA 及以下的三相 UPS 应将三个相等的单相非线性负载连接到 UPS 相线与中性线之间或相线之间(取决于 UPS 设计适用的国家电网配置)；

d) 额定值 100 kVA 以上的三相 UPS 应按 c)选用负载，再加上线性负载，达到 UPS 的表观功率和有功功率额定值。

附 录 N
（规范性附录）
蓄电池柜的通风

N.1 概述

开口蓄电池在大电流放电、过充或类似情况下会释放气体，其外壳或柜应通风良好。通风使空气流通，减少混合气体（如氢气和空气）产生压力和积聚的危险，避免人身伤害。

起弧部件（如开关、断路器和继电器的触头）不应位于放置开口蓄电池的外壳或柜内，该外壳或柜也不应在起弧部件附近排出气体。熔断器和连接装置不包括起弧部件。蓄电池或蓄电池柜的监测传感器（如温度传感器或类似物）应置于外壳或柜内。

如果混合气体（如氢气和空气）比空气轻，要求在外壳或柜最顶端另开通风口，因为此部位易于积聚混合气体。

N.2 氢气浓度

根据上述内容，通风措施应防止氢气浓度超过容积的4%。如果不能明显得到充分通风，则应按N.4的蓄电池柜通风试验测量气体浓度。铅酸蓄电池在充满的情况下，如果充电能量的大部分转化为气体，一个铅酸蓄电池单元每63 Ah释放约0.0283 m^3 氢气。见N.4。

N.3 堵塞情况

放置了蓄电池的外壳或柜的通风措施应符合风扇堵转和通风过滤器堵塞的异常条件要求。

N.4 过充试验

如果需要通过测量判断蓄电池柜是否符合N.2要求，则蓄电池应经受过充试验（见7.6.8）。在试验中及试验后，氢气的最高浓度应不超过容积的2%（安全系数为2）。试验中，在蓄电池柜内氢气浓度可能最高的地方，通过带浓度测量仪器的球形集气器或其他等效措施，以2 h，4 h，6 h和7 h间隔采集气体并进行检测。

当连接到调整为UPS额定电压的106%的供电电路时，UPS的蓄电池供电系统对已充满的蓄电池进行7 h的过充。调整任何用户可调的充电器或充电电路的控制，使之处于最严酷的充电速率。

例外1：此要求不适用于与UPS连接但不一同评估的蓄电池。

例外2：此要求不适用于配置了调整电路，防止当交流输入电压从额定值上升到其106%时，蓄电池充电电流上升的UPS。

例外3：以下公式可用于确保本附录的通风要求。

对均衡充电（升压充电）和阀控式蓄电池，在较宽的环境温度范围运行，系数“I”应采用2.4 V/单元。

蓄电池柜必要的通风气流应用下列公式计算：

$$Q=V\times q\times s\times n\times I\times C$$

其中：

Q——通风的空气流量，单位为立方米每小时（m^3/h）；

V——氢气必要的稀释值，为(100－4)/4＝24；

q——0.45×10^{-3} $m^3/(A\cdot h)$产生的氢气；

s——安全系数，例如$s=5$；

n——蓄电池单元的数量；

$I=2$ A/100 A·h——传统的富液式蓄电池；
$I=1$ A/100 A·h——低锑合金的富液式蓄电池；
$I=0.5$ A/100 A·h——有消氢栓的富液式蓄电池；
$I=0.2$ A/100 A·h——阀控式铅酸蓄电池；
C——蓄电池标称容量，单位为安时(A·h)，10 h 放电速率。

可引入 $Vqs=0.054\ \mathrm{m^3/(A \cdot h)}$ 简化上面的公式为：

$$Q = 0.054 \times n \times I \times C$$

通风量最好由自然通风保证，否则需要强制通风。

进口和出口应能保证空气自由进出，空气平均流动速度应为 0.1 m/s。

在自然通风情况下，蓄电池柜应有空气进出口，且其附近有 $K_1 = 28\ \mathrm{h\ cm^2/m^3}$ 无障碍空间

$$A \geqslant K_1\ Q$$

其中：

A——通风口面积，单位为平方厘米($\mathrm{cm^2}$)；

$K_1 = 28\ \mathrm{h\ cm^2/m^3}$。

或者

$$A \geqslant K_2\ n\ I\ X$$

其中：

$K_2 = 1.51\ \mathrm{cm^2/A}$。

注：如果产生氢气的电能保持在一定的限值以下，自然通风适用，否则通风出口应大于许可的尺寸。自然通风的限制条件取决于蓄电池容量、蓄电池单元数量以及蓄电池的工艺(开口蓄电池单元或是阀控式蓄电池单元)和施加的蓄电池充电电压。

假设发热(超过 300℃)或产生火花的零部件与蓄电池通风口或气压出口保持足够的距离，则由以上计算方法就得到可靠的防爆等级。在蓄电池间中，500 mm 距离就可认为是足够安全的。在蓄电池柜和蓄电池箱中，或内置在 UPS 中的蓄电池，则可根据通风条件适当减少该距离。

以上所指的最严酷充电速率是不致于使过热和过流保护装置断开的最大充电速率。

附 录 X
（资料性附录）
运输中蓄电池的断接指南

X.1 适用的产品

本附录适用于包含内置蓄电池的 UPS 和蓄电池箱。目前，下述规定仅作为指南，将来可能成为规范性附录。

X.2 蓄电池断接

制造商应提供用于运输用途的蓄电池断接方法。断接应尽可能靠近蓄电池且位于蓄电池连接到任何其他电路（包括印制板）或电气装置之前。

X.3 包装标签/标识

在运输箱上应有警告标签，说明包装内的蓄电池是否接。

运输前，制造商应在蓄电池断接的产品上使用图 X.1 所示标签。

图 X.1 蓄电池断接的待运产品的警告标签

运输前，制造商应在蓄电池未断接的产品上使用图 X.2 所示标签。

图 X.2 蓄电池未断接的待运产品的警告标签

注：图 X.1 及图 X.2 中，蓄电池符号内的“Pb”适用于密封铅酸蓄电池。对使用其他化学物质的蓄电池，应采用相应的化学符号。

X.4 损毁检查

运输箱变形、开裂、破损致使货物露出，则应置于隔离区域，由有资格的人员检查。如果认为包装不适合运输，应迅速收集、隔离货物，并联系承运人或托运人。制造商应将适用的产品指南告知运输者和处置者。

X.5 安全处置程序的重要性

为确保设备安全空运至世界各地，UPS 制造商应进行全面的试验。但是，重要的是认识到内置蓄电池的 UPS 和蓄电池箱损坏能引起火灾、冒烟或类似的危险。如有明显损坏，产品应小心处置和立即检查。

ICS 29.200
K 85

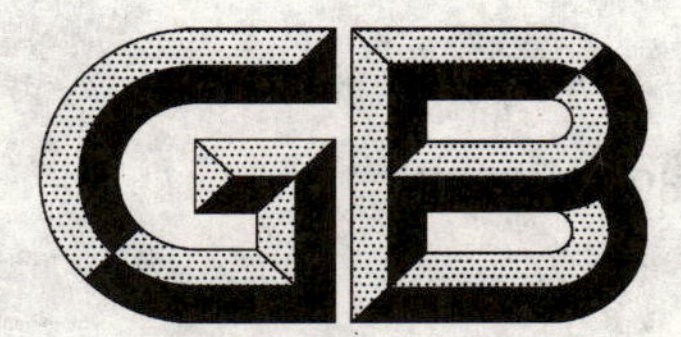

中华人民共和国国家标准

GB 7260.4—2008

不间断电源设备 第1-2部分:限制触及区使用的UPS的一般规定和安全要求

Uninterruptible power systems(UPS)—Part 1-2:General and safety requirements for UPS used in restricted access locations

(IEC 62040-1-2:2002, MOD)

2008-05-20 发布　　2009-04-01 实施

中华人民共和国国家质量监督检验检疫总局
中国国家标准化管理委员会　发布

前 言

GB 7260《不间断电源设备(UPS)》分为以下几个部分：

——第 1-1 部分：操作人员触及区使用的 UPS 的一般规定和安全要求；

——第 1-2 部分：限制触及区使用的 UPS 的一般规定和安全要求；

——第 2 部分：电磁兼容性(EMC)要求；

——第 3 部分：确定性能的方法和试验要求。

本部分为 GB 7260 的第 1-2 部分。**本部分的全部技术内容为强制性**。

本部分修改采用 IEC 62040-1-2:2002《不间断电源设备　第 1-2 部分：限制触及区使用的 UPS 的一般规定和安全要求》。

本部分与 IEC 62040-1-2:2002 相比，存在如下技术性差异：

本部分的 4.9.15 修改为“除非用户另有要求，提供给最终用户的文件资料、人机交互界面以及标识均应使用规范中文。”

本部分的附录 A、附录 B、附录 C、附录 D、附录 E、附录 F、附录 G、附录 K、附录 L、附录 M、附录 N 和附录 P 为规范性附录，附录 H 和附录 J 为资料性附录。

本部分由中国电器工业协会提出。

本部分由全国电力电子学标准化技术委员会(SAC/TC 60)归口。

本部分负责起草单位：艾默生网络能源有限公司、上海复旦复华科技股份有限公司。

本部分参加起草单位：中达电通股份有限公司、青岛整流器制造有限公司、西安电力电子技术研究所、青岛经济技术开发区创统科技发展有限公司。

本部分主要起草人：邱见青、王敖生、江伟石、张希范、蔚红旗、隋学礼、王英、邵明乐、周观允、吴胜章、王伟辉。

本部分是首次发布。

不间断电源设备 第1-2部分：限制触及区使用的 UPS的一般规定和安全要求

1 范围和特殊应用

1.1 范围

GB 7260的本部分适用于直流环节具有储能装置的电子式不间断电源设备。本部分引用了GB 4943—2001及IEC 60950-1:2001的相关内容。

本部分包括的不间断电源设备(UPS)的主要功能是保证交流电源输出的连续性。UPS也可使电源保持规定的特性，从而提高电源质量。GB 4943—2001及IEC 60950-1:2001相关章节中关于地区差异的注释同样适用。

本部分适用于预定安装在限制触及区内、用于低压配电系统的移动式、驻立式、固定式或嵌装式UPS。本部分规定了保证维修人员安全的要求。

本部分旨在保证按制造商规定的方法安装、操作和维修UPS的安全。UPS可是单一UPS单元，也可是内部互连的UPS系统。

本部分不包括直流供电的电子镇流器(IEC 60347和IEC 60925)和基于旋转电机的UPS。

有关预定安装在操作人员触及区的UPS的一般规定和安全要求见GB 7260.1，电磁兼容性(EMC)要求和定义见GB 7260.2。

1.2 特殊应用

尽管本部分并未包括所有类型的UPS，但仍可作为其指导性文件。对于一些特定用途的UPS，可能需要对本部分规定附加一些要求。这些特定用途有：

——预定暴露工作在如下环境中的UPS：极端温度，过量粉尘、潮湿或振动，可燃性气体，腐蚀性或爆炸性气氛等；

——处于患者身体接触区1.5 m内、配备有UPS的医疗电子设备；

——UPS承受的瞬态过电压超过GB/T 16935.1—1997中的过电压类别Ⅱ的规定时，UPS的供电部分可能需要附加保护措施；

——UPS用于可能浸水和异物侵入的场合需要附加要求。这些要求的导则和相关试验见附录H；

——长时间(超过30 min)方波输出运行的UPS应进行电压波形畸变试验，以验证负载的兼容性。

注：预定在车辆、轮船或飞行器上或热带区域使用的UPS，或在海拔高度1 000 m以上地区使用的UPS，可能需要不同的要求。

2 规范性引用文件

下列文件中的条款通过GB 7260的本部分的引用而成为本部分的条款。凡是注日期的引用文件，其随后所有的修改单(不包含勘误的内容)或修订版均不适用于本部分，然而，鼓励按本部分达成协议的各方研究是否可使用这些文件的最新版本。凡是不注日期的引用文件，其最新版本适用于本部分。

GB/T 4026—2004　人机界面标志标识的基本方法和安全规则　设备端子和特定导体终端标识及字母数字系统的应用通则(IEC 60445:1999，IDT)

GB 4208　外壳防护等级(IP代码)(GB 4208—2008，IEC 60529:2001，IDT)

GB 4943—2001　信息技术设备的安全(eqv IEC 60950:1999)

GB/T 5465.2　电气设备用图形符号(GB/T 5465.2—1996,idt IEC 60417:1994)

GB 7251.1　低压成套开关设备和控制设备　第1部分:型式试验和部分型式试验成套设备(GB 7251.1—2005,IEC 60439-1:1999,IDT)

GB 7260.1　不间断电源设备(UPS)　第1-1部分:操作人员触及区使用的UPS的一般和安全要求(GB 7260.1—2008, IEC 62040-1-1:2002, MOD)

GB 7260.2　不间断电源设备统(UPS)　第2部分:电磁兼容性(EMC)要求(GB 7260.2—2003, IEC 62040-2:1999,MOD)

GB/T 7260.3　不间断电源设备(UPS)　第3部分:确定性能的方法和试验要求(GB/T 7260.3—2003,IEC 62040-3:1999,MOD)

GB 16895.2—2005　建筑物电气装置　第4-42部分:安全防护　热效应防护(IEC 60364-4-42:2001,IDT)

GB 16895.21—2004　建筑物电气装置　第4-41部分:安全防护　电击防护(IEC 60364-4-41:2001,IDT)

GB/T 16935.1—1997　低压系统内设备的绝缘配合　第一部分:原理、要求和试验(idt IEC 60664-1:1992)

GB/T 17045—2006　电击防护　装置和设备的通用部分(IEC 61140:2001, IDT)

IEC 60364(所有部分)　建筑物电气装置

IEC 60950-1:2001　信息技术设备　安全　第1部分:一般要求

IEC 61000-2-2:2002　电磁兼容(EMC)　第2-2部分:环境 公用低压供电系统低频传导骚扰及信号传输的兼容水平

3　定义

3.1　总则

本部分采用下列定义。GB 4943—2001 和 IEC 60950-1:2001 的相关定义也适用于本部分。

除非另有规定,本部分使用的"电压"和"电流"均为方均根值(R.M.S值)。

注:当存在非正弦波信号时,应使用能给出真实方均根值读数的测量仪器。其他定义和术语参见GB/T 7260.3。

3.1.1

不间断电源设备(UPS)　uninterruptible power system (UPS)

由变流器、开关和储能装置(如蓄电池)组合构成的,在输入电源故障时维持负载电力连续性的电源设备。

3.1.2

负载电力的连续性　continuity of load power

负载电力的电压和频率在额定稳态和瞬态允差范围内,且其波形畸变和中断在负载规定的限值内。

3.1.3

旁路　bypass

替代间接交流变流器的供电通路。

3.1.4

电源故障　power failure

导致负载设备性能不可接受的供电电源的任何变化。

3.1.5

主电源　primary power

由公用供电系统或用户的发电机提供的电力。

3.1.6

有功功率　active power

输出端基波频率电功率和输出端各次谐波分量电功率的总和。单位为瓦或千瓦。

3.1.7

表观功率　apparent power

输出电压方均根值和电流方均根值的乘积。

3.1.8

额定电压　rated voltage

制造商声明的输入或输出电源电压(三相供电系统指线电压)。

3.1.9

额定电压范围　rated voltage range

制造商声明的输入或输出电源电压范围,以额定电压的下限值和上限值表示。

3.1.10

额定电流　rated current

制造商声明的UPS最大输入或输出电流。

3.1.11

反向馈电　backfeed

在储能运行方式和主电源不可用的情况下,UPS内的一部分电压或能量直接或通过泄漏通路反向馈送到任一输入端子。

3.2　运行条件

3.2.1

基准负载　reference load

尽可能接近制造商操作说明规定的正常使用中最严酷条件的运行方式。但是,当实际使用条件比制造商推荐的最大负载条件明显严酷时,应使用能施加的最大负载。

注:UPS基准负载条件的例子见附录M。

3.2.2

线性负载　linear load

来自电源的电流由下述关系式描述的负载:

$$I = U/Z$$

式中:

I——负载电流;

U——电源电压;

Z——负载阻抗。

3.2.3

非线性负载　non-linear load

负载阻抗参数(Z)不再是恒定常数,而是随诸如电压或时间等其他参数变化的负载(参见附录M)。

3.2.4

储能供电运行方式　stored energy mode

UPS在下列供电情况下运行:

——主电源中断或超出给定的允差;

——蓄电池正在放电;

——负载在给定范围内;

——输出电压在给定允差内。

3.3

设备可移动性　equipment mobility

GB 4943—2001 中 1.2.3 的定义适用。

3.4

UPS 的绝缘类别　insulation classes of UPS

GB 4943—2001 中 1.2.4 的定义适用。

3.5

与电源的连接　connection to the supply

GB 4943—2001 中 1.2.5 的定义适用。

3.6

外壳　enclosures

GB 4943—2001 中 1.2.6 的定义适用。

3.7

可触及性　accessibility

GB 4943—2001 中 1.2.7 的定义适用。

3.8

电路和电路特性　circuits and circuit characteristics

IEC 60950-1:2001 中的 1.2.8 的定义适用。

3.8.1

危险电压　hazardous voltage

GB 4943—2001 中 1.2.8.4 的定义适用。

3.9

绝缘　insulation

GB 4943—2001 中 1.2.9 的定义适用。

3.10

电气间隙和爬电距离　creepage distances and clearances

GB 4943—2001 中 1.2.10 的定义适用。

3.11

零部件　components

IEC 60950-1:2001 的 1.2.11 的定义适用。

3.12

配电系统　power distribution

GB 4943—2001 的 1.2.8 的定义适用。

3.13

可燃性　flammability

IEC 60950-1:2001 的 1.2.12 的定义适用。

3.14

其他　miscellaneous

GB 4943—2001 的 1.2.13.2，1.2.13.3，1.2.13.4，1.2.13.7 和 1.2.13.8 的定义与以下内容一并适用。

3.14.1

型式试验　type test

GB 4943—2001 的 1.4.2 的定义与以下内容一并适用。

在本部分范围内，如果通过检验或特性试验来检查材料、元器件、部件的符合性，允许通过检查任何相关数据或适用的以往试验结果代替规定的型式试验。

注：对于大型或大功率设备，可能不具备合适的试验设施进行某些型式试验。

上述情况也存在于某些电气试验中。这些试验的模拟设备无法从商业途径获得或特殊的试验设施超出了制造商所能解决的范围。

3.15

通讯网络　telecommunication networks

下列定义适用：GB 4943—2001 的 1.2.8.9，1.2.8.10，1.2.8.11，1.2.8.12，1.2.13.8。

4　一般要求

4.1　UPS 的设计和结构

UPS 的设计和结构应使其在所有正常使用条件下和可能的故障条件下，防护本部分含义范围内由电击和其他危险造成的人身伤害，以及 UPS 或其连接的负载引起的严重火灾。

没有特定的安全要求时，UPS 的设计也应提供不低于本部分一般水平的安全。

除非另有规定，通过检验和所有相关试验检查其符合性。

注：对为了适应新情况的附加详细要求的需求，宜迅速提请相应的技术委员会注意。

4.2　用户信息

制造商应向用户提供一切必备的资料，以保证用户在按制造商的规定使用设备时不会引起本部分含义范围内的危险(见 4.8)。

通过检验检查其符合性。

4.3　UPS 的分类

根据设备电击防护分类，本部分涵盖的 UPS 为 I 类设备。

4.4　试验的一般条件

GB 4943—2001 中的 1.4.1，1.4.2，1.4.3，1.4.6，1.4.7，1.4.10，1.4.11，1.4.13，1.4.14 及 IEC 60950-1:2001 的 1.4.8，1.4.12 与以下内容一并适用。

只有漏电流和温升试验应在输入电压的允差内进行，其他试验均在标称输入电压下进行。

4.5　试验时的工作参数

除非本部分其他条款中规定了特定试验条件，且这些条件显然会对试验结果有重大影响，否则应在制造商的运行规范内，在下列参数最不利组合的情况下进行试验：

——供电电压；

——供电电压失电；

——供电频率；

——蓄电池充电条件；

——UPS 整机安装位置和可拆卸零部件的位置；

——运行方式。

4.6　试验负载

确定输入电流和其他试验结果可能受到影响的情况时，应考虑下列因素并将其调整到能产生最不利结果的状况：

——蓄电池再充电的负载；

——制造商提出或配置的在受试设备内或随设备的选件的负载；

——制造商预定配置的、由受试设备供电的其他单元的负载。

试验中可用人工负载模拟上述负载。

4.7 零部件

GB 4943—2001 的 1.5.1，1.5.2，1.5.4 至 1.5.8 适用。

4.8 电源接口

GB 4943—2001 的 1.6.1,1.6.2 和 1.6.4 与以下内容一并适用。

设备内如果有中性线,则中性线应同相线一样与地和机身隔离。连接在中性线和地之间的零部件的额定工作电压应等于相电压。当输出与输入中性线隔离时,负责安装的维修人员应按当地布线规程和安装说明书的详细说明配置输出中性线。

通过检验检查其符合性。

4.9 标识和说明

4.9.1 概述

UPS 应有下述详细要求的标识或等效文字。标识应显而易见或位于设备外表。如果标识位于固定式设备的外表,则按正常使用条件安装后还应显而易见。

如果标识在设备外不可见,但打开门或罩直接可见,认为是符合要求的。

4.9.2 电源额定值

设备应有足够的标识规定：

——输入电源要求；

——输出电源额定值。

有多个额定电压的设备应标明相应的额定电流,并依次用斜线分隔符"/"隔开,且能明显看出额定电压和额定电流之间的对应关系。

额定电压范围的设备应标明最大额定电流或电流范围。

除 GB 4943—2001 中的相关内容外,输入输出标识还应包括：

——额定输出电压；

——额定输出电流或额定功率(单位为伏安(VA))或有功功率(单位为瓦(W))；

——如果额定输出功率因数小于 1,应标出额定输出功率因数,或有功功率和表观功率,或有功功率和额定电流；

——输出相数(1 ϕ 或 3 ϕ),有或无中性线；

——额定输出有功功率,单位为瓦(W)或千瓦(kW)(见附录 M)；

——额定输出表观功率,单位为伏安(VA)或为千伏安(kVA)(见附录 M)；

——最大运行环境温度范围(可选)。

注：按附录 M 检查其符合性。

对设计有附加的独立自动旁路/维修旁路、附加的输入交流电源或外置蓄电池的设备,可在随机安装说明书中规定相应的电源额定值。这种情况下,在连接处或其附近应有下述说明：

与电源连接前,查看安装说明书

如果没有给出与主电源直接连接的方式,则不必标出额定电流。

4.9.3 安全说明

制造商应在有关文件或产品样本中规定 UPS 的安装、操作和维护条件。

当 UPS 设计为仅在限制触及区使用时(不满足 GB 4943—2001 的 1.2.6.2 对防火防护外壳的要求),安装说明书应明确指出 UPS 只能按 GB 16895.2—2005 要求安装。

如果必要,运输、安装和操作说明书应明示合适和正确安装、调试和运行 UPS 的特定的重要方法。

如果必要,以上文件应明确给出推荐的维护范围和频次。

如果电路从 UPS 的物理结构上不易分辨,应提供适当的信息,如连线图。

如果 UPS 应用于 IT 配电系统而要求建筑物电气装置有附加零部件,应在安全说明书中明确给出,同时应符合5.3的所有要求。

注1：可能需要特别注意，例如：连接至电源的设备与蓄电池的连接以及各独立单元(如有)之间的互连。

注2：适用时，安装说明应参考国家布线规程。

对设计有附加的独立自动旁路/维修旁路、附加的输入交流电源或外置蓄电池的设备，可在随机安装说明书中规定相应的电源额定值。这种情况下，在连接处或其附近应有下述说明：

与电源连接前，查看安装说明书

制造商应根据操作设备需要的能力水平向用户提供指导，如

——只允许经许可的人员进入限制触及区操作。

当用于与电网电源隔离的断接装置没有安装在设备中(见GB 4943—2001的3.4.2)时，应在安装说明书中声明：

——对永久连接式UPS，应在其固定布线上安装便于操作的断接装置；

——对插接式UPS且接插件用作断接装置，输出插座应紧邻UPS安装，且便于操作。

对外置自动反向馈电隔离的永久连接式UPS，说明书应要求用户：在远离UPS区域的所有主电源隔离装置上增加警告标签，警告电气维修人员该电路给UPS供电。

警告标签应含有以下文字或等效词句：

线路施工前，断开UPS

4.9.4 电源电压调整

GB 4943—2001的1.7.4适用。

4.9.5 电源输出插座

除非电源插座满足额定值，否则每个电源插座附近均应有标识明示最大允许负载。

4.9.6 熔断器

在每一熔断器座上或其附近(或其他地方，但标识应明确对应于哪个熔断器座)应有标识明示熔断器的额定电流和有功功率(如果该熔断器座适合不同额定电压的熔断器)。作为替代方法，这些信息应在用户手册中给出。

如果有必要使用具有特殊熔断特性(如延时或分断能力)的熔断器，应标示熔断器的类型。

4.9.7 接线端子

预定与电源附带的保护接地导体连接的接线端子应标有图形符号⏚。

其他接地端子不应使用此符号。

注：此要求适用于连接保护接地导体的端子，不论该端子是电源软线不可分开的部分还是随同电源导体。

预定专用于连接主电源中性导体(如有)的端子应用大写字母“N”标示。

对三相UPS，预定与电源相导体连接的端子应按GB/T 4026—2004或制造商提供的安装说明书标示。

对三相UPS，如果非正常的相序会引起过热或其他危险，则预定与主电源相导体连接的接线端子连同任何安装说明均应给出明确的相序标识。

这些标识不应标在螺钉上或接线时可能要拆卸的其他部件上。

4.9.8 蓄电池接线端子

预定和蓄电池连接的接线端子应按照GB/T 5465.2标明极性。

4.9.9 控制装置和指示器

GB 4943—2001的1.7.8适用。

4.9.10 多电源供电的隔离

GB 4943—2001的1.7.9适用。

4.9.11 IT配电系统

GB 4943—2001 的 1.7.10 适用。

4.9.12 建筑物设施内的防护

GB 4943—2001 的 5.3.1 适用。

注：应注意不同国家布线规程(如有)关于公用供电系统的防护要求。

4.9.13 大漏电流

GB 4943—2001 的 5.1 与以下内容一并适用：

对预定用作 B 型插接式设备或固定式的 UPS,如果在任一运行方式下,UPS 和连接的所有负载的漏电流总和使 UPS 初级保护接地导体上的漏电流超过或可能超过 GB 4943—2001 的 5.1 规定的限值，则 UPS 上应有 GB 4943—2001 的 5.1 要求的警告标签。安装手册中应规定与主电源的连接方法。

4.9.14 温控和其他调整装置

见 GB 4943—2001 的 1.7.11。

4.9.15 语言

除非用户另有要求,提供给最终用户的文件资料、人机交互界面以及标识均应使用规范中文。

4.9.16 标志的耐久性

GB 4943—2001 的 1.7.13 适用。

4.9.17 可拆卸零部件

GB 4943—2001 的 1.7.14 适用。

4.9.18 可更换蓄电池

GB 4943—2001 的 1.7.15 适用。

4.9.19 操作人员使用工具触及

GB 4943—2001 的 1.7.16 适用。

4.9.20 蓄电池

UPS 外置蓄电池箱或 UPS 内置蓄电池柜上应有如下清楚易懂的信息,其位置应使维修人员在维修 UPS 时易于看到,并符合 GB 4943—2001 的 1.7.1 的要求：

a) 蓄电池类型(铅酸、镍镉等)和蓄电池组的蓄电池节数或单元数；

b) 蓄电池组的总标称电压；

c) 蓄电池组的总标称容量(可选)；

d) 警告标签明示设备的能量或电击及化学危险,以及参考下述说明规定的维护处理和废弃处置要求。

例外：配置预定安装在 UPS 的上方、下方或旁边的内置蓄电池组或独立蓄电池箱、操作人员用插头和插座连接安装的 A 型插接式 UPS,仅需要在设备外贴上警告标签(见上述 d))。

所有其他信息应在用户说明书中给出。

说明

a) 内置蓄电池

——说明书中应有足够的信息,以保证更换合适的、推荐型号的蓄电池；

——安装/维修手册中应有允许维修人员触及的安全说明；

——如果蓄电池由维修人员安装,应提供包括端子扭矩的互连说明。

操作手册应包括下述说明：

——蓄电池维护宜由具备蓄电池专业知识的人员进行或在其监督下进行,并有相应措施；

——更换蓄电池时,应使用相同型号和数量的蓄电池替换,或使用蓄电池包替换。

警告：不得将蓄电池置于火中。蓄电池可能爆炸。

警告：不得打开或损毁蓄电池。释放的电解液对眼睛和皮肤有害,甚至可能中毒。

b) 外置蓄电池

——UPS 制造商未配置蓄电池时，安装说明书中应给出电压、安时数额定值、充电方式以及安装蓄电池时要求的与 UPS 保护装置协调工作的保护方法；

——蓄电池制造商应提供蓄电池单元的说明。

c) 外置蓄电池箱

如果 UPS 制造商未配置电缆，则 UPS 配置的外置蓄电池箱应有充分的安装说明规定与 UPS 连接的电缆尺寸。蓄电池单元或组未预先安装和连接、UPS 制造商也未给出详细说明的，应由蓄电池制造商提供蓄电池组的安装说明。

4.9.21 信号电路

安装说明书中应提供有关信号电路、继电器的触点和紧急断电电路等的用途和连接的足够信息。当与其他设备连接时，应注意维护 SELV 电路的安全。

4.9.22 内部电路配置

安装说明书中应有充分的信息(包括 UPS 的内部电路基本配置)以突出其与配电系统的兼容性(见 3.12)。

应特别注意与相关布线规程和旁路电路的兼容性。

UPS 的输出中性线依赖于输入电源或供电系统的中性线时，如果电源的外部隔离/转换等会引起危险，则安装说明书中应给出足够信息，防止该中性线缺失。

只有符合 GB 4943—2001 的 1.7.10 的标识要求的 UPS 适用于与 IT 配电系统(GB 4943—2001 附录 V)连接。为达到上述要求需要附加外部零部件时，应在安装说明书中给出参考信息。

5 基本设计要求

5.1 电击和能量危险的防护

GB 4943—2001 的 2.1.1.4，2.1.1.6，2.1.1.7 与以下内容一并适用。

UPS 的设计和结构应符合 GB/T 17045—2006 相关章条有关电击防护的要求。作为电气装置，应符合 IEC 60364 的相关要求。

UPS 的设计应使其足以承受最大短路电流额定值引起的过热和动态应力。

注：短路电流应力可通过限流装置(电感器、限流熔断器和其他限流开关装置)加以限制。

UPS 应通过断路器、熔断器或二者结合进行短路电流防护。这些防护装置可安装在 UPS 内，也可外置。

通过检验(必要时，通过试验)检查其符合性。

除非处于危险电压下的带电部件接触不到(例如高度超过 2 m)，外壳的电击防护应使用 GB 4943—2001的图 2A 所示的铰接试指验证。正常运行状态下，伸进开口和外壳外部零部件的铰接试指不应触及处于危险电压下的带电部件。

防止 GB 4943—2001 的图 2A 所示的铰接试指进入的开口应用直试指施加 30 N 推力进一步试验。如果直试指进入开口，则用 GB 4943—2001 的图 2A 所示的铰接试指重新试验。必要时，对铰接试指施加 30 N 推力推入开口。

预定在大型设备上嵌装和/或机架安装或组合安装的 UPS 应按制造商规定的安装方法验证触及 UPS 的限制。

5.2 安全特低电压(SELV)

预定连接到操作者触及区其他设备、操作者可触及的控制和信号电路应符合 GB 4943—2001 的 2.2和 2.10 的要求。

注：GB 4943—2001 的 1.2.8.6 对安全特低电压(SELV)的定义与 GB 16895.21 的定义有差异。

通过检验(必要时，通过试验)检查其符合性。

操作人员不可触及的控制和信号电路应符合 GB 16895.21 中对 SELV 的要求，除非制造商选定所有控制和信号电路的连接符合 GB 4943—2001 的 2.2 的要求。

制造商应在操作说明书中明确阐述 UPS 的外部安装布线与这些电路的必要的隔离。

通过检验(必要时，通过试验)检查其符合性。

UPS 的设计应保证，不会因为与外部电路连接的电容器贮存有电荷而在电源外部断接处存在电击危险。

通过检验设备和有关的电路图检查其符合性。检查时应考虑到通/断开关处于任一位置时断开电源的可能。

如果设备内额定容量超过 0.1 μF、连接至外部电源电路的任一电容器具有放电回路，且其放电时间常数不超过下列规定值，则认为该 UPS 符合要求：

——对永久连接式 UPS 和 B 型插接式设备，10 s。

注 1：相关的时间常数是有效电容量(μF)和有效放电电阻值(MΩ)的乘积。如果不易确定有效电容量和有效电阻的值，则可采用测量电压衰减的方法。经过一个时间常数，电压将衰减到起始值的 37%。

注 2：应当注意，对特定的配置，UPS 带载时的电击危险不仅来自其内部电容器，也来自连接至 UPS 的负载的电容器。这在设计安装时应予考虑。

5.3 紧急开关装置

UPS 应配置必要的单一紧急开关装置(或与远程紧急开关装置相连的端子)，防止 UPS 在任何运行方式下向负载继续供电。如果依赖于建筑物电气装置中的附加断接装置，则应在安装说明书中说明。对插接式 UPS，如果国家布线规程允许，这些要求是非强制性的。

通过检验检查其符合性。

5.4 反向馈电保护

在正常情况和交流输入电压掉电使得零部件(如控制电路中的)出现单一故障的情况下，反向馈电保护装置交流输入端不应出现危险电压(或能量)。

对固定安装的 UPS，反向馈电保护可配置在 UPS 内或外置在其交流输入线上。

如果 UPS 的反向馈电保护隔离装置是外置的，供应商应给出其适当的型号。

在紧靠输入端子处应有标签(见 4.9.3)。

通过设备和相关电路试验和检验以及模拟 GB 4943—2001 中 5.3 的故障条件检查其符合性。

5.5 绝缘

GB 4943—2001 的 2.2.3.1，2.2.3.2 及 2.2.3.3 适用。

5.5.1 工作电压的确定

GB 4943—2001 的 2.10.2，2.10.3.2，2.10.3.3，2.10.4，5.2.2 与以下内容一并适用。

——测量仪器的带宽应考虑到测量参数、交流主电源频率和高频的所有分量；

——正弦波和非正弦波均存在时，采用方均根值应注意使测量仪器给出真实的方均根值；

——使用直流值时，应包括任何叠加的纹波的峰值；

——不应考虑非重复瞬态现象(例如由于大气骚扰)；

——确定电气间隙和抗电强度试验电压时，可认为 ELV 电路或 SELV 电路的电压为零。但是，确定爬电距离时应考虑 ELV 或 SELV 电路的电压；

——不接地的可触及导电部件应假设为接地；

——如果变压器绕组或其他部件是浮地的，即未与对地有确定电位的电路连接，则应假定该变压器绕组或该部件有一点接地，通过此接地点获得最高工作电压；

——如果使用双重绝缘，确定基本绝缘的工作电压时应假定附加绝缘短路；反之亦然。对变压器绕组之间的绝缘，应假定有一点发生短路而使其他绝缘承受最高工作电压。

——对变压器两个绕组之间的绝缘，应使用两个绕组中任意两点之间的最高电压，且将可能与绕组连接的外部电压一并考虑在内。

——对变压器绕组与另一部件之间的绝缘,应使用绕组上任意一点与该部件之间的最高电压。

5.6 安全特低电压(SELV)电路

GB 4943—2001 的 2.2 仅适用于预定连接到操作人员触及区且操作者可触及的控制和信号电路。

不符合 GB 4943—2001 的 2.2 要求的安全特低电压电路应符合 IEC 60364 中对安全特低电压电路的要求(如适用)。

通过检验和有关试验验证其符合性。

5.7 限流电路

IEC 60950-1:2001 的 2.4 适用。

5.8 保护接地

IEC 60950-1:2001 的 2.6 与以下内容一并适用。

Ⅰ类设备的可触及导电部件在单一绝缘失效时可能有危险电压存在,故应在 UPS 内与保护接地端子可靠连接。

注:在维修触及区,单一绝缘失效时可能会具有危险电压的导电部件(如电动机外壳、电气底盘等)应与保护地连接。如果此方法不可能或不可行,则应有适当的警告标签告知维修人员该部分未接地,接触前应检查其是否有危险电压。

此要求不适用于通过以下方法与具有危险电压部件隔离的可触及导电部件:

——接地金属部件;或

——符合双重绝缘或加强绝缘要求的固体绝缘或气隙,或二者的组合。在这种情况下,涉及的部件的固定和强度应使得施加 IEC 60950-1:2001 的 2.10 和 4.3.2 中相关试验要求的作用力下保持最小距离。

通过检验 IEC 60950-1:2001 的 2.6.1 和 GB 4943—2001 的 5.3 的相关要求检查其符合性。

5.9 交流和直流电源的隔离

IEC 60950-1:2001 的 3.4 与以下内容一并适用。

设备应配置断接装置,以便有资格的人员维修时能将 UPS 与交流电源断开。

注 1:除非对使用功能有要求,隔离措施既可位于维修人员触及区,也可位于设备外。

对三相 UPS,断接装置应同时断开供电电源的所有相线。对由 IT 配电系统供电的 UPS,断接装置应是四极的,且能断开所有相线和中性线。如果 UPS 未配置这种四极断接装置,则安装说明书中应给出其作为建筑物设施一部分的具体要求。

如果断接装置是安装在设备内的开关,应按 GB 4943—2001 的 1.7.8 的规定标明其“通”和“断”位置。

如果断接装置的操作是竖直方向而不是旋转或水平方向,应以向上的位置作为“通”的位置。

如果永久连接的 UPS 由一个以上外部电源(例如将不同的电压/频率的电源作为备用电源)供电,则每个断接装置上都应有明显标识,给出切断所有外部电源的详细说明。

注 2:应注意,保护接地导体应使得即便一根电源线缆移开,保护接地依然保持。

对既有内置又有外置直流蓄电池供电的情况,断接装置或隔离措施应断开与蓄电池或蓄电池组连接的所有不接地导体。

通过检验检查 5.9 的符合性。

5.10 过流保护和接地故障保护

GB 4943—2001 的 2.7.3,2.7.4,2.7.5,2.7.6 与以下内容一并适用。

5.10.1 基本要求

应配置过流、短路和输入、输出电路的接地故障保护。保护装置可是设备整体一部分,也可是建筑物设施的一部分。

a) 除在 b)中所述外,符合 8.3 要求的必要的保护装置应作为设备整体的一部分;

b) 与设备输入串联的零部件,如电源软线、器具耦合器、RFI 滤波器、旁路和开关的短路和接地故障保护应由建筑物设施的保护装置提供;

c) 如果依赖建筑物设施提供保护,除了 A 型插接式设备外,安装说明书应符合 4.9.2,应认为提供该保护是根据插座额定值且针对 4.9.2 不适用的情况;

d) 制造商应规定在最严酷条件下会产生的故障电流的方均根值,以便为永久连接的输出电路中性线、保护线和相线选择合适的尺寸。如果制造商配置输出电路保护或对于 A 型插接式设备的输出,则不必给出故障电流。

逆变器的输出电流单独由电流限定电路控制时,其短路或过载电流不应产生本部分所述的危险。

短路保护应在 5 s 内动作。

注:上述要求是为了减少一个输出端短路时的电击或着火危险。在输出端配置一个与输出电路额定值或电流限值相同的断路器,认为足以满足要求。

通过检验和功能试验检查其符合性。

5.10.2 蓄电池电路保护

蓄电池供电电路应配置符合 5.10.3,5.10.4 和表 1 要求的过流保护。

5.10.3 保护装置的位置

当蓄电池安装在 UPS 内时,蓄电池供电电路应在靠近蓄电池连接装置处、且在任何可能发生短路故障的元器件(如电容器、半导体器件或类似零部件)之前配置保护装置。

当蓄电池安装在 UPS 外,过流保护装置的位置见表 1。

表 1 蓄电池保护装置的位置

蓄电池的位置和/或类型	保护装置的位置	保护装置的数量	
		过流	接地故障
1. UPS 内	UPS	1	1 或 2[a]
2. 移动式或独立的驻立式蓄电池箱	蓄电池箱	1	1 或 2[a]
3. 独立的固定式蓄电池箱	蓄电池箱	1	1 或 2[a]
4. 独立的蓄电池间[b]	蓄电池间	1	1 或 2[a]

[a] 未接地蓄电池要求在每一极上都有接地故障保护装置,除非外部电路的熔断器起到同样作用。

[b] UPS 使用手册应说明 UPS 配置的过流保护装置和线缆的额定值。如果蓄电池箱不是作为 UPS 的整体配置,此要求也适用于第 2 项和第 3 项。

对独立的蓄电池供电的 UPS,过流保护装置的额定值应在使用手册中说明,并按 6.2 的要求确定 UPS 和供电蓄电池之间的导体的电流额定值。

5.10.4 保护装置的额定值

内置的过流保护装置的额定值应对 GB 4943—2001 的 5.3 所述情况起到保护作用。

通过检验和试验检查其与 5.10 的符合性。

5.11 维修人员的防护

除 GB 4943—2001 的 2.8 的要求外,下述条款也适用于当 UPS 带电时,维修人员在非绝缘电气部件上方、下方和周围、或跨过该部件、或移动该部件进行调整和测量。

5.11.1 罩

应妥善安置罩和对其具有危险电压或能级的部件,减少移去或更换罩时导致的电击或大电流引起的危险。

5.11.2 部件的位置和防护

应对具有危险电压或能级的零部件和会造成人身伤害的移动零部件进行固定、隔离或增加保护装置，以减少维修人员调整、复位或类似动作、或UPS带电时进行机械功能操作(例如：给电动机润滑、调整带数字拨盘或不带数字拨盘的控制器的设置、复位脱扣装置或操作手动开关)时无意触及的可能。

5.11.3 门上的部件

应对安装在门后面的具有危险电压或能级的零部件进行隔离或增加保护装置，以减少维修人员无意触及带电部件的可能。

通过检验、测量和用试指(GB 4943—2001的图2A)试验检查其与5.11，5.11.1，5.11.2，5.11.3的符合性。

5.11.4 零部件的触及

需要带电时检查、复位、调整、维修或维护的零部件的安装固定，应考虑电气维修时可能触及的其他零部件和接地金属部件不会对维修人员造成电击、危险能级和大电流引起的危险，或邻近的移动零部件造成的人身伤害。触及某零部件时不应受到其他零部件或导线的妨碍。

当UPS带电时用螺丝刀或类似工具进行调整，应按GB 4943—2001的2.8.3的要求提供必要的防护，避免无意触及邻近未绝缘的危险带电部件造成电击和危险能级引起的危险，还应考虑工具未对准产生的危险。

可通过以下方式进行防护：

——调整装置的位置远离未绝缘的危险带电部件；或

——使用防护装置减少工具触及未绝缘带电部件的可能。

通过检验，必要时通过故障模拟检查其符合性。

5.11.5 移动的零部件

应固定或防护维修过程中能引起人身伤害的可移动的零部件，使之不会被无意触及。

5.11.6 电容器组

应对电容器组采取放电措施，以保护维修人员。如果放电时间超过1.0 s，应有警告标签标示将危险降到GB 4943—2001的1.2.8.4和1.2.8.7定义的安全水平需要的时间(不应超过5 min)。

5.11.7 内置蓄电池

内置蓄电池的放置应使无意触及接线端子的电击危险最小，其互连方式应使维修或更换时的短路和电击危险最小。

通过检验检查其与5.11.3～5.11.7的符合性。

5.12 电气间隙、爬电距离和绝缘穿透距离

见IEC 60950-1:2001中的2.10。

5.13 外部信号电路

操作人员可触及的外部信号电路的联结应符合GB 4943—2001中2.2的要求。这类电路的例子有远程控制电路或计算机接口。

如果电源和外部信号电路之间的隔离依赖于与安全地的连接，则UPS应接地。

通过检验检查其符合性。

5.14 受限制电源

GB 4943—2001的2.5适用。

6 布线、连接和供电

6.1 概述

GB 4943—2001的3.1与以下内容一并适用。

连接门或外壳内的装置和测试仪器的电源引线的安装应使其移动或开启门或外壳时不致造成机械损伤。

选取三相 UPS 的中性线导体的规格应考虑各单相负载在中性线上引起的总谐波电流。

一个接线端子一般只连接一根导线。只有当接线端子设计连接多根导线时，才允许连接两根或多根导线。

6.1.1 母线排和绝缘导体的尺寸和额定值

UPS 内部导体的截面积由制造商决定。除了必须承载的电流外，还受 UPS 可能承受的机械应力、导体的敷设方式、绝缘类型和连接的设备(如电子设备)的类型(如适用)的限制。

6.2 与电源的连接

GB 4943—2001 的 3.2.2，3.2.3，3.2.4，3.2.5，3.2.6，3.2.8 及 IEC 60950-1:2001 的 3.2.5.2 与下述内容一并适用。

为了与主电源安全可靠连接，UPS 应具有下列连接装置之一：

——与电源永久连接的接线端子；

——与电源永久连接或利用插头与电源连接的不可拆卸的电源软线；

——与可拆卸的电源软线连接的器具插头。

如果设备的电源连接(例如不同电压/频率的电源，或作为备用电源)多于一种，则 UPS 的输出和蓄电池联结的设计应符合下列所有条件：

——对不同电路提供独立的连接方式；

——如果电源插头连接装置的误插会引起危险，则它们应不可互换。

通过检验检查其符合性。

6.3 外部电源导体的接线端子

GB 4943—2001 的 3.3.1,3.3.2,3.3.3,3.3.4,3.3.7,3.3.8 及 3.3.9 与以下内容一并适用。

应对外部电源线缆的密封套和附件采取安全保障措施(如金属/金属线护套)，避免线缆在安装后移动。

通过检验、测量和确定符合附录 P 中合适范围的最大和最小截面积检查其符合性。

制造商应明示接线端子适合连接铜导体还是铝导体，或二者皆可。接线端子可通过某种手段(螺钉、连接器等)与外部导体连接，以保证维持相应装置和电路电流额定值和短路电流强度必要的接触压力。

制造商和用户之间没有具体协议时，接线端子应能装配承载对应附录 P 中合适额定电流的、从最小到最大截面积的导体和铜电缆。

在使用铝导体的情况下，符合表 P.1 中的 c 列最大尺寸的端子一般足够大。对采用最大尺寸铝导体仍不能充分满足电路额定电流的情况，供应商和用户有必要达成一致，为采用下一最大尺寸铝导体找到办法。

对小电流电子电路(小于 1 A 且直流或交流电压低于 50 V)必须连接到 UPS 的外部导体，表 P.1 不适用(见表 P.1 的注)。

适当的接线空间应使其有可能连接明示材质的外部导体和多芯电缆铺开其电缆芯的外部导体。

导体不应承受降低正常寿命的应力。

除非供应商和客户间另有协议，三相和中性线回路的中性线端子应允许连接的铜导体具有如下载流能力：

——如果相导体尺寸超过 16 mm^2，载流能力等于相导体载流能力的一半，取最小截面为 16 mm^2；

——如果相导体尺寸小于或等于 16 mm^2，载流能力等于相导体的载流能力。

注 1：对除铜以外的导体，上述截面积宜以等效导电能力的截面积替代，这可能要求更大的端子。

注 2：某些应用中，中性线电流可能比正常应用高。例如，按制造商和用户之间的具体协议，大型设施的中性线具备与相导体相同的载流能力可能是必要的。

如果配置了中性线、保护导体和 PEN 导体进、出的连接装置，则这些装置应靠近相导体端子安装。

电缆入口、挡板等的开口设计应使在电缆正常安装情况下得到所述的接触和防护等级的防护措施。这意味着选择适合制造商给定的应用的进线方式。

7 结构要求

GB 4943—2001 的 4.1 与下述内容一并适用。

7.1 外壳

在预定的运行中，设备机座或机架不应用于承载电流。

注：接地的机座或机架在发生电气故障时能承载漏电流或电流。

数字拨盘或铭牌等部件作为外壳的一个功能部分应符合外壳要求。

如果预期在现场组装模块化单元的各个模块（这些模块可为开放式结构——无外壳或是部分外壳），则模块化单元的外壳应符合 IEC 60950-1:2001 的 2.1 要求。模块的标识和模块之间的电气联结应符合 IEC 60950-1:2001 第 3 章的要求。

外壳应保护模块化单元的各种部件。构成外壳的部分应符合本部分关于防护火灾、电击、人身伤害和危险能级等方面危险的相关要求。

通过检验检查其符合性。

7.2 稳定性

GB 4943—2001 的 4.1 与下述内容一并适用。

在正常使用条件下，单元和设备的稳定性应不致给操作人员和维修人员带来危险。

如果使用某种可靠的稳定装置改善打开抽屉式部件、门等时的稳定性，则该稳定装置应在操作人员操作时自动起作用。如果不是自动的，应设置适当的、醒目的标识警告维修人员。

通过下述相关试验检查其符合性。每项试验应单独进行。试验时，设备的箱、柜应在其额定容量范围内装入能产生最不利条件的物品。如果设备正常运行时使用脚轮，则脚轮应处于最不利的位置。

不论有无蓄电池，设备在 GB 4943—2001 描述的最严酷情况下都不应翻倒。

7.3 结构设计细则

GB 4943—2001 的 4.3 与以下内容一并适用。

除非制造商明示需要更高的防护等级，按制造商的说明书安装时，外壳应至少达到 IP20 的防护等级。

移动的零部件如外壳顶部安装的风扇也应有人身伤害防护，除非这种防护由最终设施通风管提供。

外壳顶部结构应确保制造商声明的按液体侵入等级划分的防护等级 IP××。

通过检验和试指（除要求更高的防护等级或试指被 GB 4208 中适当的试验方法替代外）检查其符合性。

这些要求也适用于电气防护外壳侧面的任何开口。

通过检验和试指（除要求更高的防护等级或试指被 GB 4208 中适当的试验方法替代外）检查其符合性。

7.3.1 气体浓度

如果设备在正常使用条件下包含蓄电池，则应具有充分的安全措施避免爆炸性气体的积聚和内部或外部泄漏的危险。

注：也见 7.5.7。

通过检验检查其符合性。

7.3.2 设备的移动

为便于移动到安装位置而装有脚轮的设备，且预定进行刚性固定布线时，应有附加措施确保在安装中不移动。对质量大于或等于 25 kg 的单元，施加其重量 20%（但不超过 250 N）的作用力验证其是否移动。

通过检验和试验检查其符合性。

7.4 防火

在4.9.3限制条件下安装的UPS应满足GB4943—2001的4.7.2的最低要求。

预定安装在操作人员触及区和限制触及区两种场合的UPS应满足GB 4943—2001中4.7的要求。

蓄电池阻燃等级应至少为HB级(见附录A)。

7.5 蓄电池的安置

用于UPS的蓄电池要求有独立的和封闭的安装位置。可设计为：

——独立的蓄电池间或蓄电池房；

——户内或户外独立的蓄电池箱或蓄电池柜；

——UPS内置的蓄电池槽或蓄电池室。

安装蓄电池应考虑下述要求。

适用时，按7.5.1～7.5.8检查其符合性。

7.5.1 可触及性和可维护性

蓄电池电极和蓄电池连接器应易于触及，以便使用合适工具紧固。带有电解液的蓄电池的安装应使蓄电池单元的盖易于触及，以便于检测电解液和重新调整其液位。

通过检验和使用蓄电池制造商配置或推荐的工具和测试设备检查其符合性。

7.5.2 振动

应按蓄电池制造商的说明书防护振动。

通过检验检查其符合性。

7.5.3 距离

如果蓄电池单元的外壳由绝缘材料构成，或是由一个绝缘外壳罩住，只要符合规定的通风和蓄电池温度，蓄电池之间可不留间隙。

通过检验检查其符合性。

7.5.4 绝缘

外壳导电的镍镉蓄电池相互之间以及与蓄电池箱或柜之间的绝缘应符合5.5的要求。

通过试验检查其符合性。

7.5.5 布线

按第6章的要求，触点、连接和布线必须有防护措施防止其受环境温度、潮湿、气体、蒸气和机械压力的影响。

通过检验和试验检查其符合性。

7.5.6 电解液泄漏

蓄电池要求对电解液泄漏有充分的防护，如蓄电池托盘和箱的防电解液涂层。

注：此要求不适用于VRLA型蓄电池。

通过检验检查其符合性。

7.5.7 通风

应提供良好的通风，使内部潜在的易爆氢氧混合物能安全地扩散到危险水平之下。

附录N给出了保证蓄电池柜(独立的或组合的)达到足够的稀释水平所需空气流量的计算方法。

在蓄电池和电气零部件的组合设备中，应注意避免与起弧部件(如蓄电池排气孔/阀旁的接触器和开关)相邻处局部出现氢、氧积聚而引爆。

可采用全封闭零部件，或隔离蓄电池柜，或采用使UPS和蓄电池充分通风等技术结构解决此问题。

蓄电池排气孔/阀与任何敞开的起弧零部件之间的距离是否足够由制造商提供受试设备结构的技术数据证明。

如果UPS配置蓄电池，安装说明书中应提供关于蓄电池间所需空气流量的适当信息。

通过检验、计算和测量检查其符合性。如果使用非封闭零部件，起弧部件与蓄电池排气孔/阀之间有 500 mm 距离通常认为符合要求。

7.5.8 充电电压

在任何单一故障(例如充电器故障时关闭充电器或切断充电电流)情况下，应避免蓄电池承受过电压。制造商应明示充电电压限值。

通过电路评估和性能试验检查其符合性。

7.6 温升

GB 4943—2001 的 4.5.1 与下述内容一并适用。

表 2 温升限值

部件	最大温升/℃
绝缘(包括绕组)	
A 级材料 105	75
E 级材料 120	90
B 级材料 130	95
F 级材料 155	115
H 级材料 180	140
C 级材料 200	150
N 级材料 220	165
P 级材料 240	185

表 3 以储能供电方式运行结束时，允许的绕组温度限值

绝缘等级/℃	平均电阻测量法测得的温度/℃	热电偶测量法测得的温度/℃
105	127	117
120	142	132
130	152	142
155	171	161
180	195	185
200	209	199
220	216	206
240	234	224

8 电气要求和模拟异常条件

8.1 概述

GB 4943—2001 的 5.1.1 与下述内容一并适用。

8.1.1 对地漏电流

当电路配置是任何运行方式下，UPS 的保护接地导体承载 UPS 及其连接的负载对地漏电流的总和时，UPS 应符合 GB 4943—2001 的 5.1.2 的要求。

对地漏电流超过 3.5 mA 时，GB 4943—2001 的 5.1.7 的要求适用。

通过检验和相关试验检查其符合性。

8.1.2 B 型插接式 UPS

属于 B 型插接式的 UPS 应配备符合 IEC 60950-1:2001 的 3.2.5 要求的不可拆卸的电源软线。

通过检验检查其符合性。

8.2 抗电强度

GB 4943—2001 的 5.2 适用。

8.3 异常运行和故障条件

GB 4943—2001 的 5.3.1,5.3.2,5.3.3,5.3.4,5.3.5,5.3.8 与下述内容一并适用。

8.3.1 故障模拟

除 GB 4943—2001 的 5.3.2,5.3.3,5.3.5 规定以外的零部件和电路通过模拟下述条件检查其符合性：

——主电路中任何零部件的故障；

——其失效会对附加绝缘和加强绝缘有不利影响的任何零部件的故障；

——另外,对不符合 GB 4943—2001 的 4.4.2,4.4.3 要求的设备,所有相关零部件的故障；

——除主电源输出外,在设备配置的电力和信号输出的连接端子和连接器上连接最严酷的负载阻抗后引起的故障。

如果多个输出具有相同的内部电路,则只需对其中一个输出进行试验。

与电源输入和输出连接的主电路的零部件(例如电源软线、器具耦合器、RFI 滤波元件、旁路、开关和它们的互连导线)如果符合 GB 4943—2001 的 5.3.6 中的 a),不进行故障模拟。

应通过检查设备、电路图和零部件技术条件确定预期可能合理发生的故障条件。

注：示例如三极管、二极管和电容器(特别是电解电容器)的短路和开路,设计为间断耗能的电阻器发生连续耗能的故障和引起过大功耗的集成电路内部故障。

设备运行在额定电压下或额定电压范围的上限时进行试验。一次模拟一个故障条件。

允许对设备内的电路或设备外的模拟电路、独立零部件或组件进行试验。

除 GB 4943—2001 的 5.3.3 规定的符合性判据外,给受试零部件供电的变压器的温度不应超过附录 C 的规定,而且还应考虑该附录关于例外的详细说明。

8.3.2 试验条件

设备运行在额定电压下或额定电压范围的上限时,在可预期的正常使用和误操作的任何条件下进行试验。

注：正常使用或误操作条件示例：

——可触及的操作装置如手柄、手杆、钥匙和挡板等未按制造商的说明的任何操作；

——可能同时覆盖或依次覆盖的排气孔组(如位于设备一侧或顶部)；

——在任何输出过载条件(包括短路)下运行。

另外,如果 UPS 配置有防护罩,则将防护罩正常放置,试验从正常空载直到进入稳定状态。

附　录

附　录　A
（规范性附录）
耐热和防火试验

见 GB 4943—2001 附录 A。

附　录　B
（规范性附录）
异常条件下的电动机试验

见 GB 4943—2001 附录 B。

附　录　C
（规范性附录）
变压器

见 GB 4943—2001 附录 C。

附　录　D
（规范性附录）
接触电流试验用测量仪器

见 GB 4943—2001 附录 D。

附　录　E
（规范性附录）
绕组温升

见 GB 4943—2001 附录 E。

附　录　F
（规范性附录）
电气间隙和爬电距离测量方法

见 GB 4943—2001 附录 F。

附　录　G
（规范性附录）
确定最小电气间隙的替换方法

见 GB 4943—2001 附录 G。

附 录 J
（资料性附录）
电化学电位表

见 GB 4943—2001 附录 J。

附 录 K
（规范性附录）
控温装置

见 GB 4943—2001 附录 K。

附 录 H
（资料性附录）
防止水和外部异物进入的导则

当预定的应用场合有可能造成水或外部异物进入时，应从 GB 4208 中选择适用的防护等级。本附录摘自 GB 4208。

用于确保达到要求的防止水和外部异物防护等级的零部件应是不借助工具就无法拆除的。

表 H.1 和 H.2 的内容摘自 GB 4208。试验条件和符合性见 GB 4208。

表 H.1 第一位特征数字代表的防止外部异物进入的防护等级

第一位特征数字	防护等级	
	简要描述	含 义
0	无防护	—
1	防止直径不小于 50 mm 的固体异物	直径 50 mm 球形试具不得完全进入壳内[a]
2	防止直径不小于 12.5 mm 的固体异物	直径 12.5 mm 球形试具不得完全进入壳内[a]
3	防止直径不小于 2.5 mm 的固体异物	直径 2.5 mm 球形试具不得完全进入壳内[a]
4	防止直径不小于 1.0 mm 的固体异物	直径 1.0 mm 球形试具不得完全进入壳内[a]
5	防尘	不能完全防护尘埃进入，但进入的尘埃量不得影响设备的正常运行，不得影响安全
6	尘密	无尘埃进入

[a] 试具直径部分不得进入外壳的开口。

表 H.2 第二位特征数字所代表的防水防护等级

第二位特征数字	防护等级	
	简要描述	含 义
0	无防护	—
1	防止垂直方向滴水	垂直方向滴水应无有害影响
2	防止当外壳在 15°范围内倾斜时垂直方向滴水	当外壳各垂直面在 15°范围内倾斜时，垂直滴水应无有害影响
3	防淋水	各垂直面在 60°范围内淋水应无有害影响
4	防溅水	向外壳各方向溅水应无有害影响
5	防喷水	向外壳各方向喷水应无有害影响
6	防强烈喷水	向外壳各方向强烈喷水应无有害影响
7	防短时间浸水影响	浸入规定压力的水中，在规定时间后，外壳进水量应无有害影响
8	防持续潜水影响	按制造商和用户同意的条件（比数字 7 代表的条件严酷）持续潜水后，外壳进水量应无有害影响

附　录　L
（规范性附录）
反向馈电保护测试

L.1　概述

UPS在储能供电方式下运行时，不允许任何一对输入端子之间有超限的电流。测得开路电压方均根值不超过30 V（交流峰值42.4 V，直流60 V）时，不必进行此项测试。

通过电路分析、控制电路零部件失效试验和L.2和L.3中的试验检查其符合性。

L.2　A类插接式UPS和B类插接式UPS

当UPS以储能供电方式运行，且其输入端子或插头断开时，空载和满载情况均应满足下述条件：

a)　在正常和任何单一故障情况下，采用附录D所示电路测得的用户可触及的任两个输入端的电流不应超过3.5 mA；

b)　交流输入电源应在1 s内切断。

L.3　永久连接的UPS的试验

当UPS运行在正常方式下有交流输出电流的负载和空载情况，且使待评估的零部件处于单一故障状况，则该故障应模拟该零部件的失效模式。然后，断开交流输入电源，用户可触及的任两个输入端的电流在正常情况和单一故障情况下均不应超过3.5 mA。

如配置了外置反向馈电保护装置，通过检查有关电路图和外置反向馈电隔离器检测电路运行试验检查其符合性。

UPS的保护导体在试验期间不应断开。

交流输入电源应在15 s内切断。

L.4　单一故障条件

对于L.2和L.3中的试验，单一故障是在电路研究的基础上确定的，但还应包括潜在的负载失效，如相对地的绝缘失效。

单相输出：

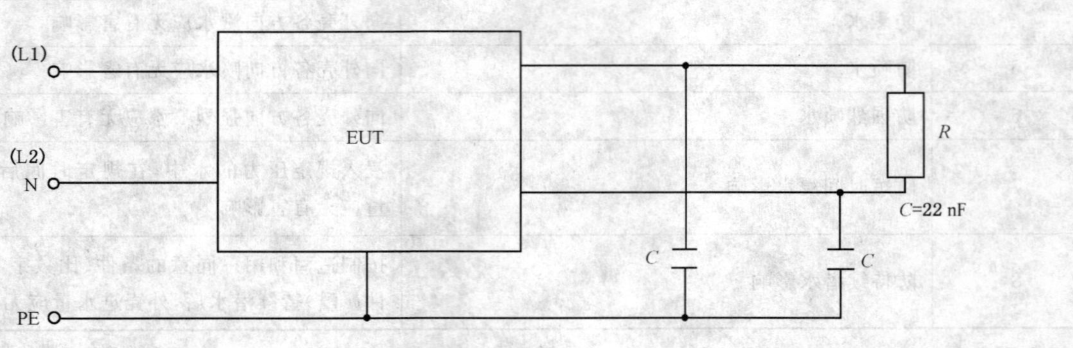

图L.1　负载故障

三相输出：

图中：EUT——受试设备。

图 L.1（续）

阻性负载 R 的取值应等于制造商规定的单位功率因数的最大负载。

附 录 M
（规范性附录）
基准负载条件示例

M.1 概述

UPS按制造商在操作手册中给出的技术条件加载。如果没有相关技术条件，应用下述基准负载条件。

UPS能加载不同的线性和非线性负载(见3.2.2和3.2.3)。

如果正弦波电压施加在一个负载上，流过负载的电流也是正弦波，则定义为线性负载。

施加正弦波电压的非线性负载中流过的电流为非正弦波。

线性负载最一般的类型有：

——阻性；

——感性—阻性；

——容性—阻性。

非线性负载可能是：

——整流的容性负载；

——晶闸管或饱和电抗器控制的负载(相位控制)。

在小于3 kVA的低功率范围，与容性负载相连的桥式整流器是最常用的。用下述符号表示负载特性：

S——输出表观功率，单位为伏安(VA)；

P——输出有功功率，单位为瓦(W)；

λ——功率因数，$\lambda=P/S$；

U——输出电压，单位为伏(V)；

f——频率，单位为赫兹(Hz)。

M.2 基准阻性负载

对阻性负载，UPS可将其加载到标称功率。

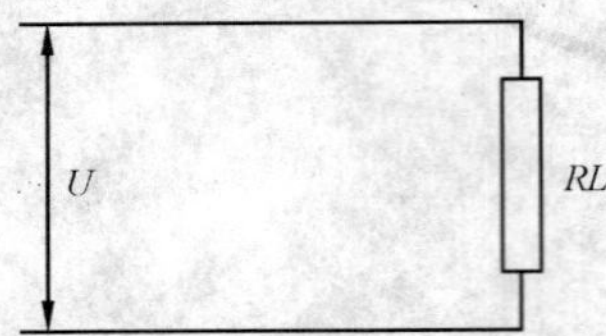

$$RL=\frac{U^2}{P}$$

M.3 基准感性—阻性负载

感性—阻性负载由一个电感器和一个电阻器串联或并联。电阻器R和电感器L的值由下述公式计算：

a) 串联

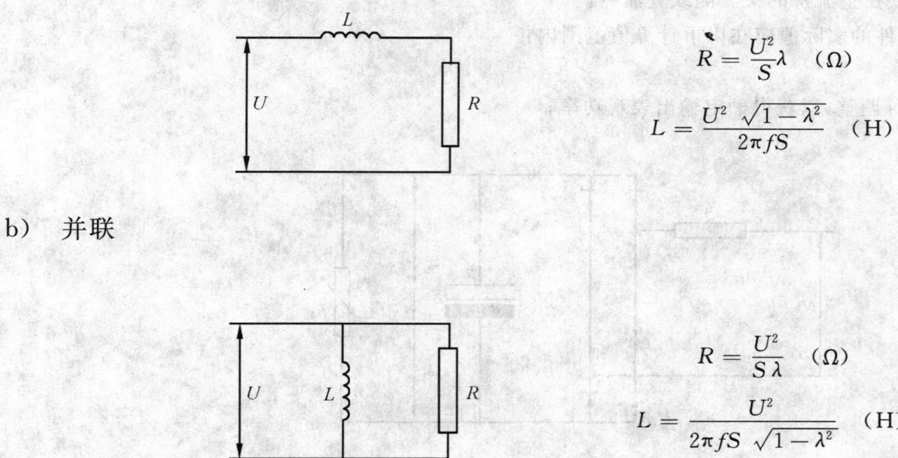

$$R=\frac{U^2}{S}\lambda \quad (\Omega)$$

$$L=\frac{U^2\ \sqrt{1-\lambda^2}}{2\pi fS} \quad (\mathrm{H})$$

b) 并联

$$R=\frac{U^2}{S\lambda} \quad (\Omega)$$

$$L=\frac{U^2}{2\pi fS\ \sqrt{1-\lambda^2}} \quad (\mathrm{H})$$

M.4 基准容性—阻性负载

容性—阻性负载由一个电容器和一个电阻器串联或并联。电阻器 R 和电容器 C 的值由下述公式计算：

a) 串联

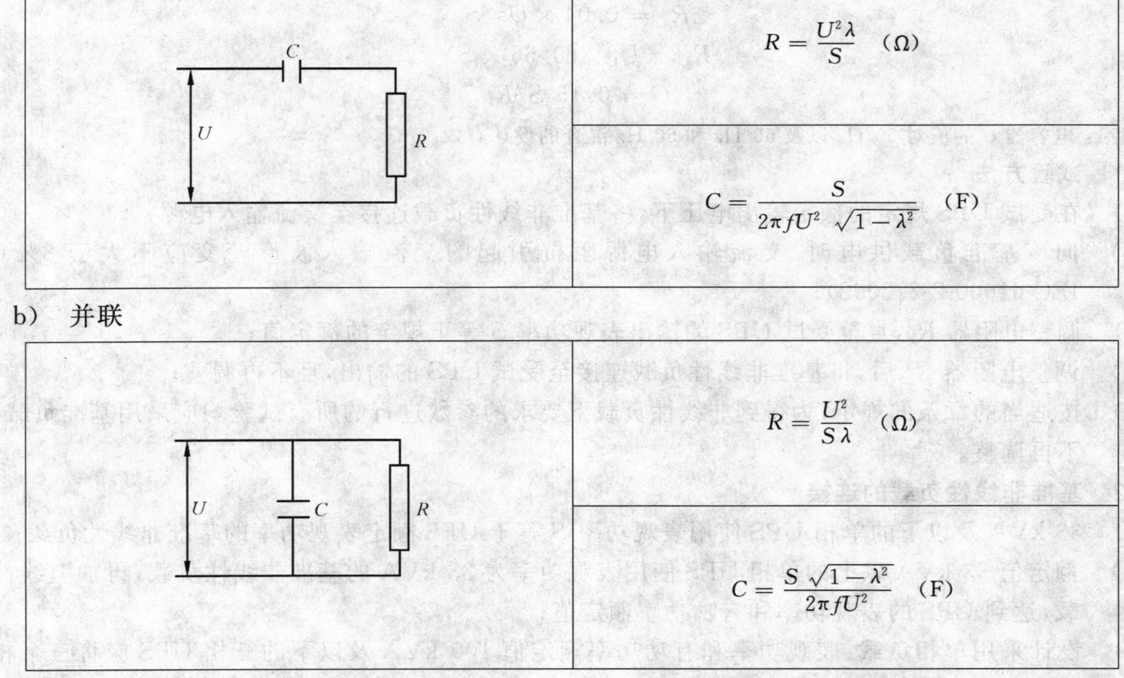

$$R=\frac{U^2\lambda}{S} \quad (\Omega)$$

$$C=\frac{S}{2\pi fU^2\ \sqrt{1-\lambda^2}} \quad (\mathrm{F})$$

b) 并联

$$R=\frac{U^2}{S\lambda} \quad (\Omega)$$

$$C=\frac{S\sqrt{1-\lambda^2}}{2\pi fU^2} \quad (\mathrm{F})$$

M.5 基准非线性负载

为了模拟单相稳态整流器/电容器负载，连接到 UPS 的负载是一个二极管整流桥，其输出端接有一个电容器和电阻器并联电路。

注 1：以下是对 50 Hz 输出电压最大畸变 8%（按 IEC 61000-2-2：2002）、功率因数 $\lambda=0.7$ 而言（也就是说，表观功率 S 的 70%作为有功功率消耗在电阻器 R_1 和 R_s 上）。

整个单相负载可由一个单一负载或多个并联的等效负载组成。

注 2：电阻器 R_s 可连接在整流桥的交流侧或直流侧。

注 3：用于试验的元器件的实际值应在以下计算值范围内：

——R_s：±10%；

——R_1：试验中可调整，以获得额定输出表观功率；

——C：+25%。

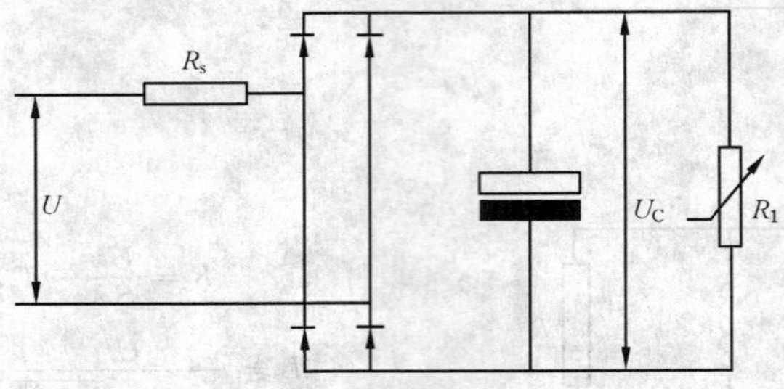

图中，U_C——整流电压值，单位为伏(V)；

R_1——负载电阻器，代表整个表观功率 S 中有功功率的 66%；

R_s——串联电阻器，代表整个表观功率 S 中有功功率的 4%(按 IEC/TC 64 关于线缆电压降的建议)。

图 M.1 基准非线性负载

纹波电压为电容电压 U_C 峰-峰值的 5%。U_C 相应的时间常数 $R_1 \times C = 0.15$ s。

观察峰值电压、电源电压畸变、线缆电压降和整流电压纹波，整流电压平均值 U_C 将为：

$$U_C = \sqrt{2} \times (0.92 \times 0.96 \times 0.975) \times U = 1.22 \times U$$

电阻器 R_s、R_1 和电容器 C 的值按下述公式计算：

$$R_s = 0.04 \times U^2 / S$$

$$R_1 = {U_C}^2 / (0.66 \times S)$$

$$C = 0.15\ S / R_1$$

注 4：电容器 C 的值对 50 Hz 以及 50 Hz 和 60 Hz 混合的设计有效。

M.5.1 试验方法

a) 在受试 UPS 规定的额定输出电压下，将基准非线性负载连接至交流输入电源；

b) 向该基准负载供电时，交流输入电源阻抗引起的交流输入波形畸变应不大于 8%(见 IEC 61000-2-2:2002)；

c) 调整电阻器 R_1，直至受试 UPS 的输出表观功率 S 等于规定的额定值；

d) 调整电阻器 R_1 后，将基准非线性负载连接至受试 UPS 的输出，且不再调整；

e) 按适当的章条的规定，为得到非线性负载下要求的参数进行的所有试验均应采用基准负载，且不再调整。

M.5.2 基准非线性负载的连接

a) 33 kVA 及以下的单相 UPS 使用表观功率 S 等于 UPS 额定表观功率的基准非线性负载；

b) 额定值 33 kVA 以上的单相 UPS 使用表观功率为 33 kVA 的基准非线性负载，再加上线性负载，达到 UPS 的表观功率和有功功率额定值；

c) 设计采用单相负载、表观功率和有功功率额定值 100 kVA 及以下的三相 UPS 应将三个相等的单相非线性负载连接到 UPS 相线与中性线之间或相线之间(取决于 UPS 设计适用的国家电网配置)；

d) 额定值 100 kVA 以上的三相 UPS 应按 c)选用负载，再加上线性负载，达到 UPS 的表观功率和有功功率额定值。

附　录　N
（规范性附录）
蓄电池柜的通风

开口蓄电池在大电流放电、过充或类似情况下会释放气体，其外壳或柜应通风良好。通风使空气流通，减少混合气体（如氢气和空气）产生压力和积聚的危险，避免人身伤害。

起弧部件（如开关、断路器和继电器的触头）不应位于放置开口蓄电池的外壳或柜内，该外壳或柜也不应在起弧部件附近排出气体。熔断器和连接装置不包括起弧部件。蓄电池或蓄电池柜的监测传感器（如温度传感器或类似物）应置于外壳或柜内。

如果混合气体（如氢气和空气）比空气轻，要求在外壳或蓄电池柜最顶端另开通风口，因为此部位易于积聚混合气体。

N.1　氢气浓度

根据上述内容，通风措施应防止氢气浓度超过容积的4%。如果不能明显得到充分通风，则应按N.3的蓄电池柜通风试验测量气体浓度。铅酸蓄电池在充满的情况下，如果充电能量的大部分转化为气体，一个铅酸蓄电池单元每63 A·h释放约0.028 3 m^3 氢气。见N.3。

N.2　堵塞情况

放置了蓄电池的外壳或柜的通风措施应符合风扇堵转和通风过滤器堵塞的异常条件要求。

N.3　过充试验

如果需要通过测量判断蓄电池柜是否符合N.1要求，则蓄电池应经受过充试验（见7.5.8）。在试验中及试验后，氢气的最高浓度应不超过容积的2%（安全系数为2）。试验中，在蓄电池柜内氢气浓度可能最高的地方，通过带浓度测量仪器的球形集气器或其他等效措施，以2 h、4 h、6 h和7 h间隔采集气体并进行检测。

当连接到调整为UPS额定电压的106%的供电电路时，UPS的蓄电池供电系统对已充满的蓄电池进行7 h的过充。调整任何用户可调的充电器和充电电路的控制，使之处于最严酷的充电速率。

例外1：此要求不适用于与UPS连接但不一同评估的蓄电池。

例外2：此要求不适用于配置了调整电路，防止当交流输入电压从额定值上升到其106%时，蓄电池充电电流上升的UPS。

例外3：以下公式可用于确保本附录的通风要求。

对均衡充电（升压充电）和阀控式蓄电池，在较宽的环境温度范围运行，系数“I”应采用2.4 V/单元。

蓄电池柜必要的通风气流应用下列公式计算：

$$Q = V \times q \times s \times n \times I \times C$$

其中：

Q——通风的空气流量，单位为立方米每小时（m^3/h）；

V——氢气必要的稀释值，为$(100-4)/4=24$；

q——为0.45×10^{-3} $m^3/(A \cdot h)$ 产生的氢气；

s——安全系数，例如$s=5$；

n——蓄电池单元的数量；

$I=2$ A/100 A·h——传统的富液式蓄电池；

$I=1$ A/100 A·h——低锑合金的富液式蓄电池；

$I=0.5$ A/100 A·h——有消氢栓的富液式蓄电池；

$I=0.2$ A/100 A·h——阀控式铅酸蓄电池；

C——蓄电池标称容量，单位为安时(A·h)，10 h 放电速率。

可引入 $Vqs=0.054\ m^3/(A\cdot h)$ 简化上面的公式为：

$$Q=0.054\times n\times I\times C;$$

通风量最好由自然通风保证，否则需要强制通风。

进口和出口应能保证空气自由进出，空气平均流动速度应为 0.1 m/s。

在自然通风情况下，蓄电池柜应有空气进出口，且其附近有 $K_1=28\ h\ cm^2/m^3$ 无障碍空间

$$A\geqslant K_1\,Q$$

其中：

A——通风口面积，单位为平方厘米(cm^2)；

$K_1=28\ h\ cm^2/m^3$。

或者

$$A\geqslant K_2\,n\,I\,X$$

其中：

$K_2=1.51\ cm^2/A$。

注：如果产生氢气的电能保持在一定的限值以下，自然通风适用，否则通风出口应大于许可的尺寸。自然通风的限制条件取决于蓄电池容量、蓄电池单元数量以及蓄电池的工艺(开口蓄电池单元或是阀控式蓄电池单元)和施加的蓄电池充电电压。

假设发热(超过 300℃)或产生火花的零部件与蓄电池通风口或气压出口保持足够的距离，则由以上计算方法就得到可靠的防爆等级。在蓄电池间中，500 mm 距离就可认为是足够安全的。在蓄电池柜和蓄电池箱中，或内置在 UPS 中的蓄电池，则可根据通风条件适当减少此距离。

以上所指的最严酷充电速率是不至于使过热和过流保护装置断开的最大充电速率。

附　录　P
（规范性附录）
适合连接铜导体的最大和最小截面积（见 4.9.7）

表 P.1 适用于每个端子上连接一根铜电缆。

表 P.1　导体截面积（摘自 GB 7251.1）

额定电流	单芯或多芯导线		软导线	
	截面积		截面积	
	最小	最大	最小	最大
a	b	c	d	e
A	mm^2		mm^2	
6	0.75	1.5	0.5	1.5
8	1	2.5	0.75	2.5
10	1	2.5	0.75	2.5
12	1	2.5	0.75	2.5
16	1.5	4	1	4
20	1.5	6	1	4
25	2.5	6	1.5	4
32	2.5	10	1.5	6
40	4	16	2.5	10
63	6	25	6	16
80	10	35	10	25
100	16	50	16	35
125	25	70	25	50
160	35	95	35	70
200	50	120	50	95
250	70	150	70	120
315	95	240	95	185
注：如需提供本表未包括的导体，则应给出对应的端子尺寸。				

ICS 29.120.70;29.240.30
K 45

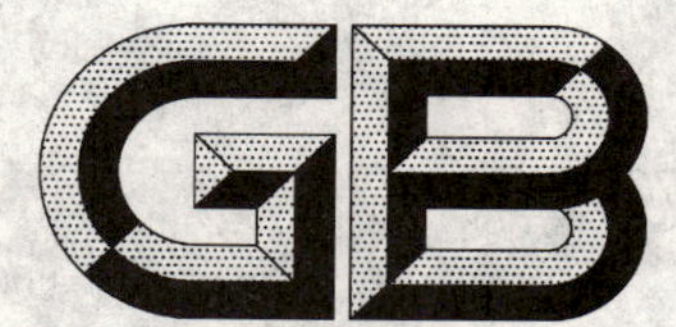

中华人民共和国国家标准

GB/T 7261—2008
代替 GB/T 7261—2000

继电保护和安全自动装置基本试验方法

Basic testing method for relaying protection and security automatic equipment

2008-06-18 发布　　　　2009-03-01 实施

中华人民共和国国家质量监督检验检疫总局
中国国家标准化管理委员会　发布

前　言

本标准代替 GB/T 7261—2000《继电器及装置基本试验方法》。

本标准做为电力系统二次电路所用有或无继电器、量度继电器、保护装置、安全自动装置及其接口设备等试验时应遵循的通用基本方法。本标准在对 GB/T 7261—2000 修订时，保留了原标准仍适用的内容，并根据 IEC 60255-1、IEC 60255-11、IEC 60255-27 等国际标准的最新版本，对部分试验项目和试验方法进行了调整。对于其他国家标准中已经规定了具体试验方法的试验项目，在本标准中不再重复叙述，而是直接引用相应的国家标准。为了方便标准的查询，按试验类别对试验项目进行了分类。考虑到标准的使用习惯，绝缘性能未归入安全试验，而是编为单独的一章。

本标准与 GB/T 7261—2000 相比，主要变化如下：

——标准名称进行了修改；

——按 IEC 60255-11 更新了辅助激励量中断试验；

——增加了工频抗扰度试验、脉冲磁场试验、阻尼振荡磁场试验；

——增加了恒定湿热试验；

——增加了地震试验；

——增加了安全试验；

——增加了电气间隙及爬电距离测量；

——增加了外壳防护试验；

——增加了保护联结的阻抗试验；

——增加了接触电流测量；

——增加了着火危险试验；

——增加了通信规约测试；

——增加了附录 C、附录 D、附录 E。

本标准的附录 A、附录 B、附录 C、附录 D、附录 E 均为资料性附录。

本标准由中国电器工业协会提出。

本标准由全国量度继电器和保护设备标准化技术委员会归口。

本标准起草单位：国家继电保护及自动化设备质量监督检验中心、南京南瑞继保电气有限公司、中国南方电网有限责任公司、国家电力调度通信中心、中国电力科学研究院、许继电气股份有限公司、国电南京自动化股份有限公司、北京四方继保自动化股份有限公司、上海继电器有限公司、阿城继电器股份有限公司、烟台东方电子信息产业股份有限公司、北京紫光测控有限公司、河北北恒电气科技有限公司、珠海万力达电气股份有限公司、积成电子股份有限公司。

本标准主要起草人：李全喜、赵希才、韩冰、王德林、沈晓凡、陶学军、吴雪峰、郑蔚、王洁民、王燕飞、权宪军、胡家为、由建军、王磊、袁文广。

本标准所代替标准的历次版本发布情况为：

——GB/T 7261—1987、GB/T 7261—2000。

继电保护和安全自动装置基本试验方法

1 范围

本标准规定了继电保护和安全自动装置的基本试验方法。

本标准适用于电力系统二次电路所用有或无继电器、量度继电器、保护装置、安全自动装置及其接口设备等产品的试验。

2 规范性引用文件

下列文件中的条款通过本标准的引用而成为本标准的条款。凡是注日期的引用文件,其随后所有的修改单(不包括勘误的内容)或修订版均不适用于本标准,然而,鼓励根据本标准达成协议的各方研究是否可使用这些文件的最新版本。凡是不注日期的引用文件,其最新版本适用于本标准。

GB/T 2422 电工电子产品环境试验 术语(GB/T 2422—1995,neq IEC 60068-5-2:1990)

GB/T 2423.1—2001 电工电子产品环境试验 第2部分:试验方法 试验A:低温(idt IEC 60068-2-1:1990)

GB/T 2423.2—2001 电工电子产品环境试验 第2部分:试验方法 试验B:高温(idt IEC 60068-2-2:1974)

GB/T 2423.3—2006 电工电子产品环境试验 第2部分:试验方法 试验Cab:恒定湿热试验(IEC 60068-2-78:2001,IDT)

GB/T 2423.4—1993 电工电子产品基本环境试验规程 试验Db:交变湿热试验方法(eqv IEC 60068-2-30:1980)

GB/T 2423.21—1991 电工电子产品基本环境试验规程 试验M:低气压试验方法(eqv IEC 60068-2-13:1983)

GB/T 2423.22—2002 电工电子产品环境试验 第2部分:试验方法 试验N:温度变化(IEC 60068-2-14:1984,IDT)

GB/T 2900.1 电工术语 基本术语(GB/T 2900.1—1992,neq IEC 60050)

GB/T 2900.17 电工术语 电气继电器(GB/T 2900.17—1994,eqv IEC 60050(446):1983)

GB/T 2900.49 电工术语 电力系统保护(GB/T 2900.49—2004,IEC 60050(448):1995,IDT)

GB 4208—1993 外壳防护等级(IP代码)(eqv IEC 60529:1989)

GB/T 4365 电工术语 电磁兼容(GB/T 4365—2003,IEC 60050(161):1990,IDT)

GB/T 5169.16—2002 电工电子产品着火危险试验 第16部分:50 W水平和垂直火焰试验方法(IEC 60695-11-10:1999,IDT)

GB/T 11287—2000 电气继电器 第21部分:量度继电器和保护装置的振动、冲击、碰撞和地震试验 第1篇:振动试验(正弦)(idt IEC 60255-21-1:1988)

GB/T 12113—2003 接触电流和保护导体电流的测量方法(IEC 60990:1999,IDT)

GB/T 13729—2002 远动终端设备

GB/T 14047—1993 量度继电器和保护装置(idt IEC 60255-6:1988)

GB/T 14537—1993 量度继电器和保护装置的冲击与碰撞试验(idt IEC 60255-21-2:1988)

GB/T 14598.1—2002 电气继电器 第23部分:触点性能(IEC 60255-23:1994,IDT)

GB/T 14598.3—2006 电气继电器 第5部分:量度继电器和保护装置绝缘配合要求和试验(IEC 60255-5:2000,IDT)

GB/T 14598.9—2002 电气继电器 第22-3部分:量度继电器和保护装置的电气骚扰试验 辐射电磁场骚扰试验(IEC 60255-22-3:2000,IDT)

GB/T 14598.10—2007 电气继电器 第22-4部分:量度继电器和保护装置的电气骚扰试验——电快速瞬变/脉冲群抗扰度试验(IEC 60255-22-4:2002,IDT)

GB/T 14598.13—2008 电气继电器 第22-1部分:量度继电器和保护装置的电气骚扰试验 1 MHz 脉冲群抗扰度试验(IEC 60255-22-1:2007,MOD)

GB/T 14598.14—1998 量度继电器和保护装置的电气干扰试验 第2部分:静电放电试验(idt IEC 60255-22-2:1996)

GB/T 14598.16—2002 电气继电器 第25部分:量度继电器和保护装置的电磁发射试验(IEC 60255-25:2000,IDT)

GB/T 14598.17—2005 电气继电器 第22-6部分:量度继电器和保护装置的电气骚扰试验 射频场感应的传导骚扰的抗扰度(IEC 60255-22-6:2001,IDT)

GB/T 14598.18—2007 电气继电器 第22-5部分:量度继电器和保护装置的电气骚扰试验 浪涌抗扰度试验(IEC 60255-22-5:2002,IDT)

GB/T14598.19—2007 电气继电器 第22-7部分:量度继电器和保护装置的电气骚扰试验 工频抗扰度试验(IEC 60255-22-7:2003,IDT)

GB/T 14598.20—2007 电气继电器 第26部分:量度继电器和保护装置的电磁兼容要求(IEC 60255-26:2003,IDT)

GB/T 17626.8—2006 电磁兼容 试验和测量技术 工频磁场抗扰度试验(IEC 61000-4-8:2001,IDT)

GB/T 17626.9—1998 电磁兼容 试验和测量技术 脉冲磁场抗扰度试验(idt IEC 61000-4-9:1993)

GB/T 17626.10—1998 电磁兼容 试验和测量技术 阻尼振荡磁场抗扰度试验(idt IEC 61000-4-10:1993)

GB/T 17626.11—1999 电磁兼容 试验和测量技术 电压暂降、短时中断和电压变化抗扰度试验(idt IEC 61000-4-11:1994)

GB/T 17626.13—2006 电磁兼容 试验和测量技术 交流电源端口谐波、谐间波及电网信号的低频抗扰度试验(IEC 61000-4-13:2002,IDT)

GB/T 17626.17—2005 电磁兼容 试验和测量技术 直流电源输入端口纹波抗扰度试验(IEC 61000-4-17:2002,IDT)

GB/T 17626.29—2006 电磁兼容 试验和测量技术 直流电源输入端口电压暂降、短时中断和电压变化的抗扰度试验(IEC 61000-4-29:2000,IDT)

IEC 60255-21-3:1993 电气继电器 第21部分:量度继电器和保护装置的振动、冲击、碰撞和地震试验 第1篇:地震试验

3 术语和定义

GB/T 2422、GB/T 2900.1、GB/T 2900.17、GB/T 2900.49 和 GB/T 4365 确立的以及下列术语和定义适用于本标准。

3.1

基本试验方法 basic testing method

在规定的试验条件下,对产品进行试验的通用方法,它不包括某类产品的专门试验、特定试验所遵循的方法。

3.2

变差试验　variation test

在试验期间，产品的某个影响量或影响因素处于标称范围的极限值，其余影响量或影响因素处于基准条件下所进行的试验。

3.3

试验条件允许偏差　permissible deviation of the testing condition

如果规定试验条件的参数为 M，实际试验条件为 N，则试验条件的允许偏差见式(1)：

$$\frac{N-M}{M}\times 100\% \qquad \cdots\cdots(1)$$

试验条件允许偏差也可以用绝对值表示。允许偏差是指这一数值的允许变动范围。

3.4

被试装置　equipment under test

EUT

被试验的装置。它可以是一只继电器或一台装置。

3.5

冷态　cold state

产品在不施加激励量的情况下，其各部分的温度与周围环境温度之差不大于 3 ℃的状态。

3.6

热态(热稳定状态)　thermal state(thermally stable state)

产品在规定的激励量的作用下，产品温升达到稳定的状态。在该状态每隔半小时测得的温度差不超过 1 ℃。

3.7

单轴正弦扫频地震试验　single axis sine sweep seismic test

被试装置的三个正交轴向依次经受标准频率范围内的等位移或者等加速度扫频正弦振动的试验。

3.8

双轴试验　biaxial test

被试装置的水平轴向和垂直轴向同时经受振动的试验。

3.9

双轴多频随机地震试验　biaxial multi-frequency random seismic test

被试装置经受试验相应谱的随机序列振动的试验。试验响应谱能够通过双轴多频输入运动复现标准响应谱。

3.10

标准响应谱　standard response spectrum

一种响应谱，其波形符合图 31，其主要参数为 3.11 和 3.12 定义的阻尼和零周期加速度。

3.11

阻尼　damping

一个表征系统中许多能量耗散机理的通用术语。

实际上，阻尼取决于许多参数，例如结构、振型、应变、作用力、速度、材料、连接滑移等。

3.12

零周期加速度　zero period acceleration

响应谱加速度的高频渐近值(见图 33)。

注：零周期加速度具有实际意义，因为在一个时间历程中，它代表最大的峰值加速度。这种零周期加速度不可与响应谱的峰值加速度相混淆。

3.13

随机运动样本　random motion sample

改变随机运动记录的频率范围和幅值后形成的样本，以便复现所需响应谱或者标准响应谱。

3.14

时间历程　time-history

由某一给定运动产生的加速度或位移或速度随时间变化的记录(见图 32)。

3.15

时间历程强部　strong part of time-history

从时间历程曲线第一次达到 25％最大值起，至最后一次降低到 25％最大值为止的时间历程部分(见图 32)。

4　试验条件

4.1　试验的环境条件

试验的正常试验环境条件及试验的基准环境条件见表 1。

表 1　试验环境条件

环境条件	正常试验环境条件	试验基准环境条件	
		基准条件	试验允差
环境温度	15 ℃～35 ℃	20 ℃	±2 ℃
相对湿度	45％～75％	45％～75％	—
大气压力	86 kPa～106 kPa	86 kPa～106 kPa	—
外磁感应	0 mT～0.5 mT	0	0.5 mT

除另有规定外，试验一般在正常试验环境条件下进行，试验的基准条件作为仲裁条件。

4.2　试验电源的基准条件及允差

除另有规定外，所有试验应在基准试验条件下进行，试验电源的基准条件及试验允差见表 2。

表 2　试验电源的基准条件及试验允差

试　验　电　源	基准条件	试　验　允　差
交流电源频率	50 Hz	±0.5％
交流电源波形	正弦波	波形畸变 5％[a]
交流电源中直流分量	0	峰值的 2％
直流电源中交流分量(纹波)	0	6％[b]
三相平衡电源中相电压或线电压	相等	差异不应大于电压平均值的 1％
三相平衡电源中相电流	相等	差异不应大于该系统电流平均值的 1％
三相平衡电源中各相电压与该相电流间夹角	相等	2°

a　多输入量的量度继电器及装置试验电源的交流电源波形畸变系数试验允差为 2％。

b　按峰值——峰值纹波系数定义。

4.3　安装位置

产品试验时，安装位置对于任一方向的允许偏差为 2°。

4.4　试验用仪器、仪表

4.4.1　一般使用仪表的准确度应根据被测量的误差等级按表 3 进行选择。

表3　仪表准确度等级

误差	＜0.5％	≥0.5％～1.5％	＞1.5％～5％	≥5％
仪表准确度	0.1级	0.2级	0.5级	1.0级
数字仪表准确度	6位半	5位半	4位半	4位半

4.4.2　测量相位用仪表的准确度不应低于1.0级。

4.4.3　测量温度用仪表的误差不应超过±1 ℃。

4.4.4　测量时间用仪表

当测量时间大于1 s时，相对误差不大于5/1 000；测量时间不大于1 s时，测量时间仪表的分辨率应为0.1 ms。

4.4.5　其他测试仪表的精度应满足相应标准的要求，并符合有关计量管理的要求。

5　结构及外观检查

5.1　检查内容及方法

5.1.1　目测被试装置所有零件锡焊处的质量，如是否存在针孔、气泡、裂纹、挂锡、拉尖、桥接及焊点润湿不良等现象。

5.1.2　检查被试装置是否按产品标准规定对有关部位进行漆封。

5.1.3　目测被试装置表面的涂覆层的颜色是否均匀一致，有无明显的色差和眩光，检查涂覆层表面是否有砂粒、趋皱、流痕等缺陷。

5.1.4　检查被试装置连接导线的颜色、线径或连接方式等是否符合产品标准及有关的要求。

5.1.5　检查被试装置铭牌、标志和端子号是否符合标准规定的要求，是否正确、清晰、齐全。

5.1.6　检查插拔式产品接插件插拔的灵活性和互换性。

5.1.7　检查被试装置包装是否符合有关包装标准要求。

5.1.8　被试装置的外形尺寸和安装尺寸等可采用钢板尺和钢带卷尺进行检查，必要时可采用精度更高的测量仪器。

5.1.9　被试装置的质量用天平和磅秤等进行检查。

5.1.10　检查被试装置内各元器件的安装及装配是否符合产品的图样和工艺的要求。

5.1.11　检查被试装置中电镀零件、喷漆零件、塑料零件的表面质量，例如是否有划伤、碰伤和变形现象。

5.1.12　被试装置中是否存在引起电化学腐蚀的不同金属材料或电镀层的直接连接。

5.2　要求

5.2.1　检查被试装置时，一般应在无损试验下进行。

5.2.2　检查被试装置时，一般应在正常照明和视觉条件下进行。

5.2.3　当有严重缺陷或存在无法用文字描述的缺陷时，可以用相机拍摄记录。

6　基本性能试验

6.1　触点基本参数试验

6.1.1　触点压力测试

6.1.1.1　测试方法

当产品标准没有规定时，可按下述测试方法进行。

触点压力可用测力计、砝码和灯光信号、万用表（欧姆表）配合测试。测试时，测力计（或砝码）作用力的作用方向沿触点接触面的法线方向，并将灯光信号（或指针式万用表）电路接入触点电路中，当灯光信号熄灭（或指针式万用表没有指示）时，测力计的读数（或砝码的质量）即为被测触点压力。

6.1.1.2　**测试程序**

——当对被试装置施加的激励量为额定值时，产品处于动作状态，可单独测量动合触点的触点压力；

——当对被试装置施加的激励量为零时，产品处于释放状态，可单独测量动断触点的触点压力。

6.1.2　**触点间隙测试**

6.1.2.1　**测试方法**

触点间隙测试用塞尺进行，以塞尺刚好通过并不使触点片产生位移时的间隙为触点间隙。

6.1.2.2　**测试程序**

——当被试装置处于动作状态时，可单独测量动断触点的触点间隙；

——当被试装置处于释放状态时，可单独测量动合触点的触点间隙。

6.1.3　**触点超行程测试**

6.1.3.1　**测试方法**

用塞尺直接测量触点位移的方法或用间接测量并换算的方法。

6.1.3.2　**测试程序**

——对于动合触点，缓慢移动衔铁，测量从触点开始接触起到衔铁完全接触闭合为止衔铁运动的直线距离，然后根据图样的标称尺寸进行换算，换算为动合触点的超行程；

——对于动断触点，先使衔铁闭合。然后缓慢释放，测量从动断触点开始接触起到衔铁完全释放为止衔铁运动的直线距离，然后根据图样的标称尺寸进行换算，换算为动断触点闭合时的超行程。

6.1.4　**触点接触同步测试**

6.1.4.1　触点接触不同步没有时差要求的可以用目测，其方法是缓慢移动衔铁，利用灯光信号或万用表指示进行测试。

6.1.4.2　触点接触不同步有时差要求时，可分别测量各触点组的动作时间或返回时间，然后再进行比较。

6.1.4.3　两组触点接触不同步时差测试方法，可以按图 1 所示电路进行测量，对于多组触点应以某一组触点为基准，其他各组触点分别与该组触点进行测试。

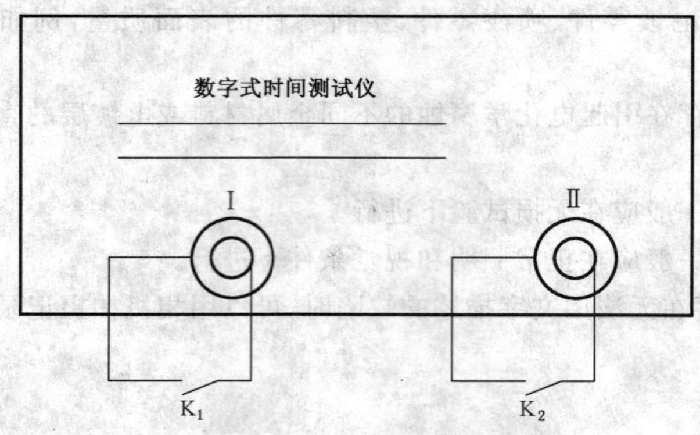

K_1、K_2 为两组触点。

图 1　两组触点接触不同步时差测试电路

a)　测试方法

——触点 K_1、K_2 同时接触，数字时间测试仪指示为零；

——触点 K_1 先于 K_2 接触，数字时间测试仪指示数值为两触点不同步时差；

——触点 K_1 后于 K_2 接触，数字时间测试仪指示数值不停，应更换两触点测试电路位置再进行测试。

b) 测试程序

当对动合触点不同步时差进行测试时，应对继电器突然施加额定激励量，使继电器动作。当对动断触点不同步时差进行测试时，应对继电器突然去除激励量，使继电器返回。

6.1.5 触点接触电阻测试

6.1.5.1 测试方法

a) 采用伏—安法测触点接触电阻。

采用伏—安法测触点接触电阻的测试电路如图 2 所示。根据产品标准要求，使触点电路通过规定的电流，测量触点两端电压，根据电流、电压值用式(2)计算触点接触电阻。

$$R_j = \frac{U}{I} \qquad \cdots\cdots(2)$$

式中：

U——触点两端电压，单位为伏特(V)；

I——通过触点电流，单位为安培(A)。

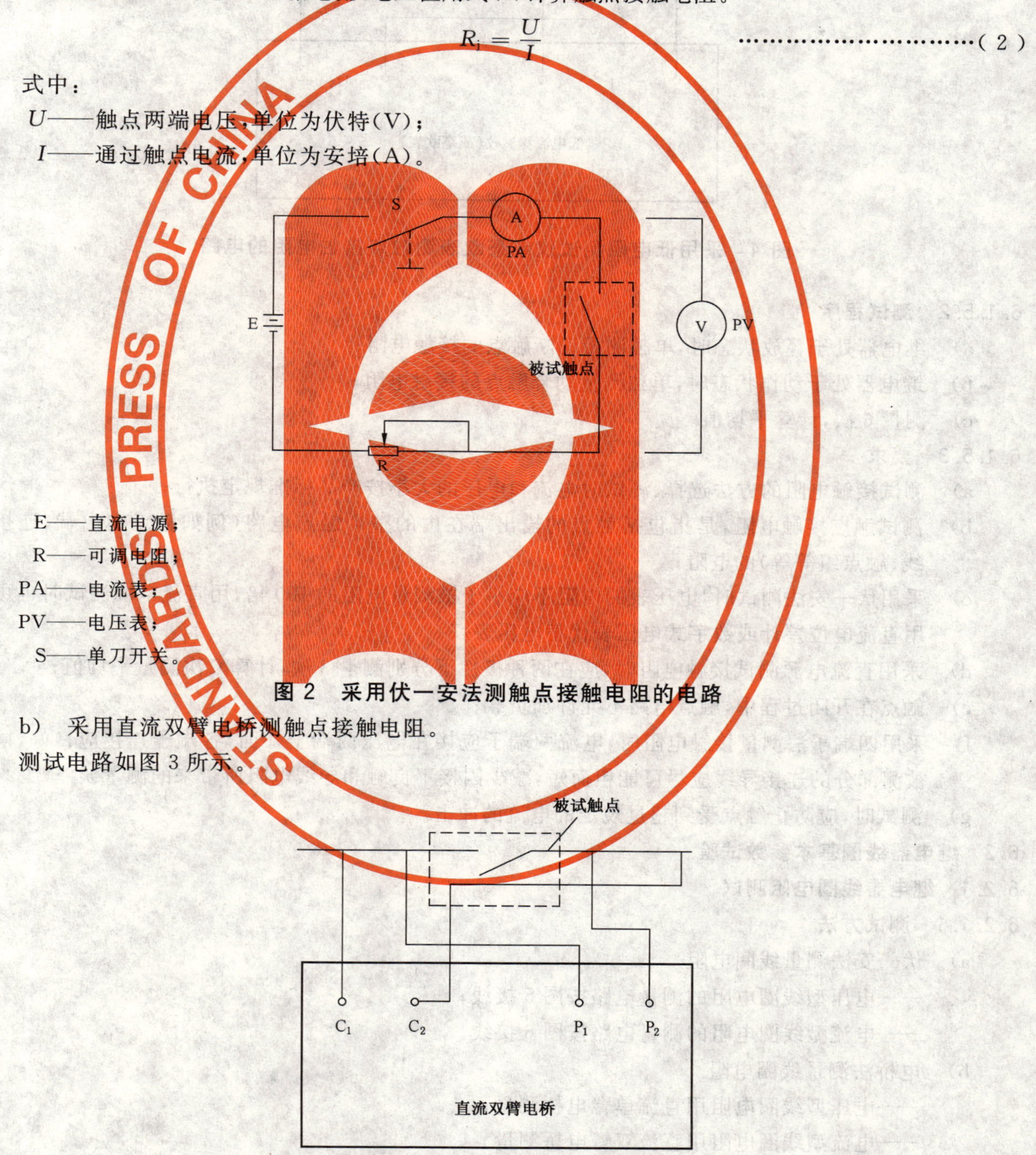

E——直流电源；

R——可调电阻；

PA——电流表；

PV——电压表；

S——单刀开关。

图 2 采用伏—安法测触点接触电阻的电路

b) 采用直流双臂电桥测触点接触电阻。

测试电路如图 3 所示。

被试触点

C_1 C_2 P_1 P_2

直流双臂电桥

图 3 采用直流双臂电桥测触点接触电阻的电路示意图

c) 采用低电阻测试仪或毫欧表测触点接触电阻。

测试电路如图 4 所示。

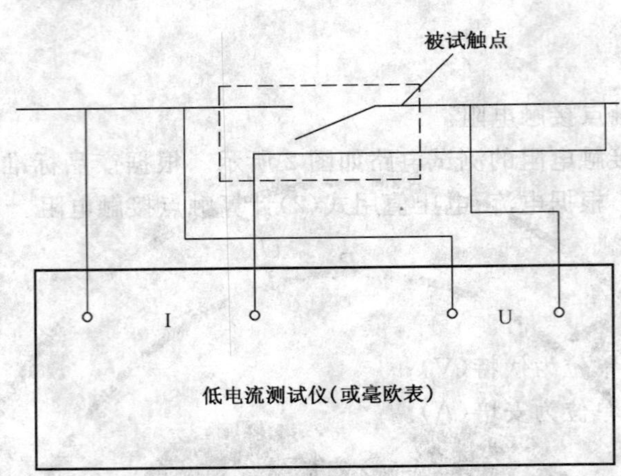

图 4 采用低电阻测试仪或毫欧表测触点接触电阻的电路

6.1.5.2 测试程序

a) 继电器处于释放状态时,单独测量动断触点的接触电阻;

b) 继电器处于动作状态时,单独测量动合触点的接触电阻;

c) 测量 6 次,计算平均值。

6.1.5.3 要求

a) 测试接触电阻的方法选择、测试时电流和电压的大小按产品标准规定执行;

b) 测试触点接触电阻,是指包括触点的输出端在内的整个触点电路(例如触点输出端、连接导线、触点组等等)的电阻;

c) 采用伏—安法测试时,电压表的内阻不应小于被测量电阻的 100 倍,用直流电源测试时也可以用直流电位差计或数字式电压表代替电压表:

d) 采用直流电源测试接触电阻时,应在两种极性下分别测量 3 次,计算 6 次测量平均值;

e) 触点在开闭过程中,触点电路不允许加负载;

f) 采用四端子法测量接触电阻时,电流两端子应接在电压两端子外面,各端子连接应良好,同时被测部分的连接导线应尽可能粗而短,减少因接不良触和导线电阻所带来的测量误差;

g) 测试时,应防止触点受到超过规定的电流的冲击。

6.2 继电器线圈基本参数试验

6.2.1 继电器线圈电阻测试

6.2.1.1 测试方法

a) 伏—安法测量线圈电阻

——电压型线圈电阻的测量电路按图 5 接线;

——电流型线圈电阻的测量电路按图 6 接线。

b) 电桥法测量线圈电阻

——电压型线圈电阻用直流单臂电桥测量;

——电流型线圈电阻用直流双臂电桥测量。

c) 电阻测量仪测量线圈电阻

根据线圈的类型,选用电阻测试仪测量电流型或电压型线圈的电阻。

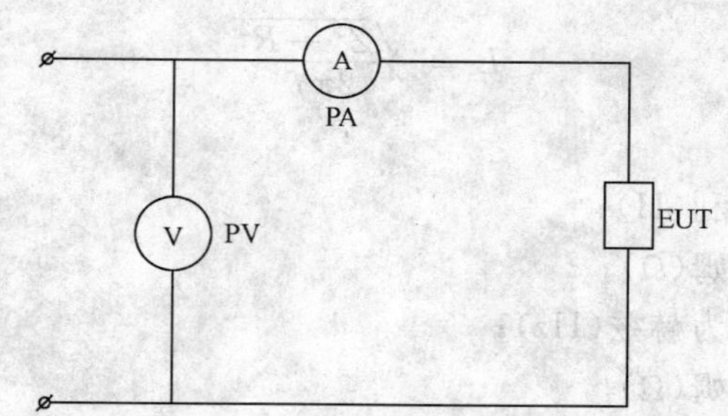

PV——直流电压表；

PA——直流电流表；

EUT——被试装置。

图 5　电压型线圈电阻测量电路

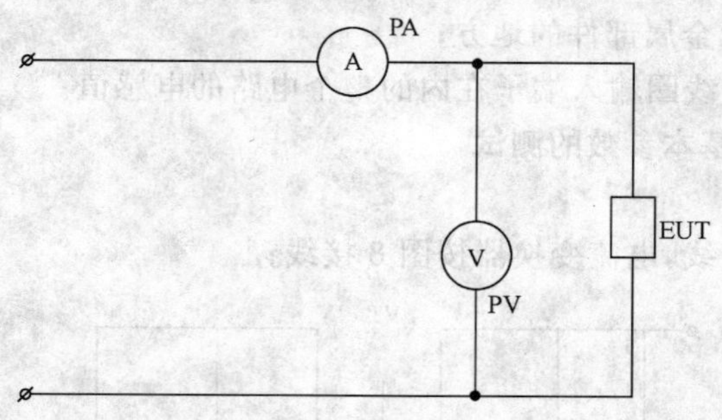

PV——直流电压表；

PA——直流电流表；

EUT——被试装置。

图 6　电流型线圈电阻测量电路

6.2.1.2　要求

a)　测量环境温度为 20 ℃±2 ℃；

b)　测试前被测线圈放置在测试环境的时间不应小于 2 h；

c)　测试方法的选用按产品标准规定；

d)　用伏—安法测量线圈电阻时，电压表应采用高内阻电压表，电流表应采用低内阻电流表；

e)　用伏—安法测量线圈电阻时，通过线圈的电压或电流不宜过大，一般不应超过继电器的额定工作电压或额定工作电流，通过时间不宜过长，以免线圈发热增大测量误差；

f)　被测线圈电阻较小时，应尽量减少测试接线引起的测量误差；

g)　测量线圈电阻时应包括线圈输入端子在内的整个电路部分的电阻。

6.2.2　继电器线圈电感测试

6.2.2.1　测试方法

a)　电桥法：用交流电桥测量线圈电感；

b)　伏—安法：用交流伏—安法测量线圈电感。

6.2.2.2　交流伏—安法测量线圈电感程序

a)　按 6.2.1 规定的方法测量线圈的直流电阻 R；

注：在施加工频电源时，线圈的交流电阻与直流电阻近似相等。

b)　按产品标准规定的电流、频率值对线圈施加电流，测量线圈两端电压降；

c)　按 $Z=\frac{U}{I}$ 计算线圈的阻抗值；

d)　按式(3)计算线圈的电感值。

$$L=\frac{\sqrt{Z^2-R^2}}{2\pi f} \quad \cdots\cdots(3)$$

式中：

L——线圈电感，单位为亨利(H)；

Z——线圈阻抗，单位为欧姆(Ω)；

f——交流电源频率，单位为赫兹(Hz)；

R——线圈电阻，单位为欧姆(Ω)。

6.2.2.3 **要求**

a) 测试方法的选用由产品标准规定；

b) 测量用的交流电源波形应为正弦波，频率为激励量的额定频率；

c) 测试环境温度为 20 ℃±2 ℃，在测试前产品放置在测试环境的时间不应小于 2 h；

d) 产品应安装在附近无金属部件的地方；

e) 测量线圈电感应包括线圈输入端子在内的整个电路的电感值。

6.3 静态继电器各类变换器基本参数的测试

6.3.1 变换器变比的测试

a) 电压变换器按图 7 接线，电流变换器按图 8 接线；

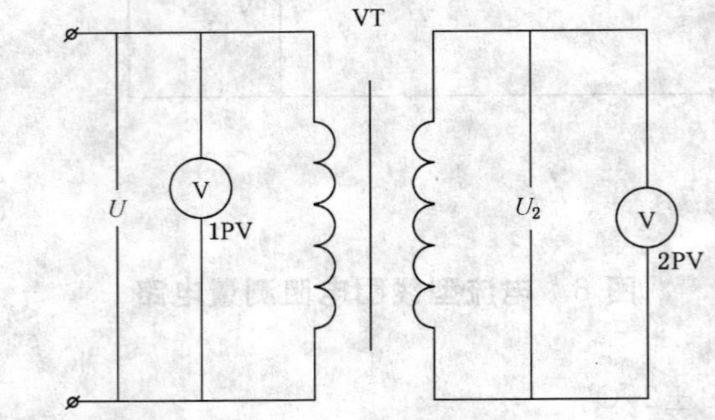

VT——电压变换器；

1PV,2PV——交流电压表。

图 7 电压变换器变比测试电路

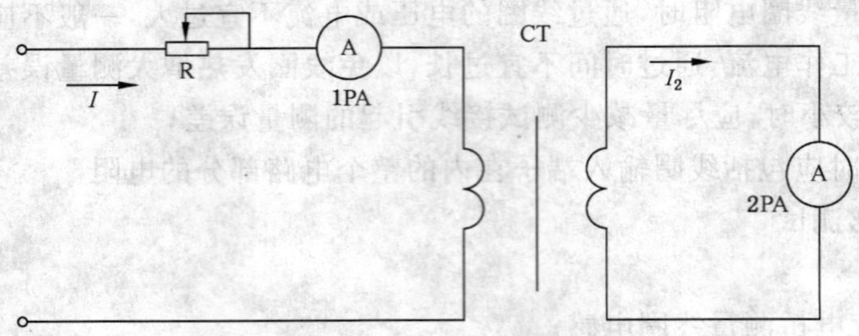

R——可调电阻；

CT——电流变换器；

1PA,2PA——交流电流表。

图 8 电流变换器变比测试电路

b) 对电压变换器初级绕组施加额定电压 U_n，测量次级绕组电压 U_2；

对电流变换器初级绕阻施加额定电流 I_n，测量次级绕组电流 I_2；

c) 计算变比

电压变换器变比用式(4)：

$$K_U=\frac{U_2}{U_n} \quad \cdots\cdots(4)$$

式中：

U_n——初级绕组额定电压(1PV 电压表指示值)，单位为伏特(V)；

U_2——次级绕组电压(2PV 电压表指示值)，单位为伏特(V)。

电流变换器变比用式(5)：

$$K_1 = \frac{I_2}{I_n} \quad \cdots\cdots\cdots\cdots\cdots\cdots(5)$$

式中：

I_n——初级绕组额定电流(1PA 电流表指示值)，单位为安培(A)；

I_2——次级绕组电流(2PA 电流表指示值)，单位为安培(A)。

6.3.2　**转移阻抗和转移阻抗角测试**

a)　转移阻抗的测试按图 9 接线。转移阻抗角的测试按图 10 接线。

R——可调电阻；
UR——电抗变换器；
PV——交流电压表；
PA——交流电流表。

图 9　转移阻抗测试电路

R——可调电阻；
UR——电抗变换器。

图 10　转移阻抗角测试电路

b)　初级绕组施加额定电流 I_n。

c)　测量次级绕组空载时电压 U_2。

d)　计算转移阻抗用式(6)：

$$Z = \frac{U_2}{I_n} \quad \cdots\cdots\cdots\cdots\cdots\cdots(6)$$

式中：

I_n——初级绕组额定电流(PA 电流表指示值)，单位为安培(A)；

U_2——次级绕组电压(PV 电压表指示值)，单位为伏特(V)。

e) 测量转移阻抗角，用相位电压表测量初级绕组电流 I_n 和次级绕组空载电压 U_2 之间的相角差。

6.3.3 伏安特性测试

a) 测试电路按图9接线；

b) 变换器在试验前应先去磁；

c) 初级绕组输入不同的电流值 I；

d) 测量不同电流值下次级绕组的空载电压 U；

e) 作出伏—安特性曲线 $U=f(I)$。

6.3.4 相序滤过器输出电压测试

a) 测试电路如图11所示；

b) 输入三相正序额定电压(或电流)，测量二次输出电压；

c) 输入三相负序额定电压(或电流)，测量二次输出电压。

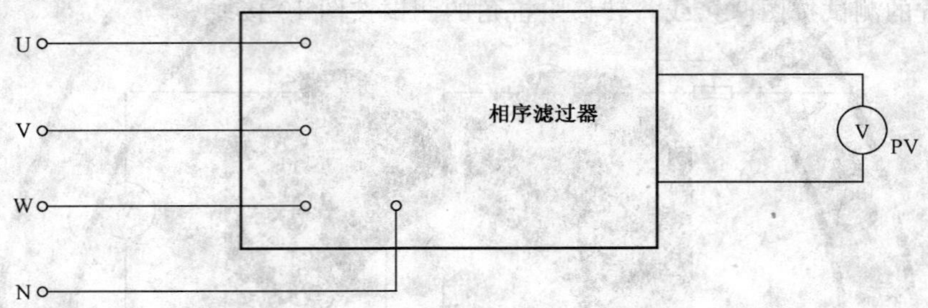

PV——直流电压表。

图 11 相序滤过器输出电压测试电路示意图

6.4 有或无继电器功能试验

6.4.1 直流继电器

直流继电器按图12所示的程序进行试验。试验时产品施加激励量采用突然施加的方法，每个程序试验5次。

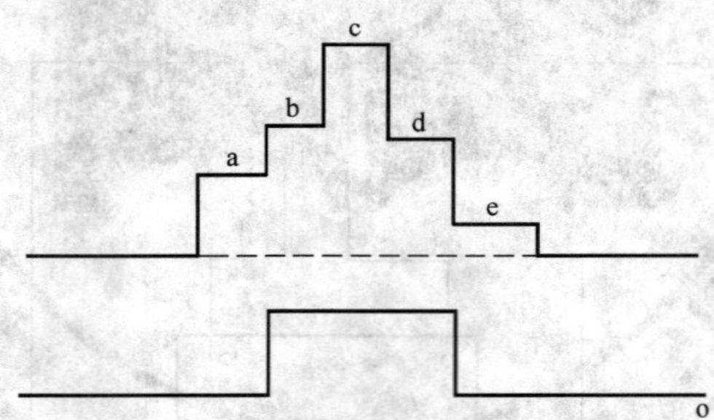

图 12 有或无继电器功能试验程序图

激励量及继电器相应的工作状态如表4所示。

表 4 继电器工作状态

图12中符号	施加值	继电器工作状态
a	不动作值[a]	不动作
b	动作值	动作
c	额定值	保持动作
d	不返回值[a]	保持动作
e	返回值	释放
[a] 当产品标准有要求时才进行试验。		

6.4.2 交流继电器

交流继电器按图12所示程序进行试验。试验时,产品施加激励量采用突然施加的方法。

6.4.3 要求

a) 除另有规定外,产品试验应在无自热状态下进行;

b) 产品在突然施加激励量时,动作或返回前后电压变化不允许超过5%,当电压有变化时,应取动作前的电压为产品的动作电压,返回前的电压为产品的返回电压。为了保证电压变化不超过5%,直流电压采用电阻分压时的分压电阻值,应小于线圈电阻的1/4.75;

c) 当产品标准规定产品在不同极性下进行试验时,应分别在不同电源极性下进行试验;

d) 产品的动作状态可以用中间继电器或灯光信号显示;

e) 对具有延时功能的继电器应注意延时特性对继电器工作状态的影响;

f) 对于多个输出触点的继电器应注意不同触点对继电器功能的影响;

g) 合格判据:根据所施加激励量的大小,产品是否处于规定的工作状态来判断;

h) 如果不是按上述规定的试验方法进行试验,应在产品标准中另行规定。

6.5 量度继电器及装置特性量的准确度试验

6.5.1 单输入激励量量度继电器及装置特性量的准确度试验

6.5.1.1 试验方法

a) 激励量缓慢施加的方法;

b) 激励量突然施加的方法。

6.5.1.2 试验程序

a) 单激励量缓慢施加法的试验程序

1) 过量继电器及装置

过量继电器及装置特性量准确度缓慢施加方法的试验程序见图13所示。试验时,所施加的激励量从零开始逐渐增大到动作值,然后逐渐减少至返回值,再由返回值降至零,测量10次(静态型产品可测5次);

2) 欠量继电器及装置

欠量继电器及装置特性量准确度缓慢施加方法的试验程序见图14所示。试验时,首先使激励量从零开始增大到额定值或两倍额定值。此阶段不测量产品特性量的准确度。然后,将激励量从额定值或两倍额定值开始下降至动作值,再逐渐增大至返回值,然后由返回值增大至额定值或两倍额定值,测量10次(静态型产品可测5次);

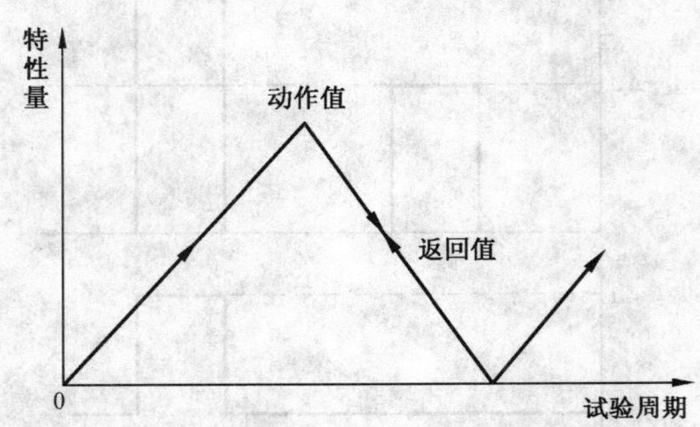

图13 缓慢法测量过量继电器及装置的准确度试验程序

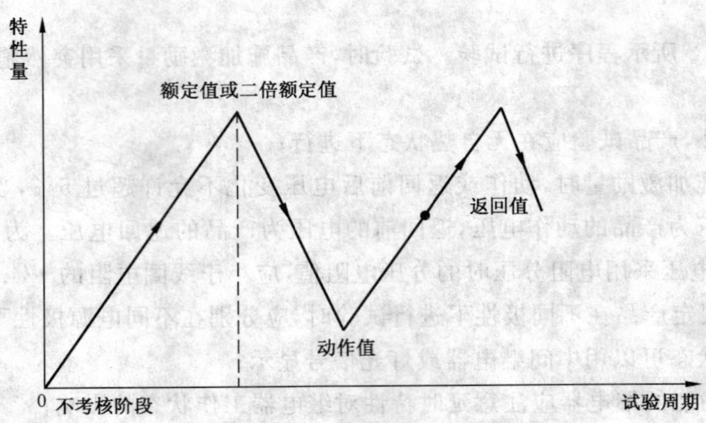

图 14 缓慢法测量欠量继电器及装置的准确度试验程序

b) 单激励量突然施加方法的试验程序

1) 过量继电器及装置

过量继电器及装置特性量准确度突然施加方法的试验程序见图 15 所示；

试验时，先设定目标激励量的大小分别为 $A_z-\Delta A$ 和 $A_z+\Delta A$（A_z 为特性量的整定值，ΔA 为误差要求）。然后，激励量分别从零增加到 $A_z-\Delta A$ 和 $A_z+\Delta A$，合闸相角为随机任意角，观察产品的动作情况；

当激励量从零增加到 $A_z-\Delta A$，产品不应动作；

当激励量由零增加到 $A_z+\Delta A$，产品应可靠动作；

2) 欠量继电器及装置

欠量继电器及装置特性量准确度突然施加方法的试验程序见图 16 所示；

试验时，先将激励量增大至额定值 B_n，并分别设定目标激励量的大小分别为 $B_z+\Delta B$ 和 $B_z-\Delta B$（B_z 为特性量的整定值，ΔB 为误差要求）。然后，使激励量分别由 B_n 下降到 $B_z+\Delta B$ 和 $B_z-\Delta B$，合闸相角为随机任意角，观察产品的动作情况；

当激励量从额定值下降到 $B_z+\Delta B$，产品不应动作；

当激励量从额定值下降到 $B_z-\Delta B$，产品应可靠动作。

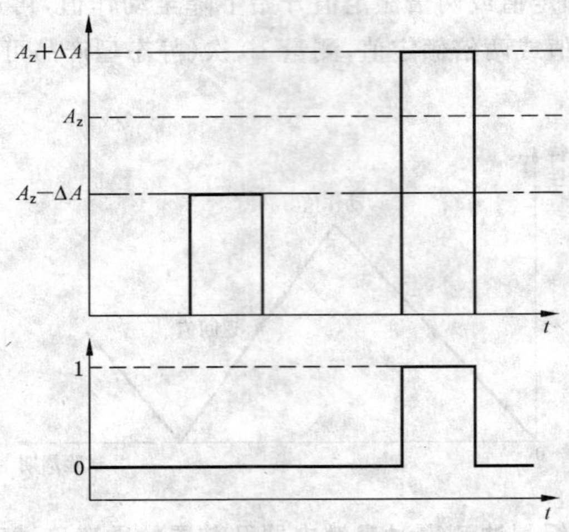

图 15 突然施加方法测量过量继电器及装置的准确度试验程序

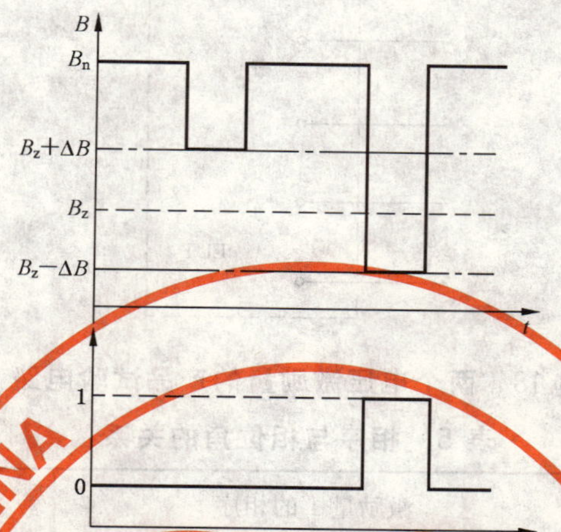

图 16 突然施加法测量欠量继电器及装置的准确度试验程序

6.5.2 多激励量量度继电器及装置特性量准确度试验

6.5.2.1 试验方法

a) 激励量缓慢施加的方法；

b) 激励量突然施加的方法。

6.5.2.2 试验程序

a) 两个电流激励量的产品的试验程序

1) 试验电路按图 17 接线；

2) 将其中一个激励量固定；

3) 改变另一个电流激励量，其程序同 6.5.1；

4) 需要改变两个激励量相位时，可通过改变施加电流的相别来改变其两激励量间的相位角；

5) 所施加激励量的相序与两激励量的相位角的关系见表 5。

b) 两个电压激励量产品的试验程序

1) 试验电路按图 18 接线；

2) 将其中一个激励量固定；

3) 改变另一个电压激励量，其程序同 6.5.1；

4) 需要改变两个激励量相位时，可通过改变施加的相别来改变两个激励量间的相位角；

5) 所施加激励量的相别与两激励量的相位角的关系见表 5；

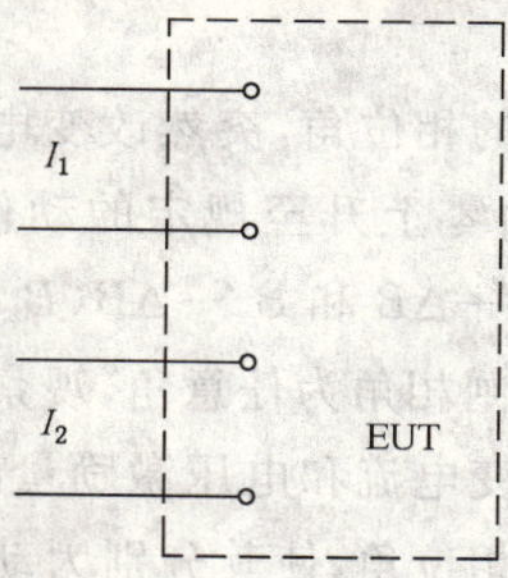

图 17 两个电流激励量的产品试验电路

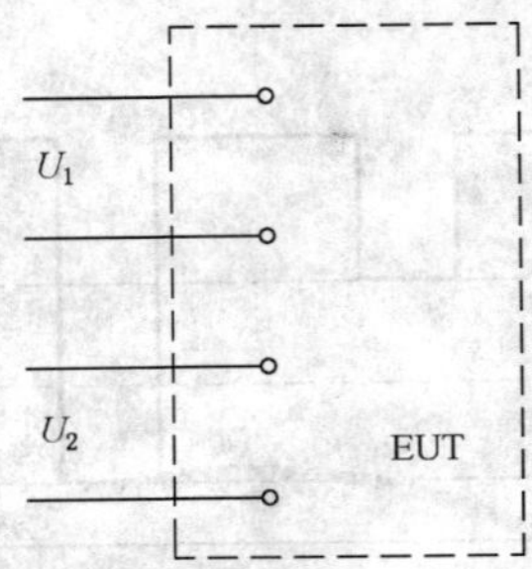

图 18 两个电压激励量的产品试验电路

表 5 相序与相位角的关系

相位角	激励量 1 的相序	激励量 2 的相序
0°	U—V	U—V
30°	U—V	N—V
60°	U—V	W—V
90°	U—V	W—N

c) 一个电流、一个电压激励量的产品试验程序

1) 试验电路按图 19 接线，要求两个激励量之间的相位角能任意改变。

2) 缓慢施加激励量的试验程序：

——固定电流、电压和电流间的相位角，缓慢改变电压激励量。电压由额定值下降至动作值，继续下降至零，然后由零上升至返回值，最后升至额定值；

——固定电流、电压幅值，改变电压和电流激励量间的相位角，施加电流、电压激励量为产品标准的规定值，然后逐渐改变电流和电压间的相位角 ϕ，确定产品的动作区的边界角；

——固定电压，电压和电流间的相位角，缓慢改变电流激励量。电流激励量由零逐渐上升至动作值，然后由额定值下降至返回值，最后下降至零。

3) 突然施加激励量的试验程序：

——固定电流和电压激励量间的相位角，突然改变电压、电流激励量。其中，电流激励量由零上升至额定值，电压激励量由额定值分别下降至 $B_z+\Delta B$ 和 $B_z-\Delta B$（B_z 为计算得到的电压激励量的动作边界值，ΔB 为误差要求），合闸相角为任意角，观察产品的动作情况；

——固定电流和电压激励量的相位角，突然改变电压、电流激励量。其中，电流激励量由零上升至额定值，电压由零上升至规定的动作电压。观察产品是否处于动作状态。电压由零分别上升至 $B_z+\Delta B$ 和 $B_z-\Delta B$（B_z 为计算得到的电压激励量的动作边界值，ΔB 为误差要求），合闸相角为任意角，观察产品的动作情况；

——固定电流、电压幅值，改变电流和电压激励量间的相位角。其中电流、电压均为额定值，调整电流、电压间的相位角，使其分别为动作区边界角 $\pm\Delta\phi$（$\Delta\phi$ 为误差要求），观察产品的动作情况。

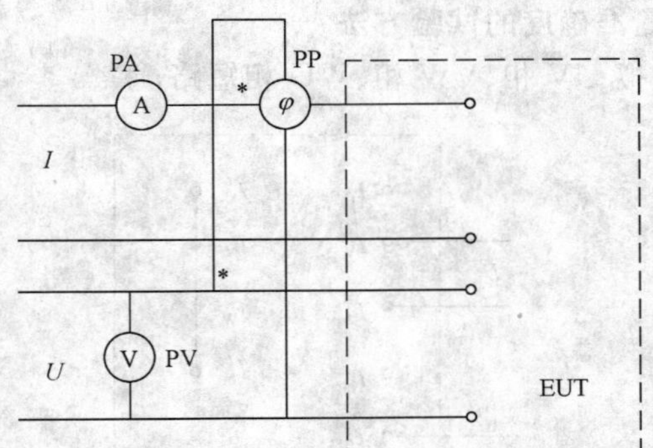

PV——交流电压表；

PA——交流电流表；

PP——相位表；

EUT——被试装置

图 19 一个电流、一个电压激励量的产品试验图

6.5.3 负序电流、负序电压、负序功率等特性量准确度的试验方法

负序电流、负序电压、负序功率等特性量准确度的试验，除另有规定外，应采用模拟相间短路的试验方法。

6.5.3.1 负序电压特性量准确度的试验方法

a） 试验电路按图 20 接线，分别模拟 UV 相、VW 相、WU 相短路；

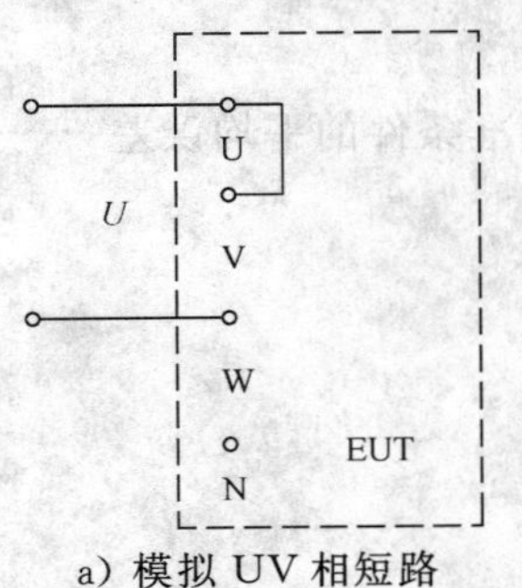

a）模拟 UV 相短路

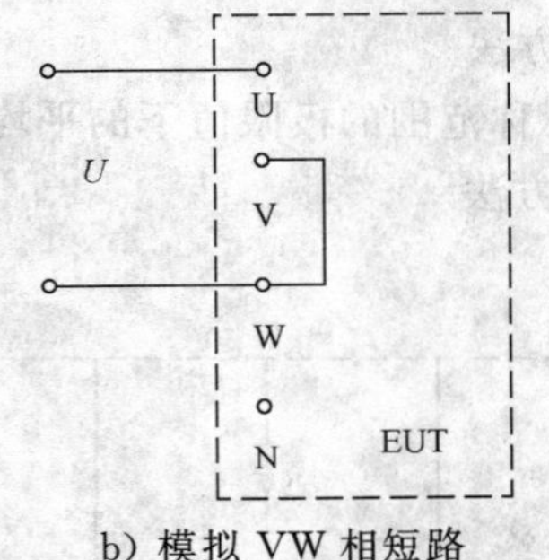

b）模拟 VW 相短路

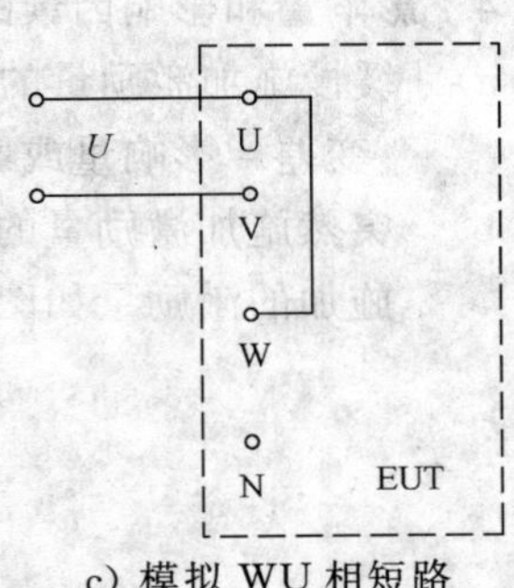

c）模拟 WU 相短路

图 20 负序电压特性量准确度的试验接线图

b） 试验方法同单激励量产品；

c） 测量的动作电压为实际负序动作电压的$\sqrt{3}$倍。

6.5.3.2 负序电流特性量准确度的试验方法

a） 按图 21 接线，分别模拟 UV 相、VW 相、WU 相短路；

b） 试验方法同单激励量产品；

c） 测量的动作电流为实际负序动作电流的$\sqrt{3}$倍。

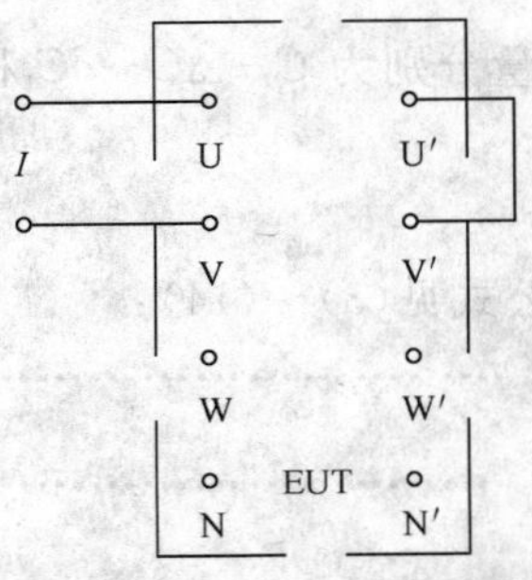

a）模拟 UV 相短路

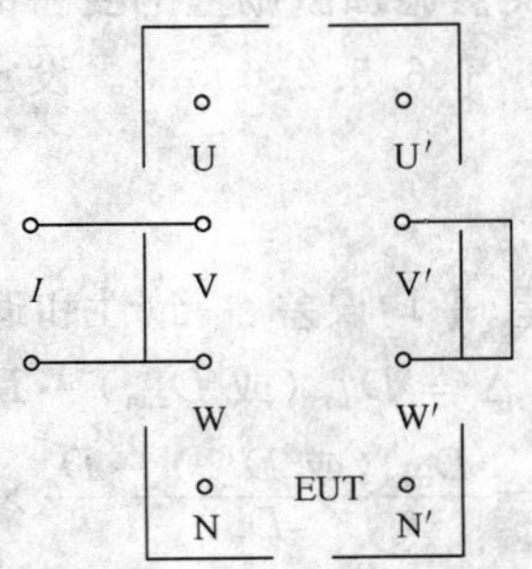

b）模拟 VW 相短路

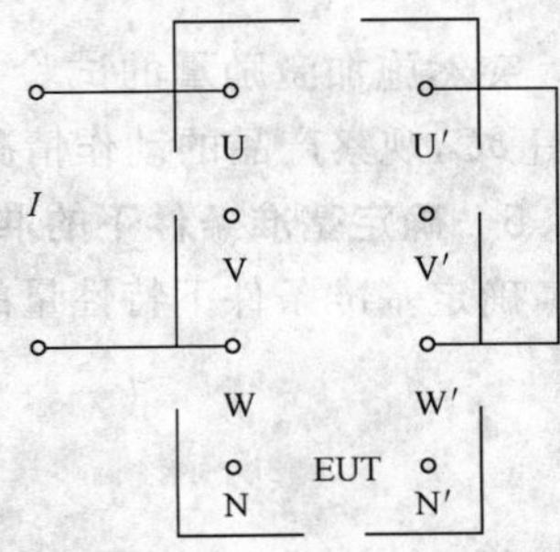

c）模拟 WU 相短路

图 21 负序电流特性量准确度的试验接线图

6.5.3.3 负序功率特性量准确度的试验方法

a) 按图 22 接线，分别模拟 UV 相、VW 相、WU 相短路；

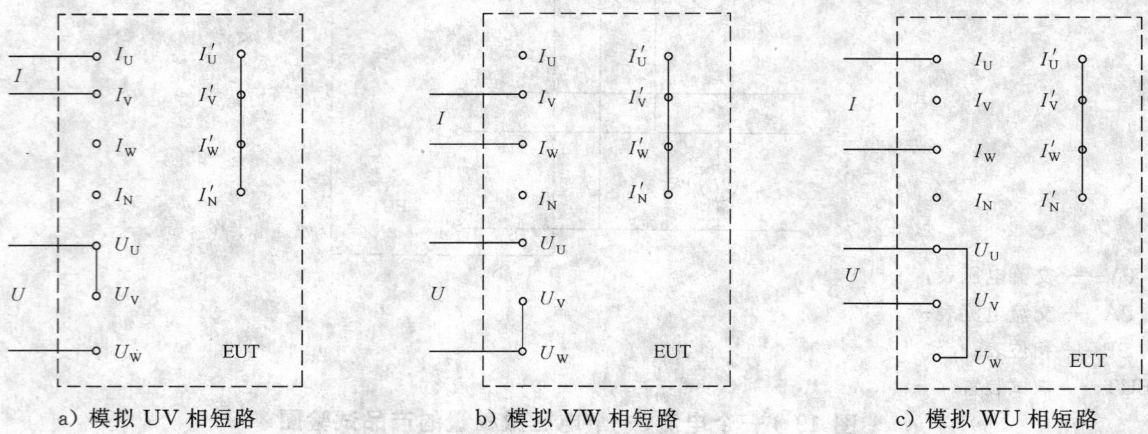

a）模拟 UV 相短路　b）模拟 VW 相短路　c）模拟 WU 相短路

图 22 负序功率特性量准确度试验接线图

b) 试验方法同多激励量产品；

c) 施加的动作电流为$\sqrt{3}$倍负序动作电流，施加的动作电压为$\sqrt{3}$倍负序动作电压。

6.5.4 影响量和影响因素的变差确定方法

a) 缓慢施加激励量的变差确定方法

变差＝影响量或影响因素标称范围的极限值下的平均误差－基准条件的平均误差 ……（7）

b) 突然施加激励量的变差确定方法

施加的激励量如图 23 所示。

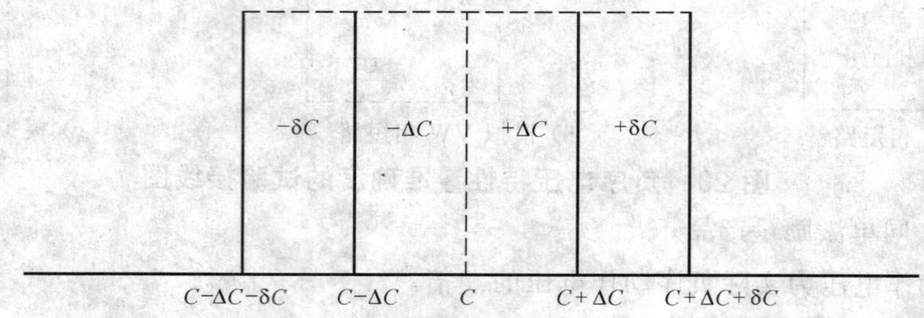

C——产品的激励量的整定值；

ΔC——产品的激励量的误差要求；

δC——产品在影响量及影响因素标称范围的极限值下的变差要求。

图 23 突然施加激励量的变差的确定方法

突然施加激励量的试验方法见 6.5.1、6.5.2、6.5.3。设定目标激励量分别为 $C-\Delta C-\delta C$ 和 $C+\Delta C+\delta C$，观察产品的动作情况。

6.5.5 确定基准条件下的准确度

确定基准条件下特性量的极限误差、平均误差、一致性和返回系数的公式见(8)～(14)：

$$\Delta = D_{max}(\text{或 } D_{min}) - D_z \quad \cdots\cdots(8)$$

$$\Delta\% = \frac{D_{max}(\text{或 } D_{min}) - D_z}{D_z} \times 100\% \quad \cdots\cdots(9)$$

$$\Delta_a = D_a - D_z \quad \cdots\cdots(10)$$

$$\Delta\%_a = \frac{D_a - D_z}{D_z} \times 100\% \quad \cdots\cdots(11)$$

$$\delta = D_{max} - D_{min} \quad \cdots\cdots(12)$$

$$\delta\% = \frac{D_{max} - D_{min}}{D_z} \times 100\% \quad \cdots\cdots(13)$$

$$K = \frac{D_a}{K_a} \quad \cdots\cdots(14)$$

式中：

Δ——极限绝对误差；

$\Delta\%$——极限相对误差；

Δ_a——平均绝对误差；

$\Delta\%_a$——平均相对误差；

δ——动作值一致性(绝对值)；

$\delta\%$——动作值一致性(相对值)；

D_z——刻度整定值；

D_{max}——10 次(或 5 次)测量动作最大值；

D_{min}——10 次(或 5 次)测量动作最小值；

D_a——10 次(或 5 次)测量动作平均值；

K——返回系数；

F——10 次(或 5 次)测量返回平均值。

6.5.6 要求

6.5.6.1 当产品标准或技术条件中没有规定时，特性量整定值应分别整定在最大、最小和中间任一整定值下进行试验。

6.5.6.2 测试特性量的动作值、返回值时，触点电路用快速中间继电器监视，中间继电器的动作时间不应大于 10 ms。

6.5.6.3 产品标准规定了试验程序的，按产品标准的规定进行。

6.6 时间特性试验

6.6.1 试验内容

6.6.1.1 时间特性试验适用于触点时，包括以下内容：

a) 动合触点闭合时间测试；

b) 动断触点断开时间测试；

c) 动合触点断开时间测试；

d) 动断触点闭合时间测试；

e) 动合触点在动作(或返回)过程中回跳时间测试；

f) 动断触点在动作(或返回)过程中回跳时间测试。

6.6.1.2 时间特性试验适用于继电器及装置时，包括以下内容。

6.6.1.2.1 动作时间

对处于释放状态的继电器或者装置，当激励量变化至规定值的瞬间开始到继电器触点或装置的出口继电器触点可靠动作为止所经历的时间，为动作时间。

继电器触点或装置的出口继电器触点可靠动作是指其动合触点可靠闭合或者动断触点可靠断开。

过量继电器的激励量的规定值为 6.5.1.2b) 1)中规定的 $A_z + \Delta A$。

欠量继电器的激励量的规定值为 6.5.1.2b) 2)中规定的 $B_z - \Delta B$。

6.6.1.2.2 返回时间

对处于动作状态的继电器或者装置，当激励量变化至规定值的瞬间开始到继电器触点或装置的出口继电器触点可靠返回为止所经历的时间，为返回时间。

继电器触点或装置的出口继电器触点可靠返回是指其动合触点可靠断开或者动断触点可靠闭合。

过量继电器的激励量的规定值为 6.5.1.2b) 1)中规定的 $A_z-\Delta A$。

欠量继电器的激励量的规定值为 6.5.1.2b) 2)中规定的 $B_z+\Delta B$。

6.6.2 测试方法

6.6.2.1 时间参数不大于 1 s 时，用示波器或数字毫秒仪；大于 1 s 时用电动秒表或数字秒表；大于 1h 时，用电动秒表或数字秒表，配合时钟进行测试。触点回跳时间测试，应采用示波器或触点回跳时间测量仪进行。

用示波器测量时间参数的试验电路参见附录 A。

6.6.2.2 按产品标准或技术条件规定，突然施加规定的激励量或特性量。

6.6.2.3 测量 10 次，取 10 次测量平均值来计算时间参数(静态型产品可测 5 次)；

6.6.2.4 确定时间参数的准确度，平均误差用式(10)或者式(11)，一致性用式(12)或者式(13)。

6.6.3 要求

a) 试验过程中，产品动作前后线圈电压波动不应超过 5%。在采用分压电阻分压进行直流继电器时间参数测试时，分压电阻值应小于继电器线圈电阻的 1/4.75；

b) 对直流继电器的时间参数测试，当时间参数小于 1s 时，应注意测试电路参数对测试结果的影响；

c) 应注意试验电路中操作开关不同步对时间参数测试引起的误差；

d) 应注意多组触点由于触点不同步对测试结果的影响。

6.7 测控性能试验

测控性能试验按 GB/T 13729—2002 规定的方法进行。

7 功率消耗

7.1 试验方法

用伏—安法进行测试。

按产品标准将规定的激励量施加于产品的输入端，测量产品功率消耗。

7.2 测试电路及产品功率消耗的计算方法

7.2.1 单输入激励量产品功率消耗测试

电压型试验电路按图 24a)接线，电流型试验电路按图 24b)接线。

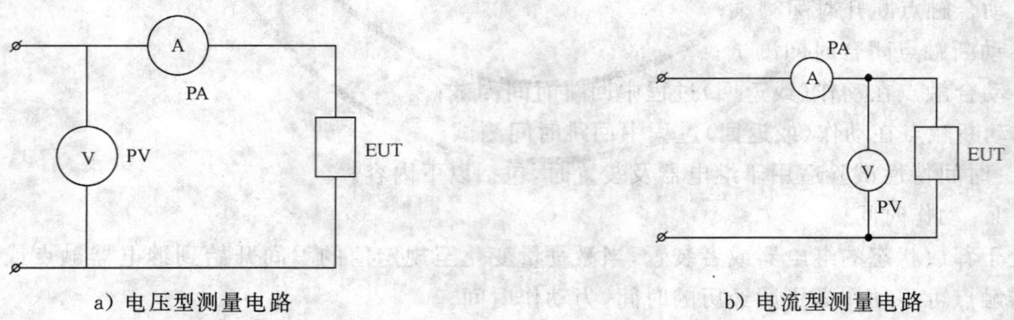

a) 电压型测量电路　　　　b) 电流型测量电路

图 24 单输入激励量电流

功率消耗按式(15)计算：

$$P = U \times I \quad \cdots\cdots (15)$$

式中：

P——被试装置功率消耗，单位为伏安或瓦特(VA 或 W)；

U——线圈两端电压(PV 电压表指示值),单位为伏特(V);

I——通过线圈电流(PA 电流表指示值),单位为安培(A)。

7.2.2 多输入激励量产品功率消耗测试

7.2.2.1 三相四线对称输入电路

试验电路按图 25 接线:

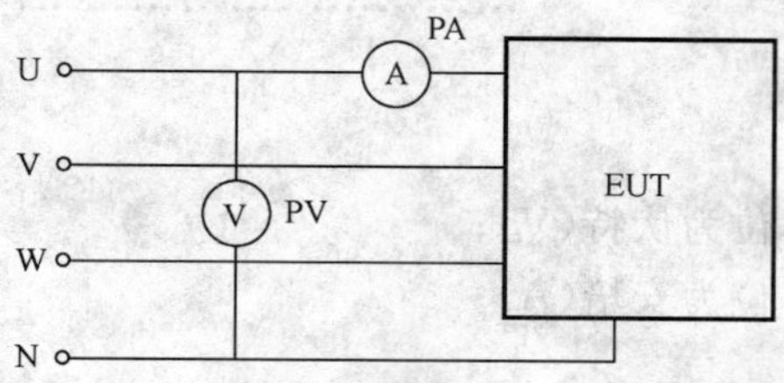

a) 电压型

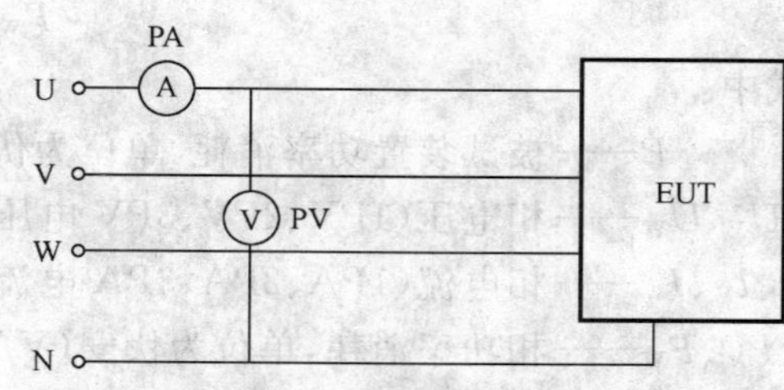

b) 电流型

图 25 三相四线对称输入电路

三相总功率消耗按式(16)计算:

$$P = 3 \times U \times I \qquad (16)$$

式中:

P——被试装置功率消耗,单位为伏安(VA);

U——相电压(PV 电压表指示值),单位为伏特(V);

I——相电流(PA 电流表指示值),单位为安培(A)。

各相功率消耗按式(17)计算:

$$P_U = P_V = P_W = U \times I \qquad (17)$$

式中:

P_U——U 相功率消耗,单位为伏安(VA);

P_V——V 相功率消耗,单位为伏安(VA);

P_W——W 相功率消耗,单位为伏安(VA);

U——相电压(PV 电压表指示值),单位为伏特(V);

I——相电流(PA 电流表指示值),单位为安培(A)。

7.2.2.2 三相四线不对称输入电路

试验电路按图 26 接线:

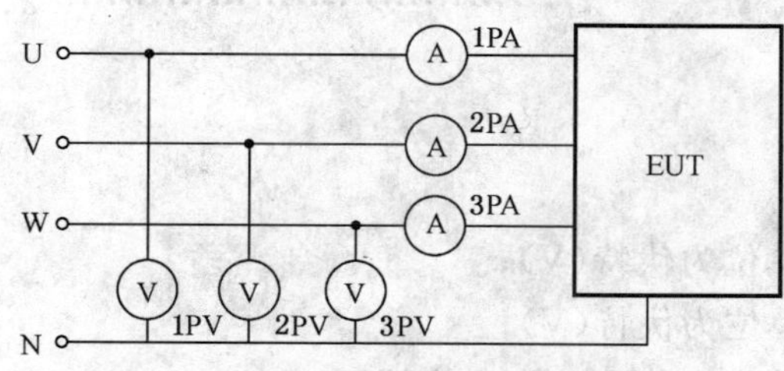

a) 电压型

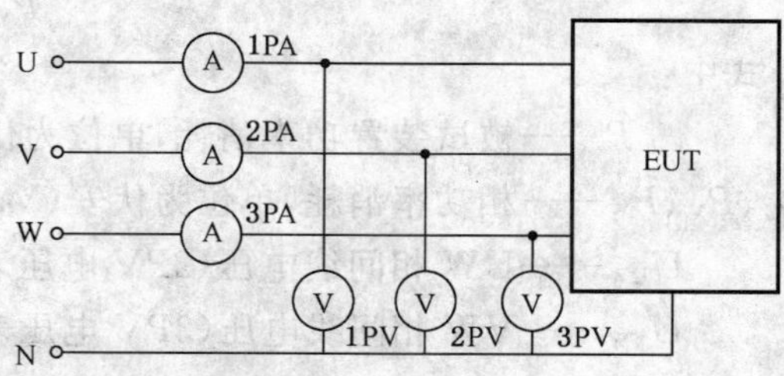

b) 电流型

1PA、2PA、3PA——交流电流表(分别测量 U 相、V 相、W 相电流);

1PV、2PV、3PV——交流电压表(分别测量 U 相、V 相、W 相电压)。

图 26 三相四线不对称输入电路

三相总功率消耗用式(18)计算：

$$P = U_U \times I_U + U_V \times I_V + U_W \times I_W \quad \cdots\cdots(18)$$

各相功率消耗用式(19)、式(20)、式(21)计算：

$$P_U = U_U \times I_U \quad \cdots\cdots(19)$$

$$P_V = U_V \times I_V \quad \cdots\cdots(20)$$

$$P_W = U_W \times I_W \quad \cdots\cdots(21)$$

式中：

P——被试装置功率消耗，单位为伏安(VA)；

U_U、U_V、U_W——相电压(1PV、2PV、3PV 电压表指示值)，单位为伏特(V)；

I_U、I_V、I_W——相电流(1PA、2PA、3PA 电流表指示值)，单位为安培(A)；

P_U、P_V、P_W——相功率消耗，单位为伏安(VA)。

7.2.2.3 三相三线输入电路

试验电路按图 27 接线：

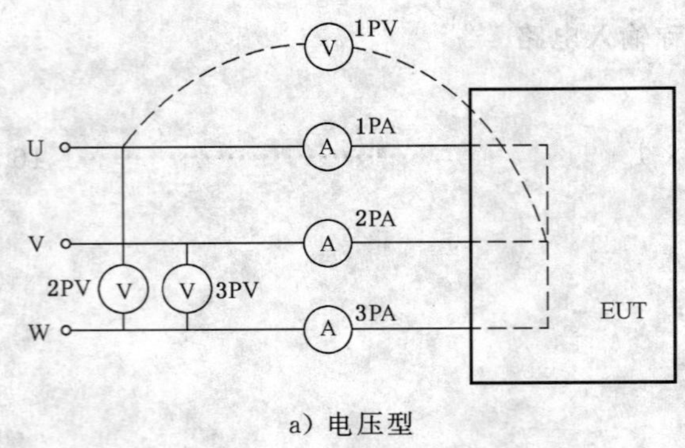

a) 电压型

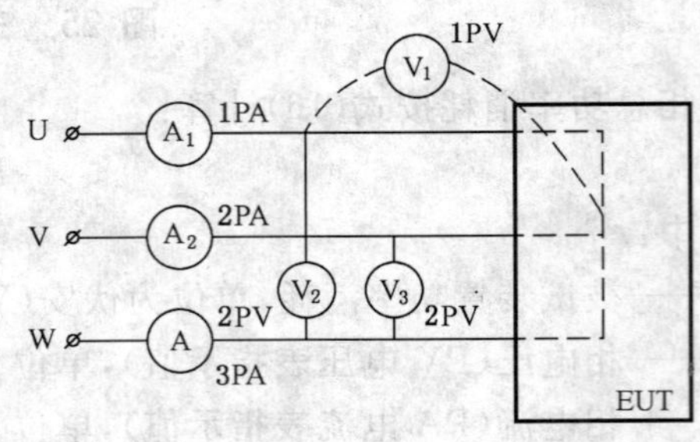

b) 电流型

图 27 三相三线输入电路

三相总功率消耗用式(22)计算：

$$P = U_{UW} \cdot I_U + U_{VW} \cdot I_V \quad \cdots\cdots(22)$$

各相功率消耗分别按式(23)、式(24)、式(25)计算：

$$P_U = U_U \times I_U \quad \cdots\cdots(23)$$

$$P_V = U_V \times I_V \quad \cdots\cdots(24)$$

$$P_W = U_W \times I_W \quad \cdots\cdots(25)$$

式中：

P——被试装置功率消耗，单位为伏安(VA)；

P_U、P_V、P_W——相功率消耗，单位为伏安(VA)；

U_{UW}——UW 相间线电压(2PV 电压表指示值)，单位为伏特(V)；

U_{VW}——VW 相间线电压(3PV 电压表指示值)，单位为伏特(V)；

U_U、U_V、U_W——相电压(1PV 电压表分别测试 U、V、W 相指示值)，单位为伏特(V)；

I_U、I_V、I_W——相电流(为 1PA、2PA、3PA 电流表指示值)，单位为安培(A)。

7.2.3 辅助激励量电路

辅助激励量电路的功率消耗试验方法见 7.2.1 中电压型产品功率消耗试验方法。

7.3 要求

试验时产品放置在测试环境中的持续时间不小于 2 h。

8 温升试验

8.1 试验条件

8.1.1 根据不同的被试装置(EUT)选择适当的试验方法。

8.1.2 除另有规定外,试验的环境温度为+40 ℃。

8.1.3 试验箱容积至少应为被试装置体积的5倍。

8.1.4 试验时,应按产品标准的规定施加激励量,从冷态开始至热态。

8.1.5 对于多输入激励量的产品,应同时施加多个规定的激励量。对于具有辅助激励量的产品应分别对激励量和辅助激励量电路进行温升试验。

8.2 试验方法

8.2.1 电阻法

8.2.1.1 电阻法用于测量线圈的平均温升。对于直流产品可以采用电桥测量线圈冷态电阻和热态电阻,也可以用伏—安法进行测量。

对于交流产品除电桥法外,还可以采用等值的直流电路法。

用伏—安法等测试方法测量线圈的冷态和热态的直流电阻,测试电路示意图如图28所示。

SA——双刀双置开关。

图28 产品线圈温升测试电路示意图

8.2.1.2 将产品置于被试环境中,放置不少于2 h后测量线圈的冷态电阻,然后按产品标准施加规定的激励量。当线圈达到热稳定状态时,测量热态电阻并按式(26)计算线圈温升。

$$\tau = \frac{R_2 - R_1}{R_1}(234.5 + T_1) + T_1 - T_2 \quad \cdots\cdots\cdots\cdots (26)$$

式中:

τ——温升,单位为开尔文(K);

T_1——测量线圈冷态电阻时的环境温度,单位为摄氏度(℃);

T_2——测量线圈热态电阻时的环境温度,单位为摄氏度(℃);

R_1——温度为T_1时线圈电阻值,单位为欧姆(Ω);

R_2——温度为T_2时线圈电阻值,单位为欧姆(Ω)。

此式仅适用于铜材料绕制的线圈。

8.2.2 热电偶法

热电偶法用于测量线圈的表面温升,也可以测量其他发热体的表面温升。

测量时,将热电偶的热端用锡焊、胶粘等方法固定在被试线圈或发热体的表面,按产品标准的规定施加激励量，当达到热稳定状态时，用电位差计测试热电偶两端的电动势，根据电位差查热电偶分度表，得到对应的温度 t，按式(27)计算温升。

$$\tau = t + T_1 - T_2 \qquad (27)$$

式中：

τ——温升，单位为开尔文(K)；

t——热电偶读取的温度，单位为摄氏度(℃)；

T_1——热电偶冷端环境温度，单位为摄氏度(℃)；

T_2——热电偶热端环境温度，单位为摄氏度(℃)。

9 环境试验

9.1 运行温度试验

9.1.1 最低运行温度

9.1.1.1 最低运行温度试验依据 GB/T 2423.1—2001 规定的试验 Ad 进行。

9.1.1.2 试验设备

除满足 GB/T 2423.1—2001 规定外，试验箱容积至少应为被试装置体积的 5 倍。

9.1.1.3 严酷等级

试验温度由产品标准规定。

除另有规定外，在达到试验温度后持续 2 h。

注：与安全有关的试验，试验持续时间为 16 h。

9.1.1.4 预处理

按照制造厂的规范进行。

9.1.1.5 初始检测

试验前，应在 4.1 规定的试验环境条件下对外观和产品标准规定的其他试验项目进行检验。

9.1.1.6 试验条件

当产品标准规定试验期间施加激励量或特性量时，应施加规定的激励量或特性量。

9.1.1.7 中间检测

在试验结束前应按产品标准规定的试验项目，在试验箱内进行试验。并与试验前的试验结果进行比较，按 6.5.4 规定的方法计算变差。

9.1.1.8 恢复

试验后，产品应放置在 4.1 规定的试验环境条件下恢复至少 2 h，若 2 h 后产品表面凝露未完全消失，应增加恢复时间至凝露消失，才能进行其他项目试验。

9.1.1.9 最后检测

试验后应进行外观检查和产品标准规定的其他试验项目。

9.1.2 最高运行温度

9.1.2.1 最高运行温度试验依据 GB/T 2423.2—2001 规定的试验 Bd 进行。

9.1.2.2 试验设备

除满足 GB/T 2423.2—2001 规定外，试验箱容积至少应为被试装置体积的 5 倍。

9.1.2.3 严酷等级

试验温度由产品标准规定。

除另有规定外，在达到试验温度后持续 2 h。

注：与安全有关的试验，试验持续时间为 16 h。

9.1.2.4 预处理

按照制造厂的规范进行。

9.1.2.5 初始检测

试验前，应在4.1规定的试验环境条件下对外观和产品标准规定的其他试验项目进行检验。

9.1.2.6 试验条件

当产品标准规定试验期间施加激励量或特性量时，应施加规定的激励量或特性量。

9.1.2.7 中间检测

在试验结束前应按产品标准规定的试验项目，在试验箱内进行试验。并与试验前的试验结果进行比较，按6.5.4规定的方法计算变差。

9.1.2.8 恢复

试验后，产品应放置在4.1规定的试验环境条件下恢复至少2 h，才能进行其他项目试验。

9.2 贮存温度试验

9.2.1 最低贮存温度

9.2.1.1 最低贮存温度试验依据GB/T 2423.1—2001规定的试验Ab进行。

9.2.1.2 试验设备

除满足GB/T 2423.1—2001规定外，试验箱容积至少应为被试装置体积的5倍。

9.2.1.3 严酷等级

试验温度由产品标准规定。

除另有规定外，在达到试验温度后持续16 h。

9.2.1.4 预处理

按照制造厂的规范进行。

9.2.1.5 初始检测

试验前，应在4.1规定的试验环境条件下对外观和产品标准规定的其他试验项目进行检验。

9.2.1.6 试验条件

被试装置在试验期间不通电。

9.2.1.7 中间检测

被试装置在试验期间不进行检测。

9.2.1.8 恢复

试验后，产品应放置在4.1规定的试验环境条件下恢复至少2 h，若2 h后产品表面凝露未完全消失，应增加恢复时间至凝露消失，才能进行其他项目试验。

9.2.1.9 最后检测

试验后应进行外观检查和产品标准规定的其他试验项目。

9.2.2 最高存贮温度

9.2.2.1 最高贮存温度试验依据GB/T 2423.2—2001规定的试验Bb进行。

9.2.2.2 试验设备

除满足GB/T 2423.2—2001规定外，试验箱容积至少应为被试装置体积的5倍。

9.2.2.3 严酷等级

试验温度由产品标准规定。

除另有规定外，在达到试验温度后持续16 h。

9.2.2.4 预处理

按照制造厂的规范进行。

9.2.2.5 初始检测

试验前，应在4.1规定的试验环境条件下对外观和产品标准规定的其他试验项目进行检验。

9.2.2.6 试验条件

被试装置在试验期间不通电。

9.2.2.7 **中间检测**

被试装置在试验期间不进行检测。

9.2.2.8 **恢复**

试验后,产品应放置在4.1规定的试验环境条件下恢复至少2 h,才能进行其他项目试验。

9.2.2.9 **最后检测**

试验后应进行外观检查和产品标准规定的其他试验项目。

9.3 **温度变化试验**

9.3.1 温度变化试验依据GB/T 2423.22—2002规定的试验Na或Nb进行,宜优先采用Nb。

9.3.2 **试验设备**

试验设备应满足GB/T 2423.22—2002的规定。

9.3.3 **严酷等级**

除另有规定外,可按下述严酷等级进行:

9.3.3.1 **试验Na:规定转换时间的快速温度变化**

低温温度:−25 ℃;

高温温度:+70 ℃;

循环次数:1次;

每一温度下试验持续时间:3 h;

从低温转为高温的转换时间:2 min～3 min。

9.3.3.2 **试验Nb:规定温度变化速率的温度变化**

低温温度:−25 ℃;

高温温度:+70 ℃;

循环次数:1次;

每一温度下试验持续时间:24 h;

从低温转为高温的转换时间:2 h～3 h。

9.3.4 **预处理**

按照制造厂的规范进行。

9.3.5 **初始检测**

试验前,应在4.1规定的试验环境条件下对外观和产品标准规定的其他试验项目进行检验。

9.3.6 **试验条件**

被试装置应在不包装、不加负载的准备使用状态和正常使用位置下进行试验。

9.3.7 **恢复**

试验后,产品应放置在4.1规定的试验环境条件下恢复2 h,才能进行其他项目试验。

9.3.8 **最后检测**

试验后应进行外观检查和产品标准规定的其他试验项目。

9.4 **交变湿热试验**

9.4.1 交变湿热试验依据GB/T 2423.4—1993规定的试验Db进行。

9.4.2 **试验设备**

试验设备应满足GB/T 2423.4—1993的规定。

9.4.3 **严酷等级**

除另有规定外,按下列要求进行:

试验温度:低温:25 ℃±3 ℃;

高温:40 ℃±2 ℃(用于户外的产品为55 ℃±2 ℃);

试验持续时间:每周期24 h(12 h+12 h),共2周期。

交变湿热试验周期见图 29。

注：与安全有关的试验，试验周期为 6 周期。

9.4.4 预处理

被试装置在环境温度为 25 ℃±3 ℃的环境中，达到温度稳定。

9.4.5 初始检测

试验前，应在 4.1 规定的试验环境条件下对外观和产品标准规定的其他试验项目进行检验。

9.4.6 试验条件

9.4.6.1 被试装置应在不包装、不加负载的准备使用状态和正常使用位置下进行试验。

9.4.6.2 将产品放入试验箱(室)内，使箱(室)内温度为 25 ℃±3 ℃。将试验箱(室)内的相对湿度提高到不低于 95%。

9.4.6.3 按下述试验周期试验两周期：

9.4.6.3.1 升温阶段

此阶段使试验箱(室)的温度由 25 ℃±3 ℃升到 40 ℃±2 ℃(或 55 ℃±2 ℃)；

时间：3 h±30 min；

相对湿度：不低于 95%(最后 15 min 不低于 90%)，产品允许产生凝露。

9.4.6.3.2 高温高湿恒定阶段

此阶段使试验箱(室)的温度保持 40 ℃±2 ℃(或 55 ℃±2 ℃)；

时间：从升温阶段开始起算为 12 h±30 min；

温度：40 ℃±2 ℃(或 55 ℃±2 ℃)；

相对湿度：93%±3%(最初和最后 15 min 不应低于 90%)。

9.4.6.3.3 降温阶段

此阶段使试验箱(室)的温度由高温降低到 25 ℃±3 ℃；

时间：3 h～6 h；

相对湿度：不低于 95%(最初 15 min 不应低于 90%)。

9.4.6.3.4 低温高湿恒定阶段

此阶段使试验箱(室)的温度保持 25 ℃±3 ℃；

时间：从降温阶段开始起算为 12 h±30 min；

温度：25 ℃±3 ℃；

相对湿度：不低于 95%。

整个周期共 24 h。其温度和湿度变化范围见图 29。

9.4.7 中间检测

在试验结束前 2 h(即低温高湿恒定阶段)，在试验箱(室)内测量绝缘电阻和进行介质强度试验，介质强度试验电压为规定值的 75%，或由产品标准规定的其他试验电压值。

9.4.8 恢复

试验后，被试装置应放置在 4.1 规定的试验环境条件下恢复至少 2 h，若 2 h 后产品表面凝露未完全消失，应增加恢复时间至凝露消失，才能进行其他项目试验。

9.4.9 最后检测

试验后应进行外观检查和产品标准规定的其他试验项目。

9.5 恒定湿热试验

9.5.1 恒定湿热试验依据 GB/T 2423.3—2006 规定的试验 Cab 进行。

9.5.2 试验设备

试验设备应满足 GB/T 2423.3—2006 的规定。

9.5.3 严酷等级

除另有规定外，按下列要求进行：

试验温度：40 ℃±2 ℃；

试验持续时间：2 d(48 h)；

相对湿度：93%±3%。

注：与安全有关的试验，试验持续时间为 10 d。

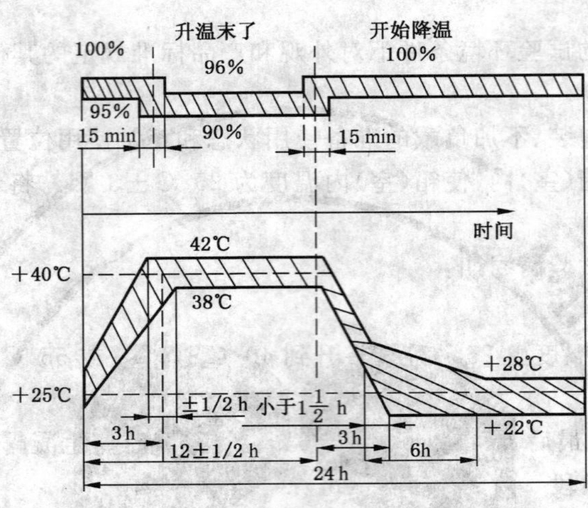

图 29　交变湿热试验周期

9.5.4　**预处理**

按照制造厂的规范进行。

9.5.5　**初始检测**

试验前，应在 4.1 规定的试验环境条件下对外观和产品标准规定的其他试验项目进行检验。

9.5.6　**试验条件**

被试装置应在不包装、不加负载的准备使用状态和正常使用位置下进行试验。

9.5.7　**中间检测**

在试验结束前 2 h，在试验箱(室)内测量绝缘电阻和进行介质强度试验，介质强度试验电压为规定值的 75%，或由产品标准规定的其他试验电压值。

9.5.8　**恢复**

试验后，产品应放置在 4.1 规定的试验环境条件下恢复至少 2 h，若 2 h 后产品表面凝露未完全消失，应增加恢复时间至凝露消失，才能进行其他项目试验。

9.5.9　**最后检测**

试验后应进行外观检查和产品标准规定的其他试验项目。

9.6　**低气压试验**

9.6.1　低气压试验依据 GB/T 2423.21—1991 规定的试验 M 进行。

9.6.2　**试验设备**

试验设备应满足 GB/T 2423.21—1991 的规定。

9.6.3　**严酷等级**

试验的气压由产品标准规定。

试验持续时间：除另有规定外，在达到规定的严酷等级后持续 2 h。

9.6.4　**预处理**

按照制造厂的规范进行。

9.6.5　**初始检测**

试验前，应在 4.1 规定的试验环境条件下对外观和产品标准规定的其他试验项目进行检验。

9.6.6 试验条件

当产品标准规定施加激励量或特性量时，应施加规定的激励量或特性量。

9.6.7 中间检测

试验结束前，应在试验箱内按产品标准规定的试验项目进行试验。

9.6.8 恢复

试验后，产品应放置在 4.1 规定的试验环境条件下恢复至少 2 h，才能进行其他项目试验。

9.6.9 最后检测

试验后应进行外观检查和产品标准规定的其他试验项目。

10 电源影响试验

10.1 辅助激励量电压波动影响试验

10.1.1 按产品标准规定分别将交流或直流辅助激励量电压调整至其标称范围的极限值，施加于产品进行试验，其他影响量或影响因素为基准值。

10.1.2 按产品标准规定的试验项目进行试验，确定准确度等性能指标，并与基准条件下的测试结果进行比较，按 6.5.4 规定的方法计算变差。

10.2 交流电源波形畸变影响试验

10.2.1 交流电源波形畸变按 GB/T 17626.13—2006 规定的方法进行。

10.2.2 按 10.1.2 进行试验，并计算变差。

10.3 交流电源频率影响试验

10.3.1 按产品标准规定分别将电源频率调整至其标称范围的极限值，施加于产品进行试验，其他影响量或影响因素为基准值。

10.3.2 按 10.1.2 进行试验，并计算变差。

10.4 辅助激励量中断及直流中的纹波试验

10.4.1 试验设备

直流辅助激励量纹波系数影响试验的设备应满足 GB/T 17626,17—2005 的要求，其他直流辅助激励量试验的设备应满足 GB/T 17626.29—2006 的要求。

交流辅助激励量的影响试验的设备应满足 GB/T 17626.11—1999 的要求。

10.4.2 严酷等级

表 6 严酷等级

序号	环境现象	试验规格	单位	备　注	验收准则
1	电压暂降(直流电源)	0 10～500[b]	% 剩余电压 ms		表 7 A
		40 200	% 剩余电压 ms		表 7 C
		70 500	% 剩余电压 ms		表 7 C
2	电压暂降(交流电源)	0 0.5～25[a]	% 剩余电压 周期	电压过零转换 (仅对交流)	表 7 A
		40 10/12 在 50/60 Hz	% 剩余电压 周波数		表 7 C
		70 25/30 在 50/60 Hz	% 剩余电压 周期		表 7 C

表 6（续）

序号	环境现象	试验规格	单位	备　注	验收准则
3	电压中断(直流电源)	0 5	%　剩余电压 s		表 7 C
4	电压中断(交流电源)	0 250/300 在 50/60 Hz	%　剩余电压 周期		表 7 C
5	直流中的交流分量(纹波)(直流电源)	15%额定直流电压 100/120 在 50/60 Hz[c]	V Hz　正弦波		表 7 A
6	缓升缓降(交流或直流电源)[d]	30 5 30	s　缓降历时 min　电源关断时间 s　缓升历时		表 7 C
7	直流电源极性反接	1	min		表 7 C

[a] 制造厂应声明在下列数值中的持续时间：0.5 周期、1 周期、2.5 周期、5 周期、10 周期、25 周期。

[b] 制造厂应声明在下列数值中的持续时间：10 ms、20 ms、50 ms、100 ms、200 ms 或 500 ms。

[c] 试验频率应在两倍的电力系统频率下进行。

[d] 交流试验电压有效值应与直流试验历时相同。

10.4.3　辅助激励量电压暂降试验

10.4.3.1　直流辅助激励量电压暂降试验按 GB/T 17626.29—2006 规定的方法进行。

10.4.3.2　交流辅助激励量电压暂降试验按 GB/T 17626.11—1999 规定的方法进行。

10.4.4　辅助激励量电压中断试验

10.4.4.1　直流辅助激励量电压中断试验按 GB/T 17626.29—2006 规定的方法进行。

10.4.4.2　交流辅助激励量电压中断试验按 GB/T 17626.11—1999 规定的方法进行。

10.4.5　直流辅助激励量缓升缓降试验

直流或交流辅助激励量缓升缓降试验按图 30 规定的程序进行。

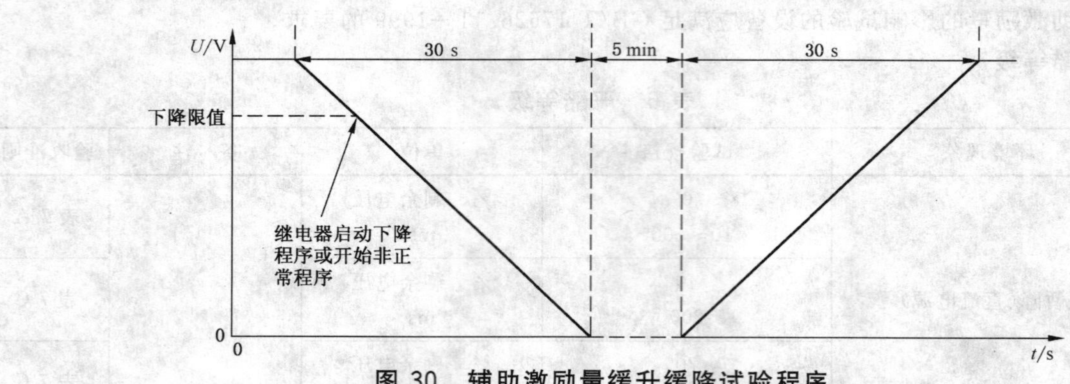

图 30　辅助激励量缓升缓降试验程序

10.4.6　直流辅助激励量电源极性反接试验

直流辅助激励量电源反极性施加，历时 1 min。

10.4.7　直流辅助激励量交流纹波影响试验

直流辅助激励量纹波影响试验按 GB/T 17626.17—2005 规定的方法进行。

10.4.8　合格判据

如果被试装置按表 7 规定的验收准则判定，符合表 7 中的判定准则，并且在试验结束后仍符合有关的性能要求，则被试装置试验结果合格。

表 7 验收准则

准则	功 能	验 收 准 则
A	保护	试验中和试验后，在规定限值内性能正常
	命令与控制	试验中和试验后，在规定限值内性能正常
	测量	试验期间性能暂时下降，试验后自行恢复。存储数据不丢失
	人机接口和可视报警	试验期间性能暂时下降或功能丧失，试验后自行恢复。存储数据不丢失
	数据通信	误码率可能增加，但传输数据不丢失
B	保护	试验期间性能暂时下降，试验后自行恢复。存储数据不丢失
	命令与控制	试验期间性能暂时下降，试验后自行恢复。存储数据不丢失
	测量	试验期间性能暂时下降，试验后自行恢复。存储数据不丢失
	人机接口和可视报警	试验期间性能暂时下降或功能丧失，试验后自行恢复。存储数据不丢失
	数据通信	误码率可能增加，但传输数据不丢失
C	保护	功能会暂时丧失但能自行恢复，无误动作出现
	命令与控制	功能会暂时丧失但能自行恢复，无误动作出现
	测量	功能会暂时丧失但能自行恢复
	人机接口和可视报警	功能会暂时丧失但能自行恢复
	数据通信	功能会暂时丧失但能自行恢复，传输数据可能丢失

11 机械性能试验

11.1 振动试验

振动响应试验和振动耐久试验按 GB/T 11287—2000 规定的方法进行。

11.2 冲击与碰撞试验

冲击响应试验和冲击耐受试验按 GB/T 14537—1993 规定的方法进行。

碰撞试验按 GB/T 14537—1993 规定的方法进行。

11.3 地震试验

11.3.1 总则

地震试验按 IEC 60255-21-3:1993 规定的方法进行。

地震试验有两种试验方法：

方法 A：单轴正弦扫频地震试验；

方法 B：双轴多频随机地震试验。

11.3.2 单轴正弦扫频地震试验要求(方法 A)

11.3.2.1 主要参数

单轴正弦扫频地震试验的主要参数如下：

——频率范围；

——加速度；

——交越频率以下的位移振幅；

——扫频速度和扫频周期数。

11.3.2.2 试验设备和安装

11.3.2.2.1 基本运动

基本运动是以时间为自变量的正弦函数，按照 11.3.1.2.2 和 11.3.1.2.3 的要求，被试装置的固定点沿着给定的轴向同步运动。

11.3.2.2.2 **切向运动**

在任意一个和给定轴向正交的轴向上，各检测点的最大振幅不得超过给定幅度的50%。

11.3.2.2.3 **失真率**

加速度失真率测量应在由制造厂声明的基准点上进行。

失真度的定义见 GB/T 11287—2000 中 2.8。失真度不应超过 25%。如果实际测量的失真度大于 25%，应作记录，并经制造厂和用户双方认可。

11.3.2.2.4 **振幅公差**

沿给定基准点轴向的实际振动位移和振动加速度应等于规定值，误差小于 15%。

11.3.2.2.5 **频率范围公差**

频率范围应等于规定值(见 11.3.1.3 和 11.3.2.2.4)，误差为：

对于 1 Hz 的频率下限——±0.2 Hz；

对于 35 Hz 的频率上限——±1 Hz。

11.3.2.2.6 **扫频**

扫频应连续，且频率随时间指数变化。

扫频速率为(1±10%)倍频程/min。

11.3.2.2.7 **安装**

被试装置应固定在振动台上；或者以正常运行时的紧固件安装在其基础上，这样重力对被试装置的作用和正常运行时一样在同一个方向上。

试验用的紧固件应是刚性结构的，以便尽可能避免在试验频率范围内对运动的放大和引入虚假的运动。

试验期间，连接到被试装置的电缆应合理安排，使得它们不会给被试装置带来比正常运行时更大的限制。

注：应注意避免使被试装置受到振动系统产生的任何磁场的显著影响。

11.3.2.3 **试验严酷等级**

单轴正弦扫频地震试验包括三个不同的严酷等级(0,1,2)，其主要参数见表 8。

当选择 0 级时，不需要进行单轴正弦扫频地震试验。

该试验的标称频率范围为 1 Hz～35 Hz，交越频率为 8 Hz～9 Hz。

表 8 单轴正弦扫频地震试验严酷等级

等级	交越频率以下的峰值位移/mm		交越频率以上的峰值加速度/(m/s^2)		每个轴方向的扫描循环次数 次
	X	Y	X	Y	
0	—	—	—	—	—
1	3.5	1.5	10.0	5.0	1
2	7.5	3.5	20.0	10.0	1
注：X 为水平轴向；Y 为垂直轴向。					

注 1：对于频率范围为 1 Hz～35 Hz 且扫描速率为 1 倍频程/min 的试验，一个扫描周期大约需要 10 min。

注 2：当考虑试验参数时，正弦扫频地震试验波形比其他地震试验方法要严酷。

11.3.3 **双轴多频随机地震试验要求(方法 B)**

11.3.3.1 **主要参数**

双轴多频随机地震试验所包括的主要参数如下：

——频率范围；

——标准响应谱；

——零周期加速度；

——时间历程的次数和持续时间；

——阻尼；

——在本标准中，将阻尼的标准值设定为5%。

11.3.3.2 **试验设备和安装**

11.3.3.2.1 **基本运动**

试验所用的时间历程可以通过将在标称频率范围内的多频宽带标准响应谱(见图33)成分进行合成而获得。

合成的时间历程应以至少1/6倍频程频带的精度复现。

11.3.3.2.2 **切向运动**

在任意一个和给定轴向正交的轴向上，各检测点的最大加速度峰值或位移峰值不得超过时间历程给定幅度的25%。记录的测量值可只包括标称频率范围。

11.3.3.2.3 **标准响应谱公差范围**

标准响应谱的公差范围应在0～50%之间。

注：如果试验响应谱的个别点上的一小部分超出规定的公差范围，仍是可以接受的，这些点的实际值应记录在试验报告中。

试验响应谱应以至少1/6倍频程频带的分辨率进行检查。

11.3.3.2.4 **频率范围**

基准点处的信号不应包含任何高于试验频率范围的频率，除非这些信号是由试验设备或被试装置产生的。

未安装被试装置时，试验设备产生的试验频率范围以外的信号的最大值不得超过基准点给定信号最大值的20%。如果不能达到上述要求，测量的实际值应记录在试验报告中。

评估试验响应谱时，试验频率之外的频率信号不应计算在内。

本试验的标称频率范围为1 Hz～35 Hz。

11.3.3.2.5 **安装**

同11.3.1.2.7。

11.3.3.3 **试验严酷等级**

双轴多频随机地震试验包括三个不同的严酷等级(0,1,2)，其主要参数见表9。

表9 双轴多频随机地震试验严酷等级

等级	零周期加速度/(m/s^2)		每个轴方向的时间历程次数/次
	水平轴向	垂直轴向	
0	—	—	—
1	10.0	5.0	1
2	20.0	10.0	1
注：总的时间历程数为8。见11.3.2.4和11.3.4.2。			

当选择0级时，不需要进行双轴多频随机地震试验。

11.3.3.3.1 **试验用时间历程**

时间历程的持续时间应为20 s，公差±5 s。

时间历程强部应占总持续时间的50%，公差±10%。

11.3.3.3.2　**时间历程的施加**

每一个时间历程结束后应有最少 60 s 的间歇时间。

11.3.3.4　**试验条件**

对每一序列试验，两个时间历程应分别同时施加于被试装置的水平轴向和垂直轴向。如果两个时间历程不是相互独立的，那么试验应重复两次，第一次两个时间历程的相位角为 0°，第二次为 180°。

注：试验也可以在单个轴向上进行，但是两个轴向上的运动总是相关的。每个轴向上的试验响应谱应作调整以包络那个轴向的所需响应谱。

11.3.4　**试验严酷等级的选择**

11.3.4.1　**试验严酷等级的建议**

试验严酷等级是按照反映量度继电器或保护装置承受地震地区可能出现的机械应力而不会不正确动作的能力来划分的。应按照表 10 来选择单轴正弦扫频地震试验和双轴多频随机地震试验的严酷等级。

表 10　地震试验严酷等级选择原则

等级	适 用 范 围
0	无地震要求
1	正常用于发电厂、变电站和工厂
2	应用于运行安全裕度要求很高，或地震列度很高的场合

11.3.4.2　**确定试验方法和严酷等级**

声明符合本标准时，制造厂应给出试验方法和相应的严酷等级。

11.3.5　**试验步骤**

11.3.5.1　振动位移和加速度幅值应在制造厂指定的基准点处测量。

注：如果被试装置的尺寸使得将其作为一个整体进行试验是不现实的，就可以在制造厂和用户间达成一致的前提下，按功能子单元进行试验。

11.3.5.2　试验应在 4.1 规定的基准试验条件下进行，并对量度继电器或者保护装置施加以下激励：

辅助激励量的额定值；

输出电路：空载，监视设备或制造厂声明的除外；

输入激励量：特征量的动作值，加减制造厂声明的地震应力条件下继电器或装置不误动作的变差。

继电器或保护装置施加的激励量和动作情况满足下列要求：

a)　施加的激励量低于过量继电器或保护装置的动作值，或者高于欠量继电器或保护装置的动作值，继电器或装置不应动作；

b)　施加的激励量高于过量继电器或保护装置的动作值，或者低于欠量继电器或保护装置的动作值，继电器或装置不应返回。

试验前，量度继电器或者保护装置的动作值应在 4.1 规定的条件下测定。

11.3.5.3　试验过程中，继电器或装置应整定在最灵敏的动作范围内。

如果制造厂和用户间能够达成协议，试验也可以在商定的其他定值下进行。

注：当被试装置具有多个功能时，如果能够确知哪一个功能对地震应力最敏感，就可以只试验这一项功能。

11.3.5.4　试验过程中，触点输出电路应由监测装置判别。该监测装置能测量触点闭合或打开的历时，监测装置的测量电路应具有 0.2 ms 或更短的复归时间，以防止其装置对几次触点动作短历时的积累效应起作用。

11.3.5.5　试验时，被试装置应在其外壳内，如果有盖板应盖好，并移除所有用于运输的固定件。

11.3.5.6　在试验中和试验结束后，检查地震应力对被试装置的影响。

11.3.6 **合格判据**

11.3.6.1 试验中,被试装置不应不正确动作。被试装置的输出电路(例如触点)已经持续大于 2 ms 不改变它的正常状态,则认为它们已不动作或不返回。

11.3.6.2 试验期间,被试装置的信号牌或其他形式的机械信号指示可能会永久性地改变其工作状态。

11.3.6.3 试验结束后,被试装置应仍满足相应的性能要求,定值改变不超过其给定误差的 1 倍,无机械损坏现象。

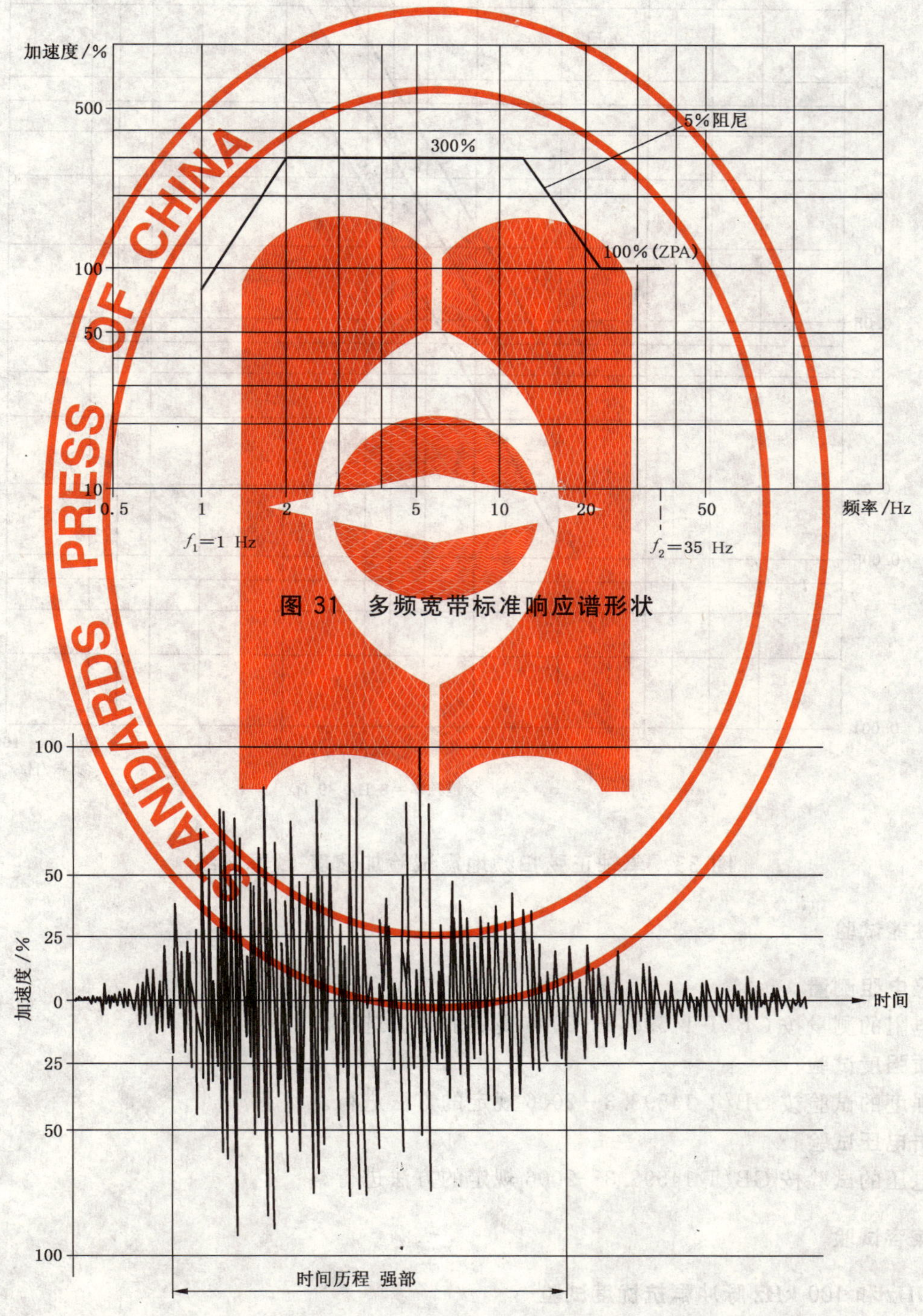

图 31 多频宽带标准响应谱形状

图 32 典型时间历程

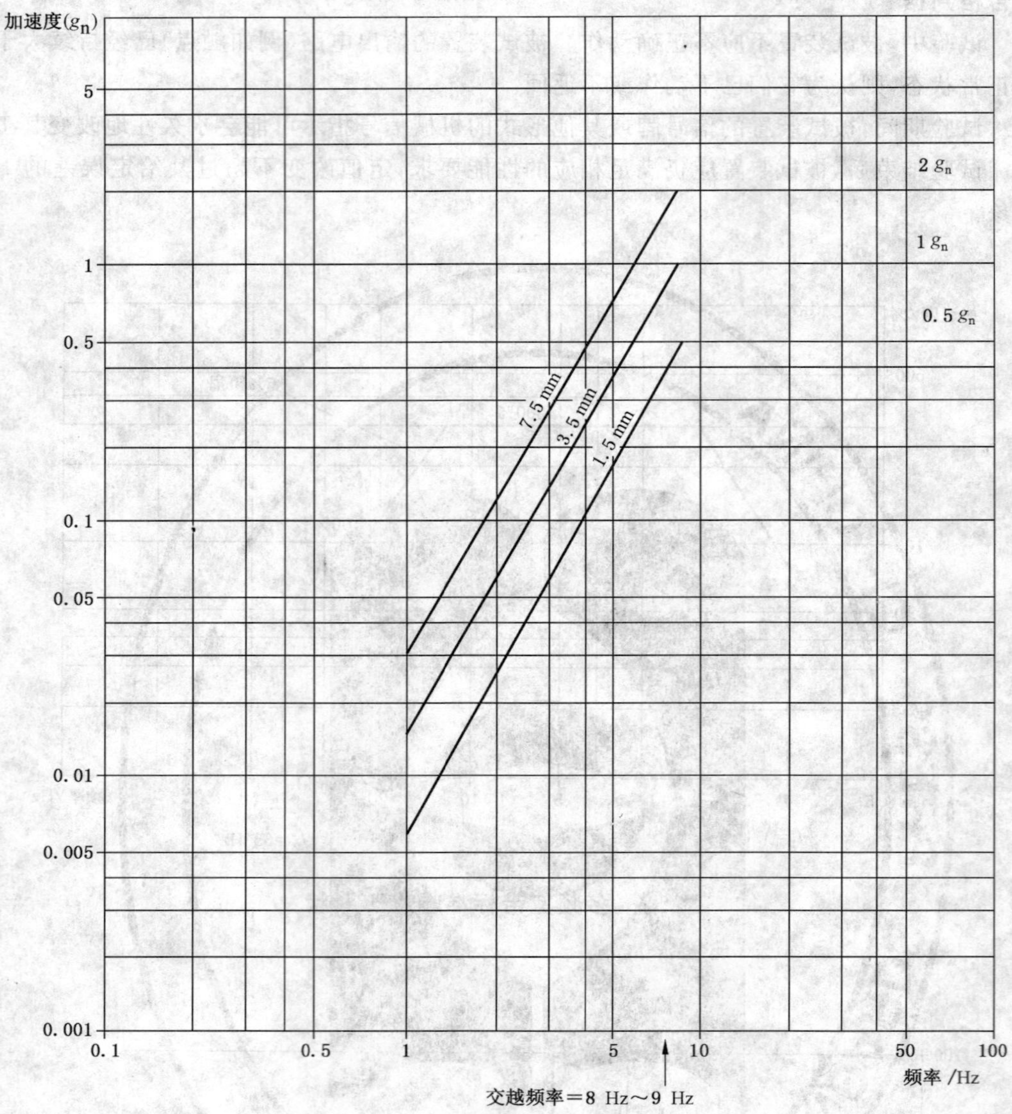

图 33 单轴正弦扫频地震试验加速度-频率曲线

12 绝缘性能试验

12.1 绝缘电阻测量

绝缘电阻的测量按 GB/T 14598.3—2006 规定的方法进行。

12.2 介质强度试验

介质强度的试验按 GB/T 14598.3—2006 规定的方法进行。

12.3 冲击电压试验

冲击电压的试验按 GB/T 14598.3—2006 规定的方法进行。

13 电磁兼容试验

13.1 1 MHz 和 100 kHz 脉冲群抗扰度试验

1 MHz 和 100 kHz 脉冲群抗扰度试验按 GB/T 14598.13—2008 规定的方法进行。试验部位及试验规格按 GB/T 14598.20—2007 中 4.2 的要求进行。

13.2 静电放电抗扰度试验

静电放电抗扰度试验按 GB/T 14598.14—1998 规定的方法进行。试验部位及试验规格按 GB/T 14598.20—2007 中 4.2 的要求进行。

13.3 辐射电磁场抗扰度试验

辐射电磁场抗扰度试验按 GB/T 14598.9—2002 规定的方法进行。试验部位及试验规格按 GB/T 14598.20—2007 中 4.2 的要求进行。

13.4 电快速瞬变/脉冲群抗扰度试验

电快速瞬变/脉冲群抗扰度试验按 GB/T 14598.10—2007 规定的方法进行。试验部位及试验规格按 GB/T 14598.20—2007 中 4.2 的要求进行。

13.5 浪涌抗扰度试验

浪涌抗扰度试验按 GB/T 14598.18—2007 规定的方法进行。试验部位及试验规格按 GB/T 14598.20—2007 中 4.2 的要求进行。

13.6 射频场感应的传导骚扰的抗扰度试验

射频场感应的传导骚扰的抗扰度试验按 GB/T 14598.17—2005 规定的方法进行。试验部位及试验规格按 GB/T 14598.20—2007 中 4.2 的要求进行。

13.7 工频抗扰度试验

工频抗扰度试验按 GB/T 14598.19—2007 规定的方法进行。试验部位及试验规格按 GB/T 14598.20—2007 中 4.2 的要求进行。

13.8 工频磁场抗扰度试验

13.8.1 工频磁场抗扰度试验按 GB/T 17626.8—2006 规定的试验方法进行。

13.8.2 试验等级

对于 50 Hz 和 60 Hz 配电系统上优先采用的稳定和短时作用的磁场试验等级分别见表 11、表 12。试验严酷等级的选择见 GB/T 17626.8—2006 附录 C。

表 11 稳定磁场试验等级

试验等级	磁场强度/(A/m)
1	1
2	3
3	10
4	30
5	100
注：磁场强度用 A/m 表示，1 A/m 相应于自由空间中 1.26 μT 的磁场强度。	

表 12 1 s～3 s 的短时试验等级

试验等级	磁场强度/(A/m)
1	1
2	3
3	10
4	300
5	1 000
注：磁场强度用 A/m 表示，1 A/m 相应于自由空间中 1.26 μT 的磁场强度。	

13.8.3 试验设备

试验设备见 GB/T 17626.8—2006 第 6 章。

13.8.4 试验布置

试验布置见 GB/T 17626.8—2006 第 7 章。

13.8.5 试验程序

试验程序见 GB/T 17626.8—2006 第 8 章。

13.8.6 合格判据

如果被试装置符合表 13 规定的验收准则，并且在试验结束后仍符合有关的性能要求，则被试装置试验结果合格。

表 13 验收准则

功 能	验 收 准 则
保护	在规定限值内性能正常
命令与控制	在规定限值内性能正常
测量	试验期间性能暂时下降，试验后自行恢复。存储数据不丢失
人机接口和可视报警	试验期间性能暂时下降或功能丧失，试验后自行恢复。存储数据不丢失
数据通信	误码率可能增加，但传输数据不丢失

13.9 脉冲磁场抗扰度试验

13.9.1 脉冲磁场抗扰度试验按 GB/T 17626.9—1998 规定的试验方法进行。

13.9.2 试验等级

试验的严酷等级见表 14。试验严酷等级的选择见 GB/T 17626.9—1998 附录 C。

表 14 脉冲磁场试验等级

试 验 等 级	磁场强度(峰值)/(A/m)
1	—
2	—
3	100
4	300
5	1 000
X	待定
注：磁场强度用 A/m 表示，1 A/m 相应于自由空间中 1.26 μT 的磁场强度。	

13.9.3 试验设备

试验设备见 GB/T 17626.9—1998 第 6 章。

13.9.4 试验布置

试验布置见 GB/T 17626.9—1998 第 7 章。

13.9.5 试验程序

试验程序见 GB/T 17626.9—1998 第 8 章。

13.9.6 合格判据

合格判据同 13.8.6。

13.10 阻尼振荡磁场抗扰度试验

13.10.1 阻尼振荡磁场抗扰度试验按 GB/T 17626.10—1998 规定的试验方法进行。

13.10.2 试验等级

试验的严酷等级见表15。试验严酷等级的选择见GB/T 17626.10—1998附录C。

表15 阻尼振荡磁场试验等级

试 验 等 验	磁场强度(峰值)/(A/m)
1	—
2	—
3	10
4	30
5	100
X	待定
注：磁场强度用A/m表示，1 A/m相应于自由空间中1.26 μT的磁场强度。	

13.10.3 试验设备

试验设备见GB/T 17626.10—1998第6章。

13.10.4 试验布置

试验布置见GB/T 17626.10—1998第7章。

13.10.5 试验程序

试验程序见GB/T 17626.10—1998第8章。

13.10.6 合格判据

合格判据同13.8.6。

13.11 电磁发射试验

传导发射限值试验和辐射发射限值试验按GB/T 14598.16—2002规定的方法进行。测试部位及发射限值要求按GB/T 14598.20—2007中4.1的要求进行。

14 过载试验

14.1 激励量短时耐热极限值试验

14.1.1 按产品标准规定，产品激励电路输入规定的过载激励量，试验时间：

——电流电路：1 s；

——电压电路：10 s。

14.1.2 对于电流电路，当试验设备无法提供符合要求的大电流时，可用降低过载电流并延长电流作用时间的等效方法进行试验，所施加电流激励量的倍数按式(28)计算，但过载电流作用时间最长不应超过5 s。

$$K_t = K\sqrt{\frac{1}{t}} \quad \cdots\cdots(28)$$

式中：

t——实际的作用时间；

K_t——t时间过载电流倍数；

K——1 s过载电流倍数。

14.2 激励量动稳定极限值试验

14.2.1 按产品标准规定，产品激励电路输入规定的过载激励量(动稳定极限值的峰值大小至少应为短时耐热极限值的2.5倍)。

14.2.2 试验持续时间为额定频率正弦波的半个周波。

14.3 多输入激励量的产品的过载试验

对于多输入激励量的产品的过载试验应分别对每一激励电路进行。对于未试的激励电路应输入额定值，达到热稳定后再对被试的激励电路输入过载激励量。

14.4 合格判据

14.4.1 试验过程和试验结束后应满足下列要求：

a) 绝缘无损坏，包括液化、碳化或烧焦现象；

b) 线圈及结构零件无永久性机械变形。

14.4.2 试验后应复查下列项目，并应满足产品标准要求：

a) 线圈的基本参数；

b) 产品基本性能测试（测试项目由产品标准中规定）。

15 触点性能和机械寿命试验

15.1 触点性能试验

触点性能试验按 GB/T 14598.1—2002 规定的方法进行。

15.2 机械寿命试验

15.2.1 试验条件

a) 产品安装在正常工作状态；

b) 辅助激励量为额定值；

c) 所有影响量或影响因素除整定值外均为基准条件；

d) 按产品标准或技术条件规定的速率（每小时循环次数）进行；

e) 对于整定可调的产品，应整定在产品的最小整定值上；对于时间可整定的产品，应整定在对机械寿命影响最恶劣的时间整定值上。

15.2.2 试验程序

为了便于机械寿命试验的进行，可在输出触点电路施加一个不至于引起触点电寿命失效的电压（不大于6 V）和电流（不大于0.1 A）的信号负载，便于监测触点行为。产品标准有规定时，按产品标准施加电流和电压。

寿命试验应按产品标准的规定施加输入激励量，保证产品每一次都完成动作或释放。

寿命试验期间不允许进行维护或调整，也不允许更换其他部件。

15.2.3 试验结果

a) 进行外观检查，不允许存在机械损坏或紧固件松动现象；

b) 按产品标准检查有关电气性能，其准确度的误差不应超过规定值的两倍；

c) 介质强度试验：能耐受的试验电压值为规定值的 0.75 倍，或由产品标准规定的其他试验电压值。

15.2.4 静态型产品的出口继电器已单独进行过机械寿命试验，且试验合格的可不进行此项试验。

16 安全试验

16.1 电气间隙试验

电气间隙的试验按 GB/T 14598.3—2006 规定的方法进行。

16.2 爬电距离测量

爬电距离的测量按 GB/T 14598.3—2006 规定的方法进行。

16.3 接触电流测量

16.3.1 接触电流的允许限值

16.3.1.1 正常运行条件下的限值

正常运行条件下的接触电流限值及测量电路要求见表16。

表 16 正常运行条件下的电流水平

安装地点	GB/T 12113—2003 中图 3 和图 4 采用的测量电路	正弦波形有效值/mA	非正弦或混合频率波形峰值/mA	直流/mA
干燥	图 4	0.5	0.7	2
潮湿	图 3,R_s=375 Ω(代替 1 500 Ω)	0.5	0.7	2
干燥	图 3,R_B=75 Ω;关系到 30 kHz～500 kHz 频率范围内可能的燃烧	70	—	—

16.3.1.2 单一故障条件下的限值

单一故障条件下的接触电流限值及测量电路要求见表 17。

表 17 单一故障条件下的电流水平

安装地点	采用 GB/T 12113—2003 的测量电路	正弦波形有效值/mA	非正弦或混合频率波形,峰值/mA	直流/mA
干燥	图 4	3.5	5	15
潮湿	图 3,R_s=375 Ω(代替 1 500 Ω)	3.5	5	15
干燥	图 3,R_B=75 Ω;关系到 30 kHz～500 kHz 频率范围内可能的燃烧	500	—	—

16.3.2 试验方法

按 GB/T 12113—2003 规定的方法进行。

16.4 外壳防护等级试验

外壳防护等级(IP 代码)的试验按 GB 4208—1993 规定的方法进行。

第一位特征数字所代表的对接近危险部件防护的试验方法见 GB 4208—1993 中第 11 章。

第一位特征数字所代表的对防止异物进入防护的试验方法见 GB 4208—1993 中第 12 章。

第二位特征数字所代表的对防水进入防护的试验方法见 GB 4208—1993 中第 13 章。

附加字母所代表的对接近危险部件防护的试验方法见 GB 4208—1993 中第 14 章。

16.5 保护联结的阻抗试验

16.5.1 试验条件

试验电压:试验电源开路电压不应超过交流 12 V(有效值)或直流 12 V。

试验电流:在用户文件中规定的过流保护方式中最大电流额定值的两倍。

16.5.2 试验方法

保护联结的阻抗试验电路见图 34。

试验电源开路电压不应超过交流 12 V(有效值)或直流 12 V,调节试验电流为规定的电流值,持续 60 s 后,读取 PV 显示值。也可采用开路电压不超过 12 V 的接地阻抗测试仪进行测试。

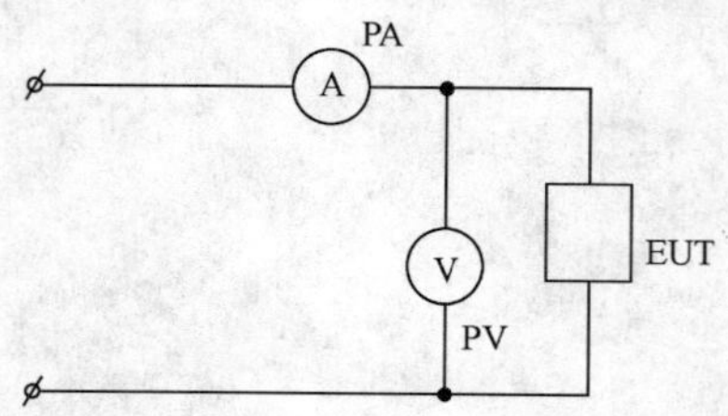

PV——电压表指示值;

PA——电流表指示值。

图 34 保护联结的阻抗试验电路

接地阻抗按式(29)计算：

$$Z = U/I \qquad (29)$$

式中：

Z——产品被试部分的接地阻抗，单位为欧姆(Ω)；

U——被测试两点间的电压(PV 电压表指示值)，单位为伏特(V)；

I——施加的电流(PA 电流表指示值)，单位为安培(A)。

16.5.3 **合格判据**

接地阻抗不应超过产品标准规定的阻抗值。

16.6 着火危险试验

16.6.1 着火危险试验按 GB/T 5169.16—2002 规定的方法进行。

16.6.2 试验分级

水平燃烧试验级别分为 HB40 及 HB75 级；垂直燃烧试验级别分为 V-0、V-1 及 V-2。各燃烧级别的描述见 GB/T 5169.16—2002 中第 8 章和第 9 章。

16.6.3 试验装置

试验装置要求见 GB/T 5169.16—2002 中第 6 章。

16.6.4 试验样品

试验样品要求见 GB/T 5169.16—2002 中第 7 章。

16.6.5 试验程序

试验方法见 GB/T 5169.16—2002 中第 8 章和第 9 章。

17 通信规约测试

装置的通信规约测试按相关产品标准规定的试验方法进行。

18 装置功能试验

装置的功能试验应在产品性能试验后，在动态模拟系统上进行，也可以在电力系统数字式实时仿真系统上进行。可依据相关产品标准规定的试验方法进行试验。

附　录　A
（资料性附录）
测　时　电　路

A.1　测量时间参数的典型电路

测量时间参数的典型电路见图 A.1。

K——继电器线圈和触点；
E_1——激励电源；
S——无回跳开关；
X——触发器输入；
E_2——电池；
$R_1 \sim R_4$——电阻；
SB——示波器；
Y——垂直偏转输入。

建议：$R_1 = 1$　$R_2 = 2$　$R_3 = \frac{2}{3}$　$R_4 = 1$

图 A.1　时间参数测试典型电路

A.2　时间参数的典型示波图

各种时间参数的典型示波图见图 A.2。

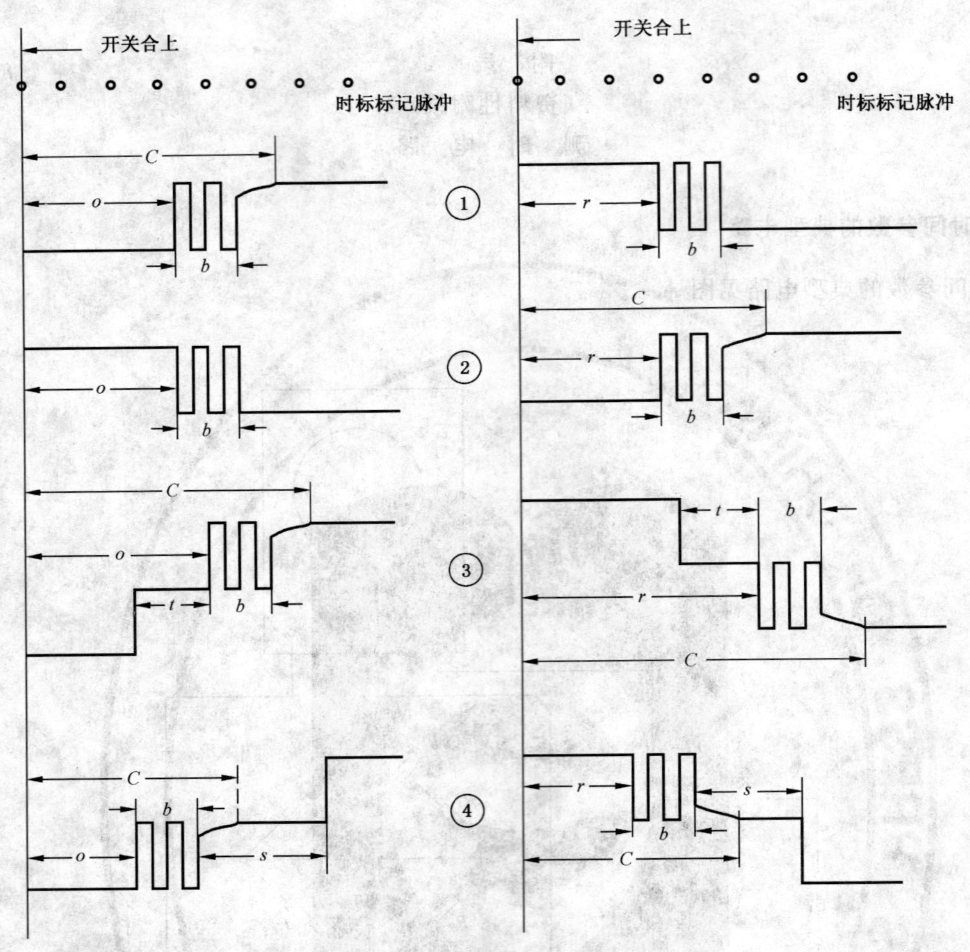

①——动合触点；

②——动断触点；

③——先断后合触点；

④——先合后断触点；

o——动作时间；

r——返回时间；

b——回跳时间；

t——转换时间；

s——过渡时间；

C——稳定闭合时间。

图 A.2 典型示波图

附　录　B
（资料性附录）
用热电偶测量温度的推荐方法

B.1　热电偶的选择

热电偶的测量范围很广，不同的材料组成的电偶可以测量不同的温度，大部分保护继电器允许温升在 100 K 以内，可以采用铜—康铜热电偶。

B.2　热电偶的制造

保护继电器试验用的热电偶丝以 0.1 mm～0.3 mm 为宜。为了使热电偶的特性好、测量误差小，宜慎重处理好如下问题：

a)　选材：热电偶的电极材料对其测温性能影响很大，不能任意选取普通漆包铜线和康铜线制作，应选用专为热电偶生产的偶丝；

b)　绝缘：在测温电路中，除热电偶测量端外，各个部分间均要有良好的绝缘，铜—康铜热电偶可采用浸漆加塑料套管或直接涂有机绝缘材料加以绝缘；

c)　制作：为减少热电偶测温电路受交变磁场感应电动势的影响，应将两根偶丝绞合；

d)　焊接：热电偶制作好后，用电弧焊或用锡焊将工作端焊在一起，测量温度高于 160 ℃时，应采用电弧焊，测量温度低于 160 ℃时可用锡焊。焊接时应先将焊头清理干净，并绞 1～2 圈，用电弧将焊头焊成球形。焊好后，应把焊头以外的偶丝分开，并有良好的绝缘；

e)　分度：分度误差在 0.5 ℃～0.5% t ℃的热电极材料制作的热电偶可不必重新分度。否则必须重新分度。

热电偶的使用周期不大于 1 年，使用 1 年后应校正。

分度一般在精度为 0.1 ℃的恒温槽中进行。

B.3　热电偶的固定

固定热电偶的工作端时，应使其与被测发热体之间有良好的热传导性。固定的方法包括：

a)　锡焊固定法：用锡将热电偶工作端焊在被测点上，焊头不宜过大，表面应光滑以盖以盖着热电偶工作端，免受气流影响为限；

b)　胶粘固定法：将热电偶工作端焊在厚 0.1 mm～0.2 mm 小铜片上，并把被测产品与小铜片清理干净，在小铜片上涂上一层薄薄的一层快干胶，压在被测点上，待其固化即可。

为了减少因热电偶对外界的热传导产生的测量误差，应尽量将热电偶沿发热体表面敷设一段距离后再引出，避免直接引出。

B.4　测量仪器

由于热电偶的工作端的热电势很小，所以应选择灵敏的测量仪表，测量电路应基本上无损耗。例如选择电位差计、毫伏计、数字电压表等进行测量。不论选择哪种仪表，经校正后，误差不应超过±1 ℃。

附 录 C
（资料性附录）
型式试验导则

C.1 简介

量度继电器和保护装置备有许多不同类型的输入/输出端口，包括为保护功能提供测量值的电流、电压输入等，由于现代基于软件技术的保护装置的复杂性，其功能往往包含了大量的定值设置，因此要想在测试中涵盖所有的定值非常困难。

此资料性附录并不特指任何保护装置，而是为那些基本的保护功能提供一个总的测试原则，此原则经修改可适用于各种保护功能，包括本附录中没有提及的距离保护、差动保护或发电机保护。

C.2 测试原则

制造厂有义务对其特定产品的相关定值范围进行测试，以检验装置能否正确动作。

下列导则是为了向设计人员在产品设计阶段和/或型式试验阶段提供帮助。如果在相关标准中已经有这类导则，应优先采用。

除电磁兼容试验外，此测试原则可以扩展至其他试验。

C.2.1 各输入模拟量的典型测试点

典型测试点是整定范围内的一个特定值（可能与其他典型测试点相关联），通常用它来检验某一产品在其整个整定范围内能否正确动作。

对于每一个输入模拟量，应由制造厂给出其整定范围内最灵敏的整定点。一般来说，根据不同的故障类型，整定范围内的最小值、放大器放大倍数的拐点都可能是最灵敏整定点。

这些灵敏点都可以作为典型测试点。

C.2.2 投入的保护功能

每一个输入模拟量都至少要在两种保护功能中用到：

过电流或过电压保护；

欠电流或欠电压保护。

制造厂应选择相关的保护功能。

应填写表C.1并记录在型式试验报告中：

表 C.1 试验中可能用到的保护功能

隔离的输入模拟量	过电流或过电压保护功能	欠电流或欠电压保护功能
电流	相电流过流保护	相电流欠流保护
零序电流	零序电流过流保护	—
电压	相电压过压保护	相电压欠压保护
零序电压	零序电压过压保护	—

C.2.3 测试点

应使用典型测试点。对于每一个典型测试点的测试，都需要将辅助激励量施加在相应的电路中，施加的辅助激励量应为额定值。施加的激励量应在典型测试点之上/下两倍给定误差处，详见表C.2。

C.2.4 延时时间

被试装置的延时时间应整定为实际应用中所规定范围的最小值。

表 C.2 电磁兼容试验中的输入模拟量举例

	对于暂态性电磁现象:1 MHz 脉冲群干扰,静电放电,快速瞬变干扰,浪涌	对于永久性电磁现象:辐射电磁场和传导骚扰
释放状态 (见图 C.1)	选择适当的输入模拟量使被试装置处于"TP 释放状态"; 然后进行电磁兼容试验,并检验在试验过程中装置不应发出动作信号[c]	选择适当的输入模拟量使被试装置处于"TP 释放状态"; 然后进行电磁兼容试验,并检验在试验过程中装置不应发出动作信号[c]
动作状态 (见附图 C.1)	调整输入模拟量使被试装置由"TP 释放状态"转换为"TP 动作状态"。此时装置应发出动作信号;[abc] 然后进行电磁兼容试验,并检验在试验过程中动作信号应一直保持[abd]	在试验所规定的每个频点上,调整输入模拟量使被试装置由"TP 释放状态"切换至"TP 动作状态"; 检验在试验过程中动作信号应一直保持[c]

a 对静电放电试验没有强制要求,见 GB/T 14598.14—1998。

b 对浪涌试验没有强制要求,见 GB/T 14598.18—2007。

c 此要求仅对保持型动作信号有效,不包括瞬动复归型动作信号。

d 某些装置可能含有闭锁逻辑,在电流激励量一直保持的情况下,达到设定的延时时间后会使动作信号复位。在这种情况下,应使测试周期短于闭锁延时时间。

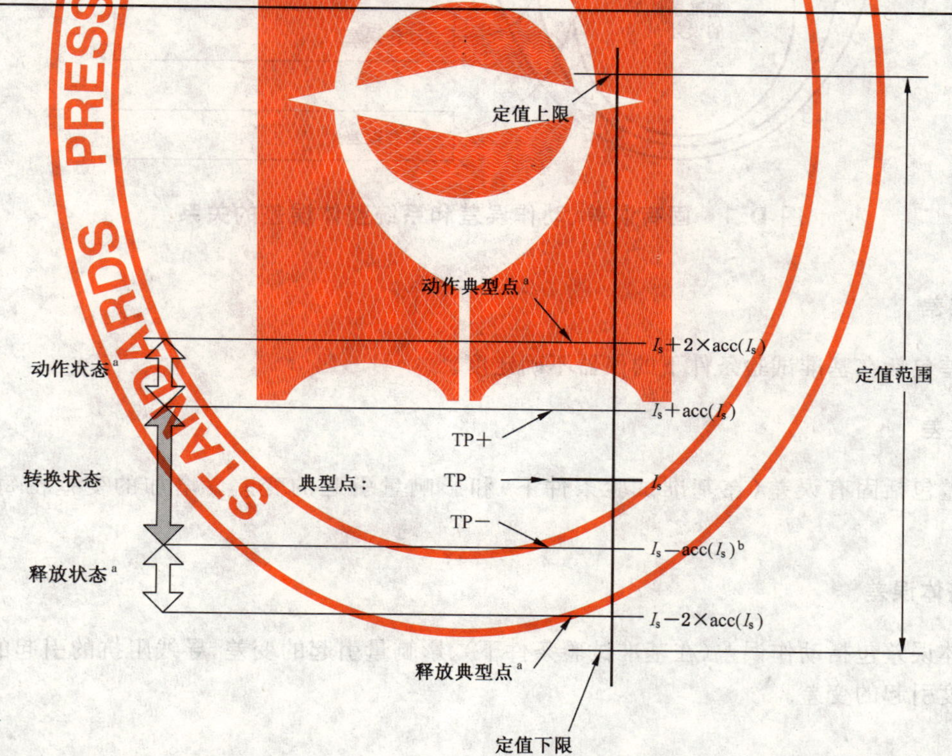

a 此图仅对过电流或过电压保护功能有效,相反,对于欠电流或欠电压保护,则应将"动作"和"释放"调换。

b $acc(I_s)$=激励量为 I_s 时的允许误差,例如 $acc(I_s)=5\%$在 $I_s=1$ A 时。

在这种情况下:TP=1 A,$TP^+=1.05$ A,$TP^-=0.95$ A,TP 动作值=1.1 A,TP 释放值=0.90 A。

图 C.1 动作状态、转换状态、释放状态的定义

附　录　D
（资料性附录）
固有误差、动作误差和系统误差

D.1　总则

固有误差、动作误差和系统整体误差之间的关系见图D.1所示。

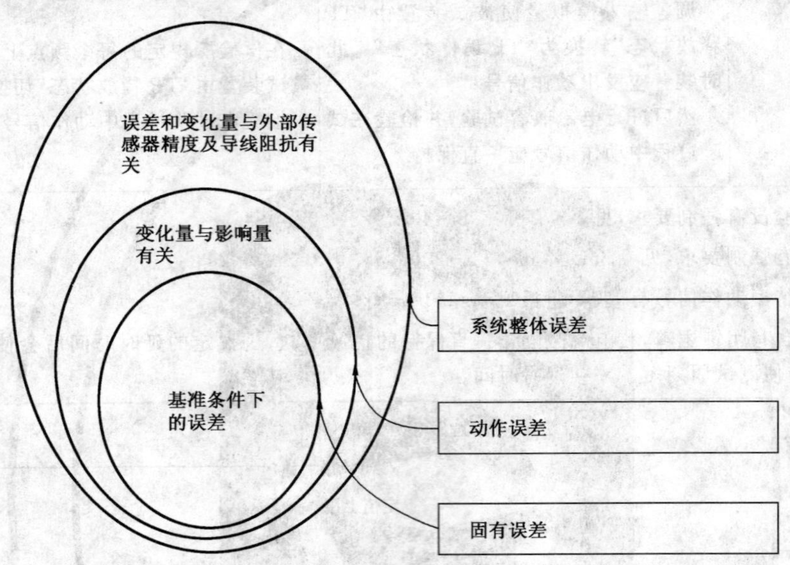

图D.1　固有误差、动作误差和系统整体误差的关系

D.2　固有误差

固有误差包括在基准试验条件下的仪器不确定度。

D.3　动作误差

动作误差包括固有误差(在基准试验条件下)和影响量引起的变差。增加的变差由每个影响量确定。

D.4　系统整体误差

系统整体误差包括动作误差(在基准试验条件下)、影响量引起的变差、导线阻抗的引起的变差和传感器采样精度引起的变差。

附　录　E
（资料性附录）
地震试验选择原则

已经存在很多试验方法来验证被试装置能够承受各种振动应力而不误动作。这些试验方法从简单的连续正弦波到复杂的、专业的时间历程方法。每一种方法都专门适用于特定的要求和环境，或者代表包括地震在内的一种特定的振动环境。

本标准提供了两种可选的地震试验方法，试图在试验室复现实际可能遇到的振动影响，而不是完全复现实际的环境。

单轴正弦扫频试验容易实现，但是与实际地板地震波相比其仿真性较差。

为此，当被试装置的不同轴向之间有显著的耦合时，可采用双轴多频随机试验。

试验参数是基于以下考虑选取的：在强烈地震条件下，地板上水平方向上的加速度值一般不超过 5 m/s^2，建筑物内的支撑结构（例如继电器柜）的超高系数一般介于 2～3 之间。

实际上，对于不同的应用，阻尼参数可能不同。当被试装置的临界阻尼未知或介于 2%～10%之间时，一般推荐取 5%。

如果有书面的试验数据，并经制造厂和用户之间认可，可以选择大于 5%的阻尼系数。

对于本标准给出的参数，同时规定了合适的公差，以便于采用不同的试验设备进行试验时能得到相似的结果。

对参数的标准化也使得装置能够根据其承受本标准给出的振动严酷等级进行归类。

最后强调一下，所有振动试验，特别是地震试验，总是需要某种程度上的工程评价，制造厂和用户都应该意识到这一点。